致密砂岩油气测井评价理论与方法

李长喜　李潮流　胡法龙　王昌学　宋连腾　等著

石油工业出版社

内 容 提 要

本书围绕致密砂岩油气地质特点与需求，从岩石物理基础研究出发，系统阐述了测井资料高精度处理和烃源岩品质、储层品质、工程品质测井评价方法及水平井测井处理方法，基于源储配置介绍了“甜点”区优选测井评价方法，建立了完整的致密砂岩油气测井评价技术体系，为优化井位部署和规模开发提供依据。本书注重测井评价特色技术方法与典型实例的有机结合，在内容和结构上体现了科学性与实用性、完整性与系统性的统一。

本书适合从事油气勘探开发工作的地质、测井、油藏综合研究人员以及大专院校地质、石油类专业师生参考使用。

图书在版编目（CIP）数据

致密砂岩油气测井评价理论与方法 / 李长喜等著 .
— 北京 ：石油工业出版社，2020. 5
ISBN 978-7-5183-3523-7

Ⅰ. ①致… Ⅱ. ①李… Ⅲ. ①致密砂岩–油气测井
Ⅳ. ①P631. 8

中国版本图书馆 CIP 数据核字（2019）第 157677 号

出版发行：石油工业出版社
（北京安定门外安华里 2 区 1 号　100011）
网　址：www. petropub. com
编辑部：（010）64523736
图书营销中心：（010）64523620
经　　销：全国新华书店
印　　刷：北京中石油彩色印刷有限责任公司

2020 年 5 月第 1 版　2020 年 5 月第 1 次印刷
787×1092 毫米　开本：1/16　印张：21. 25
字数：520 千字

定价：200. 00 元
（如出现印装质量问题，我社图书营销中心负责调换）

序

全球非常规油气资源量丰富，据预测，非常规石油可采资源量超过 4000×10^8t，非常规天然气可采资源量接近 $200\times10^{12}m^3$。在我国，致密油气资源也很丰富，技术可采资源量位居世界前列。近几年，特别是“十二五”以来，在中国陆相油气地质理论的指导下，陆相致密油气勘探开发取得重要进展，中国石油先后在鄂尔多斯、松辽、三塘湖、准噶尔、渤海湾等多个盆地实现突破，发现了多个亿吨级储量区，致密油气已经成为我国常规油气的现实接替领域，发展迅猛。

我国致密油气主要发育在陆相沉积盆地中，储层非均质性强、孔隙结构复杂，主要发育微纳米级孔喉系统，其勘探评价不能直接复制北美地区的模式，在勘探初期地球物理技术面临极大的技术挑战。

令我感到欣慰的是，为满足生产需求，在“十二五”和“十三五”期间，依托国家油气重大专项，中国石油在总部层面适时启动并高效组织开展了致密油气测井解释评价技术攻关，首次明确提出了致密油气测井评价的三大任务：一是及时发现致密油气层；二是寻找致密油气“甜点”区；三是为钻完井提供有效的工程参数。以此为指导，历经八年多的自主攻关，建立了较为系统的烃源岩品质、储层品质和工程品质测井评价技术体系，并在上述亿吨级储量区的发现中起到显著作用，成效突出。

在这个攻关过程中，中国石油勘探开发研究院测井与遥感技术研究所碎屑岩团队始终聚焦测井岩石物理基础理论与关键技术研发，以高度的使命感、责任感和开拓进取的创新精神，投入了大量精力，先后在适合致密储层的高精度岩石物理实验、针对储层关键属性的数值与物理模拟、以成像测井为核心的储层特征及其油气信息提取与表征等方面取得诸多原创性技术突破。本书是他们对八年致密油气测井评价自主研发成果的系统提炼和总结，主要包括以下关键技术：

（1）致密砂岩储层的高精度岩石物理分析技术。应用高压压汞、恒速压汞和 CT 测量分析提取致密储层孔隙结构微观特征，并与高精度岩电实验测量以及数值岩石物理研究相结合，有效提升致密砂岩岩电响应规律的认识以及岩电参数求取的精度。

（2）核磁共振测井资料处理与实验新技术。优化核磁共振实验测量工艺，证实通过增加扫描次数和减小回波间隔的方法，可以有效提高致密储层测量信息信噪比。进而优化测井采集模式，运用小波降噪与小孔加密处理方法提高超低渗透致密储层核磁共振测井信噪比，反演的 T_2 谱具有更高的精度，明显提升小微孔隙分辨能力，强力支撑致密砂岩储层有效性评价。

（3）微观孔喉品质测井精细分类评价技术。在岩石物理配套实验研究基础上，融合孔喉半径、孔隙度等参数构建储层微观孔喉品质测井评价模型，提高了孔隙结构评价精度，提出了储层有效性评价重要参数指标，实现了致密砂岩储层微观品质测井定量评价与有效分类。

（4）宏观砂体结构测井定量表征技术。研发了综合反映砂体单元岩性、物性和含油性非均质变化特征的定量表征模型，实现了致密砂岩储层宏观品质测井表征和油层产能分级预测，为致密油气有效储层纵向和平面分布研究奠定了基础。

（5）各向异性模型地应力测井高精度评价技术。在三轴应力和纵横波声学实验基础上，提出了基于各向异性模型的刚性系数矩阵计算方法，创造性地研发了硬地层最小水平主应力准确计算的新方法，实现了致密储层全剖面地应力测井精细评价。

（6）水平井测井电阻率反演与含油层段快速分段分级评价新技术。建立了基于电阻率正反演技术的水平井三维地层模型构建方法与地层参数确定方法，实现了水平井快速分段分级评价。

（7）以“三品质”和源储配置为核心的“甜点”评价技术。根据烃源岩品质、储层品质和工程品质测井评价结果，结合源储配置关系分析，综合研究致密油气的纵横向分布规律，优选致密油气“甜点”区，为优化井位部署提供依据。

本书从致密油气石油地质基本特征和储层岩石物理特征出发，理论联系实际，系统介绍了致密油气高精度岩石物理分析和测井资料处理、“三品质”测井评价、“甜点”测井优选等技术，并结合具体实例阐述了技术的应用效果，反映了近几年致密油气测井评价技术攻关的重要进展。希望从事测井油气层评价的技术人员以及勘探领域的地质和油藏研究的技术人员能够仔细了解和阅读本书，相信本书的出版将对我国致密油气勘探开发工作具有现实的指导意义。

中国科学院院士 贾承造

2018 年 9 月

前　言

随着我国国民经济的高速发展及全社会对环境保护的日益重视，石油和天然气等化石能源的消费和需求呈现逐年大幅增长的态势，客观上刺激了国内各大石油公司不断加大油气工业的上游投入。与此同时，中国石油所属矿权区域内常规油气资源的勘探程度和探明率较高，勘探开发重点逐渐转向以致密油气、页岩油气等为代表的非常规油气领域。我国针对致密油气勘探配套技术的研究起步较晚，早期主要依赖与斯伦贝谢等国外服务公司的技术合作。测井专业技术人员针对这一新领域开展了积极的学习、跟踪，通过技术引进和消化吸收，兼顾烃源岩和储层，同时考虑储层品质和完井品质的一体化测井评价思路逐渐被接受。但在这一过程中同样发现，由于我国陆相致密油气与北美等地区以海相沉积背景为主的致密油气在地质条件和地质特征等方面都存在很大差异，不能直接照搬应用，急需针对我国陆相致密油气测井评价开展系统的岩石物理和解释评价方法研究。

“十二五”期间，在中国石油勘探与生产分公司的统一组织下，中国石油勘探开发研究院测井与遥感技术研究所依托国家油气专项、勘探工程技术攻关项目和中国石油测井基础研究项目，联合长庆、新疆、吐哈、青海和大庆等油田单位，针对中国石油主要含油气盆地的致密砂岩储层开展了系统的理论与方法研究。围绕致密砂岩油气层的地质特点和地质需求，明确提出了致密油气测井评价的三大任务：一是及时发现致密油气层，解决有无储量的问题，认识储量规模；二是寻找致密油气“甜点”区，评价并预测有利区，明确勘探开发目标；三是支持钻井、完井和压裂等工程技术的有效实施，分析岩石脆性、地层地应力和各向异性特征，提供相关设计和现场实施参数，服务于水平井井眼轨迹设计、完井方案优选和大型压裂施工设计等。以此为指导，形成了系统的技术思路，即从岩石物理基础研究出发，并对测井系列开展适应性评价，优化参数提高信噪比，获得高精度的实验数据和测井资料；在此基础上，开展烃源岩品质、储层品质、工程品质等“三品质”评价，结合源储配置关系分析，综合研究致密砂岩油气的纵横向分布规律，优选致密砂岩油气“甜点”区，为优化井位部署和规模开发提供依据。

测井与遥感技术研究所碎屑岩测井研究团队通过多年持续攻关，在致密砂岩储层岩石物理实验新工艺、核磁共振实验与测井资料处理新技术、“三品质”测井评价新方法等方面相继取得了一系列原创性成果，并先后在鄂尔多斯、吐哈、柴达木、准噶尔等多个盆地/区块得到了检验和应用，在致密油气勘探开发进程中发挥了重要作用，取得了显著效果。

本书主要是对致密砂岩油气测井评价和生产实践取得的新进展、新成果进行提炼总结，全书共分十章。具体编写分工如下：前言由李长喜、李潮流编写，第一章由李长喜、李潮流、石玉江等编写，第二章由李长喜、李潮流、胡法龙、刘忠华、俞军、宋连腾等编写，第三章由李潮流编写，第四章由胡法龙编写，第五章由李长喜、袁超、李霞编写，第六章由李长喜、李潮流、胡法龙、王贵文、刘秘、李华阳等编写，第七章由李长喜、胡法龙、李霞等编写，第八章由宋连腾、刘忠华编写，第九章由李长喜编写，第十章由王昌学编写。全书由李长喜、李潮流、胡法龙统稿、定稿。在书稿的编写过程中，中国石油长庆油田数字化与信息管理部石玉江处长和勘探开发研究院周金昱、王长胜、张海涛、刘天定、郭浩鹏、李高仁、张少华，中国石油吐哈油田工程技术处刘东付副处长及勘探开发研究院韩成、李留中，中国石油青海油田勘探开发研究院张审琴总工程师及王国民，中国石油吉林油田勘探开发研究院孙红，中国石油新疆油田勘探开发研究院罗兴平、王振林，中国石油大庆油田勘探事业部赵杰教授，中国石油西南油气田勘探开发研究院何绪全，中国石油华北油田勘探开发研究院吴剑锋等领导和同行给本书提供了大量的宝贵资料和建议，在此一并表示感谢。

特别要强调的是，本书是在中国石油勘探开发研究院测井与遥感技术研究所周灿灿所长和陈春所长的直接指导下，在中国石油勘探与生产分公司李国欣副总经理和工程技术处刘国强副处长的大力支持和无私帮助下完成的，这是本书得以出版的基石和保障，在此深表谢意。

这是一部理论性、系统性和实践性强、内容丰富的致密砂岩油气测井评价专著，适合测井专业研究人员、岩石物理实验人员、地质勘探综合研究人员以及地质、石油类院校师生阅读参考。限于笔者水平，书中存在的不足之处，恳请各位专家和学者批评指正。

目　　录

第一章　致密砂岩油气测井概述 …………………………………………………………… (1)
第一节　致密油气概念与基本内涵 ……………………………………………………… (1)
一、致密油气概念与内涵 ……………………………………………………………… (1)
二、中国与北美地区致密油气的差异 ………………………………………………… (3)
第二节　致密砂岩油气测井响应特征与资料采集 ……………………………………… (4)
一、基本地质特征 ……………………………………………………………………… (4)
二、测井响应特征 ……………………………………………………………………… (5)
三、测井技术需求与采集系列 ………………………………………………………… (11)
第三节　致密砂岩油气测井评价重点与思路 …………………………………………… (15)
一、测井评价的基本思路 ……………………………………………………………… (15)
二、测井评价重点与难点 ……………………………………………………………… (17)
第二章　致密砂岩储层测井岩石物理 ……………………………………………………… (18)
第一节　储层物性与孔隙结构 …………………………………………………………… (18)
一、储层物性特征 ……………………………………………………………………… (18)
二、孔隙结构特征 ……………………………………………………………………… (20)
第二节　油气饱和度与电学性质 ………………………………………………………… (30)
一、油气饱和度分布特征 ……………………………………………………………… (30)
二、电学性质分析 ……………………………………………………………………… (34)
第三节　核磁共振性质 …………………………………………………………………… (38)
一、信噪比对资料质量的影响 ………………………………………………………… (38)
二、不同孔隙结构岩石核磁共振响应特征 …………………………………………… (40)
三、不同含水饱和度核磁共振响应特征 ……………………………………………… (41)
第四节　弹性各向异性特征 ……………………………………………………………… (43)
一、纵波速度、横波速度变化规律 …………………………………………………… (43)
二、弹性模量变化规律 ………………………………………………………………… (47)
三、各向异性变化规律 ………………………………………………………………… (48)
第五节　致密砂岩测井岩石物理实验方法与精度 ……………………………………… (50)
一、岩心预处理 ………………………………………………………………………… (50)
二、孔渗参数测量 ……………………………………………………………………… (52)
三、电性参数测量 ……………………………………………………………………… (56)

四、核磁共振测量 …………………………………………………………………… (58)
第三章　致密砂岩储层岩石物理性质数值模拟 …………………………………… (63)
第一节　常用数值模拟方法概述 ……………………………………………………… (63)
一、数值模拟技术发展背景 ………………………………………………………… (63)
二、常用的数值模拟方法 …………………………………………………………… (64)
第二节　致密砂岩数字孔隙格架构建 ………………………………………………… (69)
一、数值重建法构建孔隙格架 ……………………………………………………… (69)
二、根据 CT 图像构建孔隙格架 …………………………………………………… (73)
三、利用聚焦离子束扫描分析纳米级孔隙 ………………………………………… (74)
四、构建致密砂岩数字孔隙格架 …………………………………………………… (76)
五、数字图像特征提取与简化 ……………………………………………………… (81)
第三节　致密砂岩储层电学性质模拟 ………………………………………………… (83)
一、确定各组分的等效电导率 ……………………………………………………… (83)
二、地层因素模拟 …………………………………………………………………… (85)
三、电阻增大率模拟 ………………………………………………………………… (88)
第四节　致密砂岩储层渗透率数值模拟 ……………………………………………… (93)
一、LBM 模拟渗透率 ………………………………………………………………… (93)
二、利用电路节点法模拟渗透率 …………………………………………………… (96)
第四章　致密砂岩储层核磁共振测井资料精细处理 ……………………………… (97)
第一节　核磁共振测井采集模式优化设计 …………………………………………… (97)
一、单频仪器与多频仪器的选择 …………………………………………………… (97)
二、单一模式和组合模式的选择 …………………………………………………… (99)
三、采集参数的选择 ………………………………………………………………… (100)
第二节　核磁共振测井降噪处理方法 ………………………………………………… (100)
一、小波包域自适应滤波 …………………………………………………………… (101)
二、正则化反演 ……………………………………………………………………… (103)
三、小孔加密联合反演处理 ………………………………………………………… (106)
第三节　核磁共振测井油气影响校正 ………………………………………………… (108)
一、T_2 谱油气影响因素分析 ……………………………………………………… (108)
二、油气校正方法 …………………………………………………………………… (112)
第四节　致密砂岩储层小微孔喉表征与储层参数评价 ……………………………… (121)
一、小微孔隙的 T_2 提取方法 ……………………………………………………… (121)
二、表面弛豫速率的确定方法 ……………………………………………………… (122)
第五章　致密油气烃源岩品质测井评价 …………………………………………… (126)
第一节　烃源岩测井响应特征 ………………………………………………………… (126)
一、烃源岩地质特征 ………………………………………………………………… (126)

二、烃源岩测井响应特征 …… (127)
第二节　烃源岩总有机碳含量测井评价 …… (132)
一、单一测井曲线评价方法 …… (132)
二、不同测井曲线组合评价方法 …… (136)
三、地层元素测井 TOC 评价方法 …… (144)
四、生烃潜量（S_1 和 S_2）测井定量表征方法 …… (147)
第三节　烃源岩品质测井分类评价 …… (148)
一、烃源岩品质测井分类 …… (148)
二、烃源岩总有机碳含量分布特征 …… (150)
三、烃源岩品质测井分类 …… (153)
第六章　致密砂岩储层品质测井评价 …… (155)
第一节　矿物组分含量计算与岩性评价 …… (155)
一、常规测井多矿物最优化定量评价 …… (155)
二、利用元素俘获谱测井计算矿物含量 …… (158)
第二节　孔隙度和裂缝测井评价 …… (165)
一、孔隙度测井计算精度分析 …… (165)
二、孔隙度测井计算方法 …… (168)
三、裂缝测井评价 …… (172)
第三节　储层微观孔喉品质测井评价 …… (174)
一、储层微观品质影响因素 …… (174)
二、孔隙结构测井评价 …… (176)
第四节　储层宏观品质测井评价 …… (187)
一、砂体结构常规测井曲线定量表征方法 …… (187)
二、利用微电阻率扫描成像测井评价储层非均质性 …… (191)
三、砂体结构与含油非均质性定量评价 …… (194)
第五节　致密砂岩岩石物理相测井分类方法 …… (198)
一、岩性岩相 …… (198)
二、成岩相 …… (200)
三、孔隙结构相 …… (204)
四、岩石物理相测井分类 …… (205)
第七章　致密砂岩油气层测井识别评价 …… (208)
第一节　致密砂岩油气层测井识别方法 …… (208)
一、致密砂岩油气饱和度分布特征与识别难点 …… (208)
二、近源致密砂岩油层测井识别方法 …… (209)
三、源内致密砂岩油层测井识别方法 …… (212)
四、近源致密砂岩气层测井识别方法 …… (216)

第二节　利用阵列声波测井识别致密砂岩气层 …………………………………………（220）
一、阵列声波识别气层的方法原理 …………………………………………………（220）
二、基于孔隙—裂隙模型的致密砂岩气层测井识别 ………………………………（224）
第三节　应用二维核磁共振测井识别致密砂岩气层 ……………………………………（226）
一、二维核磁共振测井在致密砂岩储层中的应用局限性分析 ……………………（226）
二、致密砂岩二维核磁共振测井的方法改进与应用 ………………………………（228）
第八章　致密砂岩储层工程品质测井评价 ……………………………………………（231）
第一节　基于各向同性模型的地应力评价 ………………………………………………（231）
一、莫尔—库仑破坏模式 ……………………………………………………………（231）
二、单轴应变模式 ……………………………………………………………………（231）
三、多孔弹性水平应变模型 …………………………………………………………（233）
第二节　基于各向异性模型的地应力评价 ………………………………………………（237）
一、岩心实验规律分析 ………………………………………………………………（237）
二、刚性系数测井计算方法 …………………………………………………………（240）
三、水平主应力的测井计算方法 ……………………………………………………（242）
第三节　致密砂岩储层脆性评价方法 ……………………………………………………（245）
一、岩石脆性的定义内涵 ……………………………………………………………（245）
二、基于破裂实验的脆性表征 ………………………………………………………（246）
三、基于测井信息的脆性表征 ………………………………………………………（247）
四、井壁附近径向岩石脆性测井表征 ………………………………………………（248）
第四节　钻井过程井壁稳定性测井评价 …………………………………………………（255）
一、单轴抗压强度 ……………………………………………………………………（255）
二、内摩擦角 …………………………………………………………………………（258）
三、破裂压力 …………………………………………………………………………（259）
四、坍塌压力 …………………………………………………………………………（261）
五、井壁稳定性综合分析 ……………………………………………………………（261）
第九章　致密油气测井多井评价与“甜点”优选 ………………………………………（264）
第一节　致密砂岩油气“甜点”分布主控因素与测井评价思路 ………………………（264）
一、源储配置与致密砂岩油气分布的内在关系 ……………………………………（264）
二、油气运移通道与致密砂岩油气层分布关系 ……………………………………（265）
三、异常地层压力与致密砂岩油气层分布关系 ……………………………………（273）
四、致密油气“甜点”测井评价思路 …………………………………………………（275）
第二节　致密砂岩油层“甜点”优选测井评价 …………………………………………（276）
一、致密砂岩油层产能分级评价 ……………………………………………………（276）
二、源储配置关系测井评价 …………………………………………………………（277）
三、致密油“甜点”优选测井评价 ……………………………………………………（277）

第十章　水平井测井处理与解释评价 ………………………………………（284）
第一节　水平井与垂直井测井响应特征对比 ……………………………（284）
一、测井环境 ………………………………………………………………（284）
二、测井响应差异 …………………………………………………………（286）
第二节　随钻电磁波电阻率测井响应正演模拟 ……………………………（289）
一、随钻电磁波电阻率测井原理 …………………………………………（289）
二、数值模拟方法 …………………………………………………………（292）
三、随钻电阻率测井响应特征分析 ………………………………………（297）
第三节　水平井随钻测井和电缆测井交互式地层建模 ……………………（302）
一、交互式反演的基本思路 ………………………………………………（303）
二、交互式建模的实现 ……………………………………………………（303）
第四节　水平井油气层测井解释方法与应用 ………………………………（305）
一、砂岩电阻率提取 ………………………………………………………（305）
二、油气层分级评价方法 …………………………………………………（314）
三、分级评价流程 …………………………………………………………（316）
四、致密砂岩储层水平井测井处理与应用 ………………………………（319）
参考文献 …………………………………………………………………………（327）

第一章　致密砂岩油气测井概述

21 世纪以来，特别是近十年期间，随着水平井和体积压裂改造技术的突破，北美地区、中国等先后在非常规油气领域取得了重要勘探进展，实现了规模开发，其资源潜力和发展前景也受到广泛关注。致密油气属于一种重要的非常规油气资源，具有不同于常规油气的概念、内涵及地质特征，其赋存条件、富集规律和测井响应特征等与常规油气有较大差异，而且我国主要发育陆相致密油气，与北美等地区广泛发育的海相致密油气相比也具有不同的地质特征和分布规律。本章从致密油气的内涵出发，分析我国致密砂岩油气的地质特征和测井响应特征，并提出测井评价的重点和思路。

第一节　致密油气概念与基本内涵

顾名思义，致密油气的名称缘于储层致密，物性条件差，应用常规开发技术，储层中的油气难以动用或者没有经济开发价值。但随着北美地区在页岩气开发中水平井和体积压裂改造技术的突破，致密油气也实现了商业开发，尤其是随着技术的不断成熟，成本逐渐降低，经济效益越发明显。

一、致密油气概念与内涵

致密油气指发育在优质烃源岩层系内部或紧邻附近的致密储层中，未经过大规模长距离运移而形成的油气聚集（图 1-1-1）。储层渗透率一般为覆压基质条件下小于 0.1mD（地面空气渗透率小于 1mD），基质渗透性极差，一般无自然产能，需通过大规模压裂技术才能获得工业产能。致密油气的内涵包括：一是分布于优质烃源岩范围之内，垂向上夹持于或紧邻烃源岩，源储直接接触（图 1-1-2）；二是储层必须具备一定的基质孔隙；三是不含裂缝岩心的覆压基质渗透率小于 0.1mD；四是裂缝规模小，以微裂缝为主，宏观裂缝不发育。广义上，可以赋存致密油气资源的岩石类型范畴很广，不仅有压实胶结程度高的粉砂岩、细砂岩，还有碳酸盐岩、泥页岩、混积岩等。

目前国内外关于致密油气的定义或描述众多，存在一定差异，尚未形成统一的界定规范及普遍认同的概念。但是，储层致密、渗透性极差、近源成藏、单井产量低以及需要特殊开采工艺等已成为致密油气的四大基本特征，这一点在学术界已形成共识，得到了普遍的强调和重视。

总体来说，致密油气储层具有如下基本特点：

（1）孔隙度低（一般小于 12%）、渗透率低（覆压基质条件下一般小于 0.1mD）；

（2）储层类型多样，岩性复杂，单层厚度变化大；

（3）多为源内成藏或近源成藏；

（4）一般发育天然裂缝，且裂缝是控制油气产能至关重要的因素；

（5）无自然产能，需采用水平井等工艺才可获得工业产能。

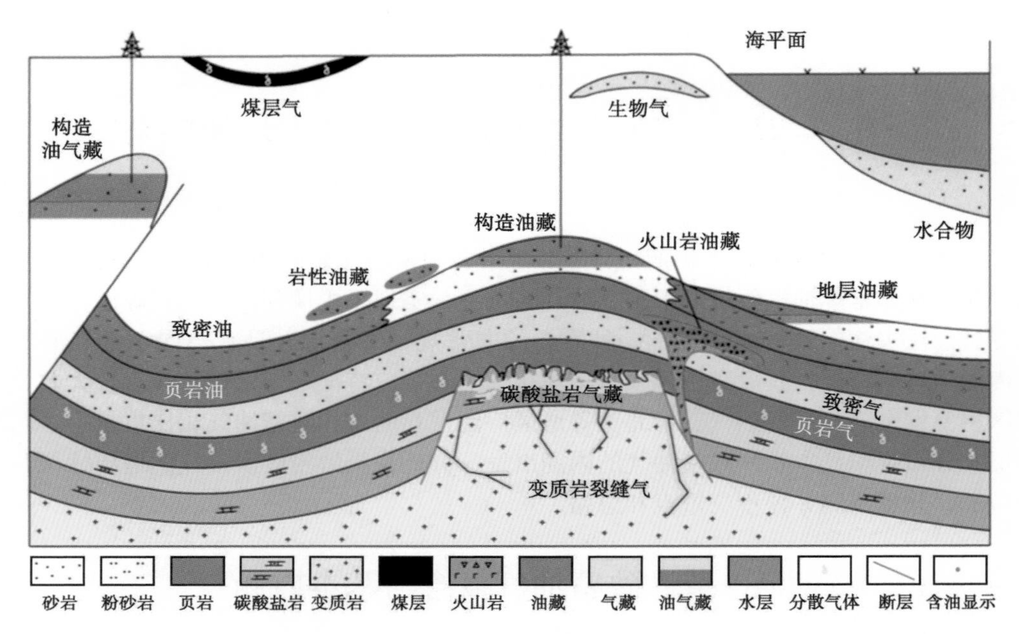

图 1-1-1　常规油气与致密油气分布模式（据赵政璋等，2012）

致密油气主要有两种聚集类型。一种是烃源岩内部的碳酸盐岩、混积岩或碎屑岩夹层，以薄互层或极薄互层形式分布，称为源内成藏，如准噶尔盆地吉木萨尔凹陷芦草沟组致密油、鄂尔多斯盆地长 7_3 致密油；另一种为紧邻烃源岩，分布于烃源岩上下的致密储层，称为近源成藏，如鄂尔多斯盆地长 7_1、长 7_2 致密油，松辽盆地扶余致密油等。

图 1-1-2　钻井取心反映源储直接接触模式（下生上储）

与致密油不同的是，现阶段发现的致密气储层主要为砂岩储层，且与烃源岩可以有一定的距离，不一定紧密接触。

国内外关于致密油定义的分歧主要表现在两方面。一是储层岩性范畴不统一，国外一般认为致密油储层岩性包括砂岩、页岩和碳酸盐岩等，因此致密油（Tight Oil）与页岩油（Shale Oil）通常混用；国内主流观点认为致密油储层岩性主要为致密砂岩、碳酸盐岩和混积岩，不包括页岩，所以致密油概念有别于页岩油。二是渗透率上限不统一，国外普遍强调致密油储层覆压渗透率小于 0.1mD，国内目前尚未形成统一界定标准，《致密油地质评价方法》（SY/T 6943—2013）将致密油定义为覆压基质渗透率不大于 0.2mD（空气渗透率 2mD）。在勘探实践中，中国石油、中国石化等石油企业强调致密油储层的覆压基质渗透率不大于 0.1mD。但不同地区由于烃源岩有机质丰度的差异、储层岩性及物性的差异、源储配置关系的差异等，在致密油气勘探开发实践中物性上限和下限标准差异较大，可对比性较差。

二、中国与北美地区致密油气的差异

迄今为止，勘探研究表明我国主要发育陆相致密油气，其烃源岩、储层均为陆相沉积，与海相地层中形成的致密油气有一定区别。受陆相湖盆沉积环境和构造特点控制，陆相致密油气具有沉积相带窄、岩性岩相变化大、油层厚度较大但分布范围相对小、油层流体性质较复杂等特点。由于陆相致密油气在地质条件、油气层特征和原油性质等方面的特殊性，决定了对其进行效益开采的难度更大、技术要求更高。

我国陆相致密砂岩油气主要分布区域有鄂尔多斯盆地延长组长 7 段、松辽盆地泉头组扶余油层和青山口组高台子油层、柴达木盆地扎西地区古近系 N_1 段、吐哈盆地侏罗系水西沟群等。致密砂岩油气资源潜力巨大，是今后我国油气增储上产的主力之一。

陆相湖盆多凸多凹、多沉积中心、多物源以及多期构造活动的地质背景决定了陆相致密油藏既具备规模形成与分布的地质条件，同时也表现为烃源岩类型多且变化大（表 1-1-1）、储层非均质性强（表 1-1-2）、源储组合类型多、分布规模差异大、断裂发育和油层特征复杂等基本特征。

表 1-1-1　中国与北美地区致密油气烃源岩主要特征对比（据赵文智）

主要特征	致密油烃源岩		致密气烃源岩	
	北美地区	中国	北美地区	中国
沉积背景	海相	陆相	海相—过渡相	陆相—过渡相
岩性	海相页岩	湖相泥（质）岩	煤层和泥页岩	煤系和泥岩
干酪根类型	Ⅰ为主	Ⅰ—Ⅱ	Ⅲ为主	Ⅲ为主
厚度（m）	2~60	10~500	3~15（煤层）	2~20（煤层）
有机碳含量 TOC（%）	10~14	1~10	平均 2~10	1.9~3.2
成熟度 R_o（%）	0.5~2.0	0.5~2.0	0.8~1.45	1.0~2.8
分布范围（km^2）	$1\sim7\times10^4$	几百至上万	上万至 13×10^4	几百至 13.8×10^4
分布特征	稳定，厚度薄范围大	厚度变化大，范围相对小	稳定，面积大	厚度与面积变化大

表 1-1-2　中国与北美地区典型致密油储层特征对比（据赵文智）

盆 地	Willinston	Gulf Coast	鄂尔多斯	准噶尔	四川	松辽
层系	Bakken	Eagle Ford	延长组	二叠系	侏罗系	白垩系
有利面积（10^4km^2）	7	4	5~10	3~5	4~10	5~10
岩 性	白云质—泥质粉砂岩	泥灰岩	粉细砂岩	云质粉砂岩、云质白云岩	粉细砂岩、介壳砂岩	粉细砂岩
厚度（m）	2~20	30~90	10~80	80~200	10~60	5~30
孔隙度（%）	10~13	2~12	2~12	3~10	0.2~7	2~15
渗透率（mD）	<0.01~1.0	<0.01~1.0	0.01~1.0	<1.0	0.01~2.1	0.6~1.0

北美地区目前发现的致密油主要为海相沉积，如威利斯顿盆地（Willinston）密西西比系巴肯组（Bakken）和墨西哥湾盆地白垩系鹰滩组（Eagle Ford）致密油等。海相致密油气沉积稳定，烃源岩分布面积大，层系集中，有机质丰度高；储层岩性平面上变化小，以碳酸盐岩、粉砂岩、页岩为主，岩性组合简单，储层物性相对较好；储盖组合集中发育，分布面积和资源规模都远大于陆相致密油。

第二节　致密砂岩油气测井响应特征与资料采集

根据致密砂岩油气的成藏特点，烃源岩和储层是致密砂岩油气测井评价的两项重点内容。由于陆相致密油气的上述地质特征，导致其测井响应特征复杂。

一、基本地质特征

地质研究表明中国陆相沉积盆地广泛发育湖泊沉积体系，包括淡水和咸化两类湖盆环境。在晚古生代—中新生代，由于大地构造、古气候、古环境的强烈变化，逐渐由海相—海陆过渡相演化为陆相湖泊沉积，尤其是中新生代以来，湖泊沉积成为中国陆相盆地的主要沉积类型。受盆地类型、古气候、古地貌及物源供给等因素影响，不同盆地烃源岩和储层的岩性、物性、含油丰度及油层压力差异很大。

1. 烃源岩基本特征

以湖相沉积环境为主的烃源岩总体资源规模相对较小，各盆地之间差异大。优质烃源岩主要发育在湖盆扩张期的凹陷—斜坡地区，沉积环境以深湖—半深湖为主，岩性主要为暗色泥岩、页岩以及泥页岩。根据有机质丰度与岩石类型可将陆相烃源岩划分为高丰度纹层状藻类页岩、中—高丰度泥岩和泥灰岩及低丰度泥页岩等类型，不同类型烃源岩沉积环境不同，有机地球化学指标差别较大，决定了我国陆相致密油的多样性和特殊性。

1）页岩类烃源岩

页岩类烃源岩的最大特点是具有高有机质丰度。该类烃源岩主要形成于半深湖—深湖沉积环境，湖盆为欠补偿状态，具有良好的自身生产力和有机质保存条件。富有机质沉积物一般形成于最大湖泛期，主要母质为由淡水—半咸水藻类和高等植物经类脂化作用形成的腐泥型干酪根，烃源岩中发育藻纹层。该类有机母质成熟门限浅、生烃效率高，为致密油形成提供了丰富物质来源。该类烃源岩中的有机质类型多为Ⅰ—$Ⅱ_1$型，分布面积广，累计厚度相对较大，有机碳含量高、生烃潜量大，热演化程度为成熟至高成熟阶段。

2）泥（灰）岩类烃源岩

泥（灰）岩类烃源岩通常与高丰度页岩具有相似的形成环境，有机质含量属于中—高丰度。该类烃源岩的有机质类型也多为Ⅰ—$Ⅱ_1$型，分布面积较广，累计厚度相对较大，有机碳含量高，一般多为2%~8%；有机质成熟度处于成熟至高成熟阶段；生烃潜力大，一般介于3.0~21.0mg/g。

3）泥（页）岩类烃源岩

泥（页）岩类烃源岩多形成于干旱气候条件下的咸化湖泊环境，有机母质类型多为咸水—半咸水环境下的浮游生物形成的$Ⅱ_2$—Ⅲ型干酪根，具有有机质丰度较低、生烃潜力中等、生烃转化率高等特点，为致密油的形成提供了一定的物质基础。此类烃源岩有机碳含量一般为0.5%~1.5%；有机质成熟度处于低熟—中高成熟阶段，一般为0.6%~1.8%；生烃潜量中等—较差，一般为2.0~5.0mg/g。

2. 储层基本特征

按照岩性、沉积环境等因素，可将陆相致密油气储层分为致密砂岩、碳酸盐岩和混积岩三大类，不同类型致密储层的物性及其分布规模有较大差异，本书主要论述的是致密砂岩油气。一般情况下，大型坳陷盆地以致密砂岩储层为主，局部发育致密碳酸盐岩储层，分布面积和规模较大，例如鄂尔多斯盆地长 7 段致密砂岩面积约 $2.5\times10^4km^2$，松辽盆地扶余油层致密砂岩面积约 $2.3\times10^4km^2$。

致密砂岩主要形成于陆相敞流湖盆湖平面上升期滨浅湖—半深湖背景下发育的河流—浅水辫状河三角洲、扇三角洲沉积体系，以及陆相敞流湖盆最大湖泛期半深湖—深湖重力流、三角洲前缘等为主的沉积体系中，该类储层是目前国内发现致密砂岩油的主要类型。致密砂岩储层岩性复杂、物性差、孔隙类型多样性明显、非均质性强。鄂尔多斯、松辽、渤海湾、柴达木等盆地致密砂岩储层岩性以岩屑砂岩、长石岩屑砂岩为主，其次是长石与岩屑砂岩，组成岩石的沉积碎屑粒度细、分选与磨圆度差。孔隙类型以粒间（微）孔、粒间及粒内溶孔、微裂缝为主，主要为次生孔隙，原生孔隙比较少见，其主要原因在于强烈的压实胶结等成岩作用对原生孔隙的保存有不利影响，又由于储层与烃源岩的紧密接触，烃类的流体在生成和短距离运移的过程中，有机酸等物质作用于致密储层，促使次生孔隙相对发育。致密砂岩的物性表现为低孔低渗—特低孔特低渗特征，孔隙度一般为3%～13%，地面空气渗透率通常小于 1mD。

鄂尔多斯盆地延长组致密砂岩储层主要发育于湖盆中部水体较深的深湖—半深湖环境，其中，长 7 段以深水重力流沉积为主，物性受成岩相控制。岩性以长石砂岩和长石岩屑砂岩为主，长石与岩屑含量高，石英含量低。储层物性较差，孔隙度一般为 5%～14%，平均孔隙度为 8.7%，渗透率一般小于 1mD，平均渗透率为 0.2mD。孔隙类型包括少量原生粒间孔、长石粒间及粒内溶蚀孔，以次生孔隙为主，对储层物性一定程度上起到了改善效果，局部发育的宏观裂缝则可以大幅提高储层的渗流能力。

3. 源储组合关系

致密油具有近源成藏特点，源储组合类型多样，含油富集程度差异较大，源储配置关系决定了含油分布及其富集特征。以烃源岩为参照，致密油的源储组合可以划分为近源和源内两大类，其中源内致密油又分为源储共存型（烃源岩和储层相互共存）和源储一体型（烃源岩可以是储层、储层也可以是烃源岩），近源致密油又可分为源上型（烃源岩位于储层之上）和源下型（烃源岩位于储层之下）。

源上型指储层直接覆盖在烃源岩之上，如鄂尔多斯盆地延长组长 7_1 致密油和长 7_2 致密油；源下型指储层分布于烃源岩之下，如松辽盆地扶余致密油；源储共存型为源储相互叠置，如松辽盆地的高台子油层；源储一体型指烃源岩与储层为一体，储层即为烃源岩、烃源岩即为储层，两者并没有清晰界线难以划分，如准噶尔盆地吉木萨尔凹陷芦草沟组混积岩致密油和渤海湾盆地束鹿凹陷沙三段泥灰岩致密油。一般来说，源内致密油充注强度大、含油饱和度高，相对更为富集。

二、测井响应特征

致密砂岩储层最突出的测井响应特征是低对比度，即有效储层与非储层、油气层与水层、工业产层与低产层测井响应特征差异小，测井对比度低。致密砂岩储层物性差，毛管压力高，储层岩性和孔隙结构复杂，岩性和孔隙结构对测井响应的影响较大，使得测井响应难以有效反映有效储层和流体类型，给测井解释评价带来很大困难。下面从岩性—对比测井、孔隙度测井、电阻率测井三个方面分别论述致密砂岩储层的测井响应特征。

1. 岩性测井

自然伽马测井能很好地划分储层和反映泥质含量，但对于致密砂岩储层，由于岩性比较复杂，岩屑、陆源杂基含量较高，再加上高放射性矿物的干扰，矿物成分多样，使得自然伽马曲线的分层能力和反映泥质含量的能力有所下降。此外，致密油气工程品质评价中的脆性指数与矿物成分有很大的相关性，这就要求在致密油气岩性评价中需要定量计算矿物成分及其含量，单一应用自然伽马测井资料已难以满足评价要求。

如鄂尔多斯盆地中生界延长组长 7 段致密油储层，储层岩性主要为细—极细粒长石岩屑砂岩、岩屑长石砂岩等，岩屑含量较高，高伽马砂岩普遍存在。由于长 7 段致密油储层以深湖—半深湖相重力流沉积为主，填隙物含量较高，以水云母、碳酸盐、绿泥石等为主，整体上长 7 段致密油储层的自然伽马测井值明显高于长 8 段等储层。在烃源岩发育段，受有机质吸附高放射性物质影响，自然伽马出现异常高值，夹于烃源岩内的砂岩储层或邻近烃源岩的砂岩储层均具有很高的自然伽马值，且补偿中子测井、补偿密度测井也受有机质影响较大，测井响应异常，应用常规的砂泥岩测井标准无法识别砂岩储层，储层划分难度很大。在储层识别时需要借助于电成像测井、核磁共振测井等新技术手段来提高储层的测井分辨能力。在储层岩性评价时需加测元素测井或岩性扫描测井等新技术用于储层矿物成分及含量精细评价。

在致密砂岩储层中，由于储层渗透性极低，自然电位测井和微电极测井难以有效划分储层发育段，对砂岩段和泥岩段指示效果较差。

图 1-2-1 为鄂尔多斯盆地长 7 段致密油层段常规测井响应特征。由岩性测井道可以看出，砂岩段和泥岩段整体上自然伽马值较高，砂岩岩性细，自然伽马值一般为 80~110API，与常规砂岩储层相比高出 30~40API；泥岩受有机质含量影响，富含放射性矿物铀，自然伽马常出现异常高值，可达 300API 以上，一般泥岩自然伽马值大多超过 150API。岩性密度测井纵向变化快，反映储层矿物成分复杂多变。自然电位测井受储层强非均质性和超低渗透性影响，划分储层的能力差。

2. 孔隙度测井

一般情况下，孔隙变化在测井曲线上的响应是明显而易于识别的。但致密砂岩储层由于矿物成分复杂，骨架参数确定难度大，孔隙结构又受到次生改造的强烈影响，使得孔隙度测井曲线的分辨率降低。

声波测井仪采用双发双收补偿技术，有效地减小仪器在井筒中的不对称和井壁不规则的影响，与实验室岩心测量的孔隙度有较好的相关性，但缺点是影响因素比较复杂，纵向分辨率不高，对有效储层的分辨能力不如密度测井，尤其是砂岩储层含有较高的泥质含量或者储层的次生孔隙比较发育时，声波测井对孔隙的表征精度降低。

密度测井对有效储层的划分相对灵敏，但不利条件是测井质量受井眼状况的影响比较大。在孔渗较低的地层，一般泥质含量较高时，中子孔隙度不仅测量值较高，而且测量的含氢量是孔隙流体和泥质中氢的共同响应，单纯用它来指示储层孔隙度误差较大。

分析致密砂岩储层物性变化与三孔隙度测井值变化的关系发现，在多种影响因素下，密度测井值与渗透率变化的关系为单调负相关关系，而声波时差、补偿中子与渗透率的关系为非单调变化，因此在致密砂岩储层中，密度测井比声波测井、补偿中子测井的分辨能力高。

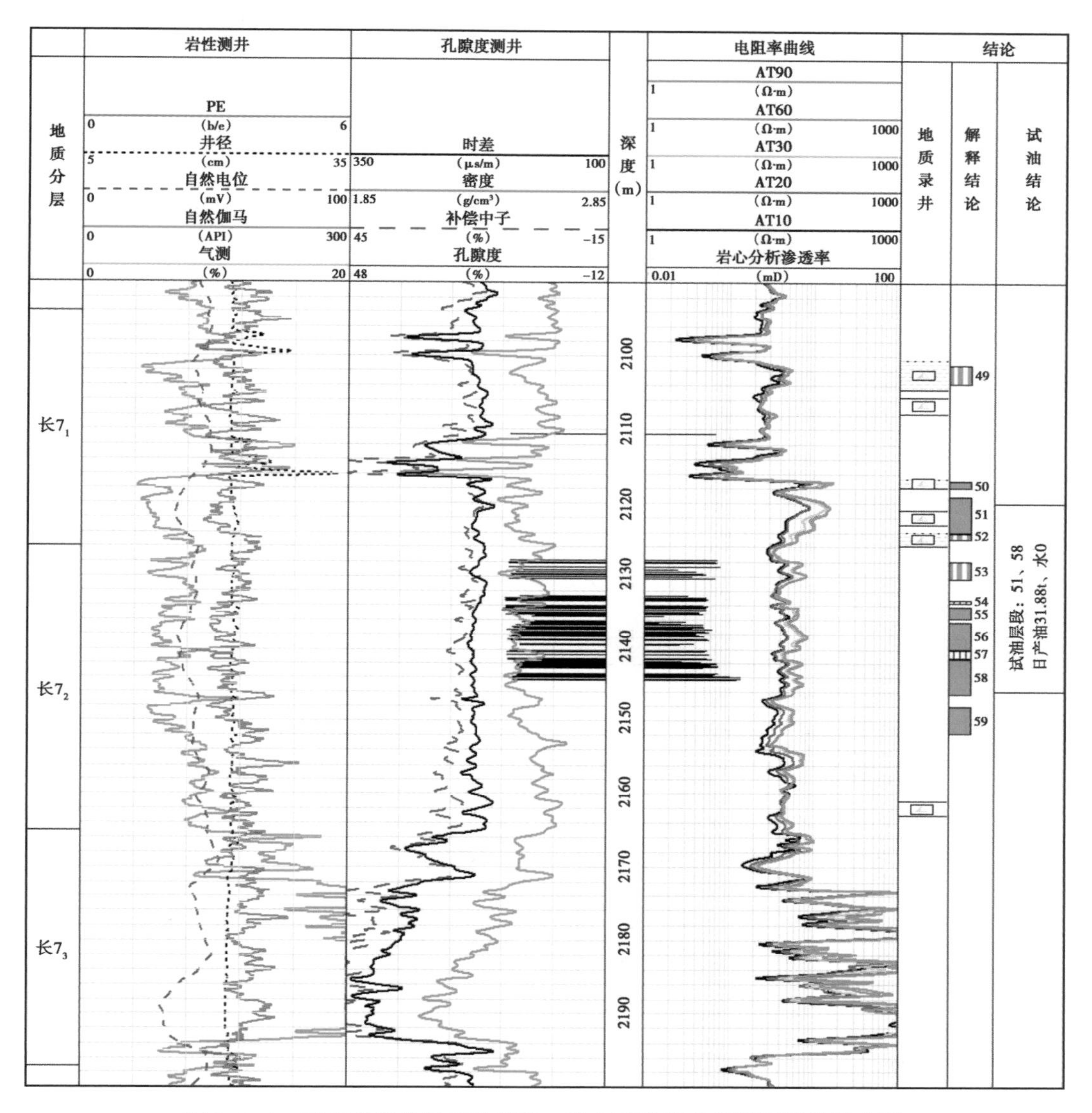

图 1-2-1　鄂尔多斯盆地延长组长 7 段典型致密砂岩储层测井综合图

但由于孔隙绝对体积小，需要采用高精度的密度测井仪器（仪器精度为 0.01g/cm^3）以提高测井资料精度。

以图 1-2-1 中孔隙度测井曲线为例，密度测井与自然伽马测井对应性较好，由于密度测井纵向分辨率较高，可较好地反映储层纵向上的非均质变化特征，并且在互融刻度下与岩心分析孔隙度相近；而声波测井和中子测井曲线平直，纵向分辨能力差，且受泥质成分影响，在互融刻度下与岩心分析孔隙度差异大，难以反映储层物性好坏及变化特征。

进一步讲，从测井信噪比的角度分析声波与密度测井对孔隙度的分辨能力。在 3%～12%的孔隙度范围内，鄂尔多斯盆地中生界砂岩储层密度测井值的响应区间跨度为 0.13 g/cm^3，对 MAXIS-500 型测井仪器，取精度 d=0.01g/cm^3、信噪比 h=13.0；对 ECLIPS-5700 型测井仪器，取 d=0.02g/cm^3、h=6.5。声波测井响应区间跨度，对于 MAXIS-500 型测井仪器声波测井范围为 7.878ms/ft、h=3.94（d=2ms/ft），对于 ECLIPS-5700 型测井仪器声波测井范围为 9.48ms/ft、$h=4.4$。可见在致密砂岩储层中密度测井的信噪比要明显优于声波时差测井。

3. 电阻率测井

电阻率测井是储层岩性、物性与含油气性质的综合反映，在岩性、物性相近的背景下电阻率值高低一般主要反映含油气的丰度。针对致密砂岩而言，由于储层孔隙流体体积小，加上孔隙结构、泥质、钙质、水性等因素的影响，电阻率测井对含油性的反映更加不确定。根据对致密砂岩储层含油气饱和度的特征分析及电阻率测井响应特征分析可知，不同含油气饱和度的致密砂岩储层，其电阻率差异很大，特别是电阻增大率的分布特征也不同。致密砂岩储层烃类充注程度较高时，表现为高电阻率特征，电阻增大率较高，测井易于识别；充注程度低时，孔隙结构、钙质含量等因素的影响相对增大，电阻率响应变化大，电阻增大率降低，给测井解释评价带来很大困难。

图 1-2-2 是吐哈盆地两口井致密气层与干层测井响应对比实例。本例中储层孔隙度约 5%。在较低的烃源岩充注背景下，气层的含气饱和度偏低，部分储层甚至不含气，主要为饱和束缚水的干层，压裂后可能出少量水。分析可知，气层与干层的电阻率值差异并不明显，电阻增大率小于 3，测井识别具有一定难度。

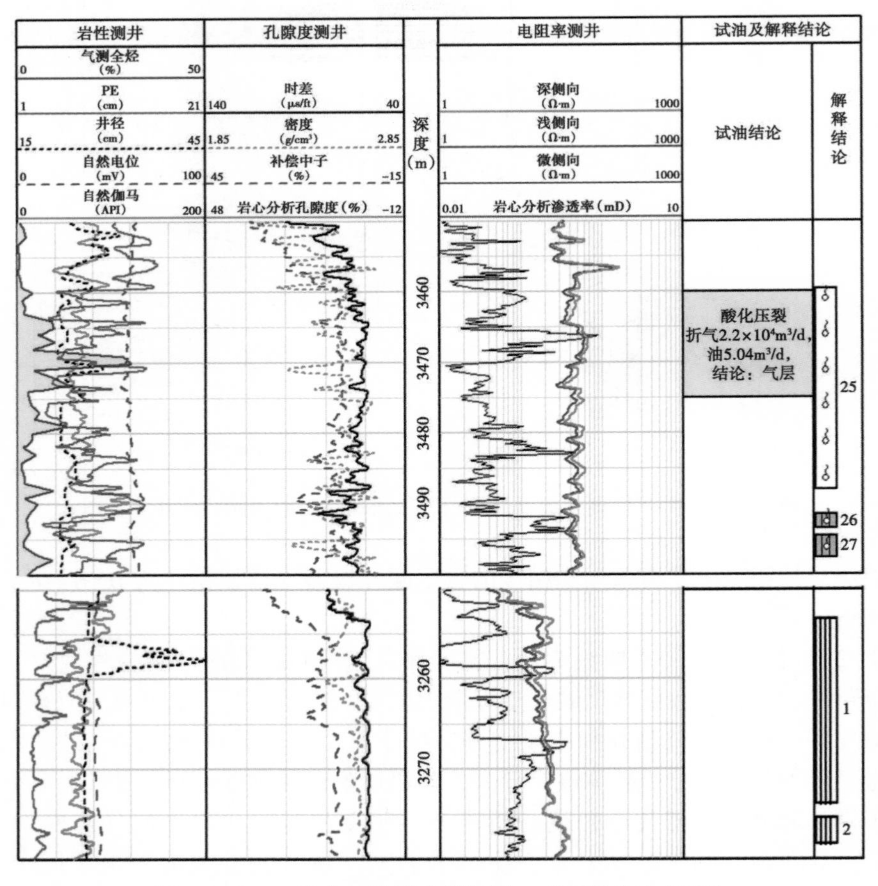

图 1-2-2 吐哈盆地致密砂岩气层—干层测井响应对比

图 1-2-3 是四川盆地川中地区两口井侏罗系沙溪庙组致密砂岩油层测井响应对比实例。本例中储层孔隙度约 4.5%。图中上部分经试油证实为高饱和度油层，日产油 174t，下部分为干层。通过对比可以看出，上下两段高饱和度油层与干层的电阻率值差异明显，电阻增大率可高达 5~15。

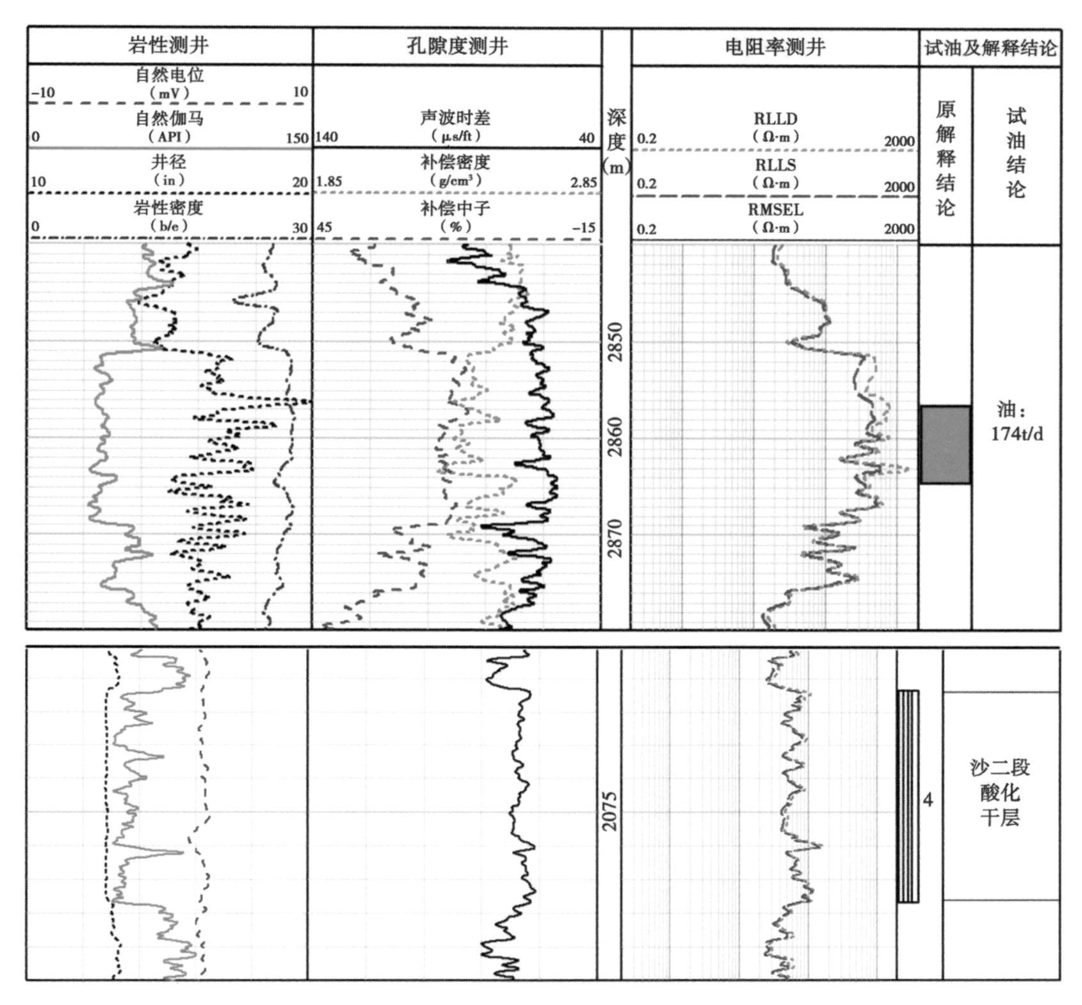

图 1-2-3　四川盆地川中侏罗系沙溪庙组致密砂岩油层—干层测井响应对比

4. 核磁共振测井

核磁共振测井技术主要用来评价储层的孔隙度和孔隙结构。由于致密砂岩储层孔隙度很低，储层含氢指数较低，导致核磁共振测井响应信噪比低，影响了此类储层孔隙度的评价精度。

吐哈油田致密砂岩储层核磁共振测井结果表明其信噪比仅为 3~7（图 1-2-4），给测井评价带来了很大的误差。图 1-2-4 中第 8 道信噪比曲线表明长等待时间的横向弛豫时间 T_2 谱与短等待时间的 T_2 谱相比，前者的信噪比相对较高，用两种 T_2 谱计算的孔隙度差异非常明显（第 7 道）。

除信噪比特征以外，在致密砂岩储层中由于孔渗极差，冲洗带含有较高的残余烃，以冲洗带为主要探测范围的核磁共振测井响应受流体性质的影响，特别是残余烃对 T_2 存在明显

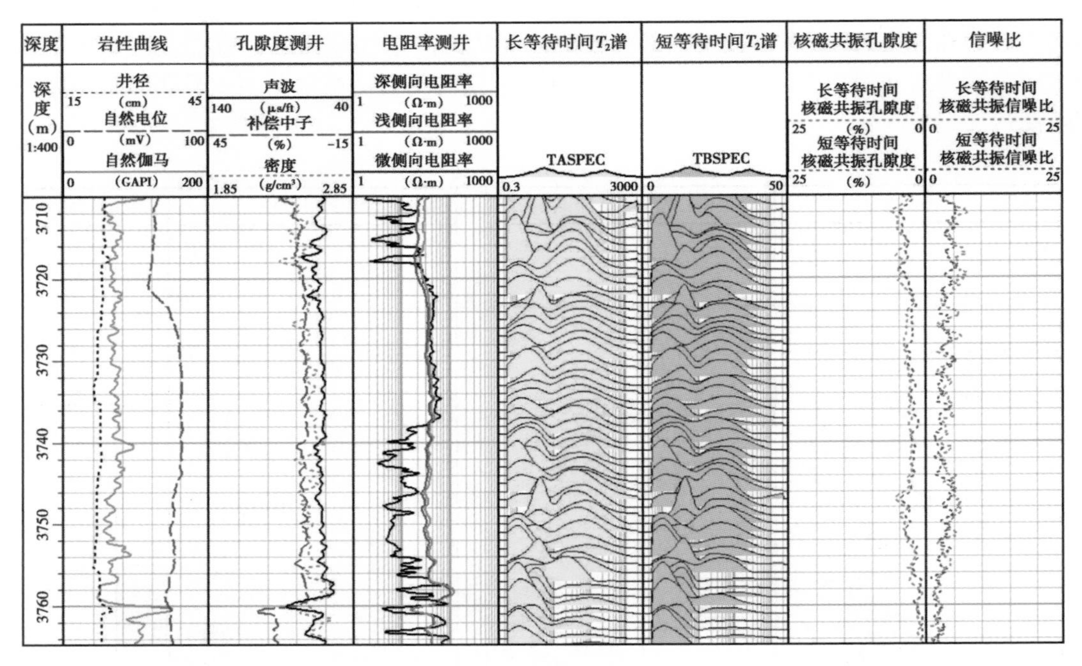

图 1-2-4　吐哈盆地典型致密砂岩储层核磁共振测井 T_2 谱与信噪比

影响。图 1-2-5 是鄂尔多斯盆地长 7 段致密砂岩油层核磁共振测井响应特征分析。图中 1953～1956m 井段经试油证实为油水同层，第 8、第 9 道分别为不同等待时间 T_W、间隔时间 T_E 的 T_2

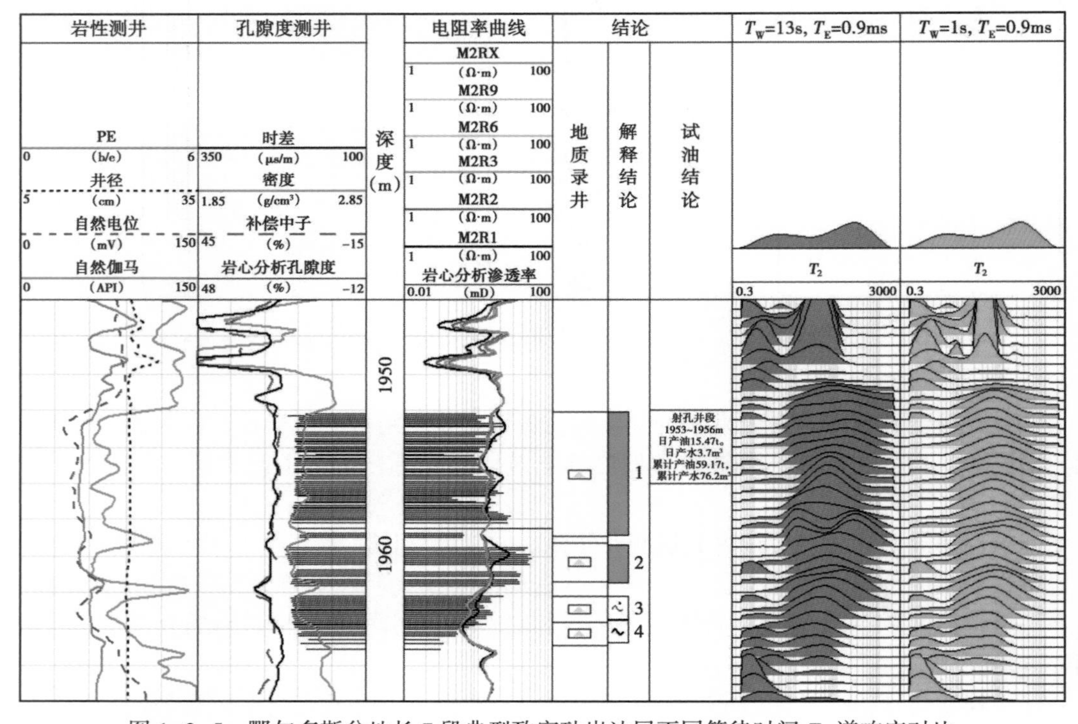

图 1-2-5　鄂尔多斯盆地长 7 段典型致密砂岩油层不同等待时间 T_2 谱响应对比

谱，可以看出在试油段，由于储层冲洗带存在一定残余油，影响了核磁共振响应，使得不同等待时间的 T_2 谱分布存在差异。

因此，在应用核磁共振测井开展致密砂岩储层孔隙度计算和孔隙结构评价时，首先需要针对本地区储层特征开展岩石物理实验和现场试验或数值模拟，选择合适的测量模式，并确定孔隙度误差和精度下限，同时应尽可能消除油气对核磁共振测井响应的影响，在此基础上再开展其他参数计算和孔隙结构分析，而不能直接套用传统的核磁共振测井采集模式和处理评价流程。

三、测井技术需求与采集系列

1. 测井资料采集需求

根据前面的分析，相对于常规砂岩储层，围绕致密砂岩油气的准确评价，在测井资料的需求方面应当突出“高精度、深探测、高分辨、多信息”这四点，具体阐述如下。

1） 高精度

对于致密砂岩储层评价，首当其冲是要强调资料的精度，就是要尽可能减小测量误差，提高测量精度，满足储层参数定量解释的需要，重点是应用高精度的岩性密度测井，提高测井对储层物性的评价能力。

对致密砂岩储层，由于测井响应的有效信号区间比较小，微小的测量误差就可能导致对储层性质的认识发生变化，因此确保测井资料的精度对储层划分和储层参数解释非常重要。

图 1-2-6 是模拟在不同孔隙度地层中（假设骨架密度为 2.65g/cm^3），常用国产仪器纵波时差和补偿密度测井的精度对孔隙度计算精度的影响。以孔隙度为 10%的致密砂岩为例，当纵波时差测井仪器的精度为 2μs/ft 时，可能造成的孔隙度计算相对误差达 22.5%；当补偿密度测井仪器的精度为 0.025g/cm^3 时，可能导致计算的孔隙度相对误差高达 15.2%。

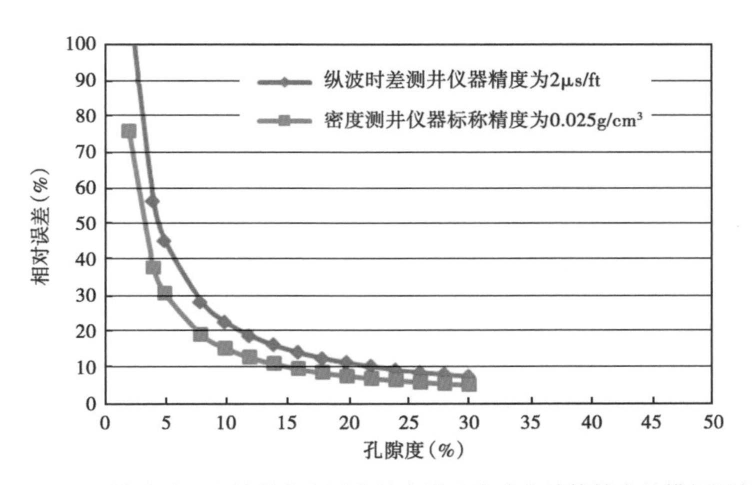

图 1-2-6　纵波时差和补偿密度测井精度影响孔隙度计算精度的模拟图版

反过来，从储量的精度要求来分析，假设储层有效孔隙度范围为 3%～9%，平均孔隙度为 6%，对应密度测井的响应区间为 2.55～2.45g/cm^3，声波时差测井响应区间为 190～210μs/m，补偿中子测井响应区间为 2～8pu。按照探明储量规范孔隙度相对误差小于 8%的要求，则孔隙度绝对误差必须小于 0.48%，对含水纯石英砂岩储层，可以得到对密度、声波时差、补偿中子仪器的测井精度要求分别是±0.01g/cm^3、±3μs/m 和±0.5pu。

在鄂尔多斯盆地开展了不同测井装备岩心分析孔隙度与测井密度的相关性对比分析。发现早期使用的小数控测井系列密度（下井仪器型号为 2227）精度较低，同一地区不同井之间，分析孔隙度与测井密度一致性比较差，相关系数也比较低。采用 EILog、PEX 等新装备后，孔隙度与密度之间的相关性得到显著提高，如图 1-2-7 所示。因此在一个区块最好采用同一类型的测井装备，以便于井间对比和资料的归一化。

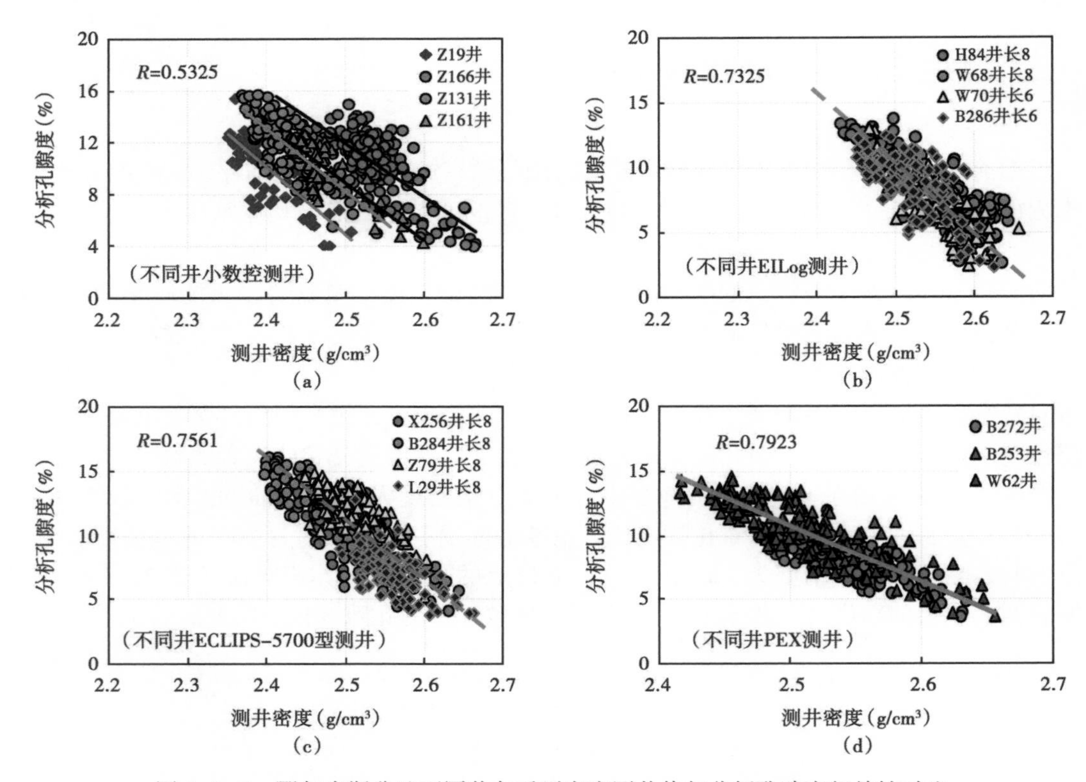

图 1-2-7 鄂尔多斯盆地不同装备系列密度测井值与分析孔隙度相关性对比

2）深探测

深探测指增大仪器径向探测深度，尽可能多地探测到原状地层的信息。以电阻率测井为例，重点是推广阵列感应、侧向等探测深度大的电阻率测井方法，提高测井识别和评价地层含油性的能力。

3）高分辨

高分辨指在对薄砂层或大段砂岩中的相对高渗透储层段有较好分辨能力，满足储层分类评价的需求。如高精度密度测井、成像测井等，可以提高纵向分辨能力。

4）多信息

多信息指除尽可能确保常规测井方法有足够的测量精度和探测深度以外，在致密砂岩储层针对性推广核磁共振测井、岩性扫描测井和阵列声波测井的应用力度，对于识别和评价疑难储层，实现储层有效分类和多重属性的综合评价也是十分必要的。

2. 测井系列设计

1）垂直井测井

为保障致密砂岩油气测井评价的精度和符合率需求，特别是“铁柱子”井的研究需要，必须保证足够完善的测井系列。表 1-2-1 给出了针对不同的测井评价需求建议的测井项目，其中高精度数控测井是基础，在关键井中除了采集针对性的项目以外，在条件许可的情况下还应该测量选择性的项目，以配合取心和岩石物理分析资料，建立可靠的储层“七性”关系评价模型。

表 1-2-1 致密油气探井、“铁柱子”井测井系列

测井评价需求	特殊测井项目		基本测井项目
	针对性测井项目	选择性测井项目	
孔隙结构	核磁共振	微电阻率扫描	高精度数控组合
复杂岩性/TOC 评价	元素俘获/扫描	自然伽马能谱	
砂泥岩薄互层	阵列感应	微电阻率扫描	
裂缝评价	微电阻率扫描	偶极横波	
岩石力学、地应力分析	阵列声波/扫描声波	微电阻率扫描	
沉积学、古水流分析	微电阻率扫描、地层倾角		

表 1-2-2 给出了斯伦贝谢公司 MAXIS-500 型、贝克休斯公司 ECLIPS-5700 型、哈里伯顿公司 LogIQ、威德福公司 COMPACT 和中国石油集团测井有限公司 EILog 平台的主要数控测井系列性能指标对比，在测井设计中可供选择参考。

表 1-2-2 主流测井平台的主要数控测井系列性能指标对比（据各公司网站）

测井平台	仪器名称	测量性能指标			
		探测深度（in）	纵向分辨率（m）	测量范围	测量精度
MAXIS-500	超热中子孔隙度测井 APS	7	0.36	孔隙度：0~60pu	<7pu：±0.5pu 7~30pu：±7% 30~60pu：±10%
	岩性密度测井 LDS	4	0.38	体积密度：1.3~3.05g/cm³ PE：1~6，井径：16in	体积密度：±0.01g/cm³ 井径：±0.25in
	CMR—Plus 型核磁共振测井	1.12	0.15	孔隙度：0~100pu	总孔隙度：±1.0pu
	阵列感应 AIT-H	10、20、30、60、90	0.3、0.61、1.22	0.1~2000Ω·m	±0.75ms/m 或 2%
ECLIPS-5700	核磁共振 MREx	2.2~4	0.46	100pu	0.02
	阵列感应 HDIL	10、20、30、60、90	120	0.3Ω·m、0.6Ω·m、1.22Ω·m	0.1~2000Ω·m
LogIQ	阵列补偿声波 BSAT	<3	7.62cm	40~190 μs/ft	± 1 μs/ft
	双源距中子 DSNT	6	0.61	-2~100pu	± 1pu 或± 5%
	能谱密度 SDLT	1.5	0.23		
	MRIL-P 型核磁共振		1.2	0~100pu	1pu 或 5%

续表

测井平台	仪器名称	测量性能指标			
		探测深度(in)	纵向分辨率(m)	测量范围	测量精度
COMPACT	补偿中子测井仪 MDN	10. 2in@ 20pu	标准模式:0. 61m 高分辨率模式:0. 41m	-3~100pu	<0. 05@ 20pu
	密度测井仪 MPD	~3. 9	标准模式 0. 37 高分辨率模式:0. 15	密度:1. 2~3. 0g/cm³ PE:0~10b/e	密度: 0. 01g/cm³ PE: <0. 05b/e
	补偿声波测井仪 MSS		0. 3,0. 6	130~820μs/m	0. 82μs/m
	阵列感应 MAI	12~47	0. 1	0. 2~2000Ω · m	
EILog	补偿中子测井仪 CNLT			0~85pu	< 7pu:±0. 5pu ≥ 7pu: ±7%
	岩性密度测井仪 LD-LT			密度:1. 3~3. 0g/cm³	密度:±0. 025g/cm³ (1. 3~3. 0g/cm³)
	补偿声波测井仪 BCA	~1	~0. 4	~3000μs	± 2 μs/ft
	阵列感应 MIT	10,20,30,60,90	0. 3,0. 61,1. 22	0. 1~1000Ω · m	±0. 75mS/m 或±2%

2) 水平井测井

水平井钻探通过增加井眼与目的层的接触面积来提高产量，被广泛用于非常规油气开采。水平井测井可以选择随钻测井，也可以在钻井结束之后利用钻杆传输进行电缆测井，在恶劣井况下还可以选择过钻杆传输测井。

在水平井中，由于仪器与地层界面呈接近平行的状态，感应和电磁波传播等电阻率测井受探测范围内地层各向异性的影响特别显著。图 1-2-8 是以斯伦贝谢公司 CDR 随钻电磁波

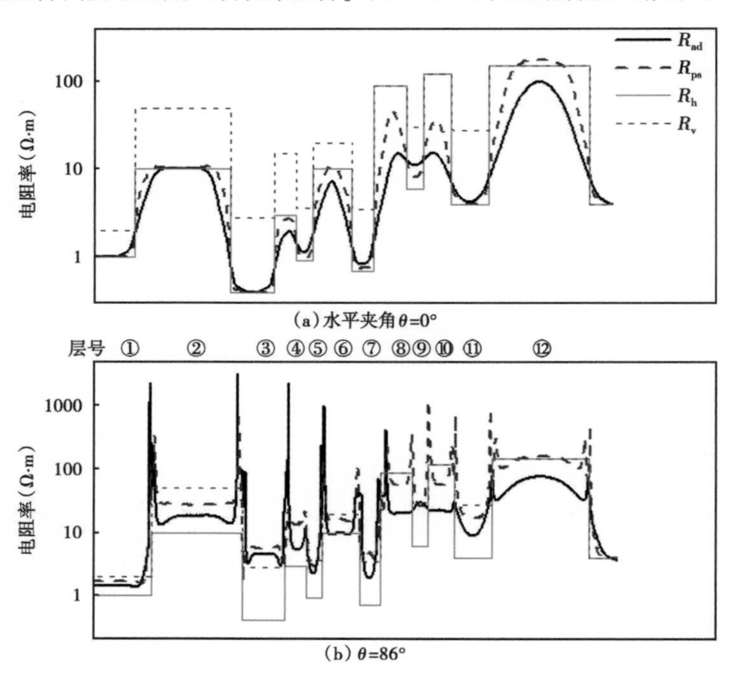

图 1-2-8　各向异性地层水平井和垂直井 CDR 随钻电磁波电阻率测井响应模拟

仪器为例，针对 Oklahoma 地层模型分别模拟的垂直井［图 1-2-8（a）］和水平井［图 1-2-8（b）］条件下的响应特征。图中 R_h 和 R_v 分别表示地层的水平电阻率和垂直电阻率，R_{ad}和 R_{ps}分别表示模拟的 CDR 仪器幅度和相位电阻率。

根据图 1-2-8，①、②、③、④、⑤、⑥等几个小层的电阻率表现为强烈的各向异性，对应的 R_v 明显大于 R_h。在垂直井中［图 1-2-8（a）］，相位和幅度电阻率曲线基本上相对于层中点轴对称，相位电阻率数值接近水平电阻率 R_h，各向异性影响可以忽略，而层厚的影响更明显。但是在水平井中［图 1-2-8（b）］，各向异性的影响就不能忽略，相位和幅度电阻率在层界面出席“犄角”状跳跃，且相位和幅度电阻率测量结果都介于 R_h 和 R_v 之间，一般大于 R_h，具体还与层厚有关，此时资料处理与测井评价对井眼与地层的几何关系及电各向异性的影响分析就显得特别重要，而随钻仪器提供的多探测深度、多分辨率曲线为这种分析提供了可能。

对双感应测井的数值模拟可以得到类似的结论。因此，在水平井中如果使用电缆测井，应尽量避免采集双感应或阵列感应电阻率，而应采用双侧向电阻率。大量实例表明水平井的阵列感应电阻率测量值往往偏大，乱序现象严重。

第三节　致密砂岩油气测井评价重点与思路

致密砂岩油气具有源储一体或近源成藏的基本特征，常采用水平井钻井和大型压裂改造等方式开采，这就决定了致密砂岩油气评价所要解决的主要问题和承担的任务、采用的评价思路与评价方法等均与常规油气存在本质区别。

一、测井评价的基本思路

在致密砂岩油气评价中，不仅仅要分析储层的好坏，同时更重要的是要考虑烃源岩的品质，它是形成油气的物质基础，其次还要做好水平井钻井和压裂改造等工程设计的技术支撑。因此，致密砂岩油气测井评价必须采用源储一体化的基本思路，并注重钻完井工程参数等评价，开展烃源岩特性、岩性、含油性、物性、电性、脆性和地应力特性等七个方面的评价，也就是所谓的“七性关系”评价。

图 1-3-1 给出了测井“七性关系”研究的内涵。总体上讲，致密砂岩油气测井评价要解决储层有无储量、油气能否产出和如何产出这三方面的关键问题，应遵循的基本评价流程和研究包括以下内容。

（1）烃源岩特性：一般指反映烃源岩品质的主要参数指标。在地球化学研究中，对烃源岩的品质评价要从有机质丰度、有机质类型和有机质成熟度三个方面，开展包括总有机碳、碳氢氧元素、热解气相色谱等多达 20 项分析测试，这些工作都是在实验室对单个样品开展测试后完成的，是一种不连续的、有限深度位置的测量分析。但是测井评价烃源岩的工作是基于能谱或元素谱测井建立 TOC 计算模型，或者根据元素谱测井分析碳氢氧等元素的含量、辅助判断有机质类型并进行连续的全剖面定量评价。对于其他的地球化学指标，需结合实验结果建立经验性的模型。

（2）岩性：致密砂岩储层的岩性评价一般也采用如同常规砂岩的类似思路，最优化算法应用较为普遍，但是前者通常具有更复杂的岩矿组成，在重点探井或参数井中，须采用元素谱测井解决复杂岩矿的识别与定量计算难题，这既是岩性、脆性评价的需要，也是准确确

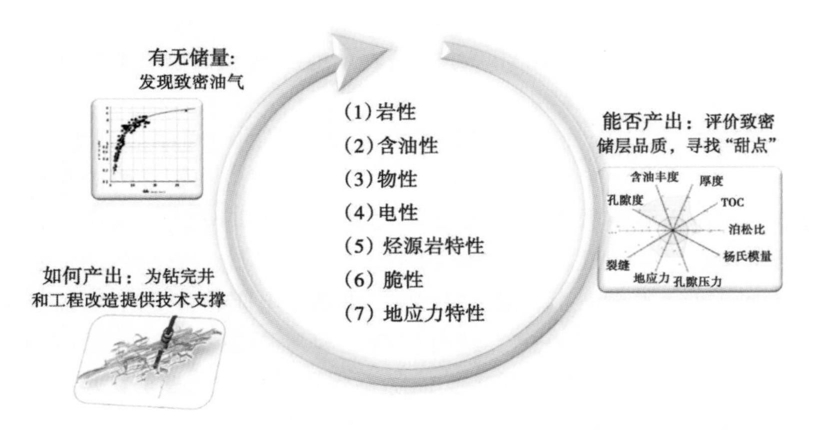

图 1-3-1　致密砂岩油气测井“七性关系”的基本内涵示意图

定骨架参数、计算孔隙度的需要。

（3）含油性与电性特征评价：含油性评价要解决致密油层的测井识别问题，在具体地区面临的困难可能不同，主要取决于源储充注程度或含油饱和度高低。在高含烃饱和度致密砂岩储层中，如鄂尔多斯盆地中部长 7 段，基本未见含水层，此时含油性测井识别相对简单，研究重点在于储层分类；但是在中低饱和度致密油层，存在油层、油水同层和水层测井识别的难题，此时需要开展烃源岩—储层品质一体的综合评价思路，也就是要综合分析烃源岩和储层的品质及其配置关系。

在识别油层的基础上，计算致密砂岩含油饱和度是另一个难题。一方面，针对此类储层难以开展基于驱替的传统岩电测试手段以给出胶结指数 m、饱和度指数 n，而且阿尔奇模型是否适用于致密砂岩也有待考证；另一方面，在高含油饱和度区域，由于难以找到试油纯水层，确定地层水电阻率 R_w 也是面临的挑战之一。依赖密闭取心井资料刻度可能是目前解决致密砂岩饱和度计算难题的有效途径之一。

（4）物性：物性计算与常规砂岩类似，区别在于致密砂岩的孔渗更低，渗透率与总孔隙度的相关性一般较差，储层的渗流能力受孔隙连通程度即孔隙结构的影响更为显著。对致密砂岩，建立高精度的孔渗计算模型需要更加重视岩心实验分析数据的可靠性、寻求核磁共振测井及合适的资料处理方法。对于含裂缝致密砂岩储层，裂缝的识别和裂缝孔隙度计算也是重点。

（5）脆性与地应力特性评价：关于岩石的脆性，国内外都没有统一明确的定义，一般认为它是与岩性（矿物组分）、岩石力学等密切相关的综合特性，脆性越大岩石越容易发生断裂破坏。测井评价脆性的方法主要有基于矿物特征的脆性指数模型和基于弹性参数的模型两大类，但是都需要结合具体地区开展适用性分析。

对致密砂岩储层而言，更多地表现为声学、力学各向异性的特征，基于各向同性的地应力测井评价模型计算精度低，需要研究基于各向异性模型的地应力测井评价方法，在此基础上进一步确定最大水平主应力/最小水平主应力的数值与方位、储层的破裂压力大小、裂缝的延伸方位与高度等信息，为压裂施工方案的设计优化提供关键依据。

（6）铁柱子井综合研究：为了准确完成上述“七性关系”研究内容，需要在关键井中采集针对性的测井系列、配套齐全的钻井取心化验分析及岩石物理研究，建立起各种评价方法模型，并在关键井中开展连续定量计算和综合评价，得到反映烃源岩品质、储层品质和工程品质在内的各类成果曲线。这样的井称之为“铁柱子井”，它可以为区域性致密储层评价提供方法样板。

（7）“甜点”区测井识别与评价：为实现致密砂岩油气的有效开发，评价工作的核心任务还包括如何准确识别“甜点”区，即优质烃源岩与相对品质较好的储层相匹配、可能存在一定程度的裂缝或微裂缝、有利于压裂增产改造并获得高产的储集体。在关键井研究基础上，利用测井资料量大面广、连续性和高精度的优势开展多井综合解释评价，并结合地质和地震等多学科的成果，是识别“甜点”区的一个有效技术思路。

二、测井评价重点与难点

针对致密砂岩油气以“七性关系”为主体的研究思路，与常规油气藏测井评价既有共同点，但也存在很多区别，可直接借鉴应用的方法技术并不多。归纳起来，在现阶段开展致密砂岩油气测井解释评价工作，攻关的重点，也是难点，主要包括以下四个方面。

1. 致密储层的物性与储层品质测井表征

由于致密砂岩的孔隙度低、孔隙体积小，测井信息反映孔隙和其中流体响应的比例相对于常规砂岩储层要弱得多，或者说致密砂岩的测井资料信噪比偏低，测井响应更大程度上受骨架所含的矿物种类及其分布的影响，部分地区的储层甚至含有微米级的微裂隙，如何基于测井资料实现储层品质的准确定量表征是一个重要难题。在这个问题上，核磁共振测井无疑能够发挥关键作用，但是核磁共振测井同样面临信噪比的问题，如何针对致密砂岩储层设计合理的采集模式、研发提高信噪比的资料处理方法等方面都需要开展深入研究。

2. 致密砂岩的电性特征与含油饱和度定量计算

如前所述，致密砂岩的含油饱和度计算是当前致密油气评价面临的第二个重要难题，其结果的准确与否既影响单井纵向上“甜点”段的准确划分，也涉及区块上“甜点”体的识别和储量计算精度，亟须在实验工艺、计算模型、参数确定等方面开展系统深入的研究，关键是要明确影响其电阻率高低的主要因素与变化规律，以高精度 CT 并配合关键步骤的实验标定可能是解决这一难题的技术途径。

3. 考虑各向异性的最小水平主应力计算

目前，斯伦贝谢等国外服务公司在非常规油气测井评价中广泛应用各向异性模型计算地层最小水平主应力。测井计算时，地层岩石的水平和垂直杨氏模量、泊松比等参数需要通过各向异性的岩心组实验来测定，不同方向的构造应力系数需要实际压裂资料的刻度标定。并且如何通过阵列声波测井逐点计算水平和垂直方向的弹性模量参数是测井评价遇到的主要挑战。

4. 水平井测井资料处理与评价

如前所述，水平井或大斜度井中的测井仪器，尤其是电阻率测井仪器，响应特征明显区别于垂直井，此时测井处理评价的核心问题是要解决井轴与地层空间几何关系、砂层的真电阻率和油水分布剖面三个关键难题，这既要涉及不同随钻测井仪器的结构参数、工作参数与资料快速正反演算法，还涉及对具体油藏地质特征的经验认识，也是目前面临的瓶颈难题。

第二章　致密砂岩储层测井岩石物理

测井岩石物理研究是致密砂岩油气测井解释评价的重要基础，主要研究内容包括储层物性及孔隙结构、储层含油饱和度与电学性质、储层核磁共振性质、岩石力学性质。此外，由于这类储层的物性极差，适用于常规中高孔渗储层的实验工艺流程亟须针对致密砂岩储层的特殊性进行改进和完善，特别是精度上的控制，本章还专门讨论了针对性的岩石物理实验方法与精度分析。

第一节　储层物性与孔隙结构

近几年勘探实践表明，致密砂岩储层在沉积发育背景和环境、成岩演化、孔隙类型、孔隙结构、孔隙连通性、储集性能和渗透性能等方面与常规砂岩储层均有较大差异。致密油气储层具有较低的孔隙度、极低渗透率，这一特征与其孔隙结构的复杂性密切相关。储层物性和孔隙结构特征是岩石物理特征研究的基本内容之一，与岩性特征、含油性特征、电性特征和脆性特征等密切相关。

一、储层物性特征

由于岩性的不同和沉积环境及成岩作用的差异，不同盆地的致密油储层物性特征和孔隙结构特征差异很大，图 2-1-1 为国内外典型致密油储层孔渗分布区间统计。

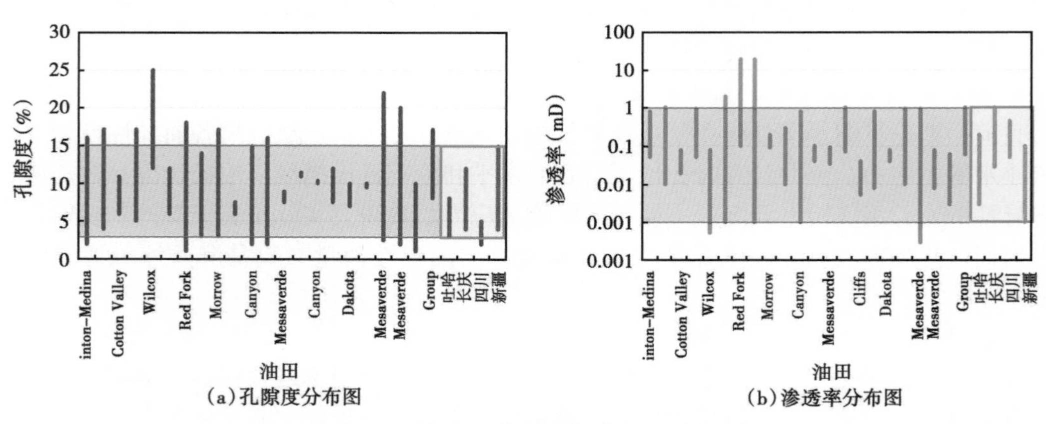

(a)孔隙度分布图　　(b)渗透率分布图

图 2-1-1　国内外典型致密油气储层孔渗分布区间

孔隙度和渗透率大小及其分布范围是描述储层物性特征的关键参数。一般地，致密油储层的孔隙度低、渗透率低，即“两低”特征，与常规油储层的孔渗分布特征具有明显的差异。同时，我国陆相致密油由于其特殊的地质背景，孔渗条件比北美地区的更差。

中高孔渗砂岩储层以微米—毫米级孔隙为主，而致密砂岩储层孔喉主体为微纳米级，比例高达60%~80%，从而使得其储集物性变差，如图2-1-2所示，鄂尔多斯盆地长7段储层孔隙度一般小于12%，地面空气渗透率一般小于1mD（覆压基质渗透率小于0.1mD），主体样品的地面空气渗透率甚至小于0.3mD。

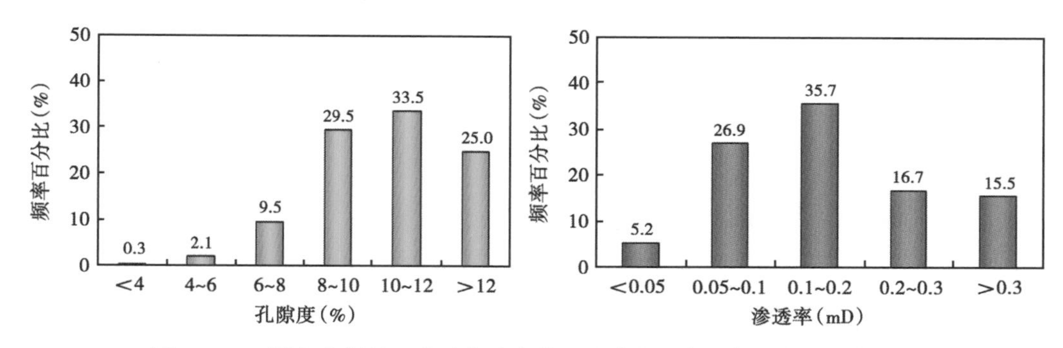

图2-1-2 鄂尔多斯长7段致密砂岩储层孔隙度、渗透率分布频率直方图

对不同盆地的致密砂岩样品测试化验数据统计分析表明，不同地区、不同层位的储层孔隙结构特征差异巨大。鄂尔多斯盆地陇东地区延长组长7段致密油储层孔隙类型以长石溶孔为主，占总孔隙的67.54%，粒间孔次之，占总孔隙的22.37%；岩屑溶孔较少，占总孔隙的9.21%；见到少量晶间孔、微裂缝，长7段储层孔隙度主要分布在6%~10%，平均孔隙度为7.54%，渗透率分布范围主要为0.003~1.0mD，平均值为0.11mD（图2-1-3）。松辽盆地南部扶余油层孔隙度变化区间在6%~12%，平均值为8.3%，渗透率分布范围主要为0.05~3.0mD，平均值为0.3mD。这类储层孔渗的重要特点是孔渗分布范围较宽，特别是低值端较多，孔隙度控制渗透率的规律不明显，相近孔隙度样品对应的渗透率差异可达2~3个数量级（图2-1-3）。

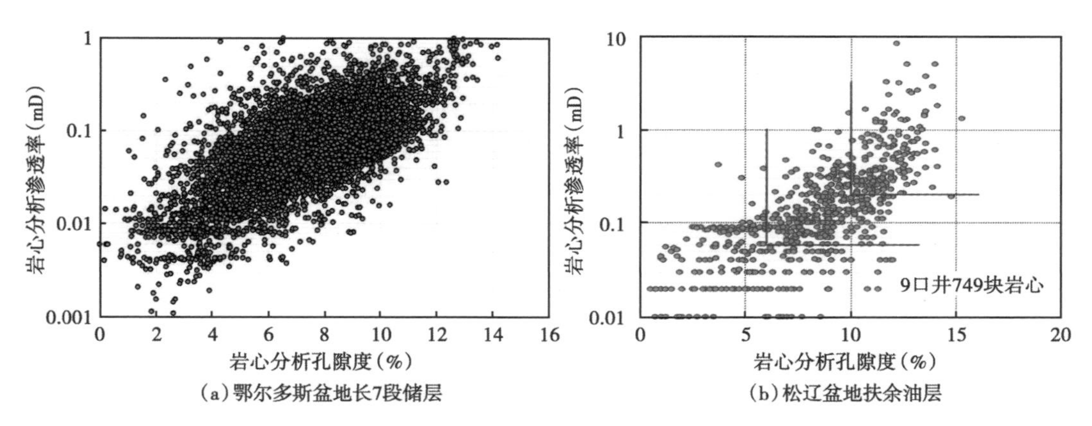

图2-1-3 近源致密油砂岩类储层孔隙度—渗透率关系图

致密砂岩气储层的物性特征往往比致密油储层更差。根据吐哈盆地山前致密气储层193块砂岩岩心常规物性分析结果，西山窑组一段砂层孔隙度在1.9%~8.4%，渗透率在0.002~3.614mD；有少部分样品孔隙度在8.0%~10.0%，渗透率在1.00~10.00mD，渗透率大于10.0mD的储层均有明显裂隙发育。三工河组砂层70块样品孔隙度在2.5%~6.3%，渗透率在0.002~11.123mD，平均为0.358mD。通过覆压渗透率测量，地层条件下渗透率约为地面

空气渗透率的 1/5（图 2-1-4），储层的覆压渗透率极低。

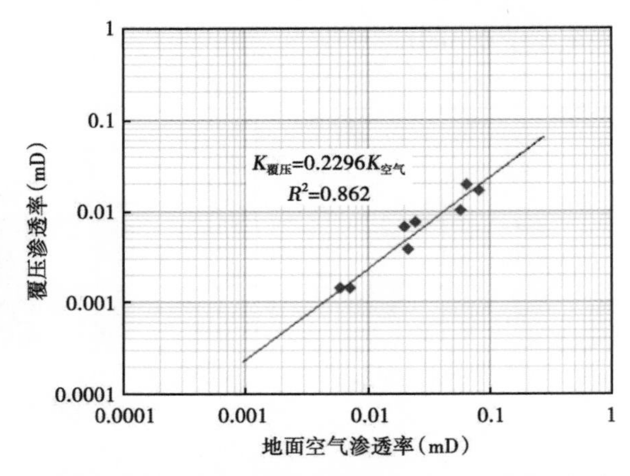

图 2-1-4　吐哈盆地山前致密气储层覆压渗透率 $K_{覆压}$ 与地面空气渗透率 $K_{空气}$ 对比

铸体薄片资料分析表明，吐哈盆地北部山前带西山窑组和三工河组致密砂岩储层中溶蚀粒内孔和泥质杂基微孔隙占主导地位，而剩余粒间孔却很少见。根据岩心孔渗分析结果，结合配套的铸体薄片分析实验，当储层岩石含有微裂隙时，储层渗透性有明显改善（图 2-1-5），可以达到 1.0mD 以上，但毫无疑问的是，该区大多数样品的孔隙类型属于溶孔型，渗透率主体低于 0.5mD。

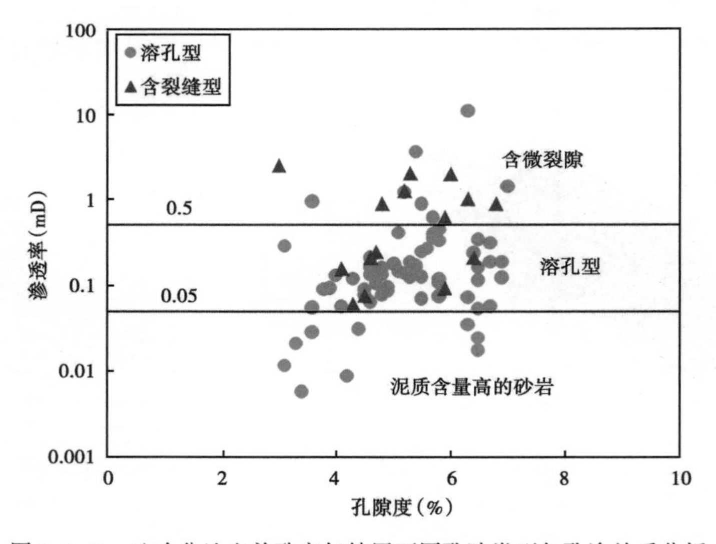

图 2-1-5　吐哈盆地山前致密气储层不同孔隙类型与孔渗关系分析

二、孔隙结构特征

储层孔隙结构不仅决定了储层电性特征，而且还决定了储层储集性能和产能大小，所以在非常规油气储层评价中，特别是储层物性差、孔隙与喉道半径都比较小的情况下，孔隙结构研究十分必要。孔喉结构包括孔喉大小及其分布、孔喉空间几何形态、孔喉间连通性等，下面结合岩心薄片、压汞毛管曲线等论述致密砂岩储层的典型孔隙结构特征。

1. 孔隙类型

砂岩储层的孔隙类型主要有原生粒间孔、粒间和粒内溶孔、岩屑溶孔、微孔、自生矿物晶间孔和微裂缝等，对于源内致密油，还包括干酪根中的有机质孔。但由于岩石矿物成分与成岩作用的差异，不同类型致密油储层储集空间中，发育的孔隙类型分布及其占比存在一定的差异。总体上来说，细粒沉积的特征赋予了致密砂岩储层小微孔喉普遍发育的特点，溶蚀为主的次生孔隙发育造就了孔隙结构复杂化的特点。

强烈的压实作用往往导致储层物性极差、孔隙结构复杂化。如吐哈盆地致密砂岩储层岩石薄片显示胶结类型以压嵌型为主，以孔隙型—压嵌型为辅；碎屑颗粒主要为次圆—次棱角状，个别为次圆状；分选以中等为主。颗粒接触关系反映压实作用强烈，塑性碎屑颗粒（如云母）因压实而弯曲、假杂基化；脆性颗粒受应力作用发生脆性破裂；储层碎屑颗粒以线接触为主，局部可见凹凸接触（图 2-1-6）。

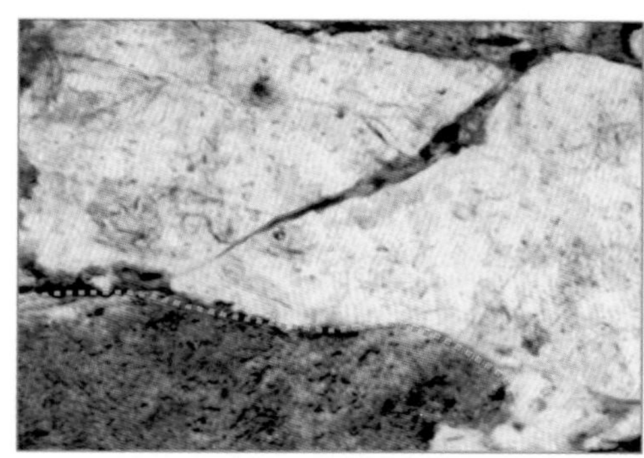

(a)线接触，K19井 3395m

(b)凹凸接触，K20井 3494m

图 2-1-6　致密砂岩储层颗粒接触关系以线接触和凸凹接触为主
（据中国石油吐哈油田勘探开发研究院）

表 2-1-1 列出了鄂尔多斯盆地两个不同区块的长 7 段致密油储层的孔隙类型，主要包括少量粒间孔、长石溶孔及粒内溶孔、岩屑溶孔、自生矿物晶间孔和少量微裂隙，以次生溶蚀孔隙为主，长石溶孔和岩屑溶孔等次生溶蚀孔占总孔隙度比例达 45%~65%，粒间孔次之，占总孔隙度比例为 15%~25%。图 2-1-7 给出了典型的长石颗粒溶孔的薄片及扫描电镜图片，清晰展示了该区致密砂岩储层孔隙形状和结构的不规则特性。因此，致密砂岩储层中的可溶矿物的多少以及溶蚀作用的强弱共同决定了其孔渗大小、孔隙类型与孔隙结构特征。

表 2-1-1　鄂尔多斯盆地长 7 致密砂岩储层孔隙类型分布（据中国石油长庆油田勘探开发研究院）

区块	粒间孔（%）	长石溶孔（%）	岩屑溶孔（%）	晶间孔（%）	微裂隙（%）	面孔率（%）
姬塬	1.36	1.32	0.10	0.10	0.09	2.97
陇东	0.51	1.54	0.21	0.01	0.01	2.28

致密砂岩储层有时发育少量裂缝，局部甚至可达 2~3 条/m，部分储层中还能够见成岩缝发育。这些裂缝具有开度小、充填程度低的特点，虽然提供储集空间很小，但对储层内流体的渗流和储层孔隙结构的改善具有重要影响，也使得储层渗透率的非均质性进一步加大。通过详细观察取心井的岩心，结合岩石片鉴定和铸体薄片分析结果，发现鄂尔多斯盆地长 7

长石溶孔，Zh237井，长7_3，2114.57m

少量粒间孔及长石溶孔，N11井，长7_1，1383.08m

长石粒内溶孔，X233井，长7_1，1926.06m

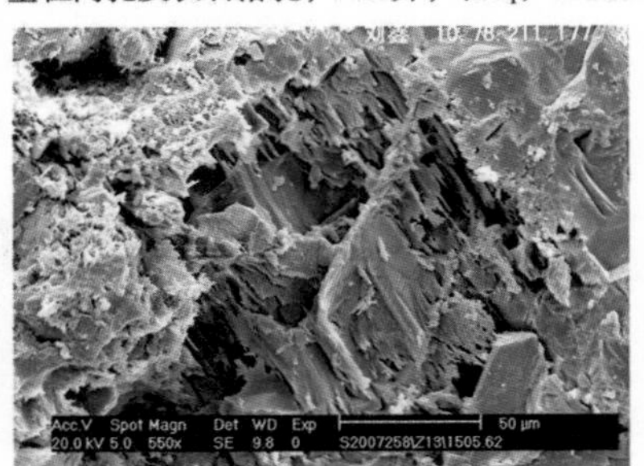

长石粒内溶孔，Z13井，长7_1，1505.62m

图 2-1-7　长 7 段储层孔隙类型以长石溶孔为主（据中国石油长庆油田勘探开发研究院）

段宏观裂缝、微裂缝都较为发育（图 2-1-8）。宏观裂缝以高角度近垂直缝为主，裂缝面多平直，为构造作用形成的剪切缝。微裂缝为成岩过程中形成的各种成岩缝，如机械压实作用下长石、石英等刚性颗粒发生破裂所形成的微裂缝。成岩缝内存在的填隙物及溶蚀扩大表明，成岩缝在地层压力条件下是开启的，是流体有效的渗流通道，有效改善了储层渗透性。

图 2-1-8　铸体薄片和取心观察微裂缝和宏观裂缝发育情况（据中国石油长庆油田勘探开发研究院）

对于源内致密油，往往还存在干酪根中的有机质孔，如图 2-1-9 所示，干酪根的孔隙类型有呈气孔状有机质孔和微裂隙。有机质孔富含油气，是有效孔隙，其大小与干酪根含量及其热演化作用有关；微裂隙的存在则沟通一般呈孤立状分布的有机质孔，改善其渗流能力。

2. 孔喉分布

按照孔喉的直径大小划分，可分为大孔喉、中孔喉、小孔喉、微米级孔喉和纳米级孔喉五种。相比于中高孔渗储层，我国陆相致密油储层的孔喉半径分布普遍偏细（图 2-1-10），

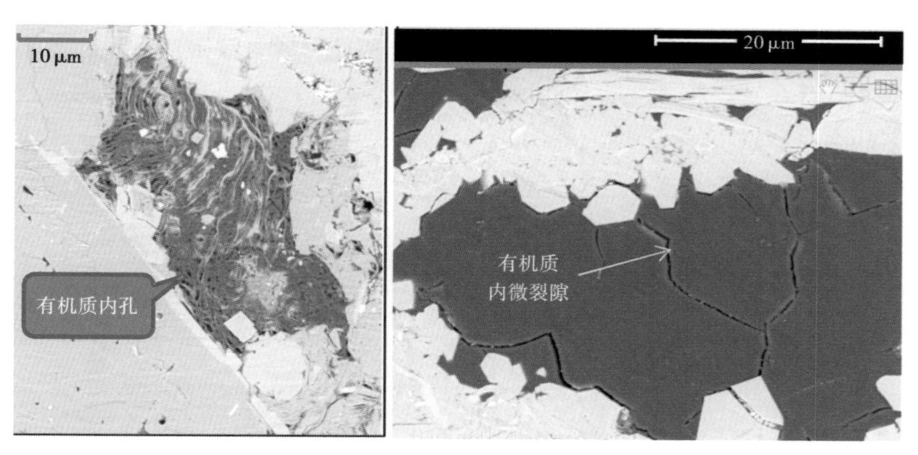

图 2-1-9　鄂尔多斯盆地延长组长 7_3 段有机质孔分布（据中国石油长庆油田勘探开发研究院）

基本都属于小孔喉、微米级孔喉和纳米级孔喉，并以纳米级占主体，喉道中值半径主要集中在 0.05~0.5μm，这是致密油储层孔喉级别分布的主要特征，见表 2-1-2 和图 2-1-11，砂岩致密油储层以小孔隙、微孔隙和纳米孔隙为绝大多数，孔喉半径小于 10μm、主峰小于 2μm；鄂尔多斯盆地长 7 段致密油和松辽盆地扶余致密油的孔喉分布均具有此类特征。

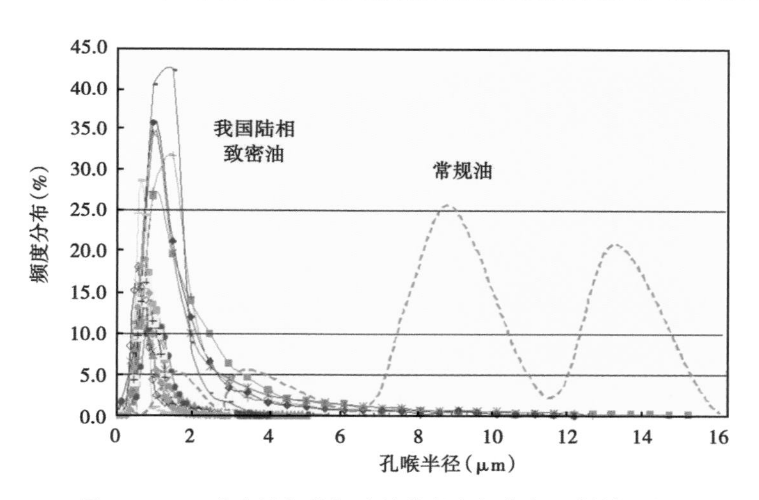

图 2-1-10　致密油与常规油的孔喉半径分布（据刘国强）

表 2-1-2　砂岩致密油储层孔喉大小分布表（鄂尔多斯盆地延长组长 7 段储层）

孔喉分类	大孔喉	中孔喉	小孔喉	微米级孔喉	纳米级孔喉
孔喉半径（μm）	>20	20~10	0~2	2~0.5	<0.5
数量描述	少	较少	多	丰富	很丰富

尽管砂岩致密油储层的孔喉半径整体小，但不同地区、不同类别储层的孔喉半径相差较大，图 2-1-12 所示为柴达木盆地扎哈泉地区 N_1 段致密油储层孔喉半径分布，Ⅰ类储层的孔喉半径大于 0.3μm，Ⅲ类储层的孔喉半径则几乎均小于 0.1μm。图 2-1-13 则进一步指出，扎哈泉地区 N_1 段Ⅰ类和Ⅱ类储层的孔喉半径以大于 0.2μm 为主，分别占总孔隙的 50%和

40%，当然，这两类储层也发育有大量的微细孔喉，小于 0. 05μm 的孔喉占比分布为 25%和 30%；Ⅲ类储层则以小于 0. 05μm 为主，占比 45%。因此，砂岩致密油储层的细小孔喉分布特征与常规砂岩有着显著差别，且不同类别储层的孔隙结构特征差异性也很明显，由此决定了其特有的孔渗关系。

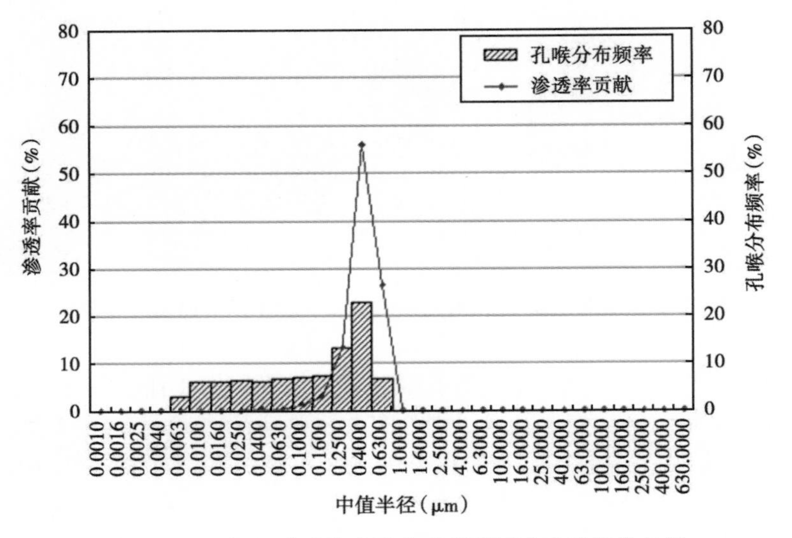

图 2-1-11　松辽盆地扶余致密砂岩储层孔喉半径分布图

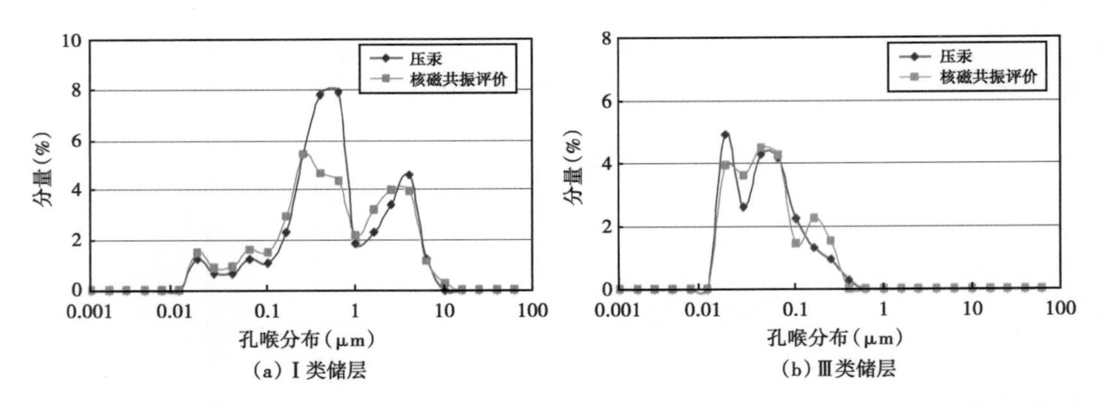

图 2-1-12　柴达木盆地扎哈泉地区 N_1 段储层孔喉半径分布直方图（据中国石油青海油田勘探开发研究院）

毛管压力曲线是研究储层孔喉分布的常用手段，通常用压汞法测量致密岩石的毛管压力。以吐哈盆地为例，通过对盆地北部西山窑组和三工河组 4 口井 75 块压汞样品分析，储层毛管压力曲线形态属于极细歪度、极细喉道、分选差。平均孔隙直径为 6. 163μm，平均排驱压力为 0. 667MPa；多数样品的中值压力为 22. 1~156MPa，平均为 68. 5 MPa，中值半径为 0. 0204~0. 1993μm，平均分选系数为 2. 02，歪度为 1. 65。总体来看，压汞毛管压力曲线（图 2-1-14）具有如下特征：（1）压汞曲线形态非常相似。最大进汞饱和度均不高，特征参数差异不大，分类特征不明显；（2）压汞曲线上无明显平台，大都呈超过 45°角；（3）孔喉分布分散，偏细歪度，进汞孔隙半径区间范围较宽（分散）。这些信息综合表明该区侏罗系致密砂岩储层属于小孔微喉型孔喉组合，孔喉半径分布分散、分选差。

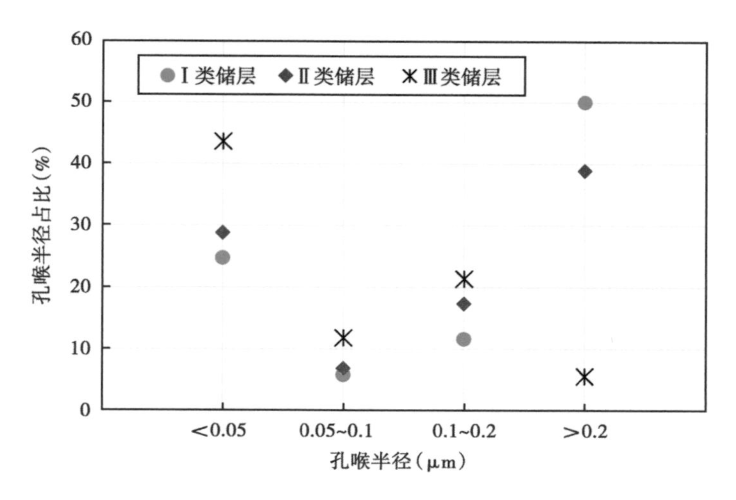

图 2-1-13　柴达木盆地扎哈泉地区 N_1 段储层孔喉半径占比统计
（据中国石油青海油田勘探开发研究院）

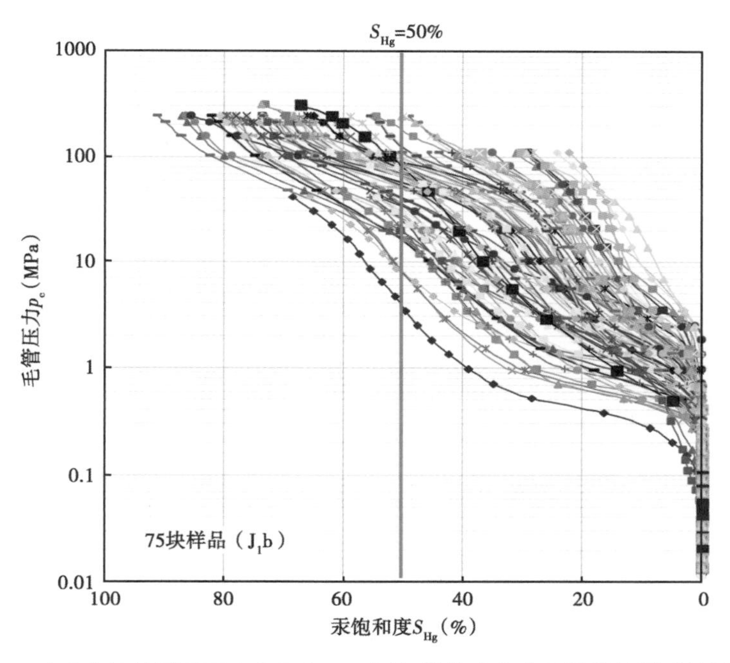

图 2-1-14　吐哈盆地侏罗系西山窑组和三工河组部分致密砂岩样品储层毛管压力曲线图

根据毛管压力曲线的形态和排驱压力等参数，可将上述 75 块样品的毛管压力曲线分为三类（图 2-1-15），每类储层的孔喉分布如图 2-1-16 所示。可以看出，整体上孔喉非常细小，Ⅰ类、Ⅱ类、Ⅲ类储层的孔喉半径峰值分别为 1.0μm、0.4μm 和 0.25μm，即最优质的Ⅰ类储层孔喉半径峰值也不超过 1μm，符合致密砂岩储层微观孔喉特征。

恒速压汞实验对于致密砂岩储层微观孔隙结构研究具有很大的优势，恒速压汞模型假设的孔隙结构特征更加符合致密砂岩储层小孔细喉或微喉的结构特征，比常规压汞模型更接近真实的孔隙结构。恒速压汞实验以非常低的恒定速度进汞，在此过程中，界面张力与接触角

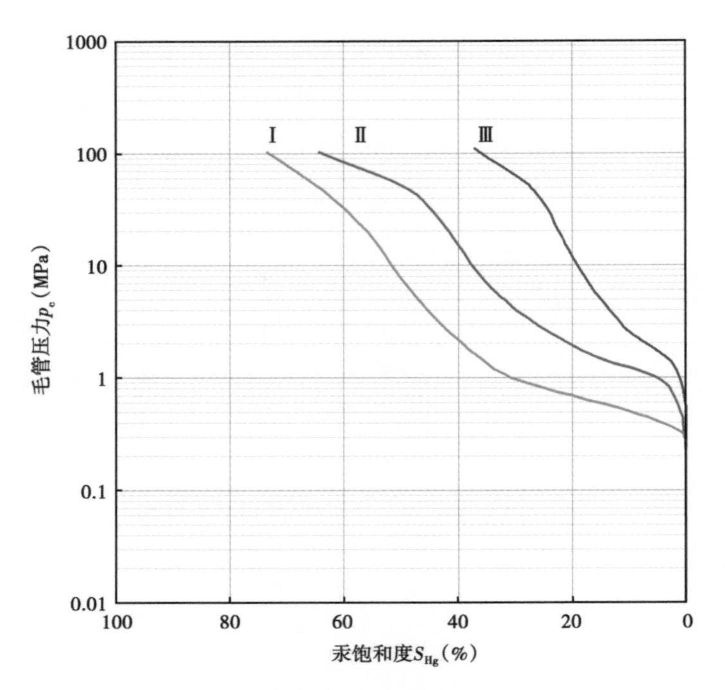

图 2-1-15　储层压汞毛管压力曲线分类

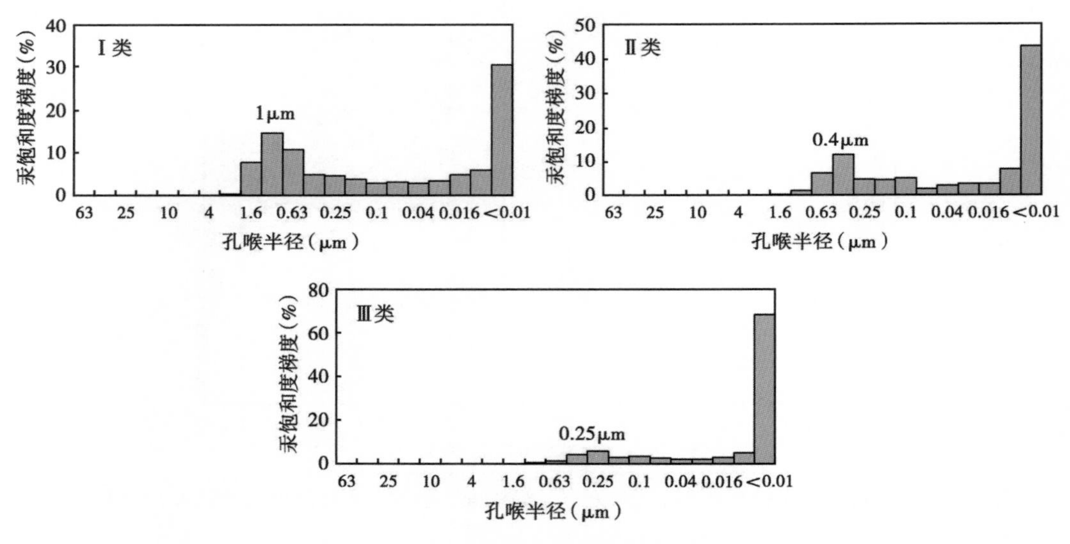

图 2-1-16　不同储层类别孔喉半径分布图

保持不变，汞进入岩心的每一个喉道处都会憋压，此时，整个毛管系统的压力升高，当汞进入孔隙时，压力得到释放，此时整个系统的压力降低。记录此过程的进汞压力—进汞体积变化曲线，就可以获得孔隙喉道的信息（图 2-1-17）。恒速压汞的主要特点是小体积、低注入速度，可较好反映岩心的孔隙和喉道特征。

根据恒速压汞记录曲线，通过数据处理，可得到总毛管压力曲线、喉道毛管压力曲线、

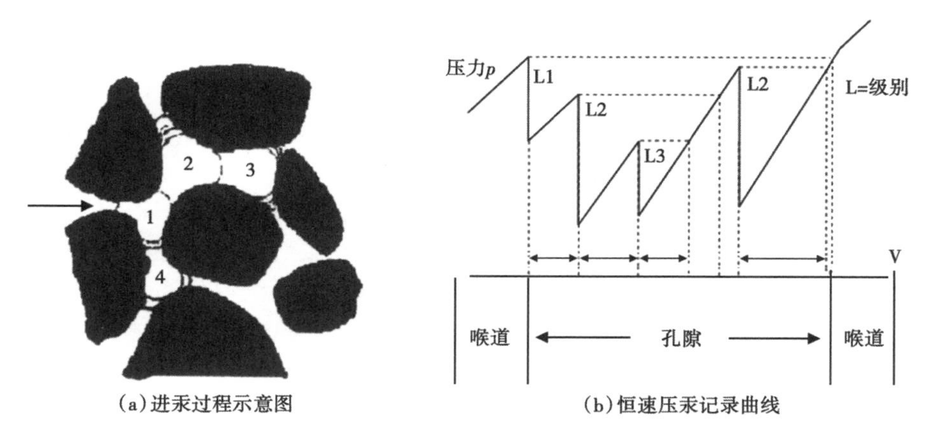

(a)进汞过程示意图　　(b)恒速压汞记录曲线

图 2-1-17　恒速压汞测试原理示意图

孔隙毛管压力曲线以及孔隙半径、喉道半径、孔喉比等分布直方图，可用于详细分析储层的孔隙结构特征，研究孔喉连通情况，尤其是储层的孔喉比变化情况和喉道大小分布，对致密砂岩储层的分类和评价具有重要作用。

应用恒速压汞资料分析吐哈盆地侏罗系致密砂岩储层孔隙结构特征发现，恒速压汞实验反映的储层孔喉比大，储层品质差。图 2-1-18 为 JS1 井岩心恒速压汞毛管压力计算的孔喉

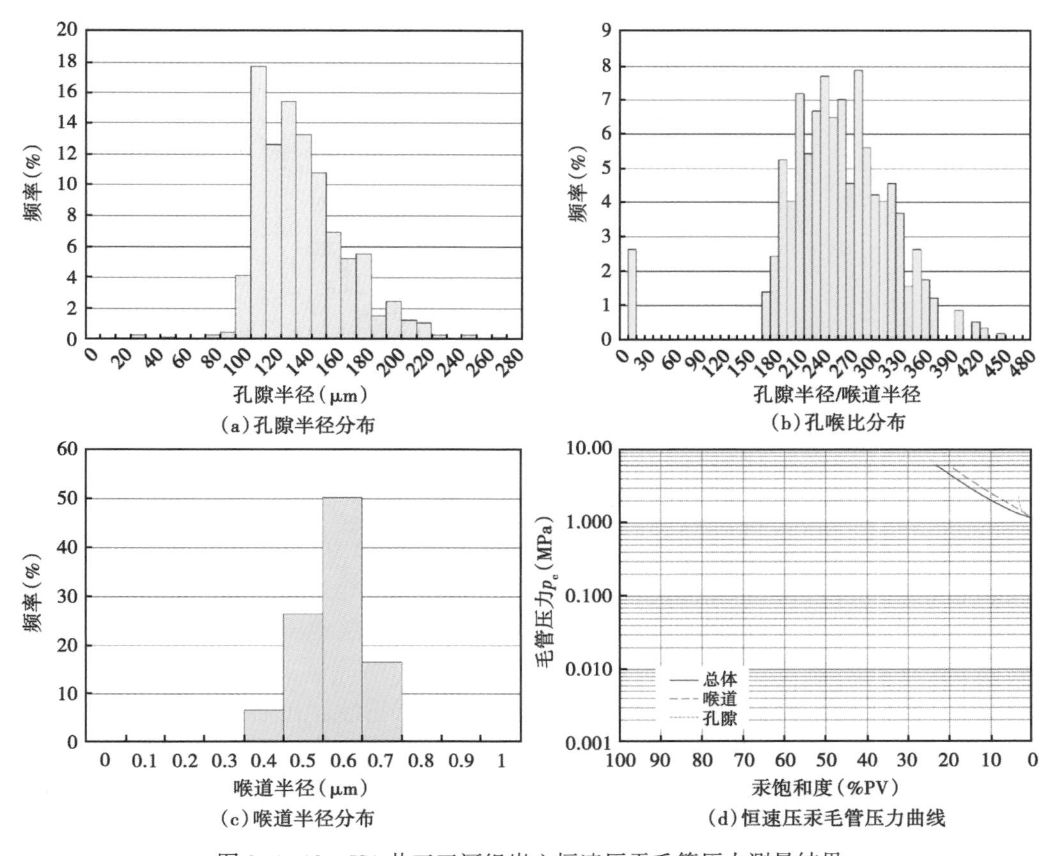

(a)孔隙半径分布　　(b)孔喉比分布

(c)喉道半径分布　　(d)恒速压汞毛管压力曲线

图 2-1-18　JS1 井三工河组岩心恒速压汞毛管压力测量结果

分布实例，该岩心孔隙度为5.49%，渗透率为0.05mD。由图可见，在恒速压汞压力测量范围内，进汞饱和度仅为22%，剩余78%的孔隙空间未有效进汞，难以反映其孔隙结构情况。针对汞可以进入的相对较大孔喉，恒速压汞资料计算的喉道半径仅为0.3~0.7μm，为微细喉道，反映储层非常致密；孔隙半径为80~220μm，孔喉比为180~360，反映储层孔隙结构很差，因此，渗透率很低。

统计该区侏罗系致密砂岩储层19块岩心恒速压汞实验结果（图2-1-19）来看，整体上孔隙半径分布峰值主要为110~150μm，喉道半径峰值主要为0.6~1.3μm，孔喉比峰值主要为110~290，反映储层为小孔微喉特征，孔喉比大，孔隙连通性极差。需要说明的是，该数据仅为恒速压汞测量范围内反映的孔喉，即毛管压力小于7MPa时的孔喉分布情况，并不能代表大多数更细小的孔喉分布情况。

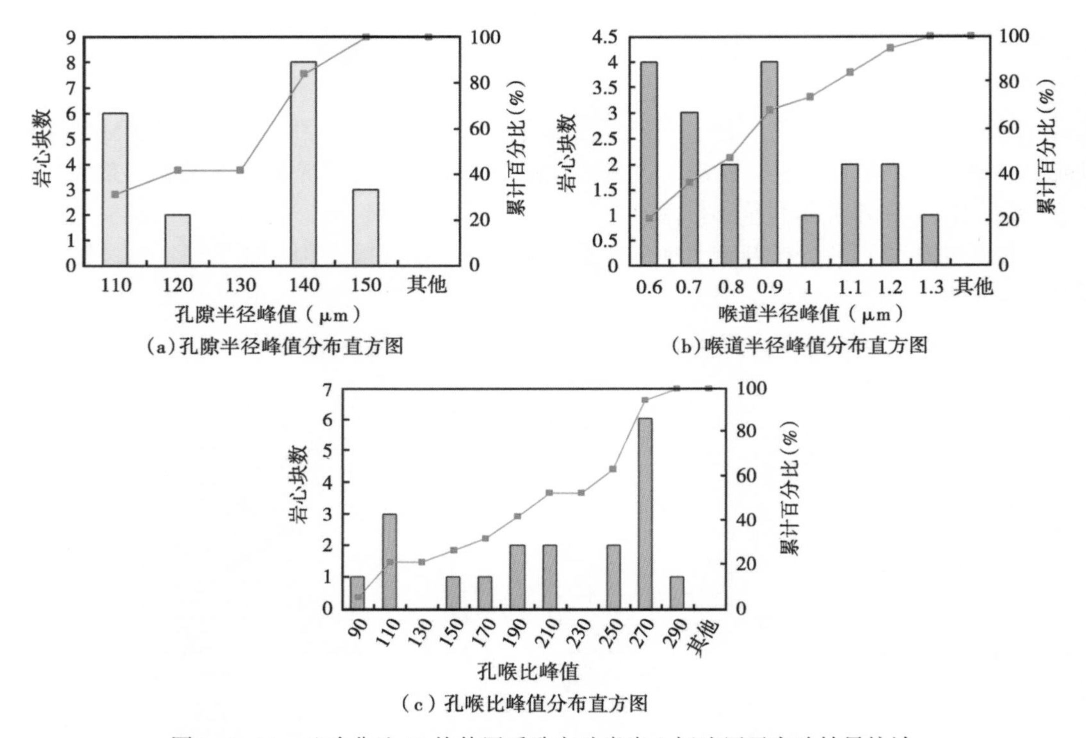

图2-1-19 吐哈盆地19块侏罗系致密砂岩岩心恒速压汞实验结果统计

3. 储层孔隙结构综合分类

在储层孔渗特征、孔隙类型和孔隙结构分析研究基础上，可对致密砂岩储层进行综合分类，为测井评价奠定基础。由于各地区的沉积和成岩作用差异，孔隙结构特征的差异性也是明显的，在实际工作中，需要针对研究区的致密砂岩油气储层地质特征建立相应的储层孔隙结构综合分类评价标准。

根据长7段储层的单层厚度、岩性、沉积微相、储层物性、孔隙结构等参数，并综合微观孔隙结构特征参数，如主流喉道半径和可动流体饱和度，可建立长7段储层分类评价标准，将其分为Ⅰ、Ⅱ、Ⅲ、Ⅳ共四种类别，见表2-1-3，其中Ⅰ类为好储层，Ⅱ类为较好储层，Ⅲ类为一般储层，Ⅳ类为差储层。

表 2-1-3　鄂尔多斯盆地延长组长 7 段储层综合分类（据中国石油长庆油田勘探开发研究院）

分类参数		储层分类			
		Ⅰ	Ⅱ	Ⅲ	Ⅳ
沉积特征	沉积微相	水下分流河道、砂质碎屑流		砂质碎屑流、浊积岩	砂质碎屑流、水下分流河道、浊积岩
	粒度（mm）	细砂岩	细砂岩、粉细砂岩		粉细砂岩
	砂岩厚度（m）	>15	15~10		<10
物性特征	孔隙度（%）	>10	12~9	10~6	<6
	渗透率（mD）	>0. 2	0. 2~0. 1	0. 1~0. 03	<0. 03
填隙物含量（%）		<13	15~11	16~14	>15
孔隙类型	面孔率（%）	>2. 5	3~1. 5		<2
	平均孔径（μm）	>40	40~30	30~20	<25
	孔隙组合类型	粒间孔—溶孔	溶孔	溶孔	溶孔—微孔
孔隙结构	主流喉道半径（μm）	>0. 5	0. 5~0. 3		<0. 3
	可动流体饱和度（%）	>40	40~30		<30
	排驱压力（MPa）	<1. 5	1. 5~2. 5	2. 0~3. 5	>3. 5
	中值半径（μm）	>0. 15	0. 2~0. 1		<0. 1
	退汞效率（%）	30~28	28~25		<25
	孔隙结构类型	Ⅰ—Ⅱ型	Ⅱ—Ⅲ型		Ⅳ型
储层评价		好	较好	一般	差

根据吐哈盆地侏罗系致密砂岩储层物性和孔隙结构微观参数特征等，结合储层岩性特征、试油产气能力等，可将其分为Ⅰ、Ⅱ、Ⅲ共三类（表 2-1-4）。其中，Ⅰ类储层主要孔隙类型为粒内溶孔和粒间溶孔，孔径相对较大，连通性好，宏观物性参数反映孔渗相对较好，孔隙度一般大于 6%，渗透率一般大于 0. 1mD，具有一定的渗透性，酸压改造后均可获得工业产能，部分可获得高产气流。Ⅱ类储层孔隙类型主要为粒内溶孔，粒间溶孔较少，孔隙之间孔隙度降低，一般为 3%~6%，渗透率一般为 0. 03~0. 5mD，气层段试油时酸化一般可获得低产气流，部分压后可获工业气流。Ⅲ类储层孔隙类型主要为微孔，孔径小，连通性差，多为孤立溶孔，孔隙度低，一般低于 3%，渗透率小于 0. 05mD，当前在该类储层试油未获突破，均为干层。

表 2-1-4　吐哈盆地侏罗系致密砂岩储层孔隙结构综合分类

分类	岩性	孔隙类型	产气能力	宏观参数		微观参数		
				孔隙度（%）	渗透率（mD）	中值压力（MPa）	排驱压力（MPa）	最大 S_{Hg}（%）（p_c = 100MPa）
Ⅰ类	粗粒长石岩屑砂岩	粒内溶孔—粒间溶孔	酸化获气流，压后获高产	≥6. 0	≥0. 1	≤ 24	≤0. 4	≥70

续表

分类	岩性	孔隙类型	产气能力	宏观参数		微观参数		
				孔隙度（%）	渗透率（mD）	中值压力（MPa）	排驱压力（MPa）	最大 S_{Hg}（%）（p_c=100MPa）
Ⅱ类	中粗粒长石岩屑砂岩	粒内溶孔	酸化低产，压后获工业气流，部分压后未获工业气流	3.0~6.0	0.03~0.5	24~80	0.4~0.6	45~70
Ⅲ类	细中粒长石岩屑砂岩	溶孔（微孔）	干层	<3.0	<0.05	≥ 80	≥ 0.6	≤ 45

第二节　油气饱和度与电学性质

砂岩储层的孔喉尺寸、分布与连通性等结构信息既是影响其渗流性能的主要因素，也是影响其电学性质的重要内在机制。在本章第一节详细讨论致密砂岩油气储层孔隙结构特征的基础上，本节着重依据高精度配套的岩石物理实验数据，并通过与常规砂岩储层的对比，分析致密砂岩油气储层在含油气饱和度及电学性质方面的特殊性质，从而为下一步准确的含油气识别与评价奠定基础。

一、油气饱和度分布特征

致密油气饱和度主要受充注压力和孔隙结构控制，源储间的过剩压差为油气进入细微喉道提供了动力。不同地区的致密油源—储压力差差异较大，使得其含油气饱和度也具有很大的差异。当源储过剩压差大、孔隙结构较好时，储层往往具有较高的含油气饱和度，可达70%以上；当源储过剩压差较小或孔隙结构较差时，则含油气饱和度较低，一般在40%左右。因此，致密油气储层含油气饱和度往往具有较大的分布范围，电学性质差异也较大。

1. 高含油饱和度型

形成经济性致密油气资源的一个重要特征是必须具备处于热演化“液态窗”范围的广覆式优质成熟烃源岩，并且它与邻近储层之间存在强大的压力差，这是油气规模成藏的主要动力。实验模拟表明，鄂尔多斯盆地湖盆中部长7段烃源岩与致密砂岩储层间的剩余压差可达15~18MPa，在如此巨大的压差充注下，尽管致密砂岩储层物性差，但烃类仍可以进入微细的孔喉并驱替其中的地层水，使得现今的致密储层具有很高的含油饱和度。

图2-2-1为鄂尔多斯盆地城75井长7段密闭取心分析含油饱和度结果，表明致密砂岩储层紧邻烃源岩，石油充注程度高，含油饱和度高达70%以上，最高可接近90%。

图2-2-2为准噶尔盆地吉木萨尔凹陷吉174井“甜点”段致密云质粉细砂岩钻井取心照片与实验分析结果（第5道），表明“甜点”段致密砂岩储层的含油饱和度也有可能达到90%。

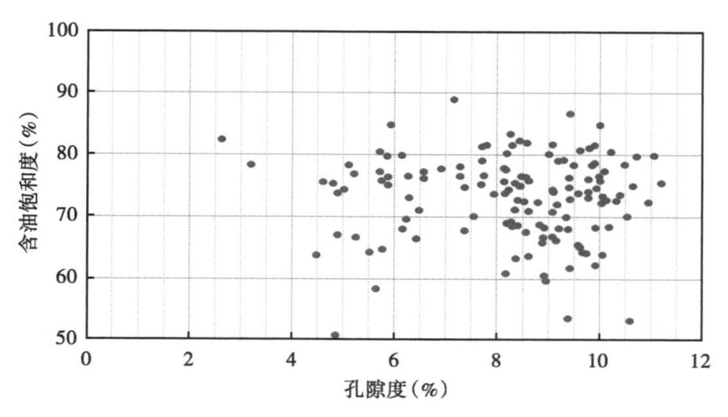

图 2-2-1　城 75 井长 7 段砂岩密闭取心孔隙度与油饱关系（据中国石油长庆油田勘探开发研究院）

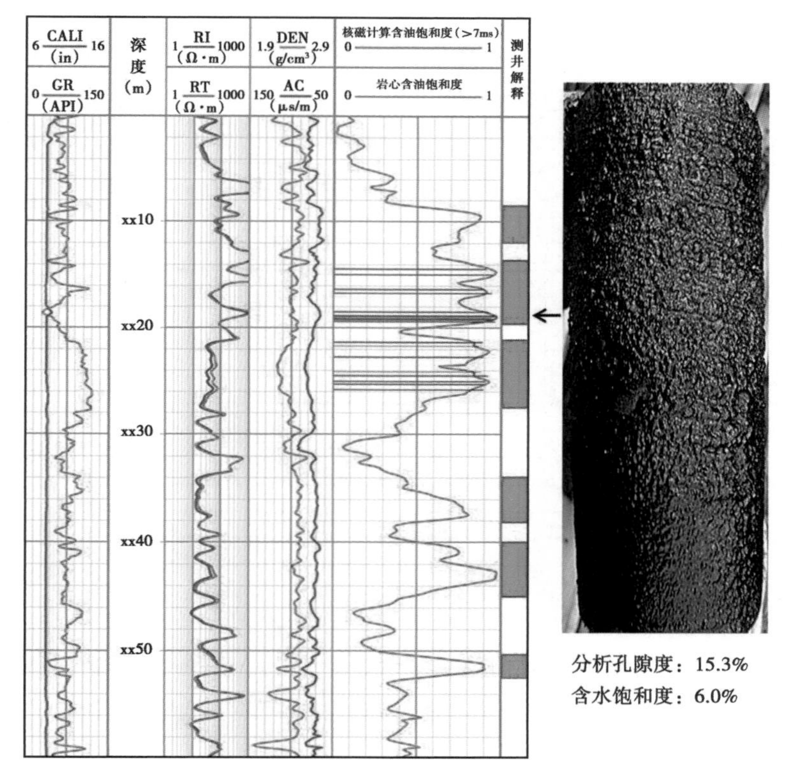

图 2-2-2　准噶尔盆地吉 174 井致密云质砂岩密闭取心含油性分析（据中国石油新疆油田）

图 2-2-3 为威利斯顿盆地典型的巴肯致密云质砂岩油层测井曲线图，图中红色方框标注的油层段取心分析结果表明含油饱和度高达 90%～95%，原油密度为 0.71～0.81g/cm³。

2. 低含油饱和度型

与高含油饱和度型相对应，一方面，当烃源岩的 TOC、成熟度、厚度等关键品质指标变差时，就难以形成足够的成藏物质基础和成藏动力；另一方面，如果烃源岩和储层配置关系不当，或砂岩物性较差的情况下，即使发育较好的烃源岩，但油气难以进入，都会出现低饱

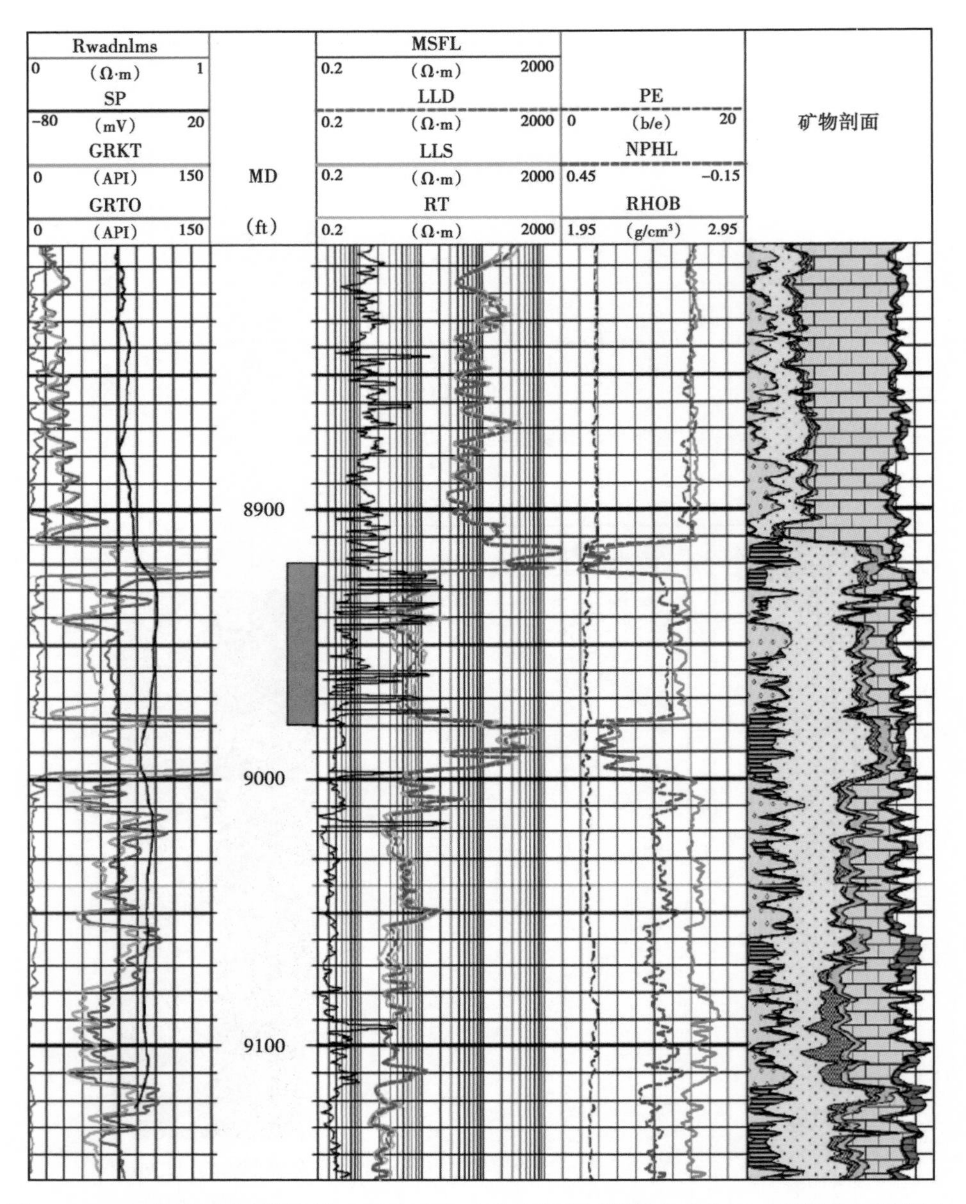

图 2-2-3 北美地区威利斯顿盆地巴肯致密云质砂岩油层测井典型特征（据斯伦贝谢公司）

和度型致密砂岩。

图 2-2-4 为松辽盆地北部 YX58 井的钻井取心饱和度分析结果。根据大量资料统计分析，该地区青一段烃源岩 TOC 平均为 1.55%，R_o 平均为 0.49%，表明烃源岩品质偏差，对应的储层含油性整体较差，但储层饱和度分布受物性影响也很显著。该区粉砂岩储层孔隙度一般低于 10%，含油饱和度低于 45%，属于典型的低饱和度型致密砂岩油储层。相比较而言，细砂岩储层物性稍好，含油饱和度也高于粉砂岩储层。

柴达木盆地扎哈泉地区新近纪属于咸化湖盆沉积环境，烃源岩丰度低（TOC 普遍小于 1.0%），N_1 段烃源岩 R_o 平均为 0.6%，处于液态生烃窗的早期范围，因此烃源岩总体品质

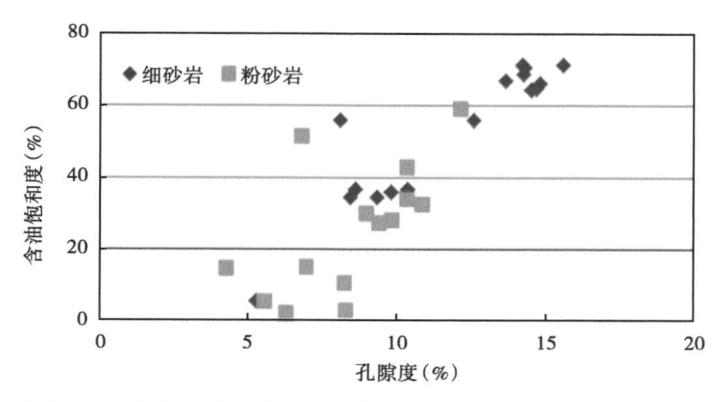

图 2-2-4　松辽盆地 YX58 井致密砂岩岩心含油分析结果（据中国石油大庆油田勘探开发研究院）

较差，在烃源岩与储层品质配置关系不当的情况下，即差烃源岩+优质储层的组合模式，砂岩储层原生沉积的水未被有效驱替，就会出现油—水共存、试油产水的情况。

图 2-2-5 为扎哈泉地区 ZP1 井系统取心分析结果，其中 A、C、E 三段为烃源岩，B、D、F 为砂岩储层段。岩心分析结果表明，A 段烃源岩 TOC 平均为 0.5%，S_1+S_2 平均为 1.1mg/g；C 段烃源岩 TOC 平均为 1.2%，S_1+S_2 平均为 3.1mg/g；E 段烃源岩 TOC 平均为 1.2%，S_1+S_2 平均为 3.8mg/g。图中第 6、第 7 道储层孔渗分析结果表明，仅 D 段储层孔渗条件相对较好，渗透率最高可达 1.0mD，在上下两段较好的优质烃源岩（C 段、E 段）充注

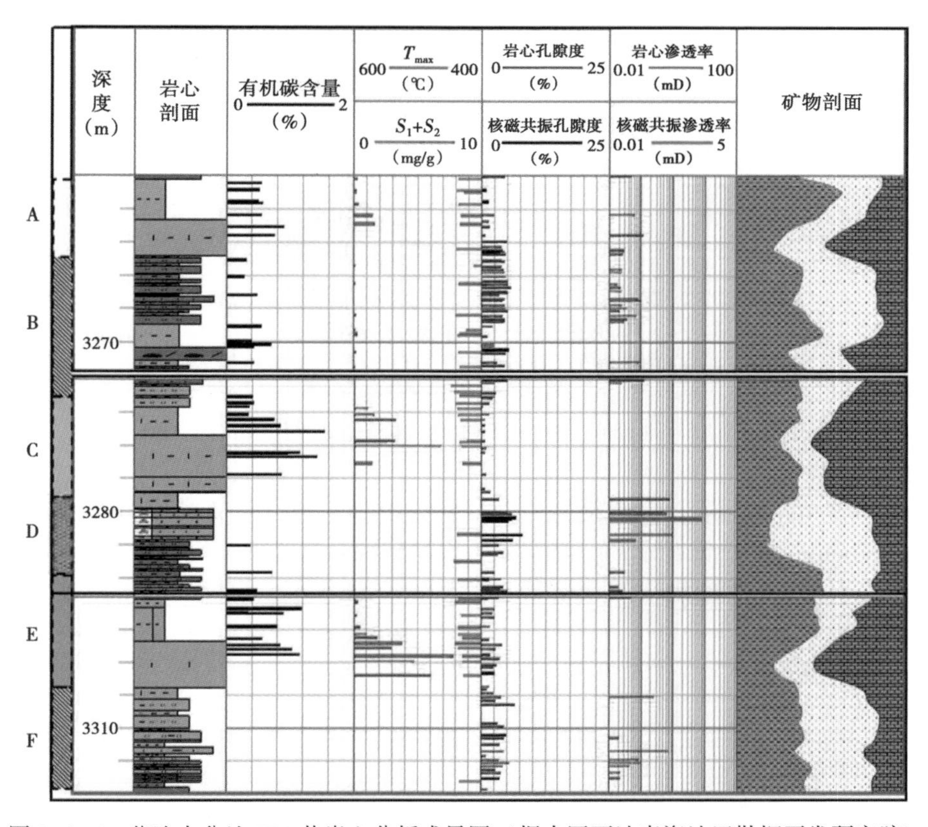

图 2-2-5　柴达木盆地 ZP1 井岩心分析成果图（据中国石油青海油田勘探开发研究院）

下，D 段储层岩心为含油级别，而 B 段、F 段储层岩心均不含油。此例表明，该区烃源岩与储层品质的配置关系是影响含油气性以及饱和度高低的关键。

综上所述，致密砂岩的含油饱和度分布具有较宽的范围，主要取决于烃源岩和储层物性的配置关系，有利组合则可以达到很高的含油饱和度，不利组合可能出现致密砂岩低含油饱和度、试油产水的结果。

二、电学性质分析

电学性质主要是指在不同类型流体饱和状态下致密砂岩储层的电阻率变化规律，归根结底是反映导电特性的胶结指数 m、饱和度指数 n 的变化规律与主要影响因素。对这一规律的准确认识，是利用电阻率测井信息判识油气层进而准确计算含油饱和度数值的关键。

1. 胶结指数

关于低渗透砂岩储层胶结指数的研究，前人通过实验数据或理论模拟分析，解释了一个基本规律就是随着砂岩储层物性（有效孔隙度或气测渗透率值）的增加 m 逐渐增大，不同实验室给出的大量实验数据也都证明致密砂岩具有随着有效孔隙度增加 m 逐渐增大的趋势。

1）理论模型分析

为了模拟砂岩储层物性变差时 m 的变化情况，采用模型如图 2-2-6 所示。图中假设有两种不同有效孔隙度的砂岩组分，分别为组分 1、组分 2，对应的有效孔隙度分别为 ϕ_1 和 ϕ_2，含量分别为 β 和 $1-\beta$，且 $\phi_1>\phi_2$。岩石物理研究表明，高孔高渗砂岩储层具有较高的 m，模拟中假设组分 2 的 m 为 1.8，组分 1 的 m 为 1.36。

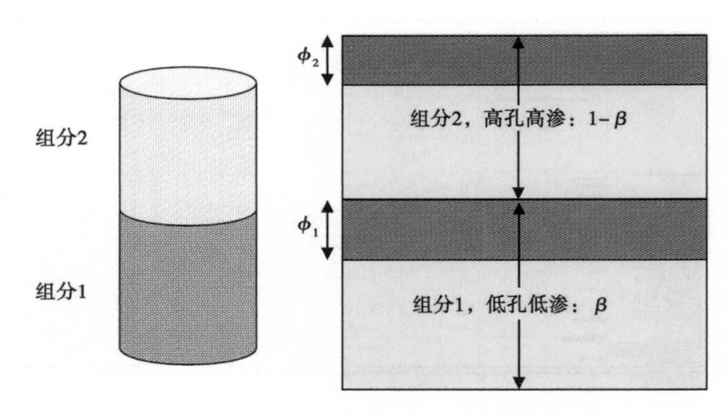

图 2-2-6　模拟两种不同孔渗组分导电性的模型示意图（据 David Kennedy）

按照图 2-2-6，假设有一组人造岩心，分别由组分 1 和组分 2 按照不同比例混合而成，利用两极法测量混合岩心饱含水的电阻率，可以得到混合岩心的 m。实际上这可以由两种组分串联导电推导出来，公式为：

$$m=\frac{\ln\dfrac{\ln(\phi_1{}^{m_1}\phi_2{}^{m_2})}{\beta\phi_2{}^{m_2}+(1-\beta)\phi_1{}^{m_1}}}{\ln\overline{\phi}} \tag{2-2-1}$$

式中　m_1，m_2——两种组分的胶结指数，无量纲；

ϕ_1，ϕ_2——两种组分混合物的孔隙度；

$\overline{\phi}$——两种组分混合物的平均孔隙度。

混合物的有效孔隙度为：

$$\phi = \phi_1\beta + \phi_2(1-\beta) \tag{2-2-2}$$

图 2-2-7 是按照式（2-2-2）计算的混合物 m 随有效孔隙度的变化规律，图中假设低孔渗组分的有效孔隙度为 5%，高孔渗组分的有效孔隙度为 12%。当低孔渗组分的含量逐渐增加时，相当于砂岩物性逐渐向低孔隙度致密化的趋势发展，可以看出，混合物的胶结指数逐渐降低，而当组分 2 含量逐渐占主导时，相当于砂岩物性逐渐变好，胶结指数逐渐增大，最终接近于组分 2 的理论值 1.8。

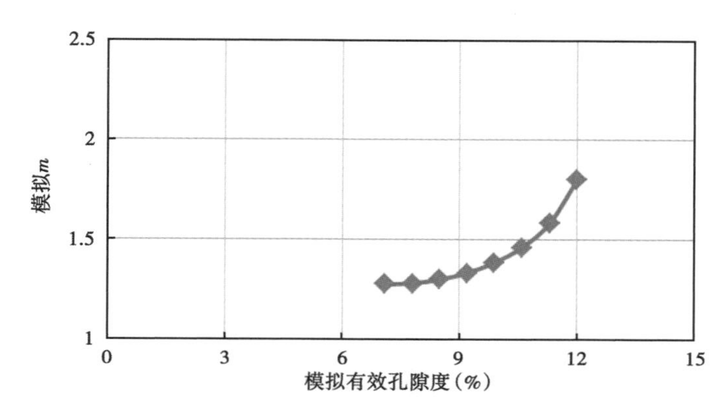

图 2-2-7 模拟两种不同孔隙度砂岩混合后的 m 随孔隙度变化规律

2）实验数据分析

图 2-2-8 是分别选择 11 块鄂尔多斯姬塬地区长 6 段、10 块苏里格气田盒 8 段和 26 块渤海湾盆地歧口凹陷沙河街组砂岩样品开展的地层因素测量结果。尽管两个区块目的层位的砂岩储层孔隙类型、孔隙结构相差较大，但从图 2-2-8 所示的测量结果可以看出，总体上，随着砂岩储层渗透率的增加，m 呈明显的增大趋势，特别是对于渗透率 K 小于 1mD 的致密砂岩样品，例如图中来自姬垣地区长 6 段和苏里格气田盒 8 段的样品，这种规律更加明显。

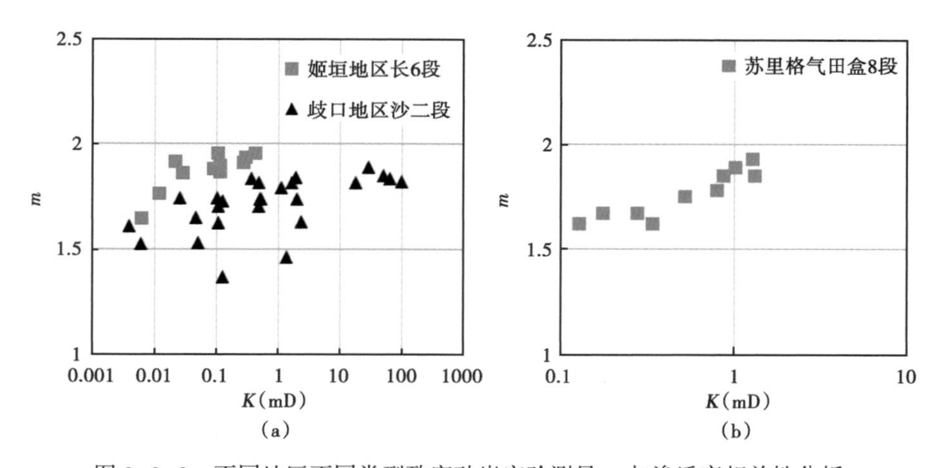

图 2-2-8 不同地区不同类型致密砂岩实验测量 m 与渗透率相关性分析

图 2-2-9 是选取鄂尔多斯盆地姬垣地区长 7 段 20 块致密砂岩开展的实验测量结果分析。从图中也可以清晰看到长 7 段致密砂岩储层的胶结指数随孔隙度、渗透率增大而逐渐增加的趋势。

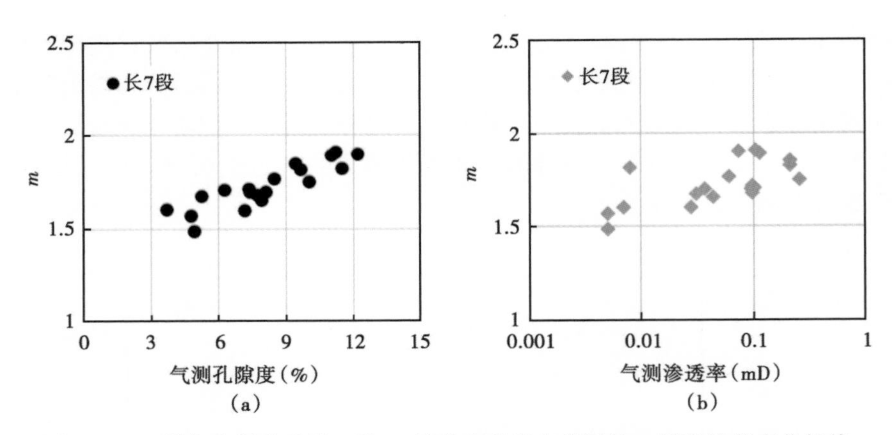

图 2-2-9　鄂尔多斯盆地长 7 段 20 块致密砂岩实验测量 m 随物性的变化规律

2. 饱和度指数

相对于胶结指数而言，致密砂岩储层的饱和度指数的变化规律则要复杂得多，这一方面是由于实验工艺的限制，对于 m 的分析只需要准确测量砂岩饱含水时的电阻率 R_0，而对于 n 的分析涉及驱替实验，对致密砂岩样品在现有的实验条件下很难模拟油驱水的整个驱替过程；同时，现有仪器设备的精度对于 n 测量影响也很大，主要原因在于致密砂岩储层孔隙体积小，驱替过程中少量液体体积很难精确计量，从而影响结果的可信度。

为了解决驱替实验面临的困难，采用高速离心实验配合核磁共振、气驱实验来测量致密砂岩样品随着含水饱和度的降低其电阻率的变化规律。对饱含水的致密砂岩样品，分别设计 3000 圈/min、6000 圈/min、9000 圈/min 和 12000 圈/min 的转速，在每个离心实验后待流体分布达平衡之后分别测量电阻率和 T_2 谱。

为了验证离心实验的可靠性，对贝雷（Berea）砂岩（气测孔隙度为 18.7%，气测渗透率为 109.8mD）进行离心与气驱实验比对，结果如图 2-2-10 所示。离心岩电确定的饱和度指数为 1.78，气驱岩电的结果为 1.82，二者基本接近，说明可以采用离心实验来分析致密砂岩的电学性质。

从图 2-2-9 所示的 20 块样品中选择 6 块开展离心岩电实验，另外选择了 6 块开展气驱岩电实验，结果如图 2-2-11 和图 2-2-12 所示。为了分析 n 的变化规律，图中纵坐标为实验测量的 n 值，横坐标为岩心饱含水时 T_2 谱中大、小孔隙（以 T_2=10ms 为界限）含量的比值和 δ（反映储层孔喉分选关系的参数）。由图可见，致密砂岩的饱和度指数呈现两段变化趋势：在大孔隙组分含量很低的情况下（相当于图中左侧的样品点），储层中主要发育 T_2 小于 10ms 的微小孔隙且连通性极差，此时储层的饱和度指数较高，且随着孤立小孔隙越发育 n 越大。当大孔隙组分含量增加并达到一定程度后（相当于图中右侧的样品点），在储层中已经形成了较有效的连通网络，此时 n 基本保持恒定，仅随大孔隙含量增加而略有增加并最终接近于理论值 2.0。

为了更好地理解这种观点，将图 2-2-11 中①号至④号样品的饱和 T_2 谱绘制在一张图

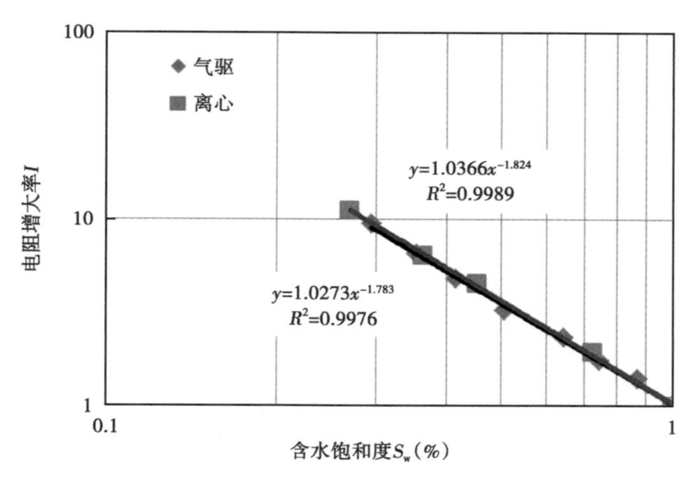

图 2-2-10　贝雷砂岩离心岩电与驱替岩电结果对比

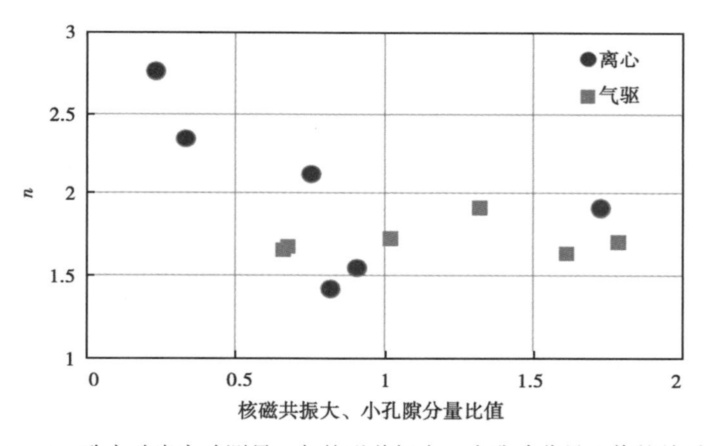

图 2-2-11　致密砂岩实验测量 n 与核磁共振大、小孔隙分量比值的关系分析

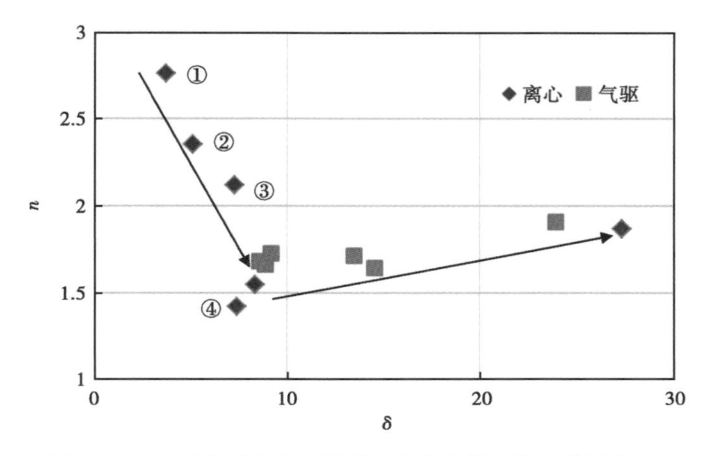

图 2-2-12　致密砂岩实验测量 n 与饱和谱 δ 的相关性分析

上进行对比分析，如图 2-2-13 所示。可以看出，从④号到①号样品，T_2 谱峰值逐渐向左偏移，T_2 大于 10ms 的大孔隙组分含量逐渐减少，对应的储层孔隙连通性逐渐变差，从图 2-2-12 中可以看到饱和度指数也逐渐增大。

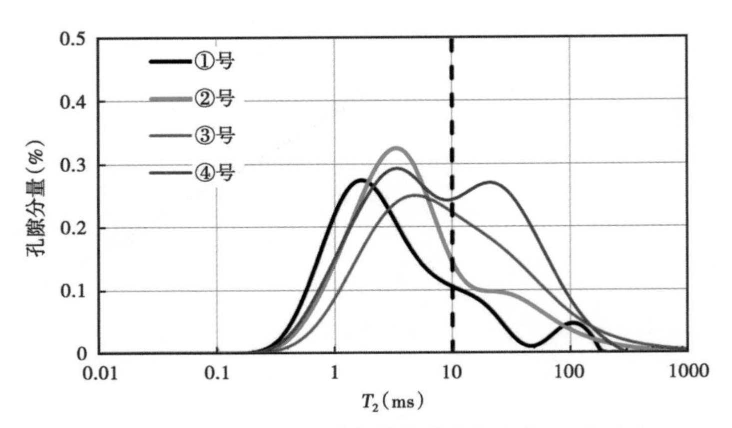

图 2-2-13　4 块相近孔隙度致密砂岩饱和水 T_2 谱对比

第三节　核磁共振性质

随着核磁共振测井仪的不断发展，核磁共振已经成为重要的地球物理测井方法，被广泛应用于储层评价和流体识别。对于致密储层来说，由于其孔隙绝对体积和孔隙尺寸远低于常规储层，孔隙介质中流体含量较少，以测量孔隙介质内氢核为基础的核磁共振测井技术受到了巨大的挑战，所测量的自旋回波串受到噪声影响较大，因此所测信号的信噪比 SNR 较低，这在一定程度上影响储层评价和流体类型识别的精度。而且，核磁共振测井所测量的横向弛豫时间受油气信号影响较大，原油黏度、含油饱和度以及润湿性都会影响 T_2 谱。为了更好利用核磁共振测井进行致密储层评价，对于致密储层的核磁共振特性以及响应机理研究至关重要。

一、信噪比对资料质量的影响

对于核磁共振测井而言，信噪比定义为信号道信号的最大值与噪声道噪声标准方差的比值，它是反映核磁共振测井资料质量与品质的一个重要参数。

在致密储层，由于孔隙度低，核磁共振仪器所测量的孔隙介质的氢核数量少，导致所测量信号的信噪比和资料的精度降低，直接影响了核磁共振测井储层评价和流体识别能力。图 2-3-1 是常规砂岩和致密砂岩的 CT 结果与核磁共振信噪比的对比结果。对于孔隙度为 14. 1%、氦气渗透率为 106. 2mD 的中高孔渗砂岩样品，CT 图像表明，该样品的孔隙类型以粒间孔隙为主，核磁共振实验数据信噪比为 13. 2；而对于孔隙度为 6. 8%、氦气渗透率为 0. 14mD 的致密砂岩，CT 图像表明其孔隙类型以溶蚀孔隙为主，粒间孔隙相对较少，孔隙绝对体积大小明显低于中高孔隙砂岩，核磁共振实验数据的信噪比为 5. 9。

低信噪比的核磁共振数据会影响 T_2 谱质量和核磁共振孔隙度。由于致密储层的孔喉半径较小，而且微纳米级小孔占主要比例，其 T_2 分布的峰值通常集中在 1~20ms。如果测量信号的信噪比偏低的话，小孔部分的信号会有一定程度的减少，从而导致核磁共振孔隙度偏低。为了获得更多小孔核磁共振信号，需要提高核磁共振数据的信噪比，在实验室这可以通

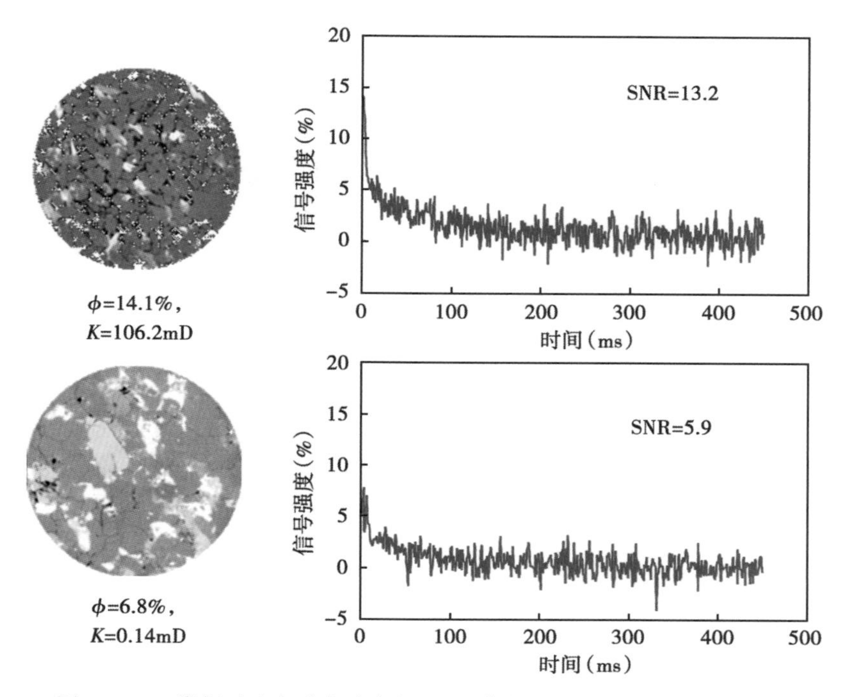

图 2-3-1　常规砂岩和致密砂岩的 CT 图像与核磁共振实验信噪比对比

过提高扫描次数来实现，通常扫描次数增加 n 倍，其核磁共振信噪比大约会增加$\sqrt{n}$倍。图 2-3-2 是两块致密砂岩核磁共振扫描次数与 T_2 谱的关系图，随着扫描次数增加，核磁共振所测量的自旋回波信号的信噪比会逐渐增加，小孔部分的信号会渐渐增加，T_2 谱的峰值

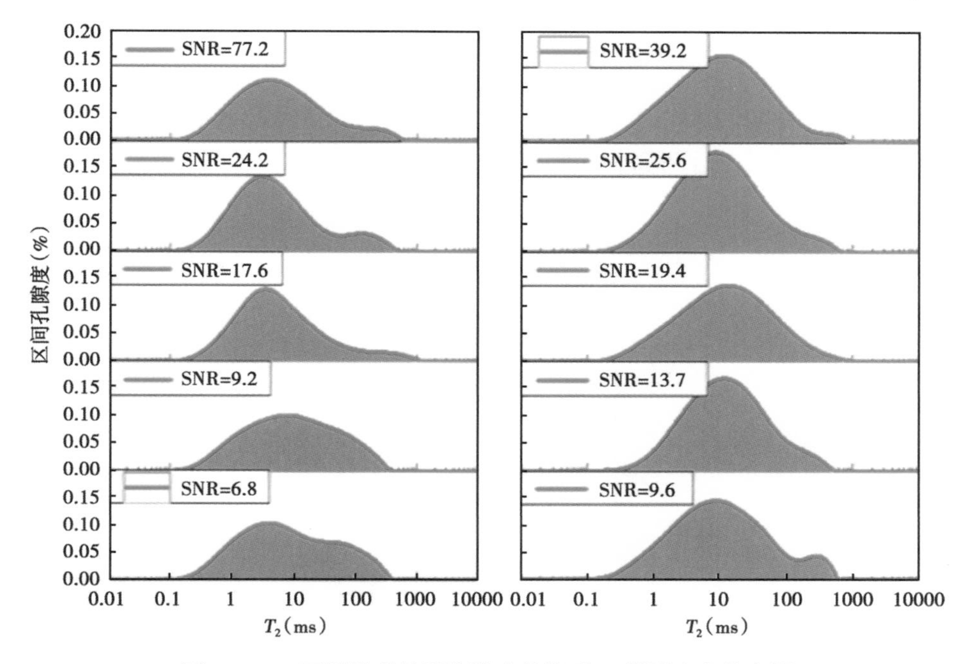

图 2-3-2　不同核磁共振信噪比条件下 T_2 谱形态变化实例

（或者几何均值）会向左移动；表征大孔的 T_2 组分则随着信噪比的增加趋于稳定，相比来说，反映小孔的 T_2 组分增加程度比大孔 T_2 组分增加明显。当扫描次数增加到一定程度后，T_2 分布趋于稳定，此时所测量的核磁共振孔隙度和 T_2 谱质量的精度较高。

为了准确分析储层的孔隙结构，需要对致密储层的核磁共振测井信噪比下限进行分析，图 2-3-3 是对某致密砂岩储层岩心样品开展多次核磁共振实验的测量结果，随着信噪比的增加孔隙度会逐渐接近气层孔隙度（6.1%），反映孔隙结构的 T_2 几何均值也逐渐趋于稳定。当信噪比不小于 25 时，核磁共振测量的参数趋于稳定。当信噪比小于 25 时，无论是孔隙度还是 T_2 几何均值的计算结果误差都较大。如果对致密储层的岩心样品进行核磁共振实验，要使测量结果的信噪比大于 25，通过增加扫描次数方式是最为有效的方法。此外，在探头尺寸足够大的情况下，尽量延长岩样的尺寸、调整仪器的增益也可以提高信噪比。

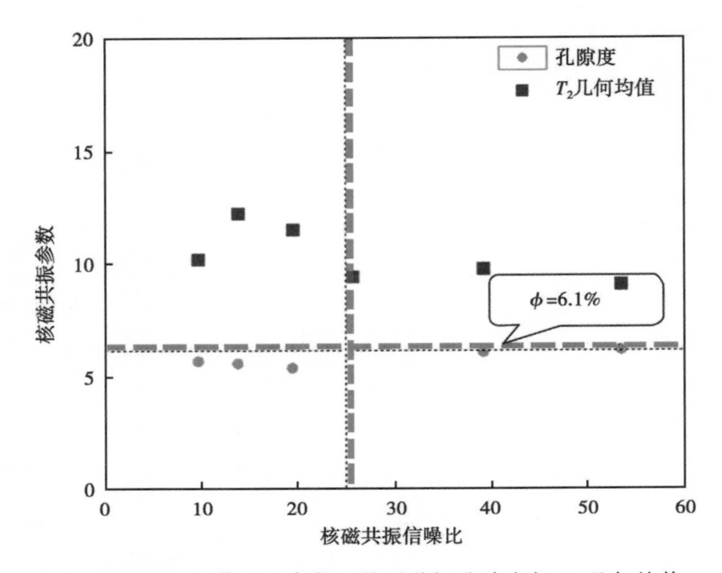

图 2-3-3　不同信噪比条件下核磁共振孔隙度与 T_2 几何均值

二、不同孔隙结构岩石核磁共振响应特征

根据自旋回波理论，多孔介质的弛豫速率取决于质子与孔隙表面碰撞的频繁程度，主要与孔隙比表面有关。大孔隙的比面小，碰撞概率低，弛豫时间相对较长；小孔隙的比面大，碰撞概率高，弛豫时间短，如图 2-3-4 所示。因此，表面弛豫速率是表面弛豫强度与孔隙

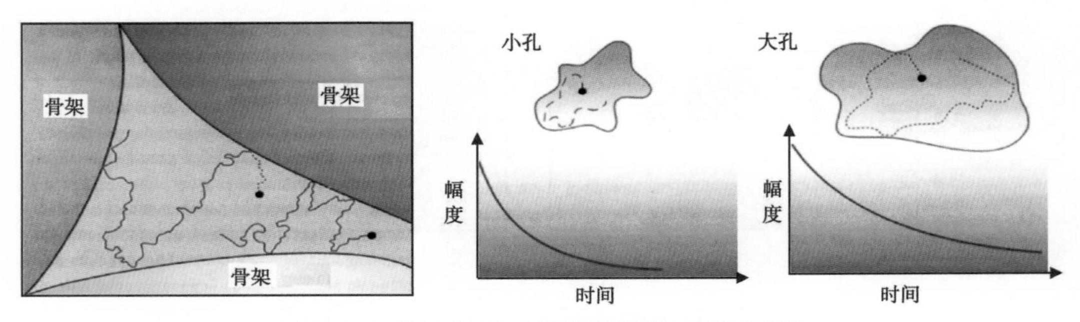

图 2-3-4　孔径大小与弛豫速率的理论关系示意图

比表面的乘积。

岩石孔径大小具有一定的分布状态，每个孔隙具有各自的比表面值。总磁化强度为来自每个孔隙的信号的总和，所有孔隙体积之和等于岩石的流体体积即孔隙度。所以，总信号正比于孔隙度，总衰减为每个孔隙的衰减之和，它反映了孔径大小的分布特征（图 2-3-5）。NMR 对孔隙度和孔径大小分布的测量是核磁共振测井解释的基础。

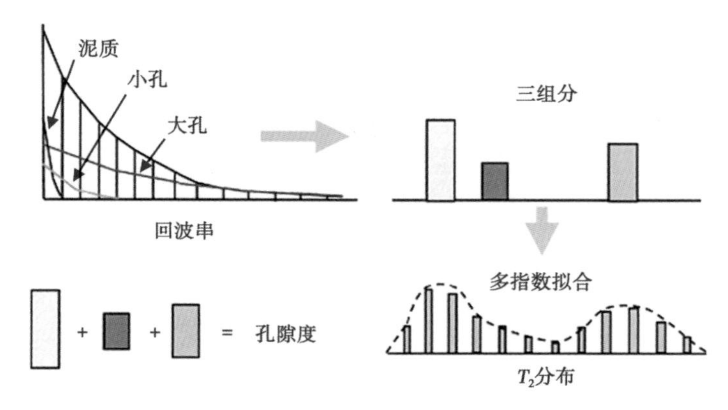

图 2-3-5　多孔介质核磁共振总信号与各种孔隙信号的关系示意图

图 2-3-6 是两块不同孔隙结构的岩心恒速压汞实验的孔喉分布，其中岩心 A 的气测孔隙度为 9.4%，渗透率为 0.214mD，岩心 B 的气测孔隙度为 7.4%，渗透率为 0.097mD。岩心 A 主要由两类不同尺寸的孔隙组成，岩心 B 虽然也存在较小尺寸的孔隙分布，但主要是以相对较大的孔隙为主，且无论从两块样品的孔渗数据，还是恒速压汞得到的孔隙分布来看，岩心 A 的孔喉配比及连通程度要明显好于岩心 B。岩心核磁共振实验结果也证实了这一结论，岩心 A 的 T_2 为双峰分布，岩心 B 的 T_2 为单峰分布（图 2-3-7）。从 T_2 特征来看，岩心 A 的右峰值为 48ms，岩心 B 的右峰值为 25ms。该实验表明，T_2 分布与孔隙分布存在较好的相关性，可以用 T_2 分布来评价储层的孔隙结构特征。需要注意的是，上述岩石物理实验是在饱和 100%盐水的状态下测量的，实际测井中 T_2 分布中会存在多种流体信号，需要转化为完全含水状态下的 T_2 分布后，再进行储层孔隙结构参数评价。

三、不同含水饱和度核磁共振响应特征

T_2 以及纵向弛豫时间 T_1 均会受到油气信号的影响。如前所述，致密储层有可能具有较高的油气饱和度，在仪器测量范围内存在油气会对核磁共振测井的纵向和横向弛豫均产生影响。理论分析表明，当孔隙介质内存在油气和水时，油气信号会影响表面弛豫、自由弛豫和扩散弛豫。核磁共振的测量参数（极化时间 T_W 和回波间隔 T_E）对测量结果 T_2 也会影响。由于弛豫机制不同，同样的油水饱和度状态下，T_1 和 T_2 谱形态不同。

将饱和盐水的岩心连入核磁夹持器中，采用煤油进行驱替测量不同含油饱和度下的 T_2 谱。煤油的黏度为 0.95mPa·s（30℃时），实验盐水的矿化度为 80000mg/L。核磁共振实验参数如下：等待时间为 6s，回波间隔为 0.3ms，回波个数为 4096，扫描次数为 1024，增益设置为 50，样品的信噪比为 42，测量结果如图 2-3-8 所示。

图 2-3-8 表明，随着含水饱和度降低，T_2 谱形态发生变化，从单峰状态过渡到双峰状态，左峰为水信号，主要为束缚水，弛豫以表面弛豫为主。右峰为油信号。由于润湿性影

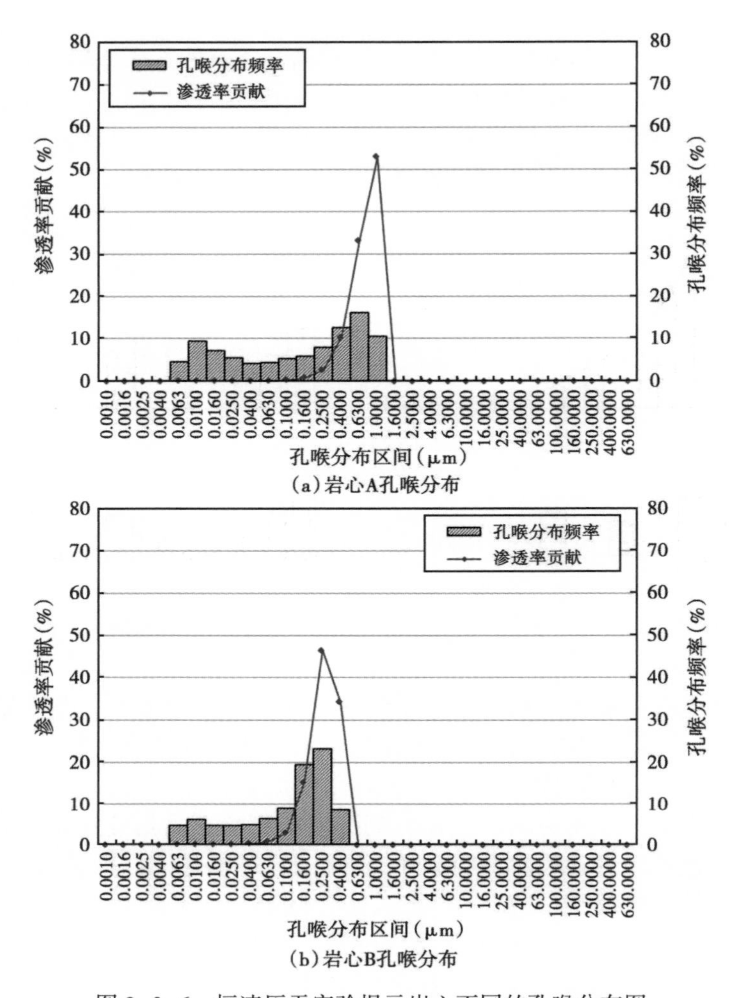

图 2-3-6 恒速压汞实验揭示岩心不同的孔喉分布图

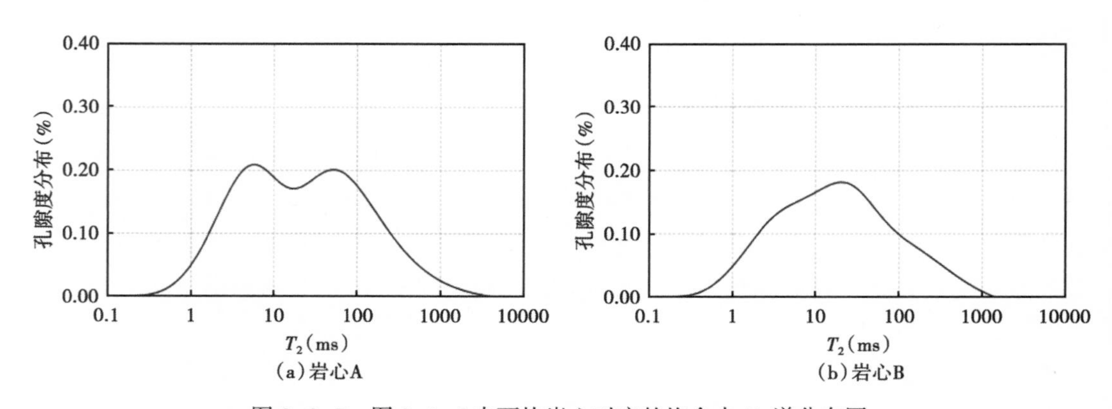

图 2-3-7 图 2-3-6 中两块岩心对应的饱含水 T_2 谱分布图

响，油主要分布在孔隙中央，呈“水包油”状态，以自由弛豫为主。特别强调的是，该实验表明当孔隙中含油比例达到 14%左右时其 T_2 谱形态就有明显变化，说明不太高的含油饱和度就会对岩石的 T_2 谱形态产生明显影响。

由此可见，对于含油饱和度较高的致密储层，如果要精确评价其孔隙结构，必须开展油气校正，尽可能获取完全含水状态下的 T_2 谱。另外，储层的润湿性也会对 T_2 也有一定影响。

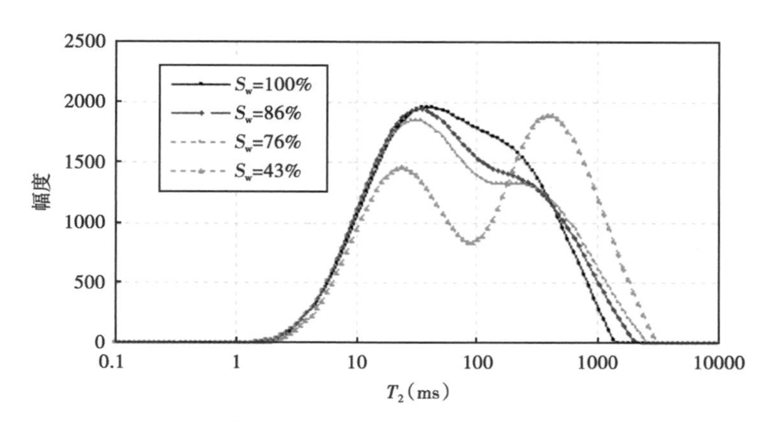

图 2-3-8　不同含水饱和度下的核磁共振横向弛豫响应实验

第四节　弹性各向异性特征

有关对岩石弹性各向异性特征的实验研究报道很多。Jones 和 Wang（1981）研究了页岩在饱和不排水条件下超声波速度随围压的变化，认为速度变化主要依赖于有效应力和饱和程度。Vernik 和 Nur（1992）分析了干燥条件下 Bakken 页岩的弹性各向异性，认为干酪根含量、微观结构和成熟度是产生各向异性的主要成因。Jakobsen 和 Johansen（2000）发现泥岩孔隙具有明显的非椭圆性。刘斌（2000）分析了不同温度与不同压力条件下岩石纵波速度各向异性与组构的关系，认为波速各向异性主要与微裂缝和晶格优选方位等因素有关。邓继新等（2004）指出平行于层理定向排列的黏土矿物和微裂隙是使样品显示出弹性各向异性的内在原因。

上述研究主要针对具有明显各向异性特征的泥岩或页岩，而对致密砂岩的研究更多地关注宏观弹性性质，一般都是将其看成各向同性。陆相成因的致密砂岩成岩过程中不但存在组成矿物定向排列引起的内在各向异性，也存在板状层理、交错层理与岩相分层所引起的各向异性，导致岩石各向异性成因及其变化规律较为复杂。本节重点考察具有复杂结构特征的致密砂岩样品各向异性及其影响因素，通过多方向的声速测量以及铸体薄片观察等配套测试，分析其弹性各向异性特征及其影响因素，为测井评价、地震解释及压裂改造提供依据。

一、纵波速度、横波速度变化规律

为了分析致密砂岩弹性各向异性特征，采用如图 2-4-1 所示的岩心组实验测量方法。图中，在三个不同方向样品上测得 9 个速度，分别为垂直层理（与对称轴呈 0°夹角）传播的 $v_{P-0°}$、$v_{SV-0°}$（层理面内振动，且方向垂直于对称轴）、$v_{SH-0°}$（层理面内振动，且与 $v_{SV-0°}$ 振动方向垂直）；平行层理（与对称轴呈 90°夹角）方向传播的 $v_{P-90°}$、$v_{SV-90°}$（振动方向垂直于层理）、$v_{SH-90°}$（振动方向平行于层理）；与对称轴成 45°传播的 $v_{P-45°}$（振动方向与传播方向一致）、$v_{SH-45°}$（振动方向平行于层理）、$v_{SV-45°}$（振动方向与 $v_{SH-45°}$ 垂直）。

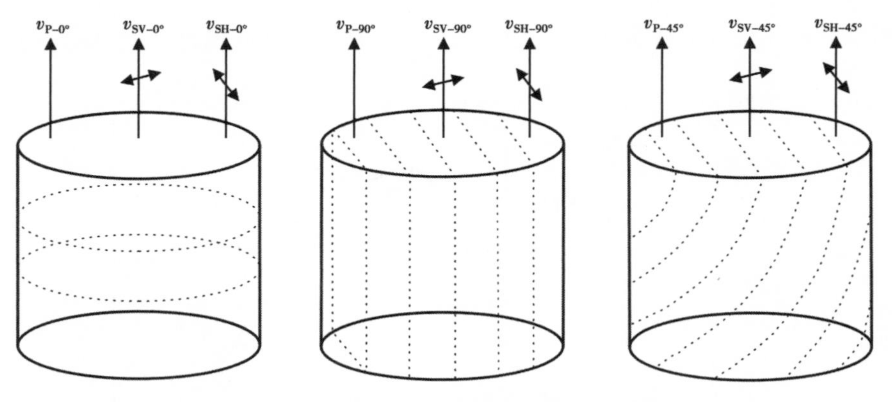

图 2-4-1　各向异性岩心声速测量方法原理示意图

图 2-4-2 给出了致密砂岩干燥条件下垂直层理方向的纵波速度、横波速度（$v_{P-0°}$、$v_{SV-0°}$）随围压的变化。从变化形态上可以观察到两种不同的速度变化趋势：第一种变化趋势以 H4、S1 样品为代表，纵波速度、横波速度在压力较小时（小于 30~40MPa）随围压增加而迅速增大，在超过该压力时纵波速度、横波速度变化较小并逐渐趋于恒定值。对该类样品可大致认为岩石中微裂隙闭合的有效压力为 30~40MPa，其纵波速度、横波速度在实验压力范围内的变化最大可达 30%，即对于孔隙度非常低的致密砂岩而言其速度变化仍然可以和常规砂岩相比较，速度越小的样品其速度随围压的变化越大。第二种变化趋势以 G5 样品为代表，在实验压力范围内，纵波速度、横波速度随压力的增加呈近似线性的增加而无明显的非线性段，同时整个压力变化范围内纵波速度、横波速度变化均小于 10%。

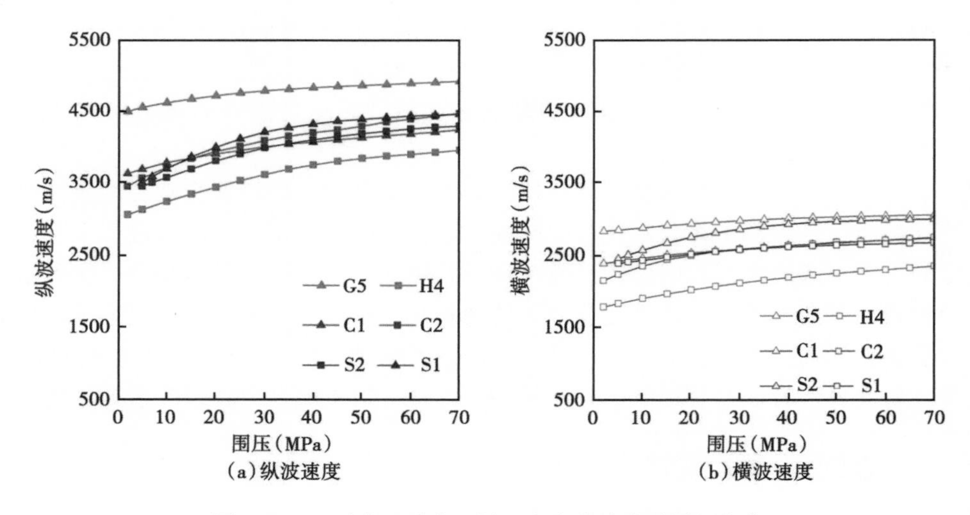

图 2-4-2　干岩心垂直于层理方向的波速随围压变化

图 2-4-3 为对应样品平行于层理方向的纵波、横波（$v_{P-90°}$、$v_{SH-90°}$）速度随围压的变化，相对垂直于层理方向的速度变化情况，仅 H4 样品表现出明显的差异。该样品平行层理传播速度随压力变化明显变小。横波速度随着压力变化相对于纵波速度而言较小，反映出微裂隙对纵波的影响更为明显，而对横波的影响较弱。换言之，如果岩石中存在裂隙则纵波速度明显减小，而横波的变化相对较弱。上述的速度变化结果说明，准确表征

致密砂岩声学弹性特征必须要考虑孔隙结构（裂隙）的影响。从速度随压力变化的结果看，G5 样品的孔隙类型可能以纵横比较大的溶蚀孔、残余粒间孔为主；而其余样品则可能为双孔隙结构，H4 样品则存在平行层理排列的微裂隙，其余样品中的微裂隙更多地表现为随机分布特征。

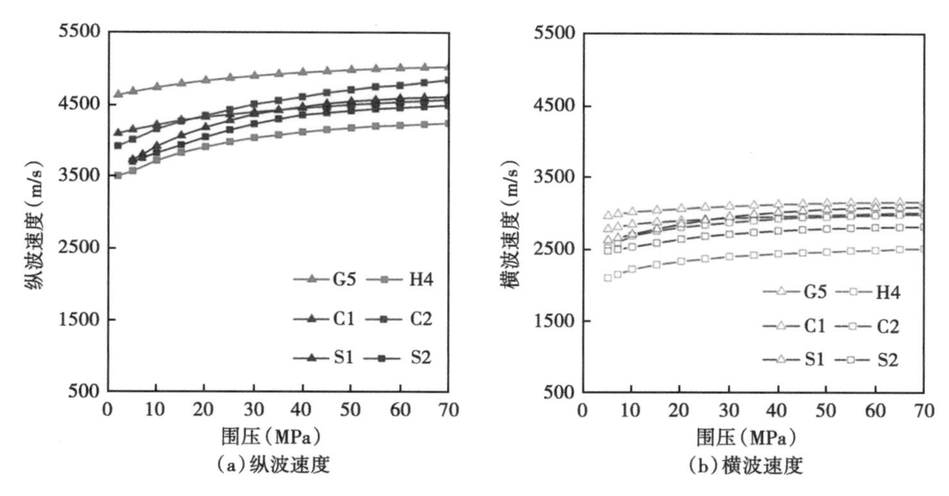

图 2-4-3　干岩心平行于层理方向的波速随围压变化

岩石孔隙饱和水后，纵波速度、横波速度会发生较明显的改变。相对于干燥条件，流体的加入使样品的弹性波速度发生如下的变化：（1）如图 2-4-4 所示，所有样品在饱和水后纵波速度均明显增大，相同围压下饱和水样品与干燥样品的纵波速度差异随着围压的增加而减小，反映围压增大过程中微裂隙逐渐闭合而使“喷射”流（Mavko、Jizba，1991）相关的速度频散作用逐渐降低。（2）横波也表现出相同的规律，即饱和水的样品横波速度大于干燥时的横波速度，但饱和前后横波速度的差异明显小于纵波速度的差异，并且随着围压的增高两者的差异逐渐变小，这些变化特征均不同于 Gassmann 方程预测结果。

孔隙流体主要通过对岩石骨架的化学“软化”作用以及速度频散作用影响横波速度，由于实验所用样品黏土含量较少，化学“软化”作用较弱，因此，与 Gassmann 方程预测结果的差异主要为速度频散结果。随着围压的增大，样品中微裂隙逐渐闭合而使孔隙趋于均匀，“喷射”速度频散作用逐渐减弱，横波速度也更接近于 Gassmann 方程预测结果。

表 2-4-1 为干燥条件下实验样品横波 $v_{SV-90°}$、$v_{SV-0°}$、$v_{SH-0°}$ 之间的速度差异统计。对于同一样品 $v_{SV-90°}$ 与 $v_{SV-0°}$ 之间平均差异范围为 0.02%～1.92%，$v_{SV-90°}$ 与 $v_{SH-0°}$ 之间平均差异范围为-0.18%～2.1%，而 $v_{SV-0°}$ 与 $v_{SH-0°}$ 的差异在整个实验压力范围内小于 1.5%。考虑到不同样品的端面平整度不完全相同可能导致测量结果存在细微差异，可近似认为在平行于层理方向的横波速度 $v_{SV-90°}$、$v_{SV-0°}$、$v_{SH-0°}$ 基本相等，即所研究样品的弹性性质具有横向各向同性特征，但平行于层理方向和垂直于层理方向则表现为速度各向异性特征（VTI 介质）。在相同的压力下干燥及饱和水样品，平行于层理方向传播的纵波（$v_{P-90°}$）速度最大，其次为 $v_{P-45°}$，垂直于层理方向传播的速度（$v_{P-0°}$）最小。横波速度值最大 $v_{SH-90°}$，$v_{SV-45°}$、$v_{SH-45°}$ 次之，$v_{SV-90°}$、$v_{SV-0°}$、$v_{SH-0°}$ 最小。

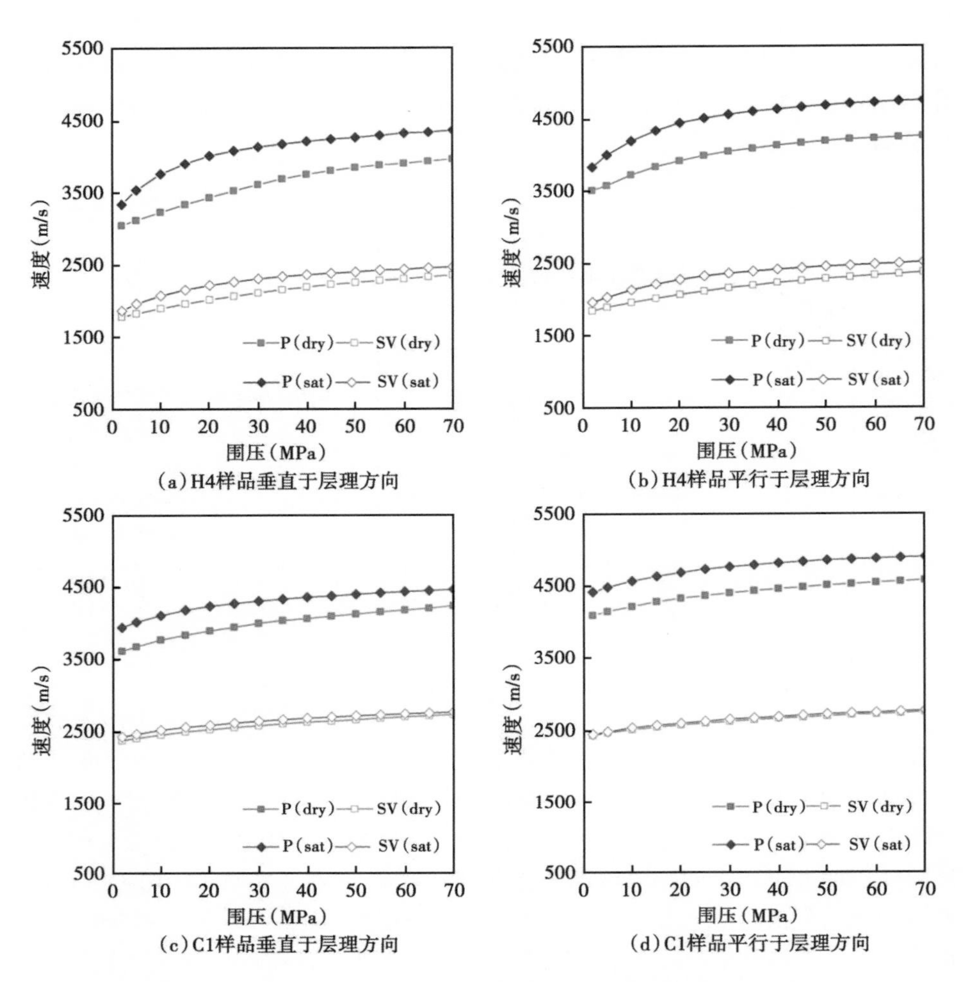

图 2-4-4　样品 H4 和 C1 饱和水时不同方向波速随围压变化规律

表 2-4-1　干燥条件下实验样品横波 $v_{SV-90°}$、$v_{SV-0°}$、$v_{SH-0°}$ 之间的速度差异比较

样品编号	$v_{SV-0°}$ ~ $v_{SH-0°}$（%）			$v_{SV-0°}$ ~ $v_{SV-90°}$（%）			$v_{SH-0°}$ ~ $v_{SV-90°}$（%）		
	MAX	MIN	AVE	MAX	MIN	AVE	MAX	MIN	AVE
S1	1. 8	−0. 36	0. 7	0. 6	−0. 03	0. 02	1. 3	−0. 4	0. 45
S2	1. 99	−0. 23	0. 3	1. 0	0. 37	0. 55	2. 5	0. 48	0. 85
C1	−1. 0	−3. 7	−1. 4	2. 4	0. 4	0. 85	2. 4	0. 2	0. 4
C2	0. 37	−1. 3	−0. 4	2. 5	0. 7	1. 19	1. 3	0. 8	1. 1
G5	0. 56	0. 10	0. 15	0. 67	0. 23	0. 3	1. 23	0. 36	0. 46
H4	0. 55	−2. 0	−0. 9	3. 17	0. 55	1. 25	1. 5	0. 22	0. 41
C3	1. 4	−0. 28	0. 13	4. 1	0. 8	1. 92	3. 47	2. 1	2. 1

注：表中数据均为实验压力范围内（5~70MPa）速度比较结果，MAX 代表实验压力范围内最大速度差异，MIN 代表最小速度差异，AVE 代表速度差异的平均值。

图 2-4-5 为 S2 样品孔隙压力变化对速度的影响。可以看出，对于致密砂岩如果保持压力差一定（$p_d=p_c-p_f$），纵波速度、横波速度均会随着孔隙压力的增大而增大，在低孔隙压力阶段增量明显，而在高孔隙压力阶段速度几乎保持恒定。在保持压力差恒定时，孔隙压力的增加对纵波速度、横波速度的影响是有区别的，表现为孔隙压力对纵波的影响更为明显，而对横波的影响较弱，造成在一定的压力差条件下纵波速度与横波速度比会随着孔隙压力的增大而增大。这说明在地层超压时，不但表现为地层纵波速度、横波速度的减小，还会表现出纵波速度、横波速度比的增大。

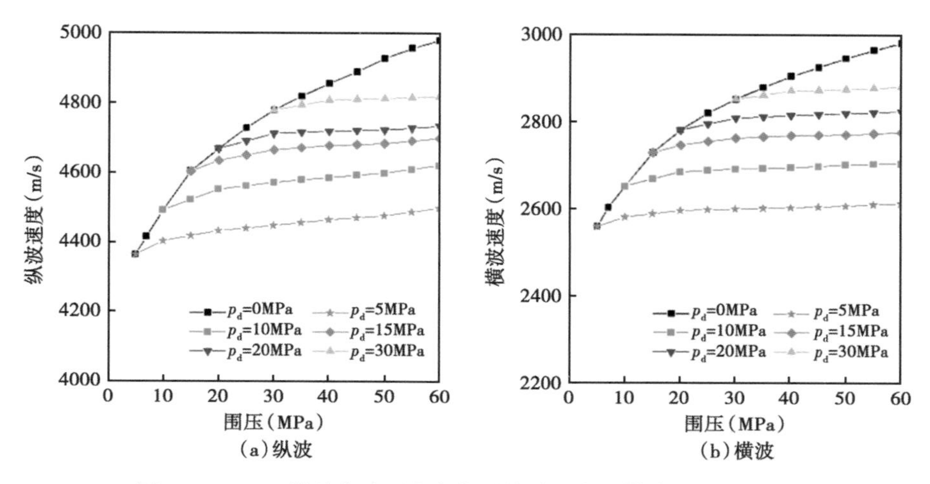

图 2-4-5　S2 样品孔隙压力变化对纵波速度、横波速度的影响

二、弹性模量变化规律

利用速度与密度测量结果可进一步计算 VTI 介质的 5 个独立刚性系数 C_{11}、C_{33}、C_{44}、C_{66}与 C_{13}，据此可得到 VTI 介质不同方向的动态弹性参数。这些弹性参数是计算地应力、破裂压力等参数的基础，包括平行对称轴方向的杨氏模量 E_v 和垂直对称轴方向的杨氏模量 E_h，压应力方向与对称轴方向平行时平行于层理的应变与轴向应变的比值 v_v，以及压应力方向与对称轴垂直时平行于层理的应变与压缩方向上的应变的比值 v_h。具体计算公式如下：

$$E_v = C_{33} - \frac{2C_{13}^2}{C_{11} + C_{12}} \tag{2-4-1}$$

$$E_h = \frac{(C_{11} - C_{12})(C_{11}C_{33} - 2C_{13}^2 + C_{12}C_{33})}{C_{11}C_{33} - C_{13}^2} \tag{2-4-2}$$

$$v_v = \frac{C_{13}}{C_{11} + C_{12}} \tag{2-4-3}$$

$$v_h = \frac{C_{12}C_{33} - C_{13}^2}{C_{11}C_{33} - C_{13}^2} \tag{2-4-4}$$

如图 2-4-6（a）（b）（c）所示，在相同的压力及饱和水条件下 $E_h>E_v$，以 G5 样品为例，石英颗粒与少量的微裂隙呈随机分布，不同方向上石英颗粒的刚度差别是很小的，微裂隙的数量也较少，使得 E_h 与 E_v 的差异并不明显。而对于 C3 泥页岩样品，由于针状、片状黏土矿物的长轴方向以及岩石中存在的大量微裂隙都成近似平行层理的定向排列，表现为在干燥与饱和水条件下 E_h 明显大于 E_v。E_h、E_v 随着压力的增加而增加，其大小对流体较为敏感，这些变化是压力作用下裂隙闭合、组成岩石的矿物颗粒在压力作用下刚度增加、流体的加入使孔隙刚度增加等作用的综合表现。砂岩样品干燥和饱和水条件下 E_h、E_v 的变化范围分别是 25~65GPa、20~55GPa。大多数岩石杨氏模量的范围是 20~100GPa。砂岩样品的杨氏模量值都属于模量范围中—高的一端，即需要较大的应力才能使岩石发生应变。

如图 2-4-6（d）（e）（f）所示，对于 G5 样品，无论是在干燥条件还是饱和水条件下，v_v 和 v_h 在整个实验压力范围内下变化都不大，其中干燥条件下，$v_v>v_h$，饱和水条件下 $v_v>v_h$，表明流体对此类样品的泊松比影响非常大。对于 H4 样品，在整个实验范围内变化较大，v_v 和 v_h 之间的大小关系不定，表明样品的各向异性相对较大。而 C3 泥页岩样品的 v_v 均大于相应的 v_h，v_v 和 v_h 之间相差较大，表明该样品的各向异性最大。

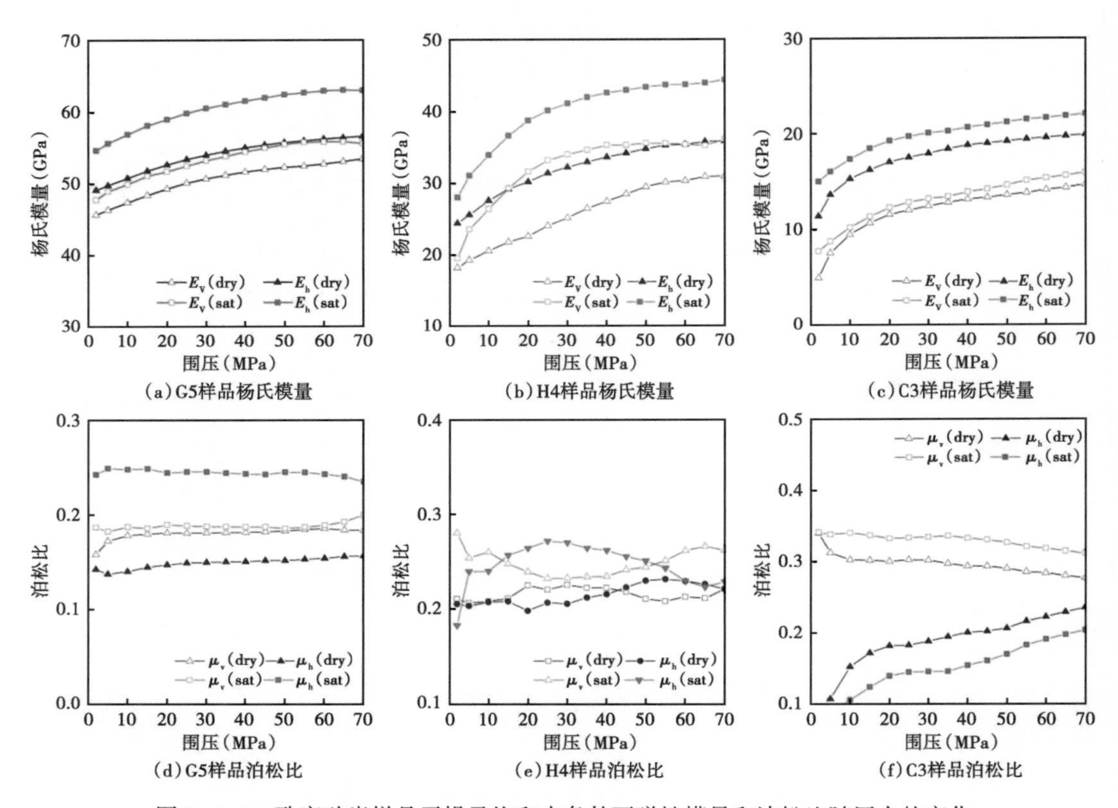

图 2-4-6　致密砂岩样品干燥及饱和水条件下弹性模量和泊松比随压力的变化

三、各向异性变化规律

如图 2-4-7 所示，C3 样品表现出最大的纵波、横波各向异性程度，H4 样品、C1 样品和 C2 样品次之，其余样品的各向异性程度较小。各向异性系数值高的样品也表现出较高的压力相关性。干燥条件下压力从 5MPa 增至 70MPa 时，C3 样品纵波各向异性参数（ε）从 33.7%降至 14.2%、横波各向异性参数（γ）从 23.5%降至 8.6%；H4 样品的 ε 从 15.8%降至 7.4%、γ

从 15.1%降至 6.8%；G5 样品的 ε 从 3.4%降至 2.3%、γ 从 4.7%降至 3.7%。

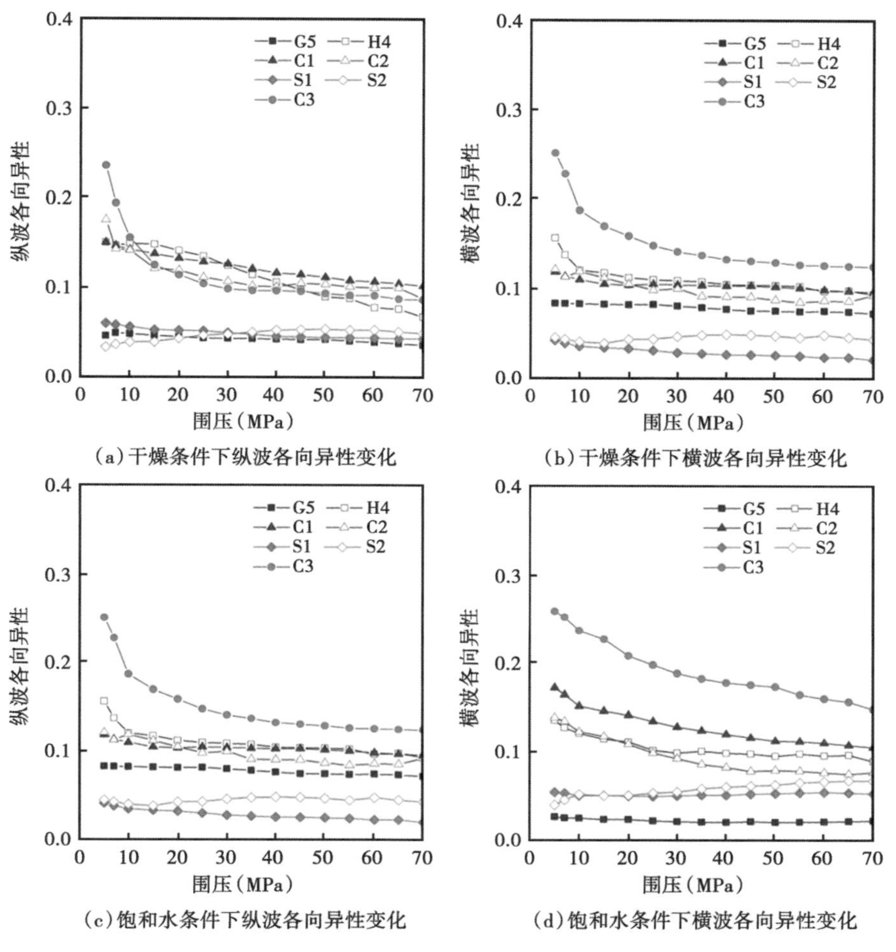

(a) 干燥条件下纵波各向异性变化 (b) 干燥条件下横波各向异性变化

(c) 饱和水条件下纵波各向异性变化 (d) 饱和水条件下横波各向异性变化

图 2-4-7 纵波速度、横波速度各向异性随围压的变化规律

上述各向异性系数随压力改变而呈现出的变化特征主要与其内部的微观结构有关。根据岩石样品手标本观察及扫描电镜结果分析，C3 样品中近似平行于层理定向排列的黏土矿物和微裂隙是导致其表现出强烈各向异性的内在原因。H4 样品、C1 样品所表现出的各向异性主要是由薄互纹层交替沉积、层间容易发育平行于层理方向的微裂隙，使得其表现出一定的各向异性压力相关性。其他致密砂岩的各向异性主要是由平行与层理方向定向排列的石英颗粒（沉积过程颗粒粒度分层）和裂隙造成的，总体各向异性较弱。

如图 2-4-8 所示，总体来看，压力对 ε、γ 影响是相同的，二者均随压力的增加而减小。ε 与 γ 之间线性关系较为明显，相对于王之敬所给的致密砂岩 ε 与 γ 关系公式：$\gamma=0.956\varepsilon-0.01049$，本次测量的横波各向异性系数整体略偏大。在 ε 与 δ 的关系图（图 2-4-9）中可以看出，对于所研究的致密砂岩样品，其各向异性参数 ε 与 δ 分布在 1:1 线附近，反映 ε 与 δ 之间近似相等。而通常情况下，对于由黏土矿物定向排列而形成的各向异性页岩，一般有 $\varepsilon>\delta$ 成立，这也是致密砂岩与页岩各向异性特征的重要区别之一。

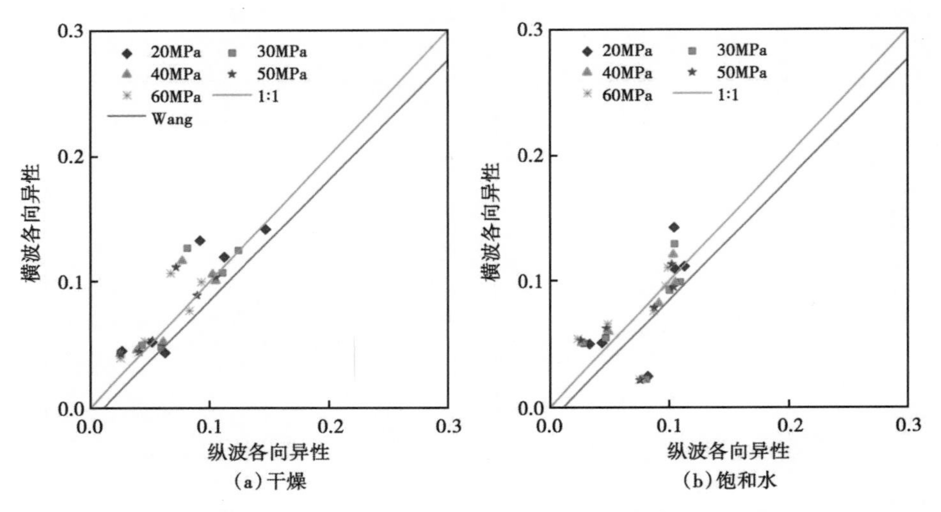

图 2-4-8　干燥与饱和水条件下样品各向异性参数 ε、γ 关系

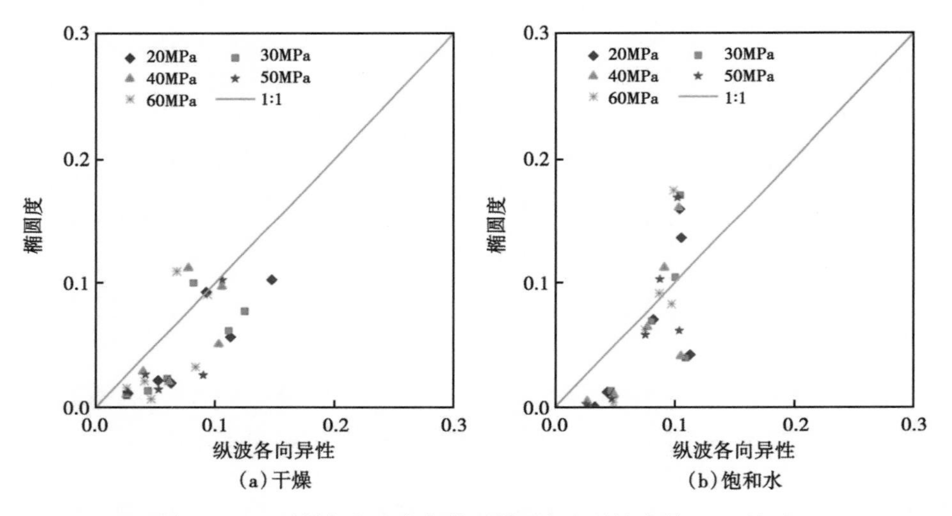

图 2-4-9　干燥与饱和水条件下样品各向异性参数 ε、δ 关系

第五节　致密砂岩测井岩石物理实验方法与精度

致密砂岩储层测井岩石物理实验主要涉及岩心预处理以及物性、电性、核磁共振、力学等参数的测试与分析。与常规砂岩储层相比，致密储层由于特低孔渗的特征，有些实验工艺并不能满足此类储层的实验精度需要，甚至测量不到有效数值。因此，在岩石物理实验过程中，必须充分考虑致密储层的特殊性，合理设计实验工艺流程，最大限度地控制实验的不准确度，为测井岩石物理研究与处理评价提供可靠的参数。

一、岩心预处理

岩心的实验室预处理过程包括洗油、洗盐和干燥等基本过程，其中难度最大的就是含油岩心的洗油处理，这是一个非常重要的环节，洗油是否彻底、洗油速度的快慢都会影响后续的分析测试流程和测试精度。由于致密砂岩储层在较大的充注压力作用下具有较高的含油气丰度，微纳米级小孔隙中也常常赋存油气，常用的烃类蒸馏抽提法不仅耗时（常规储层约20~30天，致密储层约60天），而且不易洗净。针对致密砂岩油储层样品，必须选择合理的洗油措施。

一般地，实验室采用以下几种方法进行岩心洗油处理。

1. 烃类蒸馏抽提法

该方法采用酒精—苯—氯仿的混合溶剂，放置在烧瓶中加热，溶剂挥发并在上部的冷凝管中冷却液化后滴到岩心上，经过溶解后达到清洗岩样中残余原油的目的。

2. 热解法

该方法将待处理的样品直接放到热解炉中，利用高温加热使得孔隙中的原油产生挥发、裂解、燃烧等多种反应从而实现除油的目的。但是，高温加热过程中会使得岩样中的黏土成分变性、部分原油结焦等问题，一定程度上会改变样品的孔隙结构，影响后续其他参数的测量精度。

3. 加压饱和溶剂法

该方法使用多次抽真空—加压饱和—泄压—加压饱和的循环过程，通常也使用酒精—苯—三氯甲烷混合液作为溶剂，通过多次循环达到洗油的目的。

4. 二氧化碳加压法

该方法利用二氧化碳易于溶解到大多数洗油溶剂、降低孔隙中油水界面张力和原油黏度的特点，采用多次加压—泄压的过程达到洗油的目的。当含油岩心被取到地面后，由于降压，油中的溶解气从油中释放出来，将部分油和水从岩心中驱替出来，在大气压作用下气体会填充到部分孔隙中。与此过程相类似，在一定的压力下，使含有溶解气的溶剂注入装有岩心的压力釜中，岩心中的孔隙将被溶剂完全充满。在这种情况下，溶剂与岩心中的油混合，如果再次降压至大气压力，由于气体膨胀作用，将携带出岩心中部分残余油。

二氧化碳具有低燃点、不易爆炸、在大多数溶剂中有高溶解度等特点，因此是最好的驱替气体。气驱溶剂排驱法可用的溶剂有石脑油、甲苯及某些溶剂的混合物。

衡量洗油是否彻底可以采用对处理后的洗油溶剂进行荧光级别测量来判断，如果溶剂的荧光级别基本不变并符合相关标准，则认为洗油过程结束。图2-5-1是对吉木萨尔芦草沟组致密岩样进行不同方法洗油的过程对比。图中横坐标为洗油次数，每次处理48h，纵坐标为洗油处理后的荧光级别变化。可以看出，在经过8次洗油之后，烃类抽提蒸馏法仍维持在5级，而加压饱和溶剂法和二氧化碳加压法的荧光级别均为3级及以下，达到相关标准。

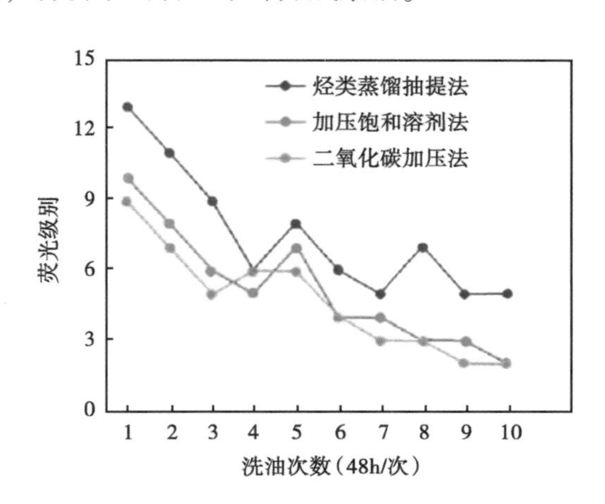

图2-5-1　不同洗油方法的效果对比（据靳军等）

为此，致密砂岩的岩心洗油宜采用二氧化碳加压法。该方法对岩心内部进行重复溶解气有机溶剂冲注、排驱，直到完全除掉岩心中的烃为止。留在岩心中的溶剂和水用烘箱干燥的方法除掉。对于某些原油，如果用水浴、蒸汽浴或者电加热器把岩心室加热，可以进一步缩短清洗时间。该方法在致密油气储层岩心清洗方面已经得到了成功应用。

二、孔渗参数测量

致密储层实验用柱塞状样品来测量岩心的孔隙度、渗透率、电阻率、横向弛豫时间等物理参数，原则上应尽可能增加岩样的孔隙体积，最好采用 3.8cm 直径的样品，若岩心直径为 2.5cm，建议长度大于 5cm。孔隙度测量通常采用气体波义耳定律法和称量法。

1. 岩石孔隙度

孔隙度的测量精度很大程度上取决于测定孔隙度所用的方法。通常，测量孔隙度参数采用气体波义耳定律法和饱和称量法。

1）氦气法

气体波义耳定律法通常使用氦气作为介质，它是利用气体膨胀原理测定岩样的颗粒体积 GV 或孔隙体积 PV（图 2-5-2）；正圆柱形或其他规则形状的岩样体积可以用卡尺测量，也可以采用阿基米德浸没法（放在液体里的物体受到的浮力等于排开液体的重量）得到总体积 BV。分别用如下公式计算孔隙度：

$$\phi = \frac{PV}{BV} \tag{2-5-1}$$

$$\phi = \frac{BV - GV}{BV} \tag{2-5-2}$$

测量岩石颗粒体积通常采用岩心杯（图 2-5-3）在常温常压下测量，该方法测定的颗粒密度的精确度在 0.01g/cm^3 内，孔隙度精确度在±0.4pu 以内。测量岩心孔隙体积需要连接岩心夹持器。直接测定孔隙体积排除了 BV 或 GV 的测试误差对孔隙体积影响。对于理想的圆柱样品，一个专门校准过的系统测得的孔隙体积绝对偏差在±0.03cm^3 之内。实际岩样测定结果表明，总体积为 50cm^3 的岩样，其测试绝对偏差在约±0.1cm^3 以内得出的孔隙度与真值的绝对偏差在±0.2pu 以内。由于采用气体波义耳定律，因此测试过程中要求环境温度恒定（小于 1℃），保证气体质量平衡；压力传感器精度要求小于全量程的 0.5%。

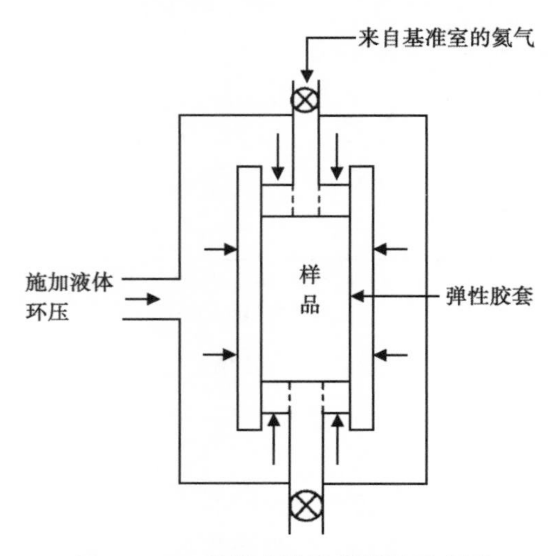

图 2-5-2　岩样孔隙体积测量示意图

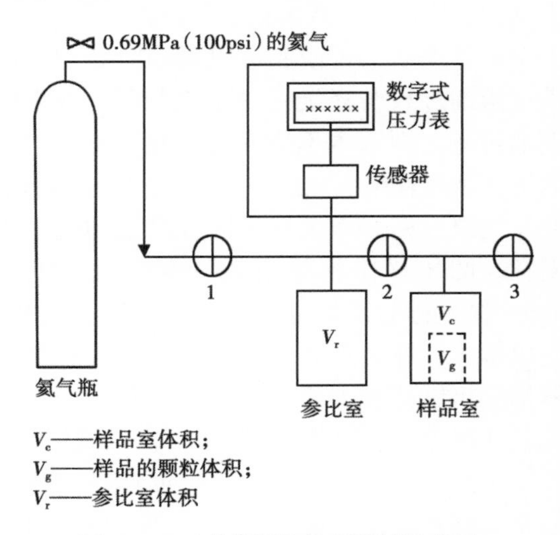

图 2-5-3　岩样颗粒体积测量示意图

2）液体饱和法

用液体饱和法测量孔隙度（连通的孔隙空间），涉及孔隙体积的称量分析，通过天平（精确到1mg）称量清洁、干燥岩样的质量 $m_{干}$、用已知密度的液体饱和后的岩样质量 $m_{饱和}$、浸没在与饱和液相同的液体中岩样质量 $m_{浸没}$，则有：

$$PV = \frac{m_{饱和} - m_{干}}{\rho_{饱和液}} \tag{2-5-3}$$

$$BV = \frac{m_{饱和} - m_{浸没}}{\rho_{饱和液}} \tag{2-5-4}$$

$$GV = \frac{m_{干} - m_{浸没}}{\rho_{饱和液}} \tag{2-5-5}$$

$$\phi = \frac{m_{饱和} - m_{干}}{m_{饱和} - m_{浸没}} \tag{2-5-6}$$

式中 PV——孔隙体积，cm^3；

BV——岩样外观总体积，cm^3；

GV——颗粒体积，cm^3；

$m_{饱和}$——饱和后岩样质量，g；

$m_{干}$——干岩样质量，g；

$m_{浸没}$——饱和岩样浸没在溶液中的质量，g；

$\rho_{饱和液}$——浸没溶液或饱和液的密度，g/cm^3。

对于致密砂岩储层，由于其孔隙体积绝对数值低，为保证孔隙度的测量精度，实验室应采用高精度的孔隙度测量装备，质量称量需要精确到1mg。如图2-5-4所示，采用压力传感器精度为0.1%的国内当前主流孔隙度测量仪，在孔隙度小于5%时，其测量的理论相对误差约15%；如果采用压力传感器精度为0.01%的仪器测量，则在孔隙度为0.5%时相对误

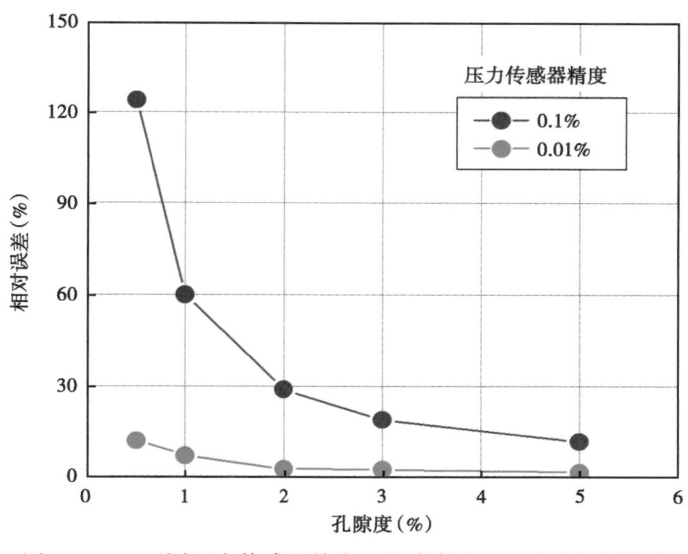

图2-5-4 不同压力传感器精度对孔隙度测量相对误差的影响

差约为 15%；孔隙度为 2%时，测量相对误差为 8%，测量精度明显提高。

2. *岩石渗透率*

目前测量致密砂岩渗透率的方法主要有 3 种，即基于达西定律的稳态法、压力脉冲衰减法和孔隙压力振荡法。

1）稳态法

实验室中用气体测定岩石的渗透率 K 时，通常依据的是达西定律：

$$K=\frac{2Qp_0\mu_gL}{A(p_1^2-p_2^2)} \tag{2-5-7}$$

式中 A——岩样的横截面积，cm^2；

L——岩样长度，cm；

μ_g——气体黏度，mPa·s；

p_1——气体通过岩样前的压力，MPa；

p_2——气体通过岩样后的压力，MPa；

p_0——大气压力，MPa；

Q——在大气压力下测定的气体流量，cm^3/s。

基于达西定律稳态法测渗透率适用的条件之一是测试介质在岩石孔隙中的渗流需达到稳定状态。对于中高渗岩样来说，达到稳定状态所需时间较短，因而测试时间较短，但是对于致密储层（尤其是小于 0.1mD）岩样，实验装置提供的较小压差达到平衡状态时间长，不利于保持温度和压力稳定，而且通过岩样的流量很小。伴随长时间的平衡过程，带来的是环境因素对测量结果的影响增大。由于流量计测量精度和环境因素影响可能导致重复实验得到的结果误差较大，因此对致密储层岩样不宜选用稳态法测量渗透率。

2）压力脉冲衰减法

该方法通过测量岩石样品两端容器中的压力变化的过程来获得渗透率。如图 2-5-5 所示，采用上、下游两个容器，容器中充入高达 7~14MPa 压力的气体以减少气体滑脱效应和压缩率，测试样品也处于和容器相同压力的围压作用下。整个系统的压力达到平衡后，通过在样品的上游端突然施加一个压力脉冲（一般为初始压力的 2~3%），造成上游端和下游端之间存在一个压力差（设此时上、下游端瞬间压力分别为 p_1 和 p_2），随着流体在样品中的流

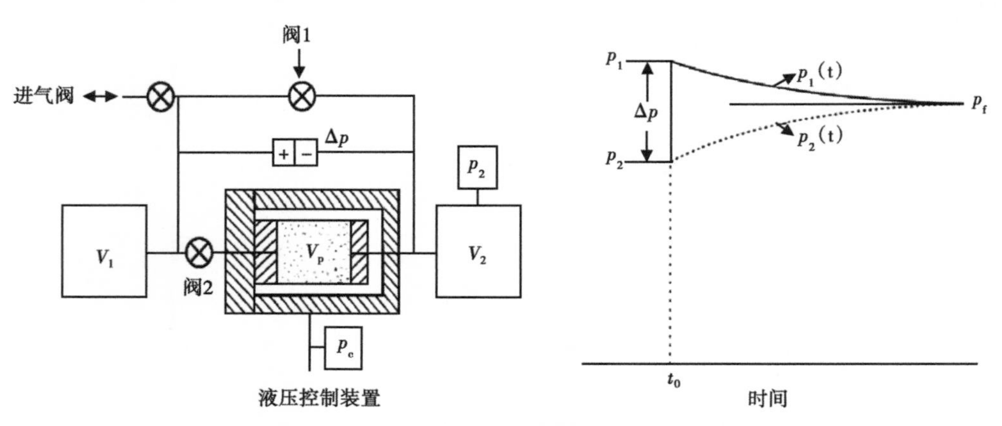

图 2-5-5 压力脉冲衰减法测量渗透率示意图

动，上、下游端压力差逐渐衰减，并遵从下式的变化规律：

$$p_1(t)=p_f+(p_1-p_f)e^{-\alpha t} \tag{2-5-8}$$

$$p_2(t)=p_f-(p_f-p_2)e^{-\alpha t} \tag{2-5-9}$$

式中 α——衰减系数；

p_f——重新平衡状态的压力，MPa。

介质的渗透率 K 与衰减系数成正比（Brace 等，1968），通过记录上、下游端压力随时间的变化可以求得衰减系数，进而计算出样品的渗透率：

$$\alpha=\frac{KA}{\mu_w C_w L}\left(\frac{1}{V_u}+\frac{1}{V_d}\right) \tag{2-5-10}$$

式中 C_w——孔隙体积，cm^3；

V_u，V_d——分别为上、下游容器体积，cm^3；

μ_w——测量使用的流体黏度，mPa·s；

A——样品的横截面积，cm^2；

L——样品的长度，cm。

这种方法测量的是压力脉冲衰减过程中非稳态的压力，属于非稳态法，测量时间短，减少了环境因素带来的误差影响，非常适合于测定致密岩样的渗透率，此外，高精度的数据采集系统也确保了测量结果的精度。

3）孔隙压力振荡法

该方法是在岩样的上游端面施加一个振幅及频率已知的正弦振荡的孔隙压力，通常为正弦波。由于岩样具有渗透性，正弦压力波在样品中的传播过程类似于一维扩散［可以用式（2-5-12）描述］，在岩样的下游端会出现压力响应，但通常表现为相位延迟（存在相位差 $\theta=\theta_u-\theta_d<0$，$\theta_d$ 为下游相位，θ_u 为上游相位）和振幅减小（用下游端压力振幅 A_d 与上游端压力振幅 A_u 之比 α 度量，$\alpha=A_d/A_u<1$），如图 2-5-6 所示。

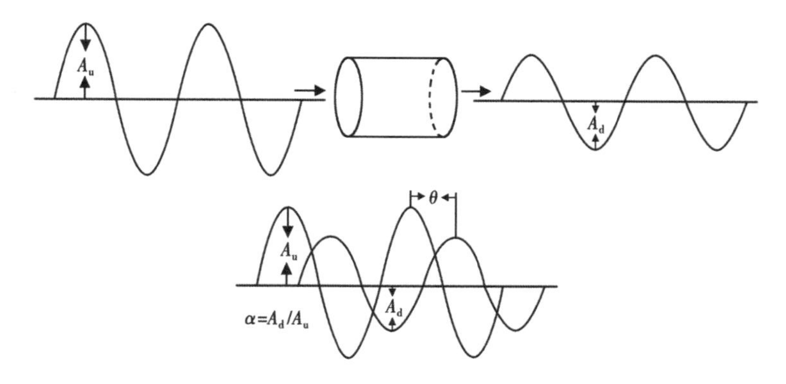

图 2-5-6　孔隙压振荡法测量渗透率原理图

$$\frac{\partial^2 p}{\partial x^2}=\frac{\mu\beta_s}{K}\frac{\partial p}{\partial t} \tag{2-5-11}$$

式中 p——某时刻样品中任一点的压力，MPa；

μ——样品中饱和的流体黏度，mPa·s；

K——岩石的渗透率，mD；

β_s——岩心—流体系统的比储流率；

A——岩石的横截面积，cm^2。

孔隙压力振荡法也是一种非稳态方法，同样可以用于致密岩样的渗透率快速测量。由于孔隙压力振荡法不受被测岩样的渗透性变化的影响，所以它的适应性较强，可以对处于载荷作用下的岩样进行渗透率实验。孔隙压力振荡法的测量介质跟瞬时脉冲法一样，可以是气体，也可以是液体。

上述渗透率实验方法中存在测量范围交集的情况，考虑到最初渗透率的定义及历史数据的匹配，建议先用稳态法测量渗透率，若稳态法无法得到有效数值，再采用压力脉冲衰减法测量。

三、电性参数测量

致密岩心的孔喉半径小、物性差，岩样中可排出水的相对体积小，因此实验过程中计量方法的误差对结果影响很大，与常规岩心相比，致密储层岩电参数的准确测量更加困难。半渗透隔板法是目前最理想的岩电参数测量方法，该方法可以模拟储层油藏形成过程，按照油藏高度设计驱替压力，模拟地层压力、温度、流体性质的条件下，实现毛管压力平衡时岩石电阻率测量。该方法无论在饱和度计量和电阻测量上都具有较高的精度，但对于致密砂岩的实验周期长，减饱和效果差，尤其是渗透率低于 0. 1mD 岩心，即使采用目前实验室最大的驱替压力，含水饱和度依然高于 60%，见表 2-5-1。

表 2-5-1 中的后两列数据对比表明，与隔板法相比，离心法更适合于致密储层的电性测量。具有高真空度、密闭转子的高速离心机可以模拟高达 10MPa 驱替压力，对致密储层的减饱和效果明显好于半渗透隔板法。

表 2-5-1　14 块致密砂岩样品离心法与隔板法束缚水饱和度对比

样品号	长度 (cm)	直径 (cm)	渗透率 (mD)	孔隙度 (%)	束缚水饱和度（离心法）(%)	束缚水饱和度（隔板法）(%)
24	5. 771	2. 52	0. 062	8. 49	58. 44	68. 75
48	3. 896	2. 519	0. 097	7. 4	48. 65	61. 74
51	5. 683	2. 52	0. 098	7. 33	56. 95	66. 72
58	5. 837	2. 52	0. 099	7. 74	51. 64	62. 58
17	5. 243	2. 524	0. 037	8. 1	73. 71	85. 71
19	5. 282	2. 518	0. 028	7. 14	79. 26	88. 77
45	5. 377	2. 519	0. 217	11. 48	49. 58	59. 46
90	5. 651	2. 526	0. 103	6. 24	50. 73	61. 5
91	6. 011	2. 525	0. 214	9. 4	44. 52	57. 69
94	5. 211	2. 523	0. 262	10	46. 75	56. 49
15	5. 315	2. 525	0. 105	11. 18	47. 02	57. 21
53	5. 75	2. 524	0. 115	10. 99	51. 03	58. 55
75	6. 111	2. 524	0. 075	12. 18	54. 66	63. 02
33	5. 801	2. 524	0. 044	7. 92	82. 96	91. 33

进一步的，通过对表 2-5-1 中 75 号样品和贝雷砂岩分别利用离心法与隔板法进行岩电实验对比，验证了离心法测量岩电参数的有效性，图 2-5-7、图 2-5-8 分别是贝雷砂岩隔板法与离心法实验对比结果。从对比结果看，隔板法饱和度指数为 1.79，离心法饱和度指数为 1.82，两者比较接近，离心法束缚水饱和度比隔板法降低了 5%。图 2-5-9、图 2-5-10 分别是 75 号岩心隔板法与离心法实验对比结果，隔板法饱和度指数为 1.66，离心法饱和度指数为 1.73，比较接近。

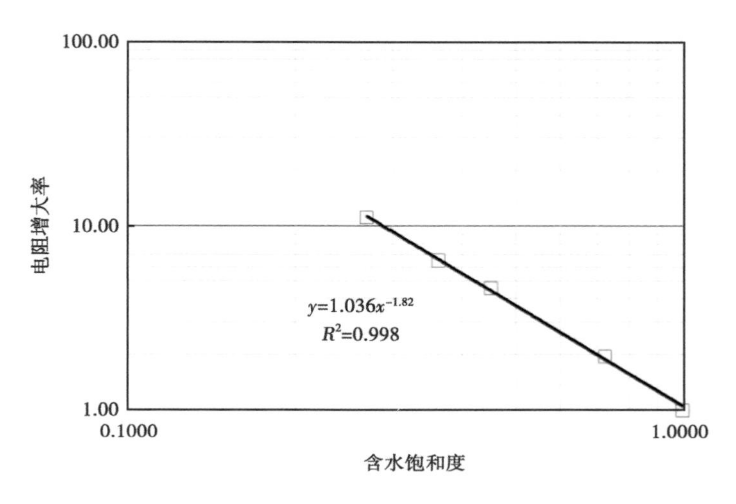

图 2-5-7　贝雷砂岩离心法测量结果

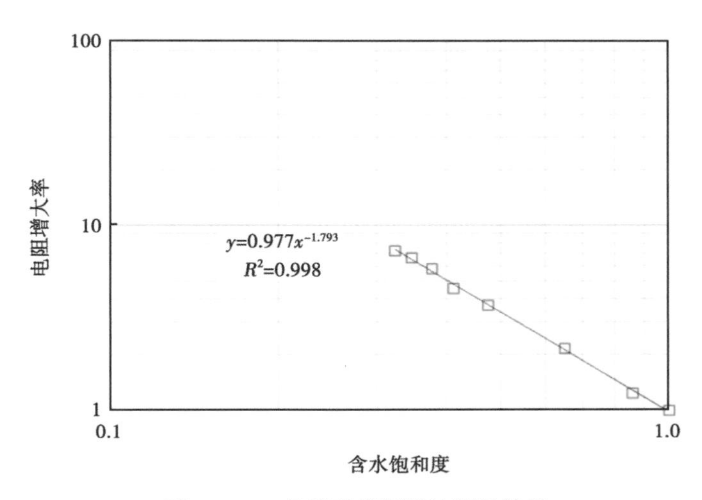

图 2-5-8　贝雷砂岩隔板法测量结果

但是应该强调的是，离心法岩电实验过程要注意几个重要环节，以保证实验的准确性。一是离心机腔体的真空度应小于 100Pa，以减小摩擦阻力；二是在每一个转速下岩心需要分别在正、反两个方向分别进行旋转，以保证流体的均匀分布；三是离心后要从腔体中取出岩心测量电阻，为减小水分挥发岩心的柱面应包裹热塑膜。最后，测量岩心电阻应在密闭的橡胶桶内进行，并且要监测岩心电阻，直到趋于稳定后记录测量值。

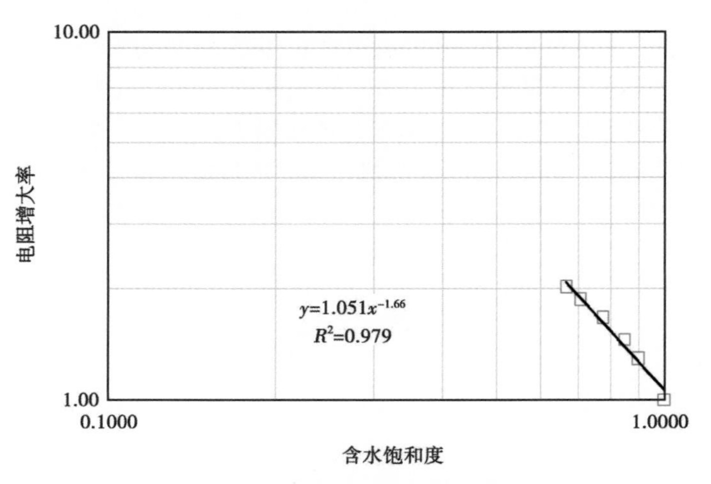

图 2-5-9　75 号岩心隔板法测量结果

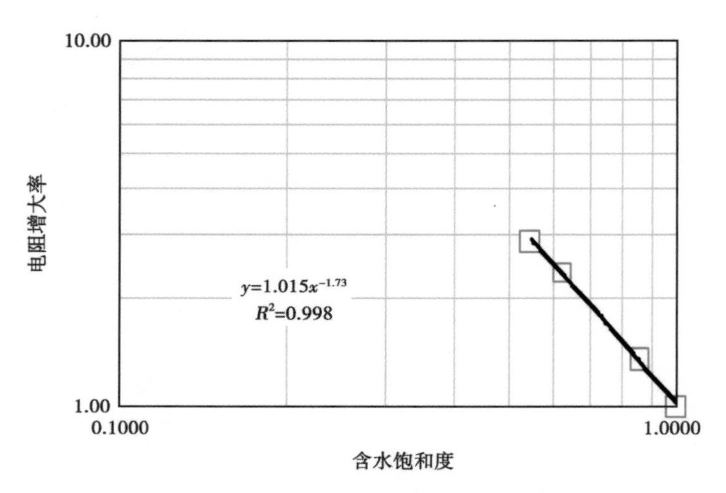

图 2-5-10　75 号岩心离心法测量结果

四、核磁共振测量

核磁共振实验是研究致密储层孔隙度、渗透率和孔隙结构的重要手段。由于致密储层的上述特点，针对常规储层所研发的核磁共振实验工艺流程面临诸多问题，尤其是低信噪比的问题更为突出。因此，必须研究适合于致密储层的核磁共振实验方法和数据处理方法，以提高原始数据质量和实验结果的精度。

1. 采集参数优化设计

核磁共振实验涉及多种采集参数，其中与数据质量、信噪比紧密相关的是扫描次数、回波个数、回波间隔和等待时间。

1）扫描次数

核磁共振信号是一种微弱的电信号，与噪声共存，致密岩样呈现低信噪比特征。在相同实验条件下，岩心样品孔隙度越小，信噪比越低（图 2-5-11）。而信噪比降低，核磁共振孔隙度相对误差则增大。实验表明，当信噪比大于 30 时，由核磁共振数据计算的孔隙度相对误差小于 5%，符合解释标准的要求（图 2-5-12）。核磁共振实验数据的信噪比与扫描次数呈正相关关系，通常的方法是通过增加扫描次数，对核磁共振观测信号进行反复累加，提高数据信噪比（图 2-5-13）。

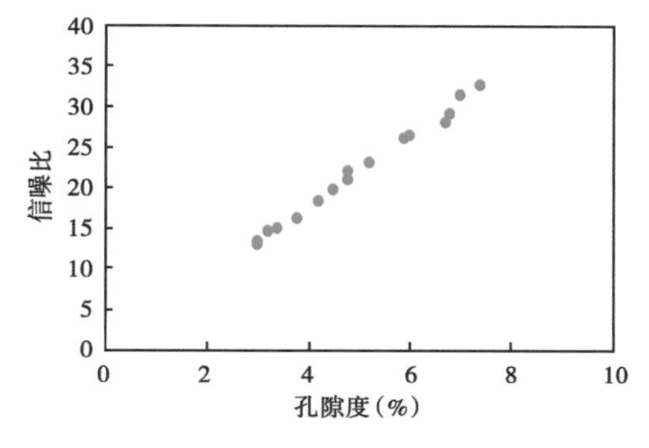

图 2-5-11　岩心孔隙度与信噪比关系

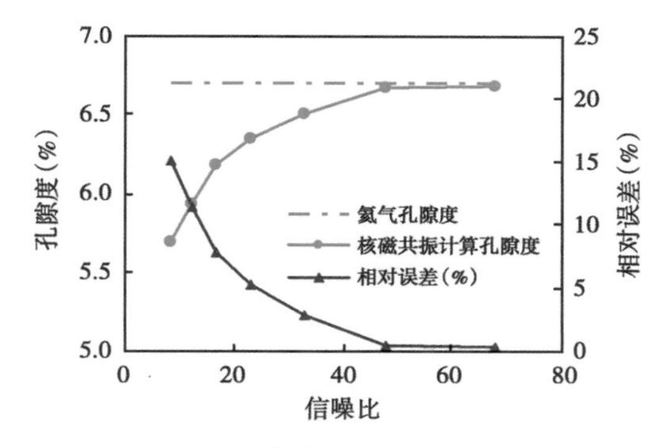

图 2-5-12　岩心孔隙度、信噪比、相对误差关系图

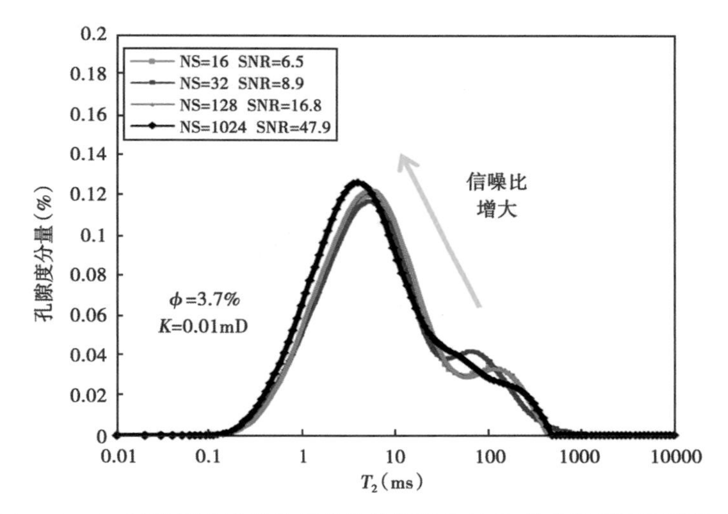

图 2-5-13　某致密砂岩样品核磁实验信噪比与 T_2 分布的岩石物理关系

2）回波个数

回波个数会影响核磁共振数据质量。回波个数设置过少，导致横向弛豫不能完全衰减，部分有效信号丢失，在 T_2 谱反演时会出现长弛豫组分不收敛的奇异现象。研究发现，回波个数与 T_2 最大值、回波间隔关系最密切：

$$\mathrm{NECH}=\frac{CT_{2\max}}{T_{\mathrm{E}}} \tag{2-5-12}$$

式中　C——常数，取值范围为 2~5；

NECH——回波个数；

$T_{2\max}$——T_2 谱分布最大值，ms；

T_{E}——回波间隔，ms。

通过确定 T_2 最大值、回波间隔可以设定合理的回波个数，使得核磁共振各组分信号得到充分采集。

3）回波间隔

与常规储层相比，复杂储层中的核磁共振信号衰减速度更快，而短回波间隔更有利于采集快速衰减的核磁共振信号，图 2-5-14 展示了同一块岩心样品在采用不同回波间隔时的 T_2 分布。此外，短回波间隔还有利于消除磁场的非均质性，以及岩石内部梯度场等因素对核磁共振数据的影响。理论研究表明，回波间隔受 90°脉冲宽度及探头死时间控制，存在如下关系：

$$T_{\mathrm{Emin}} \geqslant 10P_{90°} + \mathrm{DeadTime} \tag{2-5-13}$$

式中 T_{Emin}——最小回波间隔，ms；

$P_{90°}$——90°脉冲宽度，ms；

DeadTime——探头死时间，ms。

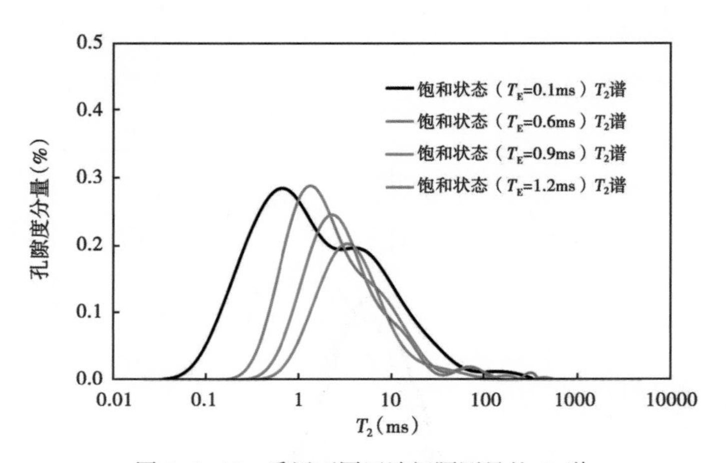

图 2-5-14 采用不同回波间隔测量的 T_2 谱

4）等待时间

等待时间 T_W 也称极化时间，直接影响了测试样品中氢核的极化程度。如果等待时间不够长，只有部分氢核被极化，测得的信号必然不能代表样品的真实情况。某岩心样品的气测孔隙度为 4.9%，称重孔隙度为 4.9%，空气渗透率为 0.005mD。通过改变不同的等待时间，分别测量 0.5s、1s、3s 和 6s 的 T_2 分布，并利用 T_2 组分求和的方式求取核磁共振孔隙度。T_2 分布测量结果和核磁共振孔隙度计算结果如图 2-5-15 所示。由于核磁共振极化程度受等待时间的影响，核磁共振孔隙度随等待时间增加逐渐趋近于气测孔隙度。在致密砂岩储层评价时，等待时间选择 3s 时不能完全极化，至少选择 6s 以上。

2. 实验工艺流程优化设计

通过上述理论研究与分析，采取增加扫描次数、短回波间隔、合理回波个数的参数设计方案，数据信噪比不小于 25 的设计标准，重新编制了一套适合致密储层的核磁共振实验流程（图 2-5-16），可以有效提高致密储层岩心核磁共振实验数据信噪比和数据质量。图 2-5-17（a）为一块岩心采用两种方法测量的 T_2 谱，其中蓝色虚线为传统实验流程得到的 T_2 谱，为单峰特征，而采用新的实验流程得到的 T_2 分布呈现三峰特征，反映该岩心存在 3 种主要孔隙组分，通过 CT 数据证实了该岩心确实存在 3 种主要孔隙组分的孔隙结构特征［图 2-5-17（b）］，证实了高精度核磁共振实验新方法的适用性和有效性。

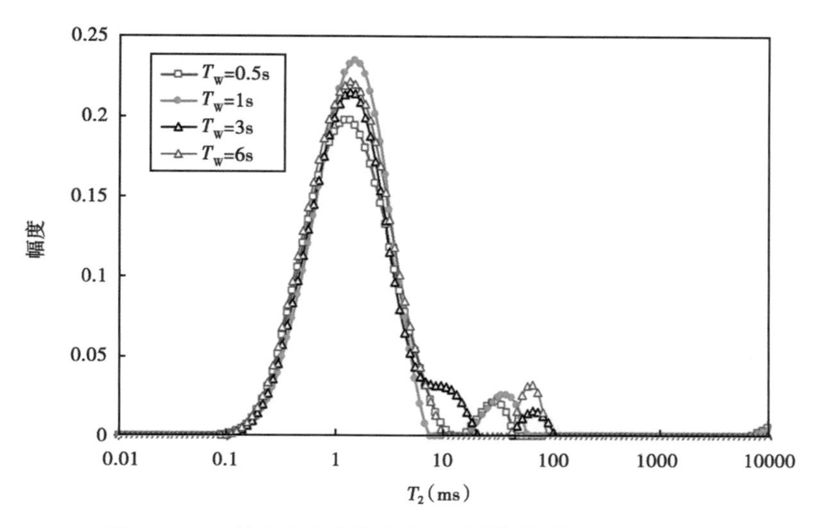

图 2-5-15　某致密砂岩样品采用不同等待时间测量的 T_2 谱

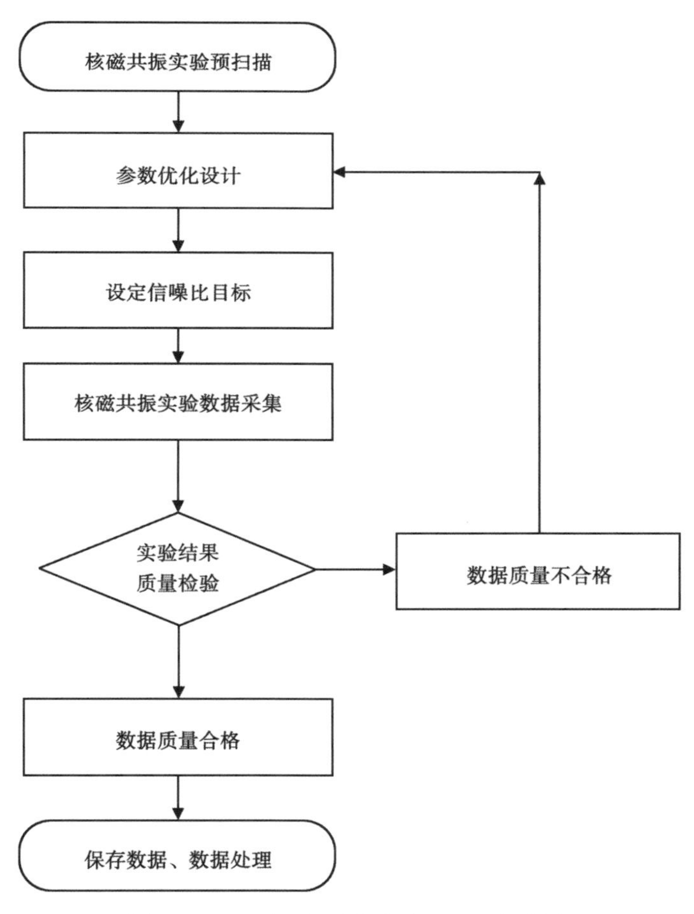

图 2-5-16　致密储层核磁共振实验流程图

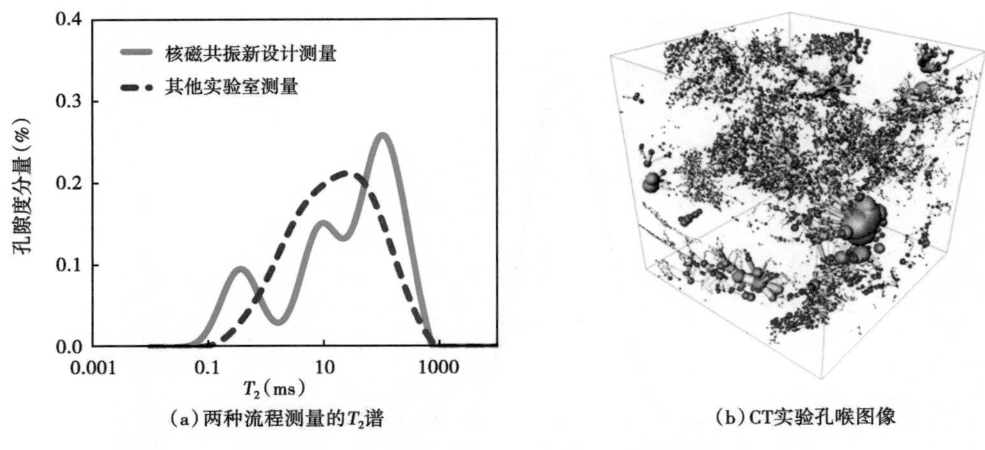

(a)两种流程测量的T_2谱

(b)CT实验孔喉图像

图 2-5-17　致密砂岩岩心 T_2 与 CT 实验孔隙图像

第三章　致密砂岩储层岩石物理性质数值模拟

模拟，就是采用近似的或简化的模型和数据来模仿真实情况，并试图找出用相对简单的方法解决自然界中现有技术手段难以解决的问题。科学研究中常用的实验测试就是一种物理模拟，数值模拟则是另一种手段。数值模拟方法是数学、物理学、数理概论、计算机等学科的交叉，通过建立数学模型进行模拟计算并将计算结果作为原始问题的近似解，目前已经广泛应用于工程技术研究。本章在介绍油气勘探工程领域常用的数值模拟方法的基础上，重点论述砂岩储层数字孔隙格架的构建方法，针对在电阻率和渗透率模拟方面具有较好适用性的有限元等三种方法讨论其在致密砂岩储层中的应用，并根据模拟结果分析致密砂岩储层电阻率和渗透率的主要影响因素。

第一节　常用数值模拟方法概述

岩石物理实验为测井信息向储层信息转换提供了刻度和桥梁，但在致密储层中，这项工作面临极大挑战，主要体现在测试工艺流程、测试精度和分析周期等三个方面。随着计算机技术的发展，对储层的某些岩石物理属性进行数值模拟已成为一种经济有效的研究手段，一方面可以节省工作量和时间，另一方面还可以实现实验室无法测量的某些微观属性特征，如致密砂岩储层不同润湿性模拟、三相流相渗特征模拟等。本节着重介绍适合于电阻率和渗透率属性数值模拟的常用方法原理。

一、数值模拟技术发展背景

石油工业所关注的地层岩石是一种特殊的多孔介质，在复杂的孔隙网络空间中气体、液体及其混合物能够按照一定的规律流动。输运特性是多孔介质重要的物理性质之一，指多孔介质对质量、动量、能量的传输能力，比如流体在岩石中的流动，电磁波、声波等在岩石及地层中的传播过程等。研究多孔介质的输运特性，是现代科学与技术的重要研究方向之一。质量、动量和能量在多孔介质中的传输呈现出非常复杂的物理状态，已成为复杂科学领域的一个重要学科。由于多孔介质本身孔隙与骨架结构的复杂性，使得人们对多孔介质渗透力学及其涉及的各种输运现象的认识远远滞后于其他学科，甚至导致理论研究远远滞后于实验观测。

从 20 世纪 60 年代开始，采用数值方法求解并分析流动问题的学科——计算流体力学（Computational Fluid Dynamics，简写为 CFD）逐渐发展起来，并在航空航天、环境资源、生命科学及地球科学等众多工程技术领域得到广泛应用。

近十年来，随着超级计算机的发展和计算与存储能力的飞速提升，以解决大规模科学与工程问题为背景的计算科学逐渐兴起，被誉为近十年最重要的科学进步之一，并成为与理论、实验相并行的第三种科学研究方法，这为研究多孔介质中的输运现象提供了新的途径。

流体的流动、能量及热量等在多孔介质中的传播可以由一组偏微分方程描述，这些方程（如 Navier-Stokes 方程，温度的对流扩散方程等）都是高度非线性的，难以得到解析解，借助于计算科学，使得解决复杂流动与传热问题的想法成为可能。

计算流体力学中所采用的数值模拟方法一般可以分为两大类：(1) 从宏观尺度出发，基于连续介质假设，采用 CFD 方法求解各种用于描述流体运动规律的偏微分方程，此方法通常用来解决宏观大尺度上的流动及输运问题，并获得了很大的成功。(2) 从微观尺度出发，采用分子动力学等方法，对流体的流动进行数值模拟，目前这种方法仍在快速发展之中。两种方法尺度不同，各有所长，并在各自的适用领域中发挥着独特的作用。

随着 X 射线 CT 技术在岩石物理实验中的广泛应用和计算机技术的发展，利用岩心 CT 图像构建表征岩石三维微观结构的数字岩心，并提取只包含孔隙喉道的网络格架，为基于微观结构模拟其宏观物理性质提供了桥梁。数字岩石物理研究（即基于三维数字岩心的岩石物理数值模拟）将在岩石物理理论研究和测井解释与评价中，特别是对类似致密砂岩的复杂储层岩石电阻率特性研究具有极其重要的作用。

二、常用的数值模拟方法

1. 格子气自动机

当代统计物理研究认为，众多宏观复杂系统的整体复杂性，可表现为大量具有简单运动规律的基本单体之间相互作用的结果。因此，从微观机制出发研究宏观复杂系统的运动规律，是一种新的科学思路和研究热点。格子气自动机（Lattice Gas Automata，简写为 LGA）方法作为研究微观流体的流动规律方法之一，在近二十年得到快速发展。

元胞自动机（Cellular Automata）是采用计算机建模和仿真的方法，研究由类似于生物细胞的大量并行单元个体组成的复杂系统的宏观行为与规律，曾被广泛用于研究诸如细胞生长，分形结构，城市交通流等复杂问题。格子气自动机是更广泛的元胞自动机在流体力学中的应用。

在格子气自动机中，粒子存在于离散的格子节点上（正方形网格，正三角形网格等），并沿着格线迁移。所有粒子按照一定的碰撞规则同步地相互碰撞、迁移，由于粒子的演化只涉及相邻节点，因而格子气自动机可以方便地采用区域分裂的方法做并行计算。在固体边界上，格子气自动机只需要让边界节点上的粒子做反弹或反射处理，边界处理简单，可适用于多孔介质等复杂几何区域的模拟。由于采用 1 或者 0 来描述格线上粒子的有无，即进行布尔（Bool）运算，因此格子气自动机可以无条件稳定。

流体在物理上可以看作是由大量的分子所构成的离散系统，一方面，分子通过相互之间的热运动频繁碰撞从而交换动量和能量，因此流体的微观结构在时间和空间上非常复杂，具有不均匀性，离散性，随机性。另一方面，与微观特性不同，流体的宏观结构和运动是分子微观运动的统计平均结果，一般总是呈现均匀性，连续性，确定性。格子气自动机方法中，除了流体被离散成一系列粒子以外，时间以及空间也被离散到一个规则的格子上，这样就便于计算机进行处理，为计算流体力学提出了一个全新的方向。

在连续介质假设下，通常可以用 Navier-Stokes 方程来描述流体的运动以及能量传递。针对不同的问题，可以将 Navier-Stokes 方程进行简化，得到用于解决很多实际问题的 Euler 方程、黏性不可压方程、达西渗流方程等。但是在某些情况下，求解 Navier-Stokes 偏微分方程非常困难，有时甚至是不可能的。例如在多组分多相流系统中相（蒸汽和液体）或组分（水和油）之间的界面容易导致数值模拟的困难。从计算方法来看，追踪少数几个界面是可能的，但追踪大量的界面现象几乎是不可能的。另外，对于复杂多孔介质中的流动热交换，骨架和流体之间的界面繁多，且形状随机，如何有效地跟踪这些界面，将微观结构考虑到传热传质过程中，给传统的宏观数值计算方法带来了巨大挑战。

对于这些宏观方法难以描述或者边界条件极其复杂的问题（多孔介质），使用微观的分子动力学方法或介观的方法描述更为恰当可行。格子 Boltzmann 方法（Lattice Boltzmann Method，简写为 LBM）作为一种典型的微观尺度模拟手段，是基于流体微观模型和运动理论方程的方法。Boltzmann 方程是一个比 Navier-Stokes 方程更为复杂的积分方程，对它进行完全求解也是不现实的。因此，LBM 成为流体计算和建模的一种新的有效的方法。作为格子气自动机的后续产物，LBM 利用了连续密度分布函数的演化代替 LGA 中粒子有限离散状态的演化，从而有效地克服了 LGA 存在统计噪声和碰撞算子的指数复杂性等不足之处。

LBM 作为一种新型的数值方法，具有很多优点，如计算效率高，复杂边界易于实现，完全的并行性等，尤为重要的是其本身微观特性使得它为研究非连续流动、孔隙尺度流动提供了新的手段。

1988 年，Mcnamara 和 Zanetti 提出把格子气自动机中的布尔运算变成实数运算，格子点上的粒子数不是用整数 0 或 1 来表征，而是用系综平均后的局部粒子分布函数来代替布尔变量进行演化，用 Boltzmann 方程代替格子气自动机的演化方程，并将该模型用于流体的数值计算，这是最早的格子 Boltzmann 模型。Mcnamara 和 Zanetti 提出的这个模型简称为 MZ 模型，在 MZ 模型中，粒子分部函数按照与格子气自动机类似的方式进行演化：

$$f_i(x + c_i\Delta t,\ t + \Delta t) - f_i(x,\ t) = \Omega_i(f_i(x,\ t)) \tag{3-1-1}$$

$$c_i = ce_i,\ c = \Delta x/\Delta t$$

式中 f_i——某一时刻某位置的粒子分布；

x——位置；

t——时间；

Δt——时间间隔；

c_i——粒子的离散速度；

e_i——离散速度单位矢量；

c——系数；

Ω_i——碰撞算子。

式（3-1-1）就是格子 Boltzmann 演化方程，e_i 是离散速度单位矢量，碰撞算子 Ω_i 与格子气自动机具有相同的形式，但布尔变量用粒子分布函数代替。

1991 年，Chen 和 Qian 等各自独立提出了一种更为简化的模型，即单松弛模型。单松弛模型的碰撞矩阵是一个对角矩阵：

$$\Omega_i(f_i) = -\frac{1}{\tau}(f_i - f_i^{\mathrm{eq}}) \tag{3-1-2}$$

式中 τ—— 一个无量纲的松弛时间，表示离子分布函数达到平衡态的松弛时间。

由于该模型中碰撞算子与分子动理论中 Boltzmann 方程的 BGK（Bhatnagr-Gross- Krook）算子类似，所以该模型也称为 LBGK 模型。

LBGK 模型极大地提高了计算效率，成为目前格子 Boltzmann 方法中使用最广的模型。与其他传统数值计算方法（如有限元法，有限差分法等）相比，格子 Boltzmann 方法具有以下显著特点：（1）流体的控制方程中的对流项是非线性的，而格子 Boltzmann 方法中的对流过程是线性的；（2）在 Navier-Stokes 方程中，压力作为速度的源项用运动方程式来表示，因此传统数值方法来求解 Navier-Stokes 方程时，必须采用反复计算和松弛法处理。格子 Boltzmann 方程中压力是用状态方程来表示，其解法无须反复迭代计算的特征使其易于并行化。（3）格子 Boltzmann 方法具有最适于并行处理的局部关系；（4）边界条件易于处理（特别是复杂边界）。

2. 有限差分法

有限差分法（Finite Difference Method，简写为 FDM）是计算机数值模拟最早采用的方法之一，是一种直接将微分问题变为代数问题的近似数值解法，数学概念直观，表达简单，是发展较早且比较成熟的数值方法，至今仍被广泛运用。图 3-1-1 为该方法的原理示意图，即将函数在点 P 的微分用有限差分近似公式替代，公式为：

$$\frac{\mathrm{d}f(x_0)}{\mathrm{d}x}=f'(x_0)\approx\frac{f(x_0+\Delta x/2)-f(x_0-\Delta x/2)}{\Delta x} \tag{3-1-3}$$

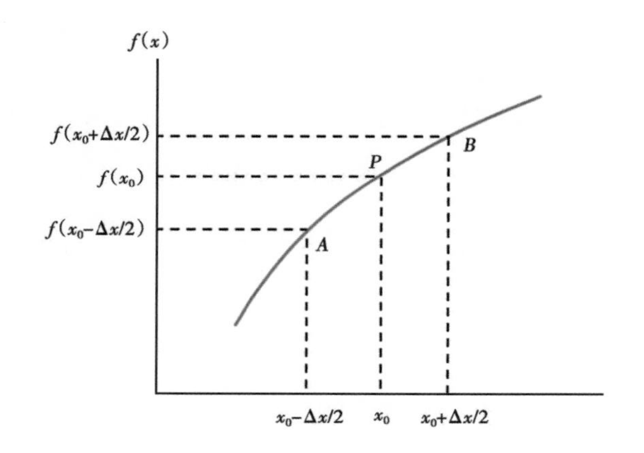

图 3-1-1　有限差分算法原理示意图

描述电磁场的经典公式就是 Maxwell 微分方程组：

$$\nabla\times H=J+\frac{\partial D}{\partial t} \tag{3-1-4}$$

$$\nabla\times E=-\frac{\partial B}{\partial t} \tag{3-1-5}$$

$$\nabla\cdot D=\rho \tag{3-1-6}$$

$$\nabla\cdot B=0 \tag{3-1-7}$$

式中　H——磁杨强度；

J——传导电流密度；

D——位移电流；

E——电场强度；

B——磁通量密度；

ρ——自电电荷密度。

在求解特定情形的 Maxwell 方程组时，将所有场分量的偏微分方程都用有限差分来近似，为达到这一目的首先要将整个结构离散成有限个格点组成网格，在格点周围采用泰勒级数展开函数进行有限差分，最基本的差分表达式主要有四种形式：一阶向前差分、一阶向后差分、一阶中心差分和二阶中心差分等，其中前两种为一阶计算精度，后两种为二阶计算精度。通过对时间和空间这几种不同差分格式的组合，可以形成不同的差分计算格式。但网格剖分时对复杂边界的处理比较烦琐，甚至丧失优势。对于有限差分格式，从精度来划分，有一阶格式、二阶格式和高阶格式。考虑时间因子的影响，差分格式还可以分为显式、隐式、显隐交替格式等。

国内有很多学者都开展了基于有限差分方法的电法测井响应数值模拟，一般用二维有限差分进行侧向测井的数模，三维有限差分则主要用于感应测井的数模，特别是三分量感应测井数值模拟。

有限差分法主要适用于有结构网格的情形，网格的步长一般根据实际计算区域情况和柯朗稳定条件来决定，所需要的计算时间、空间复杂度与网格个数成正比，并且在串行情况下一次只能计算出一个网格点的场值，并行情况下可以同时计算多个点。显然，只有在空间网格非常密集时才能处理精细结构。

3. 有限元法

有限元法（Finite Element Method，简写为 FEM）也称为有限元素法，是 20 世纪 60 年代出现的一种数值计算方法，最初用于固体力学问题的数值计算，到 70 年代，在英国科学家 O. C. Zienkiewicz 等的努力下，将 FEM 推广到各类场问题的求解，如温度场、电磁场、渗流场等。

有限元法的基本原理是变分原理，将偏微分方程转化为代数方程组求解。首先建立对应偏微分方程的泛函，该泛函取极值时的解即为偏微分方程的解。

针对科学计算领域常常遇到的各类微分方程难以得到解析解的情况，有限元法的基本思想是把微分方程离散化，也就是把连续的求解域划分为有限个适当形状的互不重叠单元，在每个单元内都应用场方程，选择一些合适的节点作为求解函数的插值点，将偏微分方程中的变量改写成由各变量或其导数的节点值与所选用的插值函数组成的表达式，然后根据极值原理（泛函变分原理或加权余量法），将控制方程（如渗流偏微分方程）转化为所有单元上的有限元方程，把各单元极值之和作为总体的极值，即将局部单元总体合成，形成嵌入了指定边界条件的代数方程组，求解该方程组就得到各节点单元上待求的函数值。

根据所选用的权函数和插值函数的不同，有限元方法也分为多种计算格式。从权函数的选择来说，有配置法、矩量法、最小二乘法和伽辽金法；从计算单元网格的形状来划分，有三角形、四面体和多面体。一般地，二维问题采用三角形单元或矩阵单元，三维问题采用四面体或多面体；从插值函数的精度来划分，又分为线性插值函数和高次插值函数等，不同的组合也同样构成不同的有限元计算格式。

有限元的基础是极值原理和划分插值，它吸收了有限差分法中离散处理的内核，又采用了变分计算中选择逼近函数并对区域积分的合理方法，是这两类方法相互结合、取长补短的结果。显然，采用有限元法很容易处理复杂几何形状和材料不均匀性描述等问题，具有更广泛的适应性，可精确地模拟各种复杂的曲线或曲面边界问题，网格的剖分也比较随意，可以统一处理多种边界条件，离散方程的形式规范，便于软件实现。但是按照加权余量法推导出的有限元离散方程只是对原微分方程的数学近似，在处理渗流问题的守恒性、强对流、不可压缩等方面的要求时，有限元离散方程中的各项还无法给出比较合理的物理解释，对计算时出现的一些误差难以给出合理的改进，因此有限元在流体力学中的应用中还存在一些问题。

根据电流连续性方程，对于稳态电流，有：

$$\nabla\cdot J+\frac{\partial\rho}{\partial t}=0 \tag{3-1-8}$$

根据电流密度与电场强度关系：

$$\nabla\cdot J=\nabla\cdot(\sigma E)=0 \tag{3-1-9}$$

式中 σ——电导率。

若电导率为常数，根据 $E=\nabla V$，得：

$$\sigma\nabla^2 V=0 \tag{3-1-10}$$

式中 V——电动势分布，V。

对于一个给定的三维数字岩心，任意两端施加一个电场，每个像素上的最终电压分布确定了整个三维数字岩心的能量 E_n。根据变分原理，求解每个像素上的电压分布问题转化为求解系统能量极值的问题，并最终确定数字岩心的有效电导率。为使能量 E_n 取极小值，需满足能量对变量 μ_m（结点电压）的偏导数为 0，即：

$$\frac{\partial E_n}{\partial\mu_m}=0 \tag{3-1-11}$$

在数值求解过程中，当 E_n 对 m 个结点电压的偏导数构成的梯度矢量的平方和小于某一给定允许误差时，可近似认为等式成立，即确定了三维数字岩心中的电压分布和有效电性参数。

利用总能量取极小值，采用共轭梯度法求解所有结点上的电压。在求解过程中，需保证总能量梯度足够小，数值解才能近似其精确解。若能量梯度为 0，则有限元方法的解即为问题的精确解。能量梯度为：

$$\frac{\partial E_n}{\partial\mu_m}=A_{mn}\mu_n+b_m \tag{3-1-12}$$

式中 A_{mn}和 b_m——全局变量。

全局矩阵 A_{mn}是基于每个像素（单元）的刚度矩阵构建的广义的稀疏矩阵。若能量取极小值，则式（3-1-12）等于 0，求解数字岩心中各个节点电压分布的问题转就化为线性方程组的求解，采用共轭梯度法就可以得到三维数字岩心的电阻率。

有限元电阻率模拟过程中，将每一像素视为一个单元，通常假设骨架严格不导电，仅仅孔隙流体是导电介质。若要保证三维数字岩心能反映岩心的宏观物理性质，则其尺寸需足够大，而且为了保证模拟结果的精度，计算过程中电压、电流、能量等物理量均定义为双精度，这样会导致算法中全局矩阵（又称为整体刚度矩阵）占据计算机内存空间很大，导致岩石电阻率数值模拟的效率降低。因此，在实际应用中一般选用并行运算提高算法的效率，例如，采用MPICH2并行协议，对尺寸为 $N_x \times N_y \times N_z$ 的三维数字岩心，若并行运算的计算机内核数量为 N，则将三维数字岩心在 Z 方向分割成 N 份，每个核心运算数据体的尺寸约为 $N_x \times N_y \times N_z / N$。为便于不同进程间的数据传递，在每个核心运算数据前端和尾端各附加一层，附加层分别与前后两个节点运算数据体的首尾层相同。

4. 有限体积法

有限体积法（Finite Volume Method，简写为FVM）也称为有限容积法，是基于有限差分的基本思想同时又吸收了有限元的一些优点，于20世纪六七十年代逐步发展起来的一种计算方法，主要用于求解流体流动和传热问题的数值计算，近几年发展非常迅速。

有限体积法的基本思路：将计算区域划分为具有一定形状、不重叠的控制体积，将待解的微分方程应用到每一个控制体积进行积分，得到一组离散方程。为了确定每个控制体积的积分结果，需假定场在网格点之间的变化规律。与FDM不同的是让每个网格节点周围有一个控制体积（这一点与FEM类似）。从积分区域的选取方法看，有限体积法属于加权余量法中的子域法；从未知量的近似方法看，有限体积法属于采用局部近似的离散方法。简言之，子域法加离散，就是有限体积法的基本方法。

有限体积法的离散方程物理意义明确，就是因变量在有限大小的控制体积中的积分守恒原理，如同微分方程表示因变量在无限小的控制体积中的守恒原理一样。有限体积法得出的离散方程，要求因变量的积分守恒对任意一组控制体积都得到满足，对整个计算区域当然也能满足，这是该算法的主要优点。有限差分法仅当网格极其细密时，离散方程才满足积分守恒；而有限体积法即使在粗网格情况下，也显示出准确的积分守恒。但是积分守恒并不意味没有误差，在对控制体的积分方程插值求解精度为二阶，精度不可控，这是有限体积法的不足。就离散方法而言，有限体积法可视作有限元法和有限差分法的中间物。有限元法必须假定场在网格点之间的变化规律（既插值函数），并将其作为近似解。有限差分法只考虑网格点上的数值而不考虑场在网格点之间如何变化。有限体积法只寻求结点值，这与有限差分法相类似；但有限体积法在寻求控制体积的积分时，必须假定场在网格点之间的分布，这又与有限单元法相类似。在有限体积法中，插值函数只用于计算控制体积的积分，得出离散方程之后，便可忘掉插值函数；如果需要的话，可以对微分方程中不同的项采取不同的插值函数。

总之，有限差分法、有限元法、有限体积法在渗流问题的数值计算中各有优缺点，但是有限元法在目前的油藏数值模拟中应用最广泛，相关的理论与方法也较其他两种方法更加成熟完善。

第二节　致密砂岩数字孔隙格架构建

本节介绍构建孔隙格架的方法，主要包括数值重建法和物理实验法两大类，并以鄂尔多斯盆地陇东地区延长组长7段致密砂岩的测试数据为例，重点讨论常用CT技术在致密砂岩储层的不适应性及解决方案。

一、数值重建法构建孔隙格架

获取储层岩石数字孔隙格架的方法包括物理实验方法和数值重建方法两大类。其中，物理实验方法是借用显微镜、扫描电镜、工业CT机等高精度仪器对真实岩石样品进行成像扫描获得岩心高分辨率图像，最后将得到的图像进行分割处理从而建立反映储层实际情况的二维/三维数字孔隙网络图像；数值重建方法是基于二维的岩心薄片图像，利用统计模型来建立三维数字孔隙格架，典型算法有高斯场模拟法、顺序指示模拟法、模拟退火法、马尔可夫随机重建法和沉积过程重建法等。

1. 高斯模拟算法

高斯模拟算法是基于地质统计学的区域化变量理论和高斯概率理论对研究变量（在这里就是孔喉）的空间分布进行随机模拟，其结果比确定性方法更加符合地质规律。该方法计算快速简单，适合于模拟一些中间值很连续而极端值很分散的物性参数，例如孔隙度或储层分布（岩性体数据分布），因此常用来做储层精细预测。

具体来说，给定一张岩石薄片的二维图像，确定储层的孔隙度、两点相关函数等统计特征，然后用该算法建立一个由高斯变量组成的数据集，如果它满足薄片图像的统计特征约束，例如采用薄片图像的孔隙度和变差函数作为约束，就可以将该高斯场转化为三维数字岩心。其中，三维数字岩心的变差函数表达式为：

$$\gamma(h)=\frac{1}{2N(h)}\sum_{i=1}^{N(h)}\left[f(r_i)-f(r_i+h)\right]^2 \tag{3-2-1}$$

式中 r_i——第 i 个观测点的坐标；

$f(r_i)$，$f(r_i+h)$——分别为 r_i 和 r_i+h 这两点处的观测值，孔隙赋值 1，骨架赋值 0；

h——两个观测点间的距离；

$N(h)$——距离为 h 的数据点的个数。

图 3-2-1 给出了利用该算法以枫丹白露（Fontainbleau）砂岩薄片图像为约束构建数字岩心的实例。

(a) 枫丹白露砂岩数字岩心切面

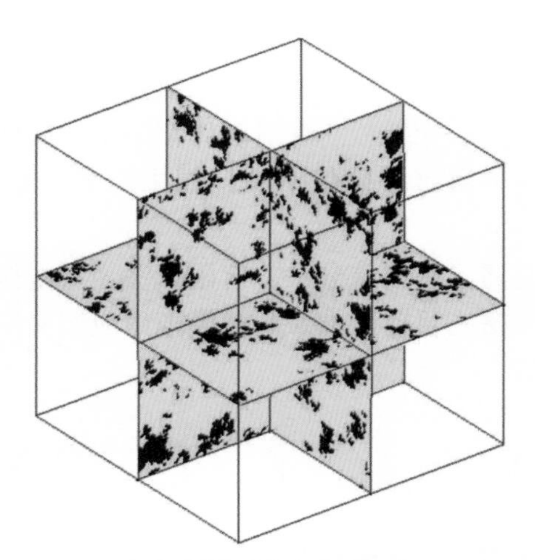

(b) 重建三维数字岩心的三维截面

图 3-2-1 利用顺序指示模拟法构建的三维数字岩心实例

2. 沉积过程重建算法

高斯场法和模拟退火算法都属于统计方法，只要求最终得到的三维数字岩心满足若干统计指标的约束即可，但是这些方法都不能考虑真实储层的孔隙结构特征。按照沉积学理论，碎屑岩储层是由大量不同矿物组分、不同粒度的颗粒经过堆积、压实、成岩、改造等过程后的产物，孔隙结构也随着发生复杂的演化。沉积过程重建算法通过模拟 N 个具有一定分布尺寸的球形颗粒堆积，利用局部或全局势能最小原理为每个颗粒选择一个稳定位置，并考虑颗粒的溶蚀、胶结（次生加大等）成岩过程，最终获得接近于真实储层孔隙结构的数字岩心，主要包括三个步骤。

1）沉积过程

假设岩石颗粒半径服从图 3-2-2 所示的正态分布，最小值为 20μm，最大值为 40μm。在 0.6mm×0.6mm×1.4mm 的立方体容器中生成随机分布的 2000 个颗粒，且颗粒与颗粒，颗粒与边界之间没有重叠，如图 3-2-3（a）所示。

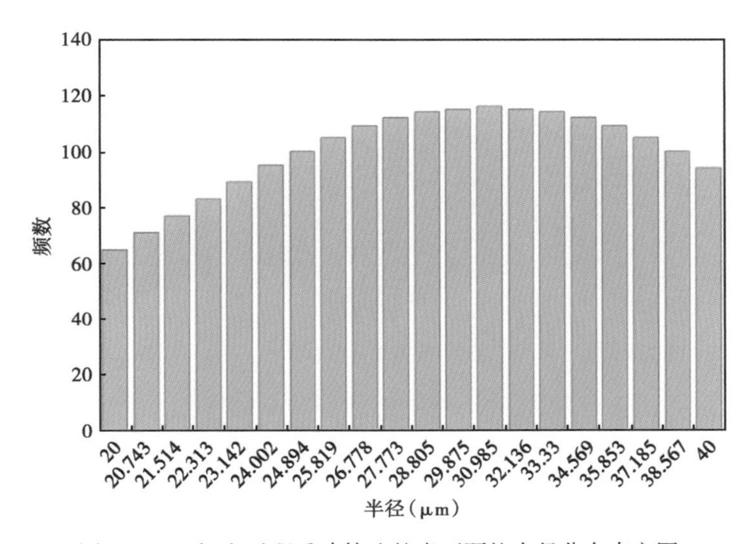

图 3-2-2　沉积过程重建算法的岩石颗粒半径分布直方图

在重力的作用下，颗粒开始沉积下降，假设时间步长为 3.77×10^{-10}s，如图 3-2-3（b）所示。颗粒在下降的过程中，受到流体阻尼力和碰撞产生的阻尼力作用，能量逐渐耗散，速度逐渐趋近于零，最终达到平衡，如图 3-2-3（c）所示。颗粒的动态运动过程在其达到稳定平衡态时停止，用以下标准来衡量颗粒的平衡态：所有颗粒受到的合力的均值与所有颗粒接触点平均接触力的比值，或者最大合力与最大接触力的比值满足先验条件（例如小于某一阈值）。

2）压实过程

随着岩石颗粒的不断堆积和下沉，在颗粒的上部会产生强大的地层压力。为此，通过在颗粒表面的上部模拟一道压力墙来实现颗粒的压实过程，如图 3-2-3（d）所示。随着压力的不断增大，当颗粒集合体垂向应变达到某一截止值时停止，完成颗粒的压实过程模拟，如图 3-2-3（e）所示。

3）胶结过程

当流体流过孔隙时，在颗粒的表面或孔隙壁可能发生岩石的溶解和矿物的沉积形成胶结，使得这些单个松散的颗粒胶结在一起形成多孔的固体岩石，如图 3-2-4 所示。采用如下颗粒表面胶结生长公式：

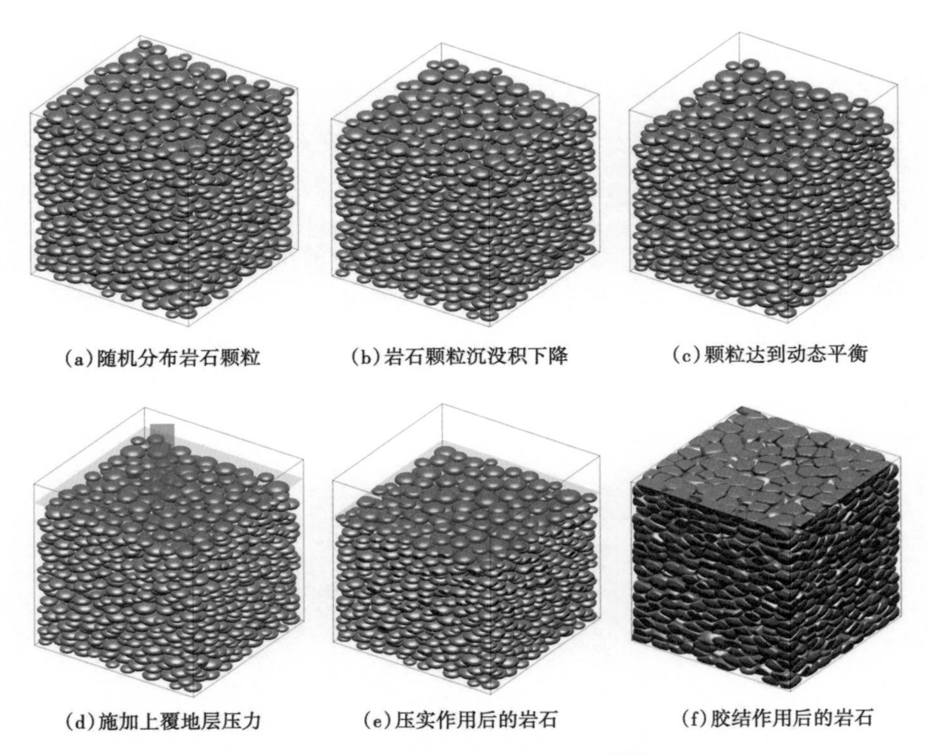

图 3-2-3　碎屑岩颗粒成岩过程模拟

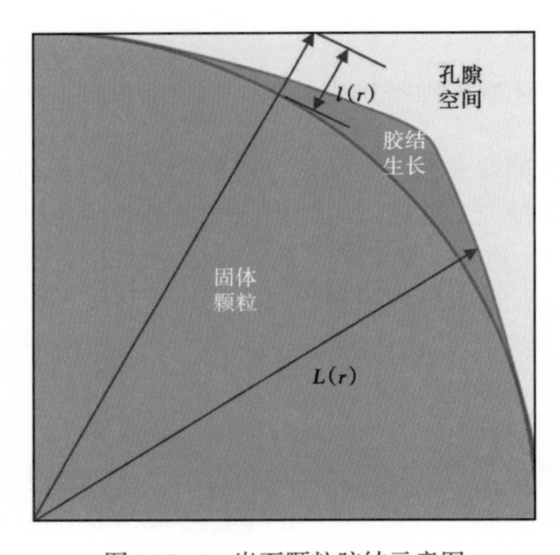

图 3-2-4　岩石颗粒胶结示意图

$$\Delta r = L(r) - R = \left(\frac{\overline{R}}{R}\right)^{\xi} \min[\kappa l(r)^{\zeta}, l(r)] \tag{3-2-2}$$

式中　$L(r)$ ——r 方向上颗粒中心到胶结表面的距离；

R——颗粒半径；

$\overline{R}$——原始颗粒半径分布的平均半径；

$l(r)$ ——r 方向上颗粒表面与多面体（颗粒内切于该多面体）一个平面的距离；

ξ——控制颗粒半径影响的参数；

ζ——颗粒胶结优势生长方向的参数；

κ——控制孔隙度的参数。

取 $\xi=1.0$，$\zeta=0.5$，$\kappa=1.0$，对图 3-2-3（e）中压实后的颗粒模拟其表面的石英胶结生长作用，结果见图 3-2-3（f）。可以看出，集合体的孔隙度进一步减小，且颗粒的形状也发生了很大变化，颗粒表面呈不规则的多边弧形。图 3-2-5 给出了该过程中数字岩心切片和真实致密砂岩薄片，显示了随着成岩演变，岩石越来越致密，孔隙结构越来越复杂［图 3-2-5（a）至（d）］，并接近真实致密砂岩［图 3-2-5（e）］，表明该方法可以较好地构建类似致密砂岩的三维数字孔隙格架。

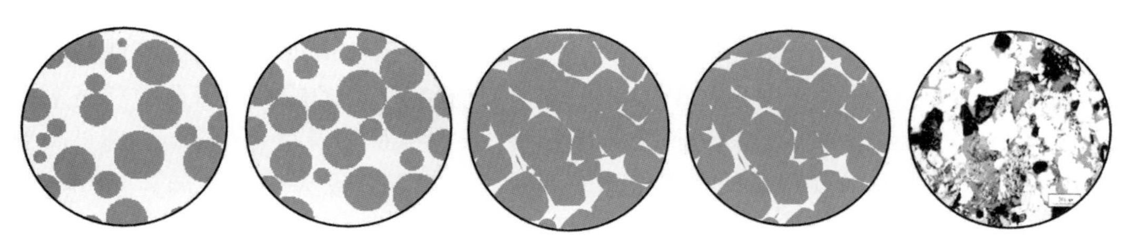

图 3-2-5 模拟的各个沉积阶段孔隙形状切片及致密砂岩薄片

二、根据 CT 图像构建孔隙格架

1. CT 基本原理简介

X 射线 CT 是应用最为广泛的三维孔隙结构建模方法，已在石油工业得到成功应用。微 CT 扫描是利用锥形的 X 射线穿透物体，根据射线衰减图像重构得到三维立体图像［图 3-2-6（a）、（b）］。由于孔隙的密度明显低于岩石骨架的密度，在图像中孔隙对应的亮度低于矿物骨架，通过设定一个阈值分割、用数字 0 和 1 分别代表骨架和孔隙，就得到一个二值化的数字图像［图 3-2-6（c）］，按照切片顺序将若干张图像组合即可得到反映真实岩心孔隙结构的三维数字孔隙格架。

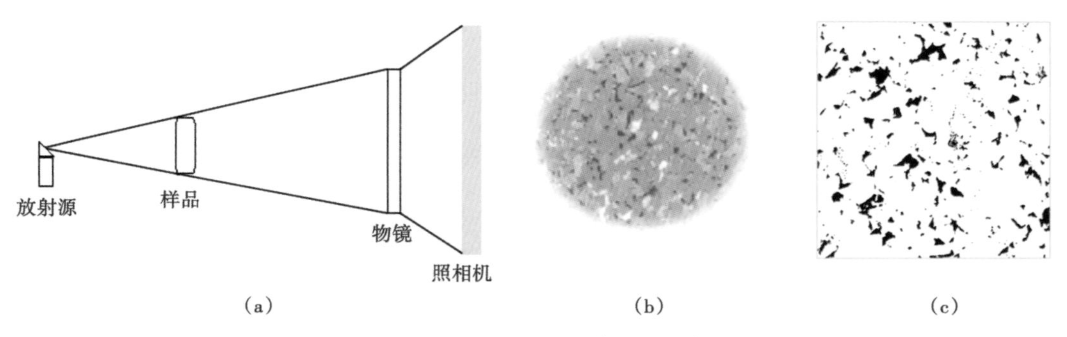

图 3-2-6 微米级 CT 成像原理示意图

2. 数字孔隙格架精度分析

1）分辨率

从 CT 图像提取得到的数字孔隙格架，每一个像素点实际上代表着一定尺度的岩石体元，它可以是当前分辨率能够识别的孔隙或矿物骨架，也可以是包含了当前分辨率无法识别的更小孔隙与矿物骨架的组合体。显然，为了提高后期的数模精度，必须获取高精度、高分辨率、尽可能囊括所有孔喉的 CT 图像。

如图 3-2-6（a）所示，对一定尺寸样品，影响 CT 图像分辨率的因素包括几何放大倍数（由放射源与物镜的距离决定）、物镜放大倍数和仪器内部 CCD 的像素矩阵大小。以目前应用较多的美国 Xradia 公司的微 CT 为例，其成像设备由 2048×2048 个像素组成，对于直径 1in（25.4mm）的柱塞样，其像素分辨率约为 25.4mm/2048＝12.4μm。

显然，在一定的硬件设备条件下，CT 图像的信噪比是固定的，扫描分辨率就主要取决于样品尺寸。若要提高分辨率，需减小样品尺寸。微米级 CT 的极限分辨率在 0.5μm 左右，而纳米级 CT 的分辨率最高可达 65nm，但需要将样品尺寸减小到 65μm。

2）分割阈值

除了分辨率以外，从 CT 图像提取孔隙格架的另外一个需要值得关注的方面就是阈值的设定。如果假设 CT 图像的灰度分布在 0~255，如何选择一个合理的阈值将孔隙和格架分开是一个非常重要的环节。阈值选择过低会将部分低密度骨架矿物误判为孔隙，选择过高会导致部分孔隙丢失，从而影响最终的孔隙格架的准确性。图 3-2-7 是砂岩样品 2000 张 CT 图片灰度分布对比，表明致密砂岩的图像灰度分布表现为强烈的非均质性，图像处理过程中很难选取一个合理的灰度阈值以实现二值化分割。因此针对致密砂岩储层，基于 CT 图像准确构建三维数字孔隙格架的过程存在很强的多解性，其结果也将影响模拟精度。

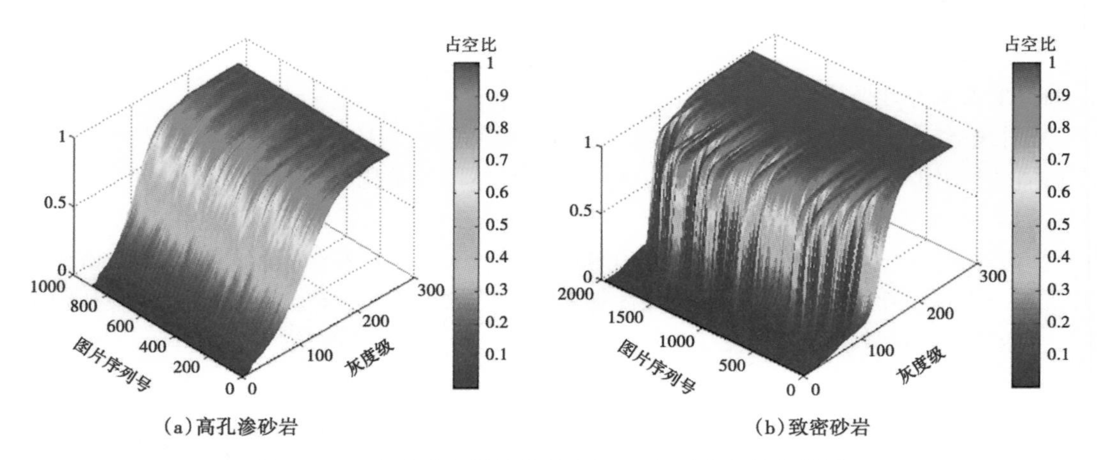

图 3-2-7 典型砂岩样品的微米级 CT 图像灰度分布谱图

三、利用聚焦离子束扫描分析纳米级孔隙

聚焦离子束（Focused Ion Beam，简写为 FIB）扫描是将液态金属离子源产生的离子束经过加速、聚焦后照射到样品表面产生二次电子信号获得高分辨率图像的方法，其原理与熟悉的扫描电镜（SEM）类似，但 FIB 测试技术可以清晰地在纳米级尺度的分辨率下（FEI 公司的全新 Vion PFIB 仪器图像分辨率可达 2nm）对岩石中各组分尤其是孔隙进行三维、高稳定性、高质量的显微形貌及结构的观察与分析，因而在研究纳米级孔隙方面得到广泛应用。

对 1in 直径的砂岩样品，在其圆柱端面区域内，利用 FIB 扫描技术排布扫描出几千张超高分辨率、大小相同的小图像，将这些小图像拼接成一张超高分辨率、超大面积的图像，其分辨率与每一张小图像相同。这一过程称为 MAPS 成像，如图 3-2-8 所示，根据这样的图像可以对样品中的各种孔隙，包括残余粒间孔、溶孔、有机质微孔的形状、分布开展精细分析，实现微米 CT 无法观测到的纳米级孔定量描述。

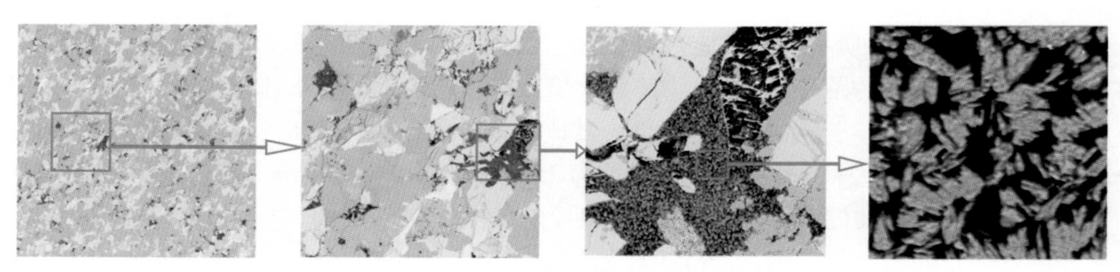

图 3-2-8 MAPS 扫描测试流程示意图

进一步地，如果将上述测量系统与 X 射线能谱分析仪 EDS 组合起来，就可以对图像中不同位置进行能谱测量并确定其矿物类型。图 3-2-9 和图 3-2-10 分别给出了砂岩储层中常见的石英、伊利石两种矿物的 MAPS 图像及其能谱特征图，其中左侧为 FIB 扫描的小图像，右侧为对图像中任意一像素点（左图中蓝色圆圈标识的位置）进行能谱分析确定的元素谱图，据此可以确定矿物。至此，就得到了高分辨率图像及图像中每一像素点对应的矿物，如图 3-2-11 所示。将二者进行综合分析，既可以确定出目标样品中每一种矿物对应的图像灰

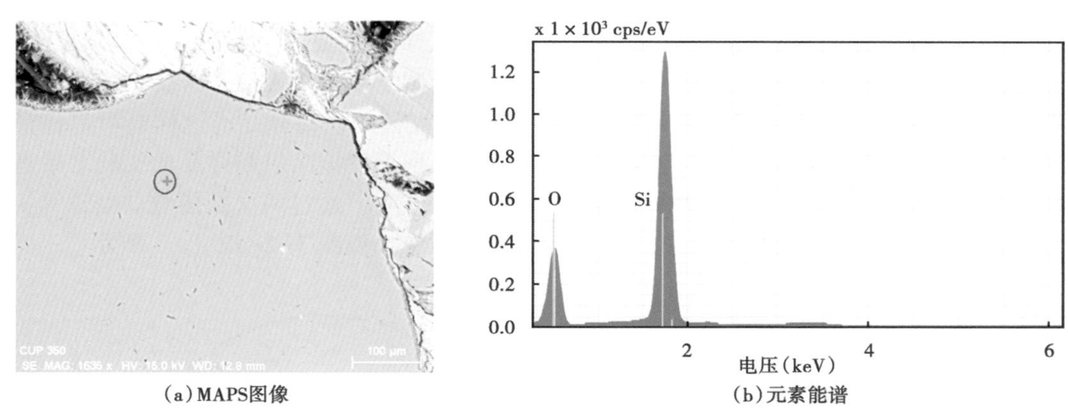

(a) MAPS图像　　(b) 元素能谱

图 3-2-9　石英的 MAPS 图像及其对应的能谱图版

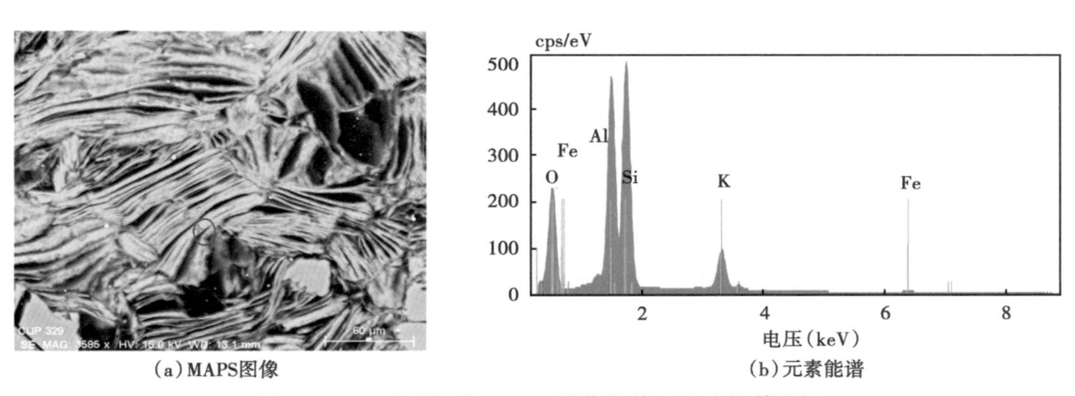

(a) MAPS图像　　(b) 元素能谱

图 3-2-10　伊利石的 MAPS 图像及其对应的能谱图版

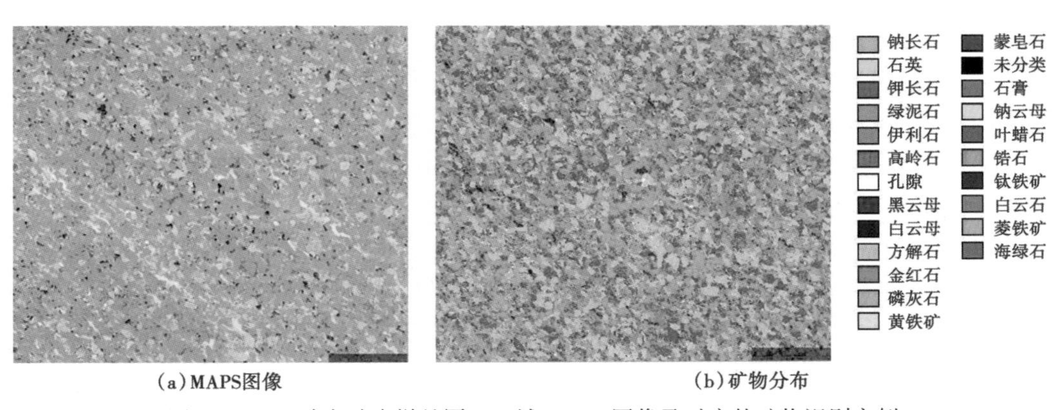

(a) MAPS图像　　(b) 矿物分布

图 3-2-11　致密砂岩样品同一区域 MAPS 图像及对应的矿物识别实例

度，还可以判断其矿物类型及其中纳米级微孔的发育尺度，为构建高分辨率致密砂岩孔隙格架提供关键信息。

四、构建致密砂岩数字孔隙格架

1. 致密砂岩微米级 CT 图像

由于 CT 图像分辨率和样品的尺寸密切相关，尺寸越大，扫描分辨率越低。对于均质性好的地层，可以通过切割降低样品尺寸来获取高分辨率 CT 图像，以便准确识别孔隙格架。但对于非均质性强的地层，例如鄂尔多斯盆地延长组长 7 段主要为半深湖相—深湖相沉积，储层的岩性、物性都表现出强烈的非均质性。为保证测试结果的代表性，需要尽量增加样品的尺寸。考虑到实验室的操作方便，选择最常用的 1in 直径的柱塞样品，这样既可以保证扫描样品具有一定的代表性，又便于直接将电阻率、渗透率等模拟结果和样品的实验结果进行比对。1in 柱塞岩样的微米级 CT 图像分辨率在 12.4μm 左右，通过两次扫描叠加处理等实验工艺，最终可以得到分辨率约为 7.6μm 的微米级 CT 图像，如图 3-2-12（a）所示。

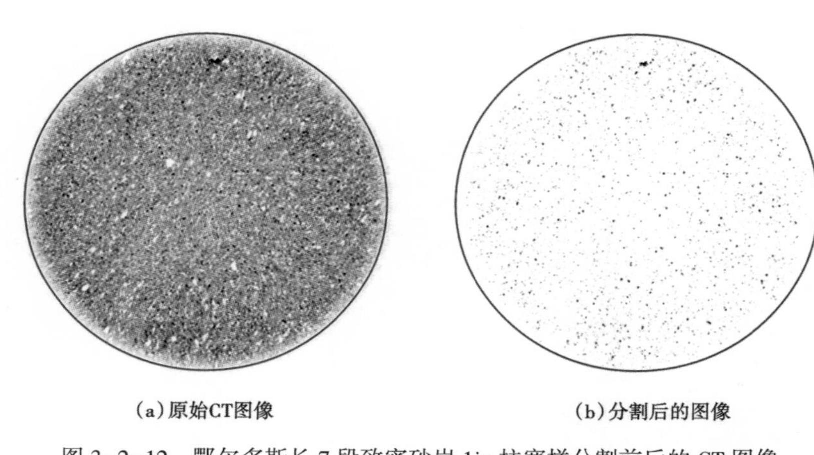

图 3-2-12　鄂尔多斯长 7 段致密砂岩 1in 柱塞样分割前后的 CT 图像

2. 微米级 CT 识别的致密砂岩孔隙

对长 7 段砂岩的 CT 图像数据进行滤波去噪、图像分割等处理，得到分割后的二值图像，如图 3-2-12（b）所示，其中只保留了孔喉信息，用黑色代表。统计多块样品分割后的图像孔隙度，结果见表 3-2-1。分析表明，在 7.6μm/像素的分辨率下，微米级 CT 仅能识别少部分孔隙空间，最小仅识别全部孔隙的 4.7%，最大仅 33.4%。显然，这样的孔隙格架并不能反映致密砂岩储层的真实情况，会给后期的数值模拟带来极大误差。与此形成对比的是，贝雷砂岩主要发育微米级—毫米级的大孔隙，微米级 CT 能够识别其中 80%以上的孔隙。

为了明确致密砂岩储层的真实孔隙分布，选取鄂尔多斯盆地涧 111 井长 7 段的一块岩样（深度 2094.9m，氦气孔隙度 5.25%，渗透率 0.045mD），采用微米级 CT、高压压汞、气体吸附等手段开展了不同分辨率的孔隙识别，并将不同分辨率的实验结果进行融合处理，见表 3-2-2 和图 3-2-13。可以看出，长 7 段致密砂岩储层中尺寸低于 1μm 的孔喉比例可能高达 80%，它们都属于微米级 CT 无法识别的微孔喉。

表 3-2-1　长 7 段致密砂岩微米级 CT 识别孔隙所占总孔隙的比例

岩心编号	气测渗透率（mD）	气测孔隙度（%）	微米级 CT 单一阈值分割孔隙度（%）	微米级 CT 识别孔隙比例（%）
贝雷砂岩	109.9	18.3	14.84	81.1
A157-15-24	0.0619	8.5	0.51	6.0
B28-3-17	0.037	8.1	0.56	6.9
B28-3-19	0.028	7.1	0.33	4.7
B28-3-45	0.2166	11.5	3.12	27.1
H22-6-90	0.1031	6.2	0.77	12.4
H22-6-94	0.262	10.0	3.32	33.2
Y32-6-15	0.1046	11.2	3.74	33.4
Z53-7-33	0.044	7.9	0.56	7.1

表 3-2-2　涧 111 井长 7 段样品不同尺寸孔隙体积分布比例

孔隙	毫米级孔	微米级孔			亚微米级孔	纳米级孔
		微米级大孔	微米级中孔	微米级小孔		
大小	>1mm	62.5μm~1mm	10~62.5μm	1~10μm	100nm~1μm	2~100nm
占比（%）	0	6.8	11.3	0.8	59.2	21.9

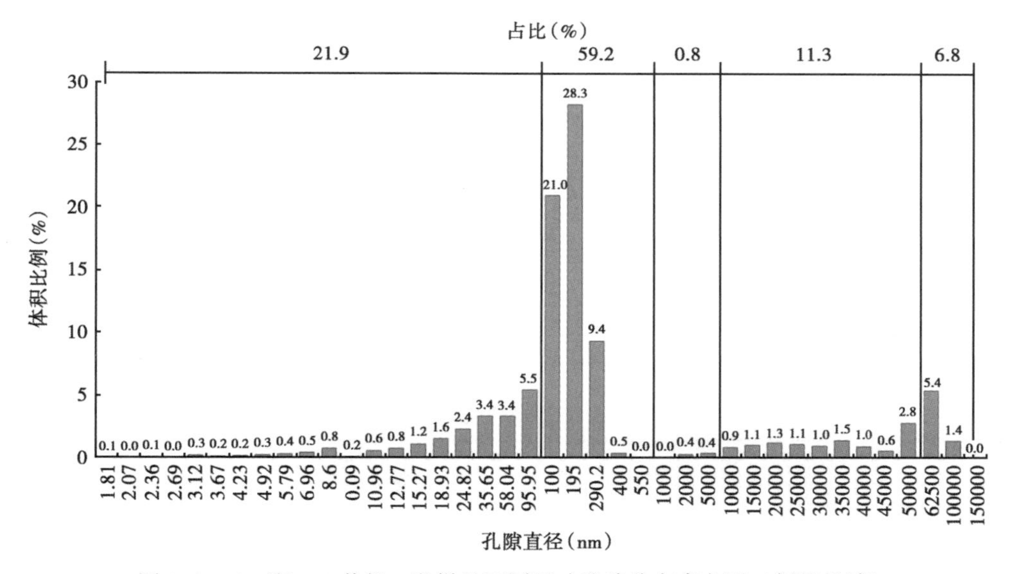

图 3-2-13　涧 111 井长 7 段样品不同尺寸孔隙分布直方图（据吴松涛）

3. 致密砂岩多组分孔隙格架构建

致密砂岩储层微米级 CT 结果与真实孔隙分布存在突出矛盾，其根本原因在于传统的二值化图像分割过程将微米级 CT 图像的每个像素点看成非 0 即 1、非孔隙即骨架，这种处理方法过于简单。实际上微米级 CT 图像的每个像素点代表的是一定体积（相当于分辨率尺度）的地层单元，其内部还存在着微米级 CT 未能识别的微孔隙。因此，有必要认真分析每个像素点内部的微孔隙发育情况。

采用 MAPS 成像技术与 EDS 能谱分析技术相结合，对表 3-2-1 中的 8 块致密砂岩样品进行了配套测试，将图像信息与能谱结果进行对比分析，发现石英和钠长石密度接近、高岭石和伊利石密度接近、方解石和钾长石密度接近，无法在灰度图像上进一步区分，同时又考虑到上述三类矿物电学性质较为接近，因此将长 7 段致密砂岩矿物组分划分为 5 种：(1) 高岭石和伊利石；(2) 石英和钠长石；(3) 钾长石和方解石；(4) 绿泥石；(5) 孔隙。每一种组分对应的微米级 CT 图像的灰度分布及其发育的微孔比例见表 3-2-3。

表 3-2-3　长 7 段致密砂岩储层孔隙分类及发育特征统计表

组分	孔隙类型	面孔率	微米级 CT 图像灰度分布
孔隙	残余粒间孔	1	[0，82]
钾长石、方解石	粒内溶孔	0.1	[110，120]
伊利石、高岭石	晶间孔	0.3	[83，94]
石英、钠长石	晶间孔	0.03	[95，109]
绿泥石	晶间孔	0.05	[121，255]

按照表 3-2-3 所给出的方案，对 8 块致密砂岩样品的微米级 CT 图像进行多组分分割，得到的 5 大类组分体积含量见表 3-2-4。表 3-2-5 列出了这 8 块样品 XRD 衍射的主要矿物组分体积含量。

表 3-2-4　根据微米级 CT 图像分割的 8 块致密砂岩样品各组分体积含量

岩心编号	孔隙	高岭石与伊利石	石英和钠长石	钾长石和方解石	绿泥石
A157-15-24	0.0051	0.1450	0.7038	0.10987	0.0363
B28-3-17	0.0056	0.1291	0.7072	0.1172	0.0411
B28-3-19	0.0033	0.1182	0.6908	0.1251	0.0626
B28-3-45	0.0312	0.1036	0.7456	0.0766	0.0430
H22-6-90	0.0077	0.0483	0.6590	0.2292	0.0559
H22-6-94	0.0332	0.1043	0.6807	0.1097	0.0721
Y32-6-15	0.0374	0.1411	0.7178	0.0800	0.0238
Z53-7-33	0.0056	0.1187	0.6324	0.1620	0.0813

表 3-2-5　8 块致密砂岩样品 XRD 全岩分析结果

岩心编号	石英	钾长石	斜长石	方解石	白云石	菱铁矿	黄铁矿	黏土矿物
Y32-6-15	66.9	5.3	12.8	1.9	3.1	0.7	—	9.2
B28-3-17	54.8	9.1	17.8	4.3	2.5	0.8	0.7	10
B28-3-19	48.5	10.9	23.9	1.3	4	0.7	—	10.5
A157-14-24	31.5	11.3	42.3	3.4	0.4	—	0.4	10.7
Z53-7-33	37.6	6.8	35.2	3.6	2.9	—	—	14
B28-3-45	54.9	7.3	26.2	1.2	1.8	—	—	8.6
Y32-6-64	54.4	4.5	18.6	1.5	3.3	2.4	—	15.3
H22-6-91	26.9	13.6	48.6	3.1	1.4	—	—	6.5

为了验证上述分割方法的合理性，利用 XRD 衍射的组分含量数据来进一步标定多组分分割的结果，如图 3-2-14 所示。可以看出，尽管来源完全不同，但这种多组分分割方法的结果与 XRD 测试结果基本吻合，数据点集中分布在 45°线附近，进一步验证了该方法的可行性。

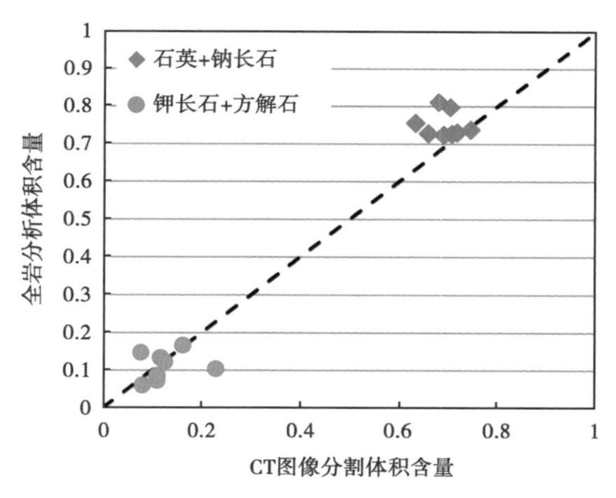

图 3-2-14　8 块致密砂岩样品 CT 图像分割组分含量与 XRD 衍射分析结果对比

通过对各种组分包含的微孔隙类型进行分析，结果表明致密砂岩储层中除了尺寸相对较大的残余粒间孔以外，还发育大量的次生溶蚀微孔，主要包括粒内溶孔和晶间孔等。

1）残余粒间孔

致密砂岩储层一般都经历了强烈的压实和成岩作用，原始沉积时在颗粒、杂基及胶结物之间的大部分孔隙因压实胶结而消失，仅残余少量粒间孔，存在于颗粒之间的胶结物也有可能被进一步溶蚀使得粒间孔被改造并使其空间形态趋于更加复杂化。残余粒间孔一般是致密砂岩储层所有类型的孔隙中尺寸最大、最容易被识别的，表 3-2-1 中的样品经微米级 CT 识别出来的主要是残余粒间孔，如图 3-2-15（a）所示。如果微米级 CT 图像某一个或某一簇像素（点）被判识为残余粒间孔，其对应的面孔率可看成 100%。

(a)残余粒间孔

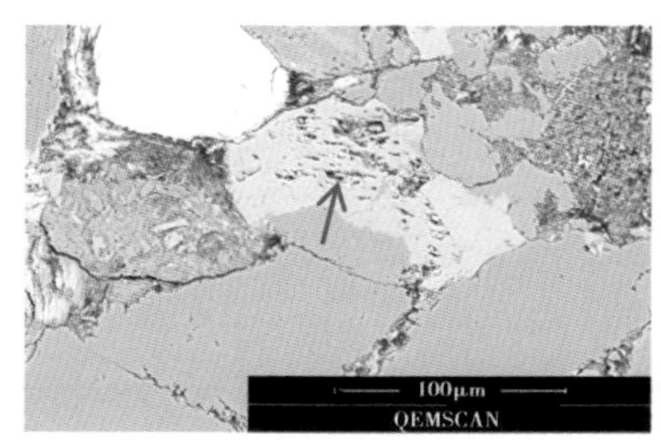

(b)粒内溶孔

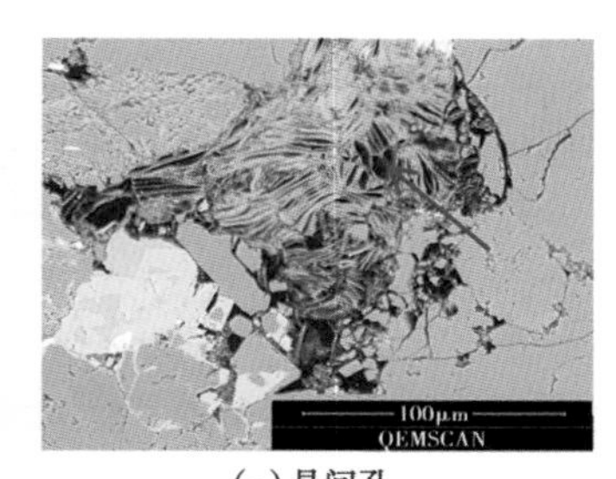

(c)晶间孔

图 3-2-15　鄂尔多斯盆地长 7 段致密砂岩主要孔隙类型

2）粒内溶孔

陇东地区延长组长 7 段致密砂岩储层中钾长石、方解石是主要的可溶矿物组分，被酸性溶液溶蚀后产生数量可观的粒内溶孔，其形状极不规则，尺寸一般也小于残余粒间孔。通过对上述 8 块样品的测试结果统计分析，钾长石和方解石对应的微米级 CT 图像灰度一般分布在 110~120，粒内溶孔的面孔率约为 10%，如图 3-2-15（b）所示。

3）晶间孔

晶间孔主要指高岭石、伊利石和绿泥石等黏土矿物的微孔隙，尺寸极为细小，只能通过 MAPS 成像技术的纳米级扫描才能发现。分析表明，陇东地区长 7 段致密砂岩中伊利石和高岭石组分的杂基微孔隙最为发育，面孔率约 30%，绿泥石所含晶间孔面孔率仅 5%，如图 3-2-15（c）所示。

除杂基晶间孔以外，石英、钠长石等自生矿物也发育少量的晶间孔，面孔率约为3%。

通过对微米级CT图像中每个像素点对应的组分类型（孔隙或矿物骨架）、灰度分布等数据的综合分析，确定出如表3-2-3所示的长7段致密砂岩储层的微米级CT图像中主要矿物的图像灰度分布、微孔隙发育程度及其面孔率数值，其中每一种组分的灰度截止值划分标准是由其密度值及对应的灰度值经统计确定的，在陇东地区长7段基本适用。在其他地区或其他层位，由于岩性差异导致矿物最大密度和最小密度的极限值存在差异，这一分类方案可根据实际资料的标定进行调整。

因此，多组分三维数字岩心的总孔隙度 ϕ_t 可以表示为：

$$\phi_t = V_p \times 1 + V_{il+kao} \times 0.3 + V_{kfe+ca} \times 0.1 + V_{chl} \times 0.05 + V_{qu+al} \times 0.03 \quad (3-2-3)$$

式中 V_p，V_{il+kao}，V_{kfa+ca}，V_{chl}，V_{qu+al}——分别为基于微米级CT图像分割的残余粒间孔隙、伊利石+高岭石、钾长石+方解石、绿泥石和石英+钠长石的体积含量。

将式（3-2-2）与多矿物组分三维数字岩心结合，可得长7段储层致密砂岩三维数字岩心的总孔隙度，见表3-2-6。计算结果表明，在建立多组分三维数字岩心后，数字岩心孔隙度与岩心气测孔隙度接近，对比如图3-2-16所示，数据点基本分布在45°线上，说明表3-2-3所示的孔隙分类方案是合理的。

表3-2-6 多矿物组分三维数字岩心孔隙度计算结果

岩心编号	多组分数字岩心孔隙度（%）	气测孔隙度（%）
A157-15-24	8.25	8.5
B28-3-17	7.93	8.1
B28-3-19	6.82	7.1
B28-3-45	9.45	11.5
H22-6-90	6.11	6.2
H22-6-94	9.95	10.0
Y32-6-15	11.04	11.2
Z53-7-33	7.42	7.9

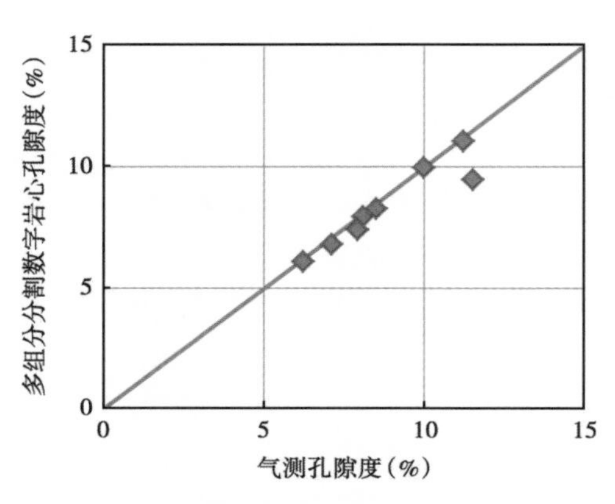

图3-2-16 8块致密砂岩多组分分割数字岩心孔隙度与气测孔隙度对比

将多组分分割、每一组分对应的微孔比例等信息综合起来，可以发现，致密砂岩微米级CT图像中每一像素点实质上是具有一定体积、对应于某种特定矿物组分、包含一定比例微孔隙的地层单元，传统的单一阈值分割、非0即1的处理方法丢失了大量信息。

为了保留这些微孔信息，根据表3-2-3所示的方案，对微米级CT图像的每一点确定其对应的矿物或组分类型，并赋予一定的面孔率，相当于将每一点都看成具有一定孔隙度的次一级储层单元，它对样品的孔隙度、渗透率、电阻率等都具有贡献，从而构建出一个虚拟的高分辨率孔隙格架，如图 3-2-17 所示。

图 3-2-17 给出了表 3-2-1 中 H22-6-94 号样品的微米级 CT 图像、单一阈值分割的三维孔隙格架和三维多组分数字孔隙格架。该样品气测孔隙度 10.0%，单一阈值分割处理的孔隙度仅 3.32%，而采用多组分分割的方法映射后的孔隙格架孔隙度为 9.95%，与气测孔隙度非常相近，说明这种方法能够考虑致密砂岩中实际存在的所有孔隙，从而为下一步的数值模拟提供准确的输入信息。

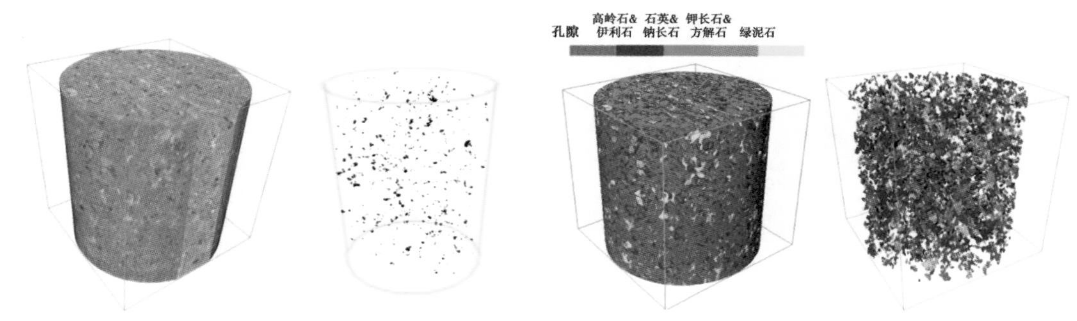

图 3-2-17　1in 致密砂岩柱塞样 CT 图像与多组分孔隙格架构建实例

五、数字图像特征提取与简化

无论采用何种方式获取三维数字岩心，其本质是一种三维的数字图像。对岩石物理学家而言，感兴趣的是其中孔隙的几何形状及其空间分布特征。为了描述并提取数字图像的特征，如纹理、几何形状等，需要引入一些专门的数学形态学处理算法。所熟悉的边缘检测就是一种常用的、基于微分运算的边界提取算法，它采用微分算子、拉普拉斯高斯算子或 Canny 算子计算数字图像的梯度场、并通过设置阈值、寻找局部极大值作为局部边界的原理来提取和分割特定区域。

图像的腐蚀和膨胀也是依据数学形态学方法发展起来的一种图像处理算法，起源于岩相分析对岩石结构的定量描述工作，其基本思想就是用具有一定形态的结构元素去度量和提取图像中的对应形状，实现图像特征分析与目标识别，处理结果较微分运算方法更加光滑。这里仅简单介绍图像的膨胀、腐蚀、开运算和闭运算等算法的基本原理。

（1）结构元素，是图像腐蚀和膨胀运算的基本组成部分，通常比待处理图像小得多，在二维平面上就是一个数值为 0 或 1 的矩阵。其原点指向图像中需要处理的像素位置，矩阵大小决定了需要处理的范围，数值为 1 的点决定结构元素的邻域像素在运算时是否需要参与计算。

（2）腐蚀运算，也称侵蚀运算，就是用一个结构元素，如 3×3 的矩阵，扫描数字图像的每一个像素，结构元素与其覆盖的图像进行“与”操作，如果都为 1 输出图像的像素为 1，否则为 0。显然，这种算法使得处理目标减小一圈。

（3）膨胀运算，也称扩张运算，过程同腐蚀运算，如果都为 0 输出图像的像素为 0，否则为 1。算法处理结果是使得处理目标扩大一圈。

（4）开运算，就是将腐蚀和膨胀结合起来，对图像作先腐蚀后膨胀处理，它可以平滑图像的轮廓，消弱图像狭窄的部分。开运算的主要作用与腐蚀运算相似，但具有基本保持目标原有大小不变的优点。

（5）闭运算，就是对图像作先膨胀后腐蚀的处理。

为了更加直观地显示图像运算结果，以二维孔隙介质图像为例介绍上述过程，如图3-2-18所示。

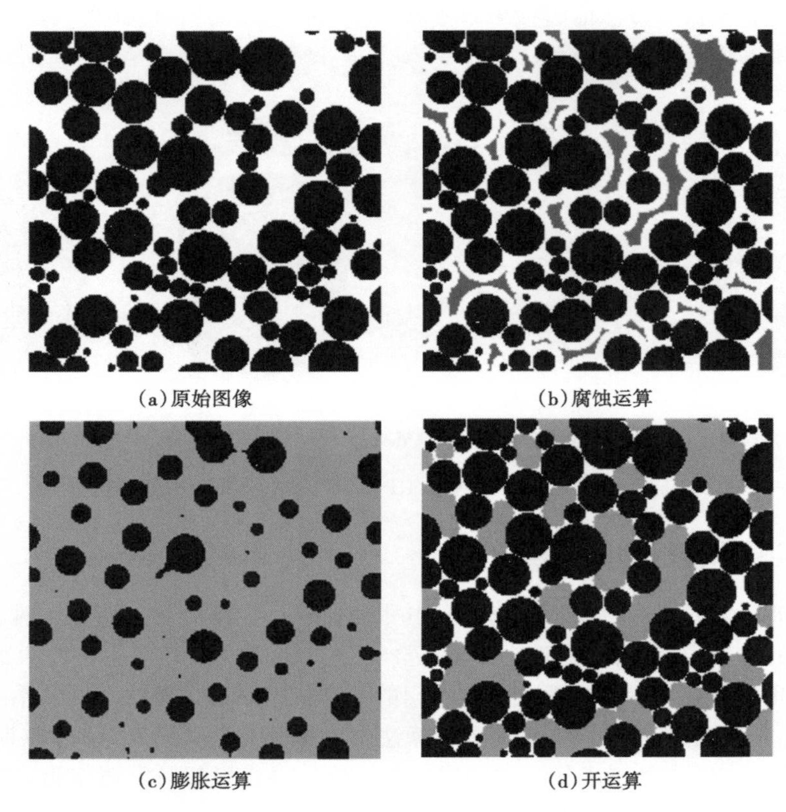

图3-2-18　二维数字的图像腐蚀、膨胀和开运算示意图

图3-2-18（a）为原始的二维数字图像，其中黑色代表岩石颗粒，用0表示，白色代表岩石孔隙，用1表示，图像尺寸为200×200个像素点。选取半径R为5个像素的圆作为结构元素，对图3-2-18（a）中的孔隙空间（白色区域）分别进行腐蚀、膨胀和开运算，结果如图3-2-18（b）至图3-2-18（d）所示，图中灰色部分代表孔隙空间经过相应运算后的结果，膨胀运算扩大目标图像，腐蚀运算收缩目标图像，开运算$X \cdot B$可以理解为结构元素B在X内滚动所能达到的B最远处的边界所构成的空间。因此，如图3-2-18（d）中灰色区域所示，开运算结果显示所有半径大于R的孔隙空间。

设岩石孔隙空间中最大孔隙半径为R_{max}，当结构元素半径为R_{max}时，开运算结果为孔隙空间中的最大孔隙。对岩石孔隙空间进行开运算，随着结构元素半径的减小，开运算结果表征的孔隙空间按照孔隙半径的大小依次增加。若设孔隙空间的开运算结果表征油驱水过程中的油，其余孔隙空间表征地层水，则该过程与水湿岩石的排驱过程相似。在水湿岩石中非润湿相油首先占据孔隙空间中大孔隙，随着驱替压力的增大，油按照孔隙半径由大到小的顺序依次侵入。因此，利用岩石孔隙空间的开运算可以模拟水湿岩石的排驱过程，进而确定在不同含水饱和度下孔隙空间中油和水的分布。

同时，针对高分辨率扫描图像数据量巨大、存储和计算困难等问题，有学者还提出了对三维数字岩心点阵进行拓扑简化的方法以提取孔和喉，最终只针对简化后的孔隙—喉道数据体开展数模。拓扑简化处理方法主要有多向扫描、孔隙中轴线法、最大球、多面体法等。

（1）多向扫描法。

该方法通过对孔隙空间进行多方向切片扫描来搜索孔隙、喉道，并将不同方向的扫描切片交叉位置作为喉道，但很难准确定位孔隙。

（2）孔隙空间中轴线法。

中轴线就是相互连通的孔隙管道的中心位置连线。由于连接孔隙的空心管道截面形状极其不规则，中轴线无法表征孔隙的尺寸和形状，但它能够反映孔隙空间分布特征。有学者基于该方法将中轴线的节点定义为孔隙，中轴线上的局部最小区域作为喉道。

（3）最大球法。

该方法以孔隙空间的任意一点为圆心放置一个球体，然后不断地增大球体半径直至球体边缘接触到孔隙壁界面即骨架为止，并将所有的以该孔隙簇的点为中心的、半径最大的球体作为孔隙，连接相邻孔隙的小球体作为喉道。

（4）多面体法。

针对沉积过程模拟所建立的数字岩心数据体，由于每个颗粒的位置已知，增大每个颗粒的半径直至所有孔隙被填充，在这一过程中记录下每个颗粒的交界点，将所有交界点连接起来就形成了多面体，其顶点对应孔隙，所有顶点间的连线对应喉道。

第三节　致密砂岩储层电学性质模拟

在准确构建数字孔隙格架的基础上，本节重点讨论利用有限元法模拟致密砂岩储层的电学特性。其中，地层因素 F 的模拟参考致密砂岩样品的实验室测量结果进行标定，而针对致密砂岩的常规驱替实验难以开展，主要依靠数值模拟来分析电阻增大率变化规律。

一、确定各组分的等效电导率

如前所述，致密砂岩多组分三维数字岩心包括 5 种相：CT 识别的残余粒间孔、伊利石和高岭石、石英和钠长石、钾长石和方解石、绿泥石。其中，残余粒间孔部分的电导率由地层水性质确定；石英和钠长石、钾长石和方解石两种相由于将其赋予了一定的面孔率，其等效电阻率根据地层水电导率和 Archie 公式计算；伊利石和高岭石、绿泥石为黏土矿物，具有附加导电性，其等效电阻率利用 Waxmam-Smits（WS）模型计算。

1. 石英+钠长石

该相面孔率为 3%，地层水电阻率为 R_w，则该相电导率 R_{qu+al} 根据地层水电阻率，和 Archie 公式共同确定：

$$R_{qu+al}=\frac{R_w}{\phi_{qu+al}^{m^*}}=\frac{R_w}{0.03^{m^*}} \tag{3-3-1}$$

式中　ϕ_{qu+al}——该组分的孔隙度；

　　m^*——胶结指数。

2. 钾长石和方解石

该相面孔率为10%，则其电阻率R_{kfe+ca}根据地层水电阻率和Archie公式共同确定：

$$R_{kfe+ca}=\frac{R_w}{\phi_{kfe+ca}^{m^*}}=\frac{R_w}{0.1^{m^*}} \tag{3-3-2}$$

式中 ϕ_{kfe+ca}——该组分的孔隙度。

3. 伊利石和高岭石

泥质砂岩的饱和度模型主要是建立在泥质或黏土矿物具有附加导电性的基础之上。一般认为，泥质碎屑岩地层的导电性是由下列因素决定的：一是由地层孔隙中的地层水构成的导电回路；二是黏土矿物构成的导电回路；三是两个回路所产生的交互影响。

上述多组分孔隙格架中的伊利石和高岭石部分与泥质砂岩类似，区别在于该相骨架全部为黏土矿物，因此本文采用泥质砂岩的WS模型计算伊利石和高岭石部分电导率。本质上讲，伊利石和高岭石在导电作用方面存在明显的差别，阳离子交换能力（CEC）和面孔比不同，但由于两种黏土矿物密度接近，微米级CT图像中无法将二者再细分。

根据WS模型，泥质砂岩的导电等效于与其孔隙度、孔隙曲折度与流体含量完全等同的纯砂岩地层，然而，由于在黏土颗粒表面所发生的阳离子交换过程中产生了附加导电性，这好比其孔隙空间含有更高导电性的地层水，因此，含水泥质砂岩的导电性可等效为两个并联电阻的叠加，形成了自由电解液与黏土吸附的可交换阳离子的并联结构。岩石饱和地层水时电导率为：

$$C_0=xC_{cl}+yC_w \tag{3-3-3}$$

式中 C_0——含水泥质岩石的电导率；

C_{cl}——黏土可交换阳离子的电导率；

C_w——自由电解液（地层水）的电导率；

x，y——系数。

自由电解液与可交换阳离子适用于同一个几何常数——地层因素F^*，即：

$$C_0=\frac{1}{F^*}(C_{cl}+C_w) \tag{3-3-4}$$

根据阳离子迁移模型，有：

$$C_{cl}=BQ_v \tag{3-3-5}$$

$$B=\left(1-0.83e^{\frac{-0.5}{R_w}}\right)\times 3.83 \tag{3-3-6}$$

$$Q_v=\frac{\mathrm{CEC}(1-\phi)\rho_g}{100\phi} \tag{3-3-7}$$

式中 B——阳离子交换电导率当量，S·cm³/(mg·m)；

Q_v——单位孔隙体积黏土可交换的阳离子量，meq/cm³；

CEC——阳离子交换能力，meq/100g；

ρ_g——岩石的平均颗粒密度，g/cm³；

ϕ——岩石总孔隙度；

R_w——地层水电阻率，Ω·m。

设伊利石和高岭石部分的 CEC=30meq/100g，式（3-3-7）中 $\phi=30\%$，黏土含量 $V_{sh}=1-\phi=70\%$，代入式（3-3-5）可得：

$$C_{cl}=4.3\text{mS}\approx 1.3C_w \tag{3-3-8}$$

前人研究表明，黏土附加电导率的范围为［$0.2C_w$，$2.0C_w$］，所以式（3-3-8）给出的伊利石和高岭石相的电导率数值也分布在理论范围内。

4. 绿泥石

根据 WS 模型，孔隙度取 5%，绿泥石阳离子交换能力取 40meq/100g，有：

$$C_{chlorite}=0.66\text{mS}\approx 0.2C_w \tag{3-3-9}$$

由于长 7 段致密砂岩储层中的绿泥石以条带状充填粒间孔隙，颗粒间孔隙少，较为致密，导致绿泥石部分等效电导率较低，但仍在理论范围之内。

在确定各矿物组分等效电阻率过程中，还涉及 m^* 的选取。选取表 3-2-1 的 8 块砂岩样品中孔渗条件最好的 H22-6-94 岩样，根据其实验室测量的地层因素来刻度，通过调整 m^* 计算等效电导率，利用有限元法多次模拟多矿物组分三维数字岩心的电导率，并与该岩样的实验结果对比，从而确定 m^*。

二、地层因素模拟

根据 Archie 公式，岩石的地层因素表示为：

$$F=\frac{C_w}{C_0}=\frac{R_0}{R_w}=\frac{a}{\phi^m} \tag{3-3-10}$$

式中 R_0——岩石 100%饱和水时电阻率，Ω·m；

R_w——地层水电阻率，Ω·m；

a——与岩性有关的比例系数；

ϕ——孔隙度,%；

m——岩石的胶结指数，是与岩石胶结情况和孔隙结构有关的指数。

1. 电路节点法

电路节点法是基于前面构建的简化的孔喉格架数据体，将每一个节点看成一个超大电路中的一点，利用基尔霍夫定律（Kirchhoff laws）求解矩阵方程来确定电流—电压之间的关系。基尔霍夫定律是 1845 年由德国物理学家 G. R. 基尔霍夫提出的，是电路中电压和电流所遵循的基本规律，也是分析和计算复杂电路的基础，包括基尔霍夫电流定律（KCL）和基尔霍夫电压定律（KVL）。

针对由最大球法构建的数字岩心数据体，对每个节点应用该定律列出电流和电压方程，最后求解总的矩阵方程即可得到整个网络上的电流、电压的关系，从而计算出电阻率和 m。

表 3-3-1 列出了来自鄂尔多斯盆地姬塬地区长 6 段 5 块致密砂岩样品常规孔渗与电阻率、微米级 CT 图像、电路节点法模拟结果，图 3-3-1 给出了其中 4 块样品模拟 F 与实验室测量 F 对比图。其中，B486-2 号岩样由于在微米级 CT 图像上找不到连通孔喉导致无法模拟 F。

表 3-3-1 鄂尔多斯盆地姬塬油田长 6 段 5 块致密砂岩实验与节点法模拟数据表

岩心编号	气测孔隙度（%）	气测渗透率（mD）	图像分辨率（μm）	单一阈值分割图像孔隙度（%）	F 实验结果（$a=1$）	F 模拟结果（$a=1$）	模拟胶结指数
B284-69	15.39	8.41	13.29	9.49	35.6	728	2.8
B284-70	13.7	0.36	13.29	5.2	71.02	4689	2.86
B284-76	13.2	0.8	13.29	5.91	65.29	982	2.44
B486-2	12.2	0.079	13.29	6.0	56.69	N/A	N/A
H82-5	10.7	0.284	13.29	7.39	55.41	10248	3.55

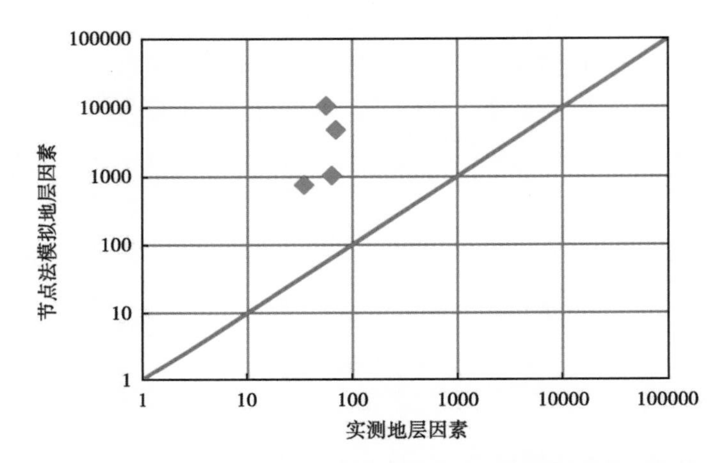

图 3-3-1 电路节点法模拟 4 块致密砂岩地层因素与实测结果对比

从这 5 块岩样的测试与模拟结果可以看出，由于微米级 CT 图像分辨率偏低，大量微细孔喉信息的丢失，采用最大球法进一步对孔喉的简化，等等，这些过程导致最终给节点模拟算法输入的信息与原始储层信息相差太大，模拟的地层因素要比岩心实验结果偏高 1~2 个数量级，有时甚至因为找不到连通路径而无法计算地层因素，其中的关键原因就在于大量微细孔喉的导电作用无法在数值模拟方法中得到体现，而采用多组分分割方法可以有效解决这一难题。

2. *有限元法模拟*

根据前面确定的各组分的等效电导率，利用有限元法模拟确定在 z 方向电压为 e_z、电流为 I_z 时对应的电导率为：

$$C_z = \frac{I_z}{e_z} \tag{3-3-11}$$

已知多组分三维数字岩心的孔隙度 ϕ，设 $a=1$，可根据 Archie 公式得到胶结指数 m。对表 3-2-1 中的 8 块致密砂岩和贝雷砂岩都开展了有限元法模拟，与实验结果对比见表 3-3-2。

表 3-3-2　有限元法模拟地层因素、胶结指数与实验数据表

岩心编号	F 实验结果	F 模拟结果	m 模拟结果（a=1）	m 实验结果（a=1）	模拟 m 相对误差（%）
贝雷砂岩	18.61	17.67	1.72	1.75	1.71
A157-15-24	82.8	52.82	1.59	1.76	9.66
B28-3-17	75.28	95.79	1.80	1.70	5.88
B28-3-19	67.97	81.77	1.64	1.60	2.5
B28-3-45	51.14	38.73	1.55	1.82	14.84
H22-6-90	113.19	103.56	1.66	1.70	2.35
H22-6-94	56.02	56.73	1.75	1.75	0
Y32-6-15	64.1	46.26	1.74	1.91	8.9
Z53-7-33	64.35	57.83	1.56	1.65	5.45

分析表 3-3-2 中的数据可以发现，胶结指数的模拟结果与实验结果相对误差整体在 10%以内，仅编号为 B28-3-45 的样品相对误差最大，为 15%。该岩心实验室气测孔隙度为 11.5%，但数字岩心孔隙度仅为 9.45%，相对误差在 17.8%以上，这说明该岩心与其他岩心存在差别，导致采用相同的多组分三维数字岩心参数建模孔隙度差异大，也使得模拟的地层因素和胶结指数的误差均偏大。由于模拟过程中模型参数是通过 H22-6-94 号岩心实验数据刻度的，所以该岩心的胶结指数实验结果与模拟结果完全相同。

图 3-3-2 绘出了有限元模拟结果与实验室测量结果的精度对比。总体而言，基于上述多组分数字岩心格架的有限元模拟结果与实验结果基本接近，8 块致密砂岩的模拟的地层因素与实验值在双对数坐标上基本分布在 45°线上，模拟 m 相对误差平均值仅为 7.1%。与电路节点法模拟结果相比，精度大大提高，主要归因于多组分数字孔隙格架精度的显著改善。

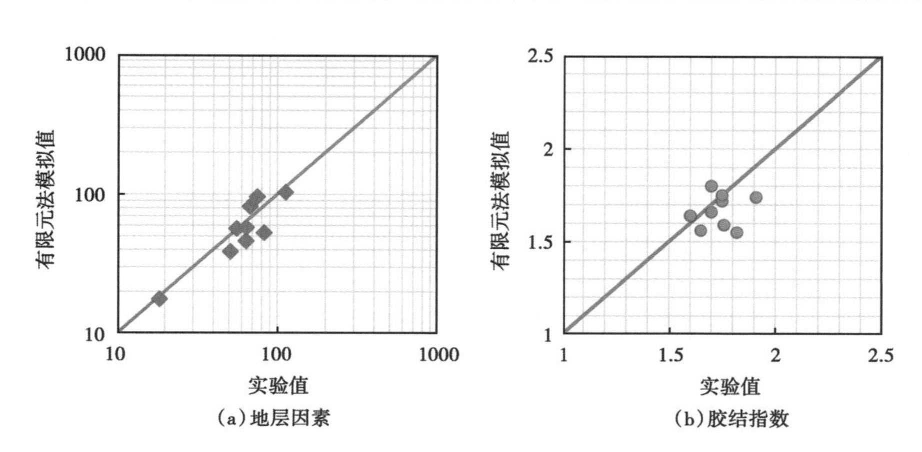

图 3-3-2　基于多组分三维数字岩心的有限元法模拟与测量值误差分析

三、电阻增大率模拟

1. 模拟过程的实现

根据 Archie 公式，岩石电阻增大率 I 表示为：

$$I=\frac{R_t}{R_0}=\frac{b}{S_w^n} \tag{3-3-12}$$

式中 R_t——含油岩石电阻率，Ω·m；

R_0——岩石 100%饱和水时电阻率，Ω·m；

S_w——含水饱和度；

b——与岩性有关的常数；

n——饱和度指数。

对岩石地层因素的分析仅需考虑完全饱含水的状态，相比之下，电阻增大率的模拟过程要复杂得多，因为 I 不但与孔隙结构相关，而且与孔隙中油、水的分布状态有关。因此模拟电阻增大率需要首先分析不同含水饱和度下油、水在孔隙空间的分布，然后再采用有限元方法模拟其电阻率。这可以通过前面介绍的数字图像开运算来实现。

为确保能够成功模拟非润湿相驱替润湿相的过程，首先检查开运算表示的孔隙空间是否与侵入端相连接，舍去与侵入端不连接的孔隙空间，即可确定驱替压力下孔隙流体的空间分布。如图 3-3-3 所示，绿色为地层水占据的孔隙空间，红色为从一端侵入的油。

(a) S_w=95%时的油水分布

(b) S_w=85%时的油水分布

图 3-3-3 利用开运算分析不同含水饱和度下孔隙空间中的油水分布特征

对于亲水岩心，孔隙被油侵入后，在孔隙表面仍附着一层水膜，水膜厚度几十到几百纳米。在高含水饱和度下，电流传导的优势路径为孔隙中的地层水，随着驱替程度的提高，含水饱和度逐渐降低，有些孔隙中的地层水被油相包裹，难以形成连续的电流传导路径，此时孔隙表面的水膜仍构成一条连续的电流传导路径，所以在低含水饱和度下水膜的导电贡献不可忽略。在利用开运算确定出优先被油侵入的孔隙像素体时假设其最外层体素为水膜，如图 3-3-4 所示。在计算含水饱和度时，该体素视为油，但在电阻率模拟时，该体素具有一定的电导率，数值由图像分辨率和地层水电阻率确定。

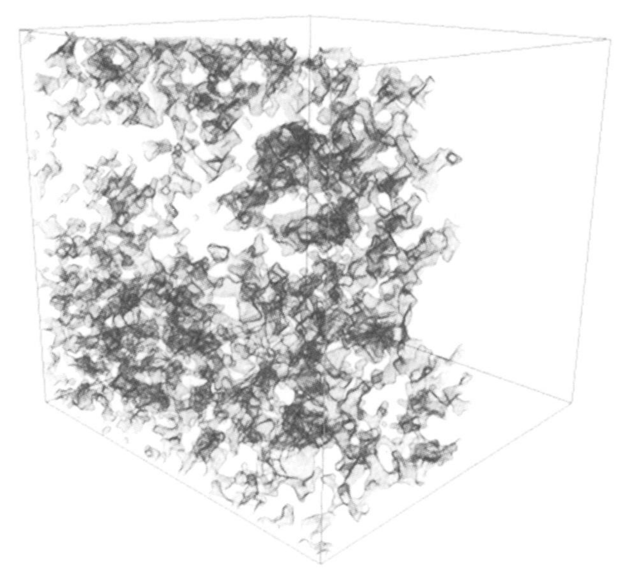

图 3-3-4　被油占据的孔隙像素体水膜示意图

由于微米级 CT 识别的孔隙无法形成贯穿岩样的连续传导路径，上述方法在致密砂岩中存在问题，如何确定多组分三维数字岩心中不同含水饱和度下流体分布是关键。对于水湿储层，随着含水饱和度的降低，油相按照孔隙尺寸由大到小的顺序依次侵入，采用开运算可以模拟 CT 能够识别的孔隙从大到小顺序饱和油，但无法直接确定致密砂岩中大量无法识别的微孔隙中的油水分布。

图 3-3-5 给出了依据 MAPS 图像识别的致密砂岩样品中不同类型孔隙的尺寸分布谱图，表明残余粒间孔和溶蚀孔尺寸相对较大，黏土晶间孔等属于微孔，尺寸较小。孔隙连通性分析结果表明占少数体积百分比的较大尺寸孔隙不能形成贯穿的连通路径，致密砂岩的电阻率主要由微孔隙中的束缚水决定。如果仅考虑大尺寸孔隙被油侵入，含水饱和度会显著下降，但整个岩心的电阻率升高并不明显，导致在高含水饱和度下电阻率模拟结果偏低，不符合实际情况。

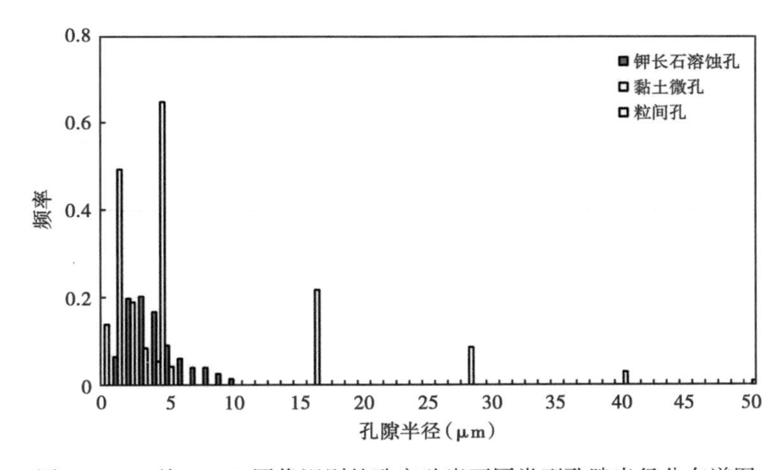

图 3-3-5　从 MAPS 图像识别的致密砂岩不同类型孔隙半径分布谱图

考虑到微米级 CT 识别的大孔隙都是通过微孔隙连接，如果大尺寸的孔隙被油侵入，必然会有一部分连接大尺寸孔隙的微孔也被油侵入，否则油相缺乏能够进入大孔的通道，关键问题是分别有多少比例的大孔和微孔被油侵入。设岩石总含水饱和度为 S_w，大孔、微孔所占的体积比例分别为 f_{in} 和 f_{cl}，含水饱和度分别为 S_{win} 和 S_{wcl}，则有：

$$S_w = f_{in} S_{win} + f_{cl} S_{wcl} \tag{3-3-13}$$

在岩心完全饱和水的初始状态有 $S_w = S_{win} = S_{wcl} = 1$，但在模拟驱替过程每一个阶段（相当于某一个驱替压差下）大孔、微孔被油侵入的比例不同，这一点可以从如图 3-3-6 所示的致密砂岩不同转速下的 T_2 谱得到侧面验证。

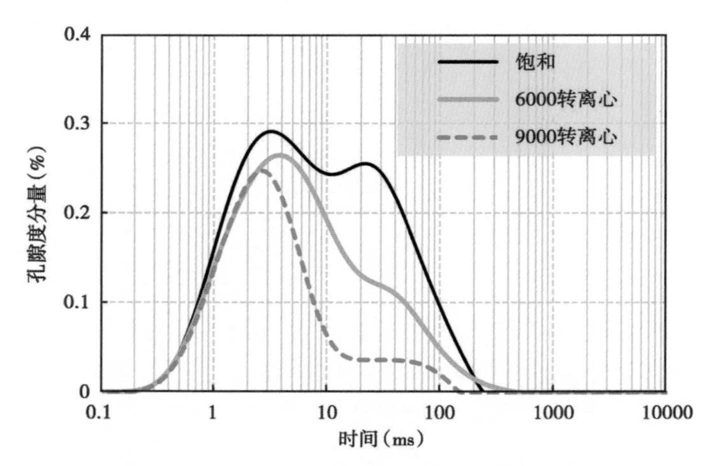

图 3-3-6　Y32-6-15 号岩样不同离心状态下 T_2 谱

图 3-3-6 表明，在不同驱替（离心）阶段，反映大孔喉的右侧 T_2 谱下降速度明显快于左侧小孔喉的下降速度，暗示着在油侵入后不同饱和状态上述三个含水饱和度数值并不相等。这是因为黏土中纳米级微孔含量高，存在大量黏土束缚水，即使大孔全部被非湿相侵入后，黏土中仍存在部分微细孔喉充满地层水。假定黏土微孔中束缚水所占比例为 S_c，则有：

$$S_{wcl} = (1 - S_c) S_{win} + S_c \tag{3-3-14}$$

通过开运算模拟不同含水饱和度下的微米级 CT 识别大孔中的油水分布，并得到 S_{win}，根据式（3-3-13）、式（3-3-14）分别计算 S_{wcl} 和 S_w。黏土部分在不同含水饱和度下的等效电导率 $C_{clay+Sw}$ 为：

$$C_{clay+Sw} = C_{clay-sat} S_{wcl}^2 \tag{3-3-15}$$

式中　$C_{clay-sat}$——饱和水时黏土部分的等效电导率。

采用有限元方法模拟不同含水饱和度下的电阻率，从而得到电阻增大率。

2. 模拟结果分析

仍以表 3-2-1 中的 H22-6-94 号岩心为例。由于该样品的孔渗条件相对最好，在实验室完成了隔板法驱替实验，电阻增大率模拟与实验结果如图 3-3-7 所示。

图 3-3-7 中蓝色数据点为隔板驱替实验数据，红色数据点为有限元模拟结果。可以看

出，受驱替压力的限制只能将该样品驱替到 $S_w=58\%$，而数值模拟方法理论上可以计算任意含水饱和度的电阻增大率，本例中模拟计算 $S_w=100\%\sim24\%$ 共7个数据点。

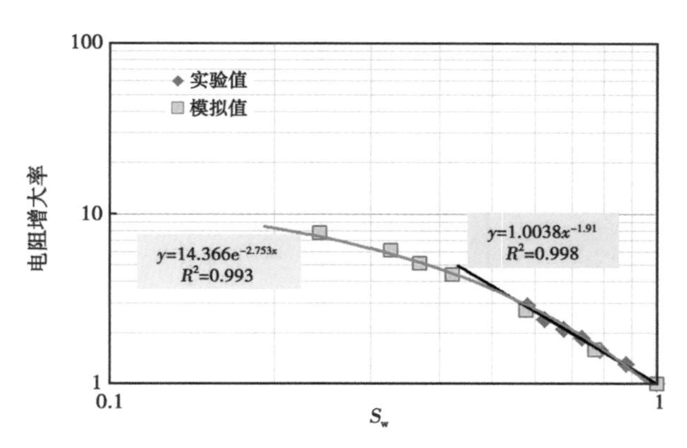

图 3-3-7　H22-6-94 号致密砂岩样品 I—S_w 关系模拟与隔板驱替实验结果对比

图 3-3-7 表明，在高含水饱和度区间（$S_w \geqslant 60\%$），无论采用哪种模型描述 I—S_w 关系的误差都不大。但在低含水饱和度区间，模拟结果揭示致密砂岩储层存在非线性 Archie 现象，即 I—S_w 的关系曲线向下弯曲，而且在数值模拟的整个饱和度区间范围内，采用 e 指数模型更能刻画这种曲线变化规律：

$$I = R_t/R_0 = A/e^{n_e S_w} \qquad (3\text{-}3\text{-}16)$$

式中　A——回归系数；

　　n_e——e 饱和度指数。

式（3-3-16）表明，当致密砂岩在强大的源—储压差驱替下原油逐渐进入各种孔隙后，复杂的微孔喉系统中的束缚水仍然构成有效的导电网络，电阻增大率随饱和度变化呈 e 指数增大，而传统的驱替实验揭示的只是在较高含水饱和度区间范围内的幂指数变化规律，并不能反映富含油的致密砂岩储层真实导电规律。

对表 3-2-1 中的 5 块致密砂岩和贝雷砂岩样品均开展了数值模拟，结果如图 3-3-8 所示。图 3-3-8（a）显示贝雷砂岩的实验与模拟值均采用幂函数模型拟合的 n 相差并不大，图 3-3-8（b）中 5 块致密砂岩样品的 I—S_w 曲线在 $S_w<50\%$ 的区间都出现不同程度的弯曲现象，采用 e 指数模型拟合结果较幂函数更能体现这一规律，致密砂岩的 n_e 一般取值范围为 2.7~3.2。

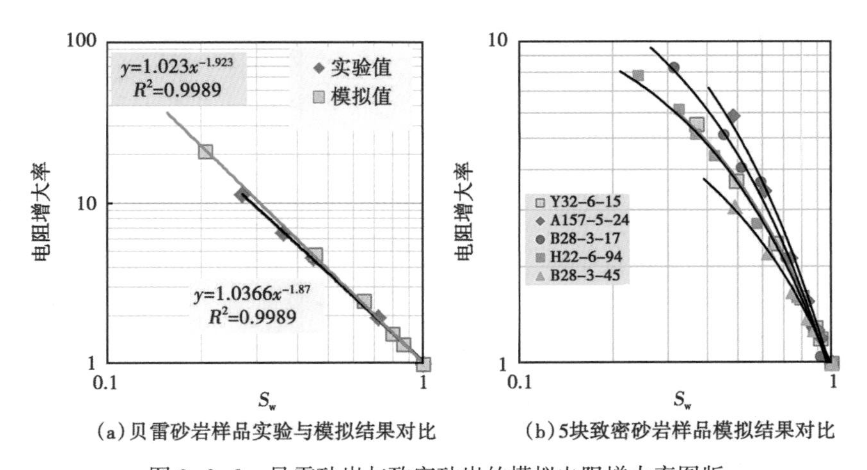

图 3-3-8　贝雷砂岩与致密砂岩的模拟电阻增大率图版

根据上述认识，选择了鄂尔多斯盆地陇东地区两口密闭取心井，对长 7 段致密油层的饱和度进行计算，结果如图 3-3-9 所示。从图中的两个例子可以看出，e 指数模型计算结果与

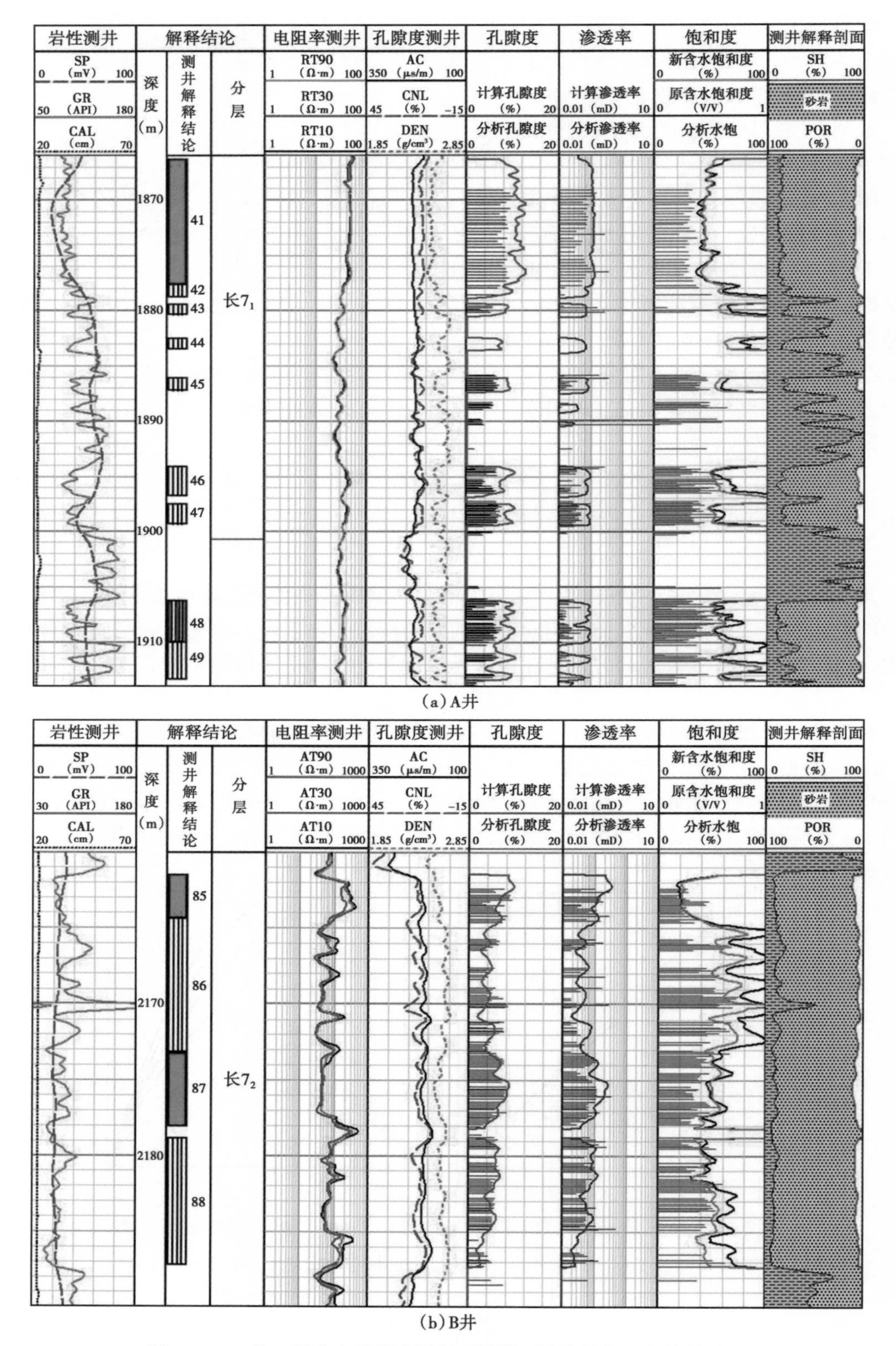

图 3-3-9　长 7 段致密砂岩油层段不同模型计算的饱和度结果对比

密闭取心结果更接近，采用 $n=1.8$ 的 Archie 模型计算含油饱和度值普遍较密闭取心分析结果偏低约 8%以上，不符合该区长 7 段致密油层高含油饱和度的真实情况。

第四节　致密砂岩储层渗透率数值模拟

针对致密砂岩储层的渗透性分析，本书中指干岩样的空气渗透率或绝对渗透率，实验室仍然采用和常规砂岩储层类似的测试工艺。本节讨论基于 CT 图像的孔隙格架数据利用 LBM 和微分方程两种方法来模拟其渗流特征，并探索致密砂岩储层渗透率的主控因素。

一、LBM 模拟渗透率

如前所述，在 LBM 中流体被抽象为大量的微观粒子，这些粒子根据某些简单规则在离散的孔隙格架上碰撞和迁移。通过对粒子的运动进行统计，得到其速度场分布并确定流体运动的宏观特性，进而依据达西方程计算出渗透率。截至目前，已经建立的 LBM 模型主要有 D1Q3、D2Q7、D2Q9、D2Q13、D3Q15、D3Q19、D3Q27（D 表示维数，Q 指示粒子运动方向的总数）。以下采用常用的 D3Q19 模型针对数字孔隙格架模拟渗透率，图 3-4-1 为该模型的粒子方向分布示意图，也称为三维正方体网格 19 点模型。

在图 3-4-1 中，每个格子节点除了与它最近的 6 个节点相连，还与正交对角线的 12 个相距 $\sqrt{2}a$ 的节点相连，其中 a 为格子模型的像素分辨率，μm。每个节点有 19 个速度方向，包括 0 速度方向，箭头表示粒子分布的可能方向。粒子只能在固定的相邻的格点上移动，所有的粒子在给定的方向上具有相同的格子速度。

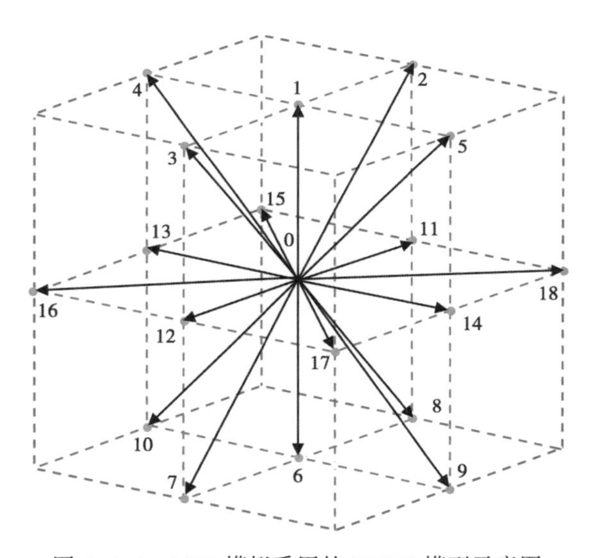

图 3-4-1　LBM 模拟采用的 D3Q19 模型示意图

1. 基本方程

在格子空间节点（$\vec{x}$，t）处粒子分布函数 f_i（x，t）定义为粒子按照速度矢量 $\vec{e_i}$，在时刻 t、位置 $\vec{x}$ 的某一个方向上的分布（概率）。粒子分布函数的演化方程如下：

$$f_i(x+e_i\Delta t,\ t+\Delta t)=(1-\tau)f_i(x,\ t)+\tau f_i^{ep}(x,\ t) \tag{3-4-1}$$

式中　τ——松弛因子，控制着粒子演化动态平衡的快慢；

f_i^{ep}（x，t）——平衡态分布函数。

在数值模拟计算的过程中，松弛因子的取值范围是 0.5~2，其最大值的选取需要考虑 LBM 的数值稳定性。

平衡态分布函数 $f_i^{ep}(x,\ t)$ 与时间有关，宏观密度 ρ 和流体速度 u 可以根据粒子分布函数 f_i（x，t）分别表示为：

$$\rho(x, t) = \sum_{i=10}^{18} f_i(x, t) \tag{3-4-2}$$

$$u(x, t) = \frac{\sum_{i=0}^{18} f_i(x, t) e_i}{\rho(x, t)} \tag{3-4-3}$$

每一个格点标准的连通数是 6，如果两个格点相连，则可以有 18 个共面点。粒子只能在固定的相邻的格点上移动，所有的粒子在给定方向上具有相同的格子速度，所有可能的格子速度如下：

$$e_0, e_{1,6}, e_{11,12} = (0, 0, 0), (0, 0, \pm a), (\pm a, 0, 0) \tag{3-4-4}$$

$$e_{13,14}, e_{2,3,7,8} = (0, \pm a, 0), (\pm a, 0, \pm a) \tag{3-4-5}$$

$$e_{4,5,9,10}, e_{15,16,17,18} = (0, \pm a, \pm a), (\pm a, \pm a, 0) \tag{3-4-6}$$

单相流体沿着多孔介质岩石的流动可以利用达西定律来描述：

$$Q = -\frac{K}{\rho\eta}\frac{\Delta p}{L} \tag{3-4-7}$$

式中 Q——单位时间穿过样品端面的流量，cm^3/s；

K——多孔介质的绝对渗透率，mD；

ρ——流体密度，g/cm^3；

η——流体的黏度，mPa · s；

$\frac{\Delta p}{L}$——沿着样品长度 L 方向的压力降，MPa/cm。

设岩样的孔隙度为 ϕ，则渗透率的计算式为：

$$K = -a^2\phi\eta\frac{\sum_{j=1}^{N}\sum_{i=0}^{18} f_i(x_j, t) e_i}{\sum_{j=1}^{N}\sum_{i=0}^{18} \Delta f_i(x_j, t) e_i} \tag{3-4-8}$$

式中 N——数字孔隙格架空间的总节点数。

在 LBM 模拟中，流体的流动只是发生在连通的孔隙空间，不连通的孔隙空间对于样品渗透率没有贡献。

2. 计算步骤

采用 D3Q19 模型模拟渗透率的具体包括以下步骤。

（1）输入数字岩心数据体，并判断数据体的维数，$n_x \times n_y \times n_z$。

（2）计算连通的孔隙空间，对连通的孔隙空间进行标定，流场的计算只是在连通的孔隙空间中进行。

（3）计算孔隙度，并计算连通空间的孔隙度，只有连通孔隙空间的孔隙度对流体粒子的运动才有贡献。

（4）计算 Z 方向的渗透率，在该方向施加压力梯度，另外两个方向的界面进行封闭：

①设置 LBM 的常用参数，设置松弛时间 $\tau = 1.05$，并且可调，设置流场长度 $L_x = an_x$，a

为分辨率，也是计算中的步长。

②设置 LBM 的初始条件，边界条件、出口压力和入口压力等参数。

③进行 LBM 计算，循环计算 $i=1$：n_x，$j=1$：n_y，$k=1$：n_z，如果节点（i，j，k）＝1，则为孔隙，进行演化和碰撞，计算平衡态分布函数、密度、速度和压力；如果节点（i，j，k）＝0，则为骨架，进行碰撞，应用反弹边界条件。

④计算 Z 方向的渗透率 K_Z。

3. 计算实例

由于微米级 CT 图像数据体大，LBM 计算速度较慢，并且受计算机内存的限制，在微米 CT 图像数据体上只选取 300×300×300 像素的子数据体进行绝对渗透率模拟。用 Z 方向代表岩心柱方向，以便于将模拟结果与实验结果进行对比。对表 3-3-1 中列出的 5 块长 6 段致密砂岩的渗透率模拟结果见表 3-4-1。

表 3-4-1　表 3-3-1 所列 5 块致密砂岩 LBM 模拟渗透率与实验数据表

岩心编号	气测孔隙度（%）	气测渗透率（mD）	综合物性指数 $\sqrt{K/\phi}$	图像分辨率（μm）	单一阈值分割图像孔隙度（%）	LBM 模拟渗透率（mD）
B284-69	15.39	8.41	0.74	13.29	9.49	1.96
B284-70	13.7	0.36	0.16	13.29	5.2	3.59
B284-76	13.2	0.8	0.25	13.29	5.91	3.05
B486-2	12.2	0.079	0.08	13.29	6.0	1.56
H82-5	10.7	0.284	0.16	13.29	7.39	1.49

渗透率是孔喉连通性的直观描述。通过对表 3-4-1 数据分析可以看出，孔喉连通程度较好、综合物性指数较高的样品，模拟渗透率与实验渗透率之间的差异较小，例如 B284-69 号样品；反之，综合物性指数差的岩样，比如 B486-2 号样品，模拟与实测结果相差甚至达 20 倍。引起二者之间误差的主要原因在于从图像提取的孔隙格架与实际储层存在差异，当然也有岩石本身非均质性的原因，LBM 模拟算法仅选择了 300×300×300 像素（受算法本身的原理和计算能力的限制，实际计算主要选取有连通孔隙空间的区域进行）参与计算，其结果不能完全表征 1in 柱塞样的渗透率。

为进一步考察微米级 CT 图像分辨率对渗透率模拟的影响，将表 3-4-1 中 B284-69 号岩样进行了切割，得到直径分别为 5mm、2mm、1mm 的子样并开展了微米级 CT 和 LBM 渗透率模拟，结果见表 3-4-2。

表 3-4-2　B284-69 号样品及其子样 LBM 模拟渗透率对比

岩心编号	气测孔隙度（%）	气测渗透率（mD）	图像分辨率（μm）	单一阈值分割图像孔隙度（%）	LBM 模拟渗透率（mD）
B284-69	15.39	8.41	13.29	9.49	1.96
B284-69（5mm）	—	—	2.77	8.97	4.0
B284-69（2mm）	—	—	1.15	11.86	11.23
B284-69（1mm）	—	—	0.53	11.59	57.78

从表 3-4-2 的数据分析来看，随着样品尺寸的减小、CT 图像分辨率的提高，能够观察到更多的孔隙，参与计算的孔隙格架连通程度逐渐改善，模拟的渗透率也出现成倍增加的现

象，这进一步表明了致密砂岩储层与常规砂岩储层相比，前者具有更强的微观非均质性，任意两点之间的渗透率都可能存在较大甚至数量级的差异。

综合以上分析来看，利用 LBM 计算岩石的绝对渗透率是一种理论可行的方法，但在致密砂岩储层与气测实验结果相差较大，适用性差。

二、利用电路节点法模拟渗透率

如前所述，电路节点法是基于用最大球法简化处理后的孔喉网络数据开展模拟计算，既可以分析电流、电压的分布，也可以用于研究数字岩心的渗流特征。

图 3-4-2 是选取表 3-4-1 中编号分别为 B284-69、B284-70、B284-76 和 H82-5 的 4 块样品，采用基尔霍夫电路节点法模拟渗透率与实验测量结果对比，具体数据见表 3-4-3。图 3-4-2 中还给出了 LBM 模拟的结果作为对比。可以看出，在 13.29μm 分辨率的 CT 图像中依据所能够观察到的大孔喉模拟的渗透率与实验值在数量级上基本接近，说明大孔喉是控制储层渗流能力的关键，仅仅依据微米级 CT 能观察到的大孔喉就可以较准确地估算其渗流能力。其他的微细孔喉虽然在 CT 图像上观察不到，但对样品绝对渗透率的影响并不大。

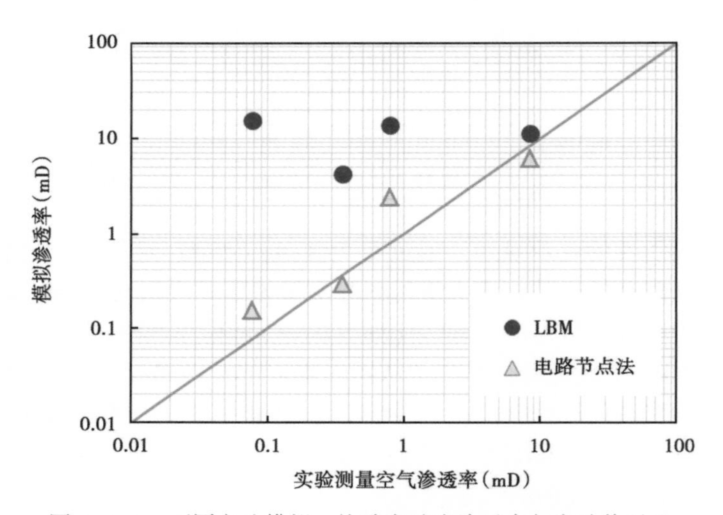

图 3-4-2　不同方法模拟 4 块致密砂岩渗透率与实验值对比

相比较而言，同样针对直径 1in 的柱塞岩样，电路节点法由于采用了简化的孔隙格架数据，模拟运算量较 LBM 大大减少，而且模拟结果具有更高的精度。而 LBM 由于其自身的特点，在微机上模拟时仅选取了其中有区域连通性的部分正方体像素区域参与运算，速度相比于电路节点法更慢，而且对致密砂岩渗透率的表征代表性差。

表 3-4-3　4 块致密砂岩电路节点法模拟渗透率与实验数据对比表

岩心编号	气测孔隙度（%）	气测渗透率（mD）	图像分辨率（μm）	单一阈值分割图像孔隙度（%）	节点法模拟渗透率（mD）
B284-69	15.39	8.41	13.29	9.49	6.09
B284-70	13.7	0.36	13.29	5.2	0.29
B284-76	13.2	0.8	13.29	5.91	2.41
H82-5	10.7	0.284	13.29	7.39	0.15

第四章　致密砂岩储层核磁共振测井资料精细处理

核磁共振测井资料品质受信噪比的影响较大，在信噪比很低的情况下，核磁共振测井的孔隙度、渗透率、束缚水饱和度等计算精度偏低，采集模式优选和资料降噪处理对于获得高质量的核磁共振资料至关重要。由于致密砂岩自生自储、近油源的特点，储层含油饱和度往往较高，导致致密储层核磁共振孔隙结构评价面临油气信号影响的问题，需要开展油气信号校正。本章重点讨论针对致密砂岩储层的核磁共振测井采集和处理新方法。

第一节　核磁共振测井采集模式优化设计

CMR-plus 和 MRIL-Prime 是目前国内得到最广泛应用的两种核磁共振测井仪器，斯伦贝谢公司的 CMR-plus 是贴井壁类型的仪器，而 MRIL-Prime 是居中型仪器，两者受井眼影响程度不同；CMR-plus 的共振频率为 2MHz，而 MRIL-Prime 仪器有 9 个频率，5 个频带分布在 460~760kHz；CMR-plus 的天线长度约为 15cm，MRIL-Prime 的天线长度约为 62cm，其纵向分辨率远低于 CMR-plus。由于 MRIL-Prime 仪器采用多频测量，其采集模式和采集参数非常丰富，但所有采集模式可以分为两类：一类为单一模式，例如 D9TW、D9TWA、DTE312 等模式，测量结果为 A 组+B 组、A 组+D 组；另一类为组合模式，例如 D9TWE2、D9TWE3、D9TWE4 等模式，组合模式一次下井可以获取 A、B、C、D 和 E 共 5 组测量数据。

采集模式的设计优化是确保获取高质量的核磁共振资料的前提。对于 CMR-plus 和 MRIL-Prime 两种仪器，其采集模式和采集参数并不相同。CMR-Plus 主要测量一组 T_2 分布，用于储层孔隙结构评价和储层参数计算；而 MRIL-Prime 仪器的多个频率，可以提供多个等待时间（T_W）和多个回波间隔（T_E）测量信息，既可以提供用于储层评价的 T_2 分布和储层参数结果，又可以提供用于流体性质识别的核磁共振信息。对于常规的中高孔渗储层来说，通常利用优化采集模式来实现流体类型的识别。例如，在中高孔渗储层进行流体类型识别时，通常采用 MRIL-Prime 仪器的 D9TWE3 模式测量，D9TWE3 模式一次可以获取 5 组测量数据，通常利用 A 组和 B 组进行差谱计算，利用 A 组和 D 组进行移谱法的流体类型判别，利用 A 组和 C 组进行孔隙度的计算。而在致密储层评价时，如果要获取高质量的核磁共振资料，采集模式的优选是关键。

一、单频仪器与多频仪器的选择

核磁共振测井的原始信号强度低，致使单次测量的观测信号信噪比较低，需要将多次测量结果进行累积处理，从而获取较高信噪比的核磁共振自旋回波信息。由于样品磁化需要的时间较长，一个回波串采集完毕，必须有足够的等待时间，使纵向磁化强度完全恢复，才能开始第二个回波串的采集。等待时间选取与观测对象的纵向弛豫时间有关，通常取 T_W = （3~5） T_1。对于水层至少需要 6s，含油储层一般在 9~12s，气层的极化时间通常大于 12s。

在两次测量之间，延迟时间即等待时间或极化时间往往较长，在采用多频测量时充分利用这一时间可以提高采集的效率，在一定测速下获取更多的自旋回波串信息，从而获取高信噪比的核磁共振资料。以 MRIL-Prime 仪器为例，当其中一个频率处于等待状态的时候，其他几个频带可以进行数据采集，如图 4-1-1 所示，在一个采集周期内，对于单频测量来说只能采集 2 个回波串，而对于多频仪器却能采集到 24 个回波串信息，测井采集有效率从 4% 提高到 36%。

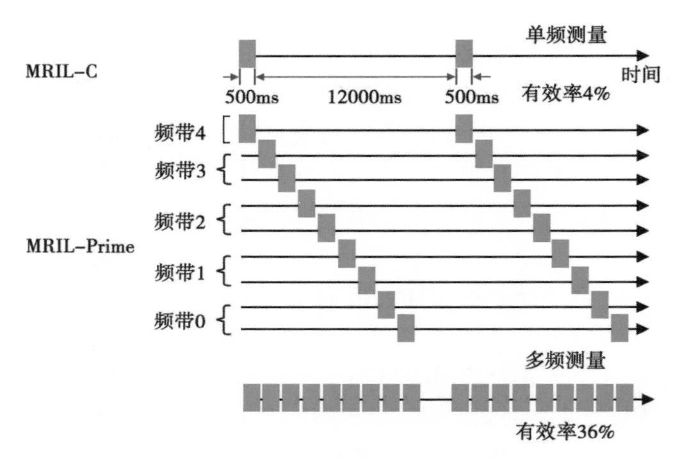

图 4-1-1　核磁共振测井多频测量原理

对于单频仪器来说，由于其天线较短，导致测量区域较小，导致仪器的信号强度和信噪比较低，图 4-1-2 是单频仪器和多频仪器核磁共振测井信噪比的对比结果，可见单频

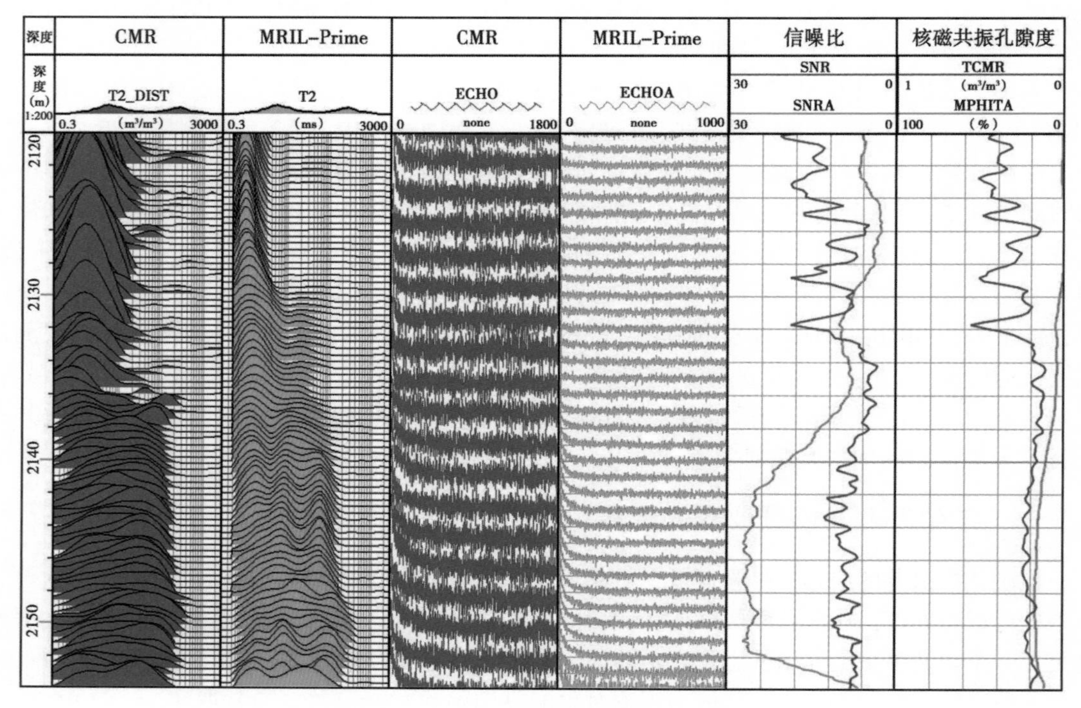

图 4-1-2　单频与多频测量的信噪比对比

的 CMR 仪器与多频的 MRIL-Prime 仪器相比，信噪比明显较低，这是由于 CMR 的天线长度只有 6in，而 MRIL-Prime 仪器的天线长度约为 24in，天线长度差异导致核磁共振信噪比不同。

二、单一模式和组合模式的选择

对于多频仪器来说，采集模式是多样的，既可以选择单一模式，也可以选择组合模式，不同采集模式获得的资料结果差异较大。通常，采集模式的选择与测量对象和测量目的有关，致密砂岩和常规砂岩、孔隙结构评级和油气类型识别的采集模式是完全不同的。对于核磁共振测井，相比于流体类型识别来说，致密砂岩的孔隙结构评价更为重要。核磁共振测井孔隙结构需要高信噪比的自旋回波串，需要选择获得高信噪比的采集模式。组合模式通常用于流体识别，单一模式可以通过不同频率段采集获取更多的自旋回波串，通过累加处理提高回波串的信噪比。图 4-1-3 是在同一井段分别采用单一模式 D9TW 和组合模式 D9TWE3 的测量结果对比，单一模式的增益（GAIN）和信噪比（SNR）均比组合模式高。理论上来说，对于 MRIL-Prime 仪器，利用单一模式获得信噪比是组合模式的 1.4 倍。

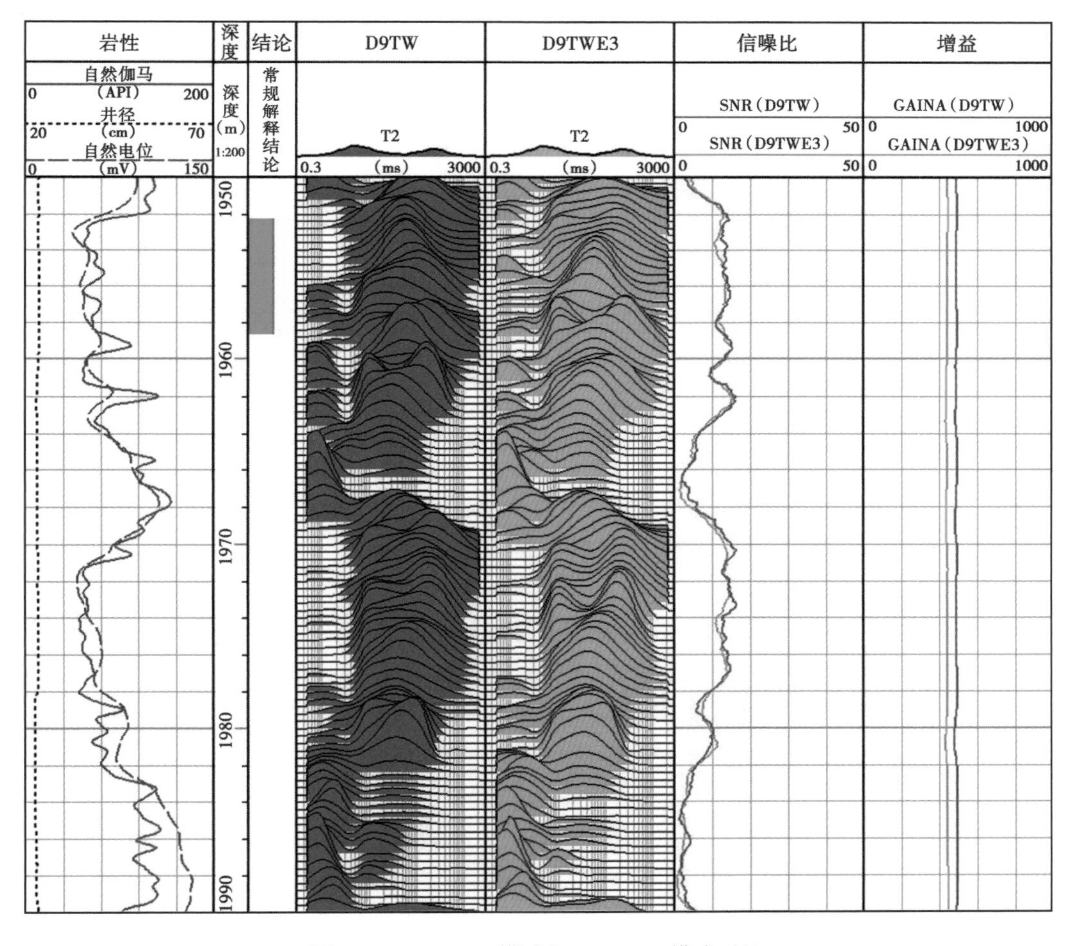

图 4-1-3　D9TW 模式和 D9TWE3 模式对比

三、采集参数的选择

第三章讨论了实验室核磁共振测试仪器的参数设置，对于井下仪器同样如此。井下核磁共振仪器采集参数的设置是否合理也会影响测量数据精度，主要包括等待时间、回波间隔、扫描次数（N_S）及增益（RG）等。

对于致密储层，相比于等待时间或极化时间，回波间隔的选择更为重要，最小回波间隔的选择与仪器本身的设计有关。对于 MRIL-Prime 仪器，选择 0.9ms 的采集回波间隔时，小孔部分信息会有一定程度的丢失，导致无法获取准确孔隙结构信息，因此对该仪器通常选择 0.6ms 的回波间隔以增加小孔信息。而对于 CMR 仪器，设计的回波间隔非常小，目前最新型的 CMR-plus 仪器最小回波间隔可以达到 0.2ms，可以反映更多的小孔信息。与 CMR-plus 仪器对比，尽管 MRIL-Prime 仪器的天线较长，测量空间较大，信噪比较高，但由于其最小回波间隔（0.9ms）远大于 CMR 仪器的最小回波间隔（0.2ms），故 MRIL-Prime 仪器的孔隙度计算精度较低。图 4-1-4 为两种仪器测量的核磁共振孔隙度与信噪比关系。尽管从信噪比的角度来看 MRIL-prime 仪器的测量结果明显高于 CMR 仪器，但从孔隙度计算精度分析来看，回波间隔更小的 CMR-plus 仪器能够得到更准确的孔隙度信息。

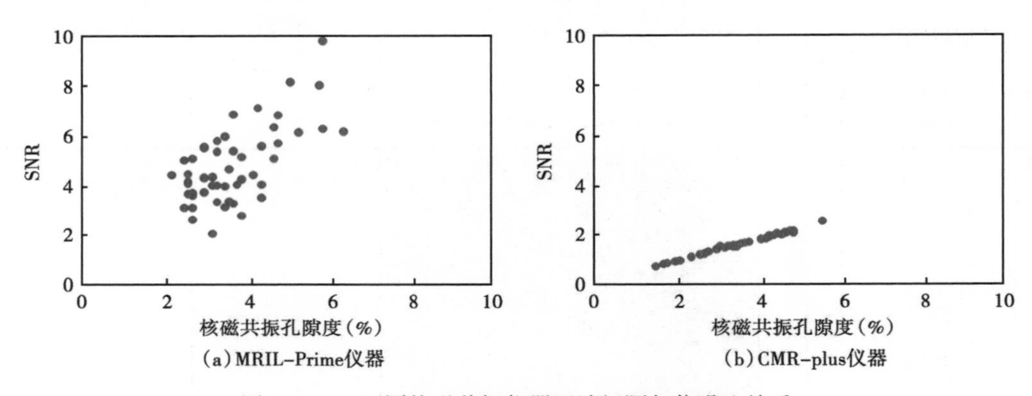

图 4-1-4　不同核磁共振仪器回波间隔与信噪比关系

第二节　核磁共振测井降噪处理方法

核磁共振测井信号在采集和传输过程中不可避免地要受到测量方法、仪器设备和井眼环境等产生的自然和人为的各种干扰，能否从受扰动的信号中去除噪声，不仅与干扰的性质与信号形式有关，也与信号的处理方式有关。在实际应用中，针对核磁共振测井信号的性质及干扰的特点，寻找最优的去噪方法提高信噪比，是核磁共振测井领域近年来被广泛讨论的重要技术问题。

目前有很多数据处理方法可用于信号去噪，如中值滤波，低通滤波，傅里叶变换等，但它们都滤掉了部分有用信号。小波分析借助小波变换对时间和频率进行局部化分析，能有效地从信号中提取有用的信息。由于其良好的时频特性，引起了核磁共振测井领域的普遍重视。如 Ahmed 和 Fahmay（2001）基于小波变换提出了临界采样时频变换算法对核磁共振信号去噪。他们的研究表明小波阈值算法显示出较好的去噪效果。Nikola Trbovic（2005）等发现经过小波阈值算法去噪后，将主成分分析用于小波分解得到的系数上，能够提高主成分分析算法的有效性。Serban（2010）改进了小波阈值算法中阈值的选取方法。前人的研究结果表明小波阈值算法能够取得较另外两种算法更好的去噪效果。

但是由于核磁共振测井信号不仅仅分布在低频区域，在高频区域也含有一部分有用信号。使用小波变换处理信号，分解只作用于低频部分，对高频部分的信号并未处理，这样一些有用的信号可能被滤掉。小波包变换是小波变换的延伸，可以视作小波函数的线性组合，它在信号降噪过程中具有比小波变换更强的灵活性，在此基础上研发的小波包域自适应滤波方法能够用于实际核磁共振测井回波串数据的降噪处理。

一、小波包域自适应滤波

小波包域自适应滤波属于变换域自适应滤波的范畴。变换域自适应滤波的概念是由Dentino等1978首次提出的，其基本思想是把时域信号转变为变换域信号，在变换域中采用自适应算法。自适应滤波器最常用的算法是LMS算法。该算法简单，运算量少，易于实现，但它的收敛速度对输入的自相关函数阵的特征值的分布敏感。对于强相关的信号，输入信号自相关矩阵的特征值分布太散，即最大值与最小值差异太大，收敛速度就会很慢，而且收敛步长的范围选择较小，从而导致LMS算法的收敛性能降低。研究发现，对于输入信号做某些正交变换后，可以减少输入信号自相关矩阵特征值的发散程度，提高收敛速度。于是，变换域自适应滤波应运而生。

常用的正交变换有离散余弦变换、离散傅里叶变换、格型结构滤波器、Gram-Schmidt正交化离散Hartlay变换及Walsh-Hadamard变换等。近年来，小波变换也被用于变换域自适应滤波。用小波变换的方法对自适应滤波器的输入进行正交变换，将输入向量正交分解到多尺度空间，利用小波的时域局部化特性，减小了自适应滤波器输入向量自相关矩阵的谱动态范围，大大增加了算法的收敛步长，提高了LMS算法的收敛速度和稳定性。

在小波变换域自适应滤波中，通常采用两种形式：一是小波子带自适应滤波，相当于把输入信号和期望信号在多分辨率空间进行自适应滤波后，再变换为时域输出信号；另一种是小波变换域自适应滤波，是把输入信号用小波的多分辨率空间的信号来表示，作为自适应滤波器的输入，而期望信号并不作小波变换。本节将小波包变换与自适应LMS滤波相结合，提出基于小波包分解系数的自适应滤波算法，得到小波包域自适应滤波算法。首先，将输入信号与期望输出经过小波包分解滤波器组进行小波包分解，提取小波包分解系数，然后在各节点的分解系数上进行自适应滤波，再将经过自适应滤波的分解系数通过小波包合成滤波器进行重构，从而得到最终去噪后的信号。小波包域自适应滤波器原理如图4-2-1所示。

传统的LMS算法中，直接对输入信号进行自适应加权处理，即：

$$\hat{f}(i) = W^{\mathrm{T}}(i) \cdot F(i) \tag{4-2-1}$$

其中：$F(i) = [f(i), f(i-1), f(i-L)]^{\mathrm{T}}$，$W^{\mathrm{T}}(i) = [w_1(i), w_2(i), \cdots, w_L(i)]$

离散小波包变换域LMS算法将$f(i)$进行离散正交小波包分解变换到小波包域，即：

$$F(i) = \sum_{j=0}^{J} \sum_{k \in z} c_j(k) \psi_j(i - 2^j k) \tag{4-2-2}$$

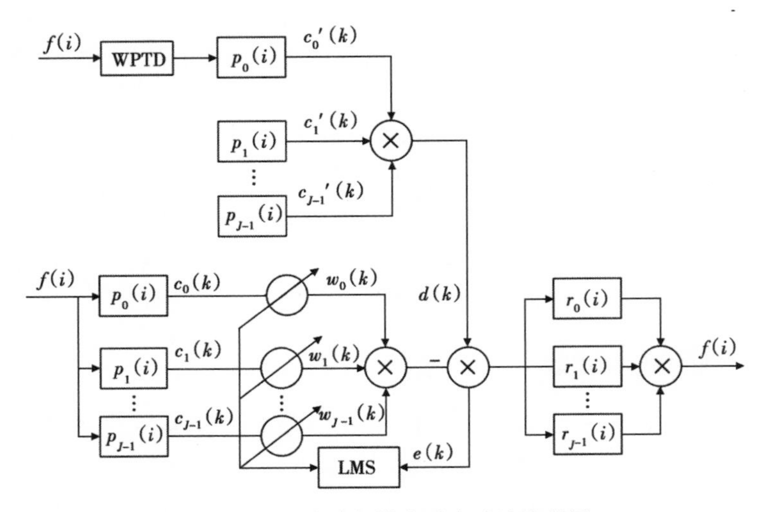

图 4-2-1 小波包域自适应滤波流程图

$$c_j(k) = \langle F(i),\ \{\psi_j(i - 2^j k)\}\rangle_n,\ j = 0,\ 1,\ \cdots,\ J \tag{4-2-3}$$

式中 $c_j(k)$ ——第 j 个小波包系数；

J——分解尺度。

新的自适应滤波器输入矢量的自相关矩阵变为：

$$R = E\{c_j(k)c_j^{\mathrm{T}}(k)\} \tag{4-2-4}$$

其中，$C_j(k) = [c_1(k),\ c_2(k),\ \cdots,\ c_1(k)]$，自适应滤波器权值 $w_J(k) = [w_0(k),\ w_2(k),\ \cdots,\ w_J(k)]^{\mathrm{T}}$ 的更新公式为：

$$w_j(k + 1) = w_J(k) + 2\mu e(k)C_j(k) \tag{4-2-5}$$

其中：

$$G_j(k) = [c_1(k),\ c_2(k),\ \cdots,\ c_J(k)]$$

LMS 算法中的收敛因子 μ 有以下约束：

$$0 < \mu < 1/(\lambda_{N_c})_{\max} \tag{4-2-6}$$

式中 $(\lambda_{N_c})_{\max}$——输入自相关矩阵的最大特征值。

与传统 LMS 算法比较，小波包域自适应滤波器输入向量自相关矩阵的谱动态范围大大减少，另外小波包域自适应滤波算法的 $(\lambda_{N_c})_{\max}$ 也减少了，这样可以取较大的收敛因子，增大了收敛因子的动态范围，所以小波包域自适应滤波算法在收敛速度及算法的稳定性上均有所提高。

为了验证小波包域自适应滤波方法（DPWTA）处理岩心核磁共振实验测量数据的有效性，选取 4 块致密砂岩储层岩样分别进行不同扫描次数 N_s 的核磁共振实验测量，其他实验参数相同。图 4-2-2 给出了 4 块岩心核磁共振实验测量数据降噪前后结果的比较，可以看出低扫描次数的实验 T_2 谱与高扫描次数的 T_2 谱差异较大，其原因为低扫描次数的核磁共振实验测量数据的信噪比低，影响了核磁共振数据的反演结果，从而导致两次核磁共振实验的 T_2 谱差异较大。对低扫描次数的核磁共振实验数据用小波包域自适应滤波方法进行降噪处理，将

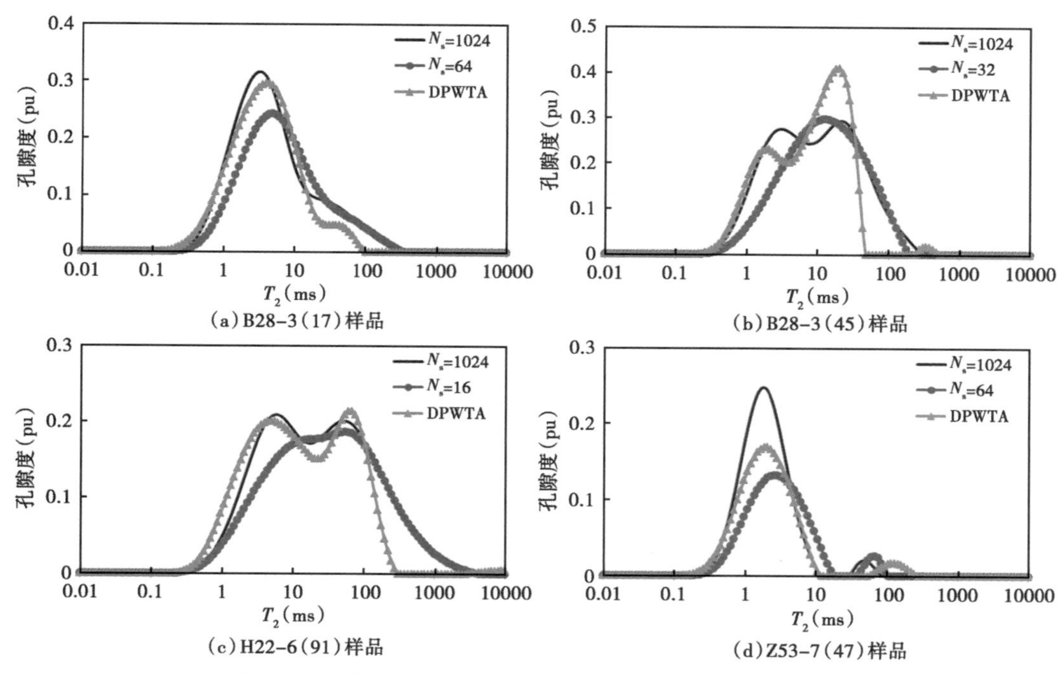

图 4-2-2　岩心核磁共振测量数据降噪前后处理结果的比较

降噪后的回波数据进行反演，从图 4-2-2 可以看出，降噪后反演的 T_2 谱和高扫描次数的 T_2 谱在形态上更为接近，DPWTA 降噪方法能够提高岩样核磁共振实验数据的反演精度。

分别计算降噪前后的 NMR 孔隙度并与岩心分析孔隙度进行比较，见表 4-2-1。低扫描次数的核磁共振回波数据反演得到的孔隙度与高扫描次数的核磁共振回波数据反演得到的孔隙度差别较大，低扫描次数的核磁共振回波数据经过小波包域自适应滤波处理后反演得到的孔隙度有明显的改善，更接近于高扫描次数的核磁共振孔隙度以及岩心分析孔隙度，表明小波包域自适应滤波方法具有较好的降噪效果。

表 4-2-1　岩心核磁共振测量数据降噪前后孔隙度的比较

编号	扫描次数	未去噪时孔隙度（%）	小波包域自适应滤波后孔隙度（%）	称重孔隙度（%）	气测孔隙度（%）
B28-3（17）	64 / 1024	6.73 / 8.07	7.33	8.0	8.1
B28-3（45）	32 / 1024	9.41 / 10.91	10.10	11.4	11.5
H22-6（91）	16 / 512	8.37 / 9.43	8.53	9.2	9.4
Z53-7（47）	64 / 4096	2.96 / 4.27	3.42	4.4	4.7

二、正则化反演

核磁共振测井弛豫信号的多指数反演在核磁共振岩心分析与测井处理解释越来越受到重视，特别是在致密储层，反演结果的好坏直接关系到储层物性参数和流体识别的准确性。对于核磁共振测井回波串数据的多指数拟合目前最通用的算法有两种，即奇异值（SVD）分解算法和正则化反演（BRD）算法。

SVD 分解算法首先将矩阵进行 SVD 分解，然后利用奇异值按照从大到小排列，奇异值较小的部分对矩阵的稳定性有较大的影响，利用信噪比来实现奇异值的选取。求解过程常常会出现负值情况，这并不符合实际状态，通常的做法是将矩阵负值的部分消除，形成一个更小的矩阵，通过多次迭代，直到求解的全为正时迭代过程结束，去掉的组分设定为零，就可以获得最终的 T_2 分布。

正则化反演算法（Butler-Reeds-Dawson）需要解决的问题是找到一组 P_i 满足非负条件，对所有的 P 有 $P_i \geqslant 0$，使得下式的值最小：

$$\phi(P)=\phi(P_1,\ P_2\cdots,\ P_m)=\frac{1}{2}\sum_{j=1}^{n}(\sum_{i=1}^{m}P_iA_{ji}-Y_i)^2+\frac{\alpha}{2}\sum_{i=1}^{m}P_i^2 \tag{4-2-7}$$

求取 ϕ（P_i）的约束最小值（Levenberg-Marquardt）问题，需要考虑其所有分量的梯度等于零，即：

$$(\nabla\phi)_i=\frac{\partial\phi}{\partial P_i}=\sum_{j=1}^{n}A_{ji}(\sum_{i=1}^{m}A_{ji}P_i-Y_j)+\alpha P_i=0\quad(i=1,\ \cdots,\ m) \tag{4-2-8}$$

式中 P_i——第 i 个 T_2 所对应区间孔隙度；

A_{ji}——反演矩阵；

Y_j——第 j 个回波的幅度；

α——平滑因子；

m——回波个数；

n——T_2 布点个数。

根据物理性质可知 P_i 应取非负值，但如果 P_i 为负时取 0，这样 $\nabla\phi$ 对应于 P_i 的分量不小于 0，即在约束最小值点，有：

$$(\nabla\phi)_i=0,\ P_i>0;\ (\nabla\phi)_i\geqslant 0,\ P_i=0 \tag{4-2-9}$$

经过整理变换可以得到：

$$\begin{gathered}\sum_{j=1}^{n}A_{ji}P_i-Y_j+\alpha c_j=0\\ P_i=\max(0,\ \sum_{j=1}^{n}c_jA_{ji})\end{gathered} \tag{4-2-10}$$

是使得式（4-2-7）最小的正定条件。将式（4-2-10）简化可以得到：

$$\sum_{j=1}^{n}M_{ij}c_j+\alpha c_j=Y_j \tag{4-2-11}$$

式中 M_{ij}——反演矩阵；

c_j——第 j 个求解结果。

利用式（4-2-11）求取 c_j，再将其 c_j 代入式（4-2-10）即可求取 P_i；平滑因子 α 的选

取对于 P_i 结果求取非常关键，α 增大时，会使曲线过于平滑从而丢失有用信息；α 减小时，又会使病态严重，P_i 结果不可靠。BRD 算法给出了最理想的平滑因子：

$$\alpha = \frac{\sqrt{n}\delta}{\| c \|} \tag{4-2-12}$$

式中　$\| \ \|$——范数运算符；

　　δ——回波串噪声方差。

SVD 算法的原理是预设反演矩阵并对其进行 SVD 分解，采用原始数据的信噪比 SNR 作为矩阵条件数的限制，且 SNR 可以在拟合过程中动态获取，避免了平滑因子优选问题，但 SVD 算法在非负限制条件的实现过程会导致 T_2 分布发生畸变，特别是在原始信号信噪比较低的情况下，反演结果的分辨率较低，T_2 处理结果会出现不规则的变化。

正则化反演算法的原理是采用正则化的方式，在确保实现非负性约束条件前提下，采用相邻点的 T_2 分布信息来确保 T_2 分布的连续性和计算结果的稳定性。

图 4-2-3 为两种算法反演结果对比，通过上述两种反演算法比对可以获得以下认识：

（1）SVD 算法适用于较高信噪比的原始数据（SNR≥20），此时计算精度较高，随着信噪比的降低，反演结果的精度降低；

（2）正则化算法稳定，且容易实现非负性约束，T_2 反演结果连续性好，可适用于信噪

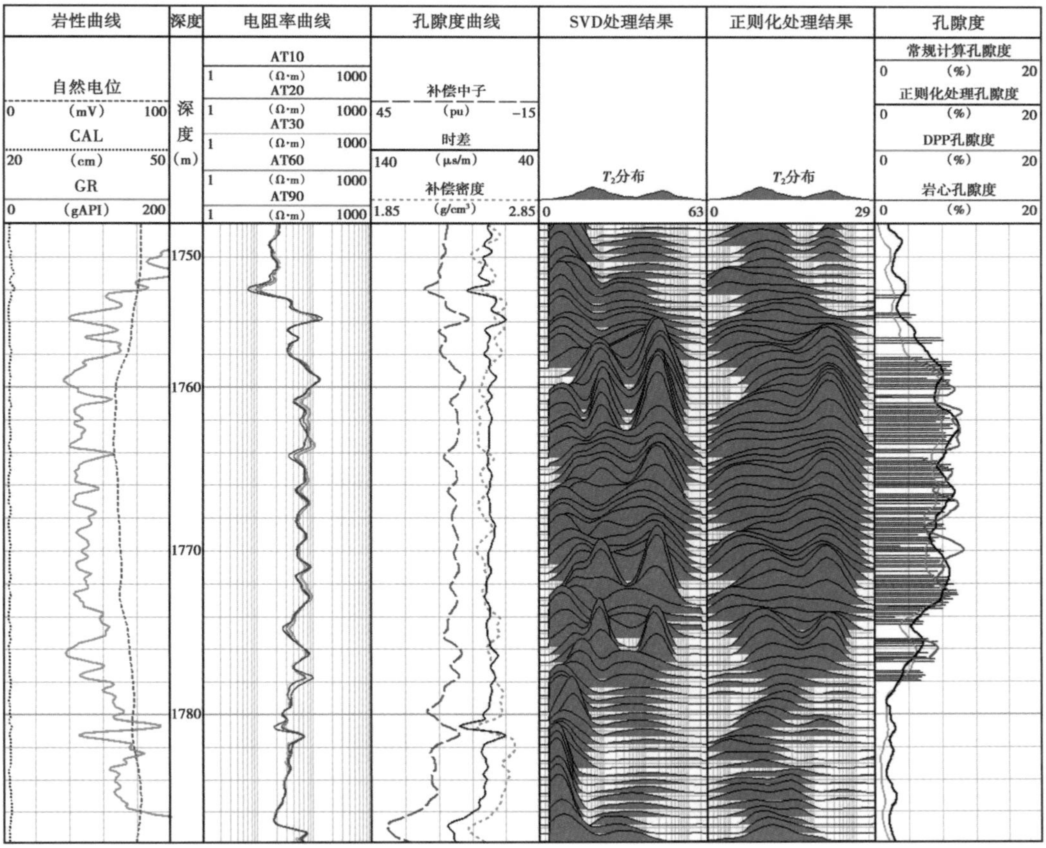

图 4-2-3　SVD 算法和正则化算法反演结果对比

比（SNR）≥5 的数据反演。

（3）相同布点下，正则化反演速度快，在高信噪比时与 SVD 算法对比，T_2 计算结果精度较低；

（4）T_2 分布的最佳布点个数为 30~50，较少的布点个数难以确保 T_2 计算精度，但布点个数较多会导致反演处理速度较慢。布点区间可以跨越四个数量级，如 CMR 仪器的布点区间为 0.3~3000ms，布点最小值与仪器的最小回波间隔相当，布点方式采用对数或者幂函数方式。

三、小孔加密联合反演处理

与中高孔渗储层不同，致密储层的孔隙分布以小孔为主，其 T_2 峰值主要集中在 10~100ms，而部分孔隙的 T_2 分布在 0.3~10ms，属于微纳米级小孔喉，其资料的信噪比明显偏低。高精度的资料反演算法可以确保核磁共振参数的提取，而资料的采集是获得高质量资料的前提。

对于致密储层，通常在资料采集过程中优选专门的测量模式，采用不同等待时间获取两组回波串。其中，等待时间较小的回波串主要反映小微孔喉，而且相应的回波串个数远远多于后续的长等待时间采集的回波串个数。针对这种测量模式的采集结果，一般的做法是在整个 T_2 分布范围内均匀布点，并将两种采集的回波串进行单独反演，然后采用拼接方式获得完整的孔隙的 T_2 分布。但实际资料处理结果表明，在致密储层这种处理方法得到的核磁共振孔隙度偏低，误差较大，主要原因是对其中大量发育的小微孔喉考虑不够。

针对上述难题，提出了对小孔加密布点的正则化联合反演处理算法，即：

$$\begin{cases}\min\left\{\frac{1}{2}\frac{1}{\sigma_1^2}\left[(\sum_{i=1}^{m}A_{ji}P_i-Y_{1,j})^2+\frac{\alpha}{2}\sum_{i=1}^{m}P_i^2)\right]\right\}\\ \min\left\{\frac{1}{2}\frac{1}{\sigma_2^2}\left[(\sum_{i=1}^{q}A_{ji}P_i-Y_{2,j})^2+\frac{\alpha}{2}\sum_{i=1}^{q}P_i^2\right]\right\}\end{cases} \tag{4-2-13}$$

式中 σ_1——第 1 组回波串的噪声方差；

σ_2——第 2 组回波串的噪声方差；

m——第 1 组回波串的回波个数；

q——第 1 组回波串的回波个数。

式（4-2-13）将反映小孔的回波串（回波个数为 m）和反映大孔的回波串（回波个数为 q）采用联合反演算法进行处理，能够明显提高小孔资料的反演精度。与原有小孔布点个数较少（DPP 为 4 个）不同，两个回波串采用相同的对数布点方式，布点区间为 0.3~3000ms，布点个数为 15（图 4-2-4）。增加布点个数后，处理速度会降低，但反演结果对小

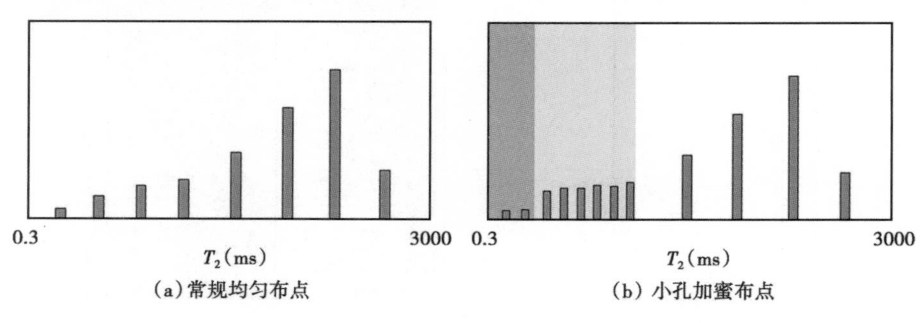

(a) 常规均匀布点　　(b) 小孔加蜜布点

图 4-2-4　核磁共振回波串反演过程中布点示意图

孔的表征能力得到加强，对于提高致密储层孔渗参数计算精度至关重要。

图 4-2-5 为鄂尔多斯盆地陇东地区长 7 段核磁共振测井资料采用不同方法的处理结果对比。本例中，采集仪器为 MRIL-Prime，由于该仪器的回波间隔较长（0.9ms），小孔部分信息有一定程度的丢失，储层参数精度偏低，如第 6 道所示，核磁共振孔隙度的计算精度明显低于岩心实际孔隙度。通过小孔加密处理算法，结果如第 8 道所示，处理的核磁共振孔隙度的精度明显提高，与岩心孔隙度吻合程度较引进软件的处理结果（第 6 道 DPP 孔隙度）更好。

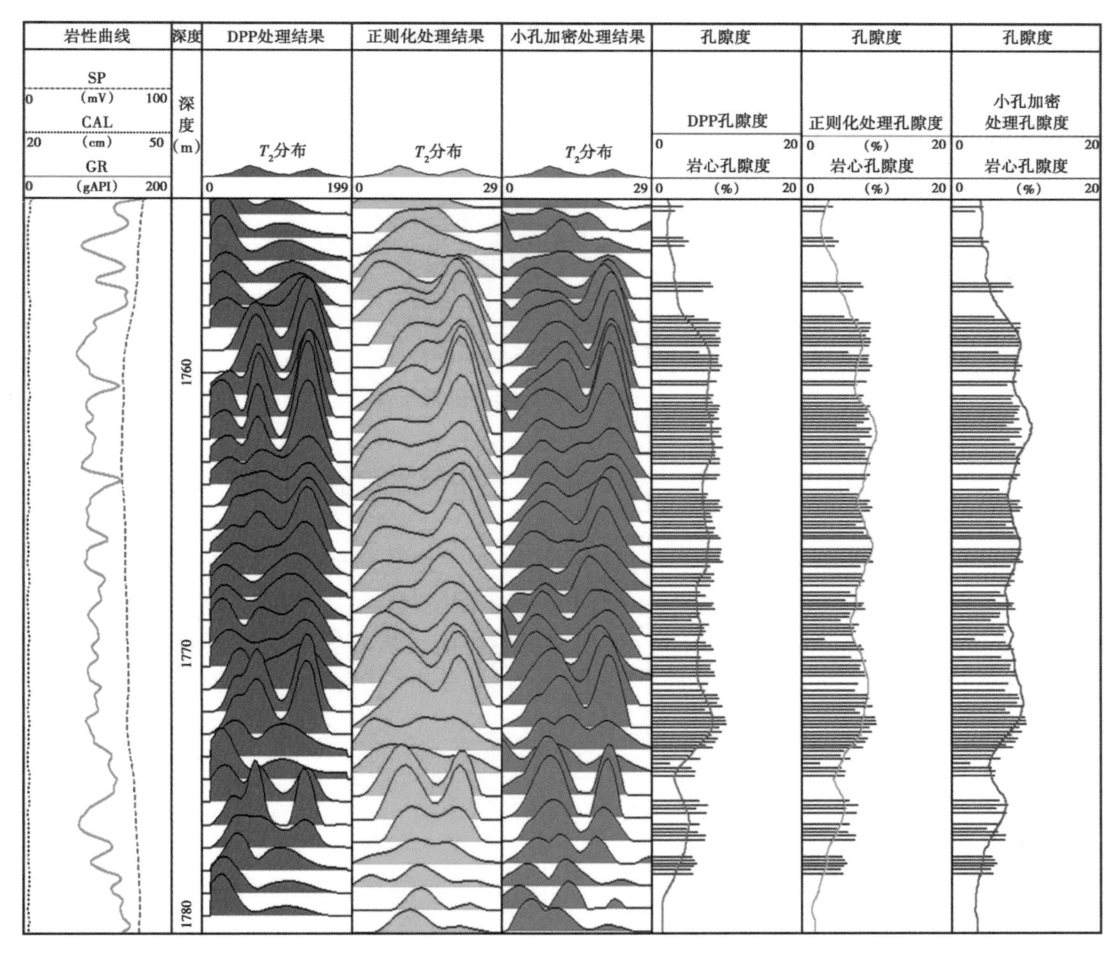

图 4-2-5　小孔加密算法反演结果对比

图 4-2-6 是致密储层 CMR 仪器的测井资料处理实例，通过与国外公司处理结果（第 5 道和第 7 道）对比可知，利用模平滑算法可以提高核磁共振资料精度，特别是小孔部分的信息提取（第 6 道），孔隙度的计算精度明显提高（第 8 道）。

上面讨论的针对低信噪比核磁共振信号处理新方法，通过小波降噪技术提高了回波串的资料精度，通过小孔加密处理算法提高了反演 T_2 谱的精度，为致密储层核磁共振参数计算和孔隙结构评价提供了重要的技术手段。

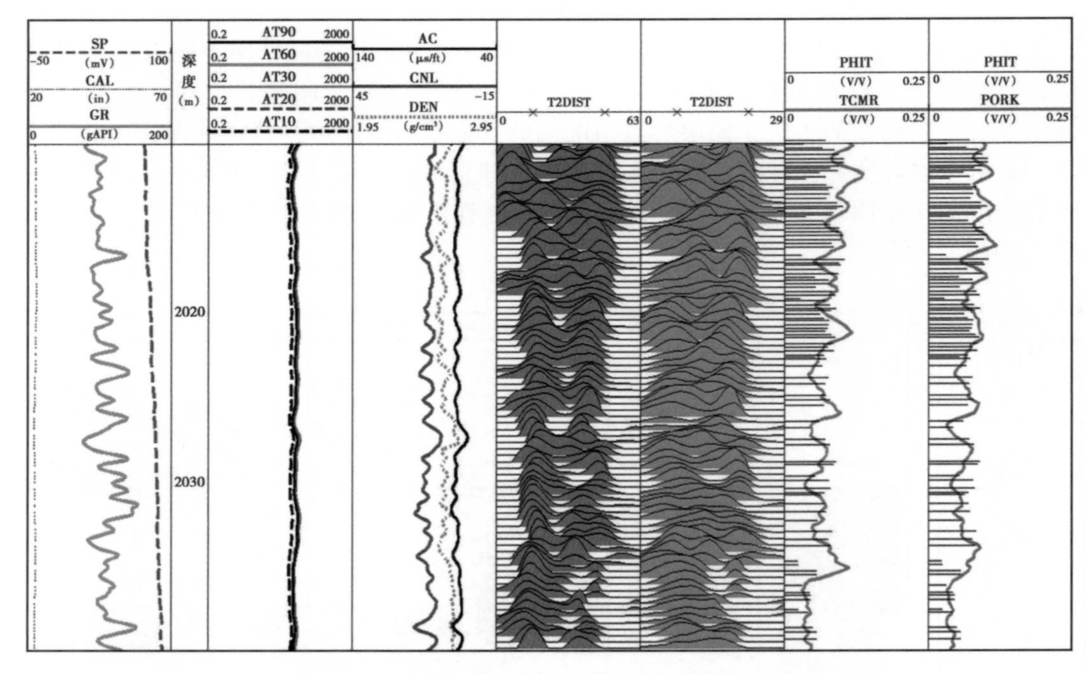

图 4-2-6　致密储层 CMR 核磁共振测井处理实例

第三节　核磁共振测井油气影响校正

理论上，核磁共振测井能够反映储层的孔径分布，但其前提条件是储层孔隙中完全含水，并且孔隙表面覆盖水膜或者说储层的润湿性为水湿特征。但是如果在核磁共振测井仪器测量范围内存在油气，会对最终的 T_2 有一定程度的影响。岩石物理实验表明，当储层含油时，T_2 分布的形态与完全含水状态时差异较大，其主要影响因素包括原油黏度、含油饱和度以及润湿性等。

一、T_2 谱油气影响因素分析

1. 原油黏度

在大多数情况下，储层的润湿性为水湿，即原油占据孔隙中的大孔部分，而水占据小孔隙、喉道及孔隙表面。核磁共振响应受自由弛豫、表面弛豫和扩散弛豫影响。在完全水湿情况下，孔隙中的水主要表现为表面弛豫，而原油的弛豫以自由弛豫为主，即黏度是影响原油自由弛豫信号的主要因素。

最初，Vinegar 和 Morris 研究发现，原油自由弛豫时间与黏度及温度有关，可表示为：

$$T_2 = \frac{C(T + 273.15)}{298\eta} \tag{4-3-1}$$

式中　T_2——原油自由弛豫时间，s；

C——常数，无量纲，通常为 1.2 左右；

T——温度，℃；

η——黏度，mPa · s。

在油藏条件下的水湿岩石中，油气的 NMR 属性如 T_1、T_2 等均可以通过理论公式计算出来。式（4-3-1）中 T_1 由流体的体弛豫构成，T_2 由流体的体弛豫及扩散弛豫构成。如果没有扩散弛豫，则 T_1 与 T_2 相等。在水湿条件下油气的 T_1、T_2 均没有表面弛豫的贡献。

实际上，原油的 T_2 是一个分布，取决于原油的组分和黏度。随着黏度的增加，氢核的热运动能力减弱，横向弛豫速度加快，对应 T_2 几何均值减小。黏度较大的原油包含不同的组分，通常也具有更宽的 T_2 分布。几种不同黏度的原油的 T_2 分布谱见表 4-3-1。

在典型的油藏条件下，气体的 NMR 响应与水、油的 NMR 响应有显著不同。可以利用这一特点从 NMR 测量信号中识别气体。干气主要由甲烷组成，同时伴有其他轻烃及少量非烃物质。表 4-3-1 给出了油藏条件下水、油、气等不同流体的 NMR 属性。这些流体的 T_1、T_2 及扩散系数 D 的差异奠定了 NMR 流体识别的基础。目前有两种方法常用来识别流体性质，即双 T_W 及双 T_E 方法。

表 4-3-1　油藏条件下储层流体的 NMR 属性

流体类型	T_1 (ms)	T_2 (ms)	T_1/T_2	含氢指数	η (mPa·s)	$D_0\times10^{-5}$ (cm^2/s)
盐水	1～500	1～500	2	1	0.2～0.8	1.8～7
油	3000～4000	300～1000	4	1	0.1～1000	0.0015～7.6
气	4000～5000	30～60	80	0.2～0.4	0.011～0.014 甲烷	80～100

注：D_0 为扩散系数。

2. 含油饱和度

由于原油的弛豫机理和地层水不同，当存在油水两相时，所测量的 T_2 分布与完全含水状态时不同，T_2 分布与原油的含油饱和度存在一定关系，如图 4-3-1 所示。本例中岩心孔隙度为 10.6%，渗透率为 1.24mD，原油黏度为 1.26mPa·s。岩心经过洗油、洗盐、烘干后，首先测量完全含水状态的 T_2，然后将岩心样品放在夹持器中，利用原油驱替水并测量

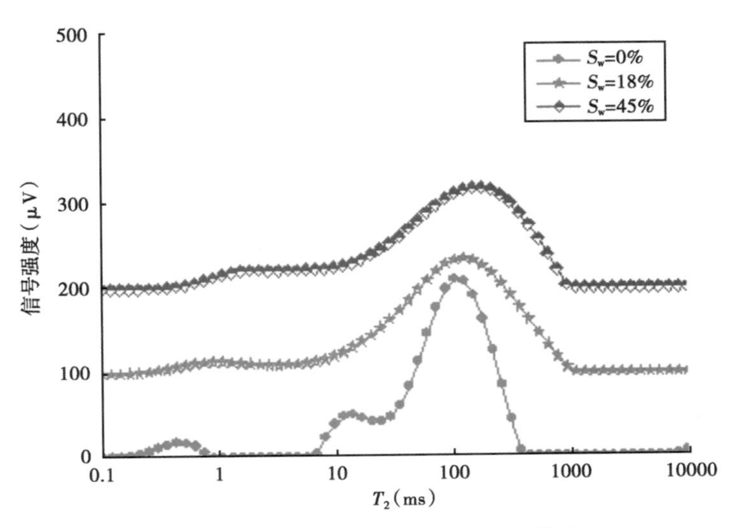

图 4-3-1　双 T_E 法求取含油饱和度信息

不同含油状态的 T_2 分布。实验结果表明，含油状态时 T_2 与完全含水时对比，T_2 分布会有一定程度拖曳现象，这是由于油的弛豫特性与水不同所致。对于大多数储层，其润湿性往往以水湿为主，孔隙介质中水以表面弛豫为主，而原油以自由弛豫为主，弛豫时间较长，对应的 T_2 谱后移。

含水饱和度为100%时，对应的 T_2 谱为单峰分布，T_2 中等，表现为一个简单的孔隙尺寸分布。当含水饱和度降低时，部分可动水被油置换，T_2 分布上的单峰就分离为双峰。其中一个峰的幅度比原先的 T_2 要小很多。该峰被认为是由小孔隙中的水和大孔隙表面的束缚水引起的。另一个峰值要高于原先的 T_2，是由油引起的。此峰值接近于油的 T_2 体积弛豫值，如图 4-3-2 所示。

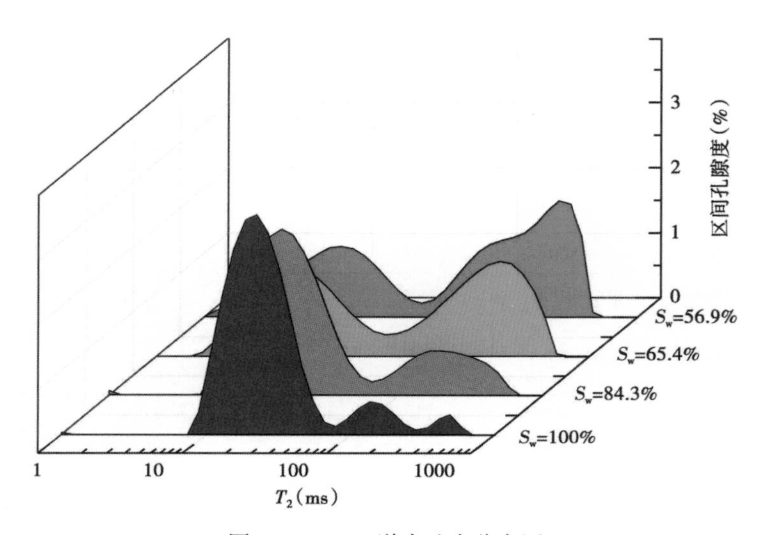

图 4-3-2　T_2 谱中油水分布图

3. 润湿性

润湿性是储层的重要特性之一，岩石的电、核磁共振等测井响应特征随润湿程度不同而有很大差别。润湿性的定义为：一种流体在其他非混相流体存在的条件下，在固体表面展开或粘附的趋势。讨论润湿现象时，总是指三相体系：一相为固体，另一相为液体，第三相为气体或另一种液体。讨论某种液体润湿固体与否，总是相对于另一相气体（或液体）而言的。如果某一相液体能够润湿固体，则另一相就不能润湿固体。润湿性具有选择性和相对性。关于储层岩石的润湿性，人们经历了一个相当长的认识过程，早期的研究认为，所有含油储层都是强水湿的，这是因为：(1) 几乎所有沉积岩均是强水湿。(2) 砂岩储层是在水相环境中沉积，油是后期运移进来的。一般假设是原生水会阻止油接触岩石表面，但是后来大量的室内及油田现场资料均表明，存在不是强水湿的油藏，储层岩石的实际润湿程度的变化范围很宽。

孔隙介质中，单个孔隙内流体的分布包括两部分：表面部分和体积部分，表面部分是一薄层，厚度记为 δ；体积部分是除表面部分外的其他部分，通常占据绝大多数的孔隙体积。T_i 可表示为：

$$\frac{1}{T_i}=\left(1-\frac{\delta S}{V}\right)\frac{1}{T_{ib}}+\frac{\delta S}{V}\frac{1}{T_{is}}+\frac{(\gamma G T_E)^2 D}{12}\quad (i=1,\ 2) \tag{4-3-2}$$

式中 T_i——弛豫时间，ms；

δ——表层厚度，m；

S——表面积，m^2；

V——孔隙体积，m^3；

T_{ib}——自由弛豫时间，ms；

T_{is}——表面弛豫时间，ms；

γ——旋磁比，MHz/T；

G——磁场梯度，Gs/cm；

T_E——回波间隔，ms；

D——流体的扩散系数，cm^2/s。

多孔介质中流体存在三种不同的核磁共振弛豫机制：自由弛豫、表面弛豫、扩散弛豫。核磁共振弛豫时间依赖于原子核自旋及其与周围介质的相互作用。在固液接触面上，由于润湿性的存在，就在接触面附近形成了一个特殊的区域，在这个区域内的流体分子运动速度比自由流体要慢，受磁场影响偏转的原子核更容易把能量传递到周围环境中去。这种影响的量度取决于固体表面对孔隙流体的润湿程度。因此，只有岩石中的润湿相流体才存在表面弛豫机制，非润湿相流体不受表面弛豫的影响。通过识别 T_2 谱中油水分布的情况，就可以反映出岩石的润湿性。

油湿岩心驱替过程中 T_2 分布的变化规律为：岩心从饱和油的初始状态开始用盐水驱替岩心中的油，随着含油饱和度 S_o 的减小，T_2 谱的峰值向变大的方向移动（图 4-3-3）。

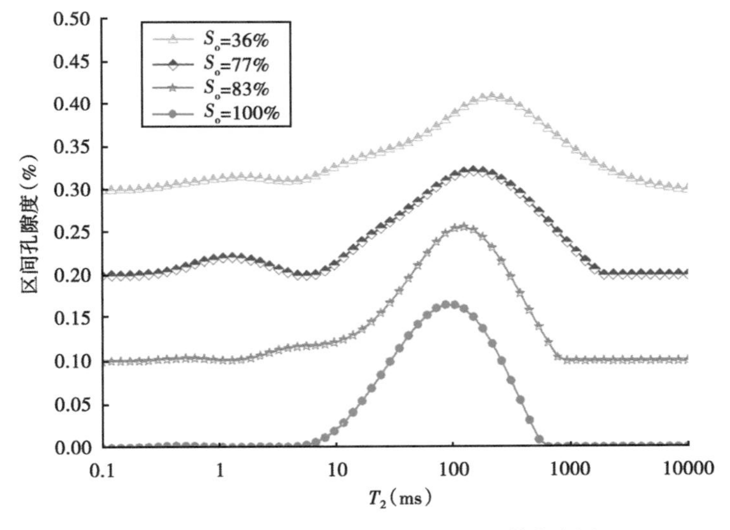

图 4-3-3 油湿岩心水驱油过程 T_2 谱分布图

该实验表明，驱替过程中，水首先进入大孔隙，把大孔隙中自由状态的油驱替出来，进入大孔隙中的水被油包围，剩余油分布在孔隙壁的附近，驱替作用使得孔隙中流体分布发生了变化。油湿岩心中分布在孔隙壁上的油受表面弛豫控制，位于孔隙中央的水则受自由弛豫控制。当油湿岩心被驱替至残余油饱和度时，大孔隙中流体的几何平均值都大于 120ms，有的甚至高达 250ms，而实验用油的自由弛豫值为 120ms，这就说明进入到岩心中的水存在于孔隙的中央，受自由弛豫的影响。因此，在油湿状态下，润湿性与 T_2 谱峰的移动有很好的对应关系。

水湿岩心驱替过程中 T_2 谱总体的变化规律是这样的：岩心从饱和水的初始状态开始用硅油驱替岩心中的水，随着含水饱和度的减小，T_2 峰值向减小的方向移动（图 4-3-4）。当水湿岩心被驱替至束缚水饱和度时，大孔隙中流体的几何平均值有的略大于 120ms，有的则比 120ms 稍小，总之，在束缚水状态时大孔隙中流体的几何平均值在 120ms 附近。而实验用油的自由弛豫值为 120ms，这就说明进入到岩心中的油存在于孔隙的中央，受自由弛豫的影响。通过分析实验中 T_2 谱所表现出来的规律，也可以确定这些岩心的润湿性为水湿。

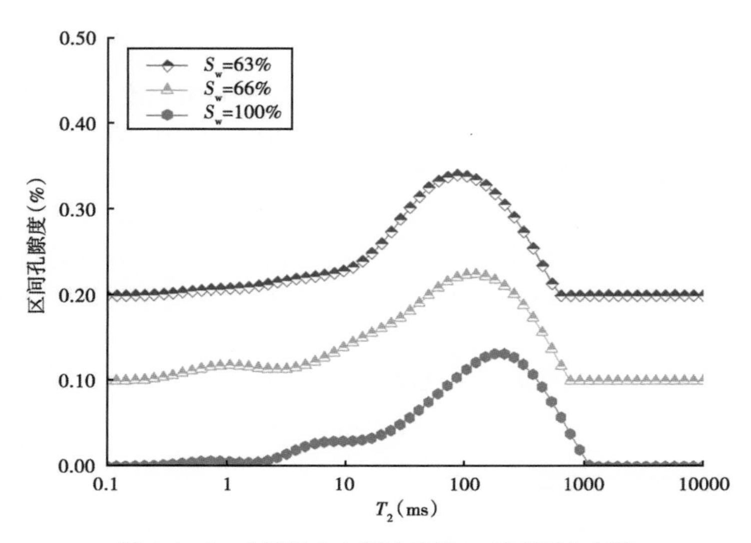

图 4-3-4　水湿岩心水驱油过程 T_2 谱系列分布图

二、油气校正方法

由于核磁共振测井的原始信号是 CPMG 脉冲序列获得自旋回波串，通过将回波串进行多指数反演处理得到 T_2，它包括水信号和油信号，了解孔隙介质的油水赋存状态、含油饱和度以及原油的自由弛豫信息是进行油气校正的关键。对于常见的水湿储层，仅当储层完全含水时 T_2 谱能够反映孔隙半径分布。当储层含油时，准确判断含油信息是关键，准确定量计算核磁仪器测量范围内的含油饱和度是实现油气校正的必要条件。另外，在不同地区具体计算模型、参数都需要由实验确定。

1. 核磁共振测井含油饱和度计算方法

1）差谱法

如果核磁共振测井的采集模式为双 T_W 模式，利用两个不同 T_W 的回波串信息可以求取含油饱和度。

当储层为油水两相时，由于长、短等待时间内，水信号都能完全磁化，而油信号在短时间内仅有部分磁化，将长、短等待时间测量的自旋回波串相减，可得只反映油信号的回波信息：

$$\Delta E = E(T_{WL}) - E(T_{WS}) = \phi S_o I_{Ho} e^{-\frac{t}{T_{2o}}}(e^{\frac{T_{WS}}{T_{1o}}} - e^{\frac{T_{WL}}{T_{1o}}})$$

$$\Delta M = E(T_{WL}) - E(T_{WS}) = \phi S_o I_{Ho} e^{-\frac{t}{T_{2o}}}(e^{\frac{T_{WS}}{T_{1o}}} - e^{\frac{T_{WL}}{T_{1o}}}) \tag{4-3-3}$$

式中　ΔM——回波串幅度之差；

$E(T_{WL})$——长等待时间的回波串；

$E(T_{WS})$——短等待时间的回波串；

I_{Ho}——含氢指数；

T_{2o}——油的横向弛豫时间；

T_{1o}——油的纵向弛豫时间。

含油饱和度：

$$S_o = \Delta M / [\phi I_{Ho} e^{-\frac{1}{T_{2o}}}(e^{\frac{T_{WS}}{T_{1o}}} - e^{\frac{T_{WL}}{T_{1o}}})] \tag{4-3-4}$$

当储层为气水两相时，仅仅需要替换公式的油信号为气信号，实现视含气饱和度的计算。

2）移谱法

如果核磁共振测井的采集模式为双 T_E 模式，两个长、短回波间隔的 T_2 分布可以表示为：

$$\begin{cases} \dfrac{1}{T_{2L}} = \dfrac{1}{T_{2int}} + \dfrac{D(\gamma G T_{EL})^2}{12} \\ \dfrac{1}{T_{2S}} = \dfrac{1}{T_{2int}} + \dfrac{D(\gamma G T_{ES})^2}{12} \end{cases} \tag{4-3-5}$$

式中　T_{EL}——长回波间隔；

T_{ES}——短回波间隔；

T_{2L}——长回波间隔下的 T_2 特征值；

T_{2S}——短回波间隔下的 T_2 特征值；

T_{2int}——本征弛豫时间，表征为自由弛豫和表明弛豫的综合贡献。

T_{2L}、T_{2S} 可以选择几何平均值、峰值或半峰值等反映 T_2 分布的特征值。

联合式（4-3-5）求取流体的扩散系数：

$$D = \frac{12(\dfrac{1}{T_{2L}} - \dfrac{1}{T_{2S}})}{(\gamma G)^2(T_{EL}^2 - T_{ES}^2)} \tag{4-3-6}$$

通常利用 $\dfrac{1}{T_{2int}}$ — $\dfrac{D}{D_w}$ 交会图（图 4-3-5）来确定视含水饱和度 S_{wa}，其中 D_w 是水的扩散系数。

3）构建水谱法

差谱法（DSM）、移谱法（SSM）以及增强扩散法（EDM）都是基于一维 T_2 域进行流体性质识别。由于受到孔隙结构和流体性质双重因素影响，上述方法均存在一定局限性。国外测井公司和油公司在 2002 年左右提出二维核磁共振测井技术，在原有测量 T_2 的基础上，增加了 D 及 T_1 信息，利用（T_2，D）、（T_2，T_1）二维信息消除孔隙结构的影响，极大提高了核磁共振测井流体识别能力。但实现二维核磁共振测井需要诸多条件，如需要重新设计采集脉冲序列，需要研发（T_2，D）和（T_2，T_1）反演处理算法及相应处理软件，并发展全新流体识别和解释方法，其实现与应用过程均存在一定难度。

核磁共振测井构建水谱流体识别方法可以利用现有一维核磁共振测井仪器，且无须设计新的脉冲序列就可以实现。该方法的原理是首先假设储层完全含水，利用长等待时间短回波

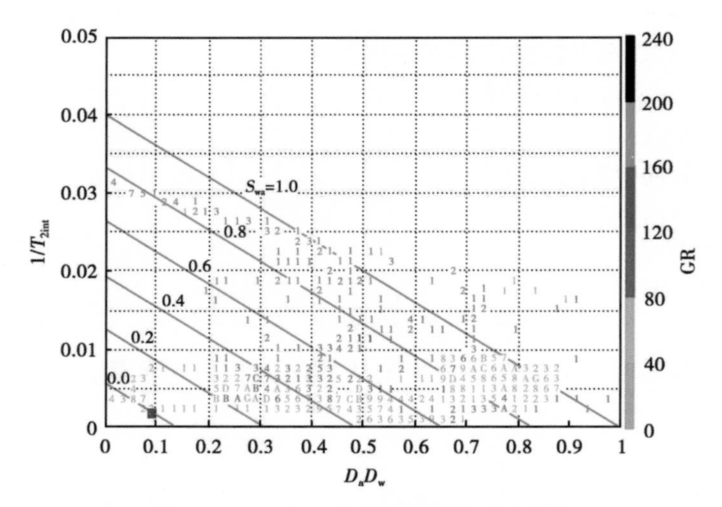

图 4-3-5　双 T_E 法计算含油饱和度图版

间隔测量下的 T_2 分布构造长等待时间长回波间隔下的 T_2 分布，将它与长等待时间长回波间隔下实际测量的 T_2 进行比较，来实现流体性质的识别。

如果假设储层完全含水，在长等待时间（如为 $T_{W1}=13s$）短回波间隔（如 T_{ES} 为 0.9ms）测量模式时，所测得 T_2 可以表示为：

$$\frac{1}{T_{2,\ w}}=\frac{1}{T_{2B,\ w}}+\rho_2\frac{S}{V}+\frac{D_w(\gamma GT_{ES})^2}{12} \tag{4-3-7}$$

式中　$T_{2,w}$——水的 T_2 分布；

$T_{2B,w}$——水的自由弛豫时间；

D_w——水的扩散系数；

ρ_2——表面弛豫率；

S——孔隙的表面积；

V——孔隙体积。

利用长等待时间（如 T_{WL} 为 13s）短回波间隔（T_{ES} 为 0.9ms）模式测量 T_2 谱模拟长等待时间（如 T_{WL} 为 13s）长回波间隔（如 T_{EL} 为 3.6ms）时的回波信息，即：

$$M_{T_{EL,\ w}}=M_i\exp\left\{-t\left[\frac{1}{T_{2,B,\ w}}+\rho_2\frac{S}{V}+\frac{D_w(\gamma GT_{EL})^2}{12}\right]\right\} \tag{4-3-8}$$

式中　$M_{T_{EL,w}}$——长等待时间长回波间隔下的回波串幅度；

M_i——区间孔隙度。

将式（4-3-7）代入式（4-3-8），即：

$$\begin{aligned}M_{T_{EL,\ w}}&=M_i\exp\left\{-t\left[\frac{1}{T_{2,\ w}}-\frac{D_w(\gamma GT_{ES})^2}{12}+\frac{D_w(\gamma GT_{EL})^2}{12}\right]\right\}\\&\approx\exp\left\{-t\left[\frac{1}{T_{2,\ w}}+\frac{D_w(\gamma GT_{EL})^2}{12}\right]\right\}\end{aligned} \tag{4-3-9}$$

将长等待时间（如 T_{WL}为 13s）长回波间隔时间（T_{EL}为 3.6ms）测量的回波信息与利用式（4-3-9）构建的回波串进行差谱分析，即：

$$\Delta M = M_i\left(\exp\left\{-t\left[\frac{1}{T_{2B}}+\rho_2\frac{S}{V}+\frac{D(\gamma GT_{EL})^2}{12}\right]\right\}-\exp\left\{-t\left[\frac{1}{T_{2B,w}}+\rho_2\frac{S}{V}+\frac{D_w(\gamma GT_{EL})^2}{12}\right]\right\}\right) \tag{4-3-10}$$

式中　ΔM——回波串幅度差。

式（4-3-10）可以近似为：

$$\Delta M \approx M_i\left(\exp\left\{-t\left[\frac{1}{T_{2B}}+\rho_2\frac{S}{V}+\frac{D(\gamma GT_{EL})^2}{12}\right]\right\}-\exp\left\{-t\left[\frac{1}{T_{2,w}}+\frac{D_w(\gamma GT_{EL})^2}{12}\right]\right\}\right) \tag{4-3-11}$$

如果储层为水层，此时构建水谱和测量谱一致，即：

$$\Delta M \approx 0 \tag{4-3-12}$$

如果储层含气，由于气的扩散系数远大于水的扩散系数，此时测量的回波串幅度小于构造的回波串幅度，即：

$$\Delta M < 0 \tag{4-3-13}$$

对于油层来说，由于油黏度分布范围较为广泛，需要进行更为细致分析：

（1）当原油黏度小于 12mPa・s（包括轻质油及部分中等黏度油）时：

$$\begin{aligned}\Delta M &\approx M_i\left(\exp\left\{-t\left[\frac{1}{T_{2B,o}}+\frac{1}{T_{2,w}}-\frac{1}{T_{2B,w}}+\frac{D_o(\gamma GT_{EL})^2}{12}\right]\right\}-\exp\left\{-t\left[\frac{1}{T_{2,w}}+\frac{D_w(\gamma GT_{EL})^2}{12}\right]\right\}\right)\\&\approx M_i\left(\exp\left\{-t\left[\frac{1}{T_{2,w}}+\frac{D_o(\gamma GT_{EL})^2}{12}\right]\right\}-\exp\left\{-t\left[\frac{1}{T_{2,w}}+\frac{D_w(\gamma GT_{EL})^2}{12}\right]\right\}\right)>0\end{aligned} \tag{4-3-14}$$

（2）当原油黏度不小于 12mPa・s（部分中等黏度油及稠油）时：

$$\begin{aligned}\Delta M &\approx M_i\left(\exp\left\{-t\left[\frac{1}{T_{2B,o}}+\frac{1}{T_{2,w}}-\frac{1}{T_{2B,w}}+\frac{D_o(\gamma GT_{EL})^2}{12}\right]\right\}-\exp\left\{-t\left[\frac{1}{T_{2,w}}+\frac{D_w(\gamma GT_{EL})^2}{12}\right]\right\}\right)\\&\approx M_i\left(\exp\left\{-t\left[\frac{1}{T_{2,w}}+\frac{D_o(\gamma GT_{EL})^2}{12}\right]\right\}-\exp\left\{-t\left[\frac{1}{T_{2,w}}+\frac{D_w(\gamma GT_{EL})^2}{12}\right]\right\}\right)<0\end{aligned} \tag{4-3-15}$$

将上述回波串的差异数据利用反演算法转化为 T_2 谱，通过差异大小确定油谱、气谱和水谱，从而实现对储层流体性质识别与评价。

图 4-3-6 为渤海湾盆地 C 井 2769.6～2785.3m 水层段处理实例。试油证实该层为水层，日产水 7.4m^3。根据以上分析，水层的测量谱与构建谱应该基本重合，对比图 4-3-6 中第 7 道（测量谱）与第 8 道（构建水谱）可知，二者基本一致，即 $\Delta T=0$，验证了构建水谱方法的正确性。

图 4-3-7 为渤海湾盆地 D 井 2955.7～2971.4m 油层段处理实例。分析可知，油层段对应的长回波间隔测量谱（第 7 道）和构建水谱（第 8 道）差异明显，测量谱左移明显小于

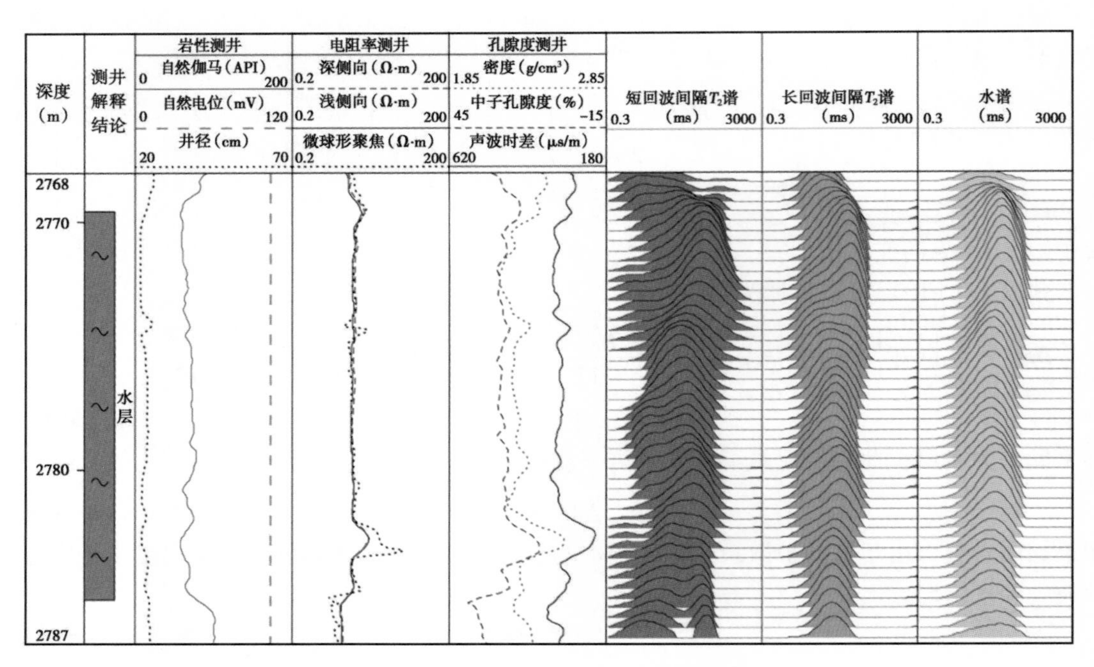

图 4-3-6　C 井构建水谱法水层识别结果

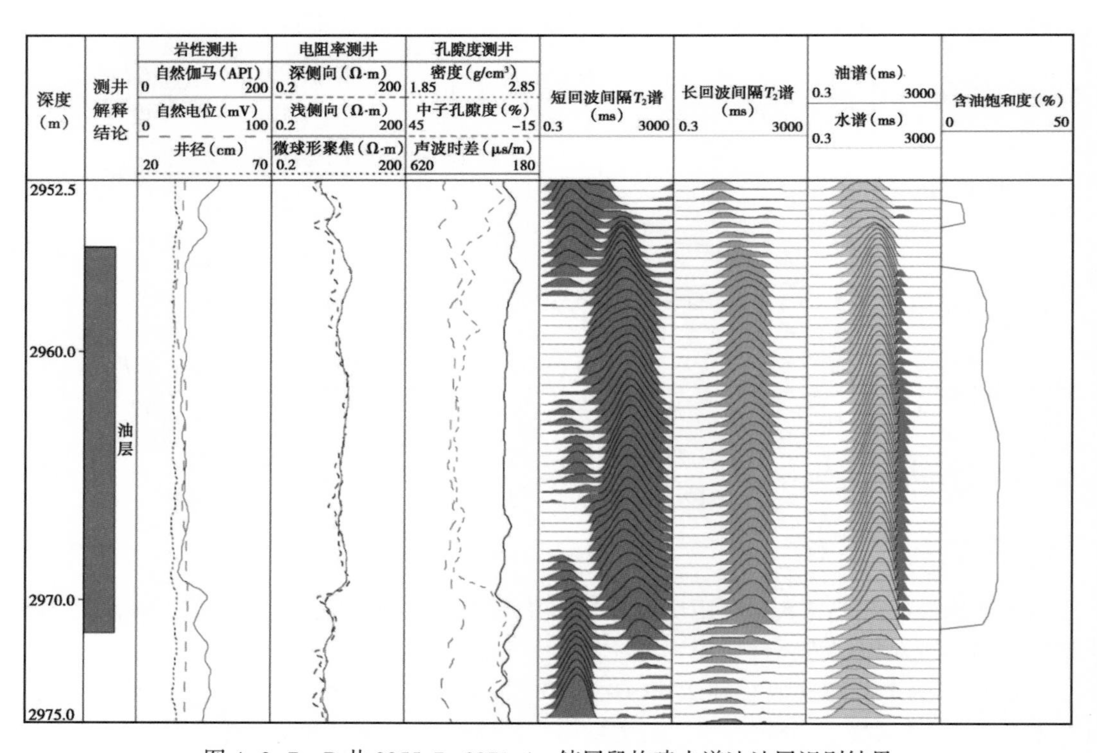

图 4-3-7　D 井 2955. 7～2971. 4m 储层段构建水谱法油层识别结果

构建水谱，表明孔隙流体扩散系数小于水的扩散系数。构建水谱与测量谱的差谱为油谱，通过计算可得该层的视含油饱和度为 19. 2%，反映储层含油，试油初期日产原油 99t。

4）二维核磁共振方法

为了解决油气水在 T_2 分布上的重叠问题，把波谱学中二维核磁共振的概念应用到石油测井，在 T_2 的基础上增加第二个变量（D 或 T_1），形成了二维核磁共振测井流体识别方法（图 4-3-8）。

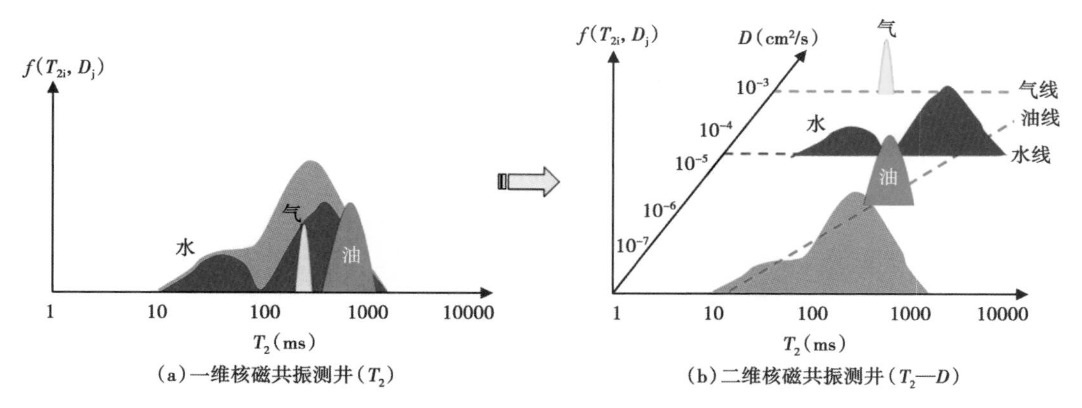

图 4-3-8　二维核磁共振测井流体识别原理示意图

对于二维核磁共振测井，当饱和流体的岩石处于梯度磁场中，改变 CPMG 脉冲序列的回波间隔 T_E 和给定有限的测量等待时间 T_W，测量得到的 CPMG 回波串的幅度可以表示为：

$$b(t, T_W, T_E) = \iiint f(T_1, T_2, D) k_1(T_W, T_1) k_2(t, T_2) k_3(t, T_E, D) \mathrm{d}D \mathrm{d}T_1 \mathrm{d}T_2 + \varepsilon \tag{4-3-16}$$

式中　$b(t, T_W, T_E)$ ——等待时间（T_W）回波间隔（T_E）下第 t 时刻的回波幅度；

$f(T_1, T_2, D)$ ——区间孔隙度；

$k_1(T_W, T_1)$，$k_2(t, T_2)$，$k_3(t, T_E, D)$ ——分别为 T_1，T_2，D 的核函数。

$$\begin{cases} k_1(T_w, T_1) = 1 - \alpha \exp(-T_W/T_1) \\ k_1(t, T_2) = \exp(-t/T_2) \\ k_3(t, T_E, D) = \exp(-\gamma^2 G^2 T_E^2 D t/12) \end{cases} \tag{4-3-17}$$

式中　γ——旋磁比；

G——磁场梯度；

D——孔隙流体的扩散系数。

$k_1(T_w, T_1)$ 核函数也称为极化因子，对于反转恢复法，$\alpha=2$；对于饱和恢复法，$\alpha=1$。这里假设 G 在空间和时间上都是常数 $k_3(t, T_E, D)$，因此核函数中不包含 G 变量，当 G 在空间上不是常数时，它的影响常常包含在 D 中。

考虑核磁共振测井仪器能够测量的信息以及流体在（T_1，T_2，D）三维空间的分布规律，识别流体性质的二维核磁共振测井方法主要有（T_2，D）和（T_2，T_1）两种。当测量等待时间足够长时，式（4-3-16）中表示极化因子的核函数可以不考虑，此时式（4-3-16）变为：

$$b(t, T_E) = \iint f(T_2, D) k_2(t, T_2) k_3(t, T_E, D) \mathrm{d}D \mathrm{d}T_2 + \varepsilon \tag{4-3-18}$$

式中 $f(T_2, D)$ ——氢核数在（T_2，D）二维空间的分布；

$b(t, T_E)$ ——t 时刻回波间隔为 T_E 的回波串幅度。

如果核磁共振测井的采集模式为（T_2，D）二维模式，则可以通过设置油水区域范围的方式求取含油饱和度，如图 4-3-9 所示，通过设置油信号区域（实线框）和水信号区域（虚线框）可以提取油水信号各自的信号强度，从而确定储层的视含油饱和度。

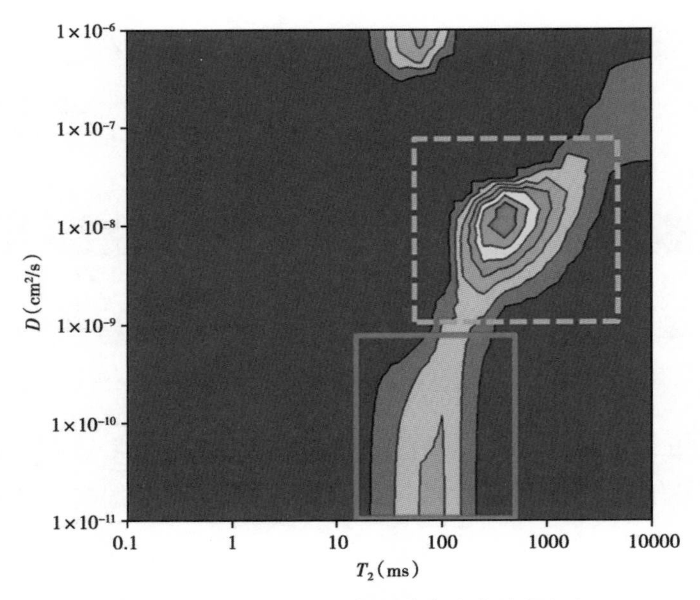

图 4-3-9 二维核磁共振测井求取含油饱和度

2. 储层润湿程度判别

对于孔隙介质可通过计算油水两相占据的润湿面积（水湿面积和油湿面积）大小来定量判别储层岩石的润湿程度，定义润湿程度指数 I_w 为：

$$I_w = \frac{A_w - A_o}{A_w + A_o} \tag{4-3-19}$$

式中 A_w——水湿面积，m^2；

A_o——油湿面积，m^2。

I_w 的范围在 [−1，1]，在 [−1，0) 表示储层为油湿，在 (0，1] 表示储层为水湿，在 0 附近时表示储层为中性润湿。而孔隙介质的润湿面积可以通过横向弛豫求得：

$$\mathrm{ECHOW}(t) = \mathrm{ECHO}(t) - \phi S_o I_{Ho} e^{-t\left[\frac{1}{T_{2o}} + D_o \frac{(\gamma G T_E)^2}{12}\right]} + \phi S_o I_{Hw} e^{-t\left[\frac{1}{T_{2w}} + D_w \frac{(\gamma G T_E)^2}{12}\right]} \tag{4-3-20}$$

式中 $\mathrm{ECHO}(t)$ ——原始回波；

$\mathrm{ECHOW}(t)$ ——油气校正后完全含水回波；

t——采集时间；

I_{Ho}——原油的含氢指数；

I_{Hw}——地层水的含氢指数。

由式（4-3-19）和式（4-3-20）得到流体的横向弛豫时间评价润湿性公式：

$$I_w = \frac{S_w\left(\frac{1}{T_{2,w}} - \frac{1}{T_{2,bw}}\right) - C_\rho S_o\left(\frac{1}{T_{2,o}} - \frac{1}{T_{2,bo}}\right)}{S_w\left(\frac{1}{T_{2,w}} - \frac{1}{T_{2,bw}}\right) + C_\rho S_o\left(\frac{1}{T_{2,o}} - \frac{1}{T_{2,bo}}\right)} \tag{4-3-21}$$

其中：

$$C_\rho = \frac{\rho_w}{\rho_o} = \frac{\frac{1}{T_{2,w,100}} - \frac{1}{T_{2,bw}}}{\frac{1}{T_{2,o,100}} - \frac{1}{T_{2,bo}}} \tag{4-3-22}$$

式中 S_w——含水饱和度,%；

$T_{2,w}$——该含水饱和度下水峰的横向弛豫时间，ms；

S_o——含油饱和度,%；

$T_{2,o}$——该含油饱和度下油峰的横向弛豫时间，ms；

$T_{2,bw}$——水的自由弛豫时间，ms；

$T_{2,bo}$——油的自由弛豫时间，ms；

C_ρ——水与油表面弛豫率比值，无量纲；

$T_{2,w,100}$——饱和水时的横向弛豫时间，ms；

$T_{2,o,100}$——饱和油时的横向弛豫时间，ms。

3. 油气影响校正

根据以上分析，对于水湿储层采用下式将仪器测量范围内含油信号的自旋回波串替代为含水信号，从而得到完全含水条件下的回波串，并将该回波串进行反演获取储层完全含水状态的 T_2 分布：

$$\mathrm{ECHO}(t) = \mathrm{ECHO}(t) - \phi S_o I_{Ho} e^{-t\left[\frac{1}{T_{2o}} + D_o \frac{(\gamma G T_E)^2}{12}\right]} + \phi S_o I_{Hw} e^{-t\left[\frac{1}{T_{2w}} + D_w \frac{(\gamma G T_E)^2}{12}\right]} \tag{4-3-23}$$

式中 T_{2w}——岩心本征弛豫时间；

I_{Ho}——原油的含氢指数；

I_{Hw}——地层水的含氢指数；

D_o——原油的扩散系数；

D_w——地层水的扩散系数。

实验室可以确定 T_{2w}、I_{Ho}、D_o 和 D_w，通过将原油的扩散弛豫贡献替换为自由水的扩散弛豫贡献，从而获取储层条件下完全含水的 T_2，为获取储层孔隙结构信息奠定基础。

在进行油气校正前，由于原油在孔隙介质中往往处于孔隙中央，以自由弛豫为主，需要测量原油的自由弛豫时间。而实际测井仪器的梯度磁场也是油气校正不可忽略的因素，需要在实验室中测量原油扩散系数的数值。原油自由弛豫较易测量，但扩散系数需要在梯度场下测量，图 4-3-10 是不同流体的扩散系数测量结果。在常温常压下水的扩散系数约为 $2.5\times10^{-5}cm^2/s$；而原油的扩散系数与黏度有一定关系，黏度越大其扩散系数越小。对于不同的油品其扩散系数的差异可能是数量级的。

为了验证上述油气校正方法的准确性，在实验室进行方法验证是非常必要的。具体步骤如下：

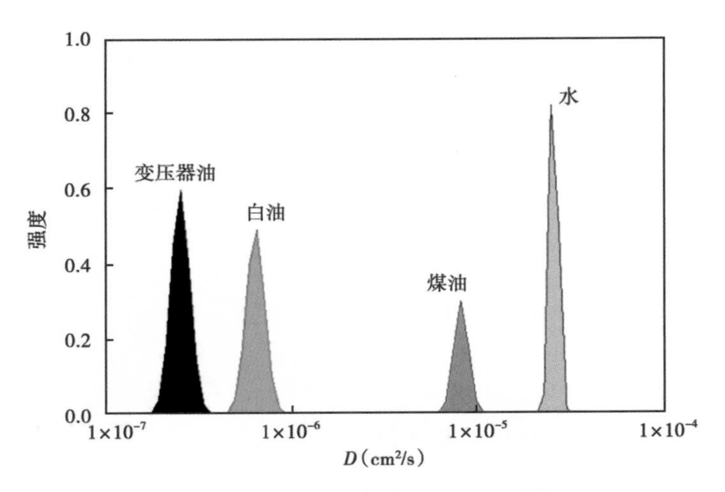

图 4-3-10　不同原油样品扩散系数测量结果

（1）选择致密砂岩样品，并进行洗油洗盐等必要的预处理。

（2）测量岩心在饱和盐水状态的核磁共振横向弛豫时间（要求信噪比至少要达到 30）。

（3）将样品放置在夹持器中，利用油驱替水，准确计量每一个状态下的饱和度。

（4）测量岩心含油时的 T_2 信息、驱替油的横向弛豫时间（自由弛豫为主）和扩散系数信息。在均匀磁场和梯度磁场时，要注意扩散弛豫的贡献量不同。图 4-3-11 是某样品油水共存时所测量的横向弛豫分布。

（5）利用式（4-3-23）进行油气校正获得完全含水的回波串，反演后得到完全含水状态的 T_2 谱，并与步骤（2）的实验结果进行比对，以验证校正方法的准确性。图 4-3-12 是油气校正后的结果和实验室测量结果的比对，二者完全重合，表明利用上述油气校正方法可以获得完全含水状态的 T_2 谱。

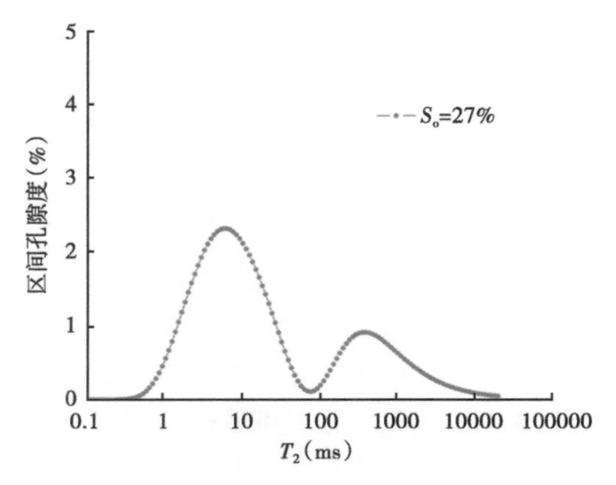

图 4-3-11　含油饱和度为 27%时的岩心 T_2 测量结果

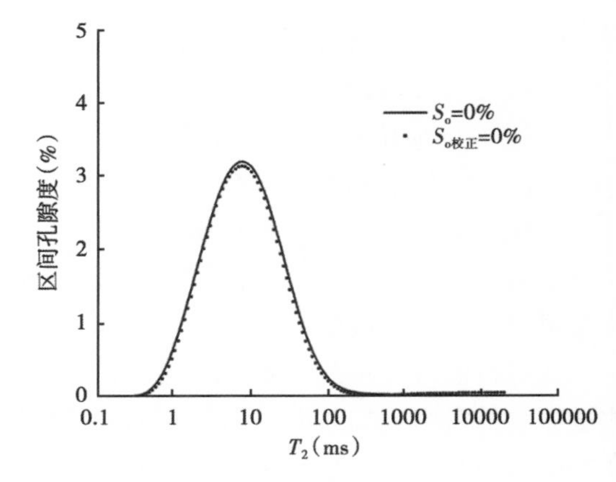

图 4-3-12　油气校正后 T_2 分布与完全含水状态下 T_2 对比

将上述油气校正方法应用到实际测井资料处理上，在准确获得视油饱和度和实验室测量油品等参数前提下，可以得到油气校正后的 T_2 分布（图 4-3-13 第 5 道）。对比可见，油气信号主要集中在大孔部分，小孔部分主要为束缚水。大孔中轻质油会造成 T_2 谱的“拖尾”现象，通过校正后“拖尾”现象消失，从而得到储层完全含水时的 T_2 谱。图中第 6 道将校正前后的 T_2 谱放置在一起进行比较，可以看到这种校正量的大小，特别是在 71 号油层中部，T_2 谱的校正幅度是比较明显的。

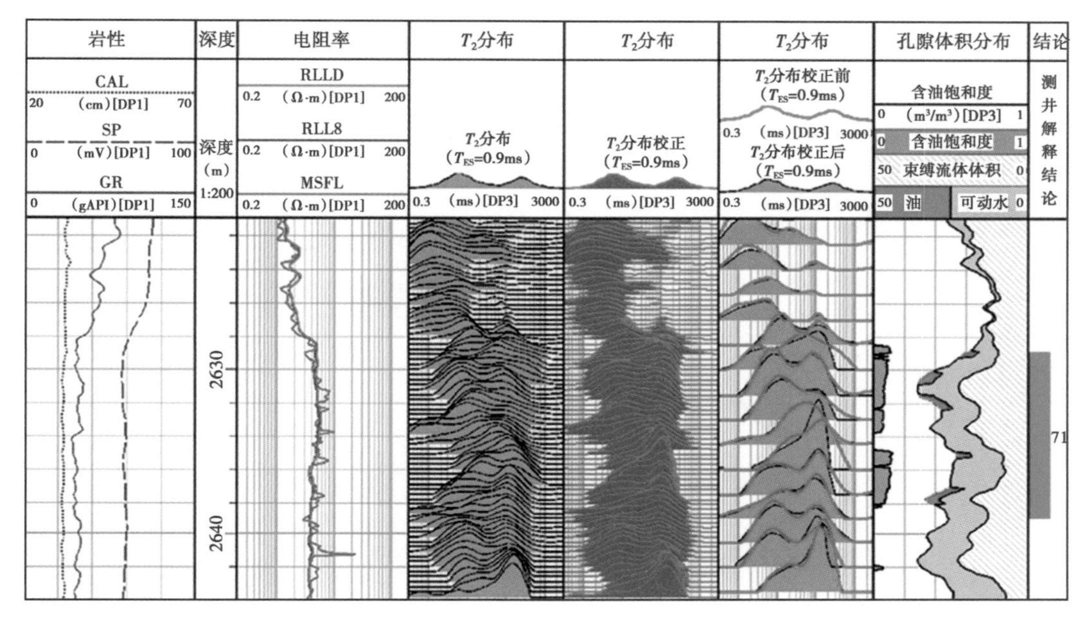

图 4-3-13　核磁共振测井 T_2 油气校正实例

第四节　致密砂岩储层小微孔喉表征与储层参数评价

如前所述，致密砂岩主要发育纳米级孔隙，其 T_2 分布范围和 T_2 峰值都比较小，本节重点讨论如何基于 T_2 信息提取并分析储层品质。

一、小微孔隙的 T_2 提取方法

利用合理的反演算法获得 T_2 信息后，通常采用对 T_2 谱划分成多个组分的方法来评价储层品质。组分数值和区间分布对于精确描述储层的孔隙结构特征至关重要。组分个数太少，无法准确反映孔隙结构特征；如果组分个数太多，表征过程复杂，且规律性难以描述。

以 CMR 仪器为例，反演的 T_2 组分的分布在 0.3～3000ms，一般将其划分为 8 个组分区间，它们分布排列在不同的数量级上，分别为 0.3ms、1ms、3ms、10ms、30ms、100ms、300ms、10000ms、30000ms。通常认为，小于 3ms 的区域范围内 T_2 信息主要来自泥质或黏土矿物的束缚水为主；3～30ms 内主要以毛管束缚水为主；30～1000ms 主要以中等孔尺寸孔隙的自由水或者中等黏度的油气为主，该区间范围内水的核磁共振弛豫机理主要表现为表面弛豫；1000～3000ms 内以较大孔隙或者裂缝的自由水，其弛豫主要以自由弛豫为主，该区域范围内也可能包含轻质油气的贡献。

在致密砂岩储层，其孔隙尺寸以较小的微米级孔隙和纳米级孔隙为主，T_2 分布主要集

中在黏土束缚水和毛管束缚水范围内，T_2 一般分布在小于 100ms 的范围内。如果存在轻质油气，其横向弛豫主要分布数值较大的右侧区域内。因此致密砂岩的 T_2 组分和常规砂岩不同，在小孔部分需要进行加密，而在相对含量很少的、主要反映较大孔隙组分的长 T_2 区间，对 Bin 的分割无须加密。因此，在致密砂岩储层建议采用图 4-4-1 所示的区间分割方式，这样既可以充分考虑致密砂岩的小微孔隙，也能兼顾具有较长弛豫时间的油气信号。

为了更好地表征小微孔隙组分，图 4-4-1 采用 2 的幂函数形式进行区间分割，即 0.3ms、1ms、2ms、4ms、8ms、16ms、32ms、64ms、3000ms。0.3～4ms 内主要以泥质束缚水为主，4～32ms 内主要为小孔信息，通常以毛管束缚水为主；32～3000ms 内以较大的孔隙为主，同时还包括油气信息。

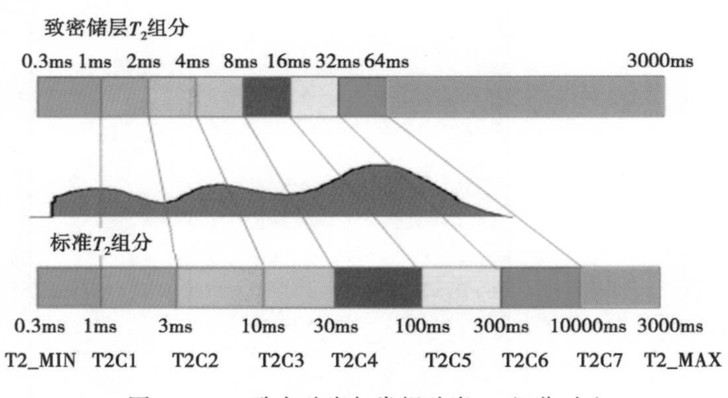

图 4-4-1　致密砂岩与常规砂岩 T_2 组分对比

图 4-4-2 是致密砂岩核磁共振测井的 T_2 分布，第 3 道 T_2 谱表明储层主要以小孔信息为主，但对具体的孔隙分布情况还需要借助上面的 Bin 区间分析方法。如果采用常规砂岩的 T_2 组分确定方法（第 4 道），100～300ms、300～1000ms、1000～3000ms 三个区域内的 T_2 组分信息较少，且 0.3～100ms 的信息表征区域较大，对于精细分析较小 T_2 组分信息存在难度。如果采用针对致密砂岩的新区间划分方法，可以提取到更多小孔组分的信息，更好反映致密砂岩的孔径分布信息，为储层孔隙结构的精细评价提供重要依据（第 5 道）。

二、表面弛豫速率的确定方法

利用核磁共振测井 T_2 分布获取储层孔径分布是储层描述的常用方法之一，前人在进行核磁共振和孔径分布转化时提出了多种转化关系。核磁共振测井能够反映储层孔隙的机理在于其表面弛豫贡献能够定量表征孔隙半径信息，但关键问题是核磁共振孔隙半径的刻度问题，即表面弛豫速率的大小。将式（4-3-7）中表面弛豫组分单独写出来，为：

$$\frac{1}{T_2} = \rho_2 \frac{S}{V} = \frac{C}{r} \tag{4-4-1}$$

国内外最常用的刻度方法是利用压汞资料来刻度核磁共振孔隙半径。这种方法虽然简单易操作，但也具有明显缺陷：压汞实验主要表征储层的喉道信息，核磁共振实验则更多地表征孔径信息，尽管多数情况下并不能将孔隙和喉道准确区分开来，但两种实验方法提供的孔隙结构信息在致密储层评价中是很难匹配的，如图 4-4-3 所示。

CT 技术可以在岩石不被破坏的状态下进行岩石物理参数的测量与描述，测量裂缝和孔

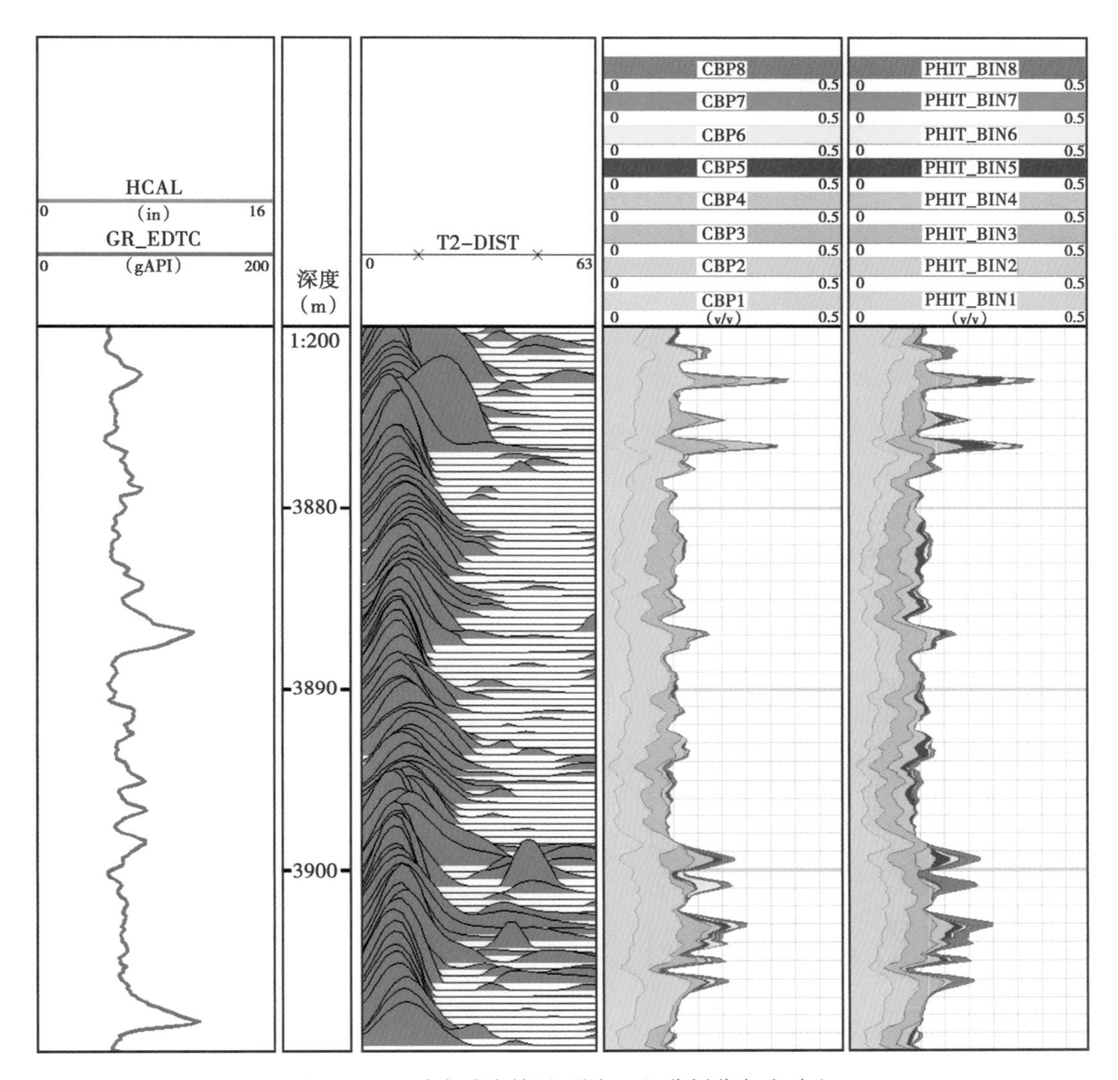

图 4-4-2　致密砂岩储层不同 T_2 组分划分方法对比

洞的宽度。前人应用该实验对岩心连续扫描，得到三维孔隙图像，可以清楚地观察到岩心的层理变化和非均质性特征。由于 CT 系统的空间分辨率是亚毫米级（0.1～1mm），测量单元含有多个孔隙与喉道，得到的是“孔群级”的孔隙分布，在“孔群级”尺度上研究孔隙分布特征。应用统计学方法，对不同截面上测量的孔隙进行定量分析与表征，研究岩心不同截面上孔隙变化特征和非均质性。C. H. Arns 等结合 CT 图像和 NMR 谱利用图像分割技术模拟了砂岩、碳酸盐岩的四种不同孔隙大小分布曲线（图 4-4-4）。他们通过比较模拟结果和实验数据发现，在强表面弛豫和小孔隙情况下 NMR 反映的孔隙分布较准确，但由于分辨率有限，CT 技术反映微孔隙的效果较差。

根据 CT 技术的原理，其结果主要反映岩心中不同组分的密度差异，纳米级 CT 可以提供准确的孔隙结构信息，如孔隙分布、喉道分布、配位数等信息。如果利用高分辨率 CT 来刻度横向弛豫率，就可以获取准确孔隙半径分布。

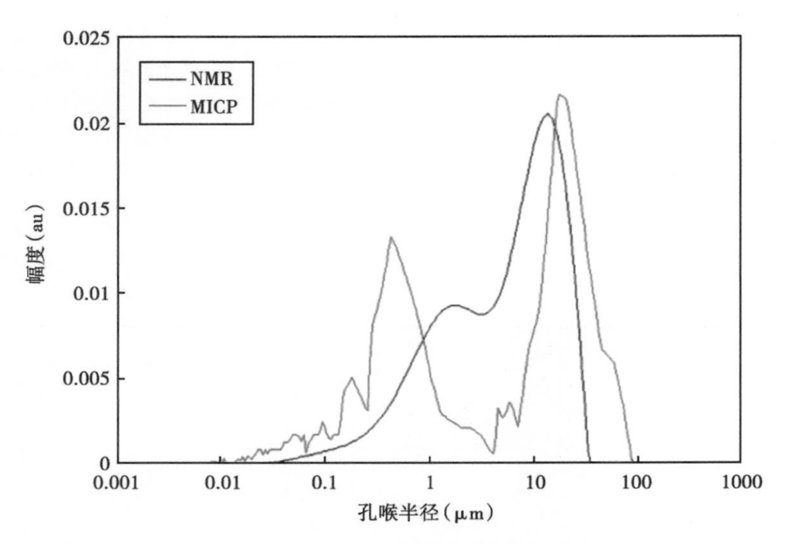

图 4-4-3　某砂岩样品核磁共振孔隙半径和压汞孔喉半径对比

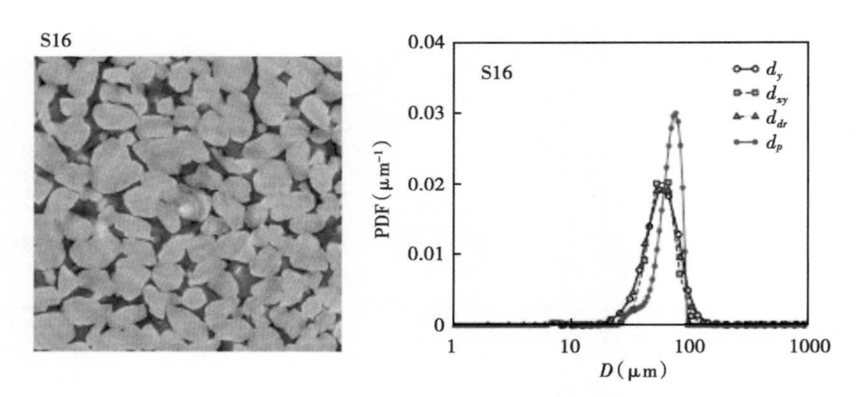

图 4-4-4　岩样 CT 图像和四种孔径分布比较

如图 4-4-5 是贝雷砂岩 CT 二值化结果，图 4-4-6 为基于 CT 图像提取的孔隙和喉道半径分布直方图。贝雷砂岩的孔隙半径主要为单峰分布，孔隙半径的峰值在 20μm 附近，喉道分布范围较宽，峰值在 7μm 附近，喉道个数明显多于孔隙个数。

在 CT 获取岩心三维数字孔隙格架的基础上，利用随机游走法可以模拟其核磁共振弛豫响应特征。随机游走法的具体过程这里不再赘述。在模拟计算过程中，通过不断改变随机游走中横向表面弛豫率的数值，直到核磁共振岩石物理实验测量结果和模拟结果一致，此时即可得到准确的岩心横向表面弛豫率（图 4-4-7）。利用这种方法对贝雷砂岩样品进行了试验，CT 分辨率为 1μm，确定的表面弛豫速率为 18.4μm/s。

如前所述，对 1in 直径致密砂岩柱塞样，大量纳米级微孔并不能被 CT 分辨出来，图像上只有那些较大尺寸的微米级孔隙，此时利用随机游走法模拟的只是大孔隙部分的核磁共振横向弛豫，但这并不影响表面弛豫速率的确定，因为正是通过对大孔隙的比对来实现的。图 4-4-8 是一块致密砂岩样品的模拟结果，确定该样品表面弛豫率为 10.2μm/s。

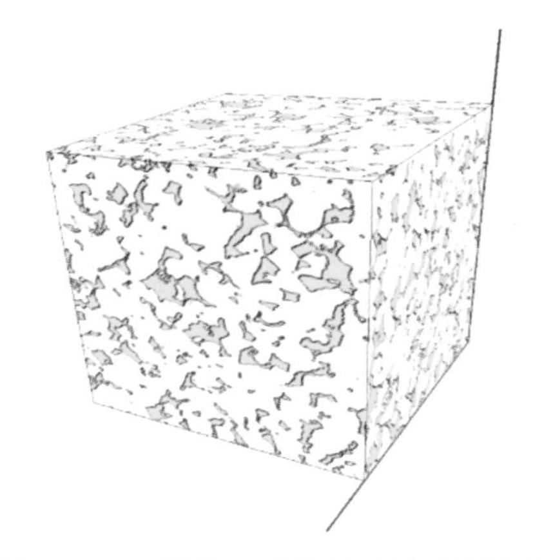

图 4-4-5　利用 CT 获得的贝雷砂岩样品三维孔喉格架

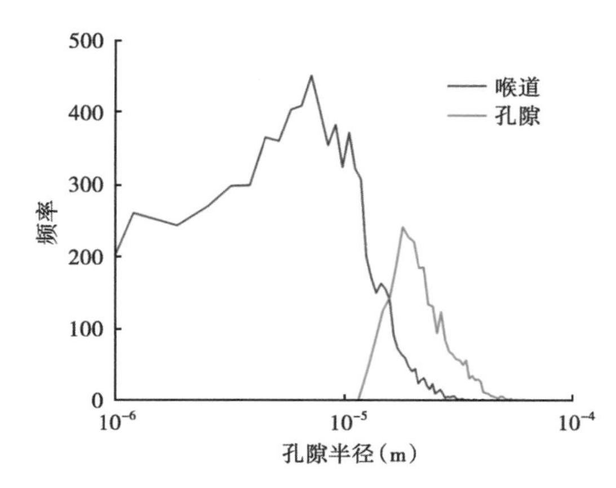

图 4-4-6　基于 CT 图像建立的贝雷砂岩孔隙与孔喉分布

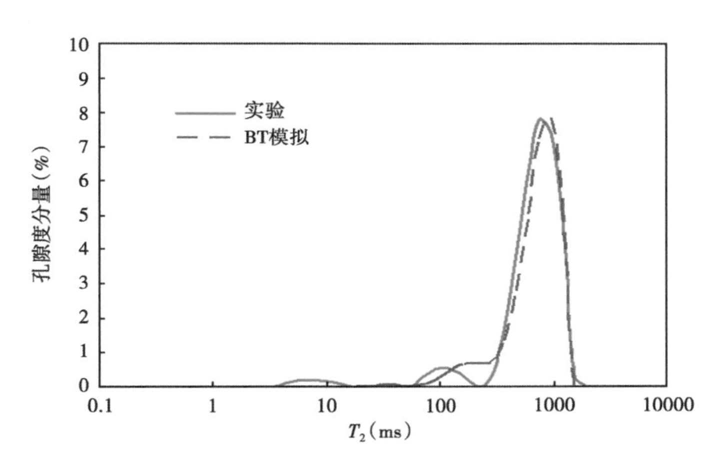

图 4-4-7　贝雷砂岩样品横向表面弛豫率的计算实例

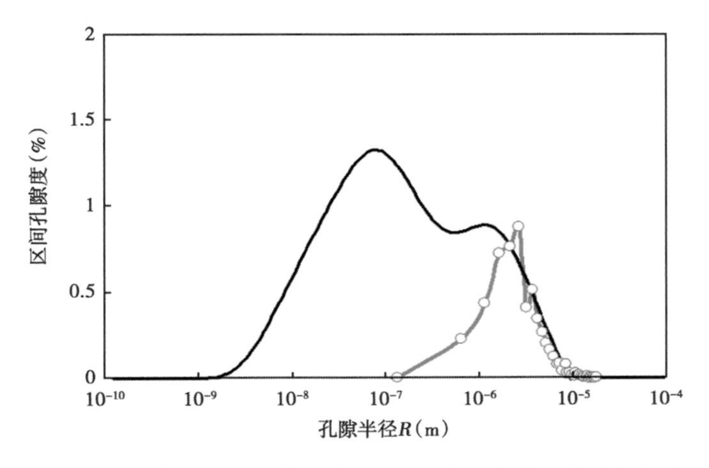

图 4-4-8　某致密砂岩样品横向表面弛豫率计算孔隙半径实例

第五章　致密油气烃源岩品质测井评价

总有机碳含量是致密砂岩储层评价的一个很重要的参数，反映了烃源岩有机质含量的多少和生烃潜力大小。虽然实验室测得的有机碳含量或测井计算总有机碳含量不等同于原始烃源岩总有机碳含量，但却反映了烃源岩生烃潜力，对于致密砂岩油气烃源岩品质评价仍具有重要参考价值。

对于总有机碳含量的评价，通常采用的是样品有机地球化学分析方法，但考虑到成本因素和时效性，该方法存在一定的局限性。测井资料具有在纵向连续性好、分辨率高的特征，建立利用测井资料评价总有机碳含量的方法模型，可以有效弥补实验分析方法的不足。

第一节　烃源岩测井响应特征

烃源岩生烃能力对含油分布具控制作用，也是进行综合地质评价的基础。烃源岩地质特征的多样性决定了其测井响应特征的复杂性，因此，为更好地开展烃源岩测井评价，首先需明确不同类型烃源岩的测井响应特征。

一、烃源岩地质特征

中国陆相致密油以湖相沉积环境为特色，陆相湖盆中发育的优质烃源岩是形成规模致密油的物质基础，其岩性主要为暗色泥岩、页岩以及泥页岩等（表 5-1-1）。

表 5-1-1　中国典型烃源岩特征对比表（据杜金虎等，2018）

盆地		鄂尔多斯	四川	松辽	柴达木	吐哈
层位		三叠系延长组	侏罗系	白垩系	古近系—新近系	侏罗系
有利面积（10^4km^2）		10	3	5~6	1~3	0.7~1
烃源岩	岩性	湖相泥页岩	湖相泥岩	湖相泥岩	湖相泥岩	湖相泥岩
	干酪根类型	Ⅰ—Ⅱ$_1$	Ⅰ—Ⅱ	Ⅰ—Ⅱ	Ⅱ	Ⅰ—Ⅱ
	厚度（m）	10~124	80~150	80~450	100~1200	30~60
	TOC（%）	2~20	0.2~3.8	0.73~8.68	0.4~1.2	1~5
	R_o（%）	0.7~1.5	0.5~1.6	0.5~2.0	0.5~0.9	0.5~0.9

以鄂尔多斯盆地延长组长 7 段页岩为例，岩石薄片、光学显微镜、扫描电子显微镜观察和 X 射线衍射分析显示，具有纹层状有机质、草莓状黄铁矿（图 5-1-1）、富胶磷矿发育等显著特征，常见晶屑、凝灰质纹层，陆源碎屑和黏土矿物相对含量较低（图 5-1-2），富有机质页岩累计厚度一般 10~60m，有机碳含量 2%~20%，生烃潜量平均为 63.9mg/g，有机质丰度是普通泥岩的 5~8 倍，平均生烃强度高达 $495\times10^4t/km^2$，具有很强的生烃能力，这是鄂尔多斯盆地长 7 段致密油富集的重要物质基础。

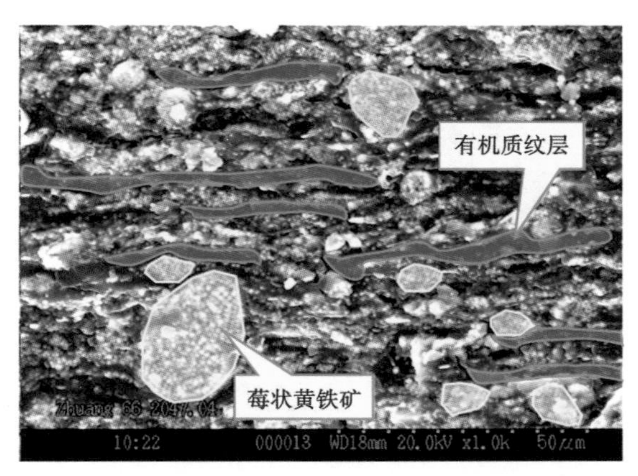

图 5-1-1　Z66 井长 7 段油页岩电镜照片（据中国石油长庆油田勘探开发研究院）

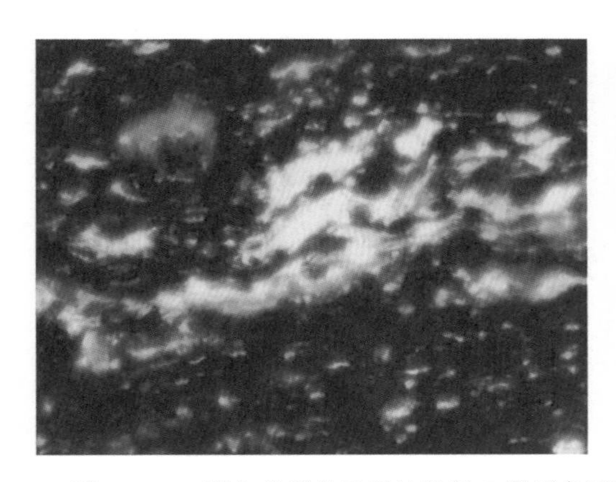

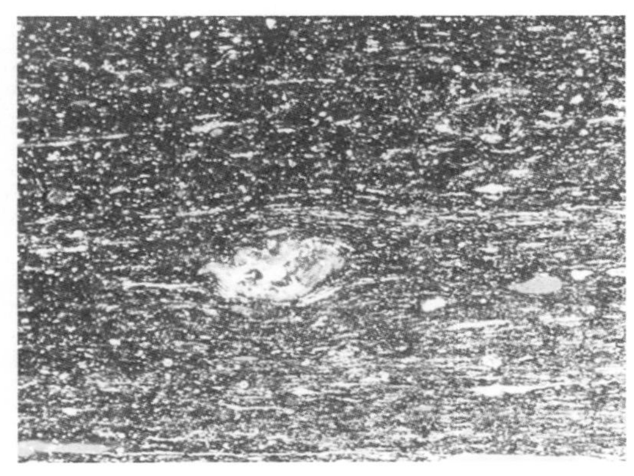

图 5-1-2　鄂尔多斯盆地延长组长 7 段黑色页岩岩石薄片照片（据中国石油长庆油田，2013）

干旱气候条件下的咸化湖泊环境，具有有机质丰度较低、生烃潜力中等、生烃转化率高等特点。如柴达木盆地西北部扎哈泉地区古近系—新近系泥页岩，形成于微碱性半咸水—咸水交替湖相环境，地层中普遍含碳酸盐岩。暗色泥岩和灰质泥岩为滨浅湖—半深湖相沉积，水体较深有利于有机质的保存，属于有效烃源岩。与其他地区明显不同的是，扎哈泉 N_1 灰质泥岩的有机碳含量高，属于相对优质烃源岩，暗色泥岩的有机碳含量低，生烃潜力一般（图 5-1-3）。咸化湖盆中，碳酸盐岩含量的高低能够反映沉积水体的深浅，水体较深时，湖水受注入淡水影响小，盐度高，易于钙质的析出与有机质的保存，促进烃转化；水体较浅时，湖水受注入淡水影响大，盐度相对较低，钙质的析出往往会受到影响，此外，水中携带的氧易将有机质氧化。

二、烃源岩测井响应特征

富含有机碳的烃源岩具有密度低和吸附性强等特征。假设富含有机碳的烃源岩由岩石骨架、固体有机质和孔隙流体组成，非烃源岩仅由岩石骨架和孔隙流体组成［图 5-1-4（a）］，未成熟烃源岩中的孔隙空间仅被地层水充填［图 5-1-4（b）］，而成熟烃源岩的部分有机质转化为液态烃进入孔隙，其孔隙空间被地层水和液态烃共同充填［图 5-1-4（c）］。测井信息对岩层有机碳含量和充填孔隙的流体物理性质差异的响应，是利用测井曲

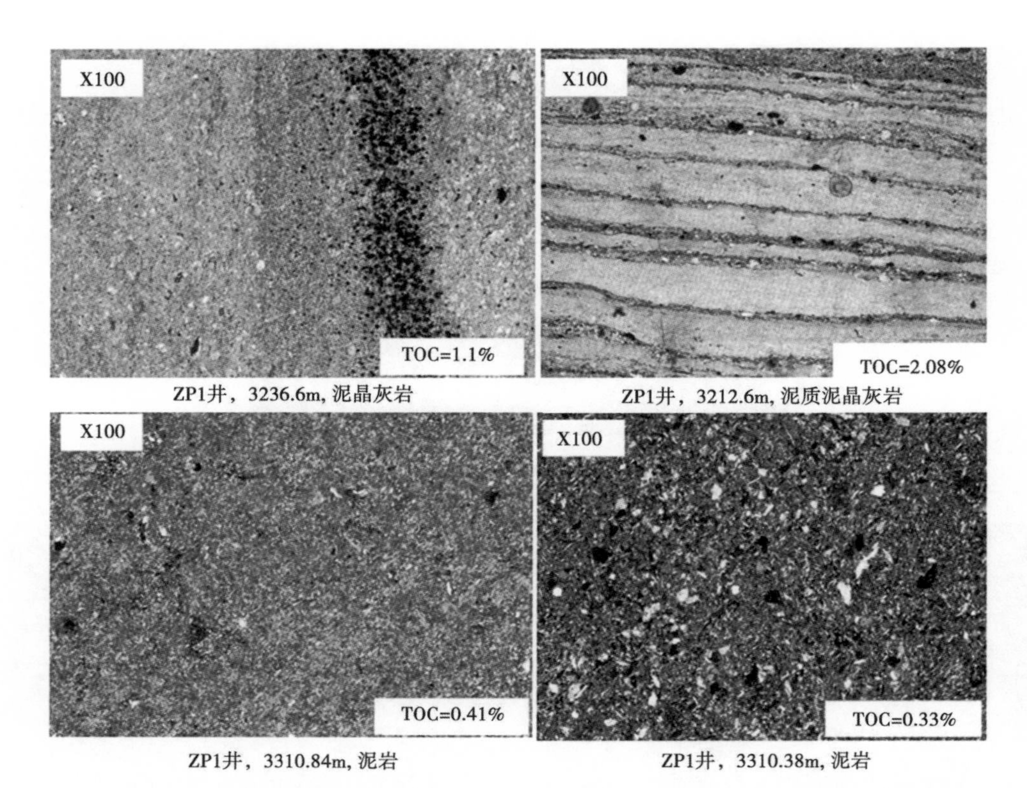

ZP1井，3236.6m，泥晶灰岩　　ZP1井，3212.6m，泥质泥晶灰岩

ZP1井，3310.84m，泥岩　　ZP1井，3310.38m，泥岩

图 5-1-3　ZP1 井泥质灰岩与泥岩 TOC 分析结果（据中国石油青海油田勘探开发研究院）

线识别和评价烃源岩的基础。

一般地，有机碳含量越高的岩层在测井曲线上的异常响应幅度越大，测定异常值就能反算出有机碳含量。富有机质烃源岩的测井响应特征可概括为：(1) 自然伽马和能谱测井曲线表现为高异常，原因是烃源岩层一般富含放射性元素，如吸附放射性元素 U。(2) 烃源岩层密度低于其他岩层，在密度测井曲线上表现为低密度异常，在声波时线上表现为高时差异常。(3) 成熟烃源岩层在电阻率曲线上表现为高异常，但黄铁矿的存在或有机碳石墨化则会改变这一特征。

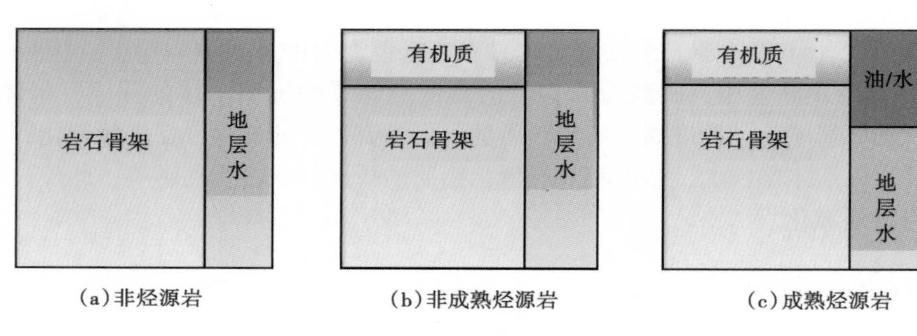

图 5-1-4　烃源岩地层岩石物理体积模型

基于上述典型特征，许多文献报道了计算 TOC 的经验公式。一般来说，在不含有机质的层段，将刻度合适的孔隙度曲线（声波测井、补偿密度等）叠合在对数刻度的电阻率曲线上，两者彼此平行并且基本重合在一起（图 5-1-5），而在同样刻度条件下，富含有机质的烃源岩

层段，两条曲线之间存在幅度差异（图 5-1-6），两者差异大小与总有机碳含量有关。

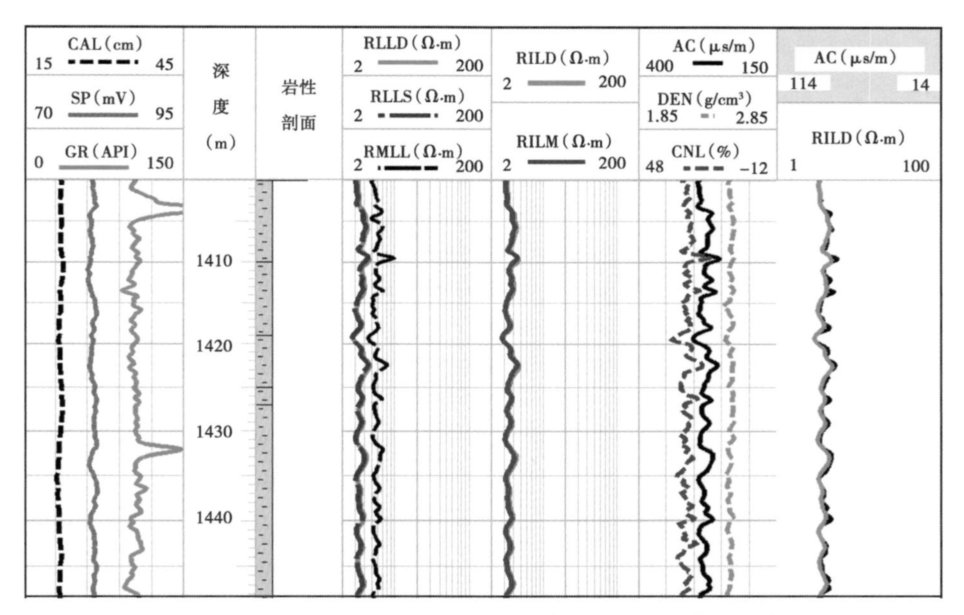

图 5-1-5　非烃源岩层段泥岩的电阻率和声波测井曲线叠合图

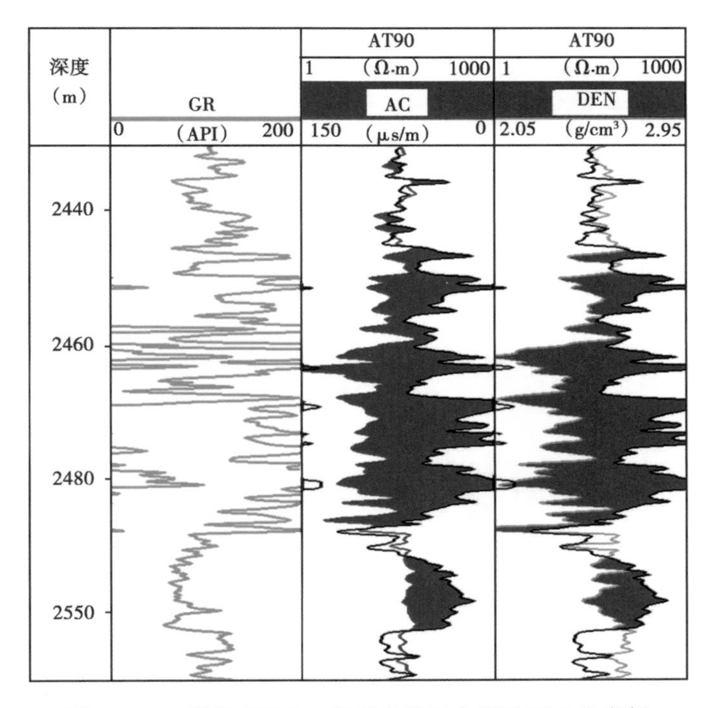

图 5-1-6　利用声波和电阻率曲线叠合指示 TOC 的实例

在富含有机质的泥岩或页岩层段，电阻率和孔隙度曲线的分离主要由两种因素造成：一是孔隙度曲线产生的差异是低密度和高声波时差的干酪根的响应造成的，在未成熟的富含有机质的岩石中还没有油气生成，观察到的电阻率与孔隙度曲线之间的差异仅仅是由孔隙度曲线响应造成的；二是在成熟的烃源岩中，除了孔隙度曲线响应之外，因为有烃类的存在，地层电阻率的增加，使得两条曲线产生更大的差异。

孔隙度曲线的异常程度（声波时差、补偿中子、密度）主要与固体有机质的数量有关。在未成熟的烃源岩中，电阻率与孔隙度曲线之间的偏离程度是由孔隙度曲线增大造成的，它反映有机质的丰度；而电阻率的增大或减小主要与生成的烃类物质有关，体积含量越高，电阻率测井值越大。

在交会图上声波时差向左偏移（即声波时差值大），电阻率向也左偏移（即电阻率值小），主要与固体有机质有关，反映了有机质丰度高，残留有机质较多，电阻率偏小，反映生烃较少，是较好的烃源岩。当声波时差向左偏移（即声波时差值偏大），而电阻率向右偏移，说明残留固体有机质多，电阻率偏大则说明生烃较多，是好的成熟烃源岩。当声波时差向右偏移而电阻率向左偏移，反映固体有机质较少，电阻率偏小，反映生烃较少，是差的烃源岩或非烃源岩。

如图 5-1-6 所示，将孔隙度（密度或声波）曲线与电阻率曲线在非烃源岩泥岩处重合，则重合处的密度或声波平均值即为相应的基线值，在成熟烃源岩处密度或声波曲线与电阻率曲线之间的幅度差值可以转化为有机碳含量。差值越大，TOC 越高。

以松辽盆地南部青一段泥岩为例，根据上述特征建立有效烃源岩识别图版（图 5-1-7），可区分一般泥岩（非烃源岩）、暗色泥岩（烃源岩）和页岩烃源岩。一般泥岩电阻率低（3~5Ω·m）、声波时差小（250~300μs/m）；暗色泥岩电阻率中等（5~9Ω·m）、声波时差大（270~430μs/m），页岩段电阻率高（7~15Ω·m）、声波时差大（280~460μs/m）。

富含有机质的烃源岩层段自然伽马或自然伽马能谱常表现为异常高值（图 5-1-6），这主要是由于有机质吸附铀的结果。有机质中铀的富集沉淀机理是一个非常复杂的物理、化学过程，铀在有机质中沉淀、富集的主要因素有以下几种：吸附作用、还原作用、离子交换作用，以及形成有机化合物的化学反应。

有机质富集铀时吸附和吸收是两个重要的过程。吸附指有机质将铀吸附在自己的表面上

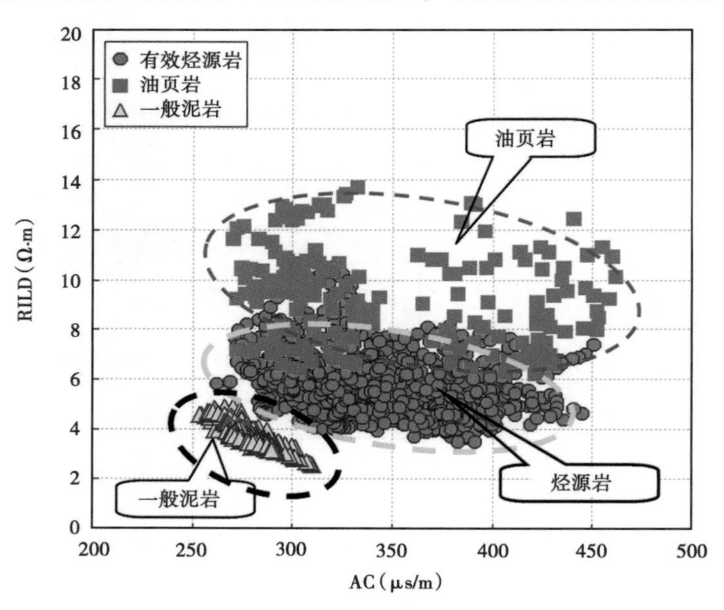

图 5-1-7　烃源岩测井识别图版（据中国石油吉林油田勘探开发研究院）

的一个过程，但是这部分吸附在有机质表面上的铀比较容易解吸；吸收则是有机质将铀吸收到其内部的一个过程，这部分铀不容易被解吸出来。在富含有机质的弱酸性介质中的铀常呈 UO_2^{2+} 和 $UO_2(OH)^+$形式存在，它们容易被有机质和其他胶体吸附。不同有机质对铀的吸附能力不同，其中泥炭及褐煤的吸附能力最强，而且随着有机质变质程度的不断增高，腐殖酸的不断减少，有机质吸附铀的能力会明显降低。

在一些铀矿中，经常见到含正四价铀的矿物与有机质共存，说明铀是经过还原而沉淀下来的。铀的还原沉淀不仅仅是因为有机质，还与其分解产物有关。在还原条件下，有机质被厌氧细菌分解，并形成甲烷、氢气、硫化氢、二氧化碳和水等产物；而在氧化条件下，有机质则会被一些喜氧细菌所分解，并形成水和二氧化碳产物。除这些细菌分解之外，植物残体经过一些复杂的地质作用也可以产生甲烷、硫化氢以及其他碳氢化合物。所形成的这些气体，会在有机质周围形成一种还原环境，这种环境会导致地层水中的正六价铀矿物还原为正四价的 UO_2 沉淀下来。铀的还原作用既可以发生在有机质的内部，也可以发生在周围介质中，因此在有机质内部和周围都可以发现含铀的存在。

有机质对阳离子交换作用仅能发生在有机质的表面，它的实质是一种化学的吸附过程，该过程只发生在吸附作用的初期，具体过程就是含铀的阳离子通过交换而被固定在有机质的表面，随后这些含铀的阳离子将转化为腐殖酸合铀酰配合物。

综上所述，由于有机质可以吸附铀元素、与铀元素产生配位作用而产生含铀的有机化合物或者还原含铀氧化物，因此铀元素对有机质含量具有非常好的指示作用，可以用能谱测井的铀含量曲线来计算有机碳的含量。

泥灰岩类烃源岩在岩性扫描测井上一般可直观识别，其钙质相对较高，指示泥灰质发育（图 5-1-8），常规测井上呈现“三高一低”的特征（高 GR、高 U、高 Rt、低 AC，图 5-1-9 浅黑色所示）。

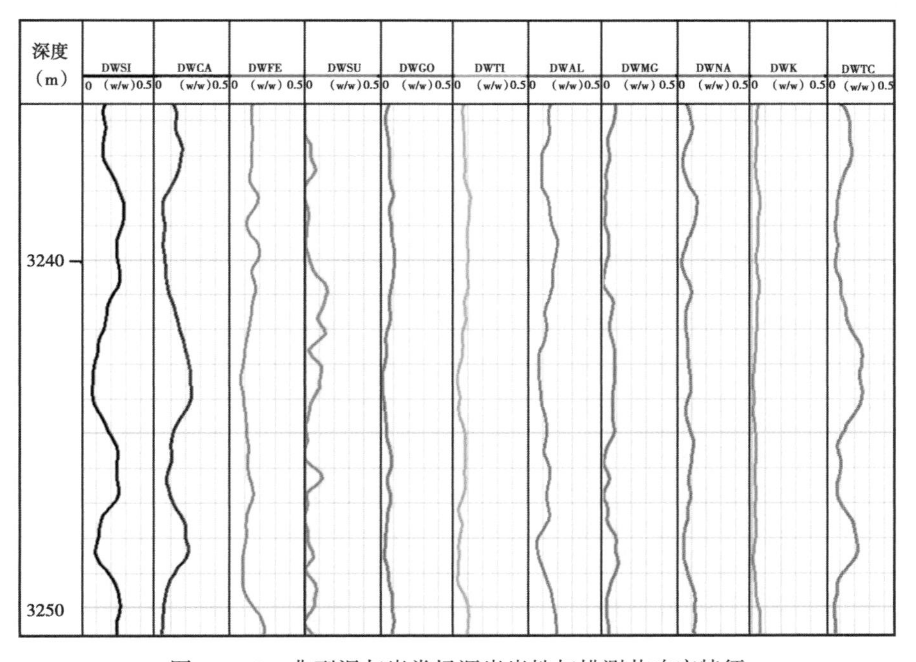

图 5-1-8 典型泥灰岩类烃源岩岩性扫描测井响应特征

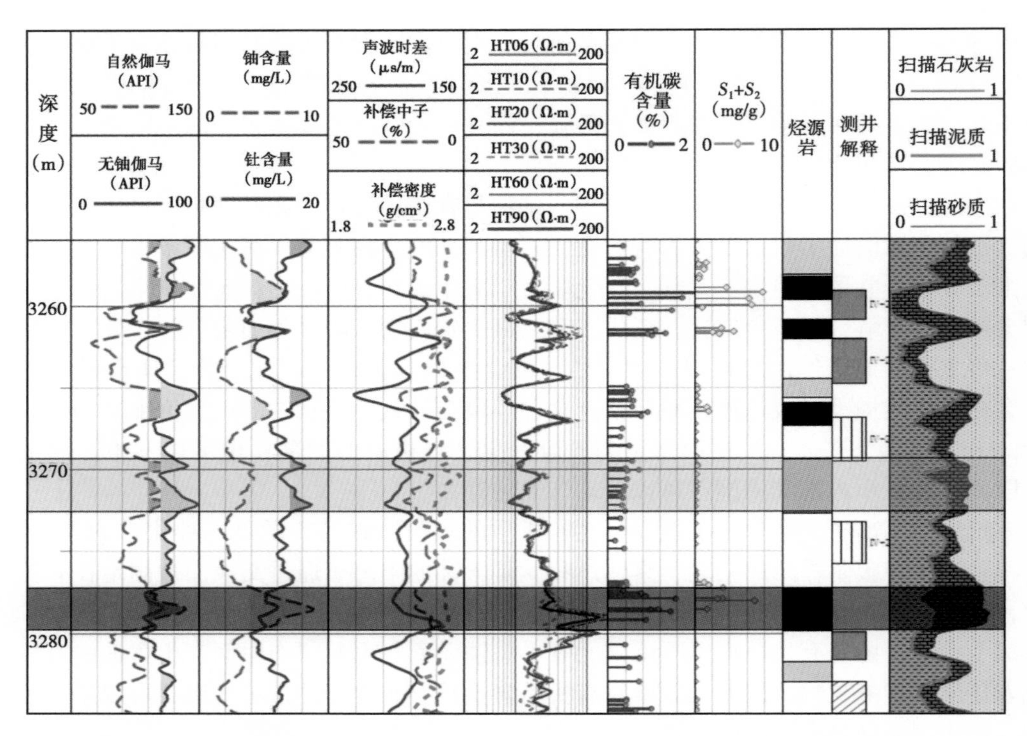

图 5-1-9 柴达木盆地扎哈泉地区泥灰岩类烃源岩测井响应特征（据中国石油青海油田勘探开发研究院）

第二节 烃源岩总有机碳含量测井评价

根据有机质的测井响应特性，利用测井资料可确定地层总有机碳含量与测井响应值的定量关系，获得经济、快速、直观、较为准确的总有机碳含量曲线。

一、单一测井曲线评价方法

常用来计算 TOC 的单一测井曲线方法有自然伽马测井法、自然伽马能谱测井法、密度测井法及碳氧比测井法。

1. 自然伽马测井法

由于有机质可吸附放射性物质，富含有机质地层常常具有高放射性强度。Beers 早在 1945 年就利用自然伽马放射性强度评价地层总有机碳含量；Schmoker 建立 Appalachians 地区 Devonian 页岩中自然伽马放射性强度与有机质丰度的关系。在我国，谭廷栋也详细研究了生油岩测井响应特征，并建立生油岩地层中有机质与自然伽马测井值响应关系。

自然伽马测井法评价地层总有机碳含量的优势在于几乎每口井中都测量自然伽马曲线，并且测井结果易于环境校正。不足之处在于：（1）自然伽马放射性强度响应于铀含量，而不是干酪根；（2）一般假设高放射性强度对应高的总有机碳含量，但是一些富含有机质地层具有中到低的放射性强度，如中生界和新生界的湖相沉积环境的页岩；（3）建立的总有机碳含量与放射性强度的经验关系需要岩心资料刻度，且关系一般不是线性，在同一层段经验关系可能变化很大；（4）黏土含量及其他放射性矿物会影响自然伽马放射性强度，导致总有机碳含量确定精度降低。

2. 自然伽马能谱测井法

如前所述，铀含量与有机质沉积有关，Swanson 认为在一定地质条件下地层高放射性强度可归结于沉积物中铀含量。基于这种认识，Fertl 等美国弗吉尼亚州西部泥盆纪黑色页岩中建立铀含量与地层总有机碳含量的关系如图 5-2-1 所示。

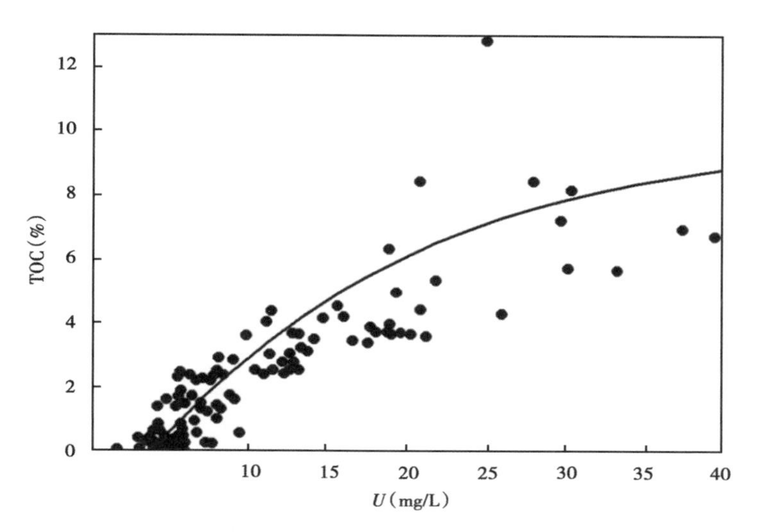

图 5-2-1　Devonian 黑色页岩铀含量与 TOC 关系（据 Fertl 等）

另外，Gonfalini 应用自然伽马能谱测井在意大利 Streppenosa 盆地评价烃源岩的总有机碳含量，并应用测井和岩心分析资料建立不同地质环境中的经验关系。铀含量及钍铀比值与总有机碳含量存在良好的相关性，根据岩心分析数据可建立总有机碳含量与铀含量的关系。

自然伽马能谱测井中铀含量与地层总机碳含量的一般关系式为：

$$\mathrm{TOC} = A_u U + B_u \tag{5-2-1}$$

式中　A_u 和 B_u——地区性经验系数，需要利用岩心分析资料刻度。

以鄂尔多斯盆地延长组长 7 段烃源岩为例，根据岩心实验结果标定，建立总有机碳含量与相应深度的铀元素数值的交会图，并通过线性拟合得到总有机碳含量与铀测井值之间的关系式。图 5-2-2 是利用 20 块岩心分析总有机碳数据建立了总有机碳含量与铀的交会图，二者呈近线性关系：

$$\mathrm{TOC} = 0.59U + 0.3805$$

$$R^2 = 0.8523 \tag{5-2-2}$$

图 5-2-3 为 Z58 井的计算结果，最后一道黑色曲线为根据式（5-2-2）计算的 TOC，红色数据点为岩心分析总有机碳含量，两者相关性较好，能够满足评价需求。

理论上来讲，利用铀含量计算总有机碳含量的精度要高于自然伽马测井法。但是，该评价方法仍受沉积速率的影响，而且地层中如果存在其他含铀矿物（如磷酸盐）时会影响计算结果的可信度。

3. 密度测井法

由于干酪根的密度比较低（一般为 1.1～1.4g/cm³），因此，富含有机质地层的密度相比常规地层要偏低。Schmoker 认为富有机质储层密度变化是由于低密度的有机质存在引起

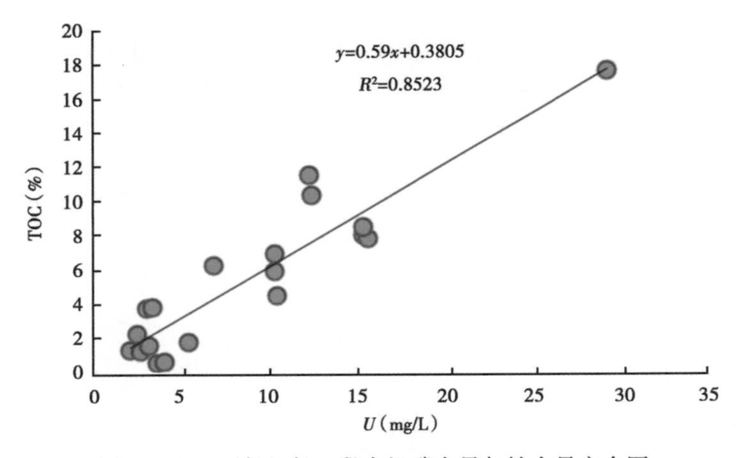

图 5-2-2　延长组长 7 段有机碳含量与铀含量交会图

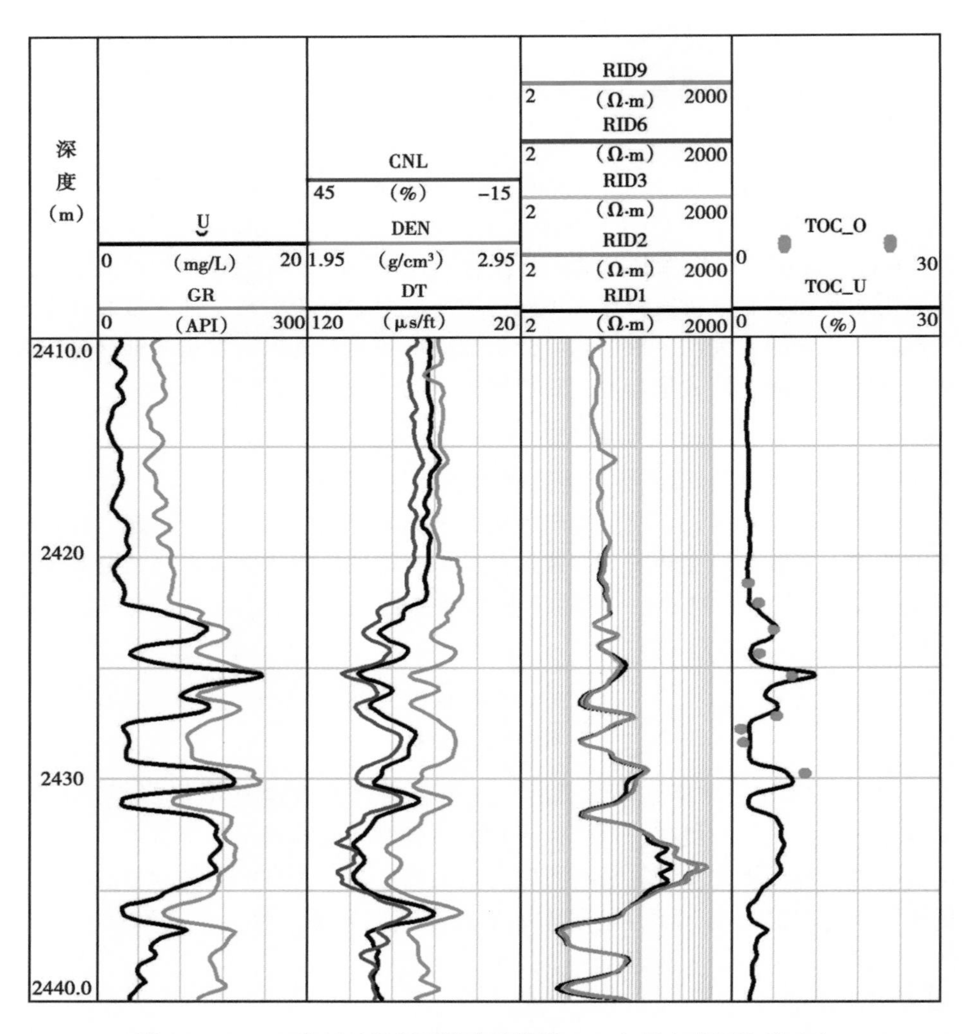

图 5-2-3　Z58 井延长组利用铀曲线计算 TOC 与岩心分析结果对比

的，并提出利用密度测井资料估算地层总有机碳含量。Schmoker 和 Hester 在巴肯等地区利用页岩岩心分析数据建立地层密度值与总有机碳含量的关系，如图 5-2-4 所示。

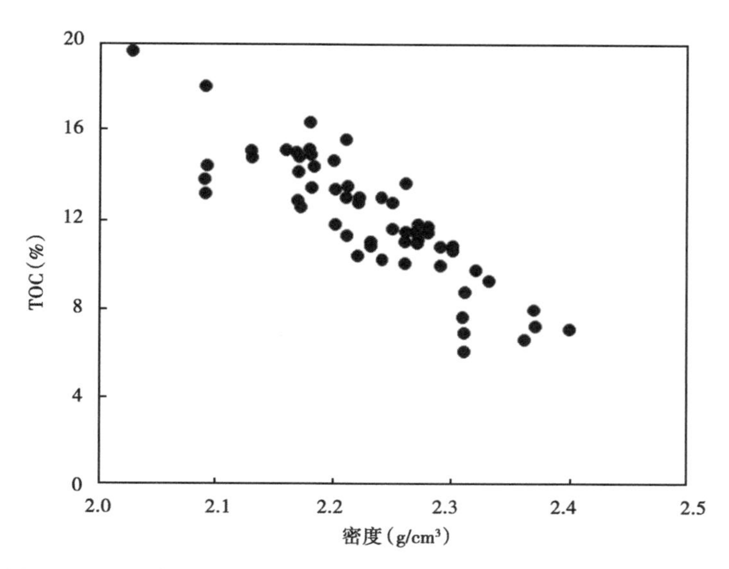

图 5-2-4　巴肯页岩地层密度与实验室测量 TOC 关系（据 Schmoker）

密度测井值 ρ_b 与地层总有机碳含量 TOC 之间的一般关系式为：

$$\mathrm{TOC}=A_\rho/\rho_b-B_\rho \tag{5-2-3}$$

式中　A_ρ 和 B_ρ——地区性经验系数，需要利用岩心分析资料刻度。

斯伦贝谢公司利用密度测井资料计算总有机碳含量时，A_ρ 和 B_ρ 的默认值分别为 156.956 和 58.272。

密度测井法方法原理简单，可操作性强，为地层总有机碳含量评价提供了一种简单有效的方法。但是，这种方法是假设干酪根变化引起地层密度变化，由于孔隙流体密度与干酪根密度相近，所以孔隙流体有可能被误认为是干酪根，而导致总有机碳含量计算结果偏高，这在源储一体的致密油中应用受到很大限制。另外，黄铁矿等重矿物会严重影响密度测井，而且扩径现象会严重影响密度曲线的质量，这些都会影响计算结果的精度。

4. 碳氧比测井法

由于碳氧比测井可以获得地层碳原子与氧原子比值信息，Herron 提出利用碳氧比确定地层总有机碳含量的方法。在该方法中，认为地层是由岩石骨架和孔隙两部分组成，且孔隙饱含水。利用碳氧比测井获取的碳氧比值，经环境校正后乘以地层中氧原子含量就得到地层碳元素信息，并扣除碳酸盐岩矿物中的无机碳而获得地层总有机碳含量。

骨架和流体中氧元素含量分别为 Q_{sol} 和 Q_{fl}：

$$Q_{\mathrm{sol}}=\frac{N}{16}O_{\mathrm{sol-wt}}\rho_{\mathrm{ma}}(1-\phi)\quad O_{\mathrm{fl}}=\frac{N}{16}O_{\mathrm{fl-wt}}\rho_{\mathrm{fl}}\phi \tag{5-2-4}$$

式中　N——阿伏伽德罗常数；

ρ_{fl}——流体密度；

ρ_{ma}——骨架密度；

ϕ——地层孔隙度；

O_{sol-wt}和O_{fl-wt}——分别为骨架和流体中氧元素的质量百分比。

地层中氧元素含量为骨架和流体中氧元素含量之和，所以由碳氧比值C/O和氧元素含量可得到地层总有机碳含量TC：

$$TC = 0.75 \times C/O \times \left[O_{sol-wt} + O_{fl-wt} \frac{\rho_{fl}\phi}{\rho_{ma}(1-\phi)} \right] \tag{5-2-5}$$

赵彦超等建立生油岩的碳氧比测井响应方程，以Herron确定地层总有机碳含量的公式为基础，利用C/O和Si/Ca资料重新推导了在生油岩中计算总有机碳含量的公式，并用实际资料进行了验证。

碳氧比测井法在总有机碳含量较低的地层中计算结果更灵敏，但是该方法受地层孔隙度测量结果及地层水矿化度等环境因素的影响较大。

二、不同测井曲线组合评价方法

每种测井响应都是多种地质因素的综合作用结果，利用单一测井资料评价地层总有机碳含量的方法必然会受到不同因素的影响，因此采用不同测井资料结合的方法可以在一定程度上降低环境因素的影响。

1. 电阻率与孔隙度曲线重叠ΔlogR法

早在1979年，Flower及Meyer等开始研究利用电阻率和孔隙度曲线重叠评价地层总有机碳含量技术，将电阻率和声波测井曲线重叠快速识别烃源岩，但没有得出定量评价关系。Passey在前人研究工作基础上，于1990年提出利用电阻率和孔隙度曲线重叠定量计算地层总有机碳含量的ΔlogR法，不同地层在ΔlogR叠合图上的特征如图5-2-5所示。这种特征与

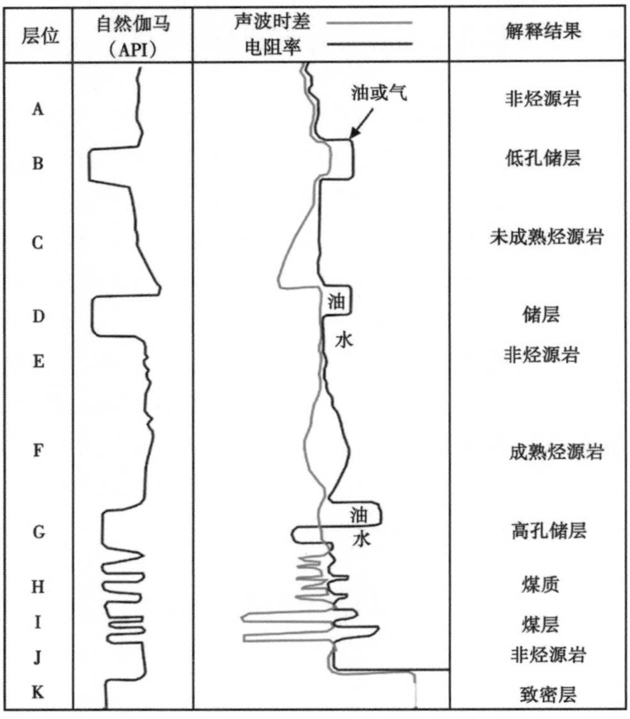

图5-2-5　ΔlogR叠合图上各种特征示意图（据Passey，1990）

前面关于烃源岩测井响应特征的分析是完全一致的。

1）方法原理

根据阿尔奇公式有：

$$R_t = \frac{abR_w}{\phi^m S_w^n} \tag{5-2-6}$$

式中 a，b——系数；

m——孔隙结构指数；

n——饱和度指数；

R_t——地层电阻率，Ω·m；

R_w——原始地层水电阻率，Ω·m；

ϕ——地层孔隙度；

S_w——含水饱和度。

对于纯水层，$S_w=1$，令 $a=b=1$，则有：

$$R_0 = \frac{R_w}{\phi^m} \tag{5-2-7}$$

式中 R_0——100%含水地层岩石电阻率，Ω·m。

可以利用声波时差计算孔隙度：

$$\phi = \frac{\Delta t_{ma} - \Delta t}{\Delta t_{ma} - \Delta t_f} \tag{5-2-8}$$

式中 Δt_{ma}——岩石骨架声波时差，μs/ft；

Δt——实际的测井声波时差，μs/ft；

Δt_f——孔隙流体声波时差，μs/ft。

将式（5-2-7）和式（5-2-8）联合求得：

$$R_0 = \frac{R_w}{[(\Delta t_{ma} - \Delta t)/(\Delta t_{ma} - \Delta t_f)]^m} \tag{5-2-9}$$

对两边取对数可得：

$$\lg R_0 = \lg\{R_w/[(\Delta t_{ma} - \Delta t)/(\Delta t_{ma} - \Delta t_f)]^m\} \tag{5-2-10}$$

其中 $\Delta t_f=182$μs/ft，而对于砂岩、石灰岩和白云岩的 Δt_{ma} 分别取 55.5μs/ft，47.6μs/ft，43.5μs/ft。令 $m=2$，地层水电阻率 $R_w=0.1$，则可以得到对数电阻率与线性声波曲线（不同岩性）之间的交会图版（图 5-2-6）。

Magara 在 1978 年基于 Alberta 盆地的白垩纪泥岩提出了一个孔隙度的计算公式：

$$\phi = 0.00466\Delta t - 0.317 \tag{5-2-11}$$

尽管式（5-2-11）并不适用于所有泥岩，但利用该式计算泥岩孔隙度比用威利公式计算的孔隙度更加准确。故将式（5-2-11）代入式（5-2-7）中并对两边取对数得到：

$$\lg R_0 = \lg[R_w/(0.00466\Delta t - 0.317)^m] \tag{5-2-12}$$

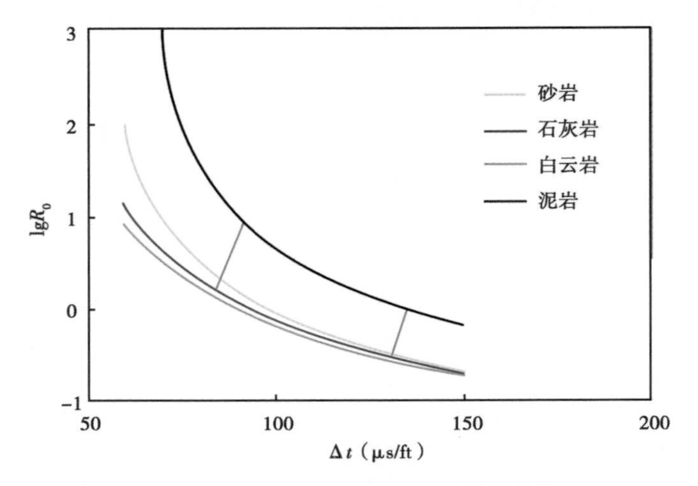

图 5-2-6　不同岩性的声波时差与电阻率对数交会图版

由图 5-2-6 可以看出，在声波时差在 80~120μs/ft 时，泥岩、砂岩、石灰岩和白云岩对应的声波时差—对数电阻率近似平行，而且近似为一条直线，斜率约为-1/50，所以对于纯泥岩有：

$$\lg R_0 = -0.02\Delta t_0 + a \quad (5-2-13)$$

式中　Δt_0——不含有机质纯泥岩声波时差。

当泥岩中富含有机质时：

$$\lg R = -0.02\Delta t + c \quad (5-2-14)$$

利用式（5-2-14）减去式（5-2-13）可得：

$$b = \lg \frac{R}{R_0} + 0.02(\Delta t - \Delta t_o) \quad (5-2-15)$$

常数 b 与有机质含量有关，即 $\Delta\log R$。而总有机碳含量 TOC 与 $\Delta\log R$ 之间的经验公式为：

$$TOC = \Delta\log R \times 10^{2.297-0.1688LOM} \quad (5-2-16)$$

式中　LOM——有机质成熟度指数。

2）方法步骤

按照上述方法原理，得到具体的方法步骤如下：将以声波时差曲线叠加在电阻率曲线上。声波时差曲线的刻度为左向右逐渐减小，电阻率从左至右逐渐增大。在选择基线值时应该保持声波曲线不变，只对电阻率曲线刻度进行变化，直到两条曲线在非烃源岩的泥岩段“一致”或完全重叠，则重叠的值为基线值。然后利用式（5-2-15）计算 $\Delta\log R$，最后利用上述经验方程来计算总有机碳含量。

图 5-2-7 为渤海湾盆地束鹿凹陷应用 $\Delta\log R$ 法计算 TOC 的实例。从第 4 道对比结果可以看出，采用上述模型计算的有机碳含量与实验分析的有机碳含量具有较高的吻合程度。

对于特定的地区和层位，有机质的母质类型和成熟度通常变化不大，这为 $\Delta\log R$ 法提供了合适的应用条件。基质岩性复杂或含有黄铁矿等导电物质时对电阻率测井值影响增大，使

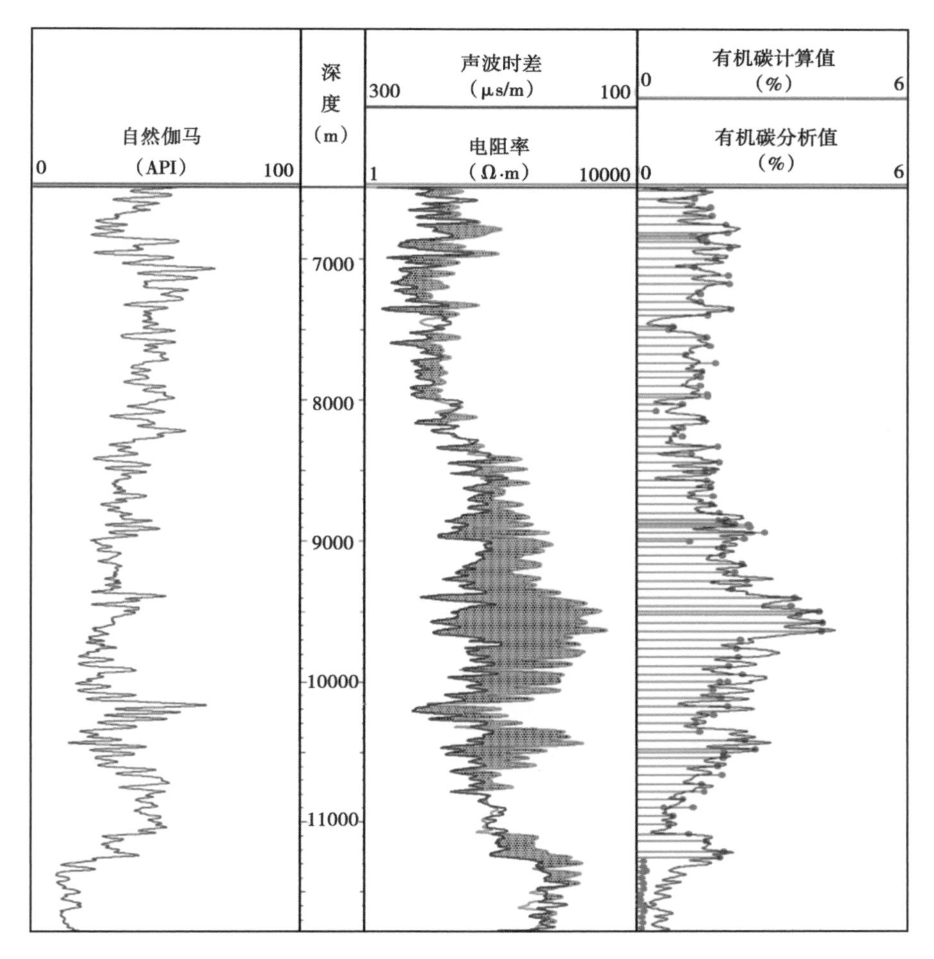

图 5-2-7　ΔlogR 法计算 TOC 实例（据中国石油华北油田勘探开发研究院）

得应用该方法的误差增大。

3）适用条件

由上述分析可知，该利用 ΔlogR 法计算 TOC 除了需要确定电阻率和声波时差的基线值外，还需要确定有机质成熟度指数。确定 LOM 时，通常采用 ΔlogR 与 TOC 的交会图版（图 5-2-8）。

对于陇东地区的高成熟度烃源岩来说，由于排烃作用，实验室测得的总有机碳含量不准确，从而使导致该图版确定的 LOM 不准确，图 5-2-8 为 L57 井和 L147 井确定有机质成熟度指数的交会图，图中点子非常分散，不能准确得到有机质成熟度指数的大小，导致用该方法计算总有机碳含量不准确。

图 5-2-9 为 L57 井计算结果，最后一道蓝色色曲线为用 ΔlogR 法计算的 TOC，红色数据点为岩心分析总有机碳含量，可以看出，两者相关性较差，在上部由于 TOC 分析值远小于计算值，该段可能是由于排烃作用，实验室测得的总有机碳含量不准确导致，而下部分实验室测得的值大于计算得到的值，电阻率出现骤降可能与黄铁矿影响有关。

为解决 LOM 对确定总有机碳含量影响的问题，可建立 TOC 与 ΔlogR 的线性关系，并用

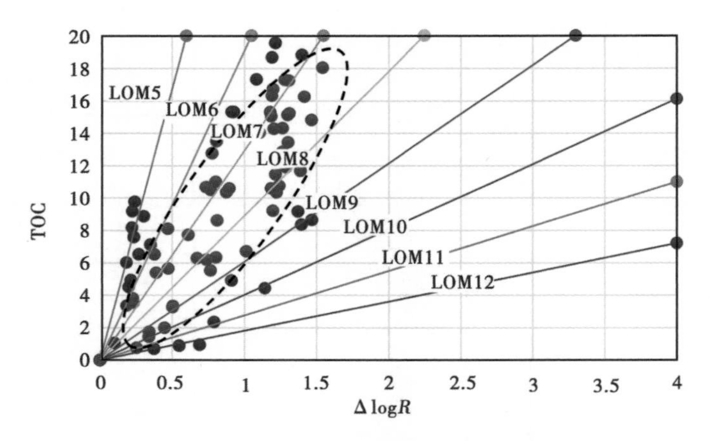

图 5-2-8　成熟度指数确定交会图

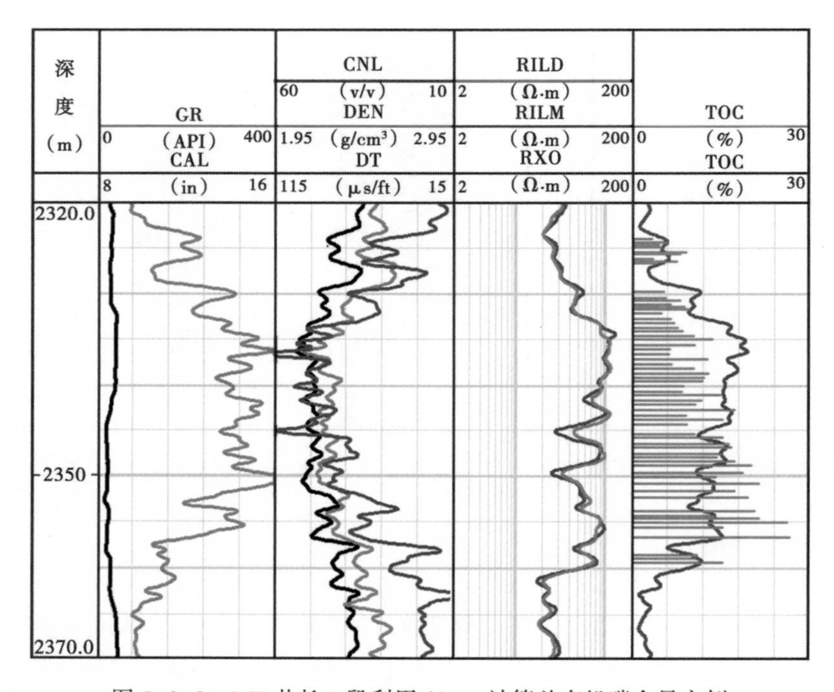

图 5-2-9　L57 井长 7 段利用 ΔlogR 计算总有机碳含量实例

利用实际数据得出拟合系数。根据松辽盆地南部青一段 7 口井 135 块样品岩心实验 TOC，应用 ΔlogR 建立 TOC 计算模型（图 5-2-10）：

$$\mathrm{TOC} = 2.8525\times\Delta\log R + \Delta\mathrm{TOC},\ R^2 = 0.8205 \tag{5-2-17}$$

式中　ΔTOC——背景值，研究区 ΔTOC = 0.2864%。

图 5-2-11 为应用 ΔlogR 拟合法计算 TOC 实例，由第 6 道可看出该模型的计算精度可以满足评价需求。

2. 密度—核磁共振测井组合法

由于干酪根与地层流体密度相近，干酪根在密度测井上可能被识别为孔隙。但是，核磁

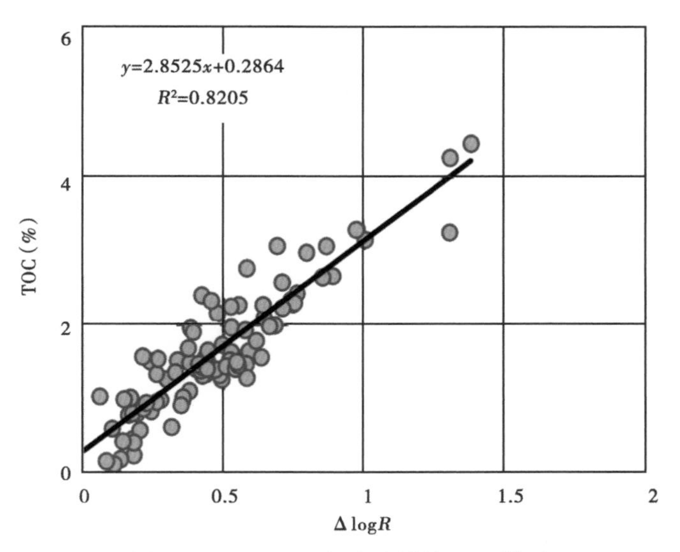

图 5-2-10　ΔlogR 拟合法计算 TOC 模型

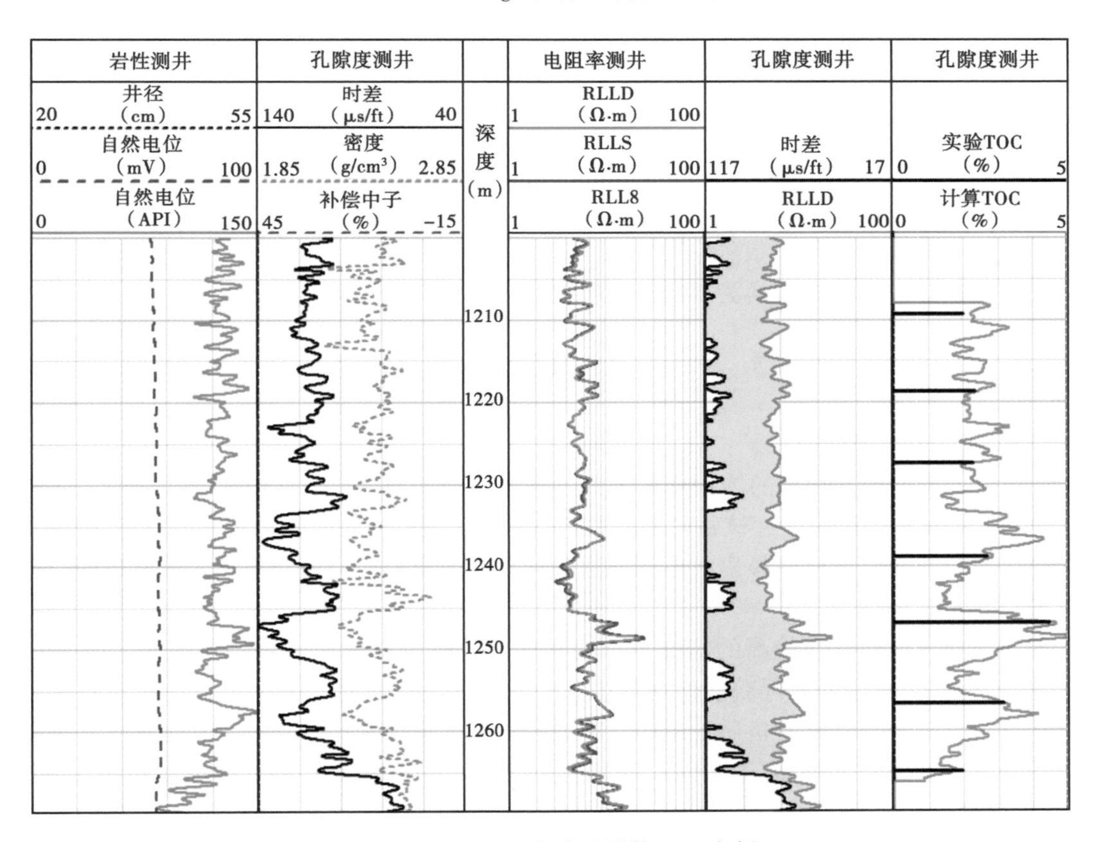

图 5-2-11　ΔlogR 拟合法计算 TOC 实例

共振测井仅响应于地层流体，干酪根在核磁共振测井上表现为骨架。因此，密度测井与核磁共振测井确定孔隙度的差值可反映干酪根体积（图 5-2-12），进而可将干酪根体积转换为地层总有机碳含量。

图 5-2-12　利用核磁共振和密度测井确定总有机碳含量的岩石物理模型

根据核磁共振测井和密度测井确定的孔隙度值可得到干酪根体积为：

$$V_k = \frac{\rho_{ma} - \rho}{\rho_{ma} - \rho_k} - \frac{\phi_{NMR}(\rho_{ma} - \rho_f)}{I_{Hf}(\rho_{ma} - \rho_k)} \tag{5-2-18}$$

其中：

$$\rho = \rho_{ma}(1 - V_f - V_k) + \rho_f V_f + \rho_k V_k \tag{5-2-19}$$

$$\phi_{NMR} = V_f I_{Hf} \tag{5-2-20}$$

式中　V_k——干酪根体积；

V_f——孔隙流体体积；

ρ_{ma}——骨架密度值；

ρ_k——干酪根密度；

ρ_f——孔隙流体密度；

ϕ_{NMR}——核磁共振测井确定的总孔隙度；

I_{Hf}——流体的含氢指数。

将得到的干酪根体积转换为地层总有机碳含量：

$$\text{TOC} = \frac{V_k}{K_{vr}} \frac{\rho_k}{\rho_b} \tag{5-2-21}$$

式中　K_{vr}——干酪根转换因子；

ρ_b——密度测井得到的体积密度值。

图 5-2-13 为应用密度—核磁共振测井组合法、$\Delta\log R$ 法计算的 TOC 与岩心分析结果对比，从中可以看出，密度—核磁共振测井法的计算结果与岩心分析结果的一致性更好，计算精度较 $\Delta\log R$ 法更高。

但是在黏土矿物含量较高的情况下，由密度测井确定的骨架密度并不准确。Quirein 等和 Murphy 等提出利用元素俘获能谱测井获取的元素含量计算骨架密度值，使总有机碳含量计算精度得到提高。当富有机质地层中含有较多的黏土束缚水或沥青时，利用核磁共振测井不能准确得到地层总孔隙度值，Hook 等利用短回波间隔测量确定黏土束缚水和沥青的 T_2，以提高计算精度。

此外，当井眼不规则或垮塌严重时，密度测井和核磁共振测井资料受井眼影响大，测量值可能失真，该方法计算 TOC 适用性变差，误差增大。

3. 多曲线拟合法

以鄂尔多斯盆地长 7 段烃源岩为例，利用 U 曲线和采用多元线性拟合计算 TOC 具有较好的应用效果（拟合公式相关系数达到 0.88）：

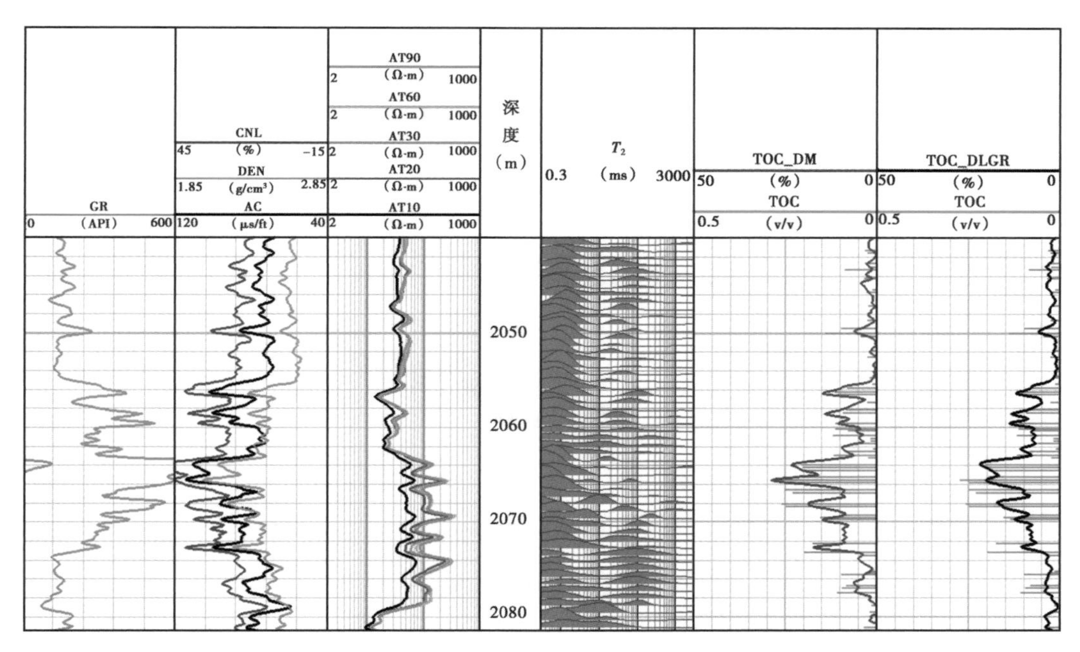

图 5-2-13　密度—核磁共振测井交会计算 TOC 成果图

$$TOC = 0.48U + 1.78\lg R + 0.184 \tag{5-2-22}$$

图 5-2-14 为 Z58 井延长组总有机碳含量计算实例，图中第 5 道、第 6 道、第 7 道红色数据点为岩心分析总有机碳含量的结果，而三条黑色曲线 TOC、TOC-U、TOC-UL 分别表示

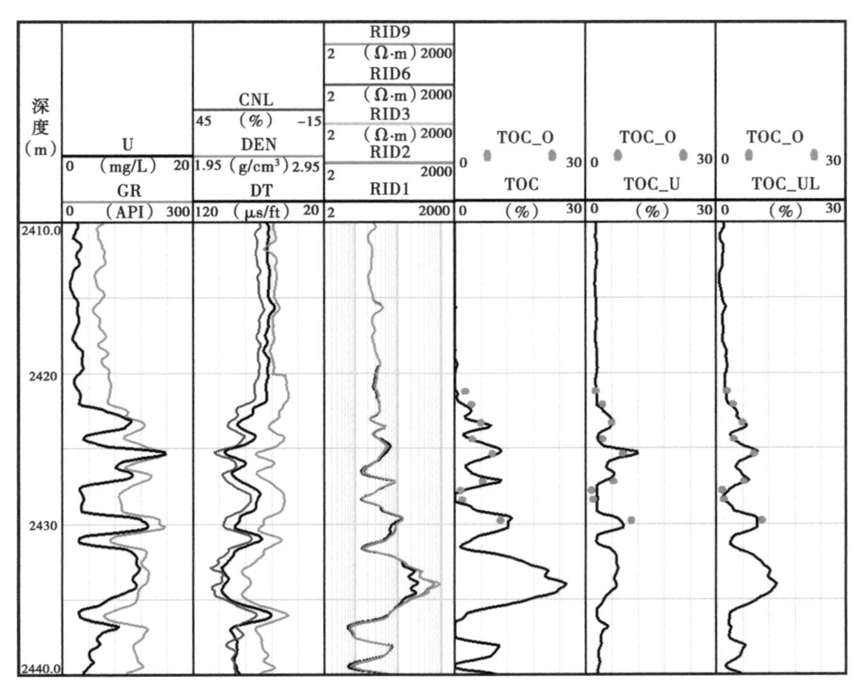

图 5-2-14　Z58 井长 7 段烃源岩 TOC 不同方法计算结果对比图

采用 $\Delta\log R$ 法、U 曲线拟合法以及 U 曲线联合 $\Delta\log R$ 法计算的总有机碳含量结果。可以看出，运用 U 曲线联合 $\Delta\log R$ 法得到的结果与岩心分析结果吻合程度最高。但由于自然伽马能谱测井采集较少，因此，式（5-2-22）不能在所有井中得到普遍应用。

另外，应用取心资料标定，还可以建立 $\Delta\log R$ 与常规测井甚至完全基于常规测井曲线的 TOC 计算模型（图 5-2-15、图 5-2-16）。

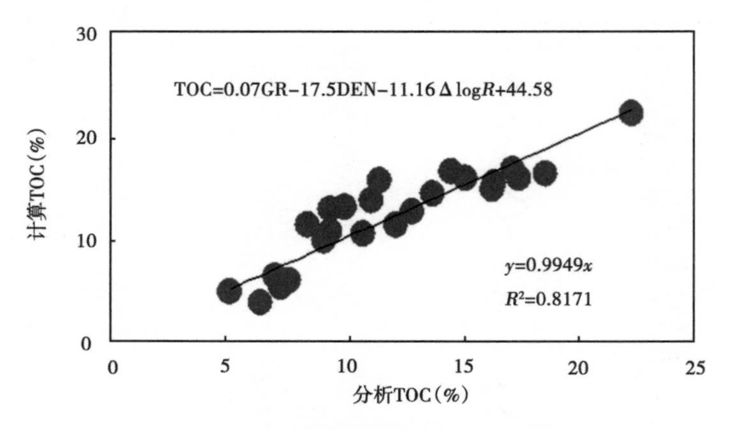

图 5-2-15　$\Delta\log R$ 结合常规测井 TOC 计算模型

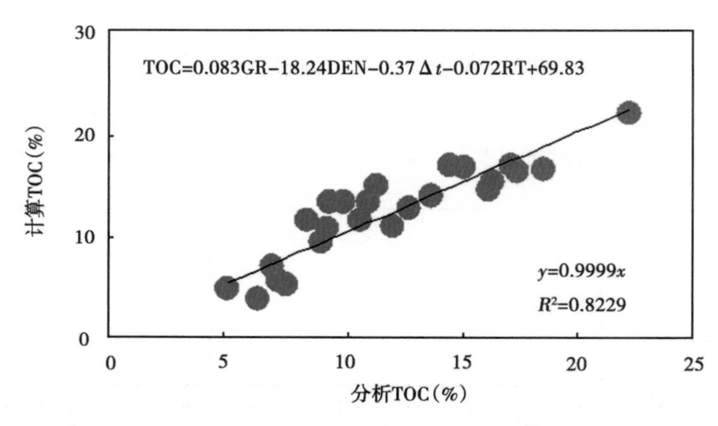

图 5-2-16　基于常规测井 TOC 计算模型

三、地层元素测井 TOC 评价方法

地层元素测井仪器可直接测量到碳元素含量。地层中无机碳元素主要存在于方解石、白云石、菱铁矿、铁白云石和菱锰矿等矿物中，利用与无机碳元素相关的钙、镁、铁、锰等元素可计算出无机碳元素含量，从总碳含量中扣除无机碳就得到总有机碳含量。图 5-2-17 为美国北达科他州页岩中利用该方法的评价实例。

设地层中的无机碳元素仅存在于石灰石和方解石中，镁元素和钙元素含量分别为 W_{Mg} 和 W_{Ca}，则地层无机碳元素含量为：

$$\mathrm{TIC}=\frac{2Z_{\mathrm{C}}}{Z_{\mathrm{Mg}}}W_{\mathrm{Mg}}+\left(W_{\mathrm{Ca}}-\frac{Z_{\mathrm{Ca}}}{Z_{\mathrm{Mg}}}W_{\mathrm{Mg}}\right)\frac{Z_{\mathrm{C}}}{Z_{\mathrm{Ca}}}\qquad(5\text{-}2\text{-}23)$$

式中　TIC——地层无机碳元素含量；

Z_C，Z_{Mg}和Z_{Ca}——分别为碳元素、镁元素和钙元素的原子量。

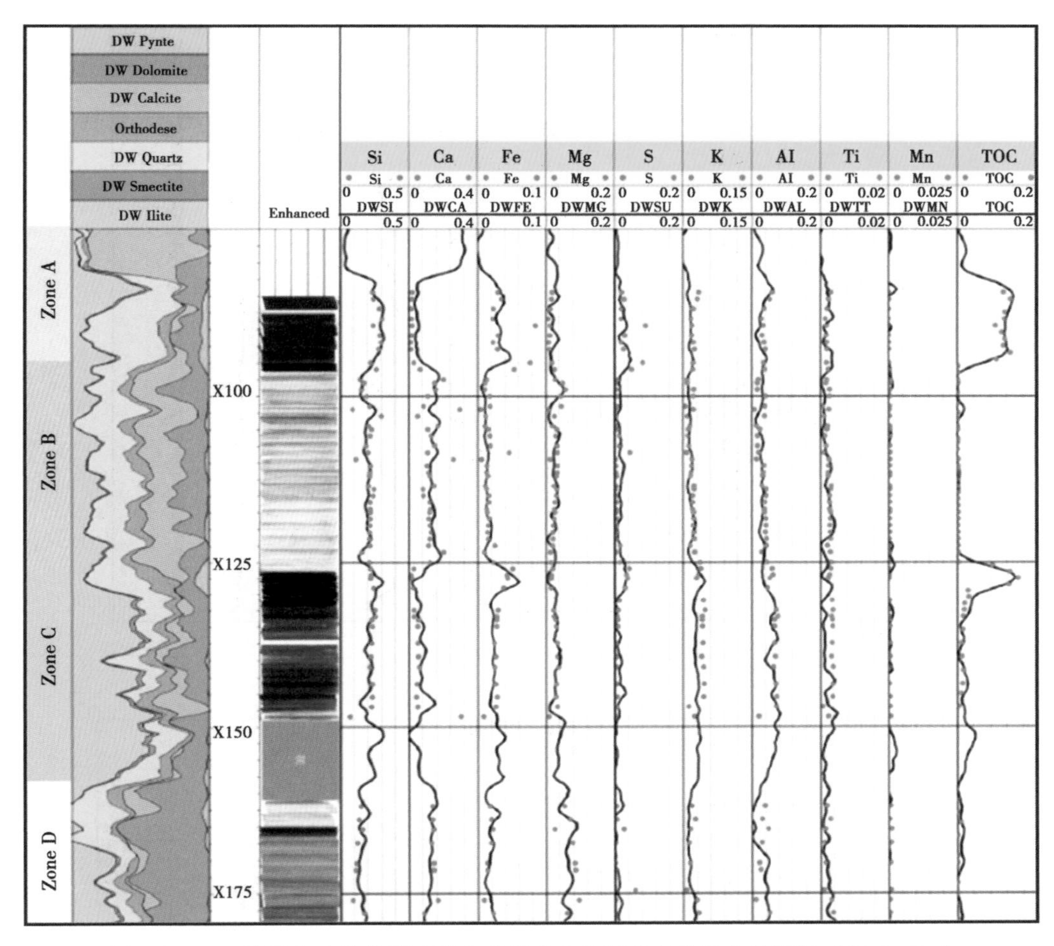

图 5-2-17　美国北达科他州页岩中直接确定地层总有机碳含量实例（据 Radtke）

利用地层元素测井直接测量的地层总碳元素含量扣除无机碳元素含量，可以直接确定地层总有机碳含量：

$$TOC = TC - TIC \tag{5-2-24}$$

这种方法不需要岩心资料刻度，测量精度高。但是，在非常规储层中，由于矿物组成复杂，地层中的钙、镁、铁、锰等元素不仅仅存在于碳酸盐矿物中，还存在于一些黏土矿物中，使得无机碳含量的计算过程更加复杂。

在青海油田 X 井中，利用自然伽马能谱法、密度测井法、$\Delta \log R$ 法及元素测井法计算总有机碳含量结果与岩心分析结果对比如图 5-2-18 所示。在长庆油田 Y 井中利用密度测井法、$\Delta \log R$ 法、最优化方法及元素测井法计算地层总有机碳含量与岩心分析结果对比如图 5-2-19 所示。从这两个例子可以看出，元素测井方法不需要岩心资料刻度就能够得到准确的结果，其精度较其他方法更高。

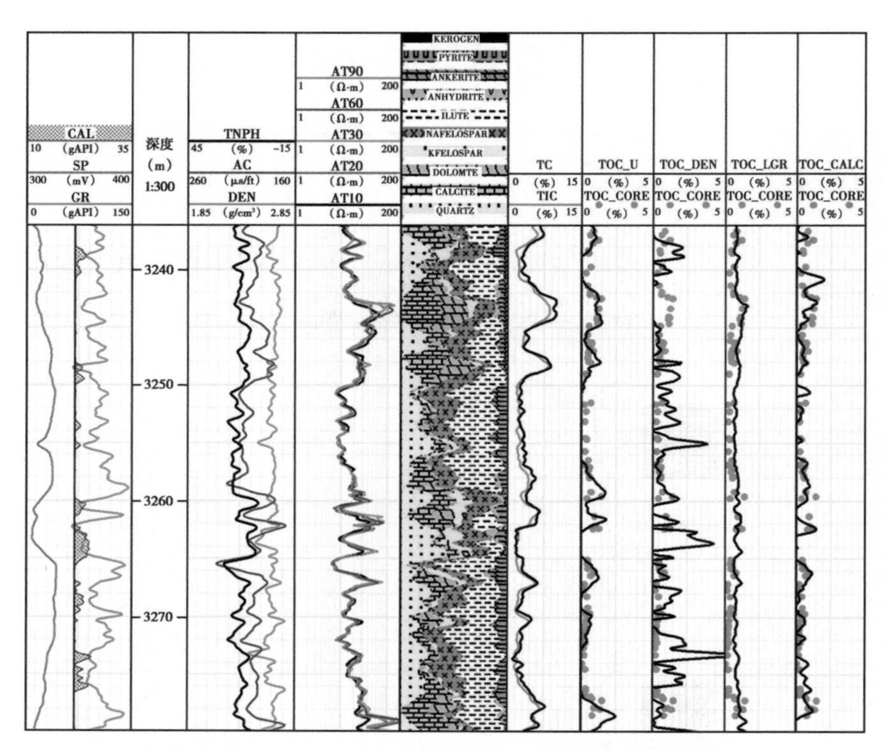

图 5-2-18　X 井不同方法计算 TOC 与岩心分析结果对比

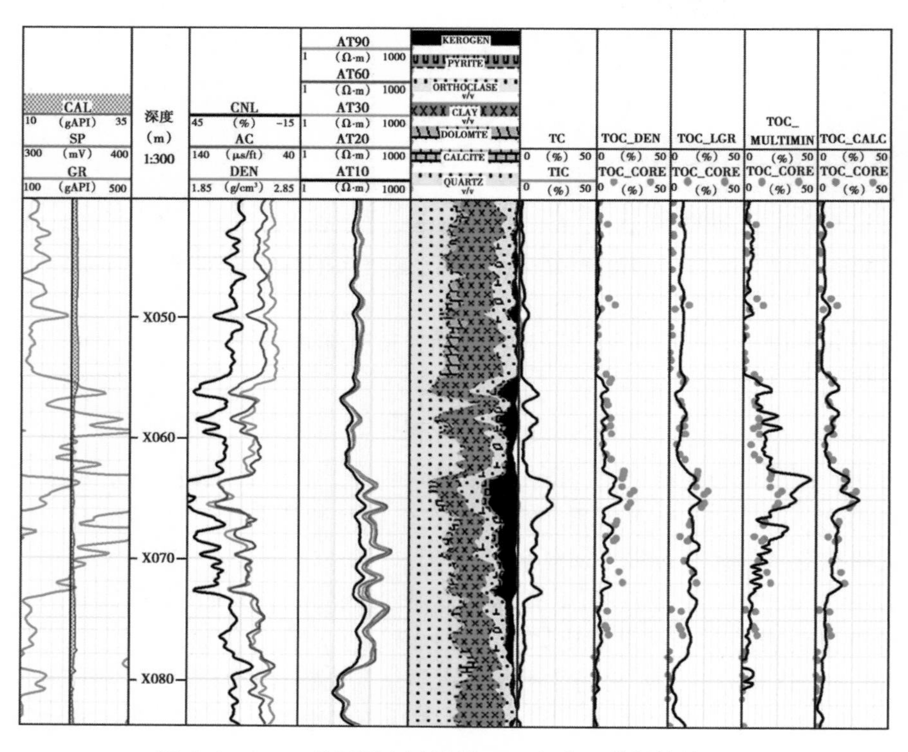

图 5-2-19　Y 井不同方法计算 TOC 与岩心分析结果对比

四、生烃潜量（S_1 和 S_2）测井定量表征方法

研究表明，致密油气储层邻近的烃源岩中游离烃含量（S_1）、裂解烃含量（S_2）与岩石TOC也有很好的正相关性，因此，可以采用TOC来计算游离烃含量和裂解烃含量，用 S_1 和 S_2 间接反映致密储层含烃量的高低。

实验室测量有机碳含量主要有两种方法：（1）碳硫仪法，是把粉末状的岩心烧成二氧化碳，如果能确保在燃烧前用盐酸把无机碳完全消除掉，则该方法就可以用来测量总有机碳含量。（2）岩石热解分析法，是对岩样进行连续热解的分析方法，一般采用岩石快速热解仪在缺氧条件下，对岩样作快速加热，进行连续的热脱附—热裂解分析的方法。同步定量检测其各种气态和液态产物的数量，但对产物的化合物成分不做具体分析。第一温阶加热到300℃，对岩石做热脱附分析，测得游离的可溶烃峰（P_1）；第二温阶继续加热到500℃，做热裂解分析，测得热解烃峰（P_2）。由 P_1 和 P_2 面积计算出 S_1、S_2 以及 P_2 顶温度 T_{max} 三项基本参数，并可派生出其他热解参数。对分析得到的一系列热解参数进行综合分析，可对烃源岩的有机质类型、丰度、成熟度与热演化程度等进行评价。

由图5-2-20可知，总有机碳含量中的碳主要包括以下三个部分：游离烃中的碳、干酪根热解烃中的碳和干酪根中的惰性碳。由于烃源岩中游离烃的数量很小，一般可近似认为总有机碳含量约等于干酪根含量。

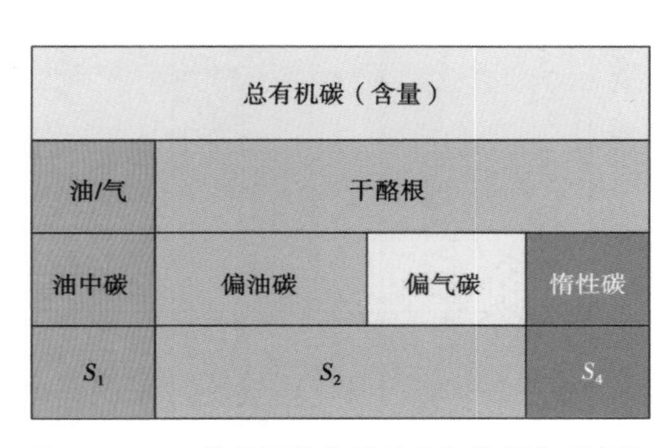

图5-2-20　总有机碳含量的各组分部分示意图

通过对松辽盆地古龙凹陷青一段大量烃源岩岩石热解分析实验数据的分析发现，S_1、S_2与有机碳含量有很好的正相关性，如图5-2-21所示，其中 S_4 为残余有机质二氧化碳量，烃源岩有机碳含量与两者的相关性分析表明，S_1、S_2 与有机碳含量的相关系数可达到0.9，若根据前述介绍的方法利用测井资料定量评价出烃源岩有机碳含量，则可利用以下公式定量评价 S_1 和 S_2：

$$S_1=2.0446\text{TOC}-0.2327,\ R^2=0.9291 \tag{5-2-25}$$

$$S_2=7.9554\text{TOC}+0.2327,\ R^2=0.995 \tag{5-2-26}$$

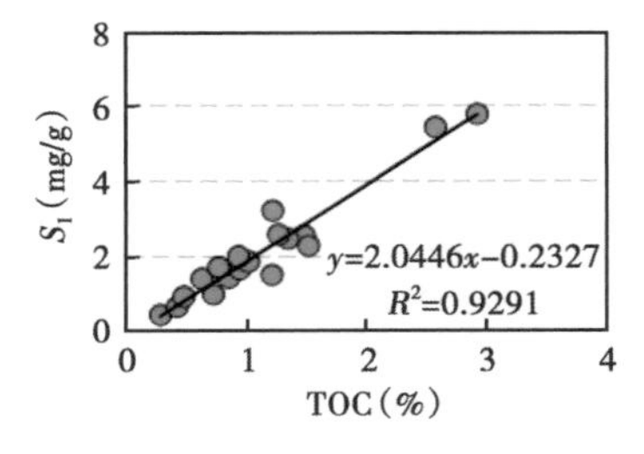

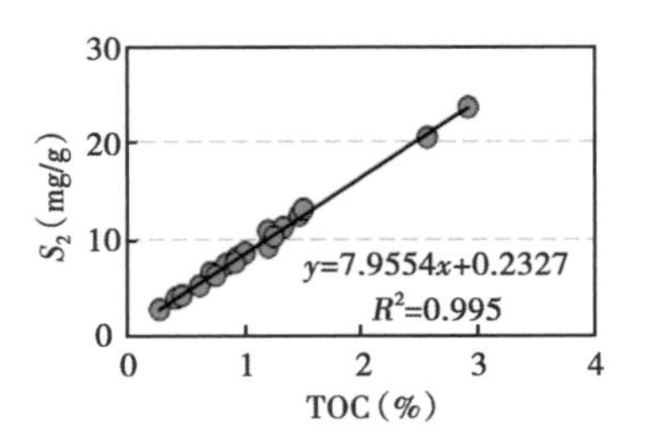

图5-2-21　岩心实验分析 S_1、S_2 与有机碳含量的关系（据中国石油大庆油田）

图5-2-22为松辽盆地H14井青二+青三段底部与青一段烃源岩特性测井定量表征图。图中第5道为实测TOC和测井计算TOC的对比图，对比结果显示两者具有较好的一致性。

第 6 道、第 7 道为测井计算 S_1 和 S_2，从对比结果来看，该方法计算精度较高，可以为地球化学分析提供较为准确的定量评价参数。

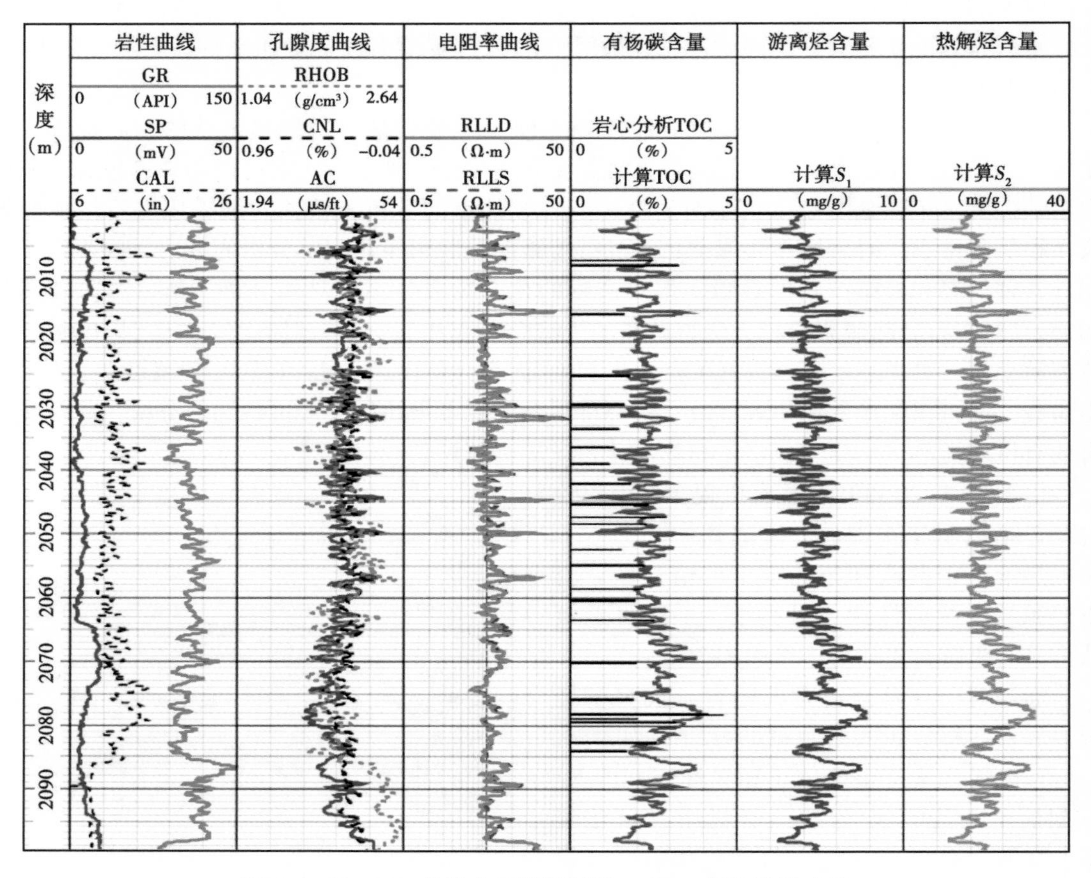

图 5-2-22　H14 井青山口组烃源岩 S_1 和 S_2 测井计算实例

第三节　烃源岩品质测井分类评价

对烃源岩品质进行分类评价是识别致密油气“甜点”的基础，优质烃源岩分布范围控制着致密油气的分布和规模。烃源岩品质主要与总有机碳含量、成熟度、有效厚度等因素有关。在前面讨论测井定量计算相关指标参数的基础上，本节重点分析如何根据测井计算的总有机碳含量及厚度等参数指标建立地区性的烃源岩品质分类标准，实现烃源岩平面分布规律评价。

一、烃源岩品质测井分类

根据建立的 TOC 测井计算方法对烃源岩层段进行处理，并根据岩性特征、有机地球化学指标，结合测井响应特征，对烃源岩进行分类。由于我国陆相沉积盆地之间的沉积环境差异，烃源岩类型和有机质丰度差异大，因此，不同盆地的烃源岩分类标准也不同。

以鄂尔多斯盆地长 7 段烃源岩为例，根据岩性特征、有机地球化学指标并结合测井参数，可将长 7 段烃源岩划分为油页岩（优质烃源岩）、黑色泥岩和一般泥岩三种类型（见表 5-3-1），其中一般泥岩为非烃源岩。长 7 段的页岩类烃源岩具有很高的有机质丰度和很强的生烃能力。根据总有机碳含量和测井参数特征建立烃源岩测井分类标准，将该分类标准应用于实际资料处理中，可进行单井纵向剖面上的烃源岩类型划分（图 5-3-1），并统计每类烃源岩的累计厚度，为分析全区烃源岩分布规律提供基础。

表 5-3-1　鄂尔多斯盆地长 7 段泥页岩烃源岩测井分类标准

长 7 段泥岩类型	自然伽马（API）	密度（g/cm^3）	TOC（%）
优质烃源岩	>230	<2.2	>10
中等烃源岩	180~230	2.2~2.35	6~10
差烃源岩	130~180	2.35~2.5	2~6
非烃源岩	<130	>2.5	<2

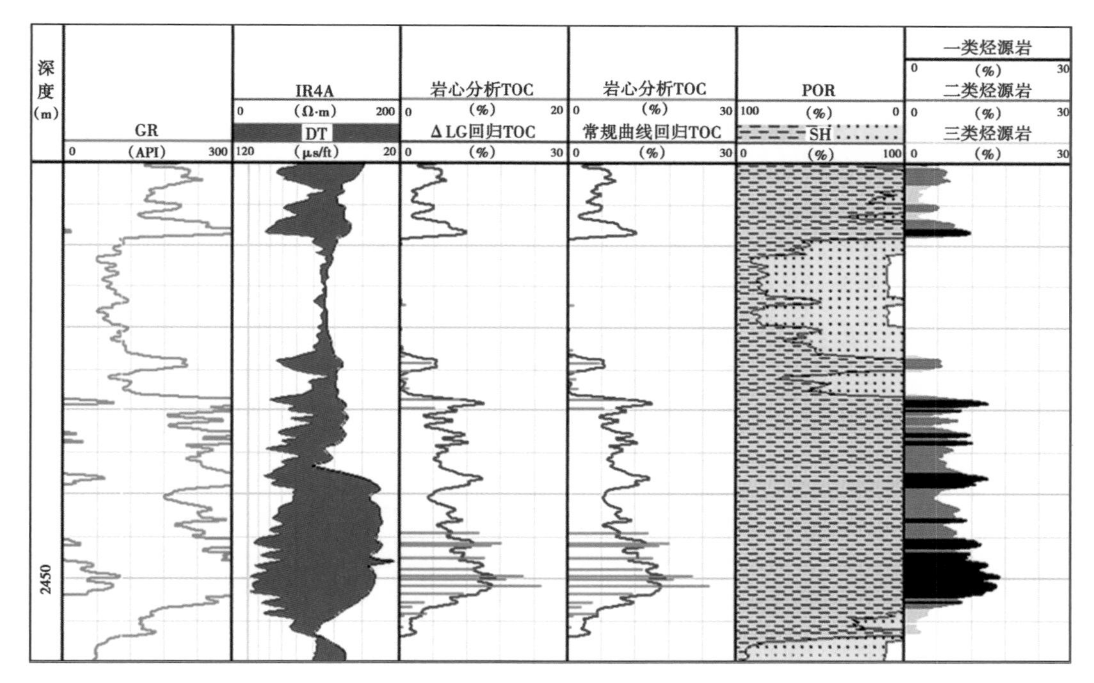

图 5-3-1　L147 井长 7 段测井计算烃源岩 TOC 及分类

而同样是湖相沉积的松辽盆地，青一段烃源岩具有中—高的有机质丰度，其总有机碳含量明显低于鄂尔多斯盆地长 7 段。根据烃源岩排烃量、有机质丰度、有机质类型、成熟度、源内超压等指标，可建立青一段烃源岩分类评价标准（表 5-3-2）。根据 TOC 测井计算模型对测井资料进行处理，可确定单井纵向上烃源岩分布变化及类别。

表 5-3-2　松辽盆地南部青一段烃源岩分类评价标准表（据杜金虎等，2016）

判断指标	烃源岩类型划分		
	Ⅰ类烃源岩	Ⅱ类烃源岩	Ⅲ类烃源岩
机质类型	Ⅰ、部分ⅡA	ⅡA、部分Ⅰ	ⅡB、Ⅲ部分ⅡA
有机质丰度 TOC（%）	>2.0	0.8~2.0	<0.8

续表

判断指标	烃源岩类型划分		
	Ⅰ类烃源岩	Ⅱ类烃源岩	Ⅲ类烃源岩
最大排烃量	>8mg/g 岩石	0~8mg/g 岩石	0mg/g 岩石
热演化程度 R_o（%）	0.7~1.0	0.5~0.7	<0.5
源内超压（MPa）	>7	1~7	<1
烃源岩厚度	70~130	30~70	10~30
排烃强度（$10^4t/km^2$）	>50	25~50	<25

咸化湖泊环境的柴达木盆地 N_1 烃源岩总有机碳含量整体较低，根据烃源岩岩性、总有机碳含量、氯仿沥青“A”含量、生烃潜量、有机质转化率、热演化等参数建立烃源岩分类标准（表 5-3-3）。根据总有机碳含量与铀曲线关系较好建立计算模型，对 ZP1 井进行计算，根据 TOC 计算结果对烃源岩进行测井分类（图 5-3-2）。Ⅰ类为本区最好的优质烃源岩，为暗色泥灰岩，有着较高的 TOC 及 S_1+S_2 指标；Ⅱ类次之，TOC 在 0.6%~0.8%，主要为暗色泥岩和少量暗色泥灰岩，烃源岩厚度较大，也具有较好的生烃能力，可以认为这两类烃源岩是该区的优质烃源岩，即有效生油岩 TOC 下限为 0.6%，S_1+S_2 下限为 0.5mg/g；而Ⅲ类烃源岩总有机碳含量及生烃能力普遍较差，不是优势生油岩。

表 5-3-3　扎哈泉地区源岩分类标准（据杜金虎等，2018）

烃源岩评价参数	分类		
	Ⅰ	Ⅱ	Ⅲ
有机碳含量（%）	>0.8	0.6~0.8	0.4~0.6
氯仿沥青“A”含量（%）	> 0.1	0.05~0.1	0.015~0.05
生烃潜量 S_1+S_2（mg/g）	>1.5	0.5~1.5	0.3~1
有机质转化率（氯仿沥青“A”含量/TOC）	>0.12	0.08~0.12	0.035~0.08
R_o（%）	0.6~1.3		
有机质类型	Ⅱ	Ⅱ—Ⅲ	
烃源岩岩性	暗色泥灰岩	暗色泥灰岩和少量暗色泥岩	暗色泥岩
烃源岩厚度（m）	>2.5	2.5~3.5	3.5~5.0

二、烃源岩总有机碳含量分布特征

一般来说，烃源岩好，排烃能力强，烃源岩附近的储层含油饱和度就高，距离烃源岩越近，储层含油性越好，形成油层和差油层；距离烃源岩越远，储层的含油性越差。因此，在烃源岩有机碳含量精细计算和分类基础上分析烃源岩的分布特征对于致密油气“甜点”优选具有重要意义。

以松辽盆地南部青一段为例，过 H153 井—F126 井剖面的顺物源方向 TOC 测井分类

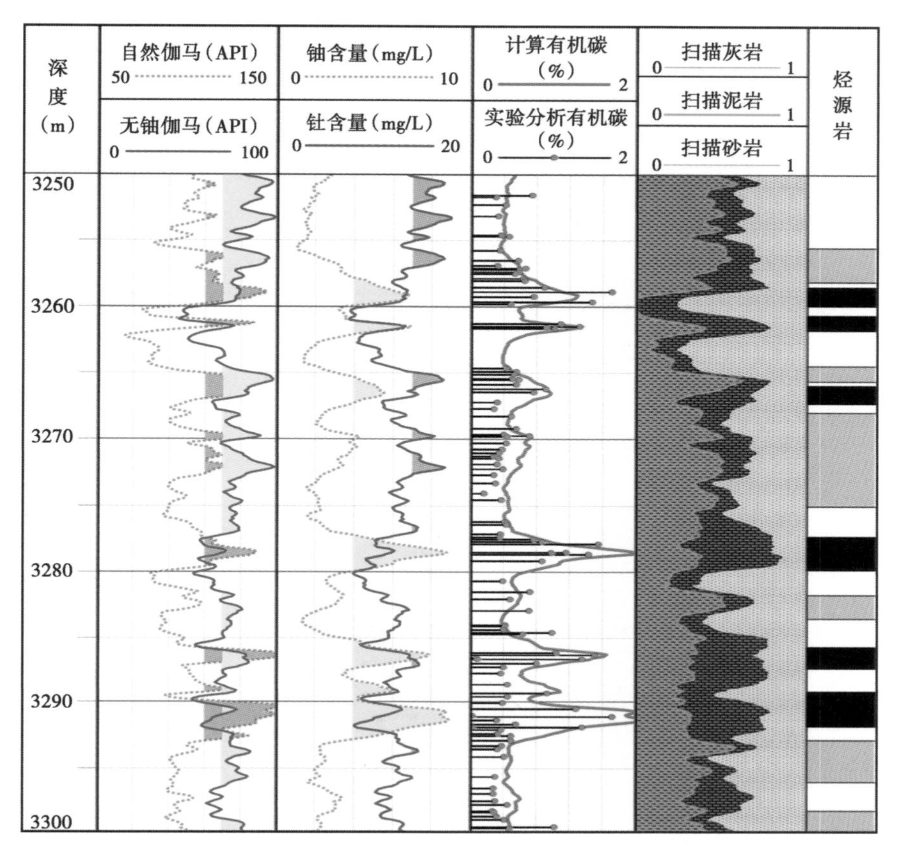

图 5-3-2　ZP1 井测井计算的 TOC 与岩心分析结果对比图

评价结果表明（图 5-3-3），靠近泉四段的烃源岩（下层）TOC 高于上层烃源岩 TOC，并且靠近泉四段的烃源岩（下层）厚度与油柱充注的厚度相关性好于上层烃源岩厚度与油柱充注的厚度。研究表明，青一段下部靠近泉四段的烃源岩品质好坏与油气富集有内在相关性。

图 5-3-4 为柴达木盆地 Z5 井—Z9 井Ⅳ砂组的烃源岩测井评价连井剖面，图中黑色充填表示一类烃源岩，灰色充填表示二类烃源岩。该图显示 Z5 井、Z203 井、Z3 井、ZP1 井的一类、二类烃源岩厚度相对较薄，向东到 Z2 井有所变厚，到 Z7 井、Z9 井厚度明显变大，反映了烃源岩的分布趋势，整体从西向东有厚度加大、品质变好的趋势。

在多井对比基础上，通过分析纵向 TOC 分布特征和井间变化，可明确不同类型烃源岩对油气分布的控制作用，进一步研究不同类型烃源岩平面分布规律可为含油富集区分布研究与有效开发提供指导。以鄂尔多斯盆地姬塬地区为例，通过对长 7 段烃源岩 TOC 进行了多井定量评价，绘制 TOC 平面分布图，如图 5-3-5 所示，明确有机质丰度分布，图中蓝颜色越深表明烃源岩 TOC 越高，品质越好。由图 5-3-5 可见，姬塬地区中心部位烃源岩生烃能力最强，向边部，TOC 逐渐减小，生烃能力逐渐减弱。

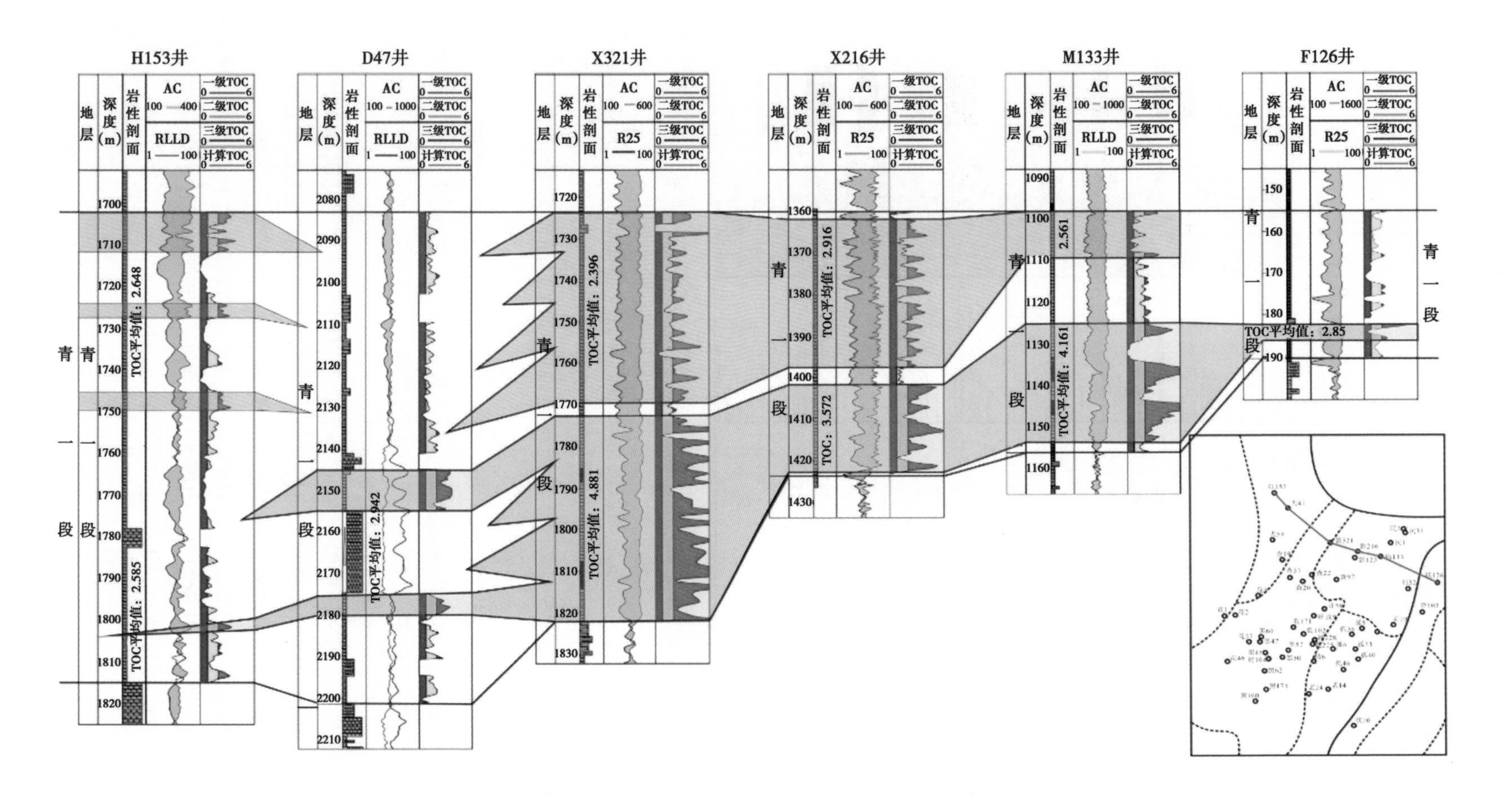

图 5-3-3 松辽盆地南部青一段过 H153 井—F126 井剖面 TOC 测井分类评价结果（据中国石油吉林油田勘探开发研究院）

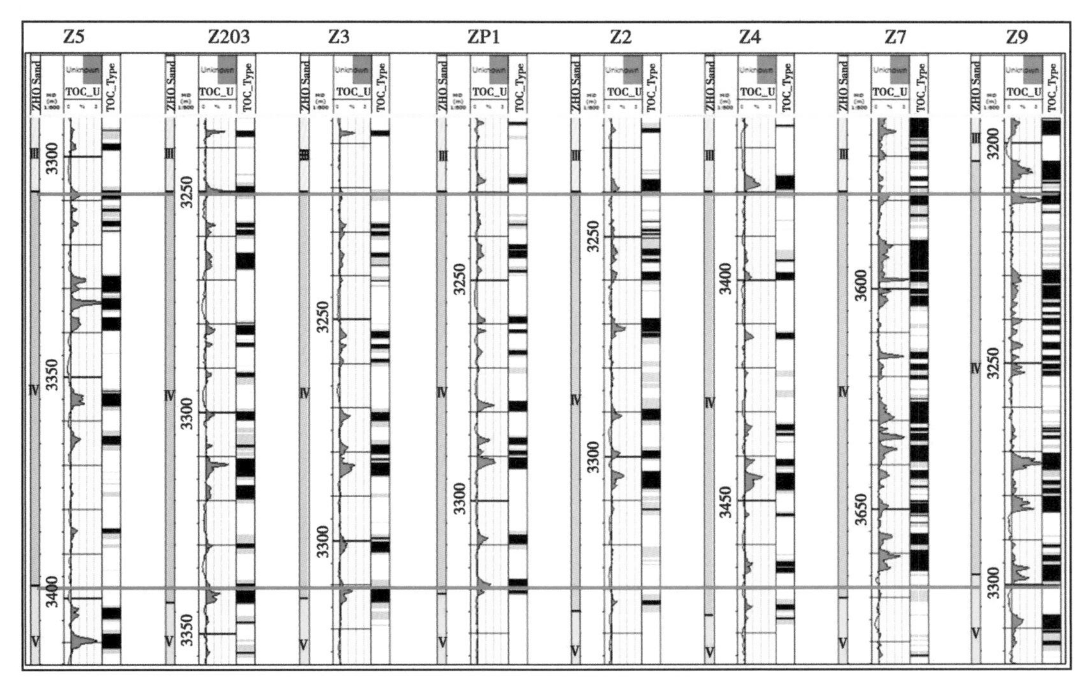

图 5-3-4　烃源岩品质测井分类评价连井剖面（Ⅳ砂组）（据中国石油青海油田勘探开发研究院）

三、烃源岩品质测井分类

针对烃源岩总有机碳含量和不同类型烃源岩厚度测井计算结果，构建烃源岩品质参数 TOC×H（反映了烃源岩中的有机质富集程度，其中 H 为厚度）评价烃源岩有机物质的丰富程度，判断生油气效率。

从多井对比图上看（图 5-3-6），烃源岩参数 TOC×H 越高，下部含油井段越长，含油性越好。另外烃源岩上下致密油分布还受储层发育情况和断层等疏导条件控制。

图 5-3-7 是 X233 井区烃源岩品质分布图，图中粉色圈起来均为试油较差区域，但是这些区域在烃源岩厚度图上基本与其他试油较好区域烃源岩厚度一致。因此与以往烃源岩厚度图相比，TOC×H 能更好反映烃源岩品质，为下一步源储配置测井评价奠定良好的基础。

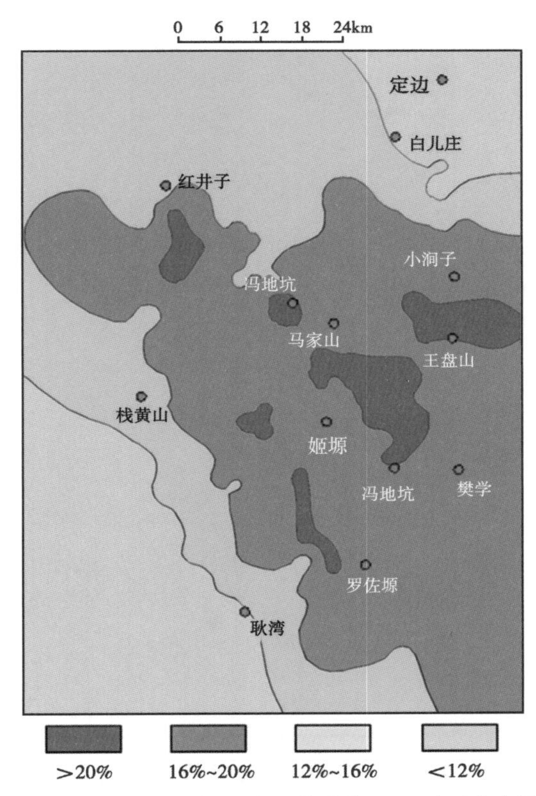

图 5-3-5　长 7 段烃源岩测井计算 TOC 平面分布图

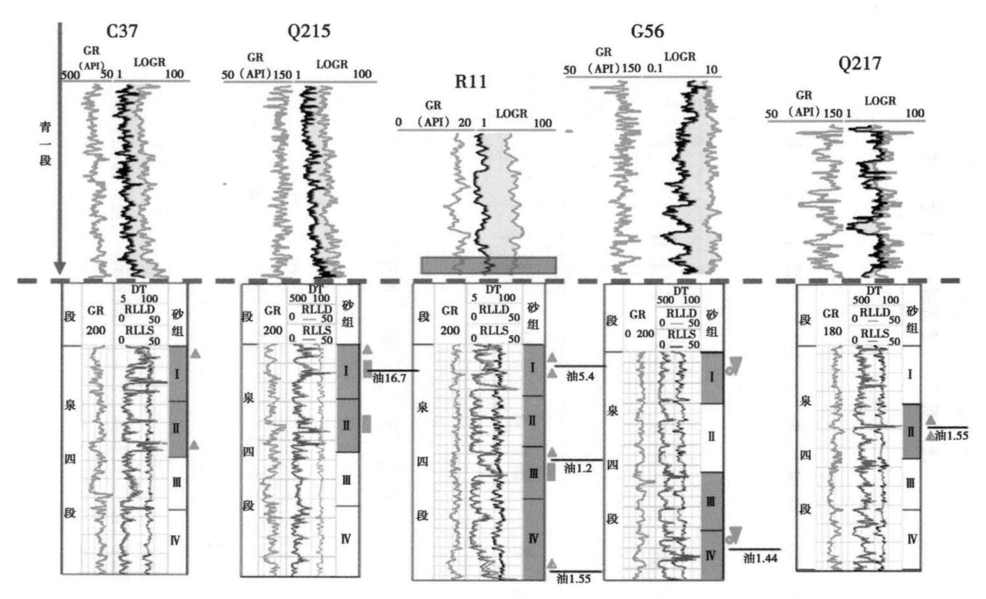

图 5-3-6　松辽南部 C25 井—C24 井青一段烃源岩品质与扶余油层分布关系图
（据中国石油吉林油田勘探开发研究院）

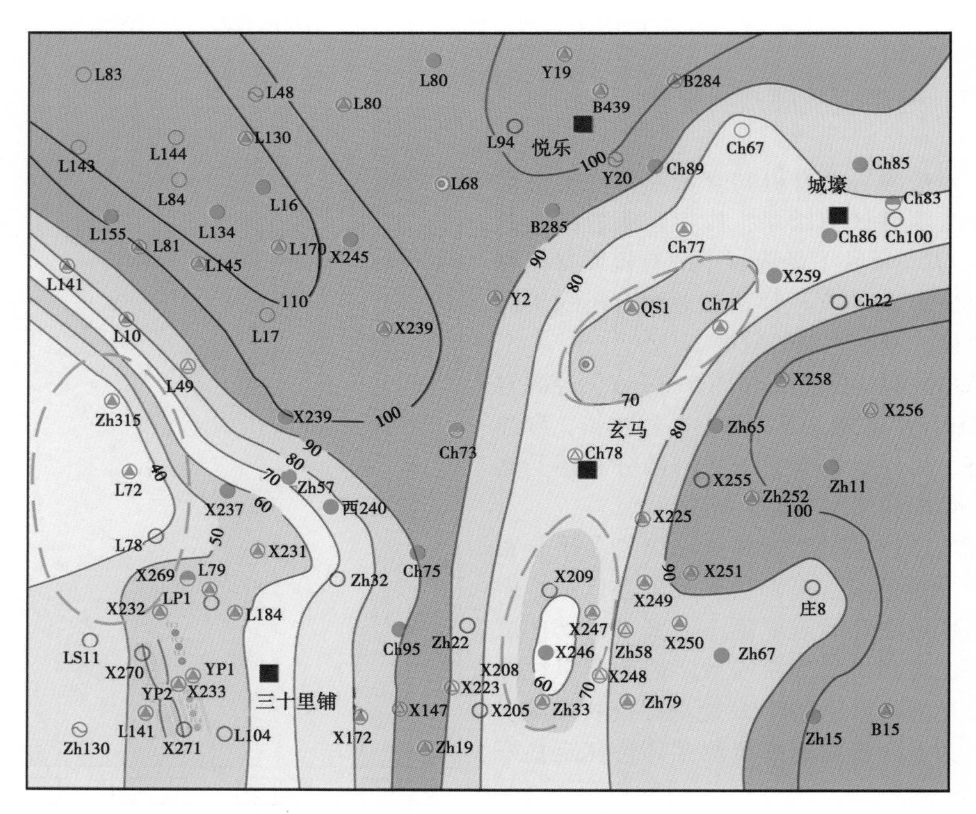

图 5-3-7　鄂尔多斯盆地姬塬地区 X233 井区烃源岩品质（TOC×H）分布图
（据中国石油长庆油田勘探开发研究院）

第六章　致密砂岩储层品质测井评价

同常规储层的解释流程类似，致密砂岩储层的储集品质评价是首要任务。致密砂岩储层孔隙结构的典型特点是储集空间以次生溶蚀孔为主，孔隙类型、尺寸大小、孔喉匹配情况、裂缝发育情况及孔隙—裂缝匹配关系是决定其储集品质的关键。此外，生产实际资料表明，致密砂岩储层试油产能的高低还与射孔层段砂体单元的非均质性密切相关。砂体结构特征和含油非均质性对试油层段优选和产能分级也有重要影响，是致密油“甜点”优选的重要依据之一。本章在前面岩石物理研究基础上，着重讨论如何应用测井资料评价储层的微观孔喉结构和宏观砂体结构，以及基于测井地质学思路的致密砂岩储层岩石物理相综合分类方法。

第一节　矿物组分含量计算与岩性评价

地层所含的矿物种类与含量计算是储层测井评价中一项复杂而重要的基础工作，评价结果对岩性识别、物性评价等具有重要的指导作用。常用的测井矿物含量计算通常有三种方法，即单一矿物岩石物理建模、多矿物优化处理和岩性俘获测井法。当矿物种类较多时，单一矿物测井建模方法求解矿物含量较为困难，且累积误差过大。岩性俘获谱测井是一种精度较高的新方法，而基于常规测井的最优化处理方法则是一种更为普遍的选择。

一、常规测井多矿物最优化定量评价

1. 多矿物解释模型

最优化原理是用正演的方法解决参数反演的问题，即在正确建立与目标解释井段相适应的解释模型和一组不同测井方法响应方程的基础上，选择合理的区域性矿物测井响应参数，通过优化方法不断调整各种矿物相对体积含量，正演相应方法的测井值。当正演测井值与实际测井值基本一致，且采用非线性加权最小二乘原理求解的多条曲线正演误差满足最小误差条件，此时的各种矿物含量就是最优解。

一般，常规声波测井、密度测井有如下测井响应方程组以及目标函数：

$$\begin{cases}\rho_b = \rho_1 V_1 + \rho_2 V_2 + \cdots + \rho_i V_i + \cdots \rho_m V_m \\ \Delta t = \Delta t_1 V_1 + \Delta t_2 V_2 + \cdots + \Delta t_i V_i + \cdots + \Delta t_m V_m \end{cases} \tag{6-1-1}$$

$$\phi_{CNL} = \phi_{CNL_1} V_1 + \phi_{CNL_2} V_2 + \cdots + \phi_{CHL_i} V_i + \cdots + \phi_{CNL_m} \phi_m$$

$$1 = V_1 + V_2 + \cdots + V_i + \cdots + V_m$$

式中　i——所选择的各种矿物，$i=1$，2，…，m；

ρ_i，Δt_i，ϕ_{CNL_i}——分别为各种矿物的密度、声波、中子等测井响应值；

V_i——各种矿物的体积含量。

对于式（6-1-1），可以采用最优化的方法来计算各种矿物体积含量，并通过目标函数（6-1-2）来决定最优化解：

$$\varepsilon^2 = \left(\frac{t_m - t_m'}{U_m}\right)^2 \tag{6-1-2}$$

式中　t_m——经过校正的第 m 种矿物测井值；

t_m'——相对应的通过测井响应方程计算的理论值；

U_m——第 m 种矿物测井响应方程的误差。

从理论上讲，求解矿物数量不能高于独立的测井物理量的数量，式（6-1-1）在盈余的情况下才有较高的求解精度。下面以鄂尔多斯盆地陇东地区长 7 段致密砂岩储层为例，介绍该方法的应用情况路。

沉积研究表明，陇东地区长 7 段致密砂岩具有高石英、低长石含量的特征，主要类型为岩屑长石砂岩和长石岩屑砂岩。其中石英平均含量占 45.97%、长石平均含量占 33.58%，岩屑含量 20.45 %。砂岩粒度偏细，一般以细砂、极细砂为主。颗粒分选较好，磨圆差，以次棱角状为主。颗粒间以点—线接触为主，胶结类型为压嵌—孔隙式、基底式胶结。填隙物含量较高，主要以杂基和胶结物形式充填孔隙，绿泥石含量最高。

为了便于最优化方法计算，需要舍去其中含量相对较少矿物（含量小于 5%的）。根据该区岩心矿物衍射分析资料（图 6-1-1、图 6-1-2），其中石英平均含量占 46%、长石平均含量占 30%，而黏土矿物主要为伊利石（平均含量约 10%）和绿泥石（平均含量约 5%），故选择石英、长石、伊利石以及绿泥石四种矿物作为地层的主要矿物组成，建立岩石物理体积模型如图 6-1-3 所示。

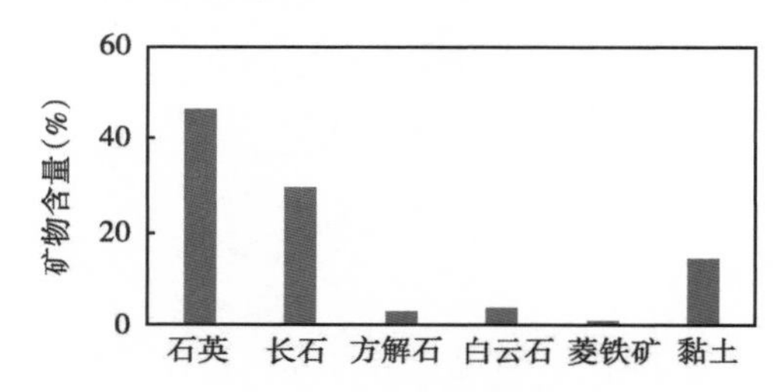

图 6-1-1　长 7 段致密砂岩矿物含量分布图

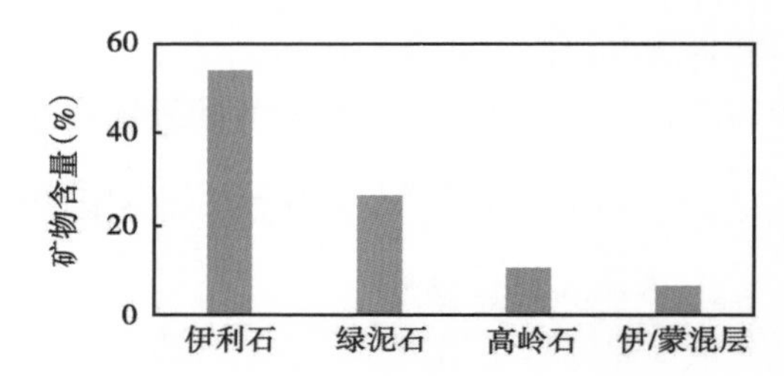

图 6-1-2　长 7 段致密砂岩黏土矿物含量分布图

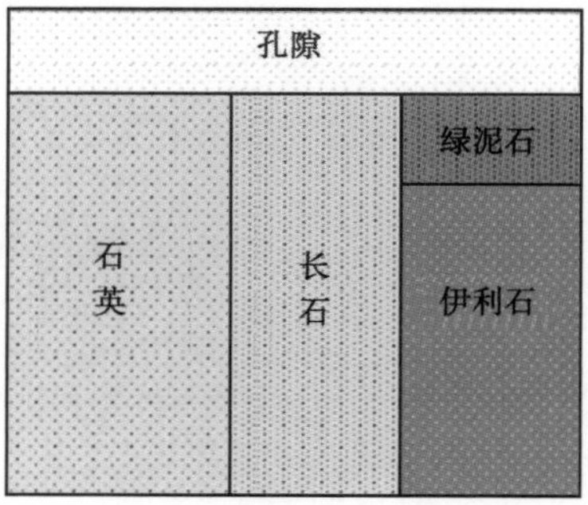

图 6-1-3　陇东地区长 7 段致密砂岩矿物体积模型

2. 最优化求解方法

最优化的计算原理可以用图 6-1-4 来表示，其原理是采用非线性加权最小二乘，即通过最优化方法不断调整测井响应方程的矿物含量，使两者充分逼近，当目标函数达到极小值时的解就是最优解。

选定上述四种矿物及其测井响应值代入模型进行计算。每计算一次，针对输入的测井响应参数重构一条测井曲线，并将重构曲线与原始曲线做比较，如果不能很好重合，则需要再次调整相关参数重新计算直到二者较好地重合为止。

图 6-1-5 是反演曲线和实测曲线之间的对比实例，将最优化处理的伽马（第 2 道）、声波（第 3 道）、密度（第 4 道）、中子（第 5 道）以及 U 曲线（第 6 道）与实测曲线进行了对比（红色的曲线为实际测得的测井数据，黑色曲线为

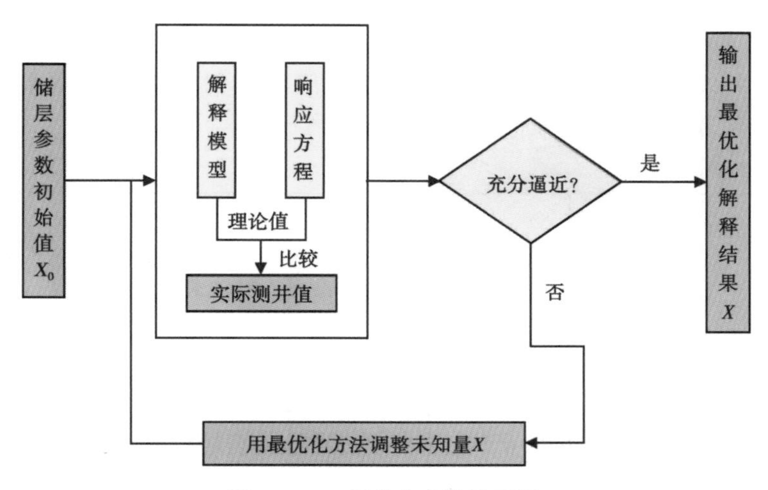

图 6-1-4 最优化方法流程图

最优化计算曲线)。可见五条最优化重建曲线与实测曲线重合良好，表明模型中各矿物的参数选择是合理的。

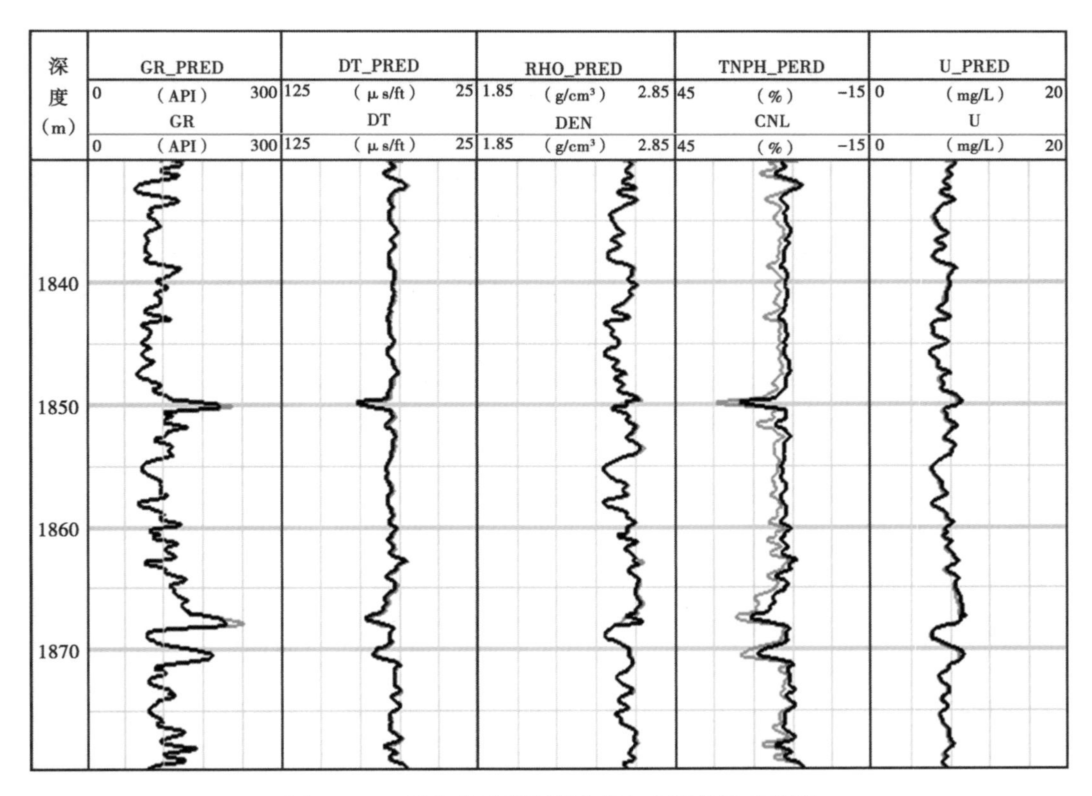

图 6-1-5 最优化过程预测曲线与实测曲线对比图

图 6-1-6 是利用上述方法处理的多矿物测井解释成果图，其中第 1 道为深度道，第 2 道为伽马、自然电位和井径曲线，第 3 道为中子、密度和声波曲线，第 4 道为阵列感应电阻

率，第5道为多矿物剖面，第6至第8道分别为黏土（vol_chlor+vol_il）、石英（vol_quar）以及长石（vol_orth）的计算结果（已换算成质量百分数）和X射线衍射结果对比。可以看出，计算黏土矿物总量、石英和长石矿物含量最优解与X射线衍射实验结果基本一致，从而证明这种最优化方法计算的矿物含量精度是基本可靠的。

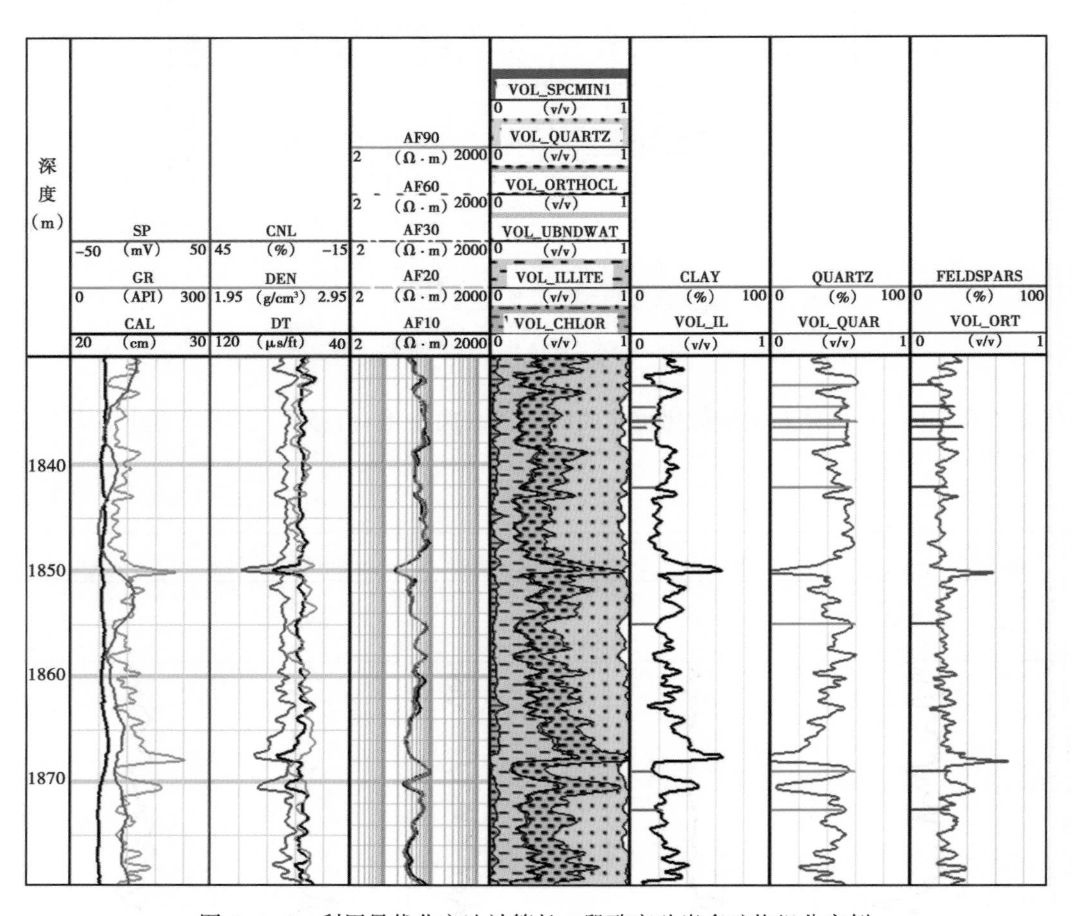

图6-1-6 利用最优化方法计算长7段致密砂岩多矿物组分实例

二、利用元素俘获谱测井计算矿物含量

1. 地层元素测井矿物含量计算方法

对地层元素测井中测量的能谱进行谱解析获取元素含量之后，根据地层矿物中元素组成和含量，可将得到的元素含量转换为地层矿物含量。

1）元素向矿物转换的基本原理

假设地层岩石骨架中有n种地层矿物，每种地层矿物由m种元素组成，不同地层矿物中某一元素的总和应等于地层元素测井中测量的该元素含量，因此满足以下公式：

$$\begin{bmatrix} c_{11} & c_{12} & \cdots & c_{1n} \\ c_{21} & c_{22} & \cdots & c_{2n} \\ \vdots & \vdots & \vdots & \vdots \\ c_{m1} & c_{m2} & \cdots & c_{mn} \end{bmatrix} \begin{bmatrix} M_1 \\ M_2 \\ \vdots \\ M_n \end{bmatrix} = \begin{bmatrix} e_1 \\ e_2 \\ \vdots \\ e_m \end{bmatrix} \tag{6-1-3}$$

式中　c_{ij}——第 i 种矿物中第 j 种元素的质量百分比；

M_i——第 i 种矿物的含量；

e_j——第 j 种元素的含量，由地层元素测井获取。

将式（6-1-3）写为矩阵形式：

$$C_{m\times n}M_{n\times 1} = E_{m\times 1} \tag{6-1-4}$$

一般情况下，地层元素测井中提供的元素种类 m 要大于反演的矿物种类 n。求解式（6-1-4）可以得到地层矿物含量：

$$M = C^{-1}E \tag{6-1-5}$$

矿物系数矩阵作为矿物含量反演计算的输入条件，其准确度是精确反演矿物含量的前提，可以利用地层矿物标准分子式计算的元素含量组成矿物系数矩阵，但矿物的实际元素组成与含量和标准分子式有一定差异。由于不同地区矿物种类不同，因此需要利用岩心实验数据建立区域矿物系数矩阵。如果没有区域岩心数据，则只能利用通用矿物系数矩阵进行矿物含量反演。表 6-1-1 列出了基于大量岩心数据分析统计得出的沉积岩中常见 10 种矿物的元素组成和含量。

表 6-1-1　沉积岩中常见矿物的元素成分及含量（单位质量矿物的元素含量）

元素	石英	方解石	白云石	钾长石	钠长石	伊利石	硬石膏	铁白云石	黄铁矿	干酪根
Al	0	0	0	0.132	0.103	0.132	0	0	0	0
Ca	0	0.395	0.213	0.005	0	0.005	0.2944	0.116	0	0
Fe	0	0	0	0.048	0	0.048	0	0.162	0.466	0
Gd	0.001	0.5	1.3	4	0.2	4	0	0	0	0
K	0	0	0	0.045	0	0.045	0	0	0	0
Mg	0	0.004	0.129	0.012	0	0.012	0	0.027	0	0
Mn	0	0	0	0	0	0	0	0.024	0	0
Na	0	0	0	0.004	0.088	0.004	0	0	0	0
Si	0.467	0	0	0.249	0.321	0.249	0	0	0	0
S	0	0	0	0	0	0	0.2355	0	0.534	0.026
C	0	0.12	0.13	0	0	0	0	0.12	0	0.83
Ti	0.0002	0	0.001	0.005	0.001	0.005	0	0	0	0

2）加权约束最小二乘法求解

利用最小二乘法求解式（6-1-4）所示的矩阵方程得到地层矿物含量最优解，则需使残差 $r=E-CM$ 最小，即使其 2 范数最小：

$$\min \| r \|_2^2 = \min \| E - CM \|_2^2 = \min(E - CM)^{\mathrm{T}}(E - CM) \tag{6-1-6}$$

因此，可得到利用最小二乘法计算的地层矿物含量最优解为：

$$M = (C^{\mathrm{T}}C)^{-1}(C^{\mathrm{T}}E) \tag{6-1-7}$$

为了增加地层矿物含量计算结果的可靠性和稳定性，在最小二乘求解过程中采用加权系数和约束因子，即：

$$\min \|r\|_2^2 = \min \frac{1}{W}(\|E - CM\|_2^2 + \alpha I) \tag{6-1-8}$$
$$= \min(E - CM)^{\mathrm{T}} W(E - CM) + \alpha I$$

式中 W——权重矩阵，为对角矩阵，对角矩阵元系数为元素含量的倒数，即：$w_{ii}=1/e_i$；

α——约束因子；

I——单位矩阵。

利用加权约束最小二乘法得到的地层矿物含量最优解为：

$$M = (C^{\mathrm{T}} \cdot W \cdot C + \alpha I)^{-1} \cdot (C^{\mathrm{T}} \cdot W \cdot E) \tag{6-1-9}$$

3）线性规划法求解

地层元素含量向矿物含量的转换可以归结为线性规划问题，即要求所有地层矿物含量反演结果之和尽可能接近于 1：

$$\min S = \min(1 - \sum_{i=1}^{m} M_i) \tag{6-1-10}$$

对该线性规划问题施加线性不等约束条件，使所有地层矿物中某一元素含量之和不能超过该元素的地层元素测井值，且每一种矿物的含量均大于 0，即：

$$\sum_{i=1}^{m} c_{ij} M_i < e_i$$
$$M_i > 0 \tag{6-1-11}$$

可利用单纯形法求解线性规划问题，但在单纯形法中若给出问题不是标准形式必须先化成标准形式。根据式（6-1-10）和式（6-1-11），若给出的地层矿物含量反演问题为：

$$\min(1 - M_1 - M_2 - \cdots - M_{10})$$

约束条件为：

$$c_{11}M_1 + c_{12}M_2 + \cdots + c_{1n}M_n \leqslant e_1$$
$$c_{21}M_1 + c_{22}M_2 + \cdots + c_{2n}M_n \leqslant e_2$$
$$\cdots\cdots$$
$$c_{m_1}M_1 + c_{m2}M_2 + \cdots + c_{mn}M_n \leqslant e_m$$
$$M_1, M_2, \cdots, M_n \geqslant 0 \tag{6-1-12}$$

此时，需要引入松弛变量，将式（6-1-12）化为标准形式：

$$\min(1 - M_1 - M_2 - \cdots - M_{10})$$

约束条件为：

$$c_{11}M_1 + c_{12}M_2 + \cdots + c_{1n}M_n + \lambda_1 \leqslant e_1$$
$$c_{21}M_1 + c_{22}M_2 + \cdots + c_{2n}M_n + \lambda_2 \leqslant e_2$$
$$\cdots\cdots$$
$$c_{m_1}M_1 + c_{m2}M_2 + \cdots + c_{mn}M_n$$
$$M_1, M_2, \cdots, M_n \geqslant 0 \quad \lambda_1, \lambda_2, \cdots, \lambda_n \geqslant 0 \tag{6-1-13}$$

将需要求解的线性规划问题化成标准形式以后，首先找出该问题的一个基本可行解，从该基本可行解出发寻找满足所有约束条件且使目标函数达到最小值的解，即为利用单纯形法求得的地层矿物含量结果。

4）基于多目标规划的最优化方法

根据建立的地层矿物模型和矿物系数矩阵，计算地层中元素含量曲线；将计算的地层元素含量曲线与地层元素测井实际测量的元素含量曲线对比，如图 6-1-7 所示，若其差异满足精度要求，则输出矿物模型中的矿物含量；若其差异不满足精度要求，将其差异作为约束条件，重新调整矿物模型中的矿物含量，直至元素含量计算曲线与实测曲线之间的差异满足精度要求，最终输出调整矿物模型中的矿物含量，具体技术路线如图 6-1-8 所示。

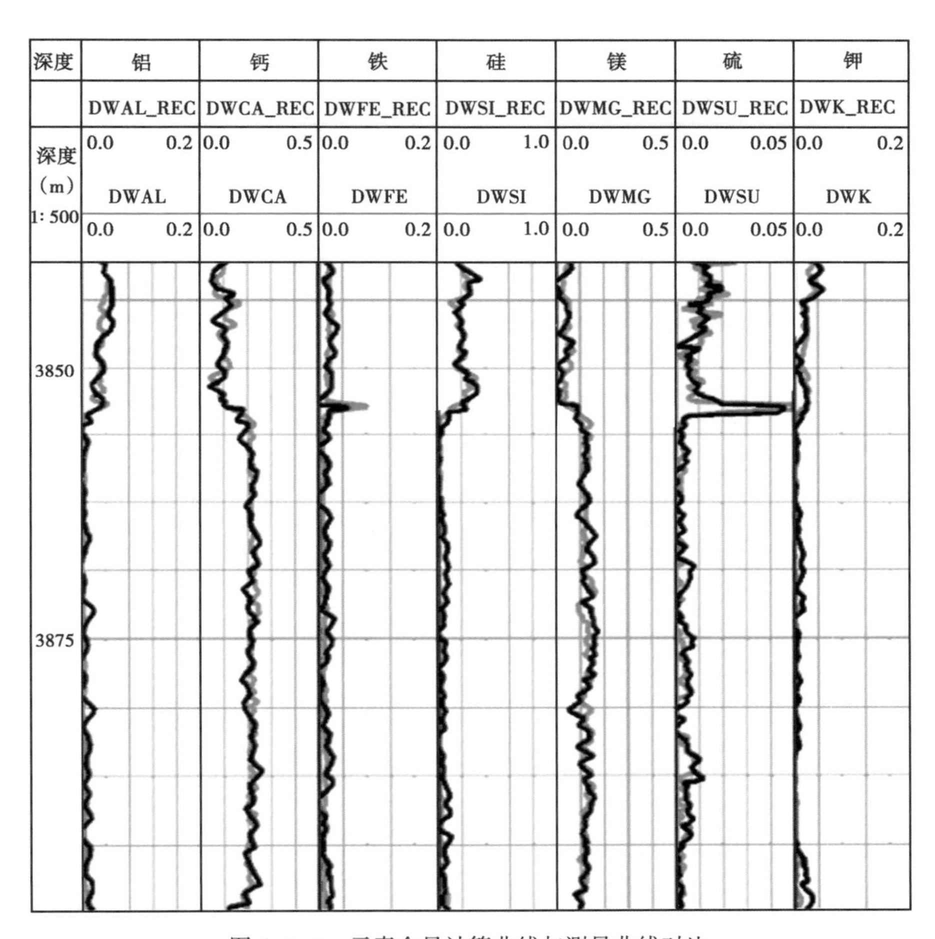

图 6-1-7　元素含量计算曲线与测量曲线对比

矿物模型和矿物系数矩阵具有很强的地区性，作为矿物反演的输入条件，其准确与否对于计算精度影响显著。对于给定的地层矿物模型，可根据不同地层矿物中的元素含量（即矿物系数矩阵）给出地层元素测井的响应曲线，即：

$$elog_{ti} = f_i(V) \qquad (6\text{-}1\text{-}14)$$

式中　$elog_{ti}$——理论元素测井响应；

V——体积含量；

$f_i(V)$——根据假定地层矿物模型建立的测井响应方程。

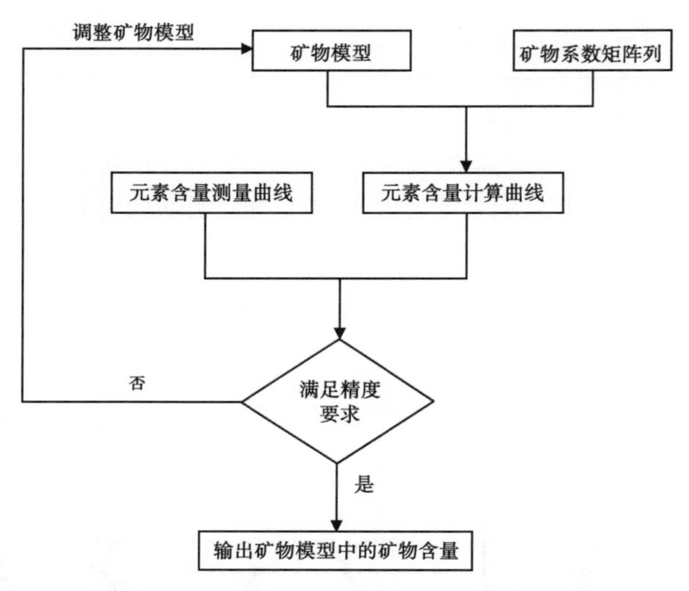

图 6-1-8　多目标规划最优化矿物反演技术流程图

在地层矿物含量反演的最优化处理中需要求解由 m 个方程构成的超定方程组，建立最优化的目标函数：

$$V=\mathrm{argmin}[F_i(V)] \tag{6-1-15}$$

$$F_i(V)=\frac{1}{2}\sum_{i=1}^{m}(e\log_{ti}-e\log_{ri})^2=\frac{1}{2}\sum_{i=1}^{m}[f_i(V)-e\log_{ri}]^2 \tag{6-1-16}$$

式中　$e\log_{ri}$——地层元素测井中测量得到的元素含量测井响应；

m——元素种类数。

由于各元素含量测井曲线的不确定性不同，在用于地层矿物含量反演时的“可信度”也不同，在反演计算时对不同元素含量测井曲线采用不同权重：

$$F_i(V)=\frac{1}{2}\sum_{i=1}^{m}[(e\log_{ti}-e\log_{ri})w_i]^2=\frac{1}{2}\sum_{i=1}^{m}[(f_i(V)-e\log_{ri})\cdot w_i]^2 \tag{6-1-17}$$

式中　w_i——各元素含量测井曲线的权重系数。

反演计算中一般考虑含量不小于 0、总和为 1 这两个约束条件。

以柴达木盆地的 ZP1 井为例。本井采集的是斯伦贝谢公司岩性扫描测井 LithoScanner，并利用 ELAN 模块计算石英、方解石、白云石、钾长石、钠长石、伊利石、硬石膏、铁白云石、黄铁矿和干酪根等 10 种地层矿物含量。采用加权约束最小二乘法、线性规划法和多目标规划等法计算 10 种地层矿物含量，矿物系数矩阵采用表 6-1-1 所示数据。图 6-1-9 为 X950～X975m 井段地层矿物含量计算结果与斯伦贝谢公司计算结果成果图。图中第 1 道为岩性曲线，第 2 道为深度道，第 3 道为物性曲线，第 4 道为电性曲线，第 5 至 14 道为地层元素含量曲线，第 15 道为 ELAN 模块计算的地层矿物含量，第 16 道为加权约束最小二乘法计算的地层矿物含量，第 17 道为线性规划法计算的地层矿物含量，第 18 道为利用多目标规划的最优化方法计算的地层矿物含量。

对比可以看出，总体上，以地区岩心分析资料为约束，不同方法反演得到的矿物含量大致趋势和分布规律是基本接近的，具体数值略有差异。利用加权约束最小二乘法计算的石英、方解石、白云石计算结果与斯伦贝谢公司结果基本一致，钠长石含量与斯伦贝谢提供结果吻合程度较高，钾长石、伊利石、硬石膏、铁白云石、黄铁矿与干酪根含量有一定差异。

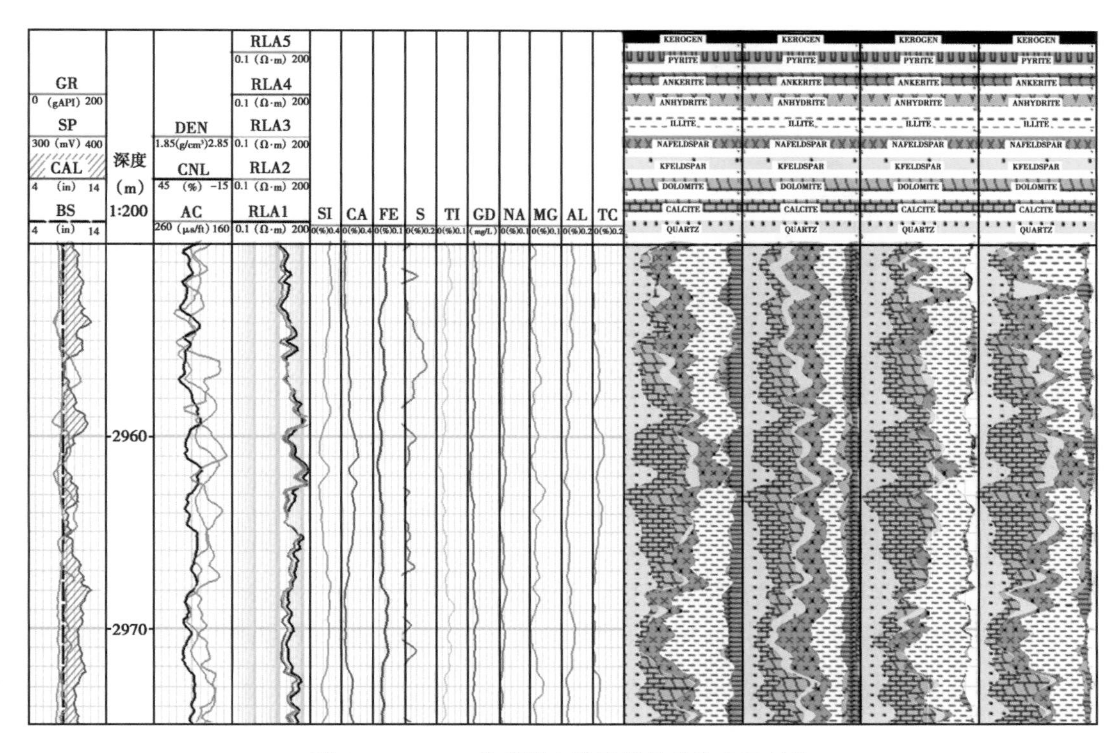

图 6-1-9　ZP1 井多种方法计算的矿物含量对比

2. 基于矿物含量的测井岩性评价

在利用上述方法获得准确的地层矿物含量基础上，就可以开展致密砂岩储层的岩性分类评价。地层岩性是成岩和沉积作用的综合表征，控制着储层的发育模式、含油性质及其分布，同时也影响着储层的微观和宏观特征。准确识别地层岩性有利于对储层沉积成岩条件有更好的认识，也可用于储层对比。

这里主要介绍斯伦贝谢公司用于非常规储层的 sCore 岩性分类方法，如图 6-1-10 所示。

sCore 分类方法是利用黏土、石英/长石/云母及碳酸盐岩含量归一化值将地层岩性划分为 16 类，遵循以下规则：

（1）若某种地层矿物含量大于 80%，则直接命名为该种地层矿物的岩石，如黏土岩、硅质岩或碳酸盐岩；

（2）若某种地层矿物含量介于 50%～80%，则以该种地层矿物定岩性的主名，如 XX 黏土岩、XX 硅质岩等；

（3）若某种地层矿物含量介于 30%～50%，则命名为富该种地层矿物岩石，如富硅质 XX 岩、富黏土 XX 岩等；

（4）若某种地层矿物含量大于 50%，另两种地层矿物之和与该种地层矿物含量接近，

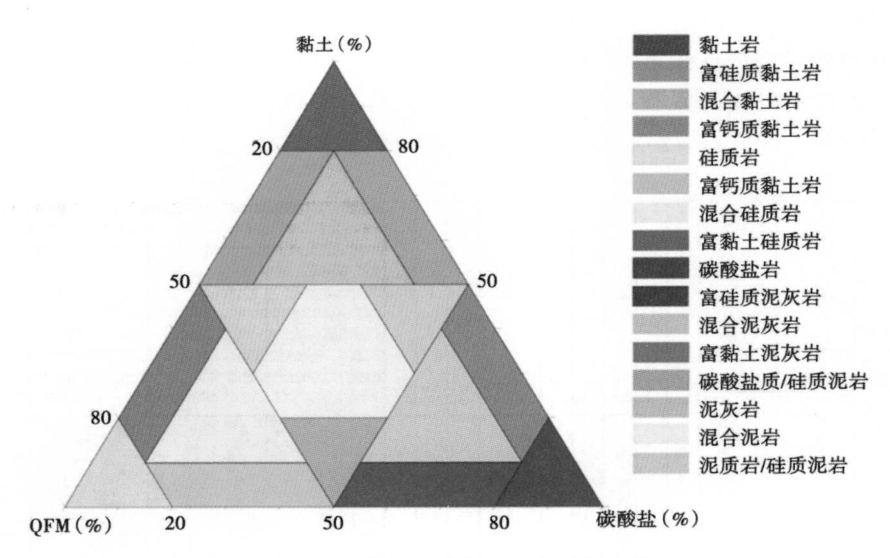

图 6-1-10　sCore 岩性分类方法（据斯伦贝谢公司）

则定义为混合 XX 岩，如混合黏土岩、混合硅质岩等；

（5）若两种地层矿物含量接近，则将这两种地层矿物并列排放命名，如碳酸盐质/硅质泥岩、泥质岩/硅质泥岩等；

（6）若三种地层矿物含量都接近，则命名为混合岩，如混合泥岩。

在柴达木盆地扎哈泉地区 4 口井中，利用该方案的岩性划分结果如图 6-1-11 所示。

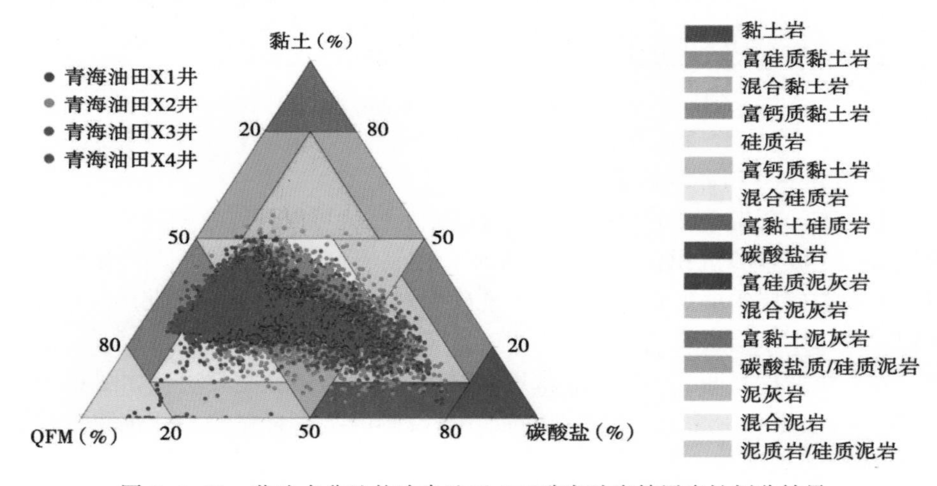

图 6-1-11　柴达木盆地扎哈泉地区 4 口致密砂岩储层岩性划分结果

从图 6-1-11 可以看出，扎哈泉地区致密砂岩油储层岩性主要以混合硅质岩、富黏土硅质岩、硅质泥岩、混合泥岩和泥灰岩为主，还有混合黏土岩及富硅质黏土岩等。

进一步地，将上述岩性分类方案应用到松辽、鄂尔多斯、柴达木等盆地的不同区块，如图 6-1-12 所示。可以看出，不同地区的储层岩性差别较大，柴达木盆地扎哈泉地区和松辽地区北部致密油气储层主要以混合硅质岩、混合泥岩、富黏土硅质岩为主；鄂尔多斯盆地陇东地区致密油气储层主要以富黏土硅质岩和硅质泥岩为主，硅质含量较多。

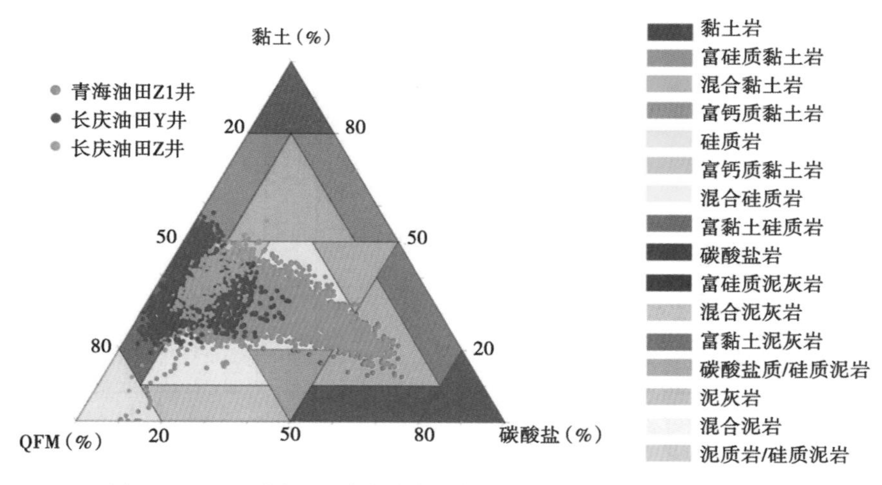

图 6-1-12　不同地区致密砂岩油气储层 sCore 方案岩性识别结果

第二节　孔隙度和裂缝测井评价

根据前面关于我国陆相致密砂岩储层的地质特征分析，孔隙体积、孔隙结构和裂缝是影响储集品质的三大主要因素。本节着重讨论影响孔隙度测井计算精度的主要因素，并提出了适合致密砂岩储层物性评价的测井计算方法模型。

一、孔隙度测井计算精度分析

1. 常规测井仪器的精度分析

表 6-2-1 为国产 EILog 测井系统的声波时差、补偿中子和岩性密度测井仪器测量精度对比分析。按照我国的探明储量计算规范的要求，测井解释孔隙度的相对误差不超过±8%。为了满足致密储层孔隙度计算误差要求，对补偿声波、补偿中子和密度计算孔隙度所需要的测井采集精度进行了数值模拟分析（图 6-2-1）。对于不同的储层所需要的采集精度也不一样（表 6-2-2）。如储层孔隙度为 12%，声波测井所需要的采集精度至少要达到 4. 22μs/m，对储层孔隙度为 9%，采集精度要达到 3. 17μs/m，储层孔隙度为 6%对应采集精度要达到 2. 11μs/m。储层孔隙度越小，所需要的采集精度要越高。

表 6-2-1　国产 EILog 测井系统常规孔隙度测井精度对比

测井系列	EILog		
仪器简称	补偿声波（BCA5601）	补偿中子（CNLT5420）	岩性密度（LDLT5450）
测量范围	130~650μs/m	0~85pu	ρ_b：1. 3~3. 0g/cm^3 PE：1. 3~6b/e CAL：152~533mm
测量精度	130~200μs/m：±3μs/m 200~650μs/m：±1. 5%	0~7pu：±0. 5pu ≥7pu：±7%	ρ_b：±0. 015g/cm^3 PE：±0. 2b/e
纵向分辨率（cm）	40	60	60

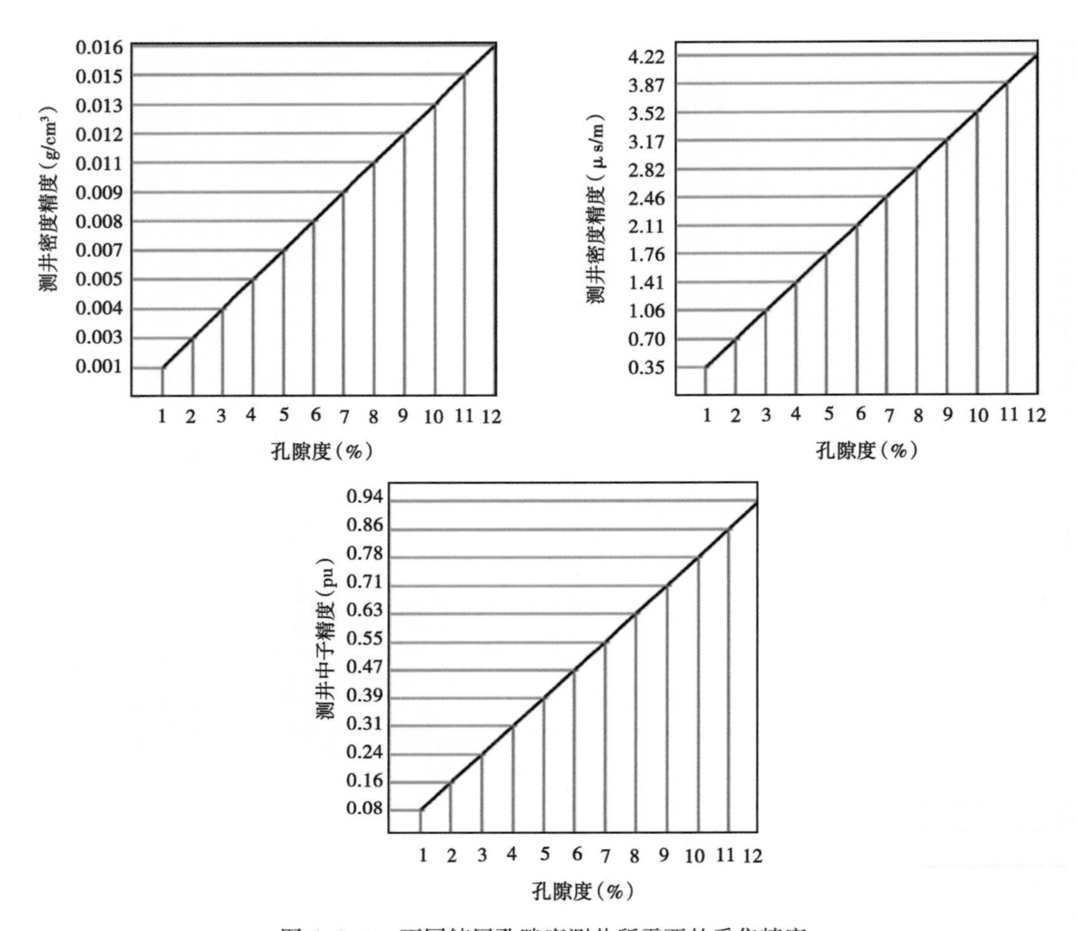

图 6-2-1　不同储层孔隙度测井所需要的采集精度

表 6-2-2　不同储层孔隙度测井仪器的精度对比表

POR（%）	DEN 误差（g/cm³）	AC 误差（μs/m）	CNL 误差（%）
35	±0. 046	±12. 32	±2. 74
30	±0. 040	±10. 56	±2. 35
25	±0. 033	±8. 8	±1. 96
20	±0. 026	±7. 04	±1. 57
15	±0. 02	±5. 28	±1. 18
12	±0. 016	±4. 22	±0. 94
10	±0. 013	±3. 52	±0. 78
8	±0. 011	±2. 82	±0. 63
6	±0. 008	±2. 11	±0. 47
5	±0. 007	±1. 76	±0. 39
4	±0. 005	±1. 41	±0. 31
3	±0. 004	±1. 06	±0. 24
1	±0. 001	±0. 35	±0. 08

除受测井仪器精度影响外，黏土矿物对密度和声波测井的影响也具有较大的差异。实际资料表明，当储层泥质含量较高时，密度测井与岩心孔隙度的一致性要明显优于声波测井。此外，声波测井的纵向分辨率较低，在薄互层段难以反映储层的物性变化，而密度测井具有相对较高的纵向分辨率，可较好地指示储层纵向上的物性变化和分布的非均质性（图 6-2-2）。由此可见，在致密砂岩储层不宜采用声波测井计算孔隙度。

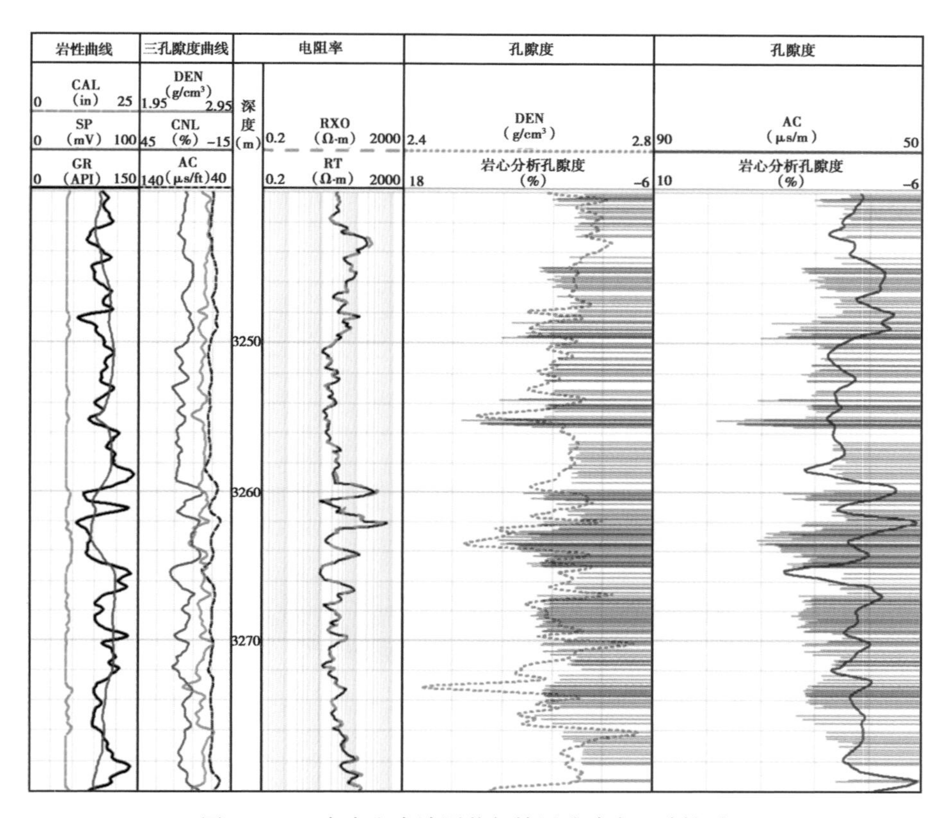

图 6-2-2　密度和声波测井与储层孔隙度一致性对比

2. *岩石骨架参数*

就常规孔隙度测井评价而言，骨架参数的选择无疑是影响计算结果精度的关键因素。我国陆相致密油岩性组成复杂，矿物骨架值变化范围大，如果采用固定骨架参数的计算模型，可能导致孔隙度计算的巨大误差。如图 6-2-3 为扎哈泉地区致密砂岩取心矿物成分分析结果，矿物成分多，岩性复杂，纵向变化大，不同矿物的密度、中子等骨架值变化大（表 6-2-3），在测井处理解释时难以确定合适的骨架参数，给孔隙度测井计算带来了很大难度。

表 6-2-3　不同矿物 GR、CNL、DEN、PE 等测井骨架值表

矿物	GR（API）	U（mg/L）	Th（mg/L）	K（%）	CNL（pu）	DEN（g/cm³）	PE（b/e）
石英	<5.0				-2.1	2.644	1.806
钾长石	235.0~275.0	0.2~3.0		6.79~12.92	-1.0~1.1	2.53~2.56	2.33~2.82
钠长石	3.6~56.8	0.2~5.0	0.5~3.0	0~1.6	-1.2~1.3	2.51~2.61	1.68~1.84
方解石	-10.0				0	2.694~2.742	5.084

续表

矿物	GR（API）	U（mg/L）	Th（mg/L）	K（%）	CNL（pu）	DEN（g/cm^3）	PE（b/e）
白云石	≤10.0				0.5	2.802~2.962	3.142
硬石膏	1.5~6.0	0.2~0.45			2.0~0	2.912~3.02	5.055
铁白云石	0~8.4				5.7~4.9	3.08~2.905	25.79~23.23
黄铁矿	<5.0				−1.9	4.935~5.017	16.974
伊利石	130.0~235.0	1.0~5.0	10.0~25.0		17.7~46.1	2.60~2.80	2.59~2.78
绿泥石	−50.0		3.0~5.0	−0.3	>50.0	2.96~3.31	6.79~11.37

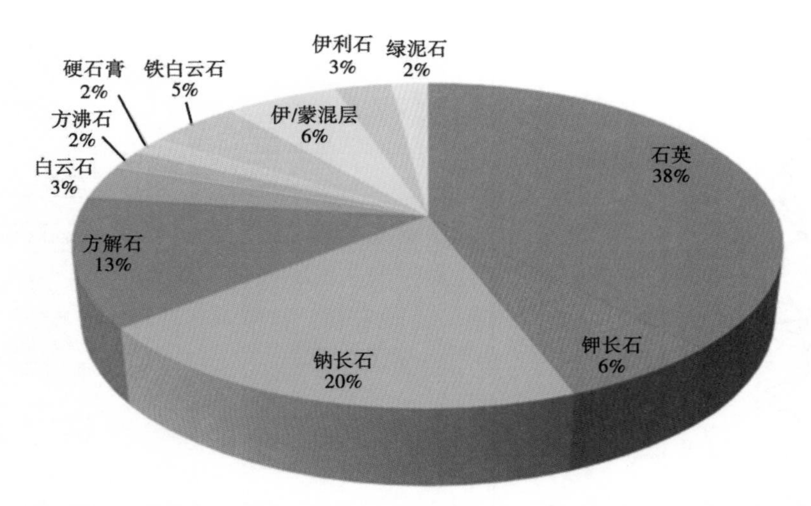

图 6-2-3　扎哈泉地区致密油储层岩心分析矿物分布饼图（据中国石油青海油田勘探开发研究院）

3. *核磁共振测井精度*

如第二章关于核磁共振实验仪器的分析，对于致密砂岩储层的井下测井采集而言，核磁共振测井仪器的回波间隔、信噪比、等待时间和叠加次数等参数也是提高核磁共振测井对孔隙度表征精度的关键参数。实际资料分析表明（图 6-2-4），井下核磁共振测井仪器在致密储层采集的资料信噪比一般为 2~6，并且不同等待时间等测量参数会得到不同信噪比的曲线，反演 T_2 谱计算的孔隙度也具有较大的差异（图 6-2-4 第 5 道）。

二、孔隙度测井计算方法

用于计算孔隙度的方法模型很多，但对于致密砂岩储层而言，为了满足精度的要求，现有的许多方法都需要加以改进。

1. *岩心刻度测井计算方法*

对于岩性较简单的储层，应用测井资料计算储层孔隙度的方法较成熟，提高孔隙度计算精度的关键是选取高精度测井资料，对岩心分析结果进行精细对比和归位，采用岩心刻度测井方法建立孔隙度解释模型。如图 6-2-5 所示，经岩心归位后，分析岩心孔隙度与测井曲线的对应关系，补偿密度测井曲线与岩心分析孔隙度相关性较好，与孔隙度变化趋势一致性较好，采用补偿密度测井进行孔隙度建模，当井眼扩径严重或者井壁较差时，补偿密度测量

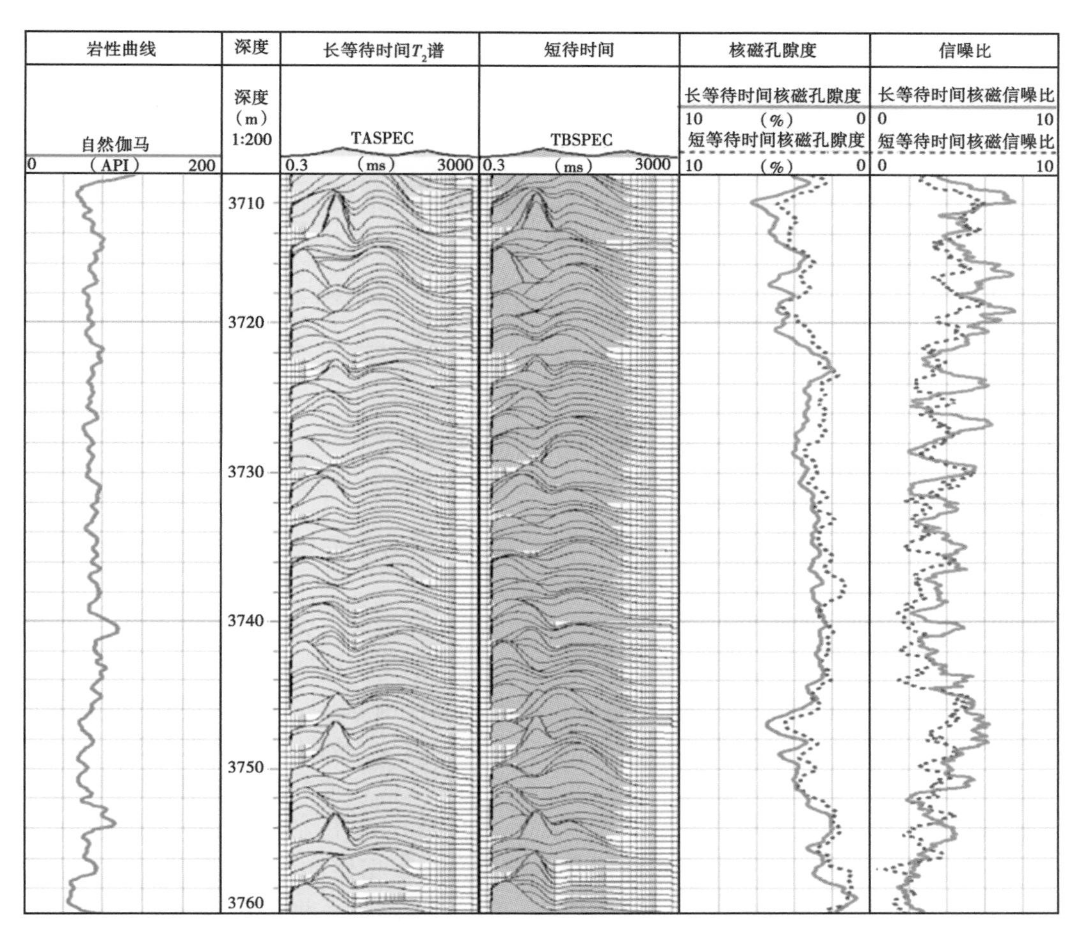

图 6-2-4　致密砂岩储层核磁共振测井信噪比与孔隙度精度分析实例

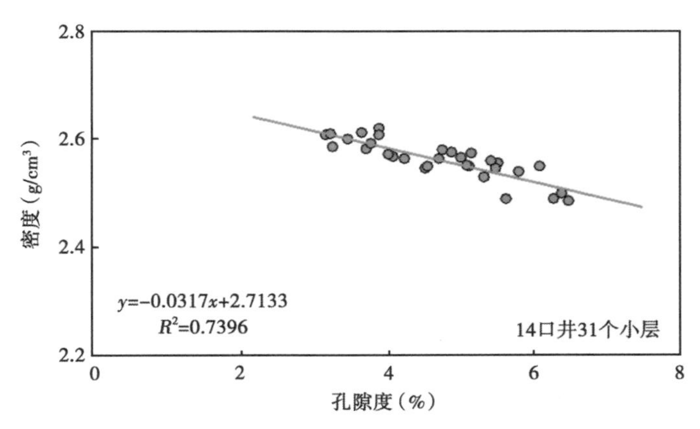

图 6-2-5　岩心刻度测井密度孔隙度计算模型

值失真时建议采用声波测井计算孔隙度（图 6-2-6）。对图 6-2-5 和图 6-2-6 进一步分析可以发现，当测井响应值一定时，其对应的孔隙度可能有较强的多解性，因此在现有的常规测井的资料精度条件下，采用这种单一曲线计算孔隙度的方法误差是较为显著的。

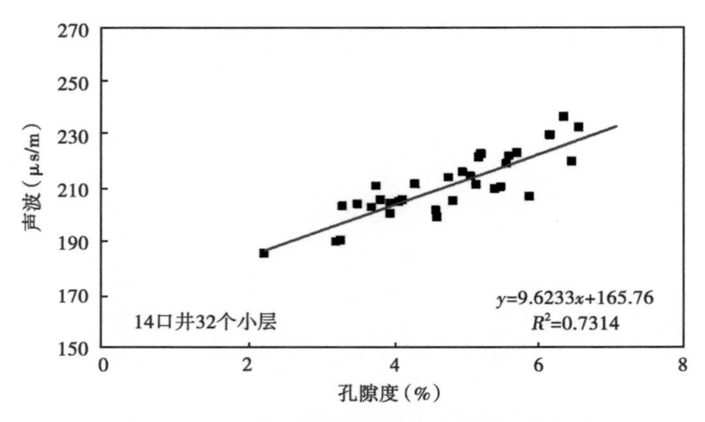

图 6-2-6　岩心刻度测井声波孔隙度计算模型

2. 变骨架值中子—密度交会法

研究表明，常规测井计算致密储层的孔隙度时，应在控制好岩性组分、计算好储层骨架参数值的基础上，优选更适用的中子—密度交会方法。

常规的中子测井、密度测井响应是孔隙流体性质、孔隙度、岩石骨架的综合反映，在输入信息有限的条件下，为了计算孔隙度，传统方法通常都是假设储层完全含水，骨架参数采用纯石英的理论值，但这与实际地层条件是有偏差的，特别是致密砂岩储层的岩性组成与纯石英砂岩存在很大区别，如果不考虑这一差异，将会导致较大的孔隙度计算误差。

变骨架中子—密度交会方法的基本原理是采用循环迭代计算，首先采用与传统方法类似的假设，建立中子、密度测井响应方程组，联立求解得到一个孔隙度初始值，利用该孔隙度的初始值基于 Archie 公式估算一个含油饱和度初值，再根据该饱和度估算孔隙中混合流体的中子、密度响应值，进而计算出岩石骨架的中子、密度值，至此完成了一次计算过程。

循环迭代的过程是根据第一步确定的混合流体和骨架的中子、密度值，再利用测井响应方程计算孔隙度，比较该孔隙度值与上一步的孔隙度值差异。如果差异较小，认为迭代过程接近结束；如果二者差异较大，则需要不断循环上述过程直至二者的误差满足要求或者达到设定的循环次数为止。

可以看出，利用上述循环迭代计算，实际上是同时对储层的流体和岩石骨架进行校正，最终可以得到较为理想的孔隙度值。图 6-2-7 为应用变骨架值中子—密度交会计算致密砂岩储层孔隙度实例。由于该井岩性较复杂，单孔隙度测井计算误差较大，采用变骨架中子—密度交会法计算孔隙度，取得了较好的效果，图中最后一道为变骨架测井计算孔隙度与岩心分析孔隙度对比结果，具有较好的一致性，而直接应用密度测井计算孔隙度与岩心分析孔隙度误差很大，难以定量评价储层物性特征。

3. 核磁共振测井计算孔隙度

当有核磁共振测井资料时，可以采用前述降噪和小孔加密方法进行处理，再进行核磁共振测井孔隙度计算，经与岩心分析孔隙度对比，具有较高的精度，在此不再赘述。

4. 最优化处理方法计算孔隙度

在前面讨论利用最优化方法评价矿物的过程中，除可定量计算矿物含量外，也可得到较准确的孔隙度。如图 6-2-8 所示，应用最优化处理得到的储层孔隙度与应用核磁共振测井计算孔隙度具有较好的一致性。

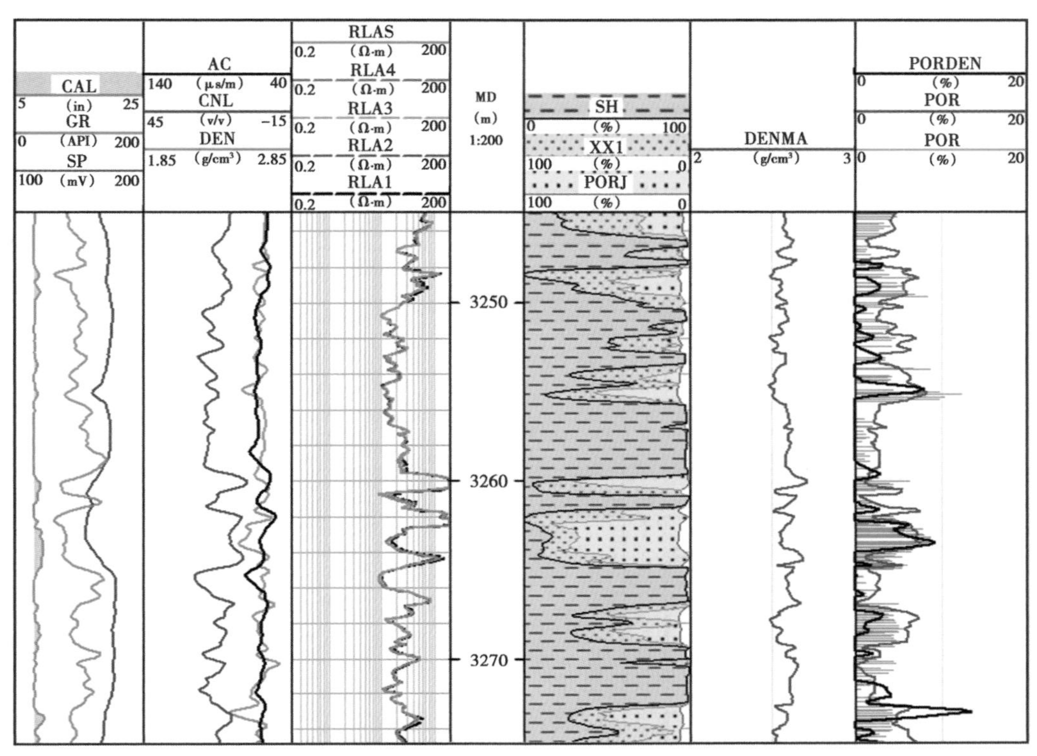

图 6-2-7　变骨架值中子—密度交会计算孔隙度精度分析

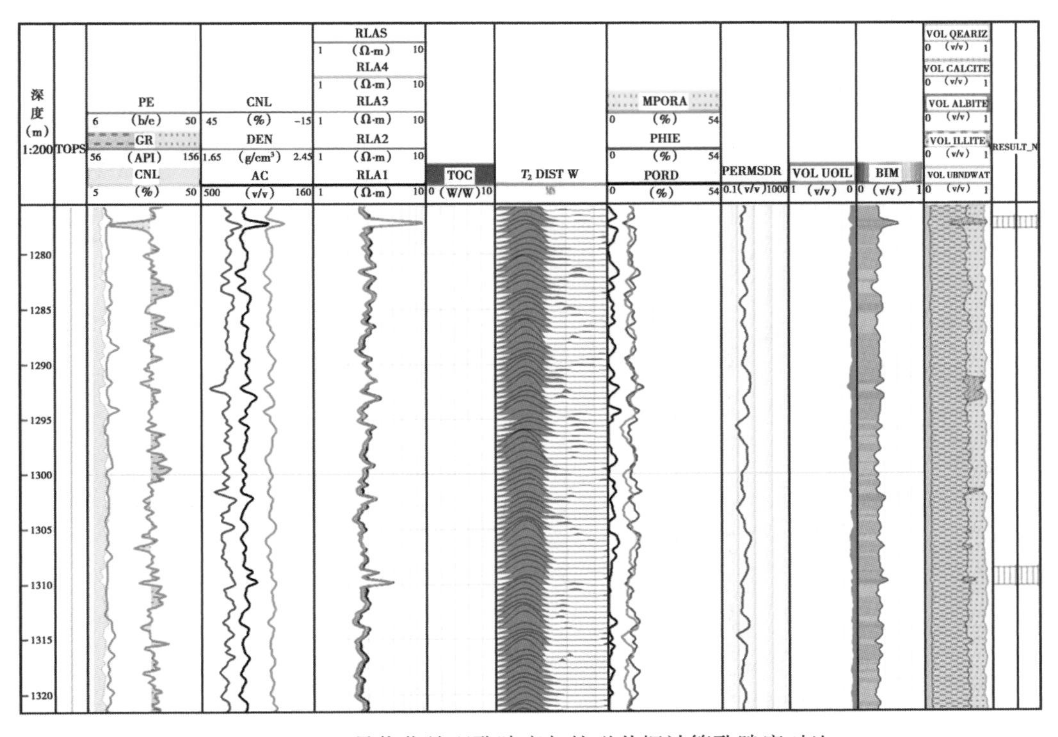

图 6-2-8　最优化处理孔隙度与核磁共振计算孔隙度对比

三、裂缝测井评价

在有些地区，致密砂岩储层发育有天然裂缝或微裂隙，且对油气产能具有至关重要的控制作用，因此还必须研究裂缝的测井评价方法。

1. 裂缝定性识别

裂缝定性识别主要应用电阻率成像测井处理图像、地层倾角测井资料电导异常检测、深浅侧向电阻率（微球形聚焦）测井曲线分离等方法，快速直观。图 6-2-9 为吐哈盆地 K191

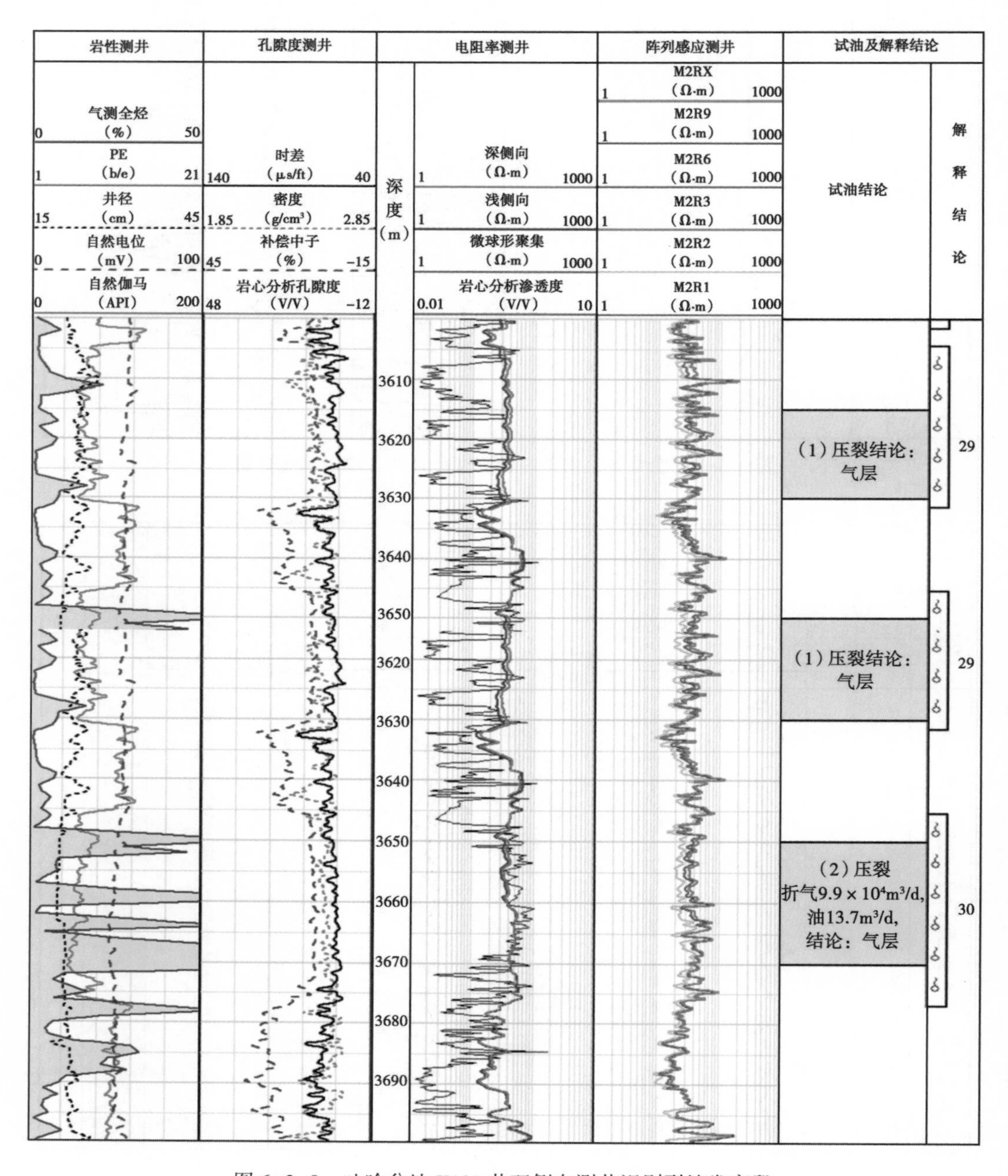

图 6-2-9　吐哈盆地 K191 井双侧向测井识别裂缝发育段

井常规测井曲线图，其中 3605~3630m 双侧向测井具有明显的正幅度差，微球形聚焦测井曲线的跳变明显，反映储层发育高角度裂缝；而 3645~3677m 井段则双侧向测井曲线基本重合，微球聚焦曲线测井值较高，与双侧向测井基本一致，反映该段裂缝不发育。因此，在双侧向—微球形组合测井资料质量可靠的情况下，该组合曲线对裂缝具有较好的指示作用。

地层倾角测井是识别储层裂缝的有效方法之一，可以分析裂缝发育层段、裂缝相对密度、裂缝的走向等参数。其原理是：由于钻井液侵入裂缝网络，裂缝表现为高电导率异常，通过倾角测井仪四个或六个贴井壁的极板上电极，可分别记录高分辨率的微电阻率曲线，较为精确地探测井壁不同方向上裂缝的位置，并计算其产状。常用的地层倾角测井识别裂缝的方法有裂缝识别测井（FIL）、电导率异常检测（DCA）。地层倾角测井主要识别高角度裂缝，对应一个或相对的两个极板电导率异常，而其他极板基本无异常。DCA 处理成果图可以直接显示出裂缝的方位。图 6-2-10 为吐哈盆地 J101 井地层倾角测井 DCA 处理识别裂缝成果图，其中 3914~3961m 井段储层有少量裂缝发育。

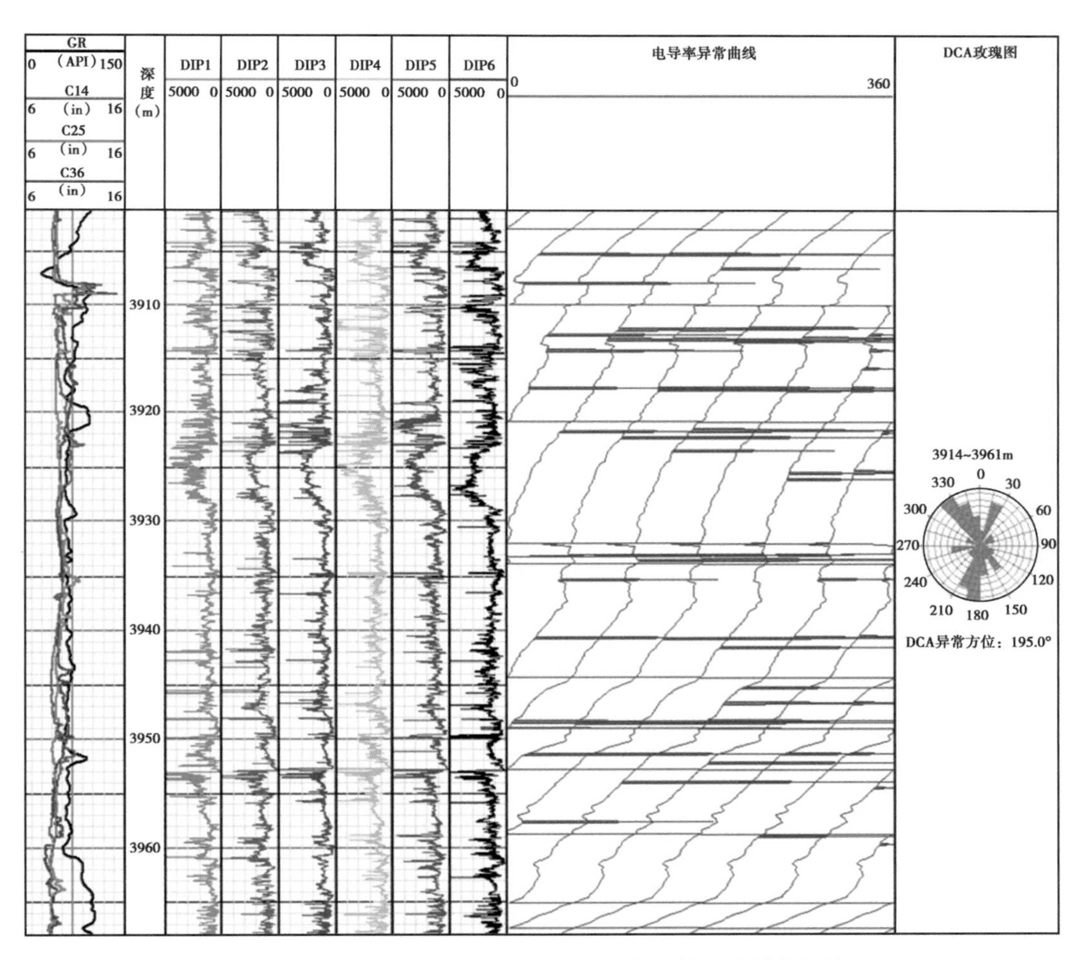

图 6-2-10　吐哈盆地 J101 井地层倾角测井识别裂缝实例

2. 电成像测井裂缝孔隙度定量解释

通过对电成像测井资料进行处理，可以求取裂缝宽度、视裂缝孔隙度等表征参数，依据数值大小定量分析裂缝发育层段及发育程度。这方面的内容在很多文献、专著中均有详细论述，这里不再赘述。

考虑到多数井并没有微扫成像测井资料，可以采用在重点井中利用成像测井确定的裂缝发育段，统计其对应的常规测井响应变化特征，如双侧向电阻率测井、纵波时差或密度测井，据此建立基于常规测井的裂缝半定量评价模型，进而推广应用到其他井中。图6-2-11是在吐哈盆地巴喀地区利用微扫成像测井标定双侧向测井识别裂缝的图版。图中纵坐标为裂缝孔隙度参数（FVPA），由成像测井解释结果可得到；横坐标为（RB-RD）指数（RB为无裂缝致密储层的深侧向电阻率，RD为裂缝发育时实测深侧向电阻率）。可以看出，针对该区主要为高角度裂缝发育的特征，利用双侧向测井的下降幅度也可以在一定程度上半定量地评价裂缝发育程度。

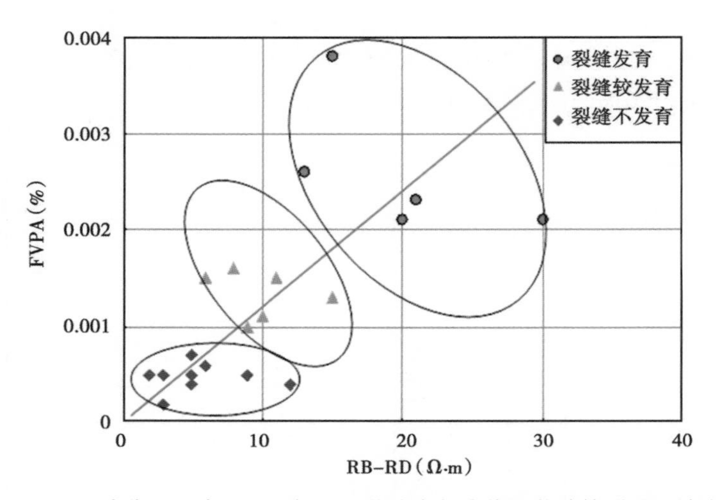

图6-2-11　吐哈盆地巴喀地区双侧向测井响应与成像测井计算裂缝孔隙度对比

第三节　储层微观孔喉品质测井评价

储层孔隙结构特征指岩石所具有的孔隙和喉道的几何形状、大小、分布及其相互连通关系。对致密储层，孔隙结构评价多采用岩心实验分析的方法，考虑到实验测试的时效性和经济性，本节着重介绍如何利用测井资料分析储层微观孔隙结构。

一、储层微观品质影响因素

1. 孔隙结构对储层品质的影响

根据Philip H Nelson（2009）划分的常规砂岩储层、致密砂岩储层和页岩储层微观孔喉分布范围（图6-3-1），致密砂岩储层的孔喉直径小于2μm。致密砂岩的孔隙结构特征见第二章，本节不再赘述。

喉道半径中值与渗透率往往具备较好的相关关系（图6-3-2），喉道狭窄是导致致密储层渗透率偏低的根本原因，也是影响储层品质的关键因素。

2. 裂缝（微裂隙）

当致密储层发育裂缝或微裂隙时，单一的孔隙度高低难以准确反映储层品质，必须综合考虑裂缝孔隙度等信息。有时，即使岩心孔隙度较低，但储层如果存在裂缝，也会具有较好的产能。

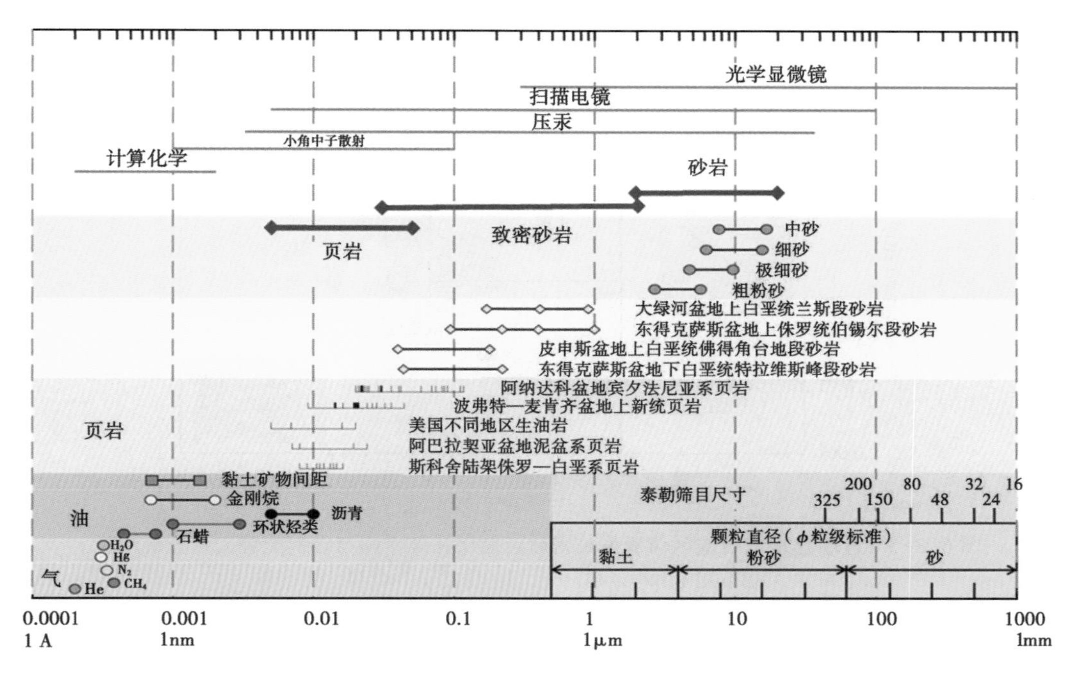

图 6-3-1 常规砂岩与非常规致密砂岩储层微观孔喉分布范围（据 Philip H Nelson）

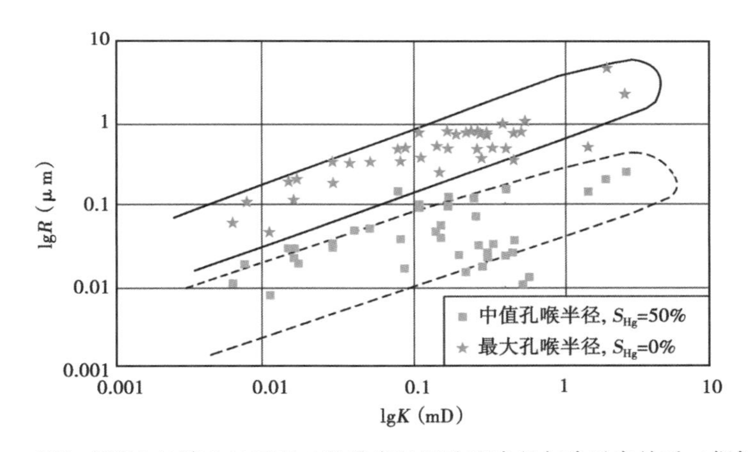

图 6-3-2 鄂尔多斯盆地陕北地区长 7 段致密油层孔喉半径与渗透率关系（据邹才能等）

图 6-3-3 为吐哈盆地巴喀区侏罗系致密砂岩气藏试气层的孔渗关系图版。由图可见，对应 ϕ>6%、K>0. 08mD 的区域为有效储层（铸体薄片显示孔隙较发育、连通性较好），试气可获得工业产能，此类储层基质孔隙的大小是产能高低的决定因素，裂缝发育也可以改善储层的产能；ϕ=3%~6%的区域（Ⅱ类储层）试气结果差别很大，裂缝是否发育是决定储层产能的必要因素，若裂缝发育，则储层可获得工业产能，为有效储层（铸体薄片显示微裂隙和穿粒缝改善了孔隙之间的连通性），反之则基本不具有产液能力，为低产层或干层（铸体薄片显示孔隙连通性较差）；ϕ<3%的区域为非储层（铸体薄片显示孔隙孤立、不连通）。

根据上述分析，该区储层整体属于孔隙型储层，可结合裂缝发育程度划分为四类。其中，基质孔为主要储集空间，裂缝是改善储层渗流能力的关键。

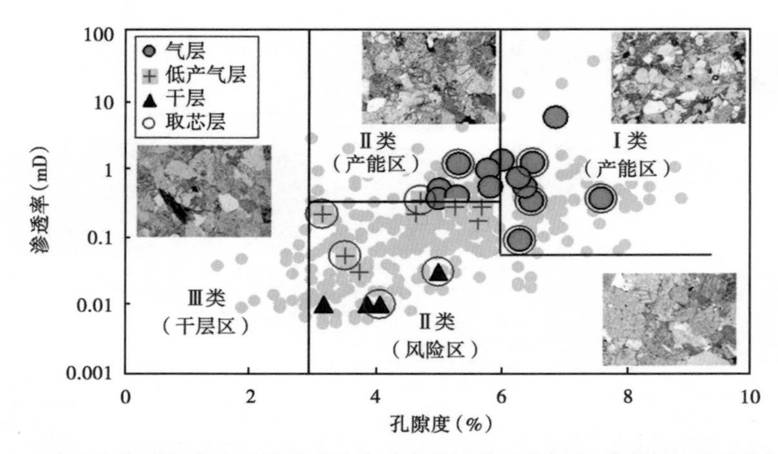

图 6-3-3　吐哈盆地巴喀地区侏罗系致密砂岩储层孔隙空间与裂缝配置关系分析图版

二、孔隙结构测井评价

利用核磁共振测井分析孔隙结构是目前常用的方法。在实验室中，通常采用压汞法来提取孔喉参数、分析孔隙结构。常用的孔隙结构参数有：

（1）排驱压力（p_d）；

（2）最大连通孔喉半径（R_d）；

（3）饱和度中值压力（p_{c50}）和孔喉半径中值（R_{50}）；

（4）最小湿相饱和度（S_{min}）；

（5）孔喉半径平均值和孔喉半径均值；

（6）孔喉分选系数；

（7）孔隙喉道歪度（S_{kp}）；

（8）孔隙喉道峰度（K_p）；

（9）曲折度或弯曲系数（T）。

1. 利用核磁共振测井评价孔隙结构

如前所述，当岩石孔隙中流体的 NMR 弛豫机制主要表现为表面弛豫时，由 T_2 分布可以评价孔隙结构，经过转换还可以得到孔径分布。而孔径分布和喉道分布之间有着一定的相关性，这也证明了 T_2 分布和喉道分布之间存在着一定的内在关系。在实际工作中，NMR 表面弛豫率的确定是至关重要的一步。

假设岩石的喉道为圆柱形，毛管压力 p_c 与喉道半径 R_{pt} 的关系为：

$$p_c = \frac{2\sigma\cos\theta}{R_{pt}} \tag{6-3-1}$$

式中　σ——表面张力；

θ——流体内表面和孔壁的接触角。

根据多孔介质的 NMR 弛豫机制，T_2 一般可以简化为：

$$\frac{1}{T_2} \approx \frac{1}{T_{2S}} = \rho \frac{S}{V} \tag{6-3-2}$$

式中 ρ——T_2 表面弛豫强度；

T_{2S}——表面弛豫时间，ms；

S/V——孔隙的表面积与体积之比。

对于简单形状的孔隙，例如球形，表面积与体积之比是 $3/r$，r 为球的半径。

如假设孔隙也是圆柱状，R_p 为孔隙半径，则 $S/V=2/R_p$，T_2 表示如下：

$$\frac{1}{T_2} = \rho \frac{S}{V} = \rho \frac{2}{R_p} \tag{6-3-3}$$

由式（6-3-1）和式（6-3-3）可得到：

$$\frac{1}{p_c} = \frac{\rho}{\sigma\cos\theta} \frac{R_{pt}}{R_p} T_2 \tag{6-3-4}$$

令：

$$C = \frac{\rho}{\sigma\cos\theta} \frac{R_{pt}}{R_p} \tag{6-3-5}$$

C 即为 T_2 与 P_c 之间的转换系数：

$$p_c = \frac{1}{CT_2} \tag{6-3-6}$$

式（6-3-6）表明，利用多孔介质的核磁共振信息可以分析毛管压力等孔隙结构信息，常见做法是将 T_2 谱转化为毛管压力曲线。由于这种毛管压力曲线并非由主要反映喉道的压汞实验获得的，因此常称之为伪毛管压力曲线。

用于转换毛管压力的方法主要有线性转化法、幂函数法、基于 Swanson 参数的转化法、J 函数和 SDR 结合的转化法、二维等面积法等。

1）线性转化法

1995 年，Marschall 等认为 T_2 分布与压汞毛管压力曲线之前存在线性关系，转换系数就是表面弛豫率的函数，并用此估算不动水饱和度和用 Swanson 参数估算渗透率。因此，该方法依赖于表面弛豫率并且假设 MICP 和 T_2 谱相似。2001 年，Volokitin 等提出一种 T_2 谱含油气校正的方法，采用平均饱和度误差最小化确定的转化因子将校正后的 T_2 谱转化为伪毛管压力曲线。该方法的主要原理是首先将 T_2 谱的幅度进行归一化处理，将 T_2 谱从大孔隙部分向小孔隙部分进行反向累加，得到一条在物理意义上与压汞毛管压力曲线相似的 T_2 谱积分曲线，它和压汞毛管压力曲线反映近似相同的岩石孔隙结构特征。为了寻找一个最佳的转换系数，引入平均饱和度误差函数，用一定毛管压力范围内所有采样点的 p_c 对误差进行平均处理，即选取使误差函数达到极小值的 C（图 6-3-4），此时的 C 即为核磁共振毛管压力曲线的最佳转换刻度系数。Volokitin 通过对 189 块岩心样品的实验分析，最终确定出转换刻度系数 C 的最佳取值为 4。

相似对比法的基本思想是首先假定一个 C，将 C/T_2—Amp（T_2 谱幅度）与 p_c—S_{Hg}（i）（进汞饱和度增量）重合在一张图上。结果表明，当 C 增大时，C/T_2—T_2 幅度向 p_c—S_{Hg}（i）的右方偏移；当 C 减小时，C/T_2—T_2 幅度向 p_c—S_{Hg}（i）的左方偏移。选择大小合适的两个 C 值，使 C/T_2—T_2 幅度分别位于 p_c—S_{Hg}（i）右边和左边。则必存在唯一的 C，使两者之间的相关系数达到最大值，即求下式的最小值，此时的 C 就是 T_2 与 p_c 之间的转换刻度系数：

$$\min S(C)=\min\frac{\sum_{i=1}^{n}[S_w(p_c)]-S_w(CT_2^{-1})}{n} \tag{6-3-7}$$

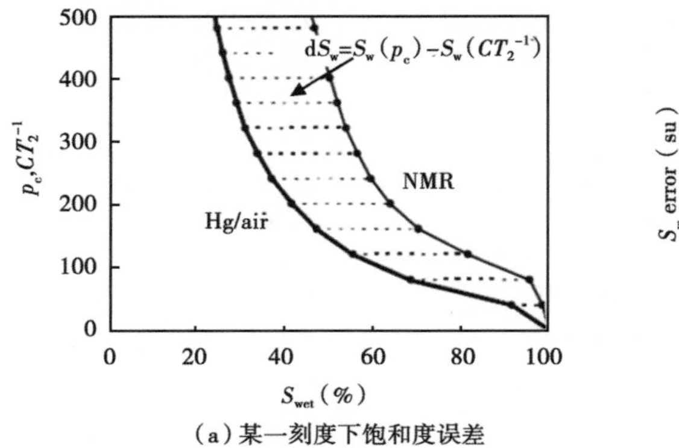

（a）某一刻度下饱和度误差

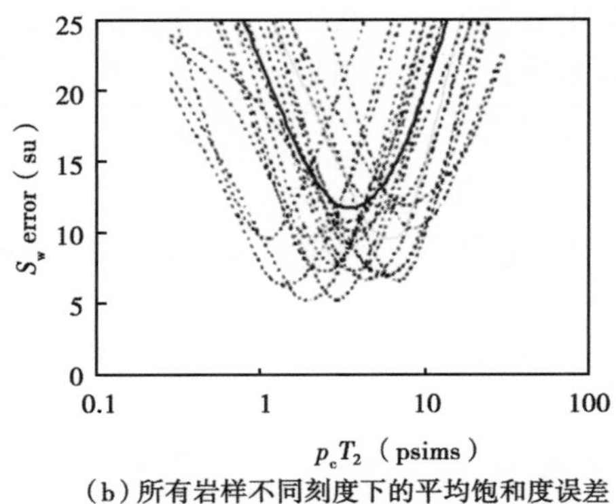

（b）所有岩样不同刻度下的平均饱和度误差

图 6-3-4　平均饱和度误差最小化法转换伪毛管压力曲线（据 Volokitin 等）

通过分析相似对比法和平均饱和度误差最小值法不难发现，二者具有一定的相似性，即认为核磁共振测井 T_2 谱积分曲线和压汞毛管压力曲线之间的转换关系为线性，而且对于所有类型的岩心样品均采用相同的线性转换刻度系数。

通过对实际资料的分析处理发现，利用线性转换方法构造的伪毛管压力曲线与实际压汞曲线在大孔隙部分（低毛管压力段）吻合较好，而在小孔隙部分（高毛管压力段）则会出现偏离。由此确定的核磁共振毛管压力曲线并不能准确地反映小孔部分的特征，而这部分正是致密砂岩的主体孔隙。针对这一问题，Volokitin 提出变刻度的方法来确定转换因子。

$$C(p_c)=C\left[1+\frac{4}{\left(\frac{200}{p_c}+1\right)^{10}}\right] \tag{6-3-8}$$

然而这种变刻度方法缺乏理论基础，而且该模型的一个不足之处在于所有样品的刻度都按相同的压力点分段，而不是毛管压力曲线的拐点。另外，这两种核磁共振毛管压力曲线构造方法的适用条件都是在岩石孔隙 100%饱含水的情况下，当部分孔隙空间含有非润湿相烃时，会对 T_2 谱的形态造成影响。

2）分段幂函数法

通过同时进行核磁共振测井和压汞实验的岩心资料分析，发现 T_2 几何均值与压汞平均孔喉半径之间存在幂函数关系，因此提出用幂函数构造核磁共振毛管压力曲线。

对于 T_2 分布呈单峰分布时，采用单一幂函数来构造核磁共振毛管压力曲线；而对于 T_2 分布呈双峰分布时，大孔隙部分和小孔隙部分应分别采用不同幂函数来分段构造核磁共振毛管压力曲线，其构造函数分别为：

大孔部分：

$$p_c=m_1\left(\frac{1}{T_2}\right)^{n_1} \tag{6-3-9}$$

小孔部分：

$$p_c = m_2\left(\frac{1}{T_2}\right)^{n_2} \tag{6-3-10}$$

分段幂函数并没有考虑到储层含烃对 T_2 谱的影响，而且其研究只局限于100%饱含水的岩心样品的分析阶段，达不到对油藏条件下的储层孔隙结构定量评价的目的；对于孔隙结构更为复杂的储层，对应的 T_2 谱会呈现出三峰甚至是多峰分布，分段幂函数刻度方法也不适用。

3）基于 Swanson 参数的转化法

通常，毛管压力曲线用半对数坐标表示，如果用双对数坐标表示（图 6-3-5），曲线形态近似双曲线，即：

$$\lg\left(\frac{p_c}{p_d}\right) \times \lg\left(\frac{S_{Hg}}{S_{Hg100}}\right) = -C^2 \tag{6-3-11}$$

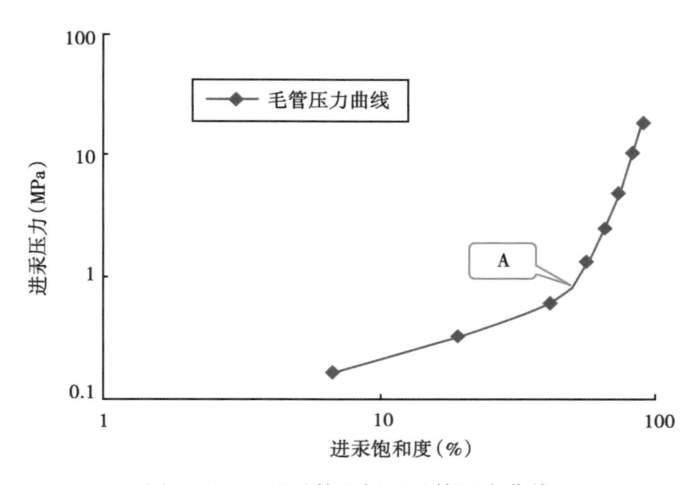

图 6-3-5　双对数坐标下毛管压力曲线

1981 年，Swanson 发现毛管压力曲线的顶点有效控制了流体流动的主要孔隙系统。在顶点 A 之前，非润湿相流体饱和孔隙；顶点 A 之后，非润湿相只占据小孔隙。以 S_{Hg} 为 X 轴，S_{Hg}/p_c 为 Y 轴，则曲线的顶点称之为 Swanson 参数。

该方法的基本步骤：首先，从压汞毛管压力曲线中提取 Swanson 参数，并建立 Swanson 参数与渗透率之间的关系模型；其次，利用同时开展压汞和核磁共振测量的样品数据提取 Swanson 参数与核磁共振测井横向弛豫时间几何平均值之间的相关关系，据此就可以从核磁共振测井提取 Swanson 参数，进而再根据 Swanson 参数与岩石渗透率之间的相关模型来计算渗透率。结合核磁共振测井总孔隙度，就可以在有核磁共振测量的井段连续地构造出核磁共振毛管压力曲线。在对核磁共振测井数据进行含烃影响的基础上，利用该方法构造的核磁共振毛管压力曲线具有实际应用价值。

4）基于 J 函数和 SDR 模型的转化法

J 函数的数学表达式为：

$$J(S_w) = \frac{p_c}{\sigma\cos\theta}\sqrt{K/\phi} \tag{6-3-12}$$

式中　$J(S_w)$——无量纲 J 函数；

p_c——注汞压力，MPa；

σ——界面张力，dyn/cm，空气—汞的界面张力为 480dyn/cm；

θ——界面角；

K——岩石的渗透率，mD；

ϕ——孔隙度。

经典的 SDR 渗透率模型为：

$$K = C\phi^m {T_{2LM}}^n \tag{6-3-13}$$

联立式（6-3-12）、式（6-3-13），得：

$$J(S_w) = \frac{p_c\sqrt{C}}{\sigma\cos\theta}\phi^{m-1/2}{T_{2LM}}^n = C'\phi^{\sigma}{T_{2LM}}^b \tag{6-3-14}$$

式中　a，b——统计回归指数。

用岩心样品对每一压力点分别建立含汞饱和度和孔隙度、T_2 几何均值的统计关系。实际应用时，由 T_2 总孔隙度和 T_2 几何均值，应用该统计关系即可构造出毛管压力曲线。

5）二维等面积法

利用二维等面积刻度转换系数法构造核磁共振毛管压力曲线的基本步骤包括：

（1）在同时测量了压汞毛管压力曲线和 T_2 分布的基础上，利用微分相似原理确定每块样品的 T_2 谱与毛管压力微分曲线（孔喉半径分布谱）之间的横向转换系数；

（2）分别确定 T_2 谱经横向转换后得到的核磁共振毛管压力曲线以及压汞毛管压力微分曲线的拐点，分别计算拐点两侧不同孔径下压汞毛管压力微分曲线与核毛管压力曲线包络面积的比值，该比值分别为大孔径部分与小孔径部分的纵向刻度系数，拐点曲线左边为小孔径包络面积，拐点曲线右边为大孔径包络面积（图 6-3-6）；

（3）建立横向转换系数和纵向转换系数与测井计算参数（孔隙度、渗透率）之间的关系，实现利用核磁共振测井资料连续、定量的构造核磁共振毛管压力曲线的目的（图 6-3-7）。

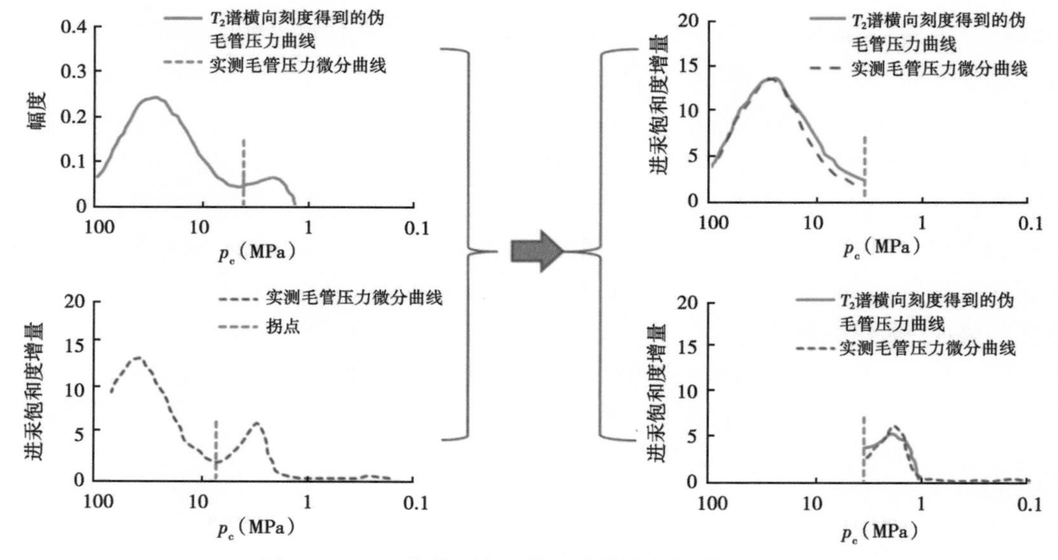

图 6-3-6　二维等面积毛管压力转换方法原理示意图

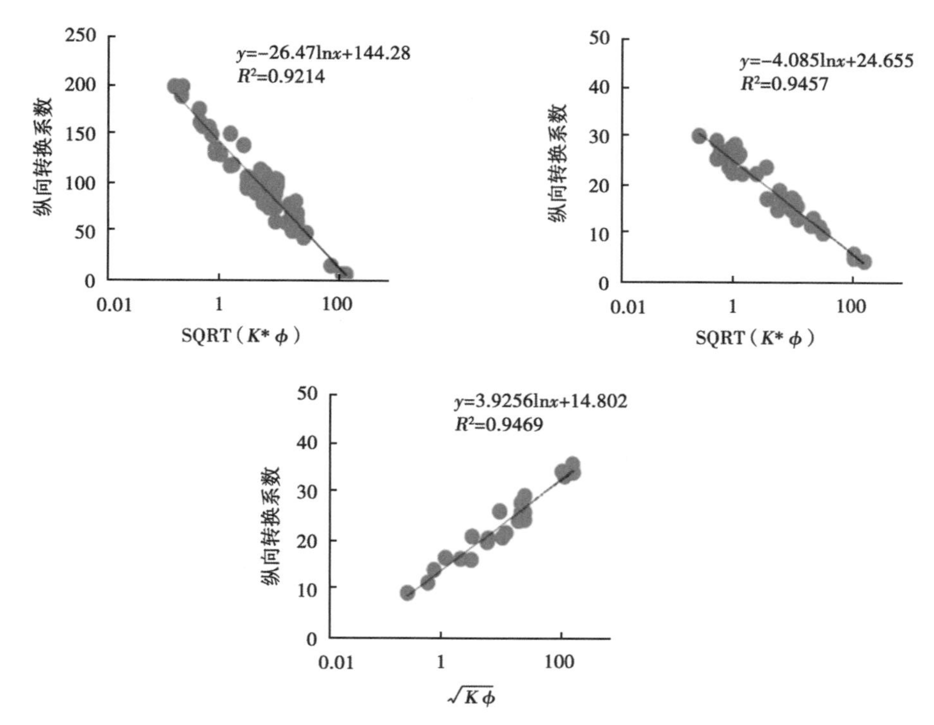

图 6-3-7　二维等面积法刻度系数与孔渗综合关系

可以看到，二维等面积法的转换效果比线性转化法要好（图 6-3-7）。

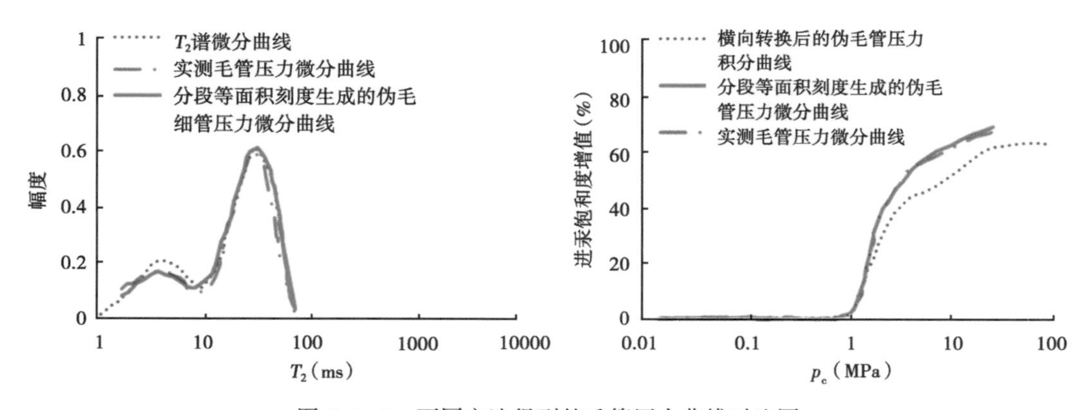

图 6-3-8　不同方法得到的毛管压力曲线对比图

6）改进的毛管压力曲线转换方法

对于线性转化法、幂函数法等存在的问题以及在复杂孔隙结构致密砂岩储层中的不适应性，李长喜等提出基于幂函数的修正模型，通过毛管压力反映孔喉半径分布与核磁共振 T_2 谱之间的非线性转换得到（具体转换关系需要通过岩心配套实验确定），即：

$$p_c = \frac{E}{T_2 D} \frac{1 + A}{(BT_2 + 1)^C} \tag{6-3-15}$$

式中　A，B，D，E——岩心实验刻度系数。

该方法综合幂函数和可变刻度法的优点，对幂函数转化小孔部分误差较大的问题用变刻度系数进行修正。

应用该方法对鄂尔多斯盆地陇东地区长7段岩心样品进行分析和转化，选取样品孔隙度6.9%、渗透率0.01mD，岩心 T_2 谱如图6-3-9所示，对应的岩心压汞毛管压力曲线如图6-3-10所示。

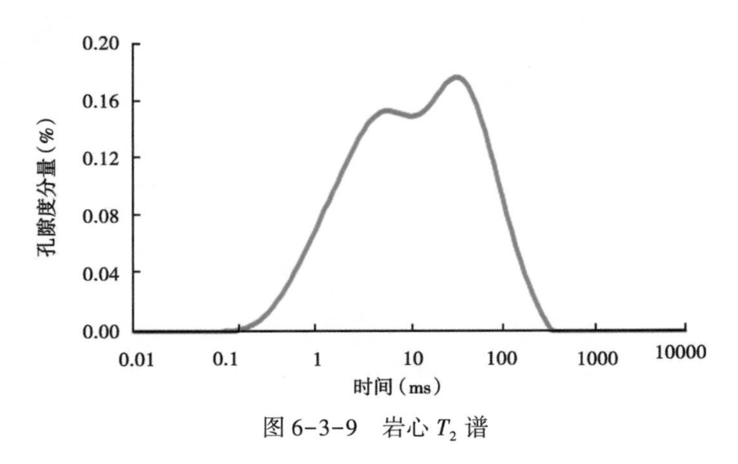

图6-3-9　岩心 T_2 谱

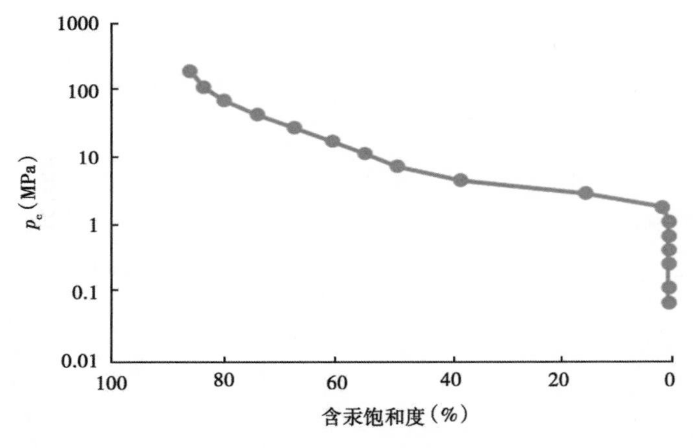

图6-3-10　岩心毛管压力曲线

图6-3-11是对同一块致密砂岩样品采用不同的转换方法得到的结果对比，可见，线性转化法误差较大；幂函数法大孔部分对应较好，小孔部分误差较大；变刻度法转化效果也不理想，均与实测压汞毛管压力曲线有较大差异；而上述修正公式转化伪毛管压力曲线能很好地反映岩石的孔隙结构特征，与实验压汞毛管压力曲线吻合效果好。

基于岩石物理实验标定，并对核磁共振测井进行含油影响校正，利用核磁共振测井反演毛管压力曲线，计算的孔隙结构定量评价参数合理可靠。

图6-3-12为鄂尔多斯盆地陇东地区致密砂岩样品进行含油校正前后的岩心 T_2 谱对比以及转换的伪毛管压力曲线与实测毛管压力曲线对比图。从图6-3-12（a）可看出含油校正前后 T_2 谱有明显差异，反映大孔隙的部分进行含油校正后左移，根据含油校正前后的 T_2 谱采用改进的毛管压力曲线转换方法获得的伪毛管压力曲线与压汞实验曲线对比可看出[图6-3-12（b）]，含油校正前转换的伪毛管压力曲线由于受含油影响，排驱压力较低，而

经含油校正后的 T_2 谱转换的伪毛管压力曲线排驱压力与压汞测量结果相近，说明了在经含油影响校正后通过岩石物理实验标定建立的新的核磁共振与伪毛管压力转换关系具有较好的应用效果，在此基础上计算的孔隙结构测井定量评价参数合理可靠。

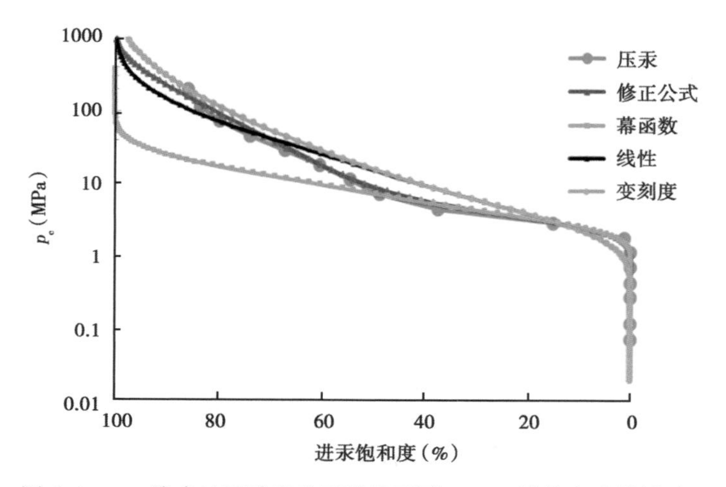

图 6-3-11　陇东地区致密砂岩样品不同 T_2—p_c 转换方法结果对比

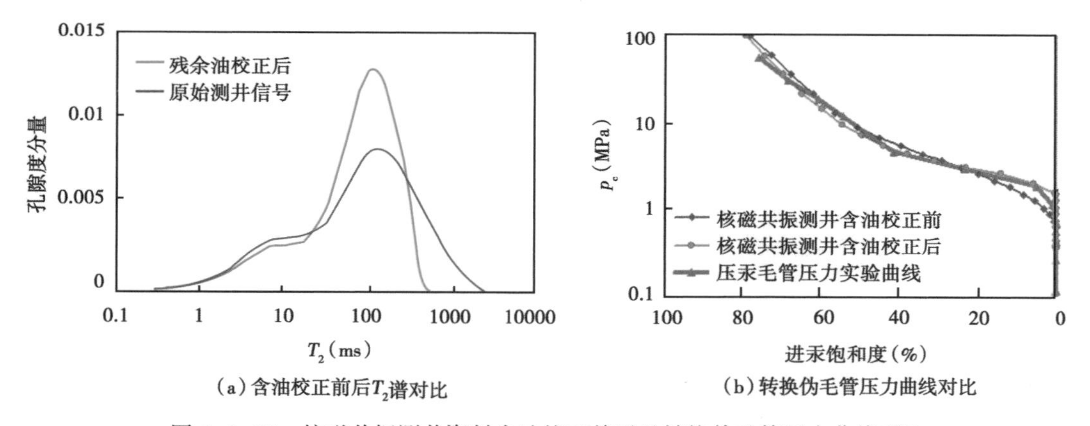

图 6-3-12　核磁共振测井资料含油校正前后及转换伪毛管压力曲线对比

图 6-3-13 为陇东地区 M53 井 T_2 谱含油校正前后计算的孔隙结构参数对比图，由图可见，含油校正前后的 T_2 谱、转换的伪毛管压力曲线、计算的排驱压力、中值压力、中值半径等参数有明显的差异，校正后的评价结果更加可靠。由图可见，第 53 号层直接应用测量的核磁共振信息反演 T_2 谱获得的排驱压力小于 1MPa，根据该区的储层评价标准评价为Ⅰ类储层，但该井段岩心分析孔隙度为 9%，渗透率为 0.17mD，为Ⅱ—Ⅲ类储层，由于核磁共振测井受含油的影响，使得孔隙结构评价过于乐观。通过含油校正后转换的伪毛管压力曲线得到排驱压力为 1.5MPa，评价为Ⅱ—Ⅲ类储层，与岩心分析结果一致。

2. 微观孔喉品质测井评价

应用前面介绍的核磁共振测井资料处理新技术，在获得高质量饱含水状态 T_2 谱的基础上，利用基于 T_2 谱反演储层孔喉半径的技术提取最大孔喉半径、中值孔喉半径等微观品质参数，建立如下的致密砂岩储层微观孔喉品质指数 PTI 计算模型：

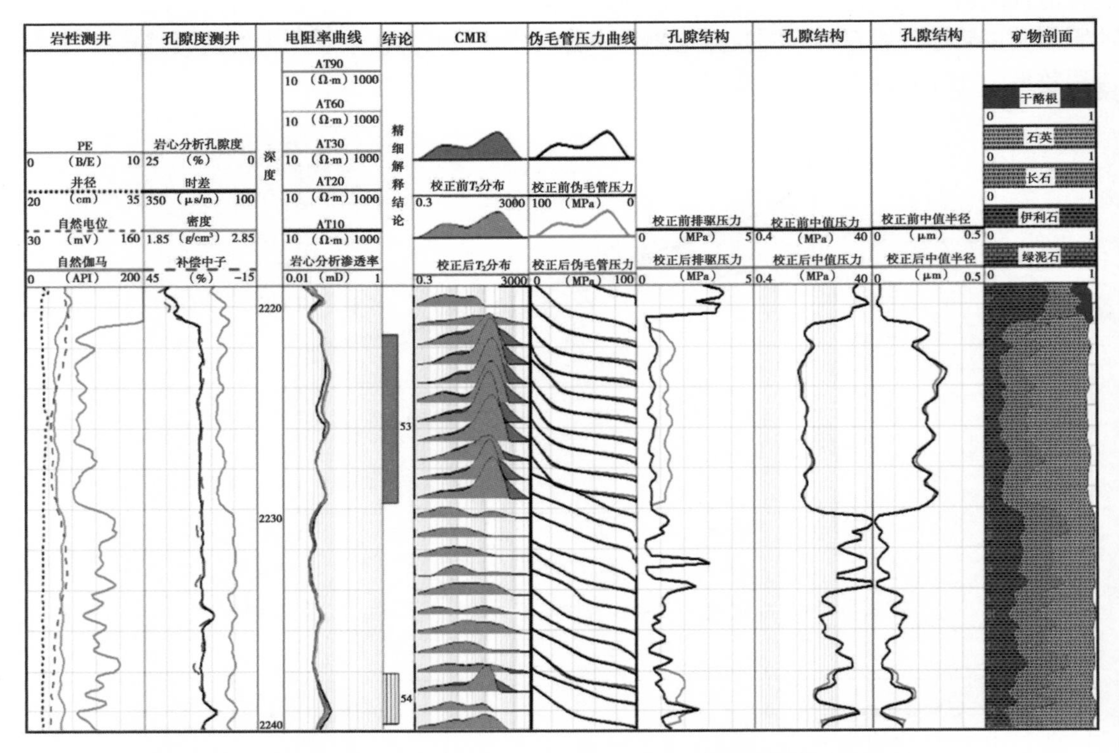

图 6-3-13　M53 井 T_2 谱含油校正前后计算的孔隙结构参数对比图

$$\mathrm{PTI} = af_1(R_{\max}) + cf_2(R_{\mathrm{pt50}}) + cf_3(\phi) \tag{6-3-16}$$

式中　a，b，c——经验系数，通过岩心资料刻度来确定；

f_1，f_2，f_3——归一化函数；

$R_{\max}$，R_{pt50}——分别为核磁共振曲线转换伪毛管压力 p_c 确定的最大孔喉半径和中值孔喉半径；

ϕ——核磁共振有效孔隙度。

表 6-3-1 是油田常用的致密砂岩油储层孔隙结构评价标准。从表中可以看出，如采用单一的参数（孔隙度、渗透率、排驱压力和中值半径），不同类别的储层间参数分布区间有所重叠，表明单一参数难以较好地划分储层品质类型，而 PTI 模型融合了孔喉半径、孔隙度等参数，结合实际试油信息刻度来确定致密砂岩储层分类界限，克服了应用孔渗分类的重叠问题，很好地解决了致密砂岩储层品质微观分类的问题。

表 6-3-1　基于孔隙结构参数的砂岩致密油储层品质评价标准

分类参数		储层品质分类			
		好	较好	中等	差
单参数	ϕ（%）	>12	12~10	11~8	9~6
	K（mD）	>0.12	0.12~0.08	0.09~0.05	0.07~0.03
	排驱压力（MPa）	<1.5	1.5~2.5	2.0~3.5	>3.5
	中值半径（μm）	>0.15	0.15~0.06		<0.1
综合参数（PTI）	孔喉结构指数	>0.8	0.8~0.6	0.6~0.4	<0.4

以鄂尔多斯盆地陇东地区长 7 段为例，应用孔喉品质指数 PTI 模型，并根据表 6-3-1 分类标准可对储层进行测井综合分类。图 6-3-14 为应用实例，图中第 9 道是分类结果，对以一类、二类储层为主的 104 号和 106 号层测井解释为油层，对以三类、四类储层为主的 105 号层测井解释为差油层，104 号和 106 号层合试，日产油 13.35t，为高产工业油流。

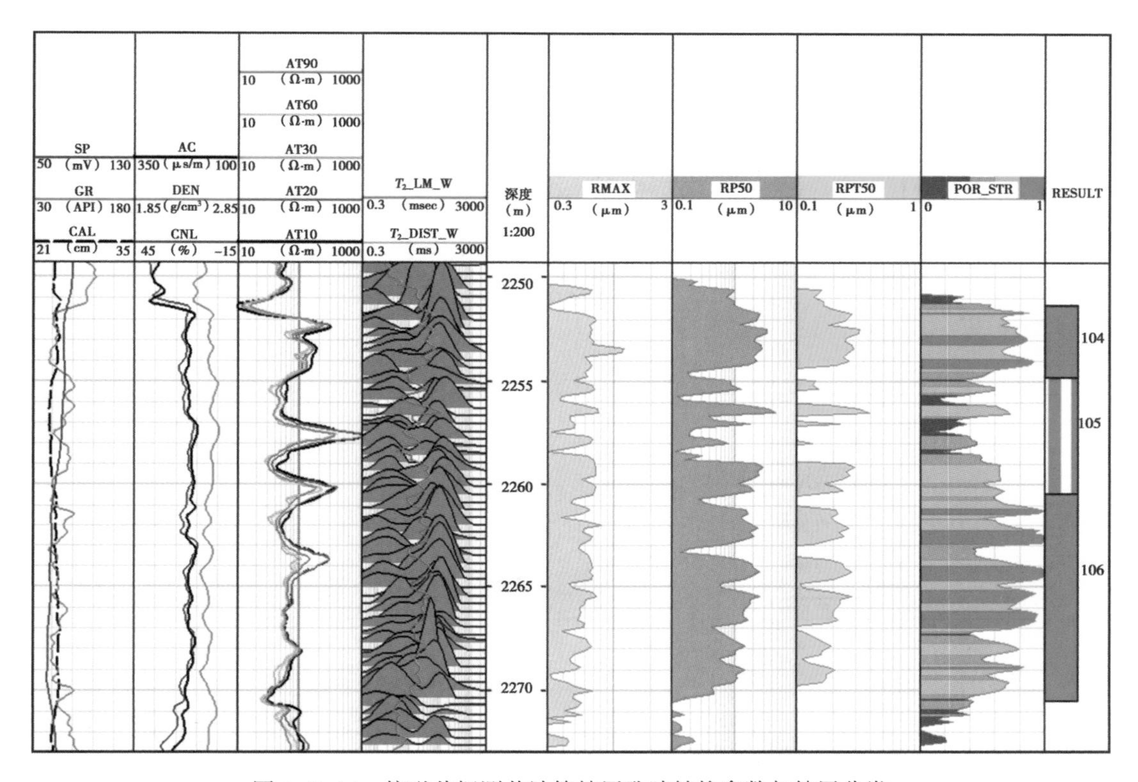

图 6-3-14 核磁共振测井计算储层孔隙结构参数与储层分类

如果不具备核磁共振测井资料时，上述方法就难以实施。针对这一问题，通过对常规测井与核磁共振分类 PTI 模型的相关性分析，应用神经网络等数学方法也可以建立常规测井预测储层类别的方法。

人工神经网络是一种应用类似于大脑神经突触联接的结构进行信息处理的数学模型，由大量的节点相互联接构成。每个节点代表一种特定的输出函数，每两个节点间的联接代表一个加权值。网络的输出取决于其联接方式、权重以及输出函数，原理示意图如图 6-3-15 所示。

利用上述方法，将核磁共振测井资料的处理结果作为输入，通过逐步学习、训练建立起依据常规测井的孔隙结构分类表征模型。图 6-3-16 为应用实例，预测结果表明，常规方法预测结果与核磁共振测井计算结果具有很好的一致性。以该井 2220~2250m 层段为学习样本建立预测模型，并对该段样本进行预测，预测结果与核磁共振计算 PTI 结果一致；应用该模型预测 2180~2210m 层段 PTI，其结果与核磁共振测井计算结果基本一致，说明该方法具有较好的适用性。

利用上述方法计算陇东地区 C75 井长 7 段孔喉品质指数如图 6-3-17 所示。图中第 5、第 6 道是基于常规测井的计算结果，第 7 道是测井解释结论。可以看出，50 号、51 号和 53

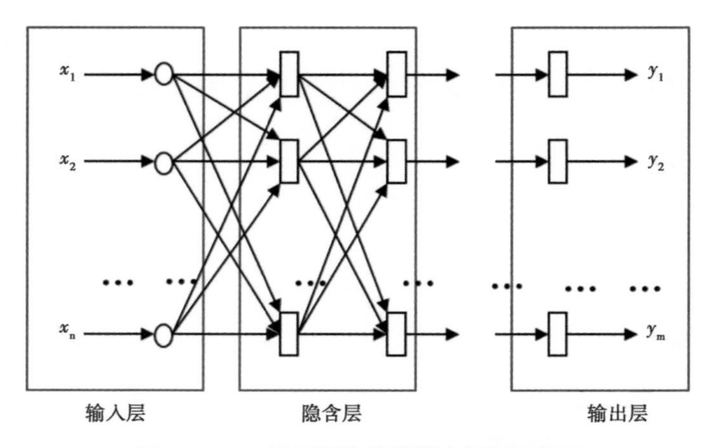

图 6-3-15　神经网络传递算法原理示意图

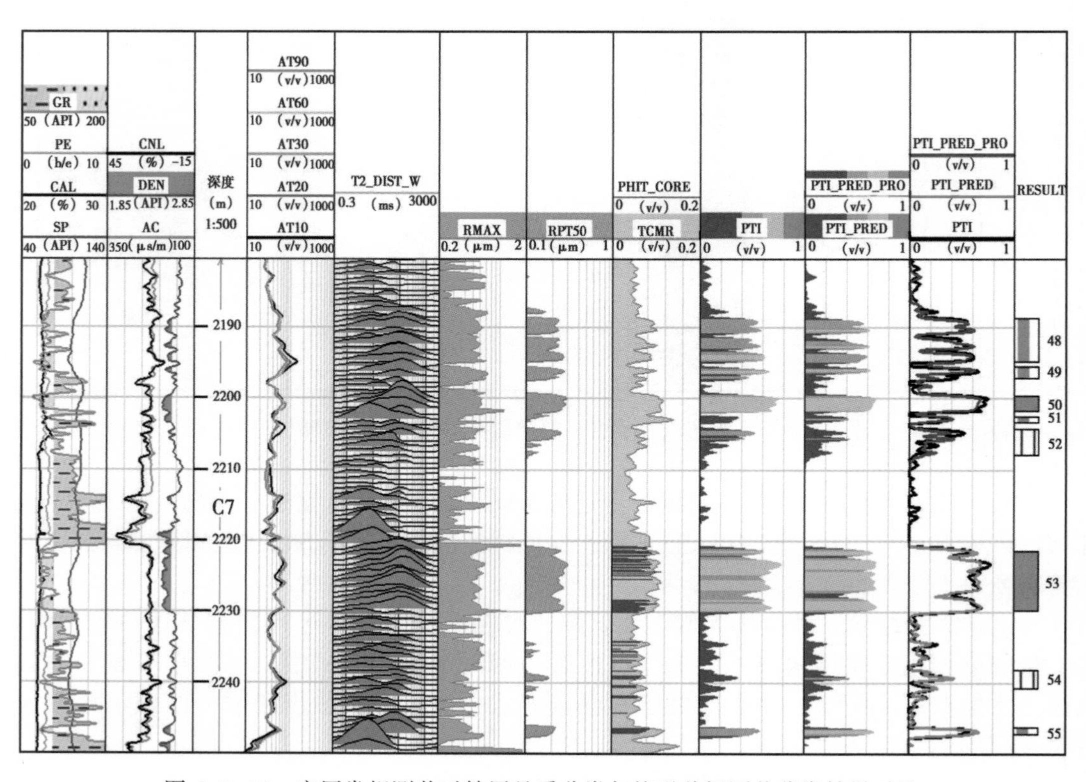

图 6-3-16　应用常规测井对储层品质分类与核磁共振测井分类结果对比

号层对应的 PTI 大于 0.6，按照表 6-3-1 的分类方案属于Ⅱ类储层，结合含油情况解释为油层，并得到试油证实，验证了这一方法的可靠性。

一般地，在地质条件相近的同一区块，应用核磁共振测井建立孔隙结构 PTI 评价模型，然后，通过神经网络等数学方法建立常规测井计算孔隙结构 PTI 的预测模型，可较好地实现多井测井孔隙结构评价。不同区块不同地质条件下，则需要重新标定建立新的预测模型。

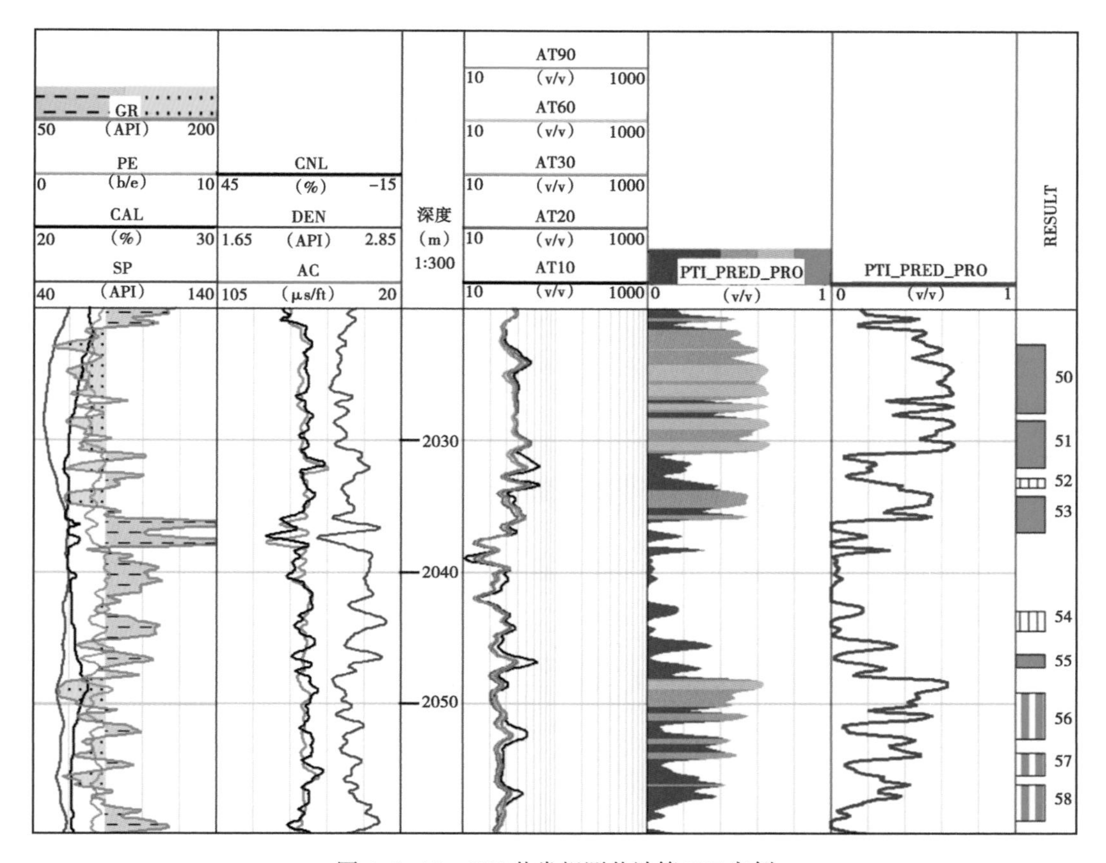

图 6-3-17 C75 井常规测井计算 PTI 实例

第四节 储层宏观品质测井评价

如前所述，致密砂岩储层的储集品质除了受微观孔隙结构控制外，其产能高低还与宏观上的砂体结构息息相关。实际生产资料表明，在同等条件下，块状的储层单元往往能够获得相对较高的产液量。这里说的储层宏观品质，主要指砂体单元内部或射孔层段的岩性、物性和含油性分布特征。

砂体结构是单层砂体（或射孔段）厚度、形态、规模、连续性、水平与垂向的叠置模式。在不同的沉积环境条件下，储层砂体结构差异较大，富集和生产油气的能力也不同。自然伽马测井曲线的幅度和形状常用来研究储层的砂体结构，但由于缺乏定量表征模型，该方法难以对单井或多井的不同层段砂体结构进行定量分析以及多井评价。本节介绍了分别基于常规测井和高分辨率微电阻率扫描成像测井定量评价砂体结构特征和非均质程度的新方法。

一、砂体结构常规测井曲线定量表征方法

1. 测井曲线的幅度与形态

测井曲线的幅度和形态可以反映砂体的结构信息。幅度是测井曲线形态的重要特征之一，其大小可以反映出粒度、分选及泥质含量等沉积特征变化。一般来讲，粗粒沉积物是高

能环境的产物，如冲积扇、河流等，具有高电阻率、高自然电位负异常和低伽马等特征，反映较强的沉积环境；而细粒沉积物是低能环境的产物，如半深湖、深湖等，具有低电阻率和低自然伽马特征。

形状指测井曲线的直观形态，包括柱（箱）形、钟形、漏斗形、菱形、指形、平直形等，也可是各种形态的复合形。柱（箱）形，反映的是沉积过程中物源供应丰富、水动力条件相对稳定快速堆积的结果，如三角洲分流河道等沉积环境；钟形，反映物源供应减少或者是水动力逐渐减弱，垂向上呈正粒序，如点沙坝沉积等；漏斗形则与钟形表示的地质意义相反，它是水流能量逐渐增强或者物源供应越来越丰富的沉积环境，在垂向上粒序逐渐变粗之势。而各种曲线形状又可分为微齿化、齿化以及光滑。曲线的光滑程度与沉积环境的能量也密切相关，齿化代表间歇性沉积的叠积，如冲积扇和辫状河道沉积；曲线光滑则代表较长一段时间的稳定沉积环境。

2. 单层砂体的相标志模型

常用来表征砂体形态的测井曲线相模型主要有以下 6 种：

1）砂体的相对重心 R_M

将一个砂体或一个小层对应的测井数据看成一个数据集，计算公式为：

$$R_{\mathrm{M}} = \frac{\sum_{i=1}^{N}(ix_i)}{N\sum_{i=1}^{N}x_i} \tag{6-4-1}$$

式中 N——数据点个数；

x_i——第 i 个测井曲线值。

相对重心反映了曲线形态的变化。对于砂岩增幅型曲线（如 Rt、SP 等），钟形重心偏下，$R_M>0.5$，代表水流能量逐渐减弱和物源供应越来越少，在垂直粒序上是正粒序的反映；漏斗形重心偏上，$R_M<0.5$，是水流能量逐渐增强和物源供应越来越多的表现，在垂直粒序上是反粒序的反映；对于砂岩减幅曲线（如 GR），钟形重心偏上，$R_M<0.5$，漏斗形重心偏下 $R_M>0.5$。箱形的重心居中，$R_M\approx0.5$，代表了沉积过程中物源供应丰富与较强的水流条件共同作用的结果，是沉积环境基本相同情况下快速沉积的表现。

2）曲线光滑程度

曲线光滑程度是次一级的曲线形态特征，反映了水动力环境对沉积物改造持续时间的长短。曲线光滑程度可用单位厚度齿数 Nth 及变差方差根 GS 表示。为计算 N_{th} 及 GS，先构造差分序列 a_2-a_1，a_3-a_2，…，a_n-a_{n-1}，差分序列变号个数 L 可以反映锯齿的多少，而方差 S^2 可以反映数据整体波动性的大小，公式为：

$$N_{\mathrm{th}} = L/h \tag{6-4-2}$$

$$S^2 = \frac{1}{N}\sum_{i=1}^{n}(x_i - \bar{x})^2 \tag{6-4-3}$$

为反映锯齿的大小和多少，引入地质统计学中的变差函数 $\gamma(h)$：

$$\gamma(h) = \frac{1}{2N(h)}\sum_{i=1}^{N(h)}(a_i - a_{i+\mathrm{h}})^2 \tag{6-4-4}$$

式中，$h=1$、2，$N(h)$ 是间隔为 h 的数据对 (a_i, a_{i+h}) 的数目。$\gamma(h)$ 反映数据局部波动性的大小，而 S^2 则反映数据整体波动性的大小。将二者结合构成变差方差根 GS，它可以综合反映曲线段整体波动大小和锯齿的多少与大小：

$$\mathrm{GS} = \sqrt{\gamma(1) + \gamma(2) + S^2} \tag{6-4-5}$$

N_{th} 及 GS 越小，则说明曲线越光滑，水动力条件对沉积物的改造充分，分选磨圆性好。

3）齿中线

齿中线可用齿中线斜率 K 和倾角 α 表示。

首先构造极小值和极大值幅度和深度序列。假定极小值幅度、深度序列为 (b_j, e_j)，极大值幅度、深度序列为 (B_j, E_j)，如图 6-4-1 所示。

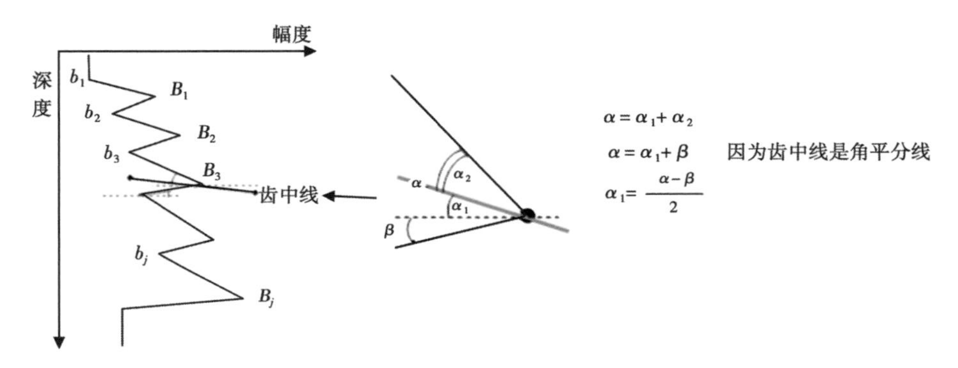

图 6-4-1 砂岩增幅型齿中线倾角计算示意图

对于砂岩增幅型曲线的第 j 个齿峰 B_j，通过求其上下齿边的直线斜率及倾角，可求得该齿的齿中线倾角：

$$\alpha_j = \frac{1}{2}\left(\arctan\frac{E_j - e_j}{B_j - b_j} - \arctan\frac{e_{j+1} - E_j}{B_j - b_{j+1}}\right) \tag{6-4-6}$$

对于砂岩减幅型曲线的第 j 个齿峰 B_j 的齿中线倾角，如图 6-4-2 所示：

$$\alpha_j = \frac{1}{2}\left(\arctan\frac{e_{j+1} - E_j}{B_j - b_{j+1}} - \arctan\frac{E_{j+1} - e_{j+1}}{B_{j+1} - b_{j+1}}\right) \tag{6-4-7}$$

斜率 $K_j = \tan\alpha_j$。

若 α_j $(j=1, 2, \cdots, m)$ 减小，则齿中线为外收敛；若 α_j 自上而下增加，则齿中线为内收敛；若 α_j 相等或基本相等，则为平行齿中线；α_j 近于 0°或 180°为水平平行；若 $\alpha_j \in$ (0°，90°) 则为下倾平行；若 $\alpha_j \in$ (90°，180°) 则为上倾平行。

4）包络线

对于砂岩增幅型曲线，可用极大值平均斜率 $\overline{K}_{\mathrm{Pmax}}$ 来确定曲线包络线形态，对于砂岩减幅型曲线，可用极小值平均斜率 $\overline{K}_{\mathrm{Pmin}}$ 来确定曲线包络线形态。

包络线的凹凸性计算可采用曲线拟合法，以砂岩增幅曲线为例，设其极大值序列为 (B_k, E_k)，$(k=1, 2, \cdots, m)$，由该序列拟合一条抛物线：$E=aB^2+bB+c$，从中求出 a 的值。若 $a>0$，则为上凸型，后积式、前积式皆为加速型；若 $a<0$，则为上凹型，后积式、前积式皆为减速型；$a\approx0$，则后积式、前积式皆为均匀型。

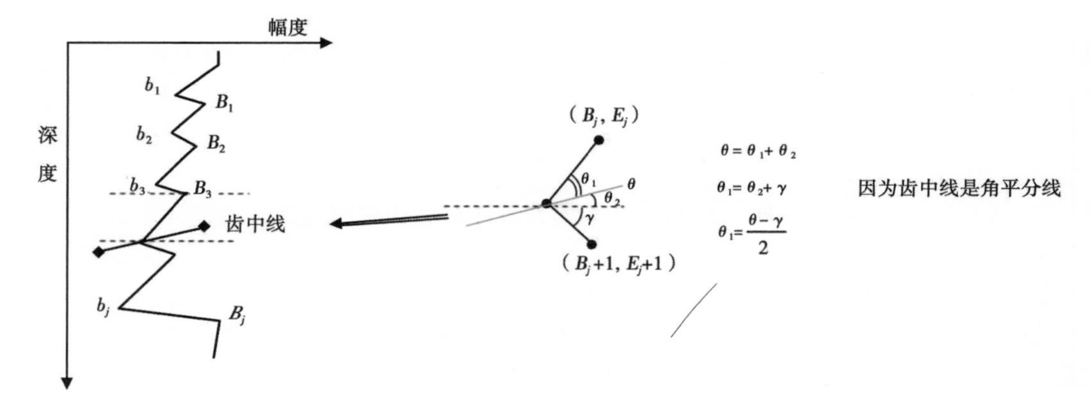

图 6-4-2　砂岩减幅型齿中线倾角计算示意图

对于砂岩减幅曲线，可用极小值序列采用和以上相同的方法确定曲线凹凸性。

5）对称差斜率 T

在任意窗长 w 内，采样点数为 n，各点的测井值为 x_1，x_2，…，x_n，测井曲线上某点的对称差斜率是在一定长度的窗口内，以该点上、下测井幅度差累积值计算出来的斜率，简称对称差斜率，计算公式参见式 6-4-8。对称差斜率的变化范围在 0~90，其大小反映了测井曲线的变化锐度，它通过对每一采样点逐点计算对称差斜率，能鲜明地表示出每个样点在测井曲线上的位置和方向。在窗口内经过均衡处理，能有效地压制噪声、降低干扰，突出有效信息。

$$T=\arctan\frac{\dfrac{50|A|}{\sum\limits_{i=1}^{n}\dfrac{(n-i)^2}{n}}}{n(n+1)(x_{\max}-x_{\min})R} \tag{6-4-8}$$

$$A=\sum_{i=1}^{n-1/2}\left[(x_{N_0+i}-x_{N_0-i})\frac{(n-i)^2}{2}\right]$$

式中　x_{N_0+i}，x_{N_0}，x_{N_0-i}——分别表示采样点第 N_0+i、N_0、N_0-i 个测井值；

N_0——窗长内中点编号；

$x_{\max}$，$x_{\min}$——分别为最大、最小测井值；

R——采样间距；

T_0——采样点 N_0 的对称差斜率。

6）趋势码 D

设窗长内测井均值为 $\bar{x}$，其中点为 N_0。对于 N_0，上半窗内测井值小于 $\bar{x}$ 的点数为 I_{11}，大于 $\bar{x}$ 的点数为 I_{12}；下半窗内测井值小于 $\bar{x}$ 的点数为 I_{21}，大于 $\bar{x}$ 的点数为 I_{22}，当 $I_{11}+I_{22}>I_{12}+I_{21}$时，趋势码 $D=1$，否则 $D=-1$。

趋势码指明了测井曲线逐点增减的趋势，而对称差斜率可以很好地指示地层界面，结合趋势码可用于对测井曲线分层。

在实际应用中，通过设定对称差斜率截止值，取出对称差斜率极大值点深度，结合趋势码可以划分出地层界面。对于负向型测井曲线，砂岩层顶界面位于对称差斜率为极大值且趋势码 $D=-1$ 的深度点处，底界面则位于对称差斜率为极大值且趋势码 $D=1$ 的深度点处。而对于正向型测井曲线，情况正好相反。

二、利用微电阻率扫描成像测井评价储层非均质性

微电阻率扫描成像测井具有很高的空间分辨率，提供了反映储层内非均质性的重要信息，可以用来分析储层单元内部的非均质性。

斯伦贝谢公司全井眼微电阻率扫描成像测井（FMI）可输出分辨率高达 0.2in 的二维图像，能够精细描述储层岩电特性的细微变化。依据 FMI 图像提取反映层内非均质性的曲线参数，对储层内非均质程度进行了连续定量评价，结果表明这种方法能够很好地刻画砂岩储层层内非均质程度，可以用于储层非均质性定量分析。

FMI 图像可理解成是井壁中岩石微电阻率在二维平面图上的展开，每一个像素值都反映的是某一局部岩石电阻率的大小，图像颜色的变化反映了岩石导电性的变化情况，也就反映了岩性、物性的分布情况，故图像分布的均一程度在一定程度上反映了储层非均质性的强弱。图 6-4-3 是 M53 井 FMI 测井图。从图中可以发现，左边块状砂岩与右边交错层理 FMI 静态图像的均一程度明显不同，图（a）FMI 静态图像比较均匀，表示地层岩电特性分布较为均一，图（b）静态图像由上而下变化很大，反映了地层岩电特性分布差异较大。根据这种特征，可以通过计算 FMI 图像色标分布的集中程度来估算储层的非均质系数。

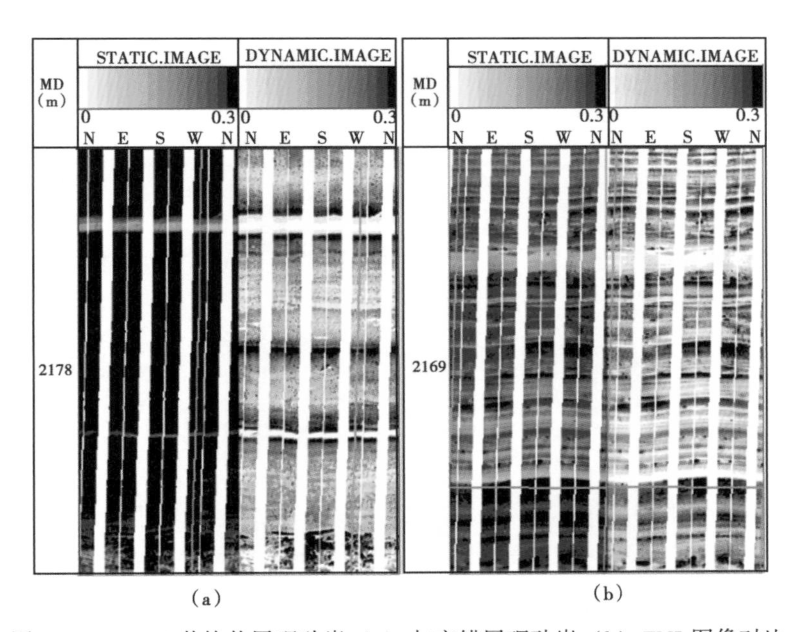

图 6-4-3　M53 井块状层理砂岩（a）与交错层理砂岩（b）FMI 图像对比

FMI 图像的颜色是对一定窗长范围内地层微电阻率测量值进行直方图增强处理而得到的，就数字图像来说，要研究颜色分布是否均匀，其实质就是研究某一随机变量的一组数值偏离其平均值的程度或者离散程度。FMI 图像的颜色可以看成是一组随机变量 x_i，而随机变量 x_i 的偏离程度或离散程度主要是通过方差和标准方差来判别。方差 σ^2 的计算公式为：

$$\sigma^2 = \frac{\sum_{i=1}^{N}(x_i - \bar{x})^2}{N} \tag{6-4-9}$$

式中　N—— 一个窗长内数据点的个数；

$\bar{x}$——这些数据点的平均值。

由于FMI图像的色标值取值范围并不固定，不同人员可能会选择不同取值范围（可以是1~16、1~24、1~32等任意整数），即使是根据图像增强处理之前的原始测量数据进行处理，但由于在不同层段内仪器在测量的响应范围差别也很大，因此利用下式计算的图像分布方差结果是不归一的，对不同的井和不同取值范围的色标分布，其计算结果的取值范围不固定，不具有通用性和可比性。为解决这个问题，定义了一个集中程度函数，它借鉴了气象学中评价空间气旋或者风暴、云的分布所常用的集中程度函数，这种集中程度函数可以用来定量指示物理场或函数在空间分布的非均质性，计算式为：

$$C = 1 - \frac{\sum_{i=1}^{N} \frac{\bar{x}^{2M}}{[\bar{x}^2 + (x_i - \bar{x})^2]^M}}{N} \tag{6-4-10}$$

由式（6-4-10）分析可知，非均质系数 C 具有如下性质：C 无量纲、归一化，$0 \leqslant C \leqslant 1$；如果定义：

$$F(x_i) = \frac{\bar{x}^{2M}}{[\bar{x}^2 + (x_i - \bar{x})^2]^M} \tag{6-4-11}$$

对式（6-4-11）两边取倒数有：

$$\frac{1}{F(x_i)} = \frac{[\bar{x}^2 + (x_i - \bar{x})^2]^M}{\bar{x}^{2M}} = \left[1 + (\frac{x_i}{\bar{x}} - 1)^2\right]^M \tag{6-4-12}$$

以对于任何的图像颜色值来说，$\frac{1}{F(x_i)} \geqslant 1$，也就是说 $0 \leqslant F(x_i) \leqslant 1$，对一个窗长为 N 的样品来说：

$$0 < \frac{1}{N}\sum_{i=1}^{N} F(x_i) = \frac{1}{N}\sum_{i=1}^{N} \frac{\bar{x}^{2M}}{[\bar{x}^2 + (x_i - \bar{x})^2]^M} \leqslant 1 \tag{6-4-13}$$

则有 $0<C \leqslant 1$ 成立。

C 越小，图像的集中程度越小，分布越均匀，当 $C=0$ 时图像集中程度最低，图像最均一，当 $C=1$ 时图像分布最高，均质性最差。如果窗长内所有图像颜色值都相等，对式（6-4-13）中的任意一个 x_i，都有 $x_i=\bar{x}$ 这样的话 $F(x_i)=1$、$C=0$，这个时候图像分布集中程度最低。另一种情况就是当只有一个点的时候，$x_i>0$。其他所有点都等于0，且这些点个数不相等，那么 $\bar{x}=\frac{a}{N}$，此时有：

$$F(x_i) = \begin{cases} \frac{1}{N^2 - 2N + 2} & (i = j) \\ \frac{1}{2^M} & (i \neq j) \end{cases} \tag{6-4-14}$$

那么可以把式（6-4-10）变换为：

$$
C = 1 - \frac{\dfrac{N - 1}{2^M} + \dfrac{1}{N^2 - 2N + 2}}{N} \tag{6-4-15}
$$

按照式（6-4-15），在一定窗长内计算垂直方向上图像色标分布的集中程度，从而就可以计算出储层的非均质系数。

根据以上关于图像分布的集中程度的计算函数，提出了一维非均质系数和二维非均质系数的计算方法。

FMI 每一深度点采集 192 个微电阻率数据，如果在一定的窗长内只统计垂直方向上的图像色标分布的集中程度，选择每一深度点的某一个统计结果（如出现概率最大的值或平均值）作为输入点，其计算结果仅反映储层岩电特性在纵向上的变化情况，称为一维非均质系数 C_{1D}；如果把在计算窗长内所有电极数据全部代入计算，其结果便综合反映了一个砂体储层在水平和垂直方向上的非均质性变化情况，称为二维非均质系数 C_{2D}。但是由于 FMI 的探测范围有限，在这有限的面积内地层的岩石物性横向变化一般很小或者没有，因此横向上的图像分布集中程度对于二维非均质性的影响也很小，一维和二维均值系数结果基本一致，但对于一些发育裂缝的致密砂岩，二者的差别还是很明显的。

按照相关行业标准，以渗透率变异系数作为非均质程度分类的标准：<0.25 为均质，0.25~0.7 为相对均质，>0.7 严重非均质。参照这一标准，依据式（6-4-10）的计算结果，将储层非均质程度也分为三类：均质（$C<0.2$）、相对均质（$0.25<C<0.5$）、强非均质（$C>0.5$）。

图 6-4-4 和图 6-4-5 是分别是 M53 井和 M40 井利用该方法计算的砂体的非均质系数结果，其中 M53 井 2230m 以上井段计算的一维非均质系数在底部平均值为 0.15，属于均质储

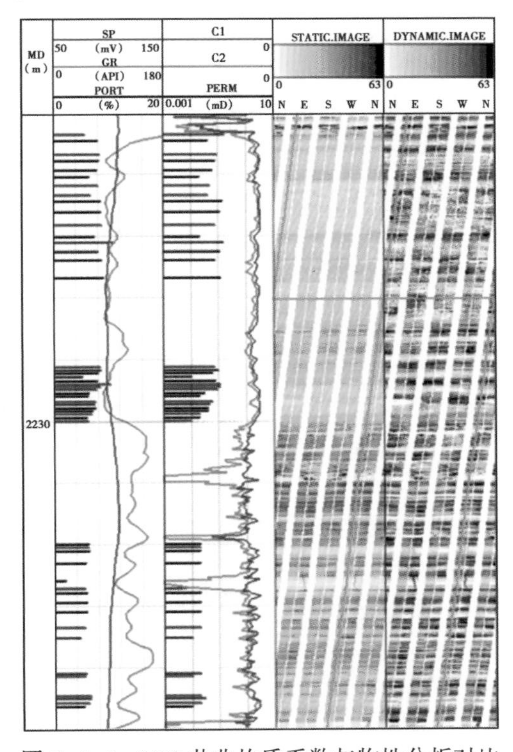

图 6-4-4　M53 井非均质系数与物性分析对比

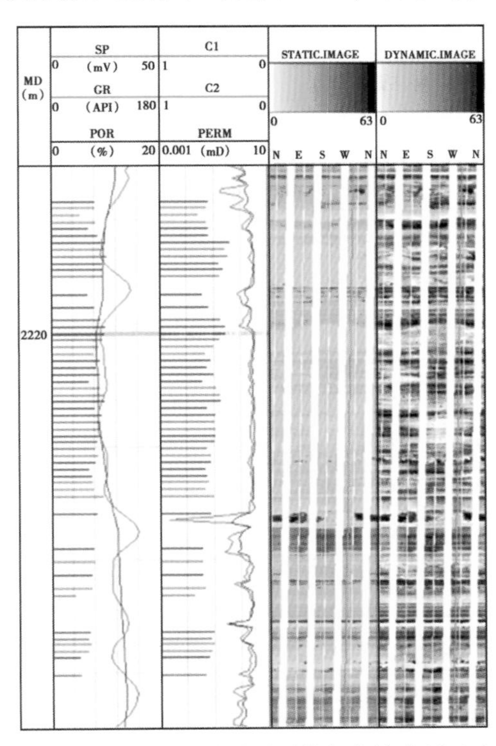

图 6-4-5　M40 井非均质系数与物性分析对比

层，2230m以下井段平均值为0.25，为相对均质分布。岩心分析结果表明，上部孔隙度为7%~8%，平均渗透率为0.07mD，底部孔隙度为4%~5%，平均渗透率为0.02mD，底部物性明显比上部差。M40井2223m以上井段计算的一维非均质系数在底部平均值为0.15，属于均质，2230m以下井段平均值为0.23，为相对均质分布。岩心分析结果表明，上部孔隙度为8%~10%，平均渗透率为0.08mD，底部孔隙度为6%~8%，平均渗透率为0.04mD，底部物性同样比上部差。

对比结果表明，利用上述方法及标准对储层非均质程度的分类与物性分析的结果具有较好的一致性，说明利用FMI等电成像测井资料可以有效评价储层的纵向非均质性。

随着致密砂岩油气藏勘探和评价的不断深入，对储层非均质性的研究越来越重要，微电阻率扫描成像测井提供了360°空间范围内储层电学性质变化等信息，可以用于致密砂岩储层非均质性的分析。图像处理算法能够定量提取基于图像的高分辨率非均质性曲线，在块状砂岩、煤层、页岩气等不同类型地层、构造挤压应力或裂缝（裂隙）引起的不同程度各向异性条件下评价结果都得到了传统的偶极声波方法的验证。由于FMI的高分辨率，基于图像的非均质性分析方法不但反映储层垂向（相对于井轴）正交方位的非均质性，而且能够刻画水平方向薄互层引起的各向非均质性，分辨率更高，在缺乏偶极声波测井的情况下，利用微电阻率扫描成像测井可以定量评价致密砂岩储层的非均质性，但对于其他岩性地层，其适用性有待进一步考察。另外，由于微电阻率扫描成像测井的探测深度较浅（一般在0.1in），并且受井眼扩径影响大，在这些情况下其评价结果的精度不可避免地受到影响。

三、砂体结构与含油非均质性定量评价

渗透率、电阻率、波速等储层的岩石物理性质，既具有各向异性，也具有一定程度的非均质性。

1. 非均质性

导致储层产生非均质性的因素是多种多样的，主要由于沉积过程中在不同时期、不同位置水动力条件的差异，导致碎屑颗粒排列的方向性与粒度分选、泥质多少、后期压实改造作用的差异、沉积构造与裂缝发育方位、区域应力差异等因素。储层的非均质程度差异很大，它的非均质性规模可小可大，可以达几千米，也可以到几毫米，一般分为层内、层间、平面和孔隙非均质性等四类。

（1）层内非均质性：评价指标包括层理构造序列、粒度韵律、渗透率差异程度及水平、垂直渗透率比值等。

（2）层间非均质性：层序的旋回性、砂体间渗透率的非均一程度以及特殊类型的层的分布，主要研究分层系数、砂体在垂直方向上的密度、有效砂体厚度系数、各层间渗透率的非均质性等。

（3）平面非均质性：包括砂体单元的连通程度、孔渗的变化和非均质程度以及渗透率的方向性，主要研究内容包括砂体的几何形态、砂体规模与连续性，以及连通性和砂体内部物性参数在平面的分布特征、砂体厚度与有效厚度的平面变化。

（4）孔隙非均质性：主要指微观孔隙结构的非均质性，如砂体的喉道大小、砂体的孔隙度大小以及孔喉的配置关系和连通性等参数。

大量试油资料分析表明，决定产能高低的因素除了射孔层段内的储层孔渗条件、压力系数、改造强度等因素外，还与砂体单元的岩性、物性与含油分布均一程度有关，也就是砂体

的宏观非均质程度。

2. 储层砂体结构和含油非均质性测井评价

致密储层纵向上具有宏观非均质性特征，在同一小层内部相对均质，可根据不同小层之间的储层岩性和物性变化关系，利用曲线幅度与形态、孔隙度和饱和度等参数描述储层宏观结构特征。

以鄂尔多斯盆地延长组长 7 段致密砂岩为例。长 7 段油层主要分布在紧邻生烃中心的三角洲前缘和湖盆中部，沉积类型为重力流沉积，沉积砂体以砂质碎屑流、浊积岩以及滑塌浊积岩为主，使得储层非均质性强、砂体结构多样，包括块状砂体、砂泥互层及薄砂层（主要存在于油页岩中）等多种类型的砂体共生。图 6-4-6 和图 6-4-7 分别是长 7 段块状砂体、互层状砂体的剖面露头照片与测井曲线，表明测井曲线的变化可以较好地反映砂体结构信息，因此考虑应用前面介绍的常规测井曲线相标志模型定量表征储层的砂体结构和非均质性。

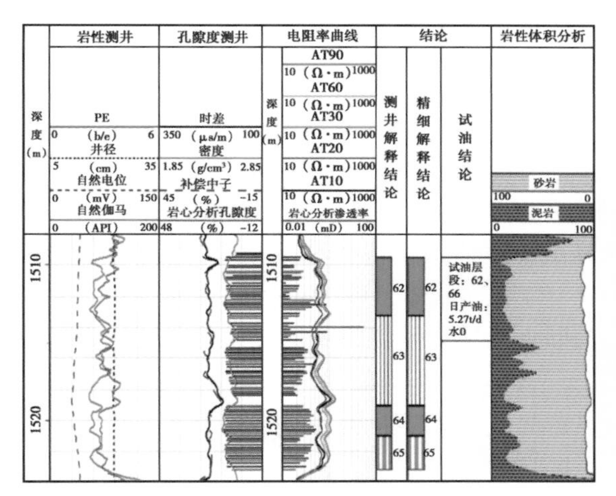

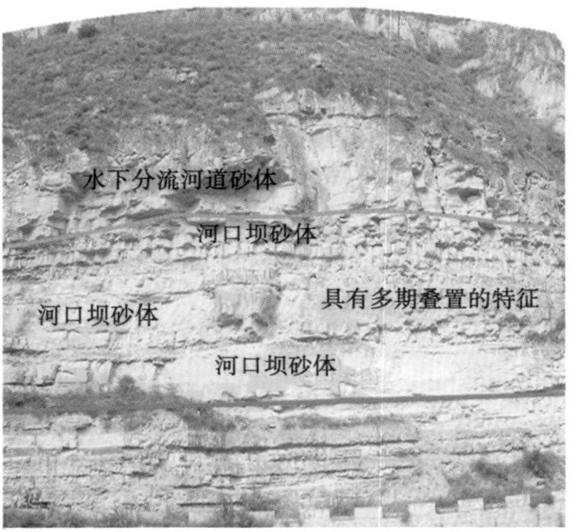

图 6-4-6　块状砂体露头剖面与测井曲线特征图版

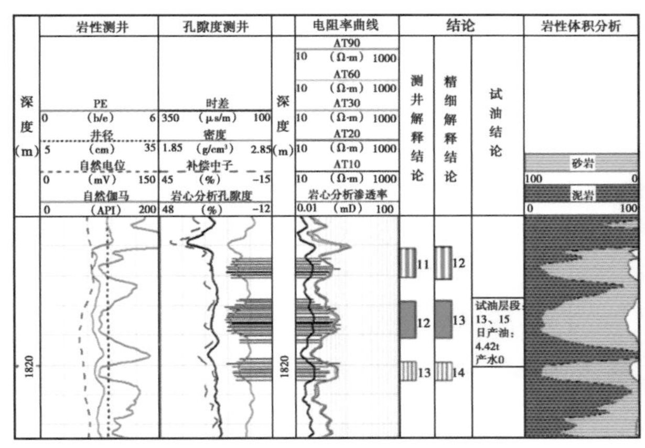

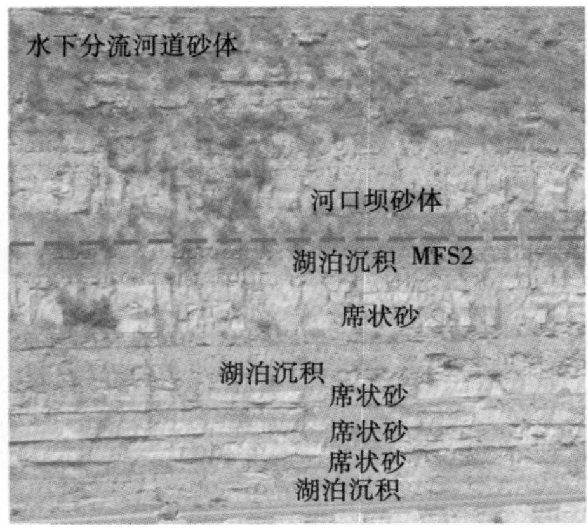

图 6-4-7　互层状砂体露头剖面与测井曲线特征图版（露头照片据罗平）

利用测井曲线分析砂体结构就是利用能够有效区分地层特征的测井曲线来对砂体结构特征进行描述，包括电阻率、声波时差、密度、自然电位以及自然伽马等。利用这些曲线的定性特征和定量参数可以对储层砂体结构进行定性描述和定量评价。

数学上常用变差方差根函数来描述曲线的光滑性，将该函数引入到储层非均质性评价中可较好反映储层非均质性强弱，为致密油储层品质评价提供量化标准。

GS 反映储层的光滑程度，即可表征储层的宏观结构。GS 越小，则曲线越光滑，曲线波动性就越小，砂体就越接近块状；反之，GS 越大，曲线越不光滑，曲线的波动性就越大，砂体形态就越接近砂泥互层。

考虑到自然伽马和泥质含量对储层岩性各向异性的敏感性强，密度测井对储层物性各向异性敏感性强，因此，可以 GR 曲线构建分别反映砂体的岩性及含油非均质程度的测井表征参数 P_{ss} 及 P_{pa}，定义如下：

$$P_{ss} = GS(GR)V_{sh} \tag{6-4-16}$$

$$P_{pa} = \frac{\sum_{i=1}^{n}(H_i\phi_i S_{oi})}{GS(DEN)} \tag{6-4-17}$$

式中 H_i，ϕ_i，S_{oi}——分别为深度段内第 i 小层的厚度、孔隙度和含油饱和度；

V_{sh}——泥质含量；

GS（GR）和 GS（DEN）——分别为自然伽马和密度曲线的变差方差根。

图 6-4-8 为鄂尔多斯盆地两口井的砂体结构和储层含油非均质性参数计算实例，其中第 5 道和第 6 道为利用曲线光滑程度函数计算出的砂体结构参数和含油非均质性参数结果。Z143 井中伽马测井曲线为微齿化的中幅箱形，为块状砂体，砂体整体的均质性好，Z74 井中自然伽马曲线呈齿化的钟形、指形特征，为砂泥互层，砂体整体均质性差。从计算出的砂

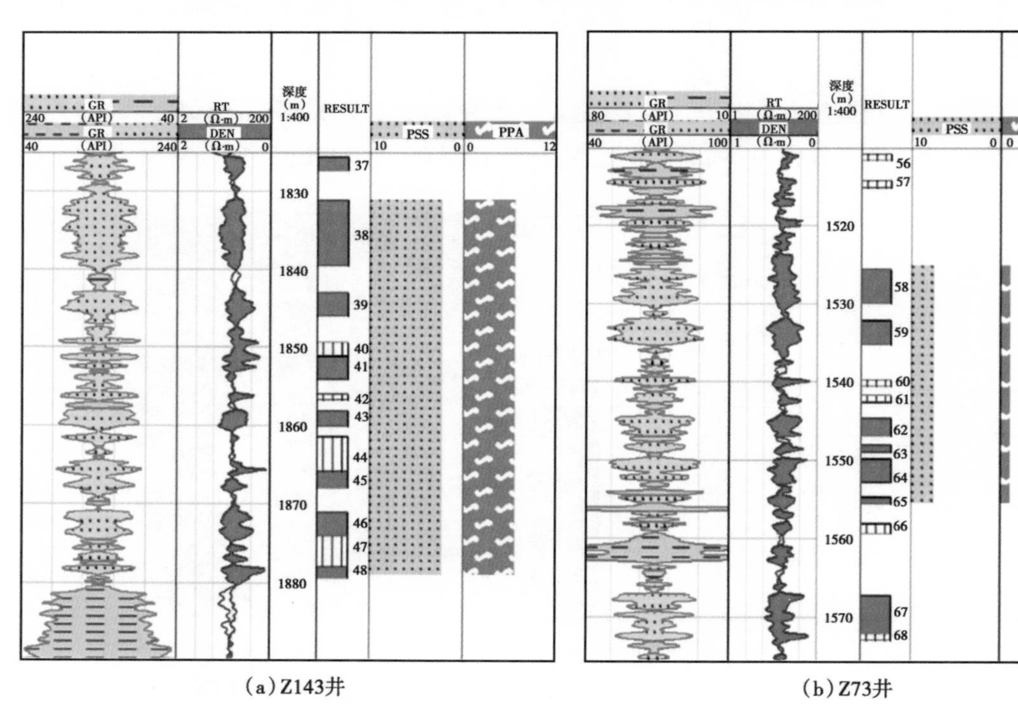

(a) Z143井　　(b) Z73井

图 6-4-8　鄂尔多斯盆地两口井砂体结构参数计算结果

体结构参数和含油性参数结果来看，Z143 井的储层砂体结构指数明显好于 Z74 井。块状砂体储层品质好，含油性好，试油日产油 30.6t，为高产工业油流；薄互层砂体储层品质相对较差，试油日产油 2.47t。

图 6-4-9 为松辽盆地北部两口井致密砂岩储层段砂体结构参数处理结果。可以看出，处理井段范围内 QP1 井发育厚层块状砂岩，而 ZP14 井主要发育薄互层状砂体，前者的含油程度相对均质，是较好的储层。

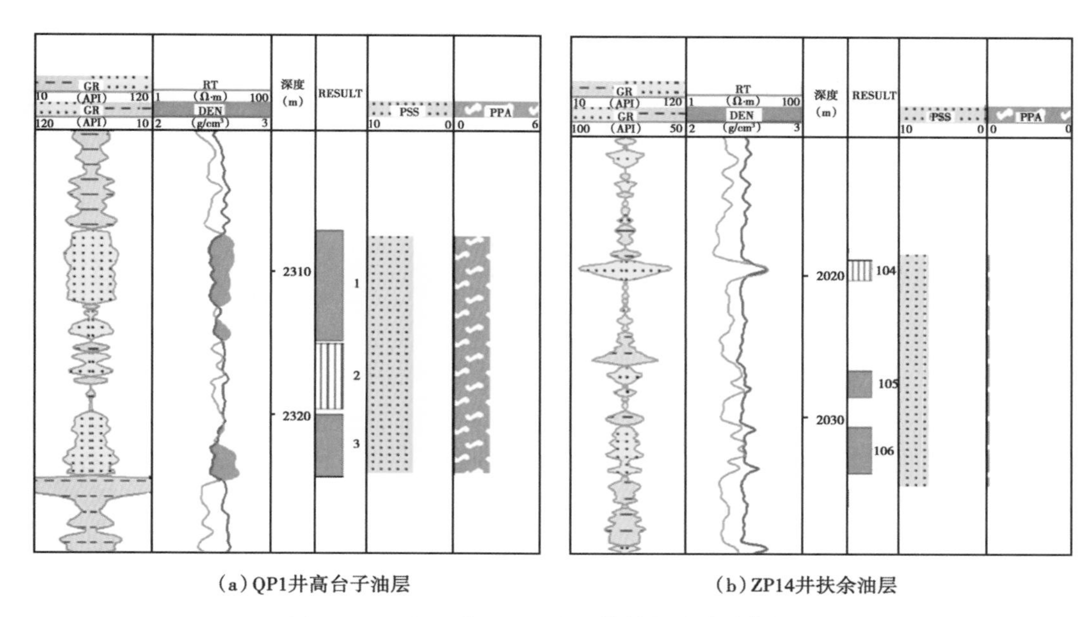

图 6-4-9　松辽盆地两口井砂体结构参数计算结果

通过对试油井的资料处理，可以 P_{ss} 和 P_{pa} 两个参数为坐标轴制作储层宏观砂体结构分类图版，如图 6-4-10 所示（红色圆点表示产油大于 10t/d，绿色三角点表示产油小于 10t/d）。可以看出，当 P_{ss} 由大变小时，储层由互层状砂体变化为块状砂体，储层宏观砂体结构逐渐

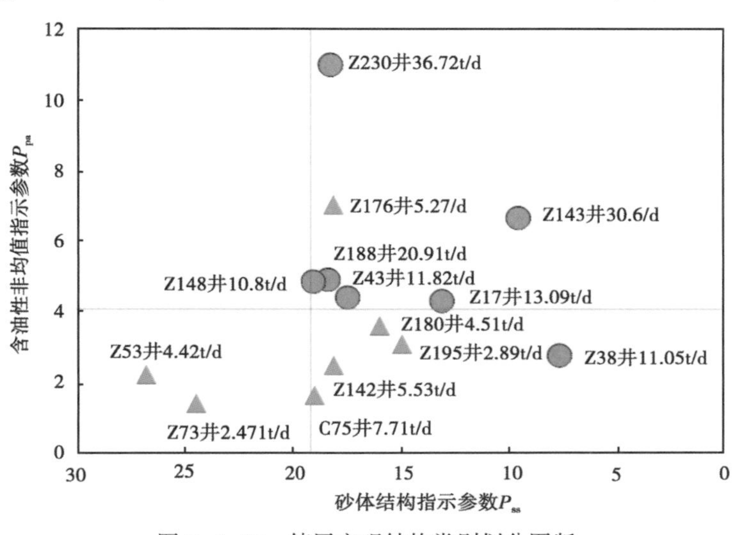

图 6-4-10　储层宏观结构类别划分图版

趋向于块状均匀；P_{pa}由小变大时，表明储层含油性及其层内均质程度由差到好。因此，落在右上角的储层产量高，落在左下角的储层产量较低。

第五节　致密砂岩岩石物理相测井分类方法

基于测井曲线的波动性来评价砂体的宏观非均质性，其结果反映的是储层某种岩石物理属性参数（如泥质含量或孔隙度等）的统计分布特征，是一种有别于常规逐点计算储层参数的新思路。除此以外，依据各种测井资料对地层岩性、物性、成岩作用、裂缝发育程度等性质进行分析，并建立相应的分类方法和图版，也可以为单井剖面的岩石物理相快速分类评价和区域上优势岩石物理相的识别提供一种有效的技术手段，进一步提升致密砂岩储层测井评价能力。本节以鄂尔多斯盆地合水地区长 7 段致密砂岩为例，介绍这种方法的基本思路和应用效果。

一、岩性岩相

岩性指岩石的类型，一般是依据岩石的成因、产状、成分等按一定命名法对岩石种类进行划分，目前已有比较成熟和公认的划分方案，这里不再赘述。

岩相是岩石相的简称，是相对于生物相而定义的。岩相的颜色、结构、构造特征能指示一定的沉积环境，可反映一定的水动力条件及沉积物搬运方式，因此，也将岩相称之为沉积能量单元。岩性岩相是在一定构造、沉积背景下形成的岩石组合，指具有一定沉积特征且岩石性质基本相同的三维岩体，反映了现今岩石组合面貌，又能体现一定的沉积环境，是对沉积微相的进一步细分和量化。

反映岩性岩相的最敏感的参数为成分成熟度和结构成熟度（粒度、分选、磨圆等）。如砂质碎屑流细砂岩相，反映三角洲前缘砂体在外界触发力作用下滑动崩塌而形成细砂岩体，多发育于湖盆中部，可发育平行层理等，颗粒分选好，砂体较纯，成分成熟度指数较高。这里所指的岩性岩相主要是针对致密砂岩储层。

1. 沉积微相特征

合水地区延长组长 7 段沉积期，气候温暖潮湿，为湖盆最大扩张阶段，湖盆面积最大，坳陷最深，湖水环境最为安静，其中合水地区浅湖亚相和半深湖—深湖亚相沉积最为发育。

浅湖亚相沉积物粒度较细，研究区浅湖亚相的主要岩性为深灰色—灰黑色泥岩、粉砂质泥岩、泥质粉砂岩，局部夹薄层状粉—细砂岩，具平行层理，通常在几十米范围内即可尖灭。泥岩中水平层理发育，含沥青及大量植物碎片和垂直虫孔，此外可见介形虫、叶肢介和双壳类等动物化石。

半深湖—深湖亚相在盆地延长组长 7 段油层组中十分发育，依据沉积旋回长 7 段油层组自上而下划为长 7_1、长 7_2 和长 7_3 三个小层，其中长 7_3 沉积期湖盆面积最大，主要发育深灰色—灰黑色碳质泥岩、纹层状粉砂质泥岩、页岩和油页岩夹浊积岩。半深湖—深湖区是低洼地带，易形成沉积物重力流，主要为浊流、碎屑流和液化流，其中浊流最为发育，浊积岩也是长 7 段油层的主要储集体。

2. 储层岩石学特征

合水地区长 7 段致密砂岩储层的岩性主要为岩屑砂岩、岩屑长石砂岩和长石岩屑砂岩（图 6-5-1）。石英含量主要分布在 12%～63.5%，平均 39%；长石含量 8.5%～46%，平均

21%，以钾长石和钠长石为主；岩屑 20%~61%，平均 38%，以变质岩岩屑和岩浆岩岩屑为主，沉积岩岩屑较少。

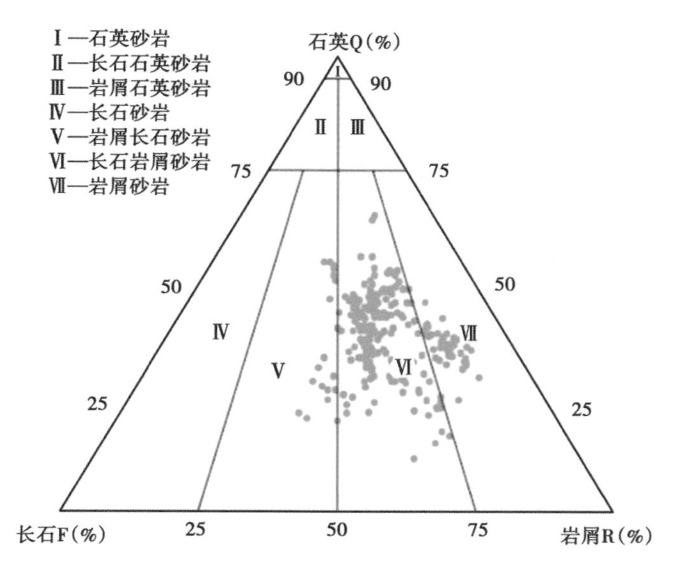

图 6-5-1　合水地区长 7 段致密砂岩储层矿物成分三角图（据中国石油长庆油田勘探开发研究院）

填隙物含量较高，包括杂基与胶结物，但多以杂基为主。胶结物主要为硅质、钙质、黏土矿物，次为黄铁矿等；其中硅质胶结多形成石英加大边和自生石英，钙质胶结多为方解石、铁方解石和铁白云石充填于孔隙，黏土矿物以伊利石及伊/蒙混层和绿泥石为主。

粒度主要为细砂、粉砂级别，磨圆以次棱角状为主，分选中等—差。颗粒之间接触关系较为紧密，以线接触关系为主。胶结类型以孔隙式为主，结构成熟度和成分成熟度较低。孔隙度为 0.37%~17.74%，渗透率为 0.001~2.56mD。大部分样品渗透率均小于 1.0mD，具有典型的致密油储层特征。

3. 岩性岩相划分

综合沉积微相、成分成熟度、粒度、沉积构造、岩性等因素，将合水地区长 7 段致密砂岩划分为砂质碎屑流细砂岩相、浊积粉细砂岩相、滑塌岩细砂岩相、半深湖—深湖泥岩相以及油页岩相共六个岩性岩相，划分标准见表 6-5-1。

表 6-5-1　合水地区长 7 段岩性岩相划分标准

岩性岩相类型	岩性	沉积构造	沉积描述
砂质碎屑流细砂岩相	细砂岩	块状层理、局部平行层理	含泥岩撕裂屑，储集相
浊积粉细砂岩相	细砂岩 粉砂岩	平行层理、砂纹层理	底部（A、B 段）含油性好，储集相； 顶部（C、D、E 段）为储集、烃源岩相
滑塌细砂岩相	细砂岩、粉砂岩 和粉砂质泥岩	包卷层理、褶皱构造	砂泥混杂，砂岩脉为储集相
半深湖—深湖泥岩相	暗色泥岩 粉砂质泥岩	水平层理	含黑色植物炭化碎屑，烃源岩相
油页岩相	页岩	页理发育	见暗色斑点状黄铁矿，烃源岩相

二、成岩相

成岩相是沉积物经历了一定成岩作用和演化阶段的产物，包括岩石颗粒、胶结物、组构和孔洞缝等综合特征，通常成岩相包括两方面的内容，即成岩环境及在该环境下的成岩产物。成岩相主要包含三个内涵：成岩作用、成岩环境和成岩矿物。成岩作用是岩石化学反应表现方式，一般可分为建设性成岩作用（溶蚀作用、破裂作用）和破坏性成岩作用（压实作用、胶结作用，重结晶作用等）。

1. 储层成岩作用类型

1）压实作用

合水地区长 7 段油层组现今埋深 2000m 左右，储层总体上经历较强压实作用，镜下可观察到的主要的标志有：颗粒之间接触关系较为紧密，以线接触关系为主，有时甚至可呈凹凸接触，云母和塑性岩屑颗粒的弯曲变形［图 6-5-2（a）］，部分颗粒呈现定向排列，部分石英颗粒表面有时可见压裂纹［图 6-5-2（b）(c)］，说明已达到中等—强压实强度。

2）胶结作用

长 7 致密油储层胶结物类型主要是硅质、钙质以及黏土矿物，硅质主要是石英次生加大边以及自生石英［图 6-5-2（c）(d)］，钙质包括方解石、铁方解石（图 6-5-2（e）(f)］和铁白云石［图 6-5-2（g）(h)］，黏土矿物尤以伊利石及伊/蒙混层［图 6-5-2（i）(j)］和绿泥石［图 6-5-2（k）(l)］为主。

长 7 段致密储层的粒间体积与胶结物体积的交会图表明，压实作用对储层原始孔隙的破坏要大于胶结作用（图 6-5-3）。储层在中—强压实背景下，各种自生矿物的进一步充填导致其原生孔隙几乎丧失殆尽。

3）溶蚀作用

合水地区延长组长 7 段油层组是一套富含有机质的泥质岩与细砂岩和粉砂岩交互沉积的层序，随着沉积物持续埋深加大，有机质逐渐热成熟生烃，伴随的有机质脱羧基作用可生成一定的有机酸（如羧酸和酚类）并释放出 CO_2 和氮等组分，这些酸性组分将优先地充注到与泥页岩毗邻的砂体中，导致其中的不稳定组分发生溶蚀，形成粒内、粒间溶孔［图 6-5-2（m）(n)］，长石还可以沿解理溶蚀而呈窗格状、蜂窝状［图 6-5-2（o）］，溶蚀作用扩大了孔隙、连通了喉道，使储层孔隙度增大，渗流能力增强。

4）破裂作用

由于研究区的平缓构造背景，宏观裂缝不太发育，但在少数薄片中可见一些成岩微裂缝（裂缝宽度小于 0.1mm，肉眼无法识别）。沉积物自埋藏之后的成岩演化期将发生一系列矿物组分上的变化和调整，压实作用、矿物的重结晶作用将导致沉积物收缩和膨胀以及矿物间的重新组合与排列，从而产生微裂缝。微裂缝虽然不能显著改善储层的储集性能，却能极大地改善储层的渗流通道和结构，并为酸性水的流动提供了渗流通道，改善了溶蚀环境，有利于溶孔的形成。

2. 储层成岩相划分

在对长 7 段储层成岩特征精细观察并高度综合和概括其成岩演化规律的基础上，将储层划分为压实致密相、碳酸盐岩胶结、黏土矿物充填三种破坏性成岩相以及不稳定组分溶蚀有利孔渗性成岩相，各成岩相具有不同的成岩作用组合和储层孔隙发育特征。

图 6-5-2　长 7 段储层镜下微观成岩作用以及成岩矿物组合特征

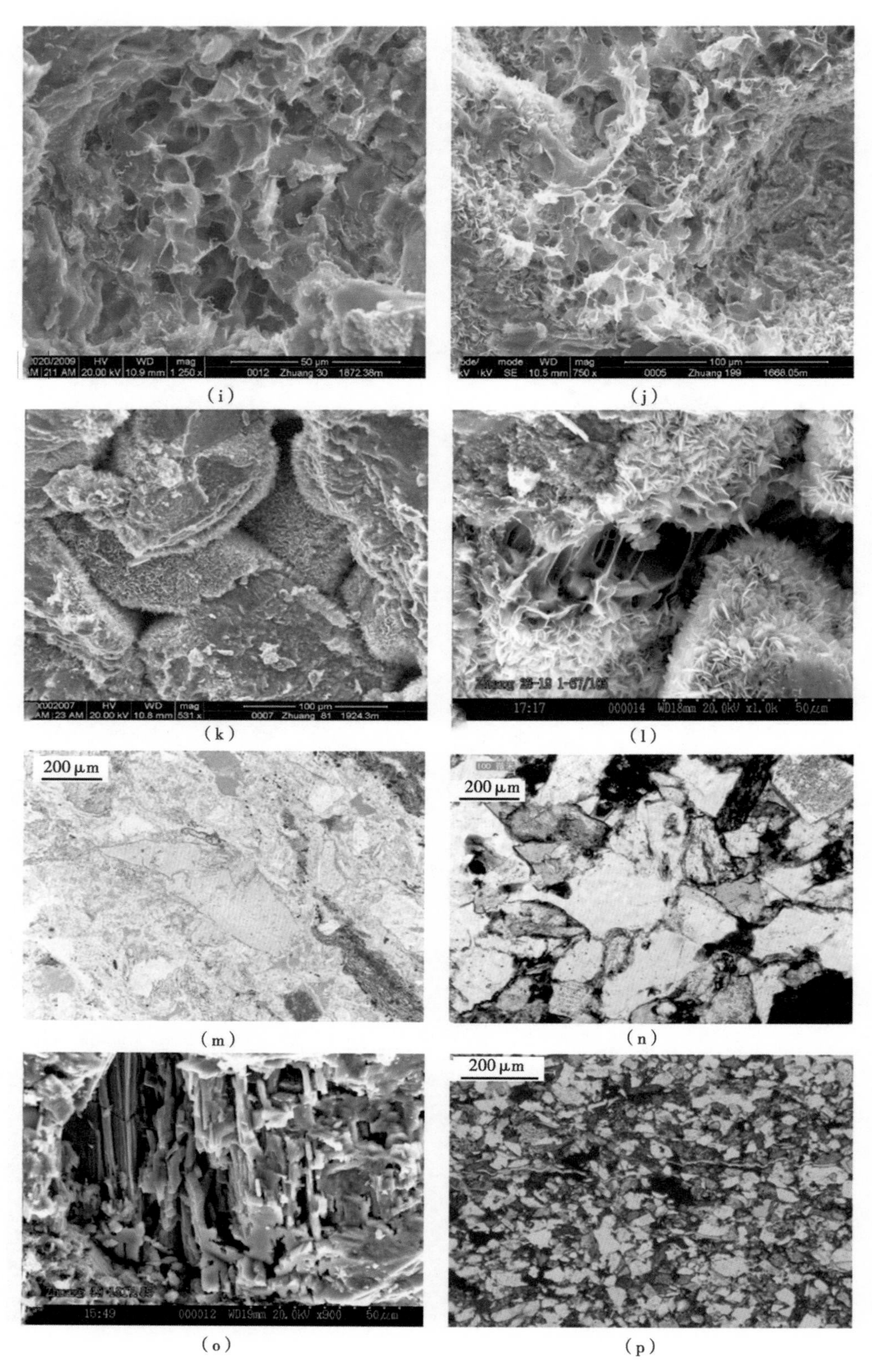

(i) (j)

(k) (l)

(m) (n)

(o) (p)

图 6-5-2 长 7 段储层镜下微观成岩作用以及成岩矿物组合特征（续）

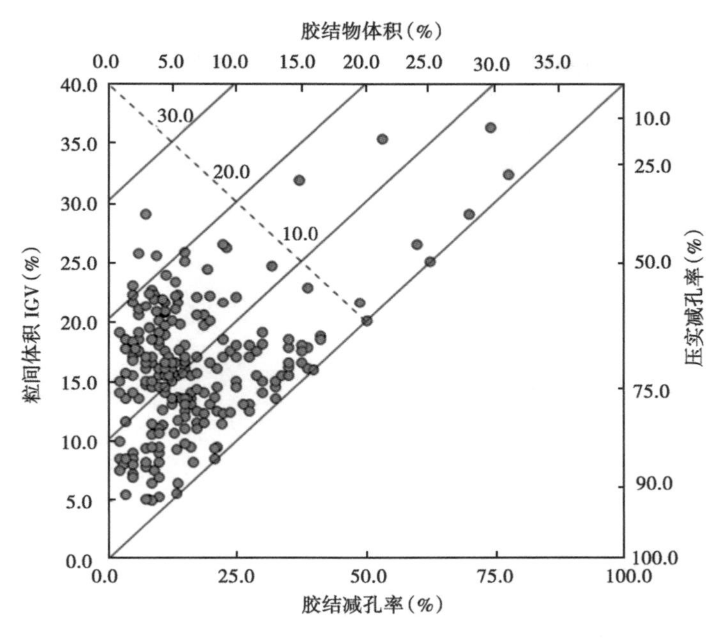

图 6-5-3 合水地区长 7 段储层粒间体积与胶结物体积交会图

1）压实致密相

合水地区长 7 段致密油主要为半深湖—深湖区重力流沉积，颗粒粒度细，砂泥混杂，塑性组分含量高，在深埋藏过程中压实作用强烈，形成压实致密相，镜下表现为颗粒粒度细、颗粒间主要为线接触、基本无可视孔隙，该成岩相发育层段一般物性很差或者不具备储集性能［图 6-5-4（a）］。

2）碳酸盐胶结相

深水砂岩一般富含白云岩岩屑，在成岩演化期有机质脱羧生烃产生的有机酸作用下，白云岩岩屑首先发生溶解，释放出大量的碳酸根离子，在油气充注之后的还原环境中以铁方解石和铁白云石的形式沉淀下来。碳酸盐胶结作用使得孔隙明显减少，是储层致密化的重要因素［图 6-5-4（b）］。

3）黏土矿物充填相

黏土矿物（包括伊利石、伊/蒙混层和绿泥石）对孔隙的充填易导致孔隙喉道堵塞，减少孔隙空间的同时也对砂岩的渗透性有较大破坏作用，使得孔隙结构变得更为复杂。黏土矿物充填相是除了碳酸盐胶结相和压实致密相之外的另一破坏性成岩相［图 6-5-4（c）］。

4）不稳定组分溶蚀相

在压实背景下以不稳定组分的溶蚀作用占优势，且溶蚀孔隙未被伊/蒙混层、方解石等次生矿物充填。不稳定组分溶蚀相一般出现于浊流沉积的底部以及一部分砂质碎屑流沉积体中［图 6-5-4（d）］，受沉积物原始组分和结构的影响，这些砂体在埋藏压实过程中原生孔隙能够得到一定保存，原生孔隙的保存同时有利于次生孔隙的产生，在后期油气充注过程中，伴随的有机酸性水容易在砂体内部流动，水—岩作用更彻底，有利于溶蚀孔隙的规模形成。

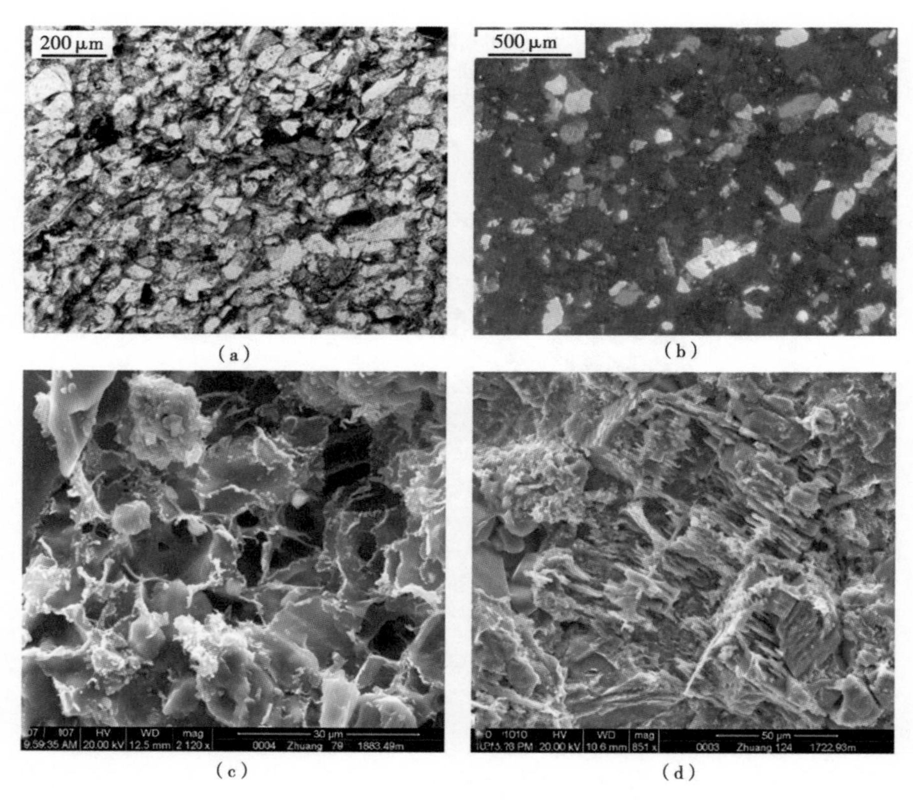

图 6-5-4　合水地区长 7 段致密油储层成岩相典型薄片镜下特征

三、孔隙结构相

储层孔隙结构相的分类早期仅依据孔隙度和渗透率两个参数，常见分类标准见表 6-5-2。后来越来越多的研究综合考虑了常规物性、压汞、铸体薄片和扫描电镜等多参数综合分类。

表 6-5-2　基于物性的碎屑岩储层分类方案

分类参数	储层分类			
	Ⅰ	Ⅱ	Ⅲ	Ⅳ
ϕ（%）	>12	12~10	11~8	9~6
K（mD）	>0.12	0.12~0.08	0.09~0.05	0.07~0.03

一方面，由于其复杂的孔隙结构导致孔—渗指标参数之间相关性差；另一方面，目前还很欠缺能够精确评价渗透率的技术手段，K 的计算误差往往较为显著，因此表 6-5-2 的分类方案重叠区间明显，在致密砂岩储层的多解性强，如图 6-5-5 所示。

针对上述问题，应用前面介绍的孔隙度和孔喉品质指数 PTI 为依据，结合试油资料将研究区目的层划分为四个类型，孔隙结构从Ⅰ类到Ⅳ类由好变差，如表 6-5-3、图 6-6-6 所示，不同类型储层的典型压汞曲线如图 6-5-7 所示。

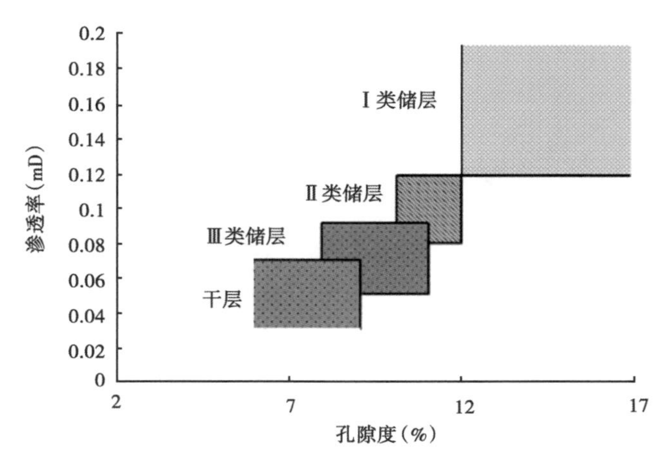

图 6-5-5　基于孔渗数据的碎屑岩储层分类图版

表 6-5-3　依据 PTI 模型划分孔隙结构相的分类标准

孔隙结构相类型	孔隙度（%）	PTI
Ⅰ类	>12	≥0. 8
Ⅱ类	10～12	0. 6～0. 8
Ⅲ类	8～10	0. 4～0. 6
Ⅳ 类	<8	<0. 4

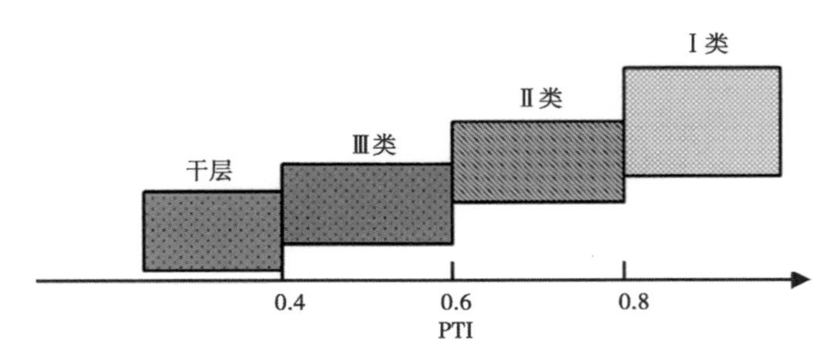

图 6-5-6　根据 PTI 对致密砂岩储层的分类图版

四、岩石物理相测井分类

岩石物理相是综合反映岩性、成岩作用、孔隙结构等地层岩石多种属性特征的成因单元。考虑到岩石物理相为沉积、成岩、构造和孔隙结构的综合效应，因此岩石物理相完整的划分与定名应采用沉积相+成岩相+裂缝相组合的方式，即在对储层岩性岩相、成岩相、裂缝相和孔隙结构相分类基础上通过四者的叠加来划分储层岩石物理相。叠加并选取定量表征参数时首先赋予裂缝相以最大权值，对成岩相赋予足够大的权值，对孔隙结构相也赋以相对较大权值，而对岩性岩相则赋以相对较小权值，当然具体应结合不同区块的地质特征最终进行参数统计分析与调整，从而建立起不同类型岩石物理相参数指标及权值，实现不同储层岩石物理相的定量表征。这样不仅能将控制岩石物理相的三大主要因素——沉积相、成岩相和构造相均予以充分考虑，更可以充分赋予岩石物理相以地质“相”的含义，从而使其真正

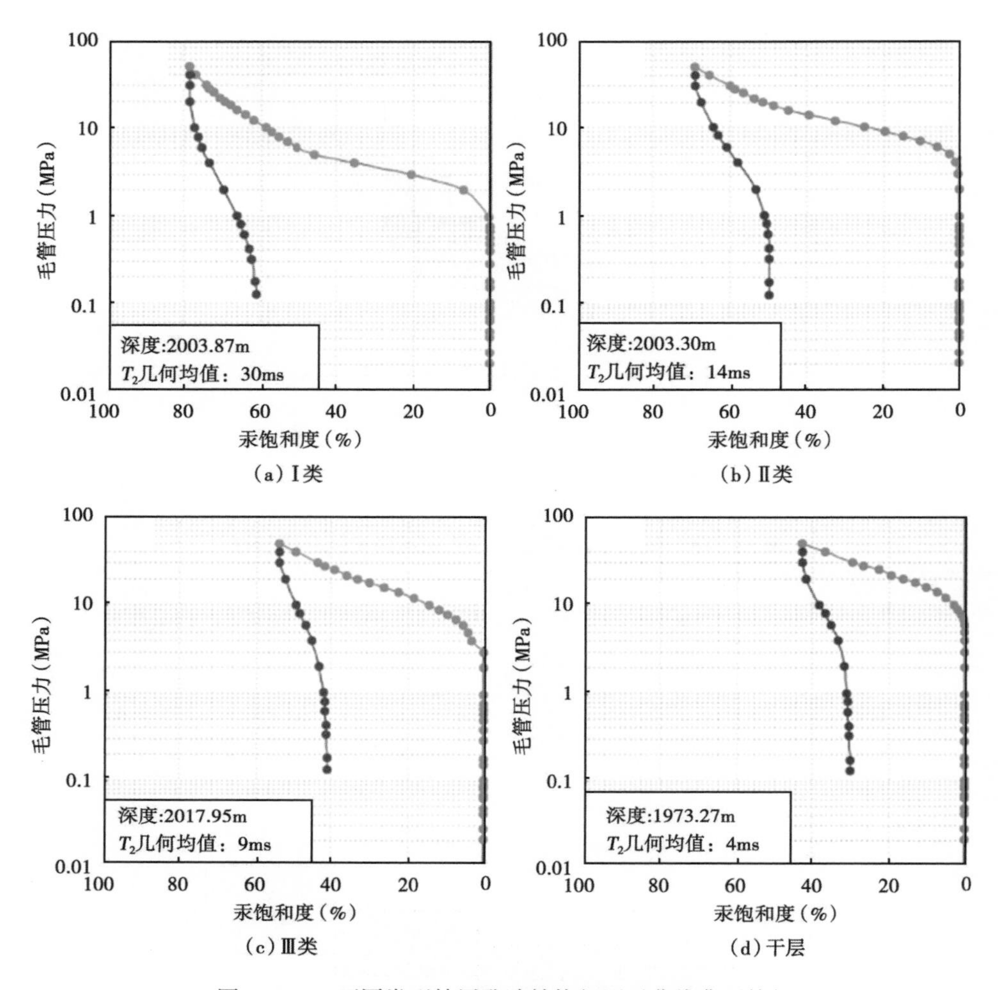

图 6-5-7 不同类型储层孔隙结构相压汞曲线典型特征

具备预测功能，而且还能够形成储层岩石物理相的定量划分标准。

对于岩石物理相的命名，可采用地质分类命名法则，即把主控因素放后面，次要因素放前，按照先沉积后成岩再裂缝和孔隙结构（岩性岩相—成岩相—孔隙结构相）的顺序直接定名或编码，考虑到命名方案的复杂性，必要的时候可用字母来代替。

如合水地区长 7 段致密砂岩可划分出的岩石物理相类型有砂质碎屑流细砂岩—不稳定组分溶蚀—Ⅰ类孔隙结构岩石物理相、浊流粉细砂岩—碳酸盐岩胶结—Ⅱ类孔隙结构岩石物理相，考虑到分类命名的复杂性，因此必要时可以用字母来代替。如以 LF 代替岩性岩相，LF1 为砂质碎屑流细砂岩相，LF2 为浊流粉细砂岩相，LF3 为滑塌细砂岩相，LF4 为半深湖—深湖泥岩相，LF5 为油页岩相；成岩相以 DF 代替，不稳定组分溶蚀相为 DF1，黏土矿物充填相为 DF2，碳酸盐岩胶结相为 DF3，压实致密相为 DF4；孔隙结构相则用 KF 表示，Ⅰ类孔隙结构为 KF1、Ⅱ类孔隙结构为 KF2、Ⅲ类孔隙结构为 KF3、Ⅳ类孔隙结构为 KF4。

则砂质碎屑流细砂岩—不稳定组分溶蚀—Ⅰ类孔隙结构岩石物理相可用字母代替为 LF1—DF1—KF1 岩石物理相。

图 6-5-8 是合水地区 B28 井岩石物理相测井综合分类解释实例。可以看出，同一种类

型岩石物理相具有相同的岩石物理相指数，而不同的岩石物理相其 RPF 不同，岩石物理相受沉积微相的约束（岩石物理相指数值高的相带多形成于有利的沉积微相带），同时也受成岩相等后天因素的改造，最高的岩石物理相指数值通常是在有利的沉积微相的基础上经过有利成岩改造和晚期构造破裂形成的微裂缝叠加作用的结果，对应着高产储层的发育。含油层均对应于岩石物理相指数值较高的层段，反之，岩石物理相指数较低的层段，测井解释结论多为干层或非储层。由此说明岩石物理相是从微观尺度上控制着致密砂岩储层的非均质性和含油性的重要因素。

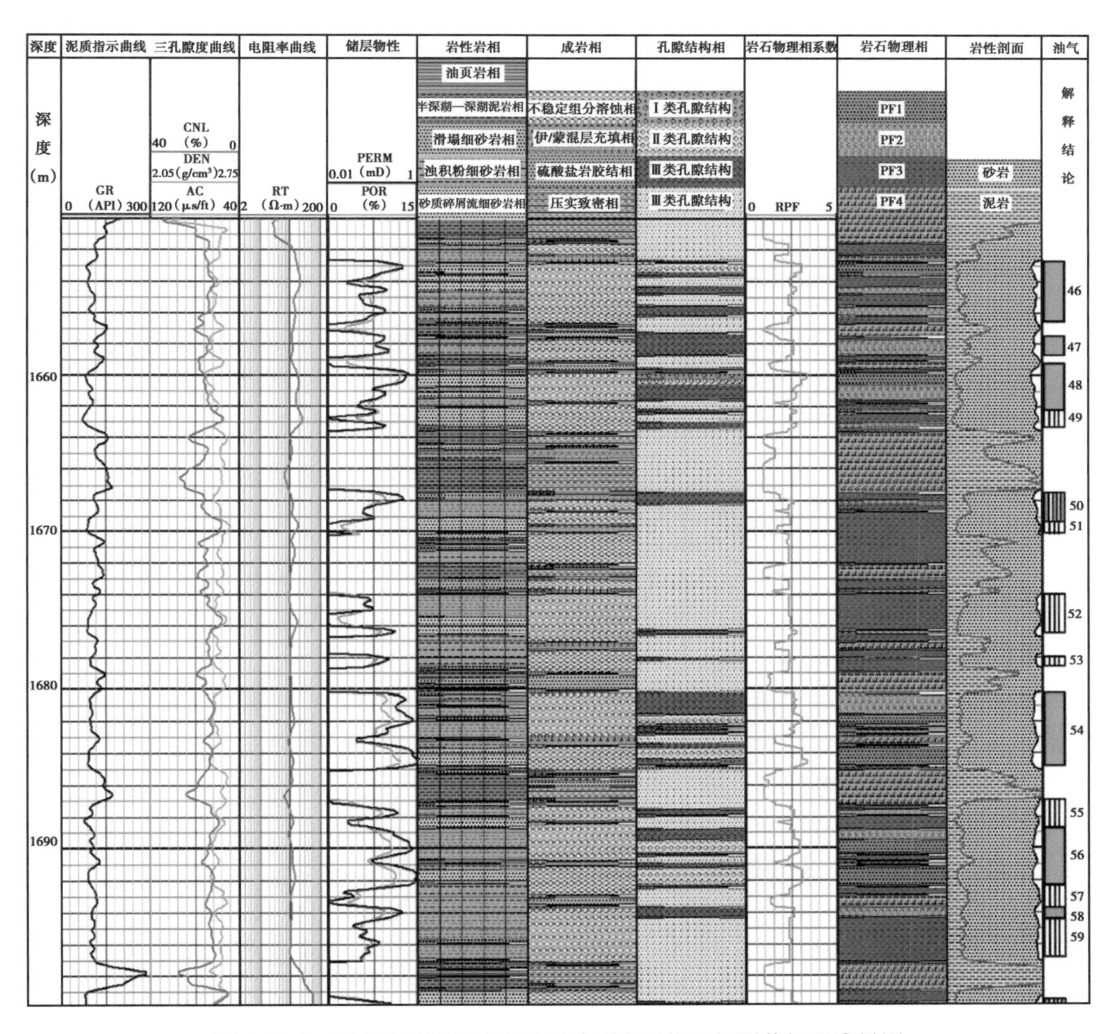

图 6-5-8　B28 井长 7 段致密砂岩储层岩石物理相测井解释成果图

第七章　致密砂岩油气层测井识别评价

致密砂岩油气由于储层品质较差，岩电规律复杂，实验分析难度大，使得常用的电阻率—孔隙度图版难以区分，给测井解释评价工作带来了很大困难。针对致密油气特点和测井响应特征，需要在油气层测井响应主控因素分析的基础上，对各种测井方法分析其适用性并综合应用，建立针对性的识别评价方法和技术。对某一地区或某一类型的储层来说，油气层识别评价需要通过多种评价方法及新技术进行反复实践并进行技术分析、综合研究，从而找出一两种有效的方法。

第一节　致密砂岩油气层测井识别方法

在常规油气层测井解释中，常用的识别方法有曲线重叠法、双孔隙度法、时间推移测井法、交会图法、气测综合分析法、感应侧向联测对比法、核磁共振流体识别技术、阵列声波气层识别图版等。由于气层测井响应的特殊性，除以电法测井为主的气层识别方法外，非电法测井方法在气层识别中也具有重要的作用。

一、致密砂岩油气饱和度分布特征与识别难点

对于先致密后成藏的致密砂岩油气层，与常规砂岩相比，致密砂岩微细孔隙含大量束缚水，含油气饱和度相对较低，电阻率指数偏低，测井电阻率对比度低，区分流体能力下降。图 7-1-1 为吐哈盆地巴喀地区 K21 井气层段和 K30 井干层段的测井综合图，由图可见，致密砂岩气层与干层测井电阻率差异不明显，电阻增大率为 1.5~3。致密砂岩岩心驱替难度大，岩电实验只能驱替少量的可动水，剩余含水饱和度很高，难以描述气层的真实含气饱和度状态和该条件下的岩电规律，进一步加剧了气层识别和饱和度评价的难度。

根据前述岩石物理特征分析，致密砂岩油气储层孔隙结构复杂，含油气饱和度变化大，具有如下特点：(1) 渗透率越小，毛管压力越高，含水饱和度越高；(2) 致密储层含油气饱和度受充注压力控制，先致密后成藏的致密油气储层内存在平衡水或少量可动水，但无明显边底水；充注压力大时可具有较高的含油气饱和度；(3) 压裂等工程技术会改变储层孔隙结构，部分平衡水变为可动水，导致含油气饱和度较低的储层投产后普遍含水。

致密砂岩油气饱和度主要受充注压力和孔隙结构控制。成藏时油气首先进入储层中的大孔道，随充注压力增加，油气逐步进入更小的孔道，占据可动流体空间，其余为束缚水占据，一般无明显的重力分异，含油气饱和度大小主要取决于充注压力。因此，由于充注压力的差异，致密砂岩油气分布范围内局部存在少量的可动水是一种常见现象。束缚水又可分为黏土水和毛管水两部分，压裂等工程措施会破坏毛管水的束缚状态，转化为部分可动水。

图 7-1-2 为巴喀地区侏罗系致密砂岩储层气、水层深电阻率—孔隙度交会图。由图可见，Ⅰ类储层物性相对较好，成藏过程中气水驱替程度相对较高，气层可直接利用常规测井曲线进行识别，测井电阻率大于 35Ω · m，孔隙度大于 6%；与气层相比，Ⅰ类储层中的水

层测井电阻率较低，也容易识别；对于Ⅱ类储层，气层和差气层的数据点混杂在一起，难以识别；位于差气层区的差气层和干层同样难以识别。总体上，受储层物性影响，在常规的深电阻率—孔隙度交会图中气层与差气层、差气层与干层界限不清楚，是测井识别中的主要难题。

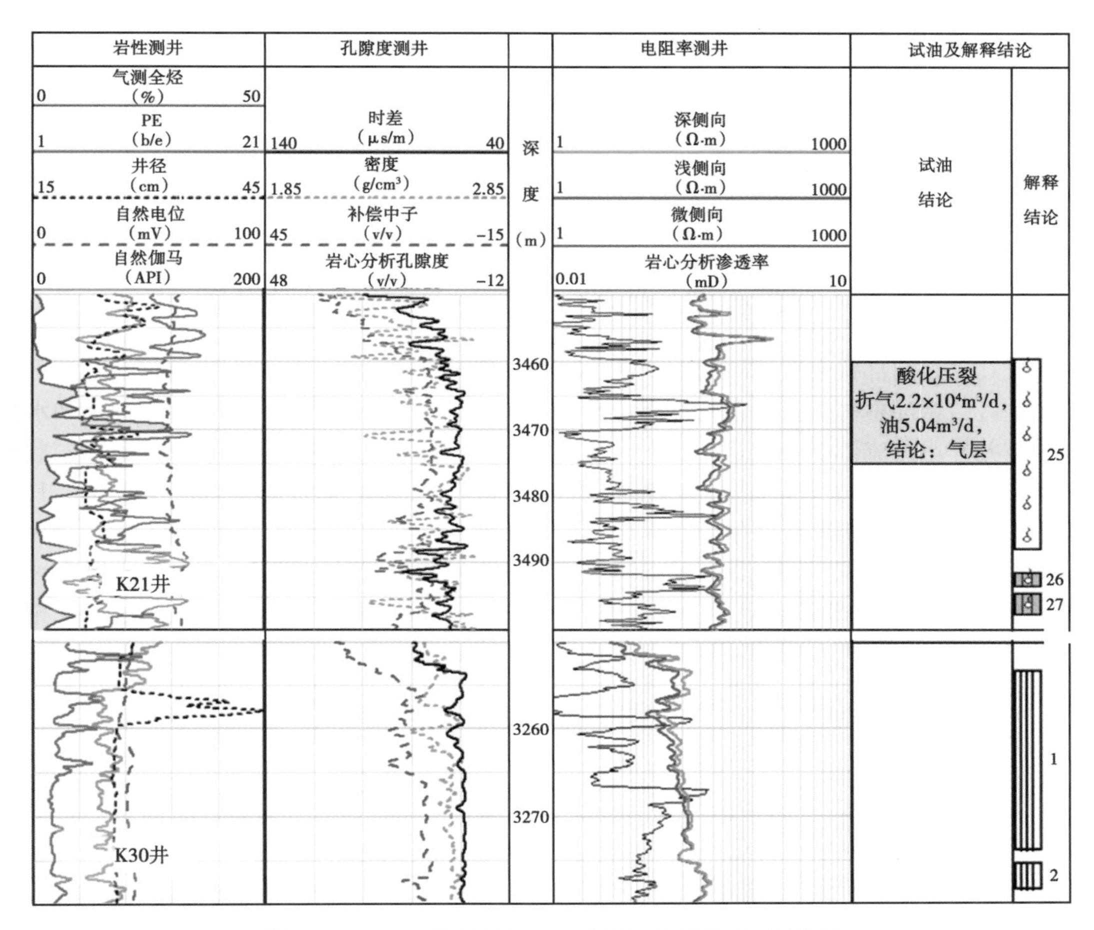

图 7-1-1　K21 井气层和 K30 井干层的测井响应对比图

二、近源致密砂岩油层测井识别方法

近源致密油储层含油性与烃源岩品质、储层品质、源储配置关系及源储距离相关。一般来说，烃源岩品质和储层品质越好，储层含油性越好；源储距离越小，储层含油性越好；同等条件下，源上致密油含油性优于源下致密油。

地质研究认为，松辽盆地扶余地区致密油层属于源下型致密油，由于其烃源岩品质整体上较鄂尔多斯盆地延长组差，因此，其含油饱和度也相对较低，油水层电性特征差异小，测井识别流体性质难度大。

源下型致密油由于烃源岩排烃力与油水密度差产生的浮力方向相反，使得致密油储层充注力小于烃源岩排烃力，影响了致密油的充注程度（含油饱和度），进一步降低了油、水层的测井响应特征的差异。

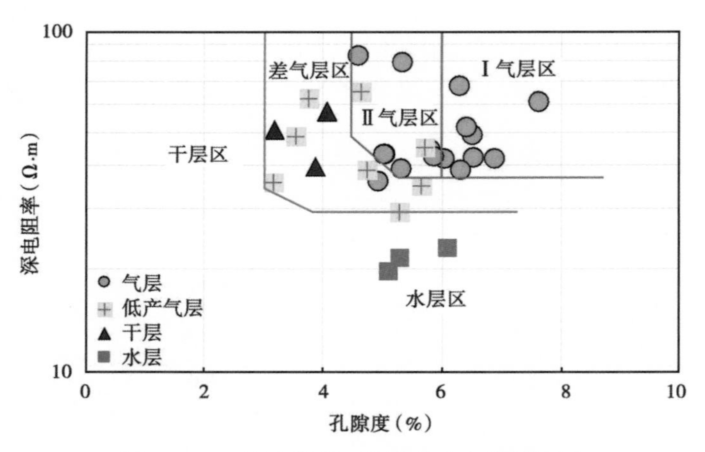

图 7-1-2　深电阻率—孔隙度交会识别气层

以松辽盆地南部扶余致密油为例，青一段烃源岩与下覆的泉四段储层直接接触，源下型的扶余地区致密油整体上充注程度不高，含油饱和度低，以油水同层为主，油水同层和水层测井响应差异小，流体识别困难。因此，需要精细分析其响应特征的差异，寻找敏感参数来识别含油层。图 7-1-3 为松辽盆地南部扶余致密油测井计算孔隙度与饱和度交会图，其中孔隙度参数通过岩心刻度测井精细建模获得，含油饱和度参数应用分类选取岩电参数计算获得，分砂组建立流体识别图版具有较好的效果，油水同层含油饱和度 S_o>35%，水层含油饱和度<35%。Ⅰ砂组、Ⅱ砂组距青一段烃源岩比Ⅲ砂组、Ⅳ砂组距离近，油气充注程度相对于Ⅲ砂组、Ⅳ砂组要高一些，计算的含油饱和度平均值也略高于Ⅲ砂组、Ⅳ砂组。

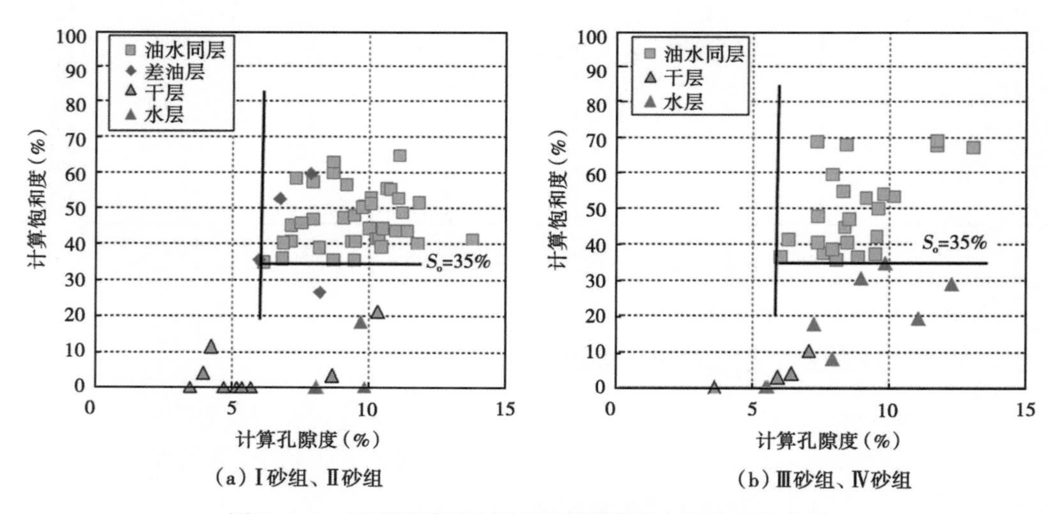

图 7-1-3　源下型致密油测井计算孔隙度与饱和度交会图

鄂尔多斯盆地姬塬地区长 8_1 油层也属于源下型致密油，上覆的长 7 段烃源岩生成的油气直接向下经短距离运移就进入长 8_1 储层中。研究表明，该地区烃源岩与储层配置关系对单井产能具有明显的控制作用。为进一步分析储层含油富集程度，定义储层含油富集程度测井表征参数 V_o：

$$V_o = \phi^p S_o^q \qquad (7-1-1)$$

式中 ϕ——孔隙度；

S_o——含油饱和度；

p，q——贡献指数，可以通过试油资料刻度来确定。

通过多井对比发现（图 7-1-4），烃源岩有机碳含量越高（图中绿色充填部分面积），储层物性与含油饱和度越高，即储层含油富集程度越高（图中橙黄色部分充填面积），单井产能就越高。反之，若烃源岩有机碳含量越低，储层物性越差，含油饱和度越低，单井产能就越低。若烃源岩有机碳含量较高，但储层物性较差，或储层物性较好，但烃源岩有机碳含量较低，单井产量中等。

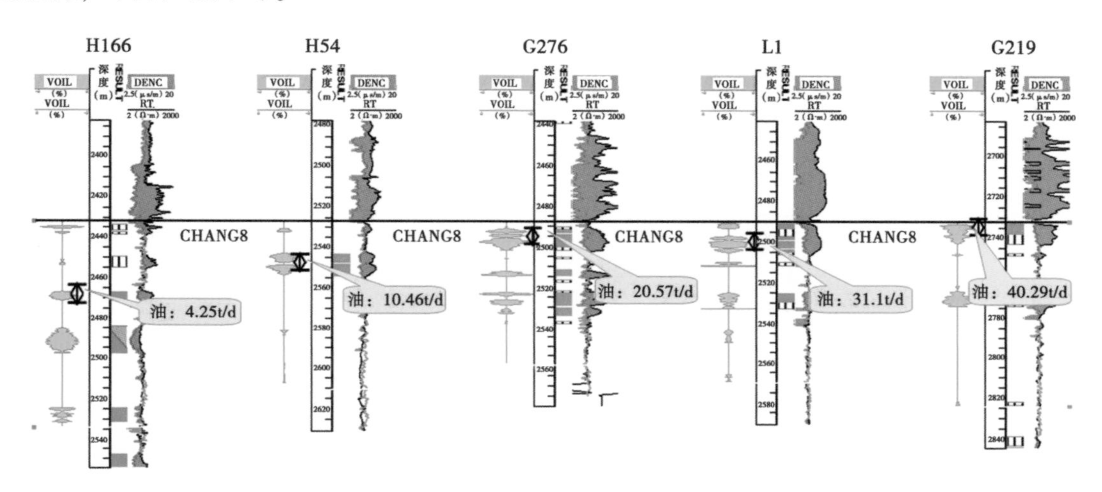

图 7-1-4 源储配置关系与单井产能多井对比图

鉴于这种规律，应用测井计算 TOC 结合测井评价储层含油富集程度联合开展致密油测井识别评价，具有较好的效果，可对储层含油性进行有效识别和分级评价。对姬塬地区 70 口井 70 个试油层的统计发现，源储配置关系与产能一致性较好（图 7-1-5），上部长 7 段烃

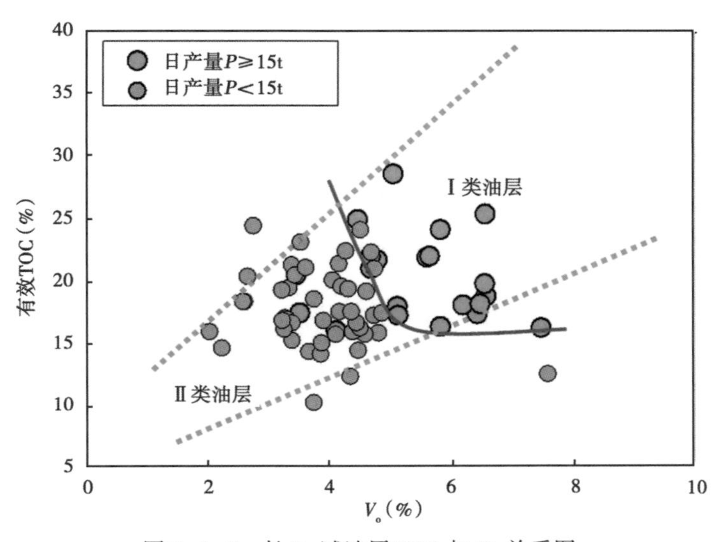

图 7-1-5 长 8_1 试油层 TOC 与 V_o 关系图

源岩有机碳含量越高，长 8_1 储层含油富集程度越大，则单井日产量越高。据此，可将姬塬地区长 8_1 油层分为两类，TOC 大于 16%，V_o 大于 4.5 的为Ⅰ类油层，其日产量多数大于 15t；TOC 小于 16%，V_o 小于 4.5 的为Ⅱ类油层，其日产量多数小于 15t。

需要强调的是，当储层品质较好但烃源岩品质较差时，对应的油层产能变化较大，分析认为邻井的烃源岩也可能发生侧向运移充注，导致了产能的差异。所以，在利用源储配置关系评价有利储集体及对单井产能进行预测时，需要尽可能立体考虑多种因素的影响。

与姬塬地区长 8_1 源下型致密油层相比，鄂尔多斯盆地陕北地区长 7 段则发育侧向运移型致密油（三角洲前缘近岸带成藏模式）。由于侧向运移移的距离相对较大，充注压力减小，储层含油饱和度降低，孔隙结构对电性的影响增大，给测井识别流体性质带来困难。图 7-1-6 为陕北长 7 段致密油常规的密度—电阻率交会图版，可以看出该图版难以有效识别油层，油层、油水同层和水层的数据点分布杂乱。综合考虑储层储能系数（$\phi S_o H$）、烃源岩品质（TOC×H）及源储距离（L）关系，建立储能系数与烃源岩品质/源储距离比值交会图（图 7-1-7），则可以有效识别油层、油水同层和水层，提高了测井解释符合率。

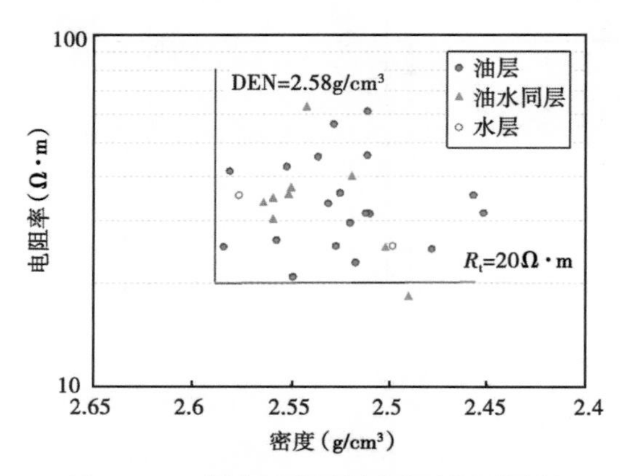

图 7-1-6　侧向运移远源致密油识别图版
（据中国石油长庆油田勘探开发研究院）

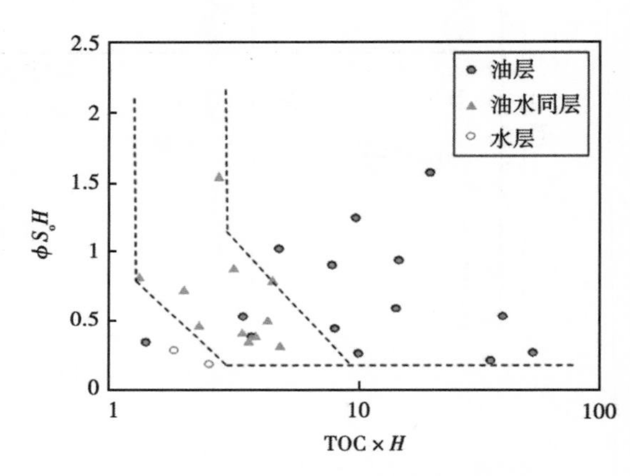

图 7-1-7　侧向运移远源致密油流体识别图版

三、源内致密砂岩油层测井识别方法

松辽盆地古龙凹陷白垩系青山口组为富含有机质的泥岩，在青山口组中下部（高四段和青一段）发育源内致密砂岩油藏，其中高四段油层组主要发育薄层致密砂岩油藏，青一段主要发育泥页岩裂缝油藏。“十二五”期间，随着水平井及分段压裂技术的发展和推广应用，大庆油田在该领域的勘探相继取得发现。但如何在大段的泥页岩中利用测井信息优选有利的“甜点段”，为试油提供可压裂的油气富集段是急需解决的关键问题。

1. 测井识别方法

源内致密砂岩油藏由于具有自生自储、储层致密、微裂缝发育、储层产能通常与源岩好坏及压裂形成缝网的沟通程度有关等特点，因此，需要针对源内致密砂岩油藏的特点建立储层品质的测井评价与分类方法。

以松辽盆地北部齐家古龙地区青二+青三段中下部致密砂岩和青一段泥页岩地层为例，通过对试油层有机碳含量、岩石脆性指数测井评价结果进行分析，如图 7-1-8 所示，工业油层一般要求一定的 TOC 和脆性。这表明此类非常规储层品质分类不能仅仅依据孔渗参数，还必须兼顾到与致密砂岩伴生的烃源岩品质。

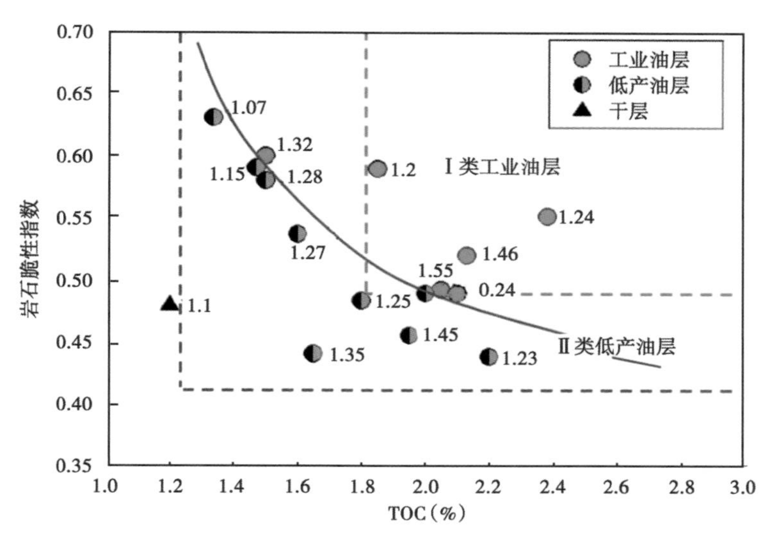

图 7-1-8　青二+青三段中下部+青一段（致密砂岩+泥页岩）有效储层识别图版

除以上两个指标参数以外，考虑到烃源岩大量生烃往往导致其内部的孔隙压力增大，现今测量的地层压力应该是反映烃源岩生烃及排烃程度的一个重要指标。基于这一认识，综合有机碳含量、矿物组分（岩石脆性）、地层压力对储层产能的贡献，绘制三参数图版，如图7-1-9所示。可以看出，这三个参数对Ⅰ类工业油层和Ⅱ类低产油层有较好的区分能力。因此，建立源内致密砂岩油藏的有效储层分类标准如下。

（1）Ⅰ类：TOC≥1.8%，脆性指数≥0.48，压力系数≥1.20；

（2）Ⅱ类：TOC≥1.2%，脆性指数≥0.42，压力系数≥1.15。

由于三维图版在实际生产中不便于操作，提出了多参数权重法对源内致密砂岩储层品质

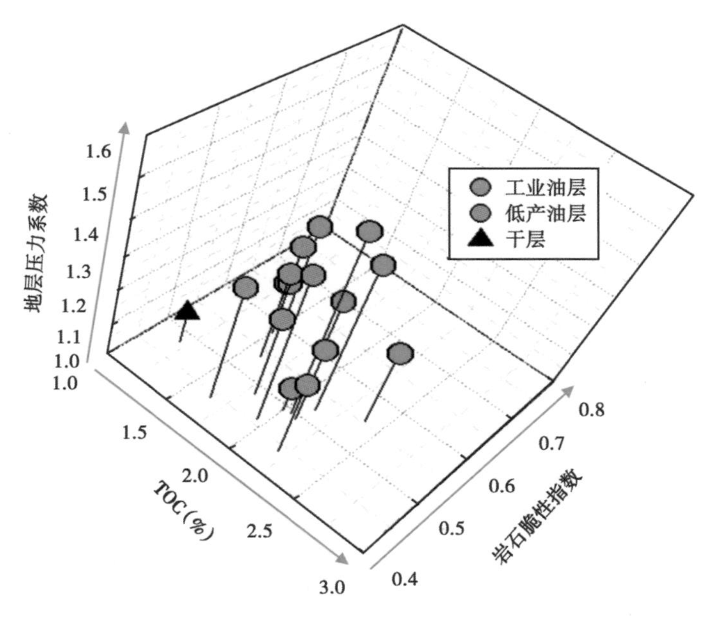

图 7-1-9　源内致密砂岩油气层三参数识别图版

进行分类，公式为：

$$RQ = \sum_{i=1}^{n} (w_i R_i) \tag{7-1-2}$$

式中 RQ——目的层段储层品质综合评价指标；

R_i——目的层段第 i 项参数得分；

w_i——第 i 项参数所占权重值；

n——储层判识参数的个数，这里取 3。

根据试油井的资料标定，确定该区的有效储层评价标准为（10 分制）：

（1） Ⅰ类工业油层：$R \geqslant 5.5$；

（2） Ⅱ类低产油层：$3.8 \leqslant R < 5.5$；

（3） 干层：$R < 3.8$。

2. 应用实例分析

A 井为古龙地区他拉哈构造上于 1989 年完钻的老井，当年试油仅获 0.79t/d 的低产油流。为实现产能突破，大庆油田采用体积压裂改造技术进行老井挖潜。利用上述方法，对该井目的层段（1990~2600m）有机碳含量、岩石矿物组分、孔隙度、岩石脆性、地层压力系数等参数进行测井定量评价（图 7-1-10）。综合评价结果表明，目的层段有机碳含量平均

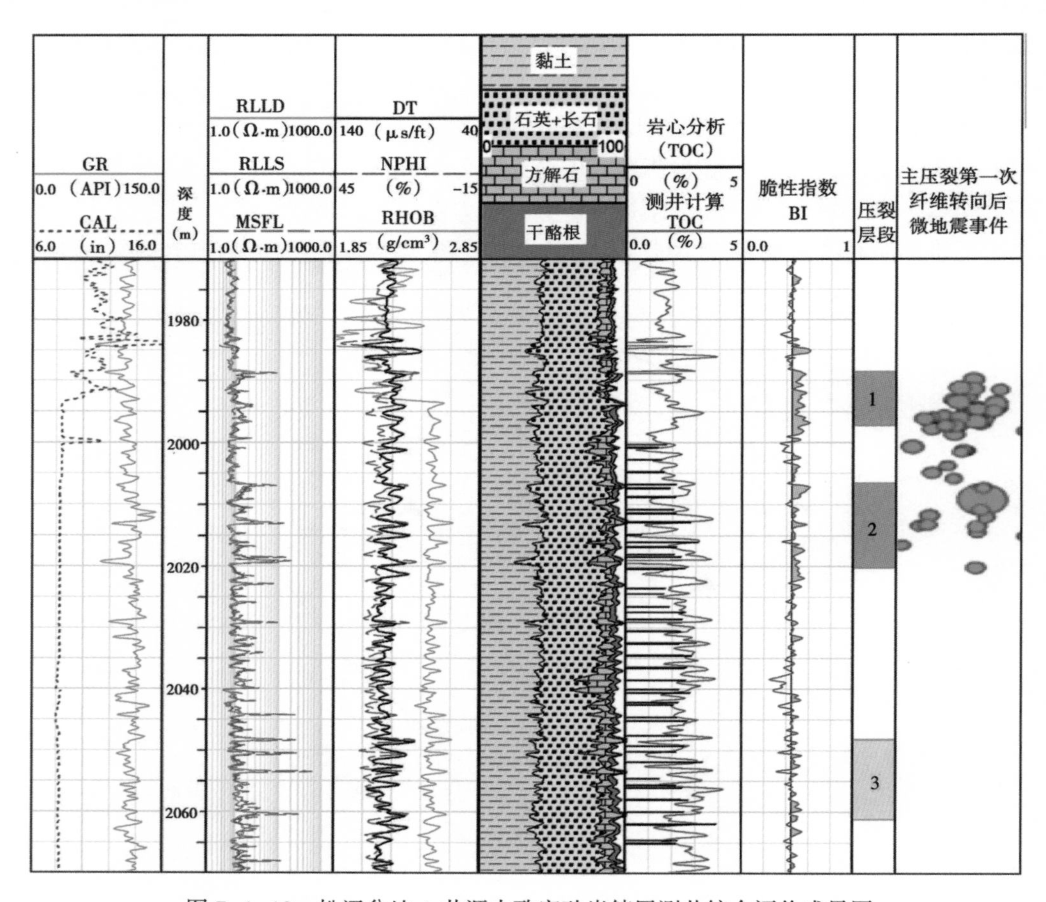

图 7-1-10 松辽盆地 A 井源内致密砂岩储层测井综合评价成果图

值大于2%，达到了好烃源岩的标准，且底部优于上部；矿物含量中脆性矿物（石英和方解石）的总含量超过40%，且方解石含量底部高于上部；计算的岩石脆性指数大部分层段平均值超过0.5，反映脆性程度较好；计算地层压力系数为1.35，具有典型的超压特征。

通过综合评价优选出3个有利的压裂层段（图7-1-10中第8道绿色层段所示），并且上部1号、2号层是最有利的压裂层段，底部3号层由于岩石脆性相对较小，是较好压裂层段。利用多参数权重法对1号、2号层进行综合评分，评价结果为5.6分，属于Ⅰ类工业油层。该井主压裂第一次纤维转向后微地震事件结果表明（图7-1-10最后一道），上部绿色层段（1号、2号层）全部被压开，与上述认识完全一致。该井实际试油结果日产油3.8t，为工业油层。

B井是齐家凹陷杏西鼻状构造带上于2009年完钻的一口井，2010年对该井源内致密砂岩段进行选层试油，如图7-1-11所示。目的层段TOC平均1.5%，青一段平均2.0%，属于较好~好烃源岩；岩性以泥质粉砂岩为主，含少量的碳酸盐；地层压力系数平均为1.32；物性较差，孔隙度为4%~6%；岩石脆性程度较好（矿物脆性指数>50%），根据上述标准对上下两套层利用综合评分方法打分结果分别为：124号/125号层为5.9分；121号/122号层为5.6分，都属于Ⅰ类工业油层，综合评价认为121号、122号、124号、125号是最有利压裂层段。对这两套层采用缝网式压裂改造技术，两套层合试，获日产油2.584t的工业油流。此例进一步说明这种多参数权重法对于源内致密砂岩有效储层识别和分类具有很好的适用性。

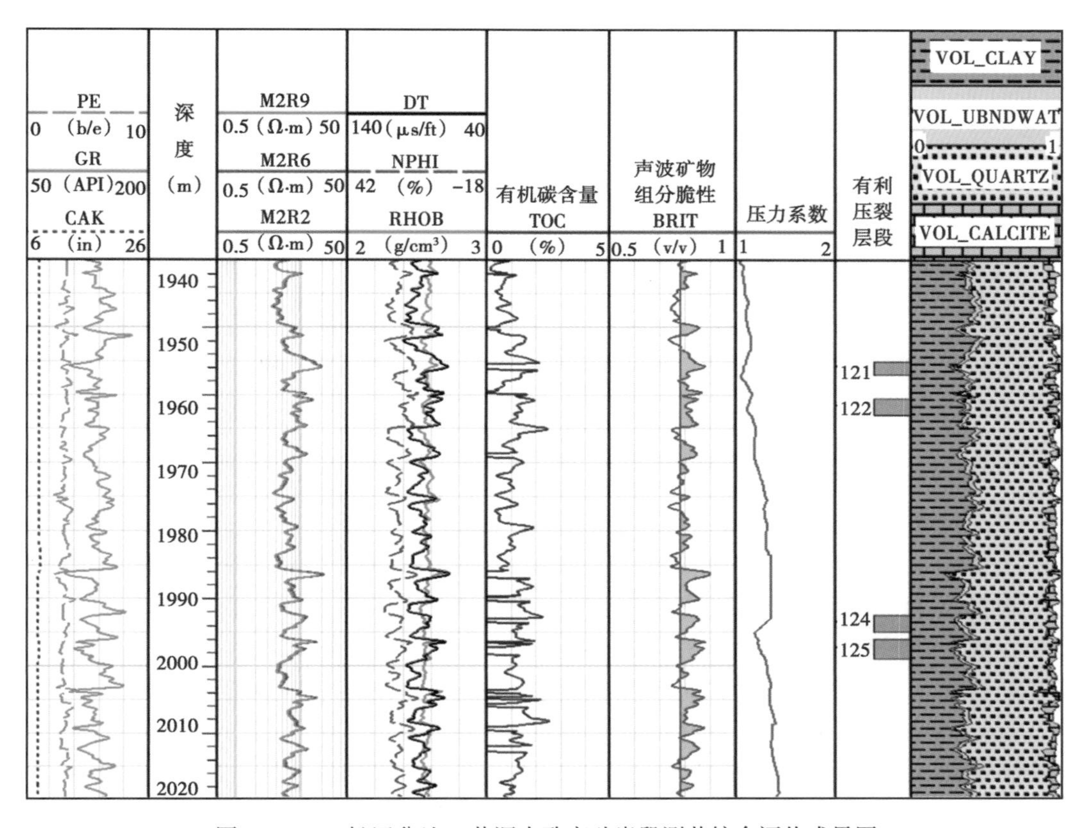

图7-1-11　松辽盆地B井源内致密砂岩段测井综合评价成果图

四、近源致密砂岩气层测井识别方法

吐哈盆地巴喀地区柯柯亚构造带属于山前挤压带，主产层为侏罗系八道湾组，位于其上部的水西沟群煤系源岩大量生烃后，依托源—储间强大排驱压差进入下部的致密砂岩储层段，遇圈闭聚集成藏，属于典型的近源致密砂岩气藏。如前所述，储层品质好坏是致密砂岩气层能否获得工业气流的关键，因此，也是测井解释区分气层、差气层和干层的关键。

1. 测井识别方法

由于本区裂缝的发育程度极大影响储层的物性，也是能否形成工业气藏的关键，因此气层识别方法必须要综合考虑孔隙体积和裂缝情况，建立致密砂岩气层测井识别方法，即分别建立深电阻率—孔隙度、裂缝指示—孔隙度交会图（图 7-1-12）。采取分步骤进行流体识别，第一步，应用深探测电阻率—孔隙度交会将水层识别出来，并剔除；第二步，应用裂缝指示 FI—孔隙度交会对剩余的疑难层进行识别，并对气层进行分类。由图可见，组合图版具有较好的识别效果。根据图版确定致密砂岩气层测井判识标准如下。

Ⅰ类气层：$\phi\geqslant6\%$，RLLD≥37Ω·m；

Ⅱ类气层：$4.5\%\leqslant\phi\leqslant6\%$，RLLD≥37Ω·m，FI≥0.07；

差气层：$3\%\leqslant\phi\leqslant6\%$，RLLD≥30Ω·m，FI≥0.02；

水层：RLLD<30Ω·m；

干层：$\phi\leqslant4\%$，FI<0.05。

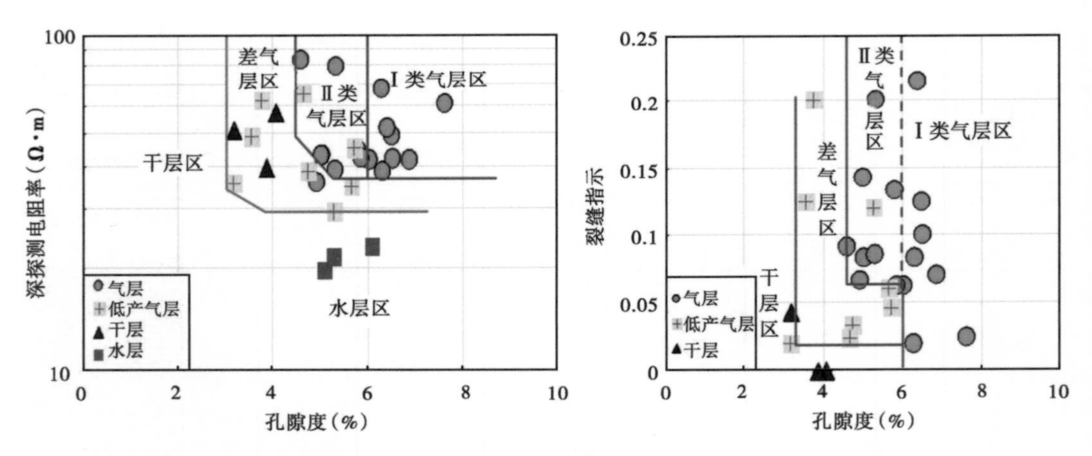

图 7-1-12 基于储层品质的深探测电阻率—孔隙度、裂缝指示—孔隙度联合识别图版

2. 实例分析

图 7-1-13 为 K193 井测井曲线图，该井西山窑组和三工河组储层非常致密，孔隙度整体小于 4%，位于深探测电阻率—孔隙度交会图版中的差气层区和干层区（图 7-1-14 中绿色点子，从上到下依次为 69 号、67 号、59 号、57 号、60 号层在图版中的位置），裂缝发育程度是能否获产的关键（孔隙度小于 4%的差气层区未见获工业气流井层，仅见少量井层获低产气流）。根据地层倾角测井资料 DCA 检测结果，该井西山窑组和三工河组整体上裂缝不发育（图 7-1-15），根据常规测井综合解释，位于裂缝指示—孔隙度图版上的干层区（图 7-1-16），综合解释该井含气性较差，根据测井电阻率特征，解释 67 号、69 号、70 号层为差气层，其余均为干层。该井 3780~3840m 段试油，仅获微量气，未获突破，与测井解释结论一致。

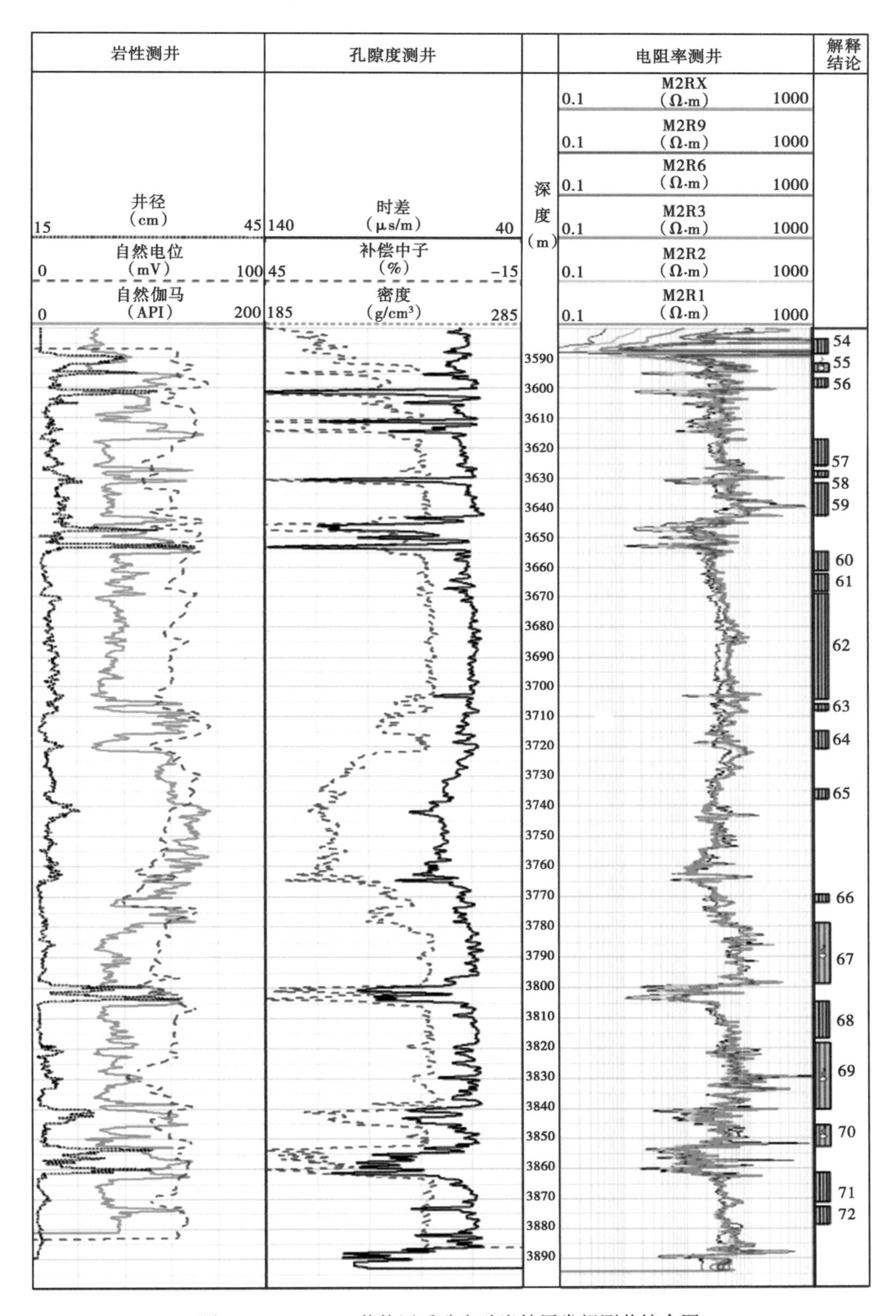

图 7-1-13　K193 井侏罗系致密砂岩储层常规测井综合图

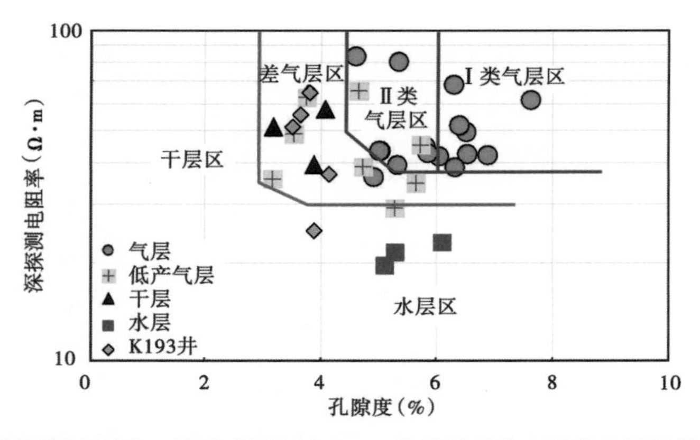

图 7-1-14 深探测电阻率—孔隙度图版在 K193 井侏罗系致密砂岩储层解释中的应用实例

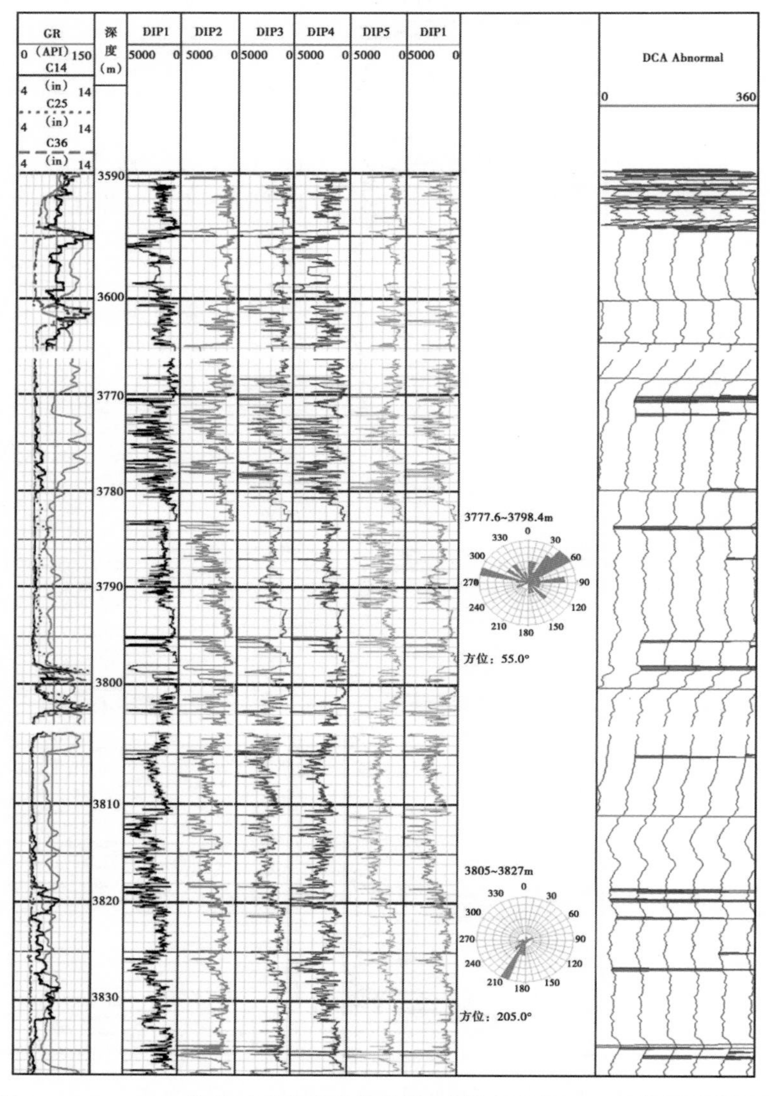

图 7-1-15 K193 井侏罗系致密砂岩储层地层倾角测井 DCA 裂缝检测结果

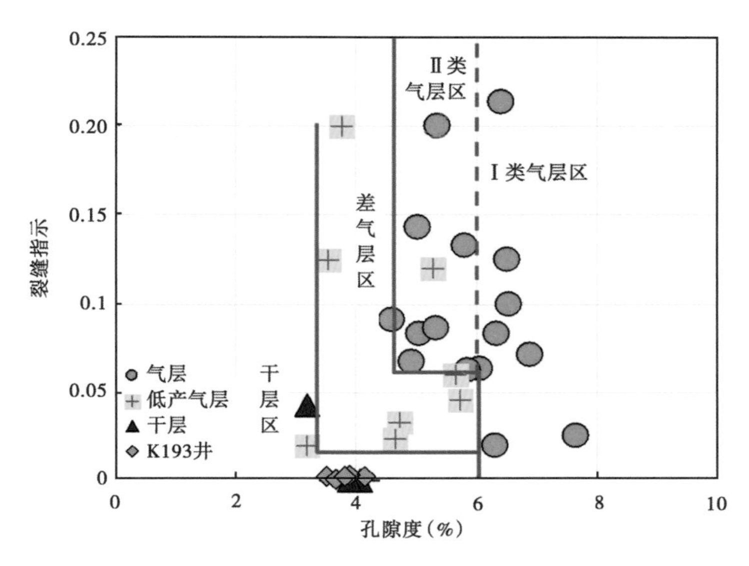

图 7-1-16 裂缝指示—孔隙度图版在 K193 井侏罗系致密砂岩储层解释中的应用实例

图 7-1-17 为本区另一口井 K191 井侏罗系致密砂岩储层段测井解释实例。图 7-1-17（a）为目的层组合测井曲线图，最后一道列出了两个小层段，对应的深—浅侧向电阻率曲线有一定的幅度差，指示可能发育裂缝。其中上部小层的倾角裂缝识别 DCA 检测结果如图

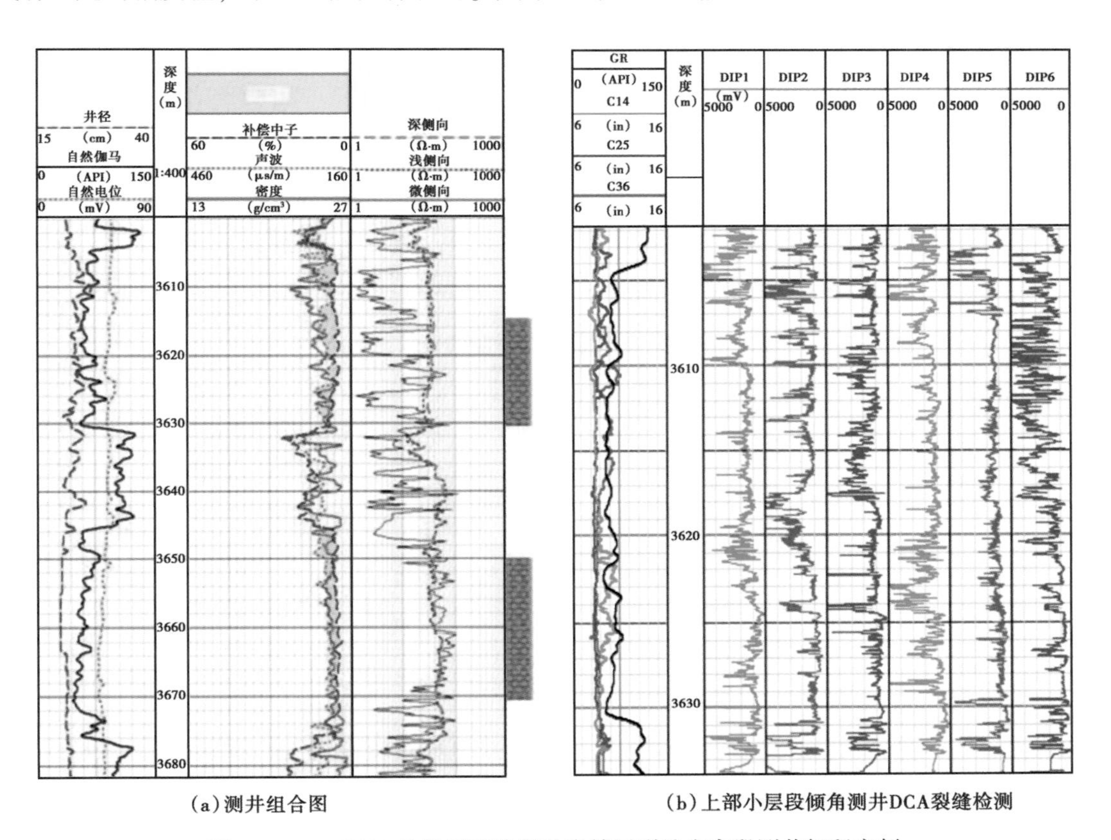

(a) 测井组合图

(b) 上部小层段倾角测井DCA裂缝检测

图 7-1-17 K191 井侏罗系致密砂岩储层裂缝发育段测井解释实例

7-1-15（b）所示，表明该井 3615～3625m 层段裂缝发育。综合应用上述图版将该层解释为Ⅰ类气层，压裂试气，获日产气 $9.79\times10^4m^3$、日产油 8t，证实了上述基于储层品质的致密砂岩气层解释图版的适用性。

第二节　利用阵列声波测井识别致密砂岩气层

长期以来，很多学者采用从阵列声波测井提取的纵横波速比与体积压缩系数交会图来识别气层，该方法在中高孔渗砂岩气层中具有良好的应用效果，但在致密砂岩气层识别中的适用性需要进行探讨。本节依据致密砂岩的岩心实验测量结果分析声学参数对气层的敏感性，然后根据实际测井资料分析在井下声波测井资料对气层识别的敏感性以及识别效果。

一、阵列声波识别气层的方法原理

在中高孔渗储层中，经大量的实例验证，利用纵横波速比与体积压缩系数进行交会，能很好地指示储层中气体的存在，泊松比作为纵横波速比的函数，同样能够指示气体的存在，两者本质都是一样的。表 7-2-1 和表 7-2-2 为典型流体与骨架的泊松比和体积压缩系数值，从表中可以看出，天然气压缩系数约是水压缩系数的 40 倍，而声速值是后者的 3 倍左右。因此，对于致密砂岩地层，利用纵波速度、横波速度值来识别气层有一定困难，由于致密砂岩储层孔隙度较低，一般小于 10%，该方法的使用受到一定的限制。同样，从表 7-2-2 的数据中可以看出，天然气和水、油的体积压缩系数也存在很大差别，这为识别天然气储层提供了一种思路。另外，泊松比与体积压缩系数作为两个相互独立的弹性参数，利用两者的交会关系，可作为气层测井识别的一种方法。

表 7-2-1　典型流体与岩石骨架的泊松比

岩性	泥岩	砂岩		
		含气	骨架	含水
泊松比	0.15～0.4	0.1～0.15	0.15～0.32	0.32～0.4

表 7-2-2　典型流体与骨架的压缩系数

流体或骨架	密度（g/cm^3）	声速（m/s）	压缩系数（GPa^{-1}）
油	0.83	1200	0.837
天然气	0.1398	629.7	18.051
水	1.0	1500	0.444
砂岩骨架	2.65	3720	0.027
灰岩骨架	2.7	6130	0.02
泥岩	1.6～2.0	1830～2440	0.05

图 7-2-1 为吐哈盆地巴喀地区 K19 井和 K22 井两块致密砂岩岩心不同声学参数（纵波速度、横波速度、纵横波速比、动态压缩系数、动态剪切模量等）对含气饱和度敏感性分析结果，表明随着含气饱和度的增加，岩心由完全含水时的状态变化为含气层、气层时，体积压缩系数和泊松比这两个参数对饱和度的变化最为敏感，其他参数的变化速率相对较小。

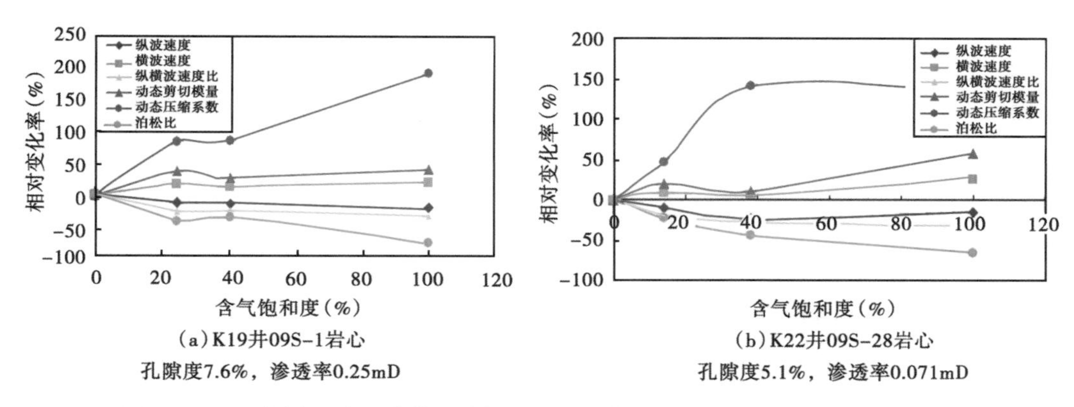

图 7-2-1 不同岩石声学参数对含气饱和度敏感性分析（据中国石油吐哈油田）

图 7-2-2 为 K19 井、K22 井、K191 井三口井部分岩心体积压缩系数与孔隙度关系图，对于致密砂岩岩心，体积压缩系数对气层敏感性较好，其中 S_g 为含气饱和度。

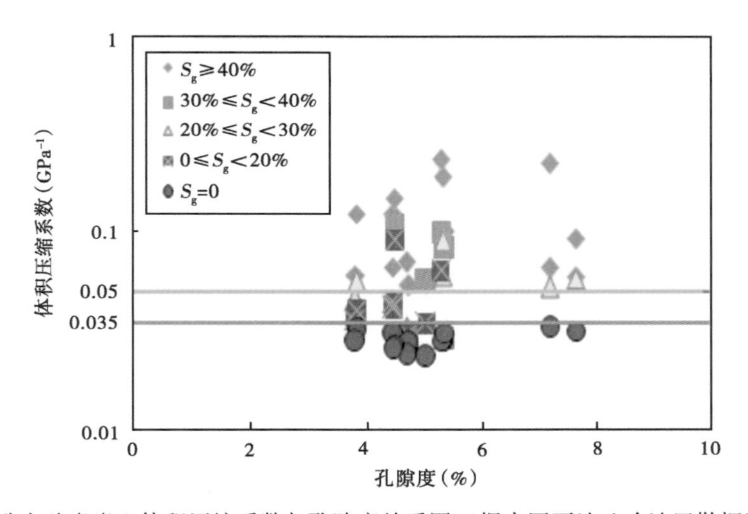

图 7-2-2 致密砂岩岩心体积压缩系数与孔隙度关系图（据中国石油吐哈油田勘探开发研究院）

应用该实验得到的声学参数对致密砂岩阵列声波测井资料进行处理，并应用纵横波速比与体积压缩系数等交会来指示含气性，识别气层。

图 7-2-3 为 K191 井应用阵列声波测井资料计算的体积压缩系数与纵横波速比、体积压缩系数与泊松比等交会来识别气层实例。由图可见，在气层段，两者交会填充对含气性有很好的指示，解释为气层。两段合试，日产气 $9.9\times10^4m^3$、油 $13.7m^3$，解释结论与试油结论一致。

图 7-2-4 为 K24 井应用阵列声波测井资料计算的体积压缩系数与纵横波速比、体积压缩系数与泊松比等交会来识别气层实例。由图可见，在气层段，两者交会填充对含气性有很好的指示，解释为气层，试油日产气 $20.65\times10^4m^3$、油 $7.4m^3$，解释结论与试油结论一致。

采用相同的方法对 K21-3 井进行处理（图 7-2-5），阵列声波测井计算的体积压缩系数与纵横波速比、体积压缩系数与泊松比交会均显示 3630~3660m 段不含气，解释为干层，气测全烃曲线指示烃类含量也偏低，该段试油结论为干层。

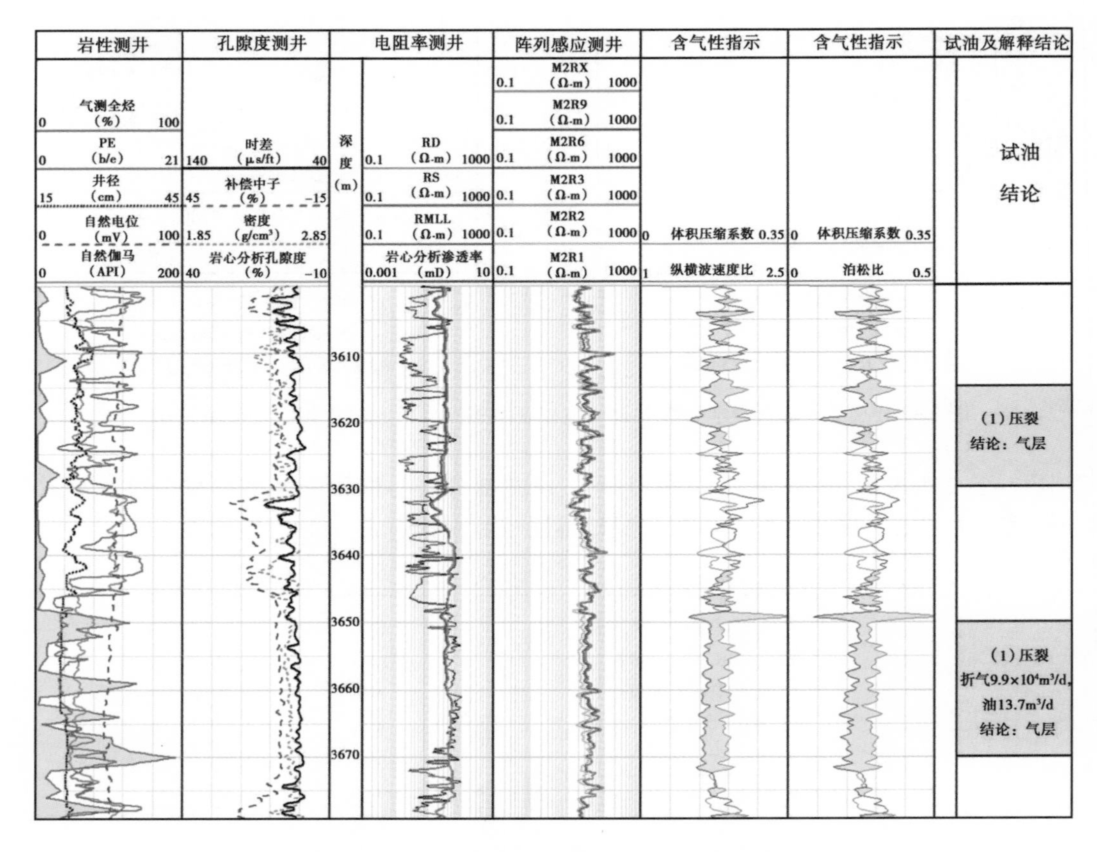

图 7-2-3　K191 井阵列声波测井气层识别成果图

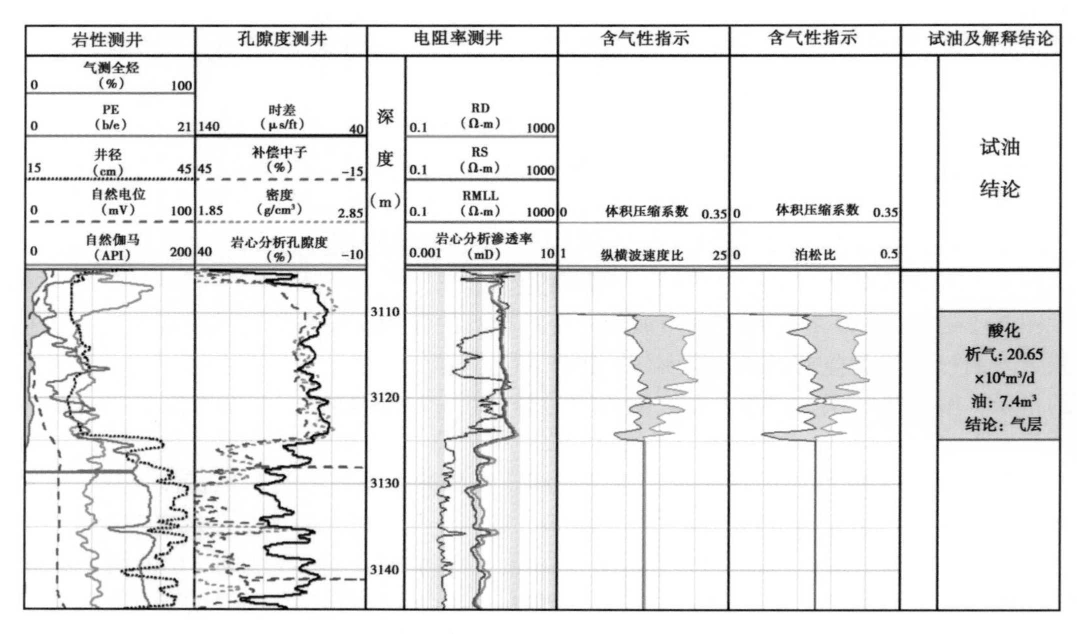

图 7-2-4　K24 井阵列声波测井气层识别成果图

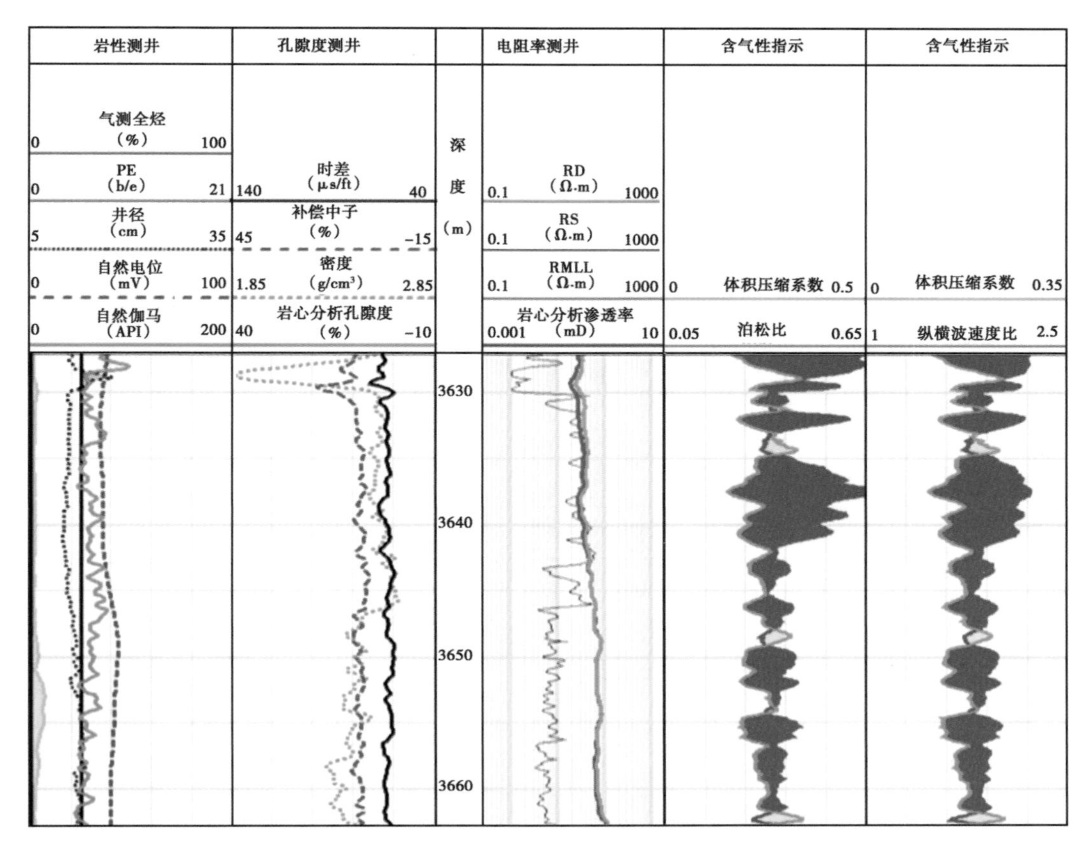

图 7-2-5　K21-3 井阵列声波测井气层识别成果图

根据对该区阵列声波测井资料的处理，结合试油情况，阵列声波识别效果较好的井层均位于前述测井图版中的气层区域（图 7-2-6 中绿色试油点为阵列声波测井处理解释气层位于气层识别图版中的Ⅰ类和Ⅱ类气层区域且试油均证实为气层）。众所周知，由于致密砂岩

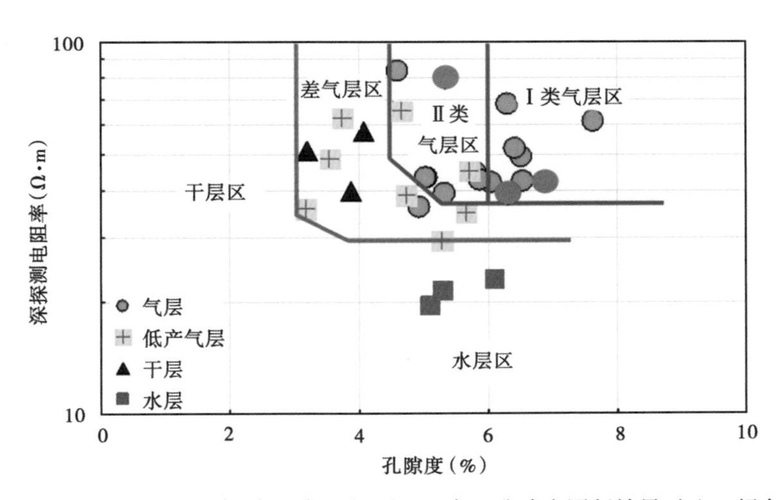

图 7-2-6　阵列声波测井识别的气层与深探测电阻率—孔隙度图版效果对比（绿色数据点）

气层总含气体积小，直接影响声学参数对含气性指示的敏感程度，再加上温度压力等测量环境的影响，测井资料的信噪比较低，使得在部分井存在采用体积压缩系数与纵横波速比、体积压缩系数与泊松比交会法均有含气性指示，但试油结果为干层的例子（图 7-2-7）。

因此，经大量实例检验，在致密砂岩气层中，应用阵列声波测井提取的声学参数对含气饱和度较高、厚度较大的Ⅰ类气层识别具有较高的可信度，但对于Ⅱ类气层、差气层、干层识别效果不明显，多解性强，需要结合电阻率测井和气测录井信息综合判断。

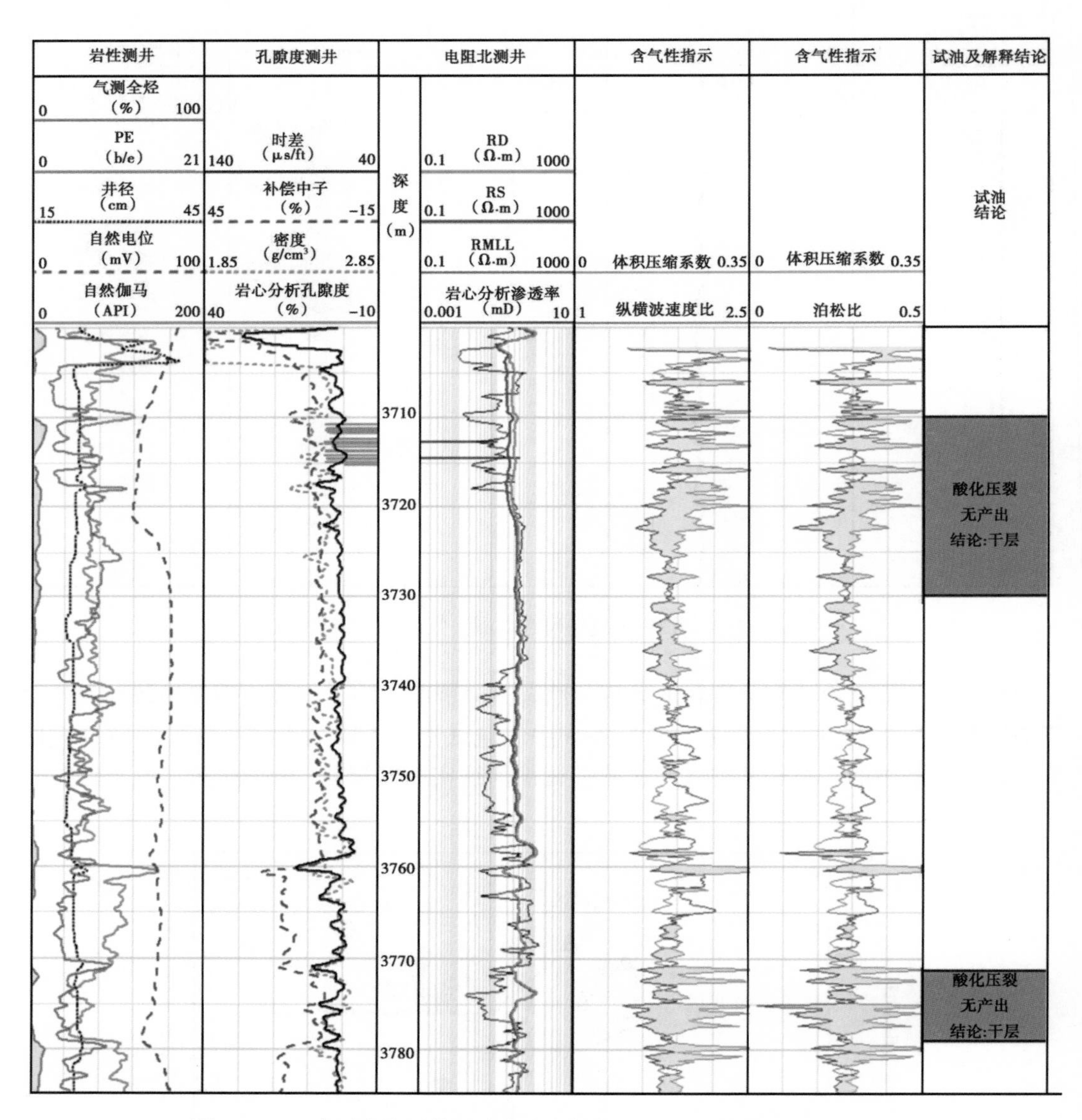

图 7-2-7　阵列声波测井反映具有含气性试油为干层实例（K22 井）

二、基于孔隙—裂隙模型的致密砂岩气层测井识别

针对致密砂岩气层的测井识别方法，除了常用的 Gassmann 模型以外，唐晓明等提出了另外一种孔隙—裂隙理论模型。该模型认为在致密砂岩储层中，存在孔隙和裂隙两种类型，

而经典的 Biot 理论只适合于孔隙介质，O′Connel 和 Budiansky 的理论则更适用于描述裂隙介质，但两者均不能同时描述含孔隙、裂隙介质的弹性波动特征。人们一直都在试图找到一个能够描述孔隙、裂隙并存的统一理论。

Thomsen 提出的 Biot-consistent 理论描述了孔裂隙介质并存时在低频条件下介质弹性性质。Dvorkin 和 Nur 提出的 BISQ 理论将 Biot 理论与挤喷流理论统一起来，却无法解释慢纵波在低频时的巨大衰减，而且该理论未能涉及裂隙介质的裂隙密度和裂隙纵横波速比这两个重要参数。为此，唐晓明提出含孔隙、裂隙介质弹性波动的统一理论，并引入了这两个参数，能够将孔隙与裂隙之间的挤喷流效应联系起来，并推广到全频域，为深入了解致密砂岩中微裂隙对纵横波速度的影响提供了思路。

在经典的 Biot 理论中，充满流体的孔隙岩石中存在三种波：快纵波、横波和慢纵波。其中，快纵波与横波主要受岩石骨架弹性性质影响，但也部分程度地受孔隙内流体性质影响；慢纵波主要受控于孔隙流体的影响，也部分程度地受岩石骨架的影响。

Biot 理论在低频时可退化为 Gassman 方程：

$$K = K_d + (1 - K_d/K_s)^2 / \left(\frac{1 - K_d/K_s - \phi}{K_s} + \phi/K_s \right) \tag{7-2-1}$$

因此，低频时的 Biot 理论又被称为 Biot-Gassman 理论。Gassman 方程中 K_s、K_f、K_d、ϕ 这四个参数共同决定了 Biot 理论中波的传播特性。干燥岩石的体积模量 K_d 在 Biot 理论中是作为一个独立参数引入的，适当调节该参数可以有效地分析孔隙度对快纵波波速的影响。Thomsen 在 Biot-consistent 理论的 K_d 中加入了裂隙的影响，理论上计算出了低频时孔裂隙并存时的岩石弹性模量。

由于 Gassman 方程在推导过程中，并不考虑流体空间的形状，假定所有的孔隙都是连通的，唐晓明据此将这些流体空间分为孔隙和裂隙（硬币形），并借鉴 Gassman 方程的推导过程，得到了孔隙—裂隙介质并存时的弹性波统一模型。

基于唐晓明提出的含孔隙、裂隙介质弹性波动的统一模型，通过灵敏性数值模拟分析，可以认为：（1）在声波测井频率段内，裂隙密度、裂隙纵横波速度比和流体黏度是控制致密砂岩纵波速度、横波速度和幅度衰减的主要因素；（2）在整个频段内，裂隙密度会显著改变纵波速度 v_p、横波速度 v_s 和衰减的大小，由裂隙引发的挤喷流影响严重，而对 Biot 流动则影响很小；裂隙的纵向、横向长度比的变化，会引起纵波速度、横波速度频散；流体黏度对纵波、横波的影响体现在对挤喷流和 Biot 流动两者峰值频率的移动，而对纵波速度、横波速度的大小并未发生显著改变；（3）由于该模型反映裂隙的基础是挤喷流和 Biot 流动之间的关系，而数值分析证明，岩石静态渗透率、孔隙弯曲度对纵波速度、横波速度和衰减的影响主要体现在对 Biot 流动的影响，对挤喷流的影响很小，因此可以说，岩石静态渗透率和迂曲度对裂隙响应几乎没有作用。

基于上述参数相关性分析，唐晓明等构建了新的图版进行致密砂岩含气检测（图 7-2-8，其中 Δt_p 为纵波声波时差）。可以看出相较于传统的 Gassman 图版，唐晓明提出的理论较适合于物性较好、含气饱和度较高的Ⅰ类气层检测，但是对Ⅱ类气层、差气层、干层识别同样存在多解性。

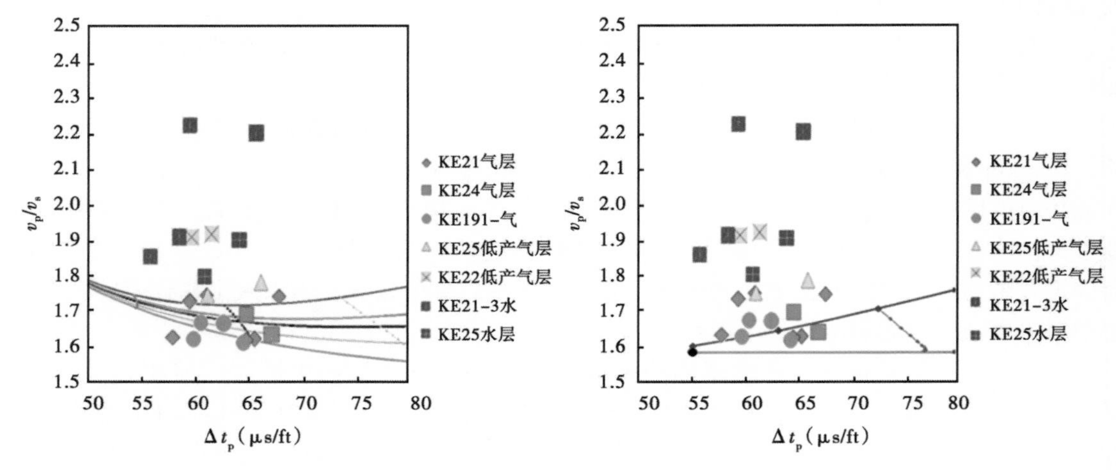

图 7-2-8 基于唐晓明理论与 Gassman 方程识别气层结果对比

第三节 应用二维核磁共振测井识别致密砂岩气层

由于受到孔隙结构、流体性质以及测量模式等多重因素影响，一维核磁共振测井技术在流体识别中具有一定的局限性，二维核磁共振测井可以提供纵向弛豫时间和横向弛豫时间、流体扩散系数等信息，通过建立二维谱进行流体识别是一种新思路。但在致密砂岩中，由于核磁测井的信噪较低，受噪声影响，二维核磁共振测井识别效果不佳。通过分析二维核磁共振测井的测量信息，优选测量数据中信噪比较高的数据进行对比分析，有效地实现了致密砂岩的流体性质判别。

一、二维核磁共振测井在致密砂岩储层中的应用局限性分析

一维核磁共振测井技术用于识别和定量评价油、气、水时存在很大的局限性，当地层孔隙中油、气、水同时存在时，它们的 T_2 谱信号有时是重叠在一起的，有效区分流体类型较困难。为了更好地利用核磁共振信息进行流体识别，国外的雪佛龙公司、斯伦贝谢公司和贝克·阿特拉斯公司等分别提出了新的核磁共振采集模式，并利用数据反演技术获得扩散—弛豫（D，T_2）分布和弛豫—弛豫（T_1，T_2）分布的二维信息，极大提高了核磁共振测井的流体识别能力。

二维核磁共振测井不仅能够测量 T_2、T_1，还可得到 D 等参数。采用不同的测量模式，对地层进行二维 NMR 测量，得到流体的（D，T_2）、（D，T_1）等二维谱。由于油、气、水的扩散系数差异较为明显（图 7-3-1），从而可根据岩石的二维物理性质对流体类型更加准确的识别。图 7-3-2 所示为不同孔隙流体在（D，T_2）二维谱中的分布图，根据其物理性质在二维分布上的差异可以区分流体性质。

当饱和流体的岩石处于梯度场中，改变 CPMG 脉冲序列的回波间隔 T_E 和给定有限的测量等待时间 T_W，则测量到的 CPMG 回波串的幅度可以表示为：

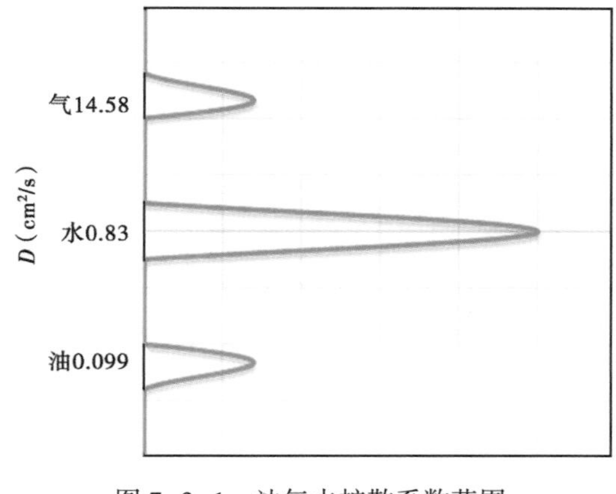

图 7-3-1　油气水扩散系数范围

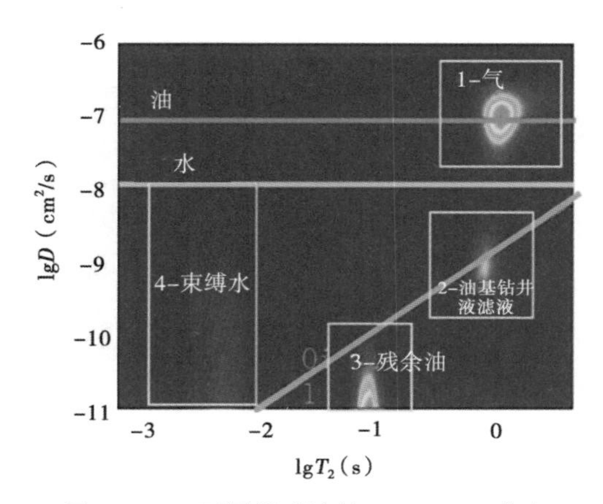

图 7-3-2　不同类型流体（D，T_2）分布

$$b(t,\ T_W,\ T_E)=\iiint f(T_1,\ T_2,\ D)k_1(T_W,\ T_1)k_2(t,\ T_2)k_3(k,\ T_E,\ D)\mathrm{d}D\mathrm{d}T_1\mathrm{d}T_2+\varepsilon \tag{7-3-1}$$

式中　f（T_1，T_2，D）——氢核数在（T_1，T_2，D）三维空间的分布函数；

b（t，T_W，T_E）——回波间隔为 T_E，等待时间为 T_W 的回波串在时间 t 时的幅度；

ε——噪声。

三个核函数分别表示在 T_1、T_2 和 D 的作用下，磁化矢量随时间的变化，可表示为：

$$k_1(T_W,\ T_1)=1-\alpha\exp(-\frac{T_W}{T_1})$$

$$k_2(t,\ T_2)=\exp(-\frac{t}{T_2})$$

$$k_3(t,\ T_E,\ D)=\exp(-\frac{\gamma^2G^2T_E^2Dt}{12}) \tag{7-3-2}$$

式中　γ——旋磁比；

G——磁场梯度；

α——系数，对于反转恢复法，$\alpha=2$；对于饱和恢复法，$\alpha=1$。

受信噪比的影响，在致密储层时上述方法的流体识别符合率较低。在实际应用发现，实际情况比理想模型更为复杂。如图 7-3-3 为吐哈盆地 JS1 井气层、J3 井油层和 J3 井干层的二维核磁共振测井点测数据处理结果，二维谱图流体信号均显示为较强的气信号，但与实际试油结果并不符。

通过分析，致密砂岩中核磁共振测井信噪比整体较低，不同等待时间和回波间隔回波串的信噪比差异很大。图 7-3-4 为巴喀地区 K33 井利用 CMR 仪器在 3796. 183m 点测得到的回波串和噪声道。计算发现不同序列的回波串信噪比不同，且序列为 2、3 和 6 的回波串信噪比均小于 5（表 7-3-1），低信噪比数据使得核磁共振测井反演误差较大，致使多回波串联合反演的二维核磁共振测井谱结果不准确。

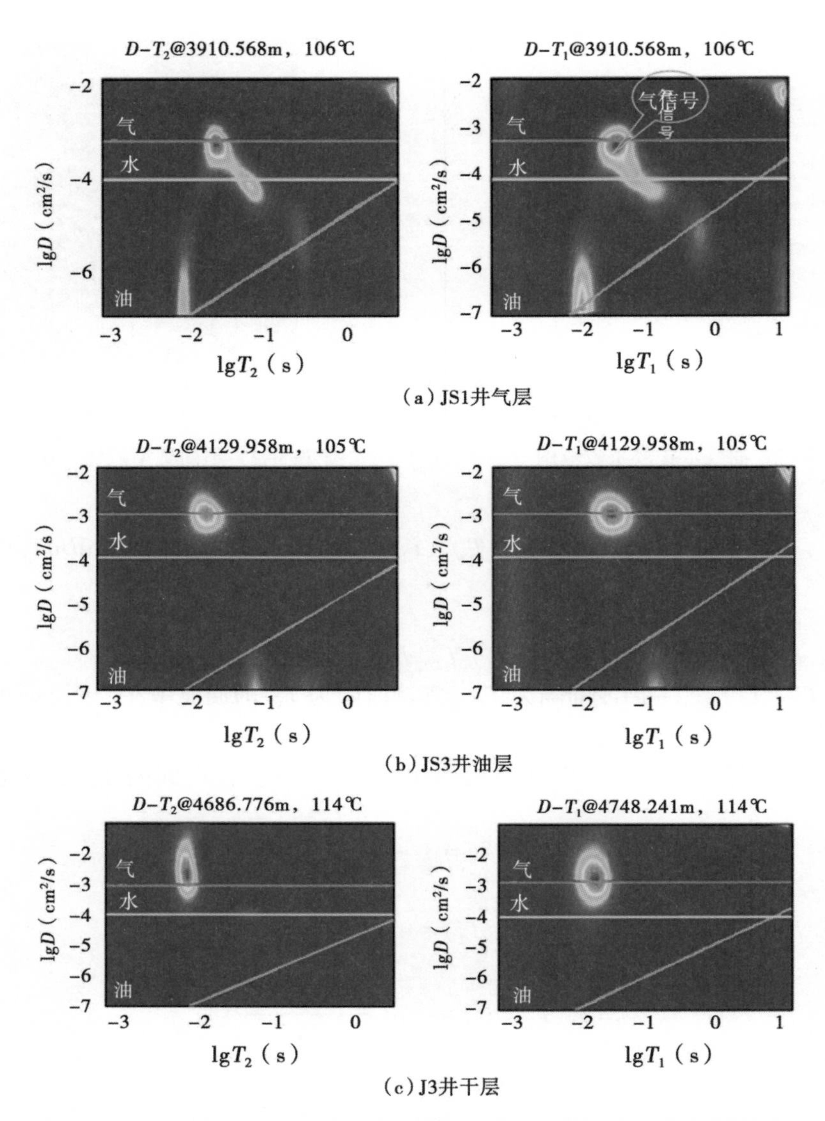

图 7-3-3　JS1 井、J3 井不同流体性质二维核磁共振点测数据处理结果

表 7-3-1　K33 井核磁共振测井点测数据不同序列信噪比结果（3796.183m）

采集参数	序号					
	1	2	3	4	5	6
等待时间（s）	13	3	3	3	1	3
回波间隔（ms）	0.2	2	4	0.2	0.2	8
信噪比	10	4.8	1.7	7.5	8.1	1.9

二、致密砂岩二维核磁共振测井的方法改进与应用

根据上述分析，信噪比是导致致密储层核磁共振测井流体识别符合率偏低的关键因素。为了解决低信噪比的影响，充分利用二维核磁共振测井的测量信息，需要将原始回波串中的

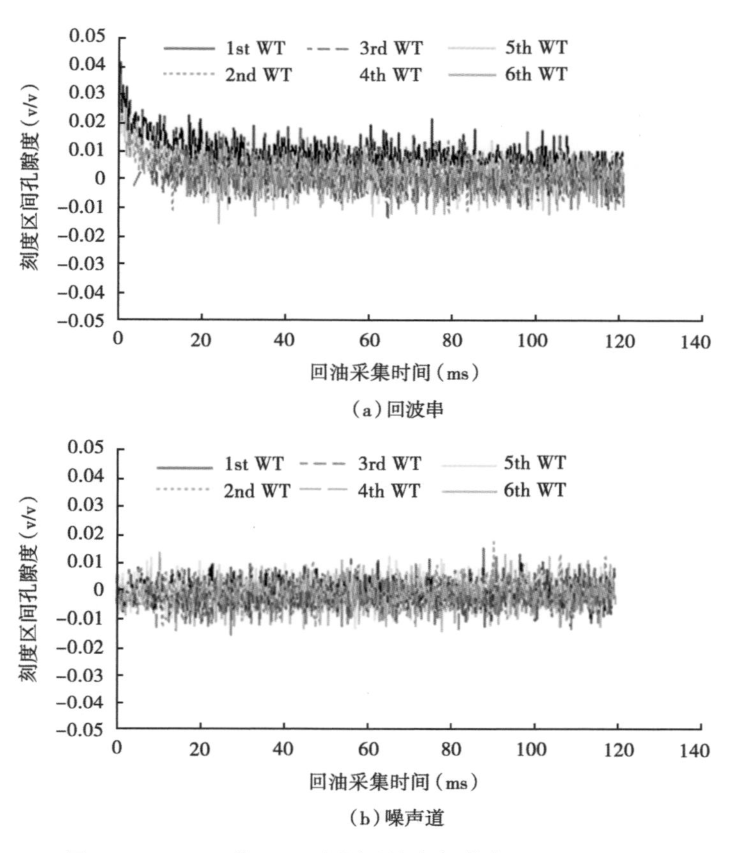

图 7-3-4　K33 井 CMR 点测回波串与噪声（3796.183m）

低信噪比剔除，仅保留高信噪比回波信息。通常优选测量数据中信噪比较高的两组数据，采用一维的差谱方法进行流体性质判别。

例如，在 JS1 井和 J3 井的核磁共振测量数据中优选 T_W 为 13s、T_E 为 0.2ms 及 T_W 为 3s、T_E 为 0.2ms（序列 1、序列 4）两组数据，由于磁化时间差异可以采用两组数据差谱法进行流体性质识别。气层存在长 T_2 组分，由于含氢指数较小，气峰较低，但长、短等待测量结果具有明显差谱信号，差谱的峰值与气的理论分析结果一致，可准确判断为气信号；由于短极化时间较长，导致油信号极化程度较高，对于油层来说，差谱信号不明显，可以结合油峰的位置进行流体性质判别，油层存在明显长弛豫组分信息［图 7-3-5（b）］；干层的 T_2 分布没有长弛豫组分［图 7-3-5（c）］，无差谱信号，上述方法能较好地识别储层流体类型。值得注意的是，由于该测量采用的短等待时间较长（3s），如果存在大孔隙中含水的情况，其 T_2 特征与油层类似，也可能导致误解，此时可参考其他测井方法进行综合分析。

从上述实例分析可以看出，虽然在致密储层中的二维核磁共振测井的流体识别符合率较低，但是采用优选高信噪比数据的方法，可以为此类复杂储层的二维核磁共振测井技术应用提供新的途径。

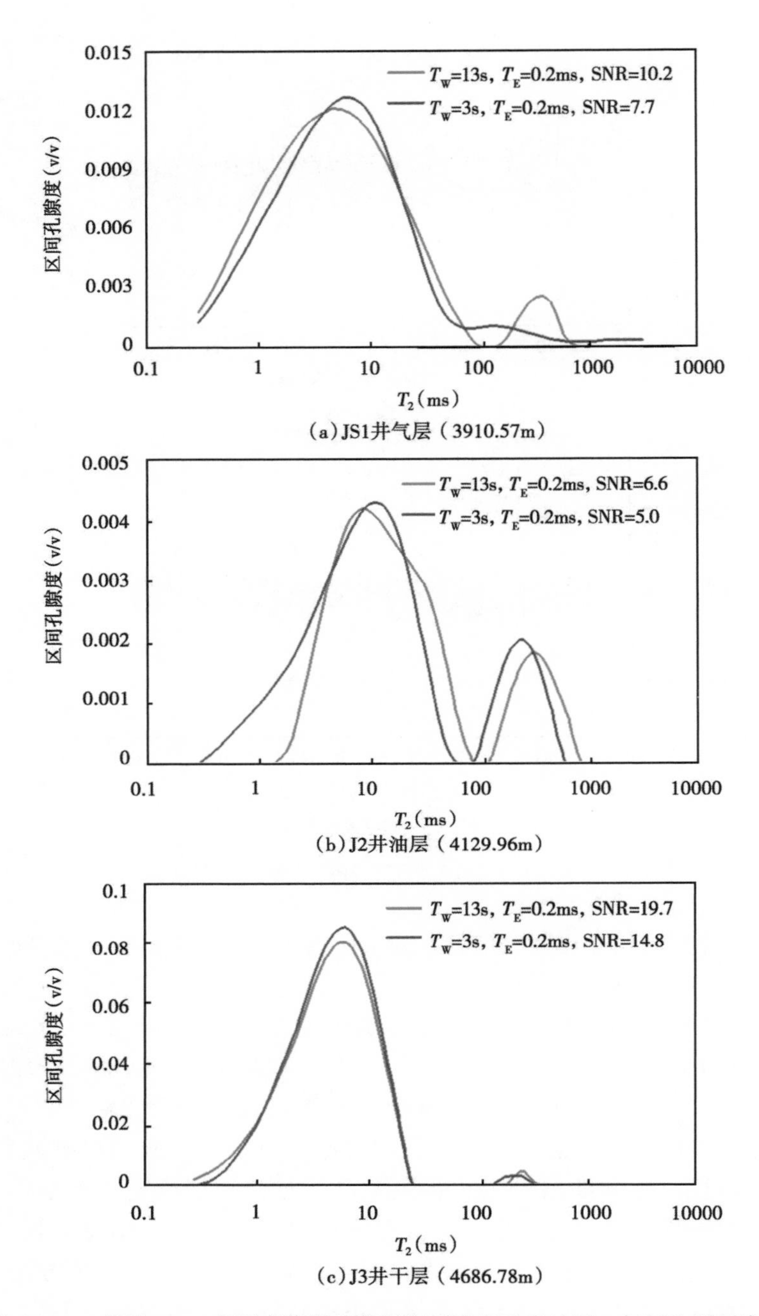

(a) JS1井气层（3910.57m）

(b) J2井油层（4129.96m）

(c) J3井干层（4686.78m）

图 7-3-5 优选 CMR 点测高信噪比数据识别致密砂岩油层、气层和干层实例

第八章　致密砂岩储层工程品质测井评价

致密砂岩储层孔隙度和渗透率都比较低，一般条件下无自然产能或者自然产能较低，需要借助大型压裂才能产出工业油气流。然而，在实际的油田生产中，受地应力等多重因素的影响，经过压裂改造的致密砂岩储层段，不同压裂段的产能差异明显，这主要是由于不同储层段的工程品质差异所致。因此，在压裂施工前有必要认真分析储层的工程品质，主要包括水平主应力、脆性和其他一些机械弹性参数。大量生产数据显示，致密砂岩储层的工程品质主要受最小水平主应力和脆性这两个因素控制。本章在简要回顾传统的基于各向同性模型计算地应力的基础上，针对致密砂岩储层表现出的较强声学各向异性特征，重点讨论如何利用阵列声波测井资料开展基于各向异性模型的地应力评价方法，以及各种岩石脆性的测井表征方法。

第一节　基于各向同性模型的地应力评价

国内外学者在地应力测井评价方面做了大量的研究，提出了一些地应力计算的模型，其中具有代表性的模型有如下几种。

一、莫尔—库仑破坏模式

该模型是以莫尔—库仑破坏准则为理论基础，假设地层是处于剪切破坏临界状态的基础上，给出了最大、最小主应力之间的计算关系：

$$q = \tan^2(\pi/4 + \varphi/2) \tag{8-1-1}$$

$$\sigma_1 - p_p = \sigma_c + q(\sigma_3 - p_p) \tag{8-1-2}$$

式中　φ——内摩擦角，弧度；

q——σ_1-σ_3 应力平面内破裂线的斜率；

σ_1，σ_3——分别为最大、最小水平主应力，MPa；

σ_c——单轴抗压强度，MPa；

p_p——孔隙压力，MPa。

该模型在松软的泥页岩地层比较适合，但此模型是假设地层处于剪切破坏的临界状态，不具有普遍适用性。

二、单轴应变模式

假设地层在沉积过程中水平方向的变形受到限制，应变为 0，则水平方向的地应力是由上覆压力产生，常见的有 8 种模型：

1. 金尼克模型

$$\sigma_H = \sigma_h = \frac{\mu}{1-\mu}\sigma_v \tag{8-1-3}$$

式中 σ_H，σ_h——分别为最大、最小水平主应力，MPa；

σ_v——地层垂向应力，MPa；

μ——地层泊松比，无量纲。

该模型假设地层是均匀、各向同性、无孔隙的地层岩石，且没有考虑到地层孔隙压力对地应力的影响。

2. Matthews & Kelly 模型

$$\sigma_H = K_i(\sigma_v - p_p) + p_p \tag{8-1-4}$$

式中 K_i——骨架应力系数，无量纲。

虽然该模型没有忽视孔隙压力对地应力的影响，但是假设了 K_i 为常数，而不是一个随深度变化的变量，实用性差。

3. Terzaghi 模型

此模型基于井壁处应力分布特征和多孔介质理论，考虑到了骨架应力系数随深度变化的性质，也是在各向同性地层应用最广的模型：

$$\sigma_H - p_p = \sigma_h - p_p = \frac{\mu}{1-\mu}(\sigma_v - p_p) \tag{8-1-5}$$

4. Anderson 模型

此模型是基于 Biot 多孔介质弹性变形理论推导的，计算公式为：

$$\sigma_H = \frac{\mu}{1-\mu}(\sigma_v - ap_p) + ap_p \tag{8-1-6}$$

式中 a——Biot 系数，无量纲。

5. Newberry 模型

此模型是对 Anderson 模型的修正，主要适用于低渗透且有微裂缝的地层，它假设两个水平方向地应力相等，且小于垂直方向的地应力。由于没有考虑构造应力影响，与实际地层受力状态并不符，公式为：

$$\sigma_H = \sigma_h = \frac{\mu}{1-\mu}(\sigma_v - ap_p) + p_p \tag{8-1-7}$$

6. 黄氏模型

由黄荣樽教授提出，假设地下岩层中的地应力主要是由上覆岩层压力和水平方向的构造应力产生，且上覆压力与水平方向的构造应力成正比，此模型考虑了构造应力的影响，但没有加入岩性和刚性地层对计算地应力时的影响：

$$\begin{aligned} \sigma_h &= \left(\frac{\mu}{1-\mu} + \varepsilon_h\right)(\sigma_v - ap_p) + ap_p \\ \sigma_H &= \left(\frac{\mu}{1-\mu} + \varepsilon_H\right)(\sigma_v - ap_p) + ap_p \end{aligned} \tag{8-1-8}$$

式中 ε_h，ε_H——分别为最小和最大构造应力系数，无量纲，地区经验参数。

7. 组合弹簧模型

$$\begin{aligned}\sigma_h &= \frac{\mu}{1-\mu}(\sigma_v - ap_p) + \varepsilon_h \frac{E}{1-\mu^2} + \varepsilon_H \frac{\mu E}{1-\mu^2} + ap_p \\ \sigma_H &= \frac{\mu}{1-\mu}(\sigma_v - ap_p) + \varepsilon_H \frac{E}{1-\mu^2} + \varepsilon_h \frac{\mu E}{1-\mu^2} + ap_p\end{aligned} \quad (8-1-9)$$

式中 E——杨氏模量，GPa。

8. 葛式模型

此模型在考虑了上覆岩层重力、地层孔隙压力、地层岩石泊松比、杨氏模量、地层温度、构造应力对水平地应力的影响等因素，对水力压裂垂直缝和水平缝分别提出了不同的地应力计算模型。

针对水力压裂产生垂直裂缝的计算公式为：

$$\begin{aligned}\sigma_h &= \frac{\mu}{1-\mu}(\sigma_v - ap_p) + \varepsilon_h \frac{E}{1+\mu}(\sigma_v - ap_p) \frac{a^T E \Delta T}{1-\mu} + ap_p \\ \sigma_H &= \frac{\mu}{1-\mu}(\sigma_v - ap_p) + \varepsilon_H \frac{E}{1+\mu}(\sigma_v - ap_p) \frac{a^T E \Delta T}{1-\mu} + ap_p\end{aligned} \quad (8-1-10)$$

针对水力压裂产生水平裂缝的计算公式为：

$$\begin{aligned}\sigma_h &= \frac{\mu}{1-\mu}(\sigma_v - ap_p) + \varepsilon_h \frac{E}{1+\mu}(\sigma_v - ap_p) \frac{a^T E \Delta T}{1-\mu} + ap_p + \Delta\sigma_h \\ \sigma_H &= \frac{\mu}{1-\mu}(\sigma_v - ap_p) + \varepsilon_H \frac{E}{1+\mu}(\sigma_v - ap_p) \frac{a^T E \Delta T}{1-\mu} + ap_p + \Delta\sigma_H\end{aligned} \quad (8-1-11)$$

式中 $\Delta\sigma_H$，$\Delta\sigma_h$——分别为考虑地层剥蚀的最大和最小水平应力附加量，MPa；

a^T——岩石的线性膨胀系数，无量纲；

ΔT——地层温度变化量,℃。

三、多孔弹性水平应变模型

该模型假设介质为各向同性和线弹性，公式为：

$$\sigma_h = \frac{\mu}{1-\mu}(\sigma_V - ap_p) + \frac{E}{1-\mu^2}\varepsilon_h + \frac{E\mu}{1-\mu^2}\varepsilon_H + ap_p \quad (8-1-12)$$

$$\sigma_H = \frac{\mu}{1-\mu}(\sigma_V - ap_p) + \frac{E}{1-\mu^2}\varepsilon_H + \frac{E\mu}{1-\mu^2}\varepsilon_h + ap_p \quad (8-1-13)$$

在计算地应力之前，需要提供垂向应力、孔隙压力、杨氏模量、泊松比以及构造应力系数等参数。

1. 垂向应力

应用密度测井计算垂向应力的 σ_V 公式为：

$$\sigma_V = g\left(\bar{\rho} h_o + \int_{h_o}^{h} \rho \mathrm{d}h\right) \times 10^{-3}$$

式中 h_o——目的层起始深度，m；

ρ——密度测井测量的岩石体积密度，g/cm³；

g——重力加速度，一般取 9.8m/s^2；

$\bar{\rho}$——上覆岩层的平均密度，g/cm^3，根据实际地层情况而定。

2. 孔隙压力

计算孔隙压力的目的是为了判断岩石孔隙中的流体所承受的上覆压力。对于已钻过的井，可用 RFT（重复地层测试仪）或 MDT（模块式地层动态测试仪）等测得孔隙流体压力，也可由试井得到。这种方法得到的数据直接、可靠，但通常数据点很少，不能得到连续的剖面。

在砂泥岩剖面中，可利用测井或地震资料，根据压实理论计算得到连续的孔隙压力剖面。根据压实理论，在正常的压力梯度下泥岩的声波时差随着深度的增加而减小。对于正常压实的地层，存在一个正常的压实趋势线。当声波时差偏离这个正常的趋势线后，通常就指示了压力异常。Eaton（1975）综合分析前人的研究成果，提出了基于有效应力定律的孔隙压力计算公式：

$$\frac{p_{\mathrm{p}}}{D}=\frac{\sigma_{\mathrm{v}}}{D}-\left[\frac{\sigma_{\mathrm{v}}}{D}-\left(\frac{p_{\mathrm{p}}}{D}\right)_n\right]\left(\frac{R_{\mathrm{o}}}{R_n}\right)^a \tag{8-1-14}$$

$$\frac{p_{\mathrm{p}}}{D}=\frac{\sigma_{\mathrm{v}}}{D}-\left[\frac{\sigma_{\mathrm{v}}}{D}-\left(\frac{p_{\mathrm{p}}}{D}\right)_n\right]\left(\frac{\Delta t_n}{\Delta t_{\mathrm{o}}}\right)^b \tag{8-1-15}$$

式中 D——深度；

n——正常压实；

a，b——参数；

R_{o}，R_n——分别为实测和正常压实下的电阻率；

Δt_{o}，Δt_n——分别为实测和正常压实下的声波时差。

式（8-1-14）、式（8-1-15）分别为采用电阻率和声波测井计算孔隙压力的公式。

3. 杨氏模量与泊松比

岩石的动态模量是指岩石在各种动载荷或周期变化载荷（如声波、冲击、震动等）作用下所表现出的力学性质，可以由测井或地震资料很方便地给出；静态模量则是在静载荷作用下岩石表现出的力学参数，需要在实验室内进行测量。而井眼的变形和破坏属于相对较慢的静态过程，因此在利用测井资料进行岩石力学评价研究时必须进行弹性模量的动静态转换。动态模量的计算公式如下：

$$E_{\mathrm{d}}=\rho v_{\mathrm{s}}^2\frac{3v_{\mathrm{p}}^2-4v_{\mathrm{s}}^2}{v_{\mathrm{p}}^2-2v_{\mathrm{s}}^2} \tag{8-1-16}$$

$$\mu_{\mathrm{d}}=\frac{v_{\mathrm{p}}^2-2v_{\mathrm{s}}^2}{2(v_{\mathrm{p}}^2-v_{\mathrm{s}}^2)} \tag{8-1-17}$$

图 8-1-1 是吉林油田某井区杨氏模量动静态转换关系图，动态杨氏模量平均比静态杨氏模量高 17.5GPa，其他油田可根据本地实验资料进行相应的拟合回归。泊松比通常没有一定的规律，因此采用平均值来计算。

4. 构造应力系数

构造应力系数是地区所受构造应力大小的重要参数，在同一区块构造应力系数通常不随井深发生大的变化，可视为常数。可通过岩心地应力实验数据或压裂数据来反求构造应力系数。实验室分析地应力大小主要是用差应变法测量地应力，即通过对岩心进行室内三维实验

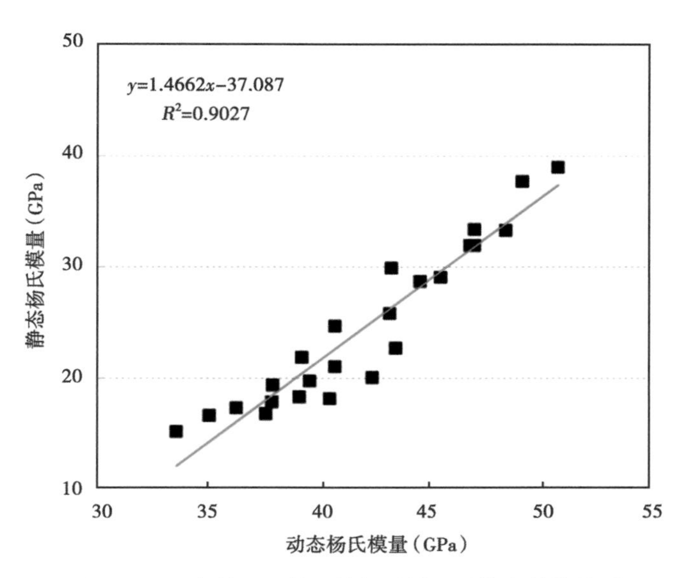

图 8-1-1　吉林油田某区块杨氏模量动静态转换关系

来确定主应变的大小，并由此确定岩心的就地主应力大小。由于岩样从地下取出时所处的应力状态已经遭到破坏，引起岩石中的微裂缝张开，而岩样的地下应力状态与裂缝张开方向、密度相关，取心过程中的应力释放造成的微裂缝优势分布，就是地应力状态的直观反映。

岩心地应力实验时，对岩心加围压的过程可看作应力释放时岩石膨胀的逆过程。将测试结果和其他岩石物理参数代入地应力计算模型即可得出构造应力系数。而采用压裂数据来反求构造应力系数则是通过不少于两个闭合压力数据，利用闭合压力估算其最小水平主应力，进而代入地应力计算模型即可得到构造应力系数。

图 8-1-2 为采用多孔弹性水平应变模型计算的水平主应力与压裂资料对比实例，第 4 道为各向同性模型计算的最小水平主应力。B36 井试油层段为 2020. 5～2023. 5m，计算平均最小水平主应力为 24. 6MPa。从压裂试油资料获取的闭合压力为 35. 1MPa（一般认为该值等于最小水平主应力）。各向同性模型计算的最小水平主应力要小于闭合应力 10. 5MPa，相对误差为 30%。通过对鄂尔多斯盆地陇东地区多口井资料处理表明（表 8-1-1），各向同性模型计算的最小水平主应力普遍小于闭合压力，且相对误差最高达 23. 2%。

表 8-1-1　陇东地区压裂测试和各向同性模型计算最小水平主应力统计

井名	顶深（m）	底深（m）	最小主应力（测试）（MPa）	最小主应力（各向同性）（MPa）	相对误差（各向同性）（%）
C96	2075. 0	2080. 0	31. 4	28. 3	9. 9
C96	2003. 0	2019. 0	30. 3	25. 2	16. 9
Z53	1478. 0	1496. 0	20. 7	19. 8	4. 5
B28	1659. 3	1692. 0	26. 6	21. 0	21. 1
H22	2253. 0	2264. 0	31. 0	32. 1	3. 6
A157	2430. 5	2432. 5	35. 8	31. 5	12. 0
A157	2447. 0	2451. 0	33. 0	31. 4	5. 0

续表

井名	顶深（m）	底深（m）	最小主应力（测试）（MPa）	最小主应力（各向同性）（MPa）	相对误差（各向同性）（%）
B36	1992.0	1996.0	31.7	23.9	24.7
B36	1952.9	1959.9	34.7	22.2	35.9
B36	1894.4	1899.1	37.5	22.2	40.8
B36	1824.0	1827.5	31.0	21.0	32.3
B36	1812.5	1815.0	32.1	20.7	35.6
B36	2020.5	2023.5	35.1	24.6	30.0
B42	1933.5	1947.0	34.0	21.9	35.7
B42	1992.0	1996.0	35.2	22.8	35.4
L25	1684.0	1712.0	25.0	19.6	21.6
	1684.0	1712.0	25.8	19.6	24.0
	1659.5	1666.0	26.7	19.1	28.3
平均误差					23.2

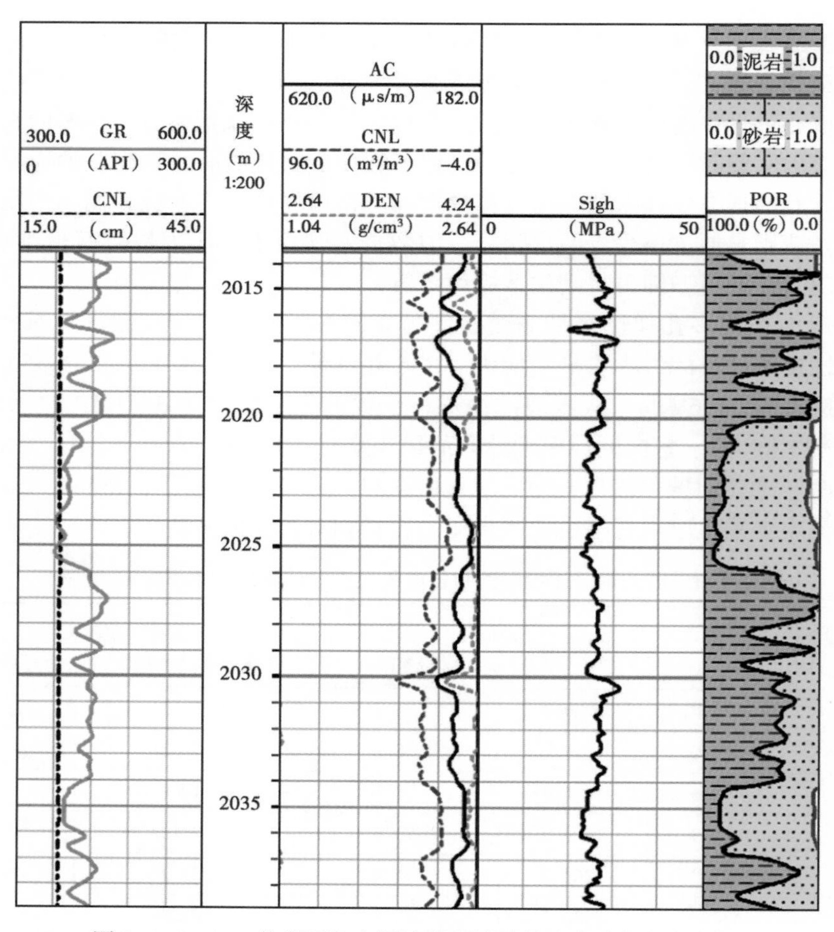

图 8-1-2　B36 井利用各向同性模型计算最小水平主应力实例

第二节　基于各向异性模型的地应力评价

致密砂岩储层在成岩过程中往往存在组成矿物定向引起的内在各向异性，也存在板状层理、交错层理或薄互层等引起的各向异性，需要根据实验规律建立适用于致密砂岩性质的测井评价新方法。

针对鄂尔多斯盆地、准噶尔盆地、松辽盆地及四川盆地等地区的致密油气储层岩心样品开展声速各向异性、孔渗、X 射线衍射及铸体薄片等配套的实验测量，结果表明岩心样品具有横向各向同性特征，即弹性参数（如杨氏模量）在水平方向上差异不明显，但水平与垂直方向上具有明显不同。根据地层声速测量及脆性指数评价结果，大部分岩心样品属于快地层（此类地层横波速度大于钻井液声波速度，具有相对较高的脆性指数；反之，对于慢地层，横波速度小于钻井液声波速度，具有相对较低的脆性指数），统称为横观各向同性（Transverse Isotropy，简写为 TI）快地层。如何计算该类地层的最小水平主应力，是井孔地球物理学一个亟须解决的问题，尤其是在致密砂岩地层中，最小水平主应力的计算对于优选压裂试油层段、优化试油完井方案具有非常重要的现实意义。

一、岩心实验规律分析

对全直径岩心，从与其对称轴呈平行、垂直及 45°角三个方向钻取柱塞样品（图 2-4-1），进行饱和水状态下的纵波速度、横波速度及密度测量，进而计算刚性系数。刚性系数是用来定量描述岩石所受应力与所产生应变的函数关系的参数。对于具有垂直对称轴的 TI 介质，应力和应变之间的关系满足广义虎克定律：

$$\tau_{ij} = C_{ijkl}\varepsilon_{kl} \tag{8-2-1}$$

$$C_{ijkl} = \begin{bmatrix} C_{11} & C_{12} & C_{13} & 0 & 0 & 0 \\ C_{12} & C_{11} & C_{13} & 0 & 0 & 0 \\ C_{13} & C_{13} & C_{33} & 0 & 0 & 0 \\ 0 & 0 & 0 & C_{44} & 0 & 0 \\ 0 & 0 & 0 & 0 & C_{44} & 0 \\ 0 & 0 & 0 & 0 & 0 & C_{66} \end{bmatrix} \tag{8-2-2}$$

式中　τ_{ij}——应力，GPa；

ε_{kl}——应变；

C_{ijkl}——刚性系数矩阵，其中的各参数被称为刚性系数，GPa。

由于 C_{12} 与 C_{11}、C_{66} 存在内在相关性［式（8-2-3）］，所以要描述具有垂直对称轴的 TI 地层的应力应变关系，需要确定 5 个独立的刚性系数，即 C_{11}、C_{33}、C_{44}、C_{66} 和 C_{13}，基于实验测量结果的具体计算方法：

$$C_{12} = C_{11} - 2C_{66} \tag{8-2-3}$$

$$C_{11} = \rho v_{P-90^\circ}^2 \tag{8-2-4}$$

$$C_{33} = \rho v_{P-0^\circ}^2 \tag{8-2-5}$$

$$C_{44} = \rho v_{SV-90°}^2 \tag{8-2-6}$$

$$C_{66} = \rho v_{SH-90°}^2 \tag{8-2-7}$$

式中　$v_{P-90°}$，$v_{P-0°}$——分别为平行、垂直层理方向传播的纵波速度；

$v_{SV-0°}$，$v_{SH-90°}$——分别为垂直、平行层理方向传播的横波速度。

$$C_{13} = \left[\frac{(4\rho V_{p45}^2 - C_{11} - C_{33} - 2C_{44})^2 - (C_{11} - C_{33})^2}{4}\right]^{\frac{1}{2}} - C_{44} \tag{8-2-8}$$

式中　ρ——岩心的体积密度，g/cm³。

在得到刚性系数后，就可以计算同一组岩心的纵波各向异性系数 ε 和横波各向异性系数 γ，公式为：

$$\varepsilon = \frac{C_{11} - C_{33}}{2C_{33}} \tag{8-2-9}$$

$$\gamma = \frac{C_{66} - C_{44}}{2C_{44}} \tag{8-2-10}$$

图 2-4-7（c）是根据实验测量及计算结果绘制的纵波各向异性系数与围压的关系图。整体上，所有样品都呈现出一定程度的声学各向异性特征；部分样品（C1、C2、C3、H4）的各向异性系数随围压的增加而明显减小，另外一些样品（G5、S1、S2）的变化并不明显。所有这些样品在 5~70MPa 围压条件下的纵波、横波各向异性系数统计结果见表 8-2-1。

表 8-2-1　纵横波各向异性系数统计表

岩心样品	纵波各向异性系数	横波各向异性系数
C3	0.12~0.25	0.15~0.26
H4	0.09~0.16	0.09~0.14
C1、C2	0.07~0.14	0.09~0.19
G5	0.07~0.08	0.02~0.03
S1、S2	0.02~0.04	0.05

前人研究表明，泥质含量的多少及分布特征对弹性各向异性强弱具有重要影响。Kathara公布了高岭土、伊利石和绿泥石的声波速度数据，结果表明黏土的纵波速度和横波速度具有明显的各向异性，具有横观各向同性特征；Mollison、Schoen 及 Georgi 等进一步指出，当仪器的纵向分辨率大于每一小层的厚度时，由于平均效应，层状泥质砂岩地层具有各向异性特征，仪器获得的地层的某一物理属性在不同方向上具有不同的数值；Schoen、Georgi 及 Tang 利用层状泥质砂岩模型，考虑层状泥岩地层的 TI 特征，通过正演模拟得到了横波各向异性参数与泥质含量的关系，同时结合测井数据在慢地层中反演得到了横波各向异性参数与泥质含量的关系。

为了保证实验数据的配套性，在上述各向异性声学实验的同时开展了配套的 X 射线衍射实验以确定黏土含量。图 8-2-1 给出了纵波和横波各向异性系数与黏土含量 V_{cl} 的交会图。根据图 8-2-1，建立如下拟合关系：

$$\varepsilon = k_1 e^{n_1 V_{cl}} \tag{8-2-11}$$

$$\gamma = k_2 e^{n_2 V_{cl}} \tag{8-2-12}$$

式中　n_1，n_2，k_1 和 k_2——拟合系数，其中 $n_1 = 0.0188$、$n_2 = 0.0216$、$k_1 = 0.0693$ 和 $k_2 = 0.0626$。

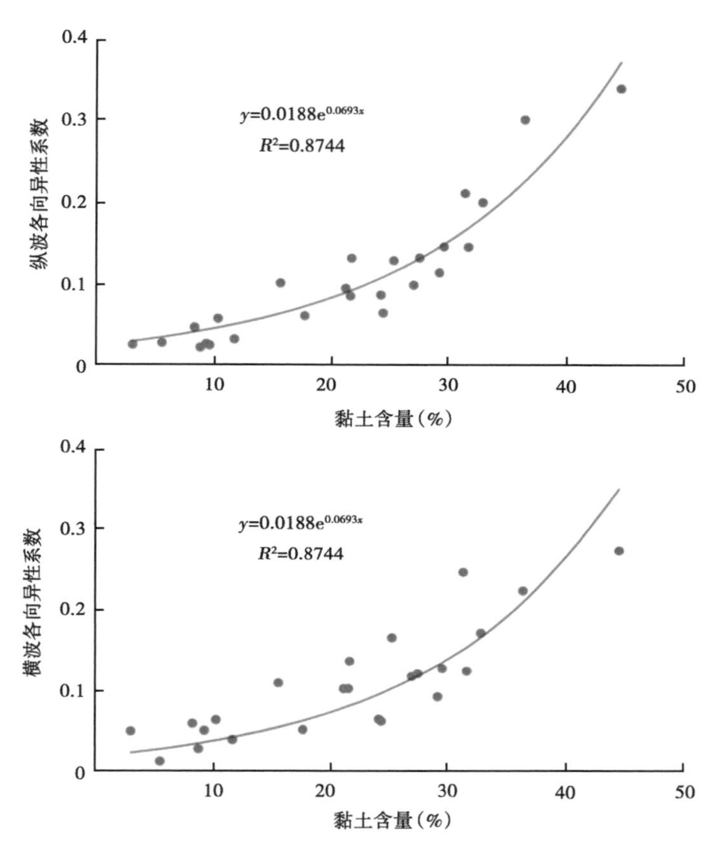

图 8-2-1　声波各向异性系数与黏土含量交会图

实验结果表明，γ 和 ε 具有较强的线性相关性，如图 8-2-2 所示，图中线性拟合关系可表示为：

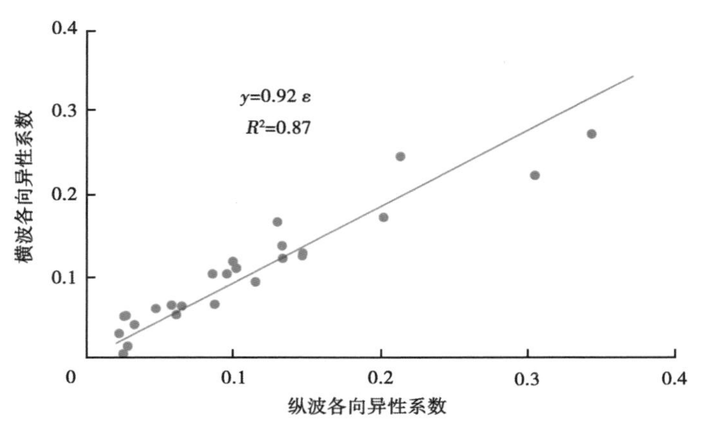

图 8-2-2　横波与纵波各向异性系数关系图

$$\gamma = m\varepsilon + r \tag{8-2-13}$$

$$m=0.92,\ r=0,\ R^2=0.87$$

这一结果与 Wang 基于北美地区岩心样品的配套实验结果所揭示的规律（$\gamma=0.8560\varepsilon-0.01049$，$R^2=0.7463$）是一致的。

二、刚性系数测井计算方法

1. 慢地层的刚性系数测井计算方法

通常测井资料可以提取纵波和横波，即可知 C_{33} 和 C_{44}；如果有阵列声波测井资料，还可利用斯通利波反演水平横波的方法求取 C_{66}：

$$C_{33} = \rho v_{\mathrm{P-0°}}^2 \tag{8-2-14}$$

$$C_{44} = \rho v_{\mathrm{SV-0°}}^2 \tag{8-2-15}$$

$$C_{66} = \rho v_{\mathrm{SH-90°}}^2 \tag{8-2-16}$$

式中　ρ——密度测井值。

因此，如果要利用测井资料计算刚性系数，还需建立 C_{33}、C_{44} 和 C_{66} 与不可直接测量的 C_{11}、C_{13} 之间的关系。Schoenberg（1996）提出了一种适用于页岩样品的刚性系数之间的关系：

$$C_{13} = C_{33} - 2C_{44} \tag{8-2-17}$$

$$C_{12} = C_{13} \tag{8-2-18}$$

结合式（8-2-3）可得：

$$C_{11} = C_{13} + 2C_{66} \tag{8-2-19}$$

式（8-2-19）对于页岩具有一定的适用性，但对于致密砂岩，该模型的精度较差（图 8-2-3）。因此需要结合具体地区的配套实验资料寻找适用于致密砂岩的新的关系式求解 C_{11}。

对于 C_{13}，前人推导出关系式：

$$\frac{1}{f_{\mathrm{gain}}C_{44}} = \frac{C_{33}C_{11} - (C_{13} - 2C_{66})^2 + 4C_{11}C_{66}}{4C_{66}[(C_{11} - C_{66})C_{33} - C_{13}^2]} \tag{8-2-20}$$

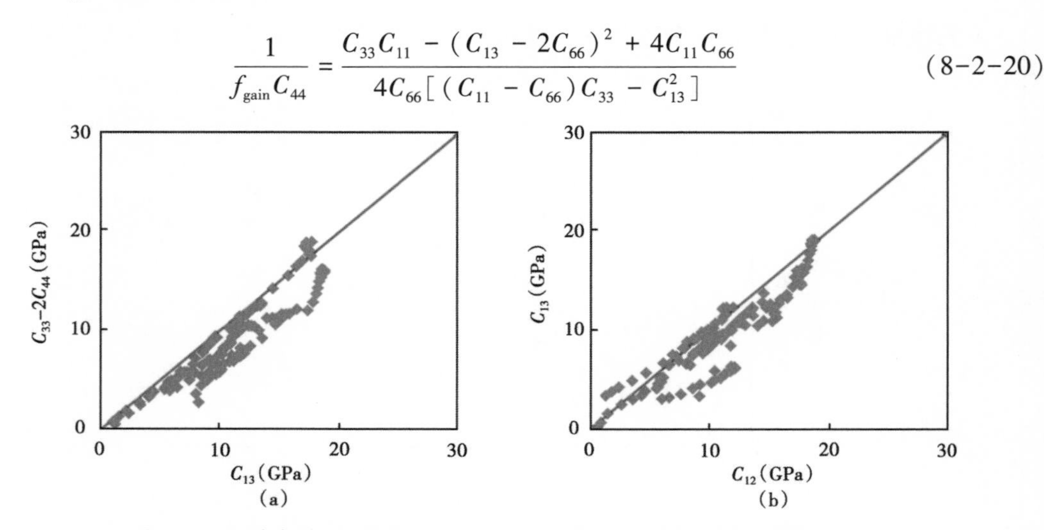

图 8-2-3　致密砂岩样品基于 Schoenberg 模型的刚性系数相关性分析

式中 f_{gain}——增益因子，通过实验数据分析确定 $f_{gain}\approx 1$，如图 8-2-4 所示。

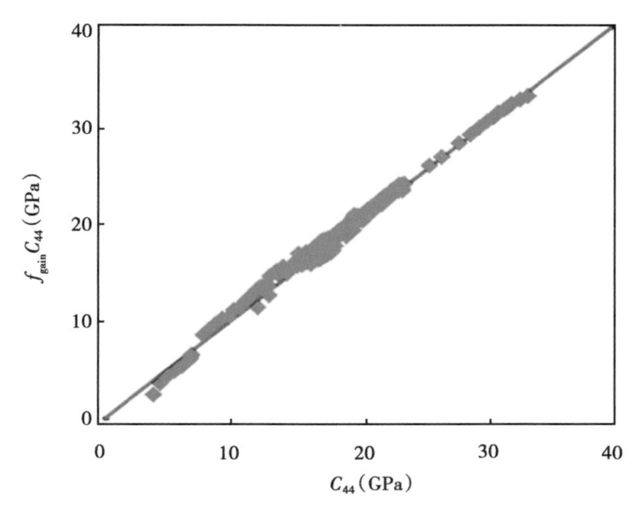

图 8-2-4 致密砂岩样品刚性系数相关性分析

通过式（8-2-19）、式（8-2-20）等关系能够建立 C_{33}、C_{44}、C_{66} 与 C_{11}、C_{13} 之间的关系，从而为基于测井资料的刚性系数连续评价提供了可能。

图 8-2-5 是不同类型地层的斯通利波灵敏度分析，表明在软地层中可以利用不同频率的斯通利波反演水平横波，而对于快（硬）地层反演精度较低，此时即使有阵列声波测井资料也难以准确获取式（8-2-16）所需的水平横波速度。因此在快（硬）地层，除了式（8-2-19）和式（8-2-20），尚需要第三个方程。

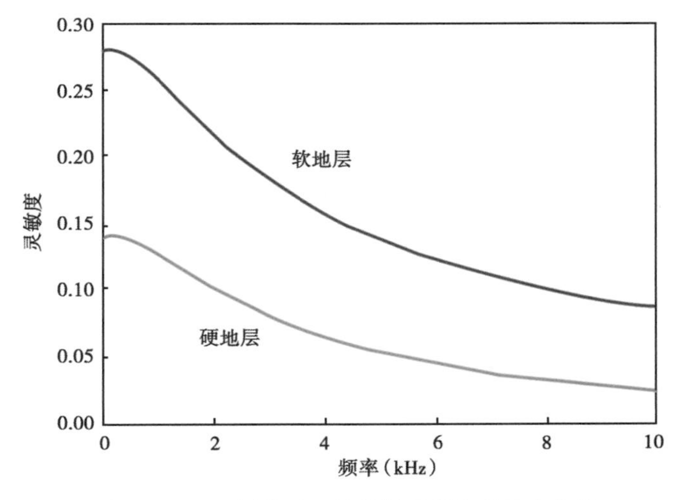

图 8-2-5 不同类型地层的斯通利波灵敏度曲线

2. 快（硬）地层的刚性系数测井计算方法

在测井资料处理过程中，一般根据自然伽马或元素测井资料可以获得黏土含量的信息，再结合纵波时差、补偿密度测井资料就可以连续计算 C_{33}、C_{44}。利用式（8-2-9）、式（8-2-11）和 C_{33} 可计算 C_{11}：

$$C_{11}=C_{33}(2k_1\mathrm{e}^{n_1V_{\mathrm{cl}}}+1) \tag{8-2-21}$$

利用式（8-2-21）计算 C_{11}后，可代入式（8-2-19）计算 C_{66}，进而代入式（8-2-20）中求解 C_{13}，最终解决了各向异性快地层的刚性系数计算难题。

三、水平主应力的测井计算方法

各向异性模型的地应力计算公式为：

$$\sigma_{\mathrm{h}}=\frac{E_{\mathrm{h}}}{E_{\mathrm{v}}}\frac{\mu_{\mathrm{v}}}{1-\mu_{\mathrm{h}}}(\sigma_{\mathrm{v}}-\alpha p_{\mathrm{p}})+\frac{E_{\mathrm{h}}}{1-\mu_{\mathrm{h}}^2}\varepsilon_{\mathrm{h}}+\frac{E_{\mathrm{h}}\mu_{\mathrm{h}}}{1-\mu_{\mathrm{h}}^2}\varepsilon_{\mathrm{H}}+\alpha p_{\mathrm{p}} \tag{8-2-22}$$

$$\sigma_{\mathrm{H}}=\frac{E_{\mathrm{h}}}{E_{\mathrm{v}}}\frac{\mu_{\mathrm{v}}}{1-\mu_{\mathrm{h}}}(\sigma_{\mathrm{v}}-\alpha p_{\mathrm{p}})+\frac{E_{\mathrm{h}}}{1-\mu_{\mathrm{h}}^2}\varepsilon_{\mathrm{H}}+\frac{E_{\mathrm{h}}\mu_{\mathrm{h}}}{1-\mu_{\mathrm{h}}^2}\varepsilon_{\mathrm{h}}+\alpha p_{\mathrm{p}} \tag{8-2-23}$$

式中　E_{h}，E_{v}——分别为水平和垂直方向的杨氏模量，GPa；

α——Biot 系数，无量纲；

μ_{h}，μ_{v}——分别为水平和垂直方向的泊松比，无量纲。

如前所述，第一种刚性系数计算方法是首先确定刚性系数 C_{66}。通常利用式（8-2-16）确定数 C_{66}，体积密度由密度测井资料确定，水平横波速度从斯通利波反演得到。本书将此类方法称为基于水平横波速度的最小水平主应力计算方法，它只适用于慢地层。对于 TI 快地层，利用式（8-2-19）来反算 C_{66}，便可得到快地层的最小水平主应力，将其称为基于黏土含量的最小水平主应力计算方法。

图 8-2-6 为长庆油田 C96 井测井综合成果图。图中 2003~2019m 井段为快地层，测井计算黏土含量为 24%（由元素俘获测井得到），近井壁地层的横波速度小于远端原状地层的

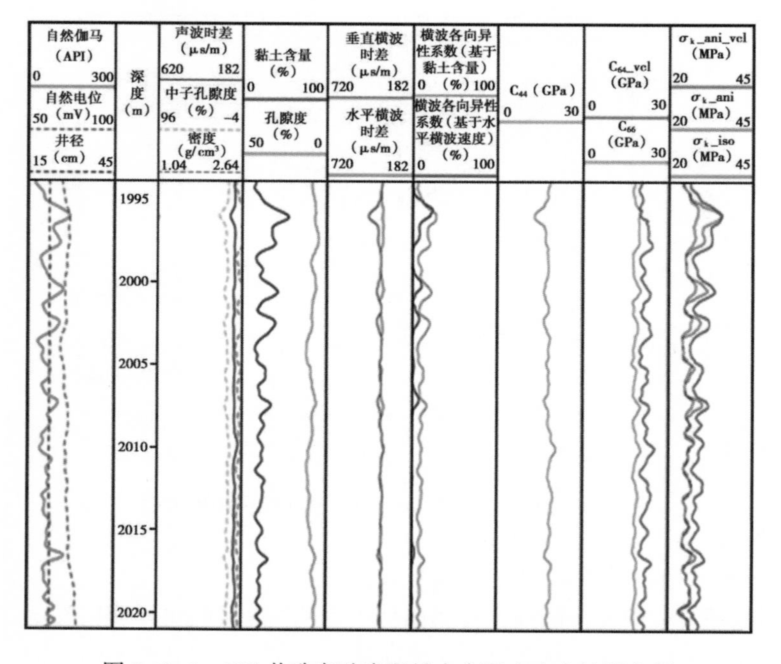

图 8-2-6　C96 井致密砂岩段最小水平主应力计算实例

横波速度，从斯通利波反演得到的水平横波速度接近垂直横波速度，由此计算的横波各向异性系数 γ_hs接近于0。采用基于水平横波速度的方法计算得到的最小水平主应力 σ_h_ani（25.99MPa，最后一道）与基于各向同性模型的计算结果 σ_h_iso（25.2MPa）十分相近，但与实际测试资料得到的结果（30.33 MPa）差距较大，相对误差14.3%。而采用基于黏土含量的方法计算得到的最小水平主应力 σ_h_ani_vcl（28.73 MPa）与实际测试资料得到的结果较接近，相对误差5.3%，证实了本方法在快地层的适用性。图8-2-7为C96井2005~2007m井段的电成像图，揭示目的层段的薄互层特征，黏土含量数值交替变化，属于典型的TI快地层。

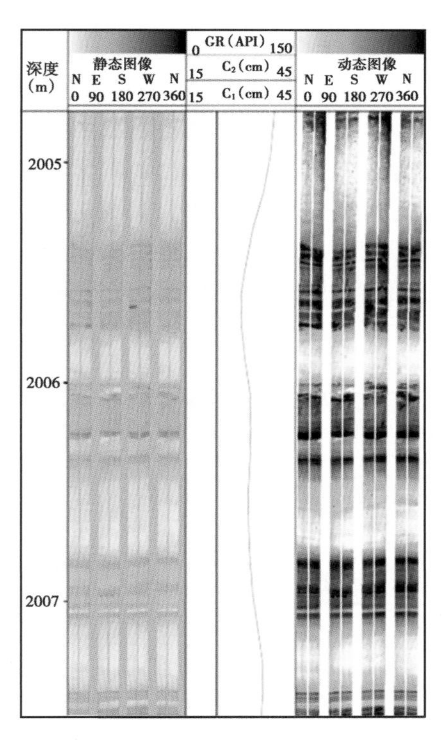

图8-2-7　C96井电成像成果图

图8-2-8为长庆油田X236-61井致密砂岩段最小水平主应力计算实例。该井1850~1858m井段为烃源岩发育段，属于典型的慢地层，近井壁地层的横波速度大于远端地层的横波速度。从斯通利波反演得到的水平横波速度与垂直横波速度差异明显，由此利用式（8-2-15）、式（8-2-16）及式（8-2-10）计算得到的横波各向异性系数曲线 γ_hs在1856m

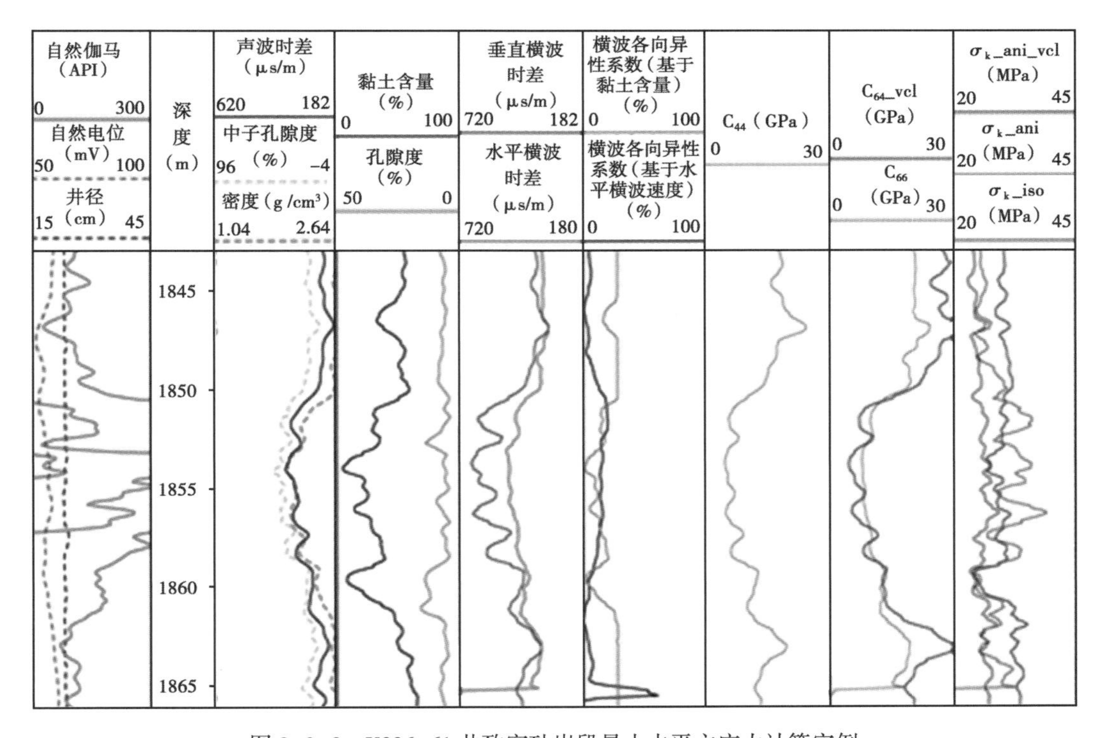

图8-2-8　X236-61井致密砂岩段最小水平主应力计算实例

处为 15.34%，与该位置岩心实验结果非常吻合。而利用式（8-2-15）、式（8-2-19）及式（8-2-10）计算得到的横波各向异性系数 γ_vcl 与岩心结果有一定差异。这表明在烃源岩段，基于水平横波速度方法计算最小水平主应力的结果更准确。

图 8-2-9 为长庆油田 H22 井致密砂岩段最小水平主应力计算实例。图中 2253～2264m 井段为快地层，计算黏土含量值平均 17%，近井壁地层的横波速度小于远端地层的横波速度。无论是基于各向同性模型的方法，还是基于黏土含量的方法及基于水平横波速度的方法计算得到的最小水平主应力都十分相近，与实际测试结果十分吻合。基于黏土含量的方法及水平横波速度的方法得到的横波各向异性系数都很小，表明该段地层接近于各向同性，不同方法计算的最小水平主应力结果相差不大。

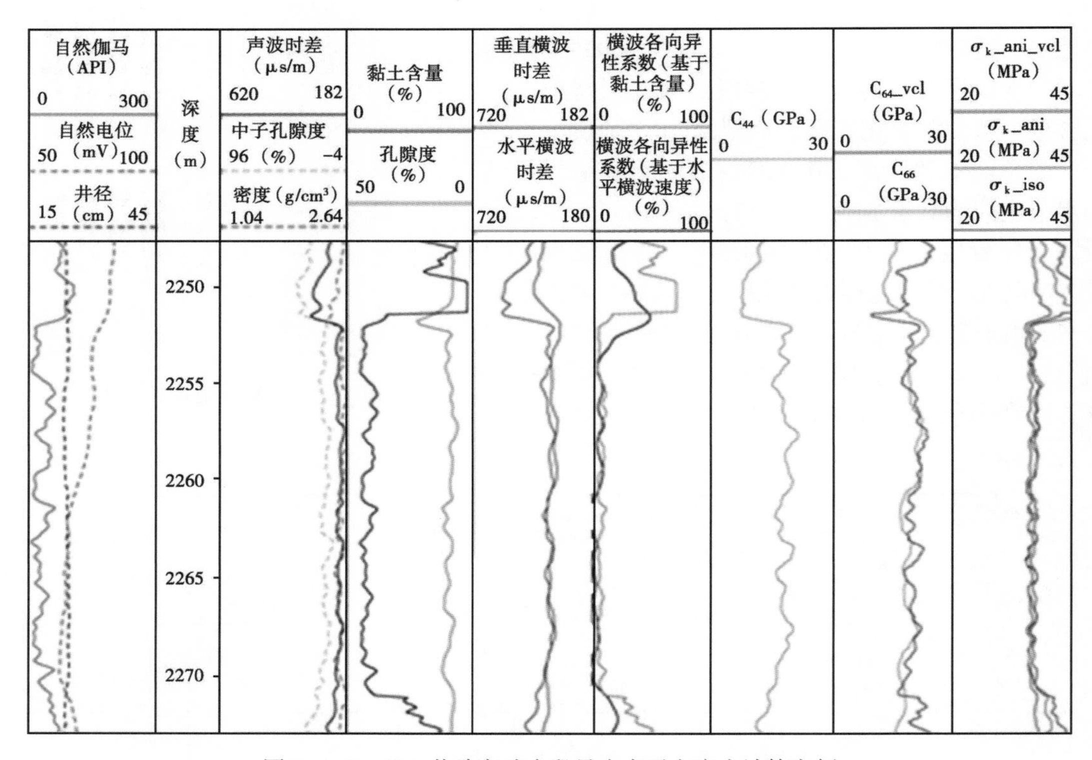

图 8-2-9　H22 井致密砂岩段最小水平主应力计算实例

上述三个实例均来自同一区块和层位，表明致密砂岩地层的弹性特征非常复杂。采用上述 3 种方法（各向同性方法、水平横波法及黏土含量法）对该地区 6 口井长 7 段的 8 个压裂试油层段（X-1、X-2、T、U、Z、V-1、V-2、W）的最小水平主应力进行计算，以实测值（瞬时闭合压力+静液柱压力）为参考，统计得到的相对误差如图 8-2-10 所示，表明基于黏土含量的最小水平主应力计算方法在具有 TI 特征的致密砂岩快地层中应用效果较好。

以上分析表明，在利用测井资料计算致密砂岩地层的刚性系数及最小水平主应力时，应结合地层的快慢属性，有针对性地选择适用性方法。一般原则是在 TI 快地层，建议选用基于黏土含量的计算方法，在 TI 慢地层则应选用基于水平横波速度的方法。

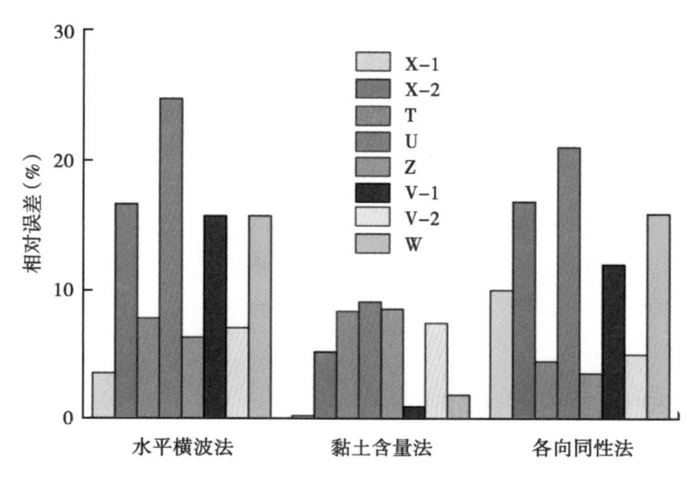

图 8-2-10　不同方法计算最小水平主应力的相对误差

第三节　致密砂岩储层脆性评价方法

岩石的脆性是一项重要的致密砂岩储层工程品质，也是遴选射孔改造层段的重要基础。正确评价地层的脆性特征，对于准确评价低孔渗储层的完井品质、优化完井方案、提高试油获得率及单井产量具有重要意义。

一、岩石脆性的定义内涵

关于脆性的含义，国内外学者有许多说法。Morley A（1944）、Heterny M（1966）将脆性定义为材料塑性的缺失；L Obert 和 W I Duvall（1967）以铸铁和岩石为研究对象，认为试样达到或稍超过屈服强度即破坏的性质为脆性；地质学及相关学科学者认为材料断裂或破坏前表现出极少或者没有塑性形变的特征为脆性（Jesse V H，1960）。

上述定义表明：

(1) 脆性是材料的综合力学特性，其内涵与弹性模量、泊松比等单一力学特征参数有区别。

(2) 脆性是材料的一种能力。能力的表现需同时兼顾内在和外在条件。脆性是以内在均质性为前提，在特定加载条件下表现出的特性。

(3) 脆性破坏是在非均匀应力作用下，产生局部断裂，并形成多维破裂面的过程。碎裂范围大，破裂面丰富是高脆性的特征，也是宏观可见的表现形式。

统计发现，现有的脆性表征方法有 20 多种，如 H Honda 和 Y Sanada（1956）提出以硬度和坚固性差异表征脆性；V Hucka 和 B Das（1974）建议采用试样抗压强度和抗拉强度的差异表示脆性。这些方法大多针对具体的问题，适用于不同学科。

国内外学者关于评价地层岩石脆性高低的方法主要分为基于实验观测和地球物理数据计算两大类，包括三种方法：第一种方法是基于实验室岩心破裂实验，记录应力与应变的关系，从中提取若干定量参数来评价其脆性好坏，或者观察岩心破裂时产生裂缝的特征，如单条裂缝或者网状缝等，来定性判断岩心的脆性强弱。此类方法的好处是结果比较直观准确，不足之处是应用范围小，无法连续评价，且应力—应变参数的方法不完善，缺少对岩石破裂前的脆性描述。

第二种方法为动态弹性参数法，利用密度及纵波时差、横波时差或速度测井数据计算杨氏模量、泊松比等，并将这些参数组合起来进行脆性评价。此类方法的优点是能够连续评价地层脆性，缺点是存在多解性。原因在于动态弹性参数大小除与脆性强弱有关外，还与应力条件密切相关。当研究区同一目标层位的埋藏深度存在较大差异时，较高的动态弹性参数值可能并非是脆性强引起的，而是由于高应力条件造成的。

第三种方法为岩性参数指示法，利用脆性骨架矿物的体积含量与总的骨架体积含量的比值等参数来评价脆性强弱。此类方法也存在多解性，岩性参数值相同但由于应力条件的差异可能导致脆性特征存在明显差异。

二、基于破裂实验的脆性表征

基于强度的脆性评价方法包括强度比值法、全应力—应变特征法等（表 8-3-1）。强度比值法主要利用抗压和抗拉强度的差异性评价脆性，代表公式有 4 种（B_6、B_7、B_{15}、B_{16}），一般认为抗压和抗拉强度差异越大，脆性越强。全应力—应变特征法主要利用脆性破坏在应力—应变曲线上的表现评价脆性，代表性公式有考虑峰值应变（B_{11}）、内摩擦角（B_8）、可恢复形变量/能大小（B_5）、峰前破坏特征（B_{19}）、峰后破坏特征（B_3，B_{14}）等。

表 8-3-1　现有岩石脆性指数的定义及测试方法一览表

公式	公式含义或变量说明	测试方法
$B_1=(H_m-H)/K$	宏观硬度 H 和微观硬度 H_m 差异	硬度测试
$B_2=q\sigma_c$	q 为小于 0.60mm 碎屑百分比，σ_c 为抗压强度	普氏冲击试验
$B_3=(\tau_p-\tau_r)/\tau_p$	关于峰值强度 τ_p 为与残余强度 τ_r 函数式	应力—应变测试
$B_4=\varepsilon_r/\varepsilon_t$	可恢复应变 ε_r 与总应变 ε_t 之比	应力—应变测试
$B_5=W_r/W_t$	可恢复应变能力 W_r 与总能量 W_t 之比	应力—应变测试
$B_6=\sigma_c/\sigma_t$	抗压强度 σ_c 与抗拉强度 σ_t 之比	强度比值
$B_7=(\sigma_c-\sigma_t)/(\sigma_c+\sigma_t)$	关于抗压强度 σ_c 与抗压强度 σ_t 函数式	强度比值
$B_8=\sin\varphi$	φ 为内摩擦角	莫尔圆
$B_9=45°+\varphi/2$	破裂角关于内摩擦角 φ 的函数	应力—应变测试
$B_{10}=H/K_{IC}$	硬度 H 与断裂韧性 K_{IC} 之比	硬度和韧性测试
$B_{11}=\varepsilon_{11}\times100\%$	ε_{11} 为试样破坏时不可恢复轴应变	应力—应变测试
$B_{12}=HE/K_{IC}^2$	E 为弹性模量	陶制材料的测试
$B_{13}=S_{20}$	S_{20} 为小于 11.2mm 碎屑百分比	冲击试验
$B_{14}=(\varepsilon_p-\varepsilon_r)/\varepsilon_p$	关于峰值应变 ε_p 与残余应变 ε_r 函数	应力—应变测试
$B_{15}=(\sigma_c\sigma_t)/2$	关于抗压强度 σ_c 与抗拉强度 σ_t 函数	应力—应变测试
$B_{16}=\sqrt{\sigma_c\sigma_t}/2$	关于抗压强度 σ_c 与抗拉强度 σ_t 函数	应力—应变测试
$B_{17}=P_{inc}/P_{dec}$	荷载增量与荷载减量的比值	贯入试验
$B_{18}=F_{max}/P$	荷载 F_{max} 与贯入深度 P 之比	贯入试验
$B_{19}=(\bar{E}+\bar{v})/2$	弹性模量 E 与泊松比 v 归一化后均值	应力—应变测试
$B_{20}=(W_{qtz}+W_{carb})/W_{total}$	脆性矿物含量 $W_{qtz}+W_{carb}$ 与总矿物含量 W_{total} 之比	矿物组成分析

基于硬度的脆性评价方法，主要考虑岩石在硬度、坚固性方面的差异。由于构造组成上的差异性和埋藏历史上的复杂性，岩石具有天然的非均质特征，微观硬度/坚固性主要反映组成矿物的力学特征，宏观硬度/坚固性则因为测试样品增加而降低。由于宏观测试样品所含的天然裂隙更多，非均质性更显著，脆性特征也更加明显。

室内测试时主要考虑样品的宏观和微观硬度差异（B_1、B_{10}、B_{12}）、抗冲击性（B_2、B_{13}）和贯入特征（B_{17}、B_{18}）等。

三、基于测井信息的脆性表征

目前有两种比较常用的方法连续计算岩石脆性，一种是弹性参数法（Bill、Jim，2007），认为杨氏模量越高，泊松比越低的岩石脆性更强（图 8-3-1）。图中绿色数据点表示脆性差，红色数据点表示脆性好，从绿色到红色杨氏模量越来越大，泊松比越来越小，脆性越来越好，颜色柱子代表计算出来的岩石脆性。具体计算方法如下：

$$E_B = \frac{E - E_{min}}{E_{max} - E_{min}} \times 100 \quad (8-3-1)$$

$$\mu_B = \frac{\mu - \mu_{max}}{\mu_{min} - \mu_{max}} \times 100 \quad (8-3-2)$$

$$B_{avg} = \frac{E_B + \mu_B}{2} \quad (8-3-3)$$

式中 E，μ——分别为计算的杨氏模量和泊松比；

E_{max}，E_{min}——分别为杨氏模量最大值、最小值，10^4MPa；

μ_{max}，μ_{min}——分别为泊松比最大值、最小值；

E_B，μ_B——杨氏模量和泊松比分别计算的脆性；

B_{avg}——岩石脆性指数。

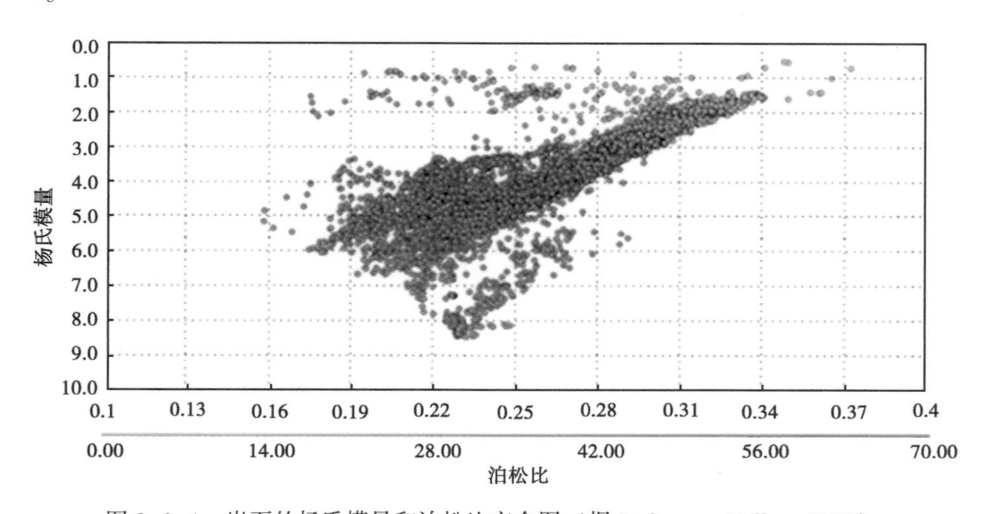

图 8-3-1 岩石的杨氏模量和泊松比交会图（据 Richman、Mullen，2008）

然而弹性参数有其不足之处，一是杨氏模量最大值和最小值的确定方法不统一，因此不同区块的岩石脆性无法对比；二是杨氏模量和泊松比在脆性评价中的权重不确定，使得脆性的评价存在不确定性；三是连续计算脆性指数时通常用纵横波资料，对于因井眼不规则和气体影响等因素需要校正。此外，前面提及的动态弹性参数大小与应力条件相关，也影响该模型的应用效果。

另一种脆性评价方法是矿物组分法。泥页岩中石英、方解石和黏土是最常见的三种矿物，相比较而言，石英脆性最强，方解石中等，黏土最差，因此可用下式简单表征岩石脆性：

$$\mathrm{BRIT}=\frac{V_{石英}}{V_{石英}+V_{方解石}+V_{黏土}}\times 100 \tag{8-3-4}$$

式中 $V_{石英}$，$V_{方解石}$，$V_{黏土}$——分别为石英、方解石、黏土的体积含量。

也有学者提出上式中的分子应为石英和方解石的含量之和。这种方法简单易操作，但岩石矿物组分多种多样，仅靠这三种矿物组分含量来表征显得精确性不够且需要大量岩心分析资料进行刻度。

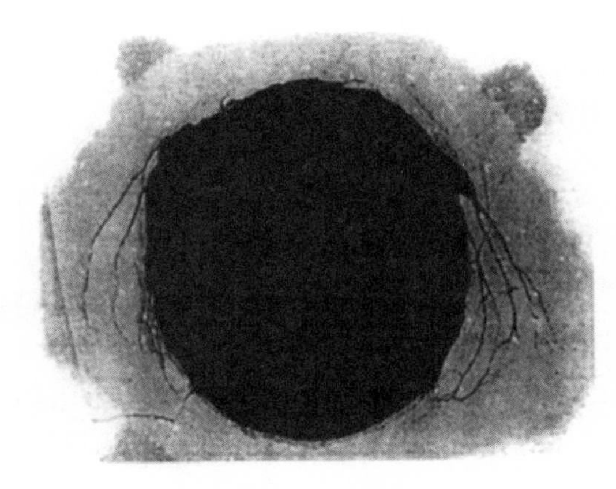

图 8-3-2 钻具振动造成井壁破损的示意图

四、井壁附近径向岩石脆性测井表征

钻井过程本身就是对地层岩石所做的破坏性力学试验。钻井时钻头的振动和撞击使得钻头下方的岩石破碎，而破碎的难易程度与岩石的脆性直接相关，破碎的结果就是在井壁附近产生数目可观的微裂隙（图 8-3-2）。脆性高、易裂性好的岩石，产生的微裂隙多，对井壁附近影响的区域大，而裂隙的产生会直接造成岩石弹性波速（包括纵波和横波）下降。

钻井造成的岩石破碎是局部性的，只发生在近井壁的周围，水平方向上一定距离以外的原状地层则基本不受影响。这样一来，从井壁沿径向到地层深处会观测到地层波速（纵波或横波）呈现出由低到高的径向变化。通过从多探测深度的阵列声波测井资料中提取径向上波速的变化，可以反映井壁附近的裂隙密度及其影响范围。这种由钻井产生的后果大小及影响范围的信息直接反映了钻井时岩石所体现出的脆性。

1. 纵波速度的层析成像

如图 8-3-3 所示，阵列声波测井仪器激发的声波在地层中传播，由于径向上岩石破裂程度不同导致波速变化，而阵列声波仪器的不同接收器接收的声波由于源距不同，径向穿透深度或探测深度也有所不同。因而，不同接收器探测到的波的走时变化就含有地层波速变化的信息，从而可以用来确定地层速度的径向变化。这是阵列声波层析成像的基本

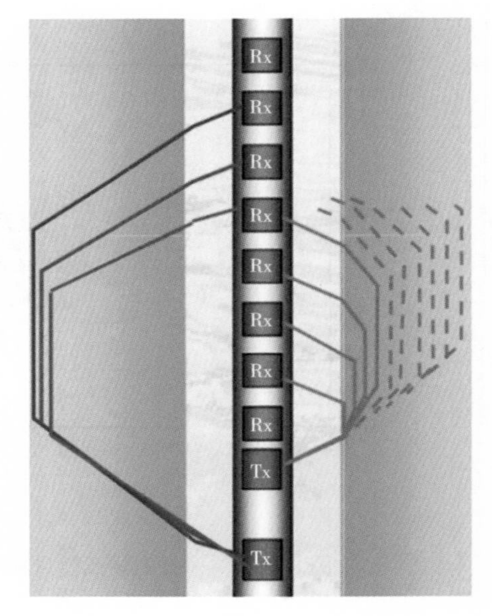

图 8-3-3 速度径向变化地层中的声波射线路径示意图

原理。Hornby（1993）利用该技术获得了井壁附近地层的沿轴向和径向的二维速度剖面。在这种技术中，选取二维速度剖面对其用射线追踪的方法计算得到声波走时，然后再使计算和实测的走时之差达到最小，得到与数据符合最好的速度分布模型，该模型可以用于描述波速沿井的轴向和径向的变化。

在计算地层的层析成像之前，用一种直观有效的方法来判断地层是否存在声速的径向变化。声波射线从声源出发穿入地层后并产生折射。根据 Bendoff 定理，波在射线源位置沿井轴方向的视速度等于在其最大穿透深度处的地层速度。该视速度即为波在地层中传播的平均速度，可用阵列相关的方法提取。用此速度来计算声波到第一接收器上的走时，并将其定义为参考走时 TT_{ref}。

$$TT_{ref} = \int_{s}^{r1} \frac{dz}{V(z)} + TT_{f} \tag{8-3-5}$$

式中 $V(z)$——阵列处理提取的地层的声速曲线，积分上下限分别是源 S 和第一接收器 R1 的深度位置；

TT_{f}——波在井中流体的传播时间。

将式（8-3-5）的参考走时与实测走时比较。对于 $V(z)$ 无径向变化的地层，参考走时与实测一致。当沿径向声速有变化时，射线由浅到深进入地层后再折射回来。由于（8-3-5）中的 $V(z)$ 为最大穿透深度的速度，即波所能达到的最高速度，由该式计算出的参考走时比实测走时要小。两者比较时就出现了实测走时相对于参考走时的滞后。这样，通过实测与参考走时的比较，即使不通过层析成像处理，也能知道地层声速是否发生了径向变化。

图 8-3-4 是判断地层径向变化和声速层析成像实例。第 2 道中给出了由式（8-3-5）计算出的第一接收器上的参考走时曲线（蓝线）和 13 个接收器上实测的走时（黑线），对比可以看到后者明显滞后于前者，特别是在 X455～X525m、X580～X620m 的深度区间（滞后量大小可由二者之间的阴影条带看出）发生了明显的径向速度变化。第 3 道上给出了用层析成像技术反演得到的声速变化的层析成像图，颜色变化反映了径向声速与原状地层声速的相对差。由深红色到蓝色，速度的变化量分别是 20%变化到 0。速度剖面的正确与否可由第 2 道中的两种质量监控方法来验证：第一，该速度剖面计算出的理论走时曲线（红色）是否与实测走时（黑色）符合；第二，实测走时相对于参考走时的滞后是否对应于速度变化剖面。第 2 道中还给出了理论走时与实测走时的拟合误差曲线（粉色曲线，黑色阴影条带填充）。当理论走时与实测走时吻合时，速度剖面的误差小，反之误差大。可以看出，走时滞后明显的层段，速度剖面的变化也大，且径向影响程度明显加深。

2. 横波速度剖面的反演

长期以来，人们虽然认识到井壁附近地层径向速度的变化改变了偶极弯曲波等模式波井眼传播的频散特性，但由于从模式波频散数据中反演地层径向速度剖面存在多解性，反演横波径向速度剖面的方法一直没有得到很好的应用。本书通过对井孔偶极弯曲波等模式波的频散特性及灵敏度分析，为模式波求取地层速度径向剖面的约束反演方法提供理论基础。

首先以偶极模式波为例进行频散特征分析。偶极声源激发的声波是一种具有频散特征的弯曲波：

$$D[k, \omega; B, F(r)] = 0 \tag{8-3-6}$$

式中 k——波数；

ω——角频率；

B——井孔中的波导部分，由井孔中流体和测井仪器构成；

$F(r)$——弹性各向同性地层，其纵横波的速度和密度可以随着径向距离 r 变化。

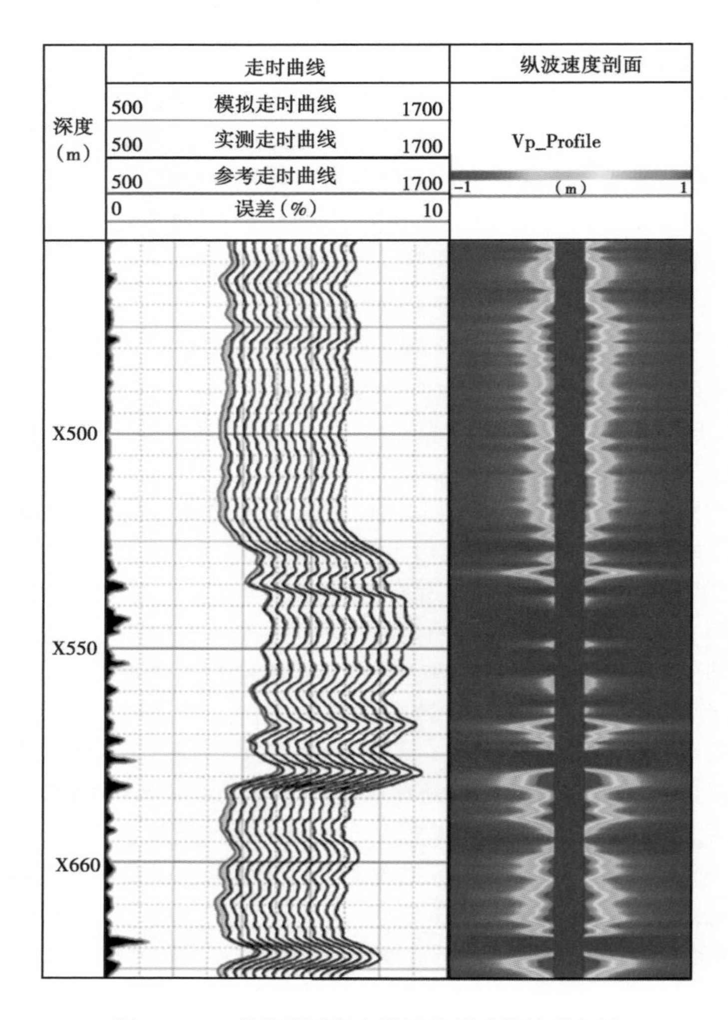

图 8-3-4　井壁附近径向纵波层析成像处理实例

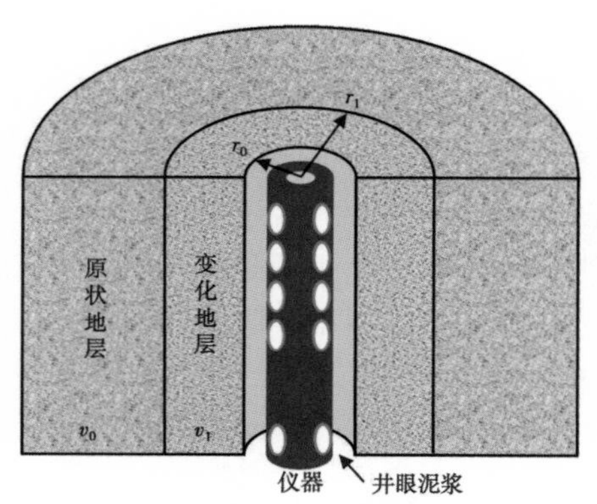

图 8-3-5　地层存在径向变化区时两层等效模型示意图

对每一个频率求解上述频散方程便可得到频散曲线，但利用频散特性反演地层径向变化的过程是多解的，可以采用约束反演来解决这个问题。约束反演方法主要是对频散曲线的高频变化进行约束，求出既满足频散数据又满足约束条件的解。图 8-3-5 给出了地层存在径向变化区时的两层等效模型示意图，并在表 8-3-2 中给出了地层参数。图 8-3-6 给出了地层存在径向变化时低于 10kHz 频段的相关频散曲线，它涵盖了常规偶极测井的频率范围。作为对比，图中同时还给出了在原状地层波速 $v_0=2300\text{m/s}$

和变化地层波速 $v_1=2000\text{m/s}$ 下均匀地层（虚线）的频散曲线。注意这两个波速分别是图 8-3-4 模型中原状地层和靠井壁变化地层的横波速度。对于径向变化地层的弯曲波，其传播速度在低频时等于远处原状地层的横波速度，随着频率增加波速减小并最终与横波速度为 v_1 的均匀地层的频散曲线在高频部分重合。

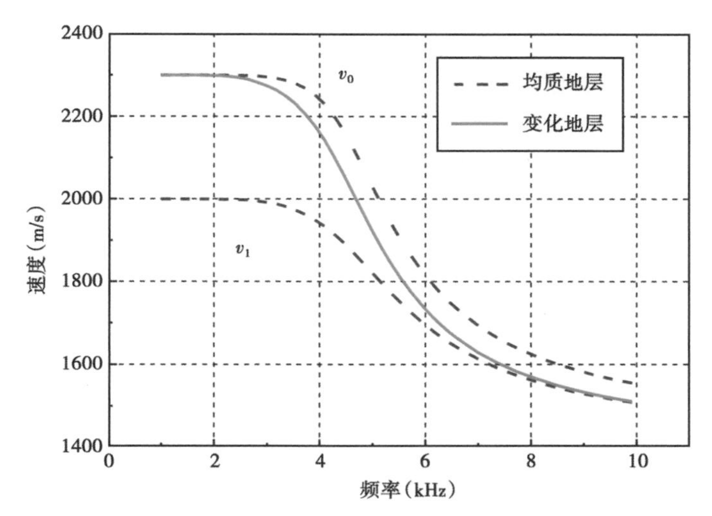

图 8-3-6　径向变化地层（实线）和均匀地层（虚线）的频散曲线（据唐晓明、许松等，2016）

表 8-3-2　偶极横波测井地层模型参数

模型参数	纵波速度（m/s）	横波速度（m/s）	密度（kg/m^3）	半径（m）
井眼流体	1500	—	1000	0.1
变化地层	4000	2000	2500	0.2
原状地层	4000	2300	2500	∞

对比径向变化地层和均匀地层的频散曲线，揭示了弯曲波在径向变化地层中的传播特征，这对于求取地层径向速度剖面十分重要。通过这个简单模型的模拟分析，可以看出径向变化地层中弯曲波频散曲线低频和高频的特征与原状地层和变化地层的横波速度有紧密的联系，特别是在高频情况下二者趋于一致。这就是说，在众多符合频散数据的理论频散曲线中，真正能满足井壁附近速度变化的曲线在高频时必须与流体—井壁界面的频散特征一致。以此作为约束条件构造的反演目标函数为：

$$E(\Delta r,\ \Delta v)=\sum_{\Omega}\left[V_{\mathrm{m}}(\omega;\ \Delta r,\ \Delta v)-V_{\mathrm{d}}(\omega)\right]^2+\lambda\sum_{\Omega'}\left[V_{\mathrm{m}}(\omega;\ \Delta r,\ \Delta v)-V_{\mathrm{h}}(\omega;\ V_1)\right]^2 \tag{8-3-7}$$

式中　Δr——径向变化地层的厚度，m；

Δv——径向变化地层速度的变化量，m/s；

V_{m}——Δr 和 Δv 为函数模型的频散曲线；

V_{d}——实际测井中提取的频散数据；

V_1——井眼附近的地层速度，m/s；

V_{h}——用 V_1 计算得到的均质地层的频散曲线；

ω——角频率，kHz；

E——每个频率上残差的总和；

Ω'——Ω 的高频带子集，通常为 9～10kHz；

λ——权重因子；

R——归一化的残差值，无量纲。

用表 8-3-2 模型中的数据进行模拟，并用式（8-3-8）对反演结果进行归一化，$E_{\max}$ 是残差中的最大值，代表残差归一化后的值：

$$R = \frac{E}{E_{\max}} \times 100\% \tag{8-3-8}$$

约束反演后的结果如图 8-3-7 所示。图中红色箭头所指是模型的真值（$\Delta r = 0.1$，$\Delta v = 300\text{m/s}$），反演目标函数在真值附近存在一个明显的极小值，且与模型真值有非常好的对应关系，这证明了约束反演方法的正确性。

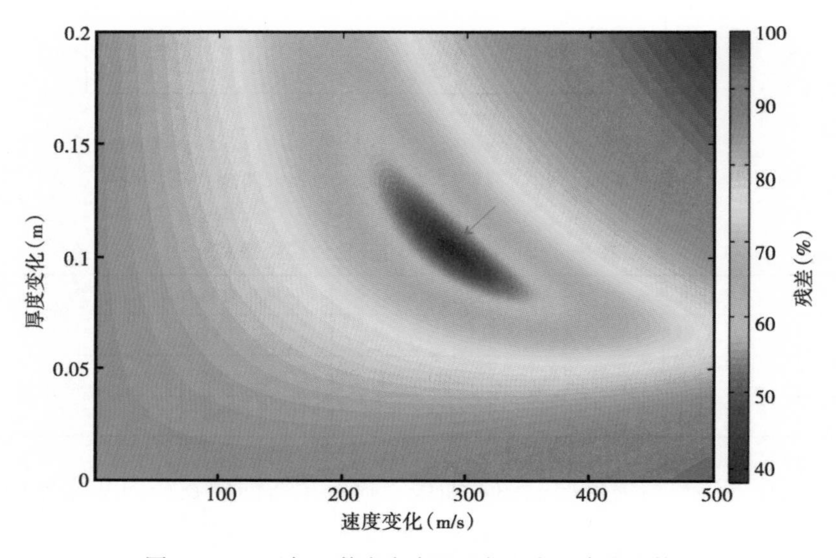

图 8-3-7　目标函数变密度图（据赵龙、唐晓明等）

理论上反演方法对软、硬地层都适用。通过对多种地层不同波速变化和不同厚度变化进行大量的数值模拟，发现约束反演方法对地层弹性波速变化范围几乎没有限制，而厚度变化与高频约束频率 Ω' 有关。厚度变化越小时，Ω' 越高才能准确求出地层厚度变化。对于 Ω' 取 2～10kHz 时，厚度变化范围应在 0.1～1m，超越这个范围约束结果会存在误差。

图 8-3-8 是横波波速径向剖面反演的实例，剖面给出的是径向上的横波速度与原状地层横波速度的相对误差（百分数），由深红色到蓝色，速度的变化分别是从 20%变化到 0。为了验证该剖面，将 X490.0m、X583.9m 深度处的频散曲线进行了比较。在 X583.9m 处，径向剖面变化甚微，由此在均匀地层计算出的理论与实测数据拟合很好，但在深度 X490.0m 处径向变化明显，实测数据明显低于均匀地层的频散曲线（黑线），这时须采用变化地层模型，计算出的频散曲线（红线）方能与实测数据符合。通过与频散数据拟合比较，提供了一种横波径向速度剖面反演质量的监控方法。

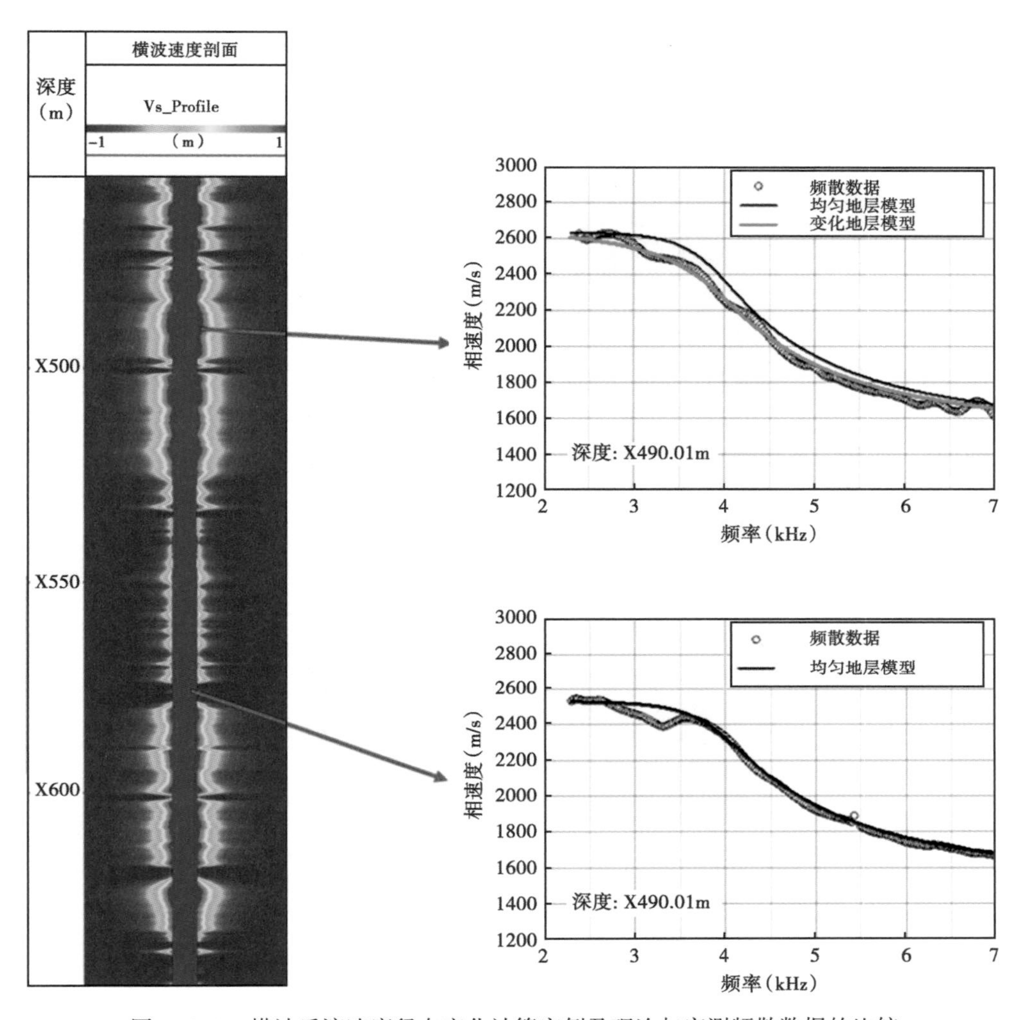

图 8-3-8 横波反演速度径向变化计算实例及理论与实测频散数据的比较

3. 径向岩石脆性测井定量表征

将纵波速度、横波速度剖面沿井径方向积分，该积分值反映了波速变化及影响区域的大小，是速度剖面变化的综合体现，故可将该剖面的积分定义为岩石的脆性指数。由图 8-3-9 可以看到，该脆性指数与纵波速度、横波速度的径向变化剖面存在很好地一致性，这意味着钻井过程对井壁岩石产生的影响同时造成了纵波速度和横波速度的下降。

将纵波速度、横波速度的径向变化剖面与脆性指数曲线相比较，可以看到径向变化的大小与脆性指数（由式 8-3-3 计算）的高低具有很好的相关性。图 8-3-9 上部的砂体较下部发育，脆性指数较高，对应的纵波速度、横波速度变化相对较大；而中部的泥岩段脆性最差，径向剖面变化也很小。这种波速变化与脆性指数相关的实质是因为钻井导致岩石中产生了微裂缝，与泥岩相比砂岩更容易产生裂缝，从这个意义上讲，纵波速度、横波速度径向变化的大小可以指示岩石的脆性。

图 8-3-10 为长庆油田 H2 井的脆性处理成果图，第 5 道为横波速度径向剖面，颜色越深，代表径向速度变化越剧烈。分析表明，纵波、横波径向速度剖面均能反映脆性，但横波

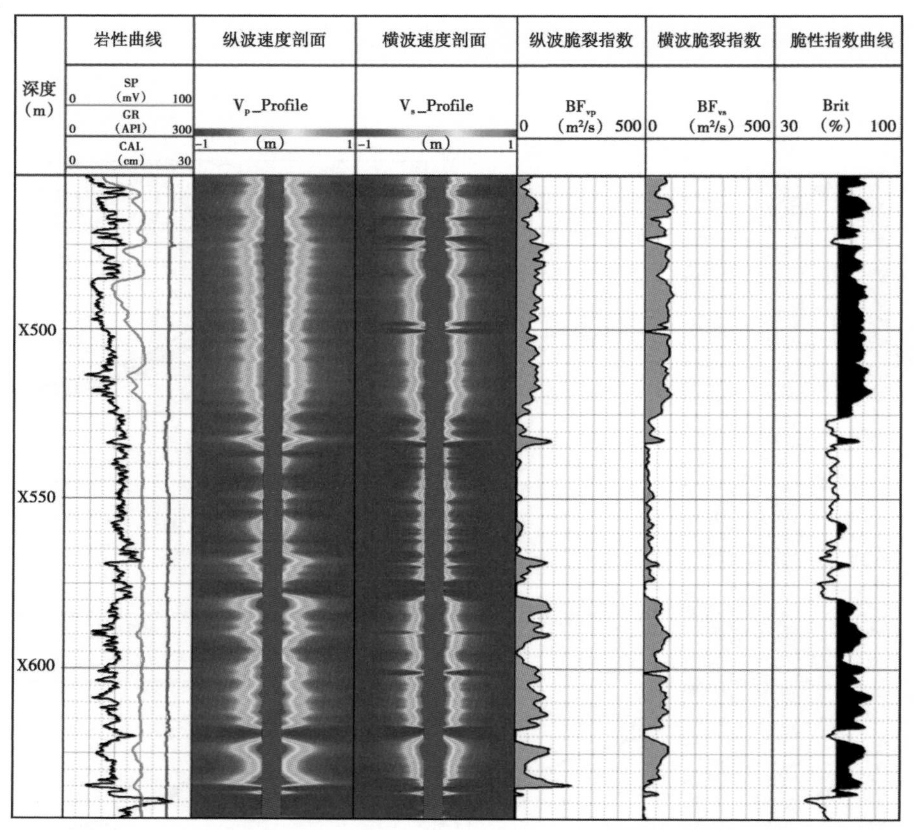

图 8-3-9 纵波、横波径向速度变化剖面与岩石脆性指数的比较

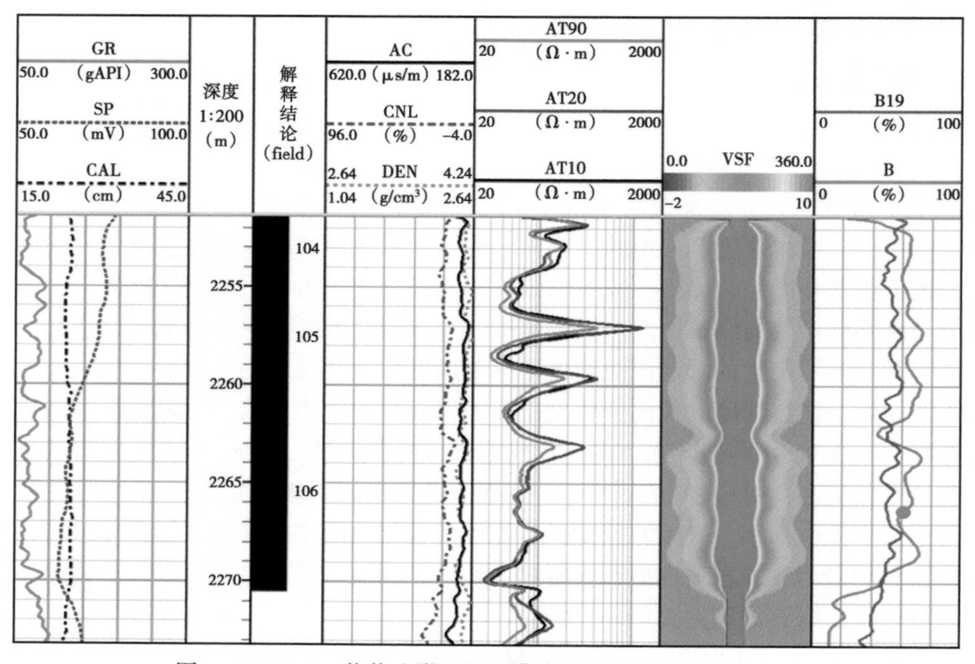

图 8-3-10 H2 井井壁附近径向横波速度变化脆性评价实例

速度径向剖面对于脆性的反应更加灵敏。第7道为提取的脆性指数B和应用弹性模量法计算的脆性指数B19［由式(8-3-3)计算］。可以看到，脆性指数和GR曲线有一定的相关性。横波速度法提取的B比B19要大，符合实际的实验数值，脆性指数评价结果可靠。

图8-3-11为新疆油田J17井的脆性处理成果图，格式同图8-3-10。同样可以看到，计算的脆性指数B比B19数值上要高20%。通过邻井的岩心实验结果标定，岩心实验的脆性指数平均为68.4%，与B更接近，而B19平均数值在40%左右。

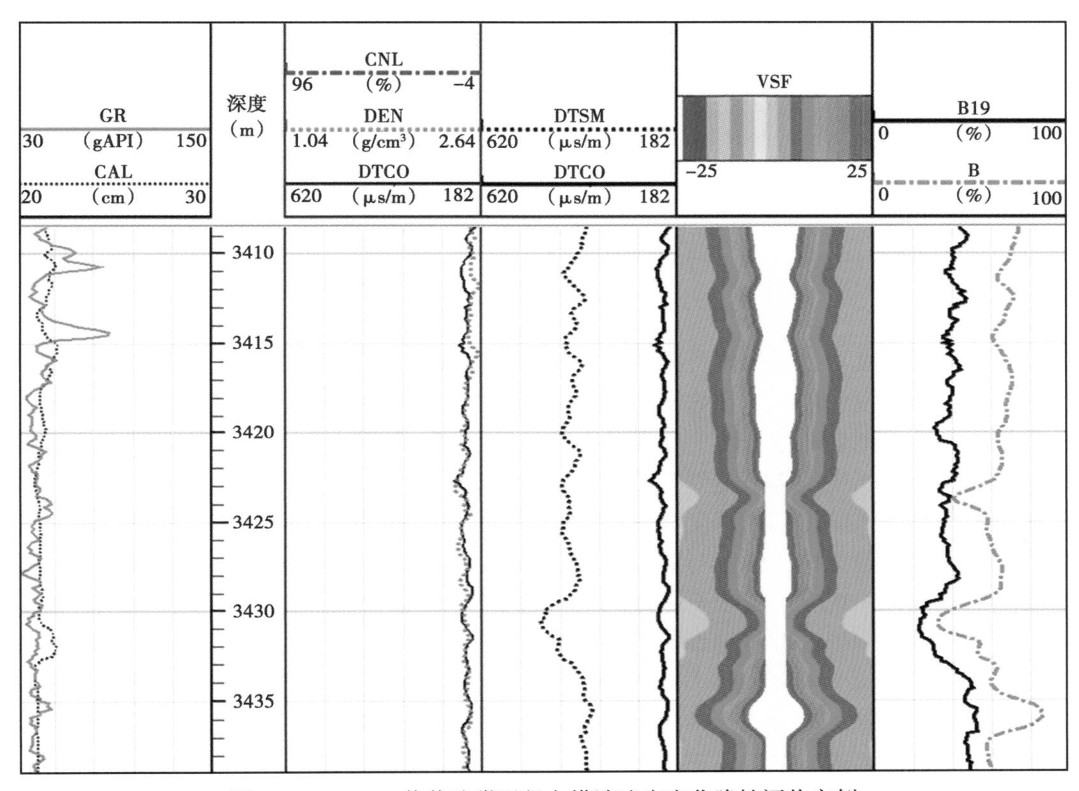

图8-3-11　J17井井壁附近径向横波速度变化脆性评价实例

第四节　钻井过程井壁稳定性测井评价

钻井过程中的井壁坍塌、破裂以及井喷等造成的井筒不稳定问题对钻井速度、井眼质量影响很大，也会对后续测井安全采集和资料质量产生影响。井壁稳定性分析也是岩石力学测井评价的一个重要内容。本节主要介绍如何利用测井资料评价井壁岩石单轴抗压强度、内摩擦角、破裂压力、坍塌压力等参数。

一、单轴抗压强度

压缩作用下的岩石破坏是一个复杂的过程，期间产生了许多微小拉伸裂纹，颗粒表面发生滑动，如图8-4-1所示，最终这些微小裂纹形成贯穿的剪切面。对于脆性岩石（图8-4-2），当形成贯穿的剪切断面时，压缩破坏突然发生，材料丧失了所有强度。对于偏塑性岩石，压缩破坏的过程较为缓慢。也就是说，当作用在岩体上的应力超过岩石的抗压强度时，岩石发生压缩破坏。岩石压缩破坏与作用在岩石上的所有应力都有关。总之，岩石抗压强度一般指岩样所能支撑的最大主应力值。

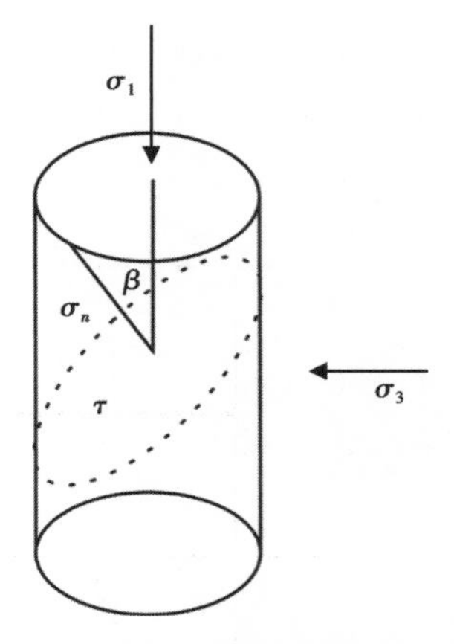

图 8-4-1　压缩破坏示意图

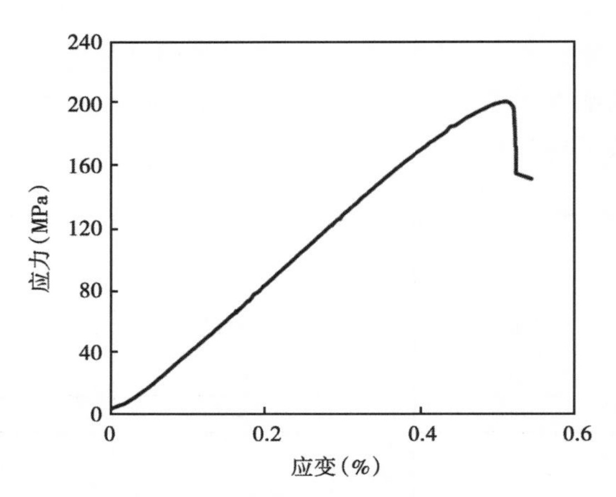

图 8-4-2　脆性岩石应力—应变曲线

岩石的抗压强度可以分单轴抗压强度与三轴抗压强度。在岩石的抗压实验中，随着载荷的增加，岩样开始发生破坏。在岩样应力—应变曲线中，最大应力值定义为岩石的强度，若为单轴抗压实验，则获取的强度为样品的单轴抗压强度；若为三轴抗压实验，则获取的强度为样品的三轴抗压强度。本节主要介绍单轴抗压强度。

通过岩石抗压试验得到的强度参数都是一些离散的数据点，为了能够对地层岩石剖面开展连续评价，需要建立抗压强度与测井参数之间的关系，以便通过测井资料开展连续的岩石抗压强度剖面计算。现有确定岩石强度的公式通常都采用基于纵波速度、横波速度与密度及由此得到的孔隙度和杨氏模量等参数。

表 8-4-1 列举了一些预测不同地质环境的砂岩岩石强度的公式。方程 1 至方程 3 采用纵波速度数据，方程 5 至方程 7 采用密度和纵波速度数据，方程 4 采用纵波速度、密度、泊松比和黏土含量，方程 8 采用杨氏模量，方程 9 和方程 10 采用孔隙度数据。

表 8-4-1　砂岩 UCS 和其他物理性质之间的经验公式（据 Chang 和 Zoback 等，2006）

方程编号	单轴抗压强度（MPa）	针对区域	适用对象	参考文献
1	$0.035v_p-31.5$	德国图林根	—	Freyburg，1972
2	$1200e^{-0.036\Delta t}$	澳大利亚 Bowen 盆地	各种孔隙度的细粒固结/未固结砂岩	McNally，1987
3	$1.4138\times10^{7}\Delta t^{-3}$	墨西哥湾沿岸	软弱未固结砂岩	未发表
4	$3.3\times10^{-20}\rho^2v_p^2[(1+\mu)/(1-\mu)]^2(1-2\mu)(1+0.78V_{cl})$	墨西哥湾沿岸	UCS 大于 30MPa 的砂岩	Fjaer 和 Holt 等，1992
5	$1.745\times10^{-9}\rho v_p^2-21$	阿拉斯加 Cook 湾	粗粒砂岩和砾岩	Moos 和 Zoback 等，1999
6	$42.1e^{1.9\times10^{-11}\rho v_p^2}$	澳大利亚	$0.05<\phi<0.12$ UCS>80MPa 固结砂岩	未发表
7	$3.87e^{1.14\times10^{-10}\rho v_p^2}$	墨西哥湾	—	未发表

续表

方程编号	单轴抗压强度（MPa）	针对区域	适用对象	参考文献
8	$46.2e^{0.000027E}$	—	—	未发表
9	$A\ (1-B\phi)^2$	世界范围 沉积盆地	非常纯净、固结较好的砂岩 $\phi<0.3$	Vernik 和 Bruno 等，1993
10	$227e^{-10\phi}$	—	$0.002<\phi<0.33$ 2MPa<UCS<360MPa 的砂岩	未发表

注：v_p 的单位为 m/s；Δt 的单位为 μs/ft；ρ 的单位为 kg/m³；V_{cl}为分数；E 的单位为 MPa；ϕ 为分数。

根据单轴实验测试结果分别给出了鄂尔多斯盆地陇东地区长 7 致密砂岩和新疆吉木萨尔地区芦草沟组致密储层的单轴抗压强度计算关系式。图 8-4-3 给出长 7 段样品单轴抗压强度 UCS 与横波速度、杨氏模量、孔隙度的统计关系。由图可知，单轴抗压强度 UCS 和孔隙度 ϕ 的关系较好，相关系数达到 0.8，其关系式为：

$$\mathrm{UCS} = -40.7\ln\phi + 161.79 \tag{8-4-1}$$

式中，UCS 的单位为 MPa，孔隙度的单位为百分数。

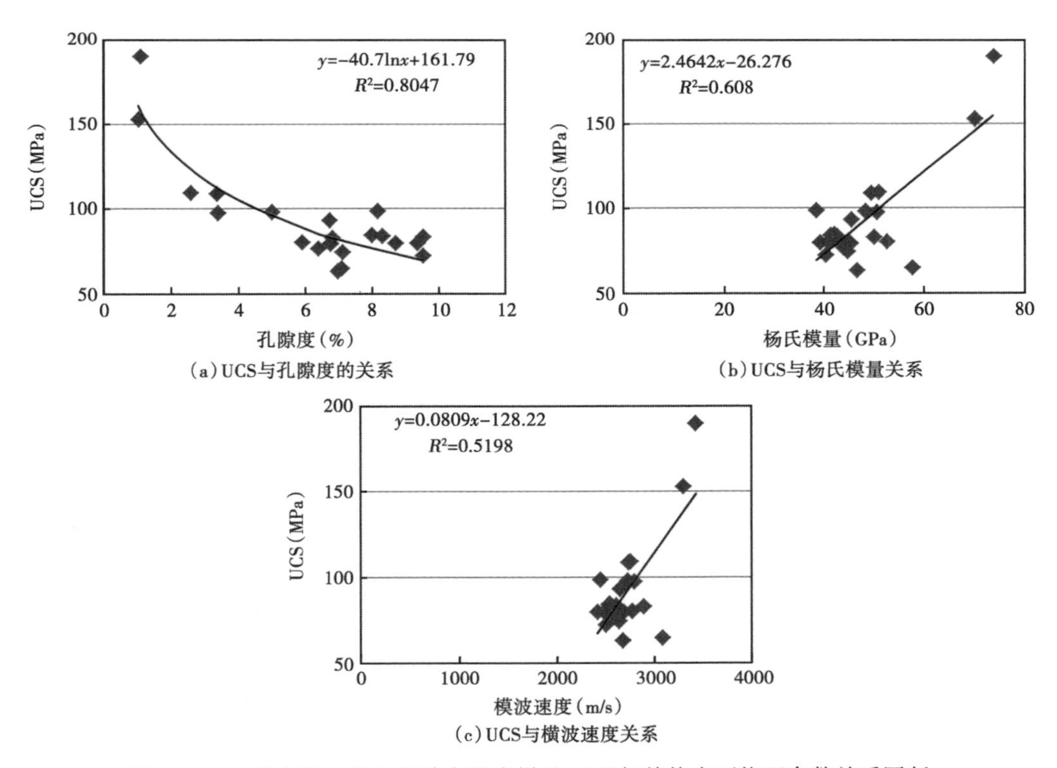

图 8-4-3　陇东地区长 7 段致密砂岩样品 UCS 与其他岩石物理参数关系图版

图 8-4-4 给出新疆吉木萨尔地区样品单轴抗压强度与杨氏模量、横波速度和孔隙度的统计关系。由图可知，单轴抗压强度与杨氏模量和横波速度的关系较好，相关系数分别达到 0.87 和 0.88，其关系式为：

$$UCS = 4.8792E - 41.986 \tag{8-4-2}$$

$$UCS = 0.2238v_s - 430.48 \tag{8-4-3}$$

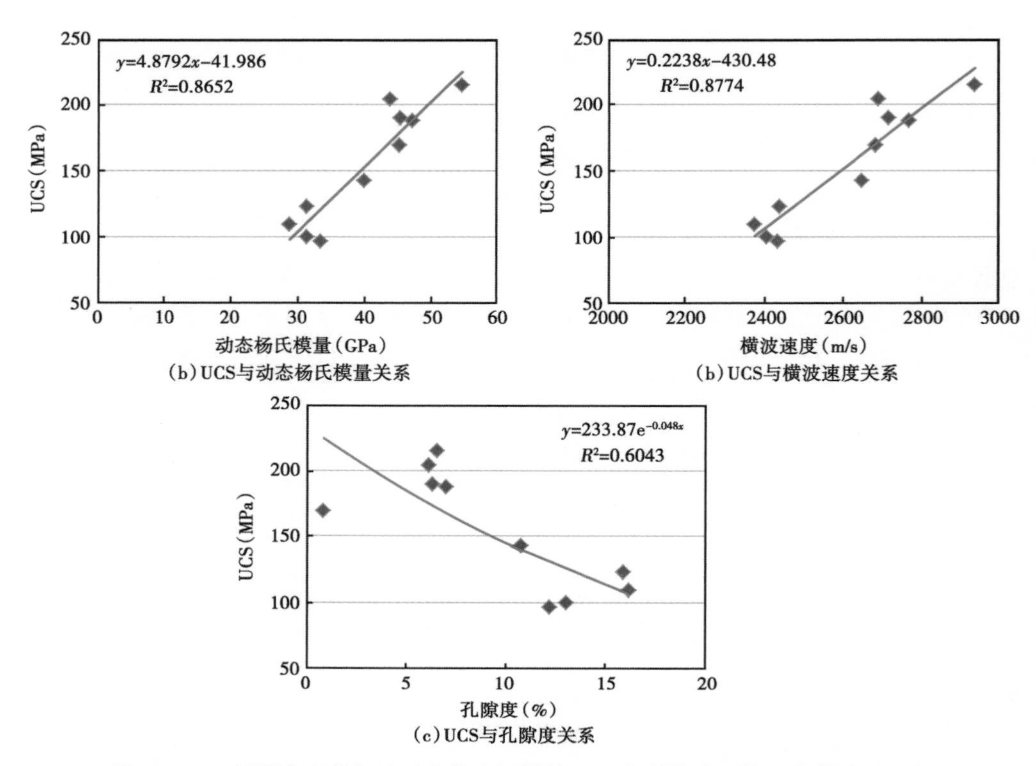

图 8-4-4　新疆吉木萨尔地区芦草沟组样品 UCS 与其他岩石物理参数关系图版

从两个不同地区的岩性来看，陇东地区延长组样品石英含量平均 47.7%，长石含量 31.2%，方解石含量 5.8%，黏土含量 12.3%，UCS 平均 92.4MPa；而新疆吉木萨尔地区芦草沟样品石英含量平均 20%，长石含量 43%，方解石含量 7%，黏土含量 11%，UCS 平均 153.9MPa。由此可见，因岩性和埋深不同造成 UCS 与其他岩石物理参数的相关性不同，且新疆吉木萨尔地区的样品单轴抗压强度值普遍大于陇东地区长 7 段样品值，平均值为 160.2MPa。因此在不同地区应优选合理的计算模型，最好是能有本地区的岩心实验数据的标定。如果使用前人或文献提出的公式，一定要注意其适用性，且要有一定的岩石力学实验基础数据进行刻度标定。

二、内摩擦角

内摩擦角指岩石破坏极限平衡时剪切面上的正应力和内摩擦力形成的合力与该正应力形成的夹角。其反映了岩石的摩擦特性，是岩石的抗剪强度指标，也是工程设计的重要参数。

描述内摩擦角和其他岩石物理参数之间关系的公式相对较少，部分原因是即使未固结岩石的内摩擦角也较大，在内摩擦角与岩石刚度等微观力学特征之间存在着相对复杂的关系，而岩石刚度很大程度取决于胶结程度和孔隙度。尽管如此，一些经验依然表明，较高杨氏模量页岩的内摩擦角也较大。表 8-4-2 列出了页岩和页状沉积岩的内摩擦角和其他岩石特性的经验公式。

表 8-4-2 页岩内摩擦角和其他测井数据之间的经验公式

方程编号	内摩擦角（°）	适用对象	参考文献
1	$\sin^{-1}$［（v_p-1000）/（v_p+1000）］	页岩	Lal，1999
2	70-0.417GR	60API<GR<120API 的页状沉积岩	未发表
3	$\tan^{-1}\frac{78-0.4GR}{60}$	页状沉积岩	未发表

注：v_p 的单位为 m/s；GR 的单位为 API。

目前尚没有针对致密砂岩内摩擦角的计算公式。通过配套的岩石物理实验分析，建立了内摩擦角与其他岩石物理参数的经验关系。对于陇东地区延长组，内摩擦角变化范围在 22.87°~38.69°，平均为 32.07°，内摩擦角与黏土含量的关系最好，相关系数达到 0.83（图 8-4-5），其关系式为：

$$\varphi = -0.7492V_{sh} + 41.315 \quad (8-4-4)$$

对于新疆吉木萨尔地区芦草沟组，内摩擦角变化范围在 26°~36°，平均为 31.7°，内摩擦角与单轴抗压强度的关系较好（图 8-4-6），公式为：

$$\varphi = 0.0716UCS + 20.678 \quad (8-4-5)$$

虽然两个地区的内摩擦角数值范围和平均值相差不大，但与其他岩石物理参数的关系却截然不同，这与其岩性和孔隙结构有很大的关系。

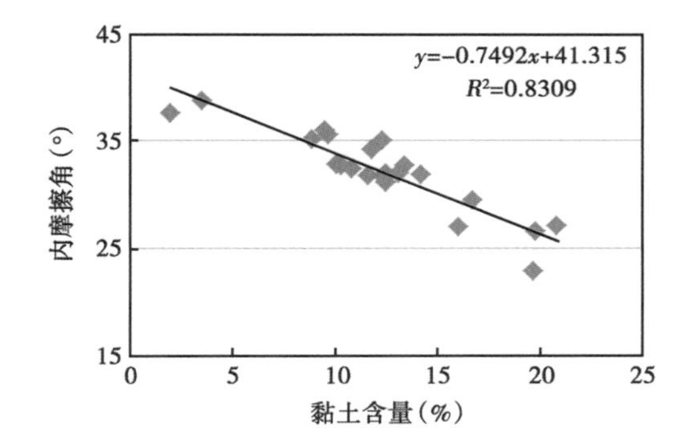

图 8-4-5 陇东长 7 段致密砂岩样品内摩擦角与黏土含量关系图版

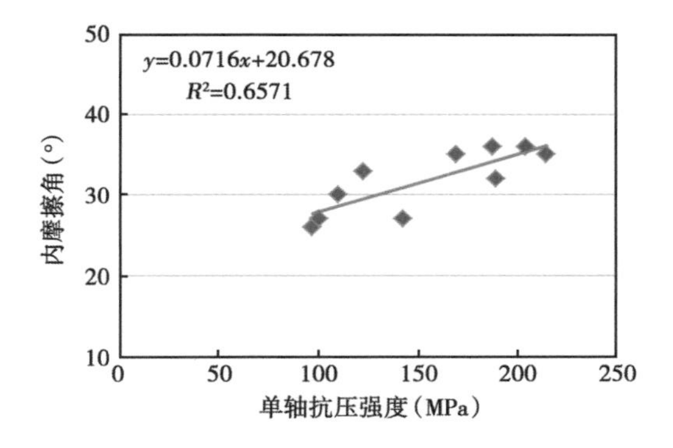

图 8-4-6 吉木萨尔地区芦草沟组样品内摩擦角与单轴抗压强度的关系图版

三、破裂压力

地层破裂压力指地层岩石在外力作用下使其破裂或原有裂缝重新开启的压力，一般用当量密度（g/m^3）来表示，它广泛应用于钻井中的井身结构、井控设计与施工以及油田开采过程的压裂施工中。破裂压力的确定方法主要有现场水力压裂试验实测法和理论计算法。现场水力压裂试验法结果准确、可靠，但耗费大量人力物力，且数据点极为有限，难以满足实际需要。

处于地层深处的岩石受到上覆地层压力、水平应力及地层孔隙压力的作用，在井眼钻开前地下岩体处于应力平衡状态。井眼钻开后，井内液柱压力取代了所钻岩层对井壁的支撑，破坏了地层的原有应力平衡，引起井眼周围地层压力重新分布，当这种平衡不能重新建立时，地层将产生破坏。

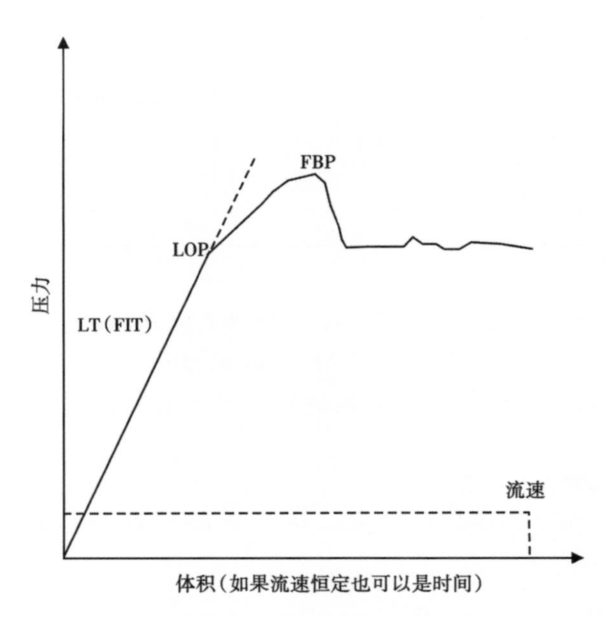

图 8-4-7　漏失试验原理示意图（据 Zoback，2007）

图 8-4-7 描述了扩展漏失试验（XLOT）或小型压裂过程的压力—时间曲线，泵排量是恒定的，因此压力与时间呈线性关系。在压力明显偏离线性关系处（LOP，漏失点）产生水力裂缝。如果未达到 LOP，则称为有限试验（LT）或地层完整性试验（FIT）。这类试验仅能表示所达到的最大压力，液体压力尚未扩展井壁裂缝，这是由于井底压力尚未超过最小主应力，或由于在裸眼试验情况下压力不足以在井壁上开启裂缝。LOT 或小型压裂过程中所达到的压力峰值称为地层破裂压力（FBP），代表在该压力下近井壁发生了不稳定的裂缝扩展（流体流进裂缝的速度比泵入井眼的速度快，因此压力开始下降）。

试验测试点毕竟是少部分，更多地还需依靠测井资料来连续计算破裂压力。根据 Kirsch 方程，半径为 R 的直井围岩的有效应力在柱坐标系中表示如下：

$$\sigma_{rr}=\frac{1}{2}(\sigma_{Hmax}+\sigma_{hmin}-2p_p)\left(1-\frac{R^2}{r^2}\right)+\frac{1}{2}(\sigma_{Hmax}-\sigma_{hmin})\left(1-\frac{4R^2}{r^2}+\frac{3R^4}{r^4}\right)\cos(2\theta)+\frac{\Delta pR^2}{r^2} \tag{8-4-6}$$

$$\sigma_{\theta\theta}=\frac{1}{2}(\sigma_{Hmax}+\sigma_{hmin}-2p_p)\left(1+\frac{R^2}{r^2}\right)-\frac{1}{2}(\sigma_{Hmax}-\sigma_{hmin})\left(1+\frac{3R^2}{r^4}\right)\cos(2\theta)+\frac{\Delta pR^2}{r^2}-\sigma^{\Delta T} \tag{8-4-7}$$

$$\sigma_{zz}=S_v-p_p-2\mu(\sigma_{Hmax}-\sigma_{hmin})\frac{R^2}{r^2}\cos(2\theta) \tag{8-4-8}$$

式中　σ_{rr}——径向应力，MPa；

$\sigma_{\theta\theta}$——环向应力或切向应力，MPa；

σ_{zz}——轴向应力，MPa；

θ——从 σ_{Hmax} 方位测得的角度；

r——距井眼中心的径向距离；

Δp——钻井液液柱压力 p_{mud} 和孔隙压力 p_p 之差；

$\sigma^{\Delta T}$——钻井液温度与地层温度之差引起的热应力。

在井壁最小挤压应力处（$\theta=0°$或 180°），诱发裂缝的条件为：

$$\sigma_{\theta\theta}^{min}=-T_0=3\sigma_{hmin}-\sigma_{Hmax}-2p_p-\Delta p_p-\Delta p-\sigma^{\Delta T} \tag{8-4-9}$$

忽略 $\sigma^{\Delta T}$，井壁上产生破裂的条件为：

$$p_b=3\sigma_{hmin}-\sigma_{hmax}-p_p+T_0 \tag{8-4-10}$$

式中　T_0——抗拉强度，MPa。

四、坍塌压力

井眼形成后井壁周围的岩石将产生应力集中，当井壁围岩所受的切向应力 $\sigma_{\theta\theta}$ 和径向应力 σ_{rr} 的差达到一定数值后，将形成剪切破坏，造成井眼坍塌。实际上，由于井壁过度破坏造成井径扩大，使环空中的钻井液速度降低，从而影响钻井液的携岩屑能力。过多的破碎岩石与井眼清洁能力降低的联合作用造成岩屑和破碎岩石粘住井底钻具组合，这种情况被称为井壁坍塌，而稳定井壁防止此类现象发生所需的液柱压力被称为坍塌压力。

建立地层坍塌压力计算模型的关键是要选择合适的强度屈服准则。关于岩石在压缩情况下的屈服，人们提出了许多准则，Mohr-Coulomb 和扩展的 Griffith 破裂判别准则应用最广泛。Morimta 等在地层坍塌中把张性破裂与剪切滑移结合在一起进行了研究。目前表示主应力最常用的是 Mohr-Coulomb 准则。根据理论分析，在小范围的围压下，除去最脆弱的岩层外，采用线性屈服准则，Mohr-Coulomb 准则最合适。用切向应力 $\sigma_{\theta\theta}$ 和径向应力 σ_{rr} 来表示的 Mohr-Coulomb 准则表达式为：

$$\sigma_{\theta\theta} < \sigma_{rr}\cot^2(\pi/4 - \varphi/2) + 2C\cot(\pi/4 - \varphi/2) \tag{8-4-11}$$

考虑到地层岩石是非线性弹性体的实际情况，根据围岩应力分布规律及剪切破坏准则可以建立如下地层坍塌压力的计算模型：

$$B_p = \frac{\eta(3\sigma_H - \sigma_h) - 2\tau K + \alpha p_p(K^2 - 1)}{K^2 + \eta} \tag{8-4-12}$$

$$K = \cot(\pi/4 - \varphi/2)$$

式中 B_p——地层坍塌压力，MPa；

φ——内摩擦角，弧度；

τ——岩石内聚力，MPa；

η——应力非线性修正系数，无量纲。

对应的地层坍塌压力当量钻井液密度 B_{pgm}（g/cm^3）可表示为：

$$B_{pgm} = 1000B_p/(9.8D) \tag{8-4-13}$$

式中 D——深度，m。

五、井壁稳定性综合分析

井壁失稳包括钻井中常说的“缩径”和“卡钻”等事故。有很多原因可能会导致卡钻，但其中最根本的原因是井壁力学坍塌。实际上大多不稳定问题常出现在页岩和泥岩段，有时也出现在储层中。这类问题在富含膨胀性黏土的泥岩中经常发生，并且经常伴随着很高的孔隙压力。通常把黏土膨胀看成是影响井眼稳定的因素，这可以通过在钻井液中加入化学活性物质（如盐类）来解决。钻井液的密度由孔隙压力和破裂压力剖面决定，为了防止井涌尤其是气侵，需要钻井液的密度高于井涌压力当量钻井液密度。为了防止井漏（“循环漏失”），有必要使钻井液的密度低于破裂压力当量钻井液密度，如图 8-4-8 所示。而最安全的钻井液窗口则是钻井液的密度在坍塌压力当量钻井液密度和漏失当量钻井液密度之间。

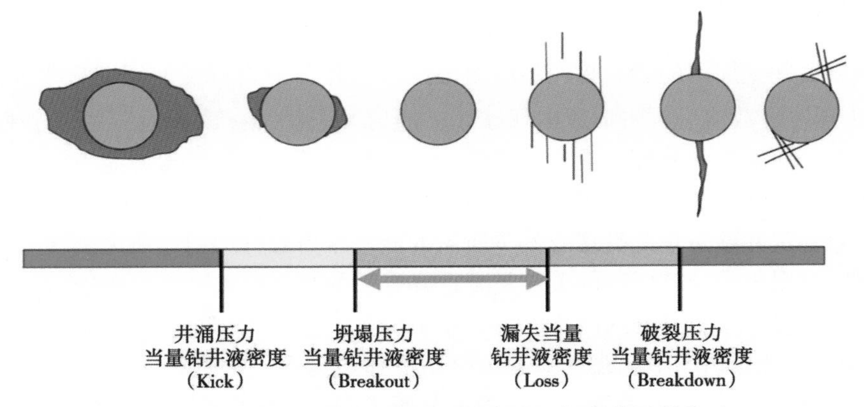

图 8-4-8　安全钻井液密度窗口示意图（据斯伦贝谢公司）

在建立以上几个岩石机械弹性参数测井计算模型的基础上，可以开展井壁稳定性测井评价。图 8-4-9 为长庆油田 C96 井井壁稳定性综合分析图，第 3 道为单轴抗压强度（UCS）和抗拉强度（TSTR），第 4 道为内摩擦角（FANG），第 5 道为上覆压力（SigV）、最大水平主应力（SigH_TIV）、最小水平主应力（Sigh_TIV）和孔隙压力（PP），第 6 道为井涌压力当量钻井液密度（Kick）、坍塌压力当量钻井液密度（Breakout）、漏失当量钻井液密度（Loss）和破裂压力当量钻井液密度（Breakdown），绿色线为钻井液密度。由图可见，钻井液密度基本在安全钻井液窗口内，仅部分层段可能会发生轻微的坍塌。

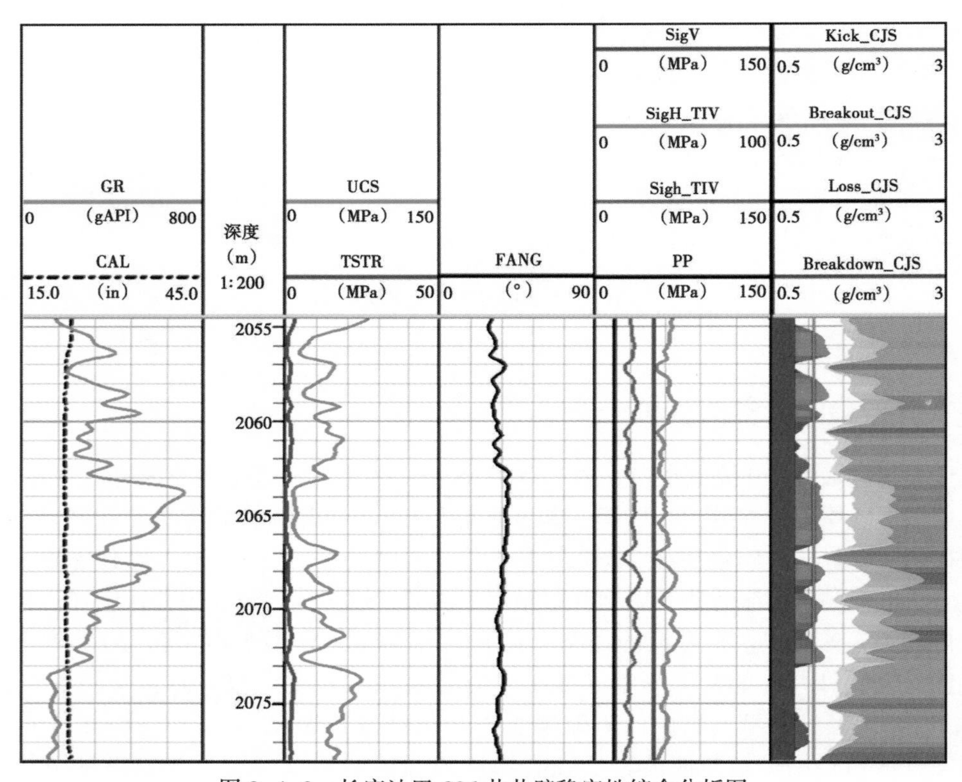

图 8-4-9　长庆油田 C96 井井壁稳定性综合分析图

图 8-4-10 为新疆吉木萨尔地区 J174 井井壁稳定性综合分析图，钻井液密度基本在安全钻井液窗口内，部分层段可能会发生轻微的坍塌。图 8-4-11 为 J174 井成像测井资料处理成果图，红色框中为井眼崩落位置，与图 8-4-10 中曲线 Breakout 数值大于曲线 Mw 的位置基本一致，验证了上述方法的适用性。

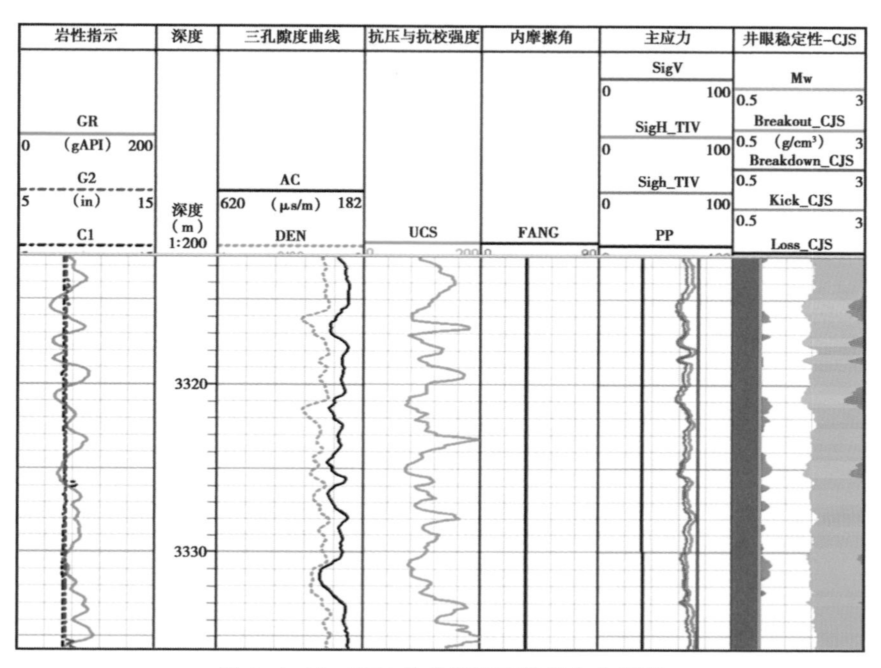

图 8-4-10　J174 井井壁稳定性综合分析图

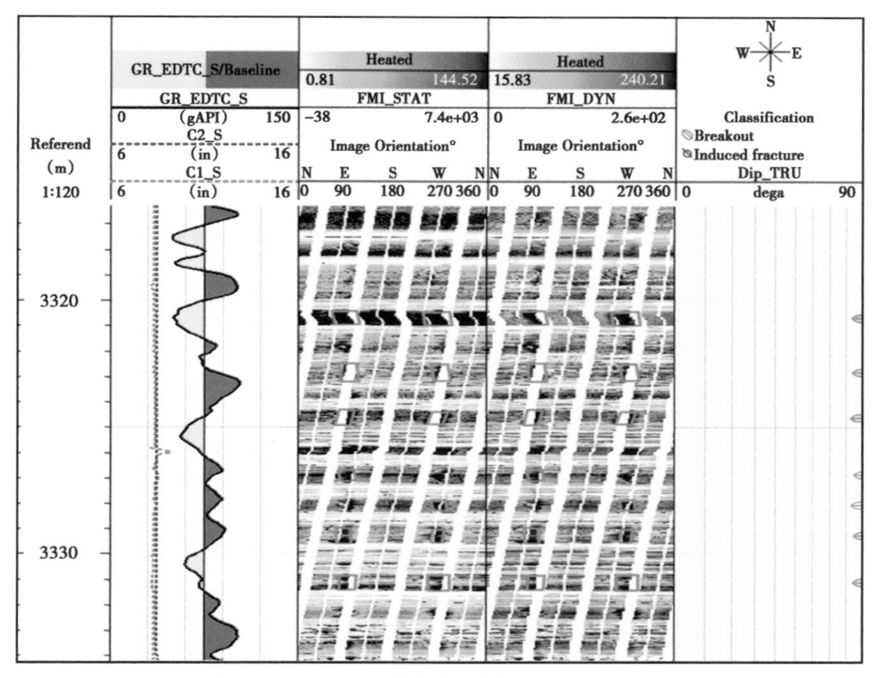

图 8-4-11　J174 井成像测井资料处理成果图

第九章　致密油气测井多井评价与“甜点”优选

致密油气一般均具有大面积连续分布的特征，但往往资源丰度差异大，局部存在富集的“甜点”区。“甜点”的发育主要取决于致密油气形成的构造背景、烃源岩、储层发育特征与裂缝、油气运移通道、异常压力等因素。致密储层的“甜点”可以分为地质“甜点”和工程“甜点”两类。地质“甜点”主要指储集性能相对变好，紧邻优质烃源岩、保存条件好与埋藏深度适中等较好背景下的储集体；工程“甜点”指储层发育区的地应力非均质性弱、岩石脆性大、可压裂性强的储集体。以前述的岩石物理研究和“三品质”测井评价成果为基础，以源储配置关系分析为重点，分析致密油气分布规律与控制因素，开展致密油气“甜点”测井评价，明确致密油气“甜点”的有利分布区域，优选致密油“甜点”区，为致密油气“甜点”预测、老井复查和水平井井位部署等提供关键技术支撑，提高致密油勘探开发效益。致密油的源储配置关系控制着“甜点”的分布，在“甜点”测井评价中，需要在源储匹配模式指导下，通过优选敏感参数建立相应的“甜点”测井评价方法，达到优选“甜点”和指导勘探开发部署的目的。

第一节　致密砂岩油气“甜点”分布主控因素与测井评价思路

致密油气整体上呈现连续或准连续分布的特征，控制其富集的主要地质要素包括宽缓的凹槽—斜坡区、优质高效的烃源岩、大面积分布的致密储层和有效的源储配置。前述章节已对烃源岩品质、储层品质测井评价方法进行了系统的阐述，本节主要围绕有效的源储配置与致密油气层分布关系开展分析，重点讨论源储接触关系、油气运移通道和异常压力等因素对油气层分布的控制作用。

一、源储配置与致密砂岩油气分布的内在关系

源储配置对致密油分布至关重要，油气“甜点”优选应在分析目的层系源储配置关系基础上而开展。如以储层为参照位置，则主要存在三种源储配置关系，即源上型、源下型和源内型三种，而源内型又可细分为源储一体型和源储共生型。

关于源储配置关系的内涵，本书第一章已经论述。需要强调的是，不同类型源储配置关系对致密油气的聚集作用是不同的。一般规律是，同等的烃源岩品质和储层品质条件下，源内型致密油的成藏条件最好，烃源岩的充注强度大而且就近成藏，含油饱和度较高。但不同盆地不同区域的烃源岩和储层条件往往差异较大，导致其致密油气层的含油气饱和度也有很大差异。

源储配置分析的核心是不同类型烃源岩和储层的匹配关系以及源储之间的压差和油气运移通道。

源储之间的组合关系可以分为四种类型：优质烃源岩与优质储层、优质烃源岩与差储层、差烃源岩与优质储层、差烃源岩与差储层。其中，优质烃源岩与优质储层模式为最好的类型，控制着致密油气“甜点”的分布，是“甜点”测井评价优选的首要目标。此外，源储间的压差是最终影响含油气饱和度高低的决定性条件。源储压差值越大，致密油成藏就好，含油饱和度就会越高。源储压差是源储配置分析的重要参数之一，当烃源岩品质较好时，其生烃增压能力就强，可产生较大源储压差，有利于油气连续充注聚集成藏，勘探实践表明，致密油气富集区在成藏时期均具有较大的源储压差。松辽盆地青一段与其下泉四段储层的源储压差达 8~15MPa，是运移聚集扶余地区致密油的主要动力。鄂尔多斯盆地长 7 段的源储压差可达 18~21MPa，是长 7 段致密油富集和储层高含油饱和度的重要条件。当储层品质较好、排驱压力较低时，在烃源岩增压一定的条件下，等效于源储压差较大，由此易于致密油成藏；反之，储层品质较差时，其排驱压力较高，如要成藏就需较大的烃源岩生烃压力以克服该排驱压力。因此，致密油的“甜点”分布取决于烃源岩品质、储层品质和源储配置关系等三要素。

二、油气运移通道与致密砂岩油气层分布关系

致密油气层分布与油气的运移通道也有着密切关系。勘探实践发现，油气运移通道对油气层分布具有控制作用。油气运移通道测井评价主要应用电成像测井与倾角测井资料解释井旁构造与地层倾角，并结合常规测井，分析断层的发育情况以及断层对烃源岩和储层的沟通作用。

以吐哈盆地侏罗系致密砂岩气为例，根据成像测井、地层倾角测井和双侧向测井等资料对油气运移通道开展评价，可分为 3 类：

（1）油气运移通道有利—砂体直接伏于煤系烃源岩之下，且构造位置有利（裂缝发育）、储层物性好，则一般可形成高产气层；

（2）油气运移通道较有利—砂体离煤系烃源岩较远，但有断层或断裂起到沟通作用，作为油气运移通道，储层物性较好，也可形成工业气层；

（3）油气运移通道不利—砂体与煤层之间有较厚的隔层（泥岩），且无大断层沟通，缺乏油气运移通道，则难以形成工业气层，需经大型压裂改造或水平井压裂求产提高单井产量；或者储层离煤系烃源岩较远，超出排烃驱动力的充注范围，油气难以运移到致密储层中成藏。

此外，成像测井与倾角测井解释目的层倾角大于 50°时，气层较差，难以成藏形成工业气层。这与当前发现的致密油气均具有稳定宽缓的构造背景相一致。

K24 井 31 号层为第一类油气运移通道有利实例（图 9-1-1），目的层直接伏于煤系烃源岩之下，且该井位于构造高部位，倾角测井解释地层倾角小于 15°（图 9-1-2、表 9-1-1）。三孔隙度测井曲线指示该段物性较好，密度测井值为 2.49g/cm^3，岩心分析孔隙度为 6.32%，渗透率为 0.083mD，为一类储层，双侧向—微球形聚焦测井指示该段裂缝较发育。3113~3120m 试油，酸化求产，折日产气 206500m^3、油 7.46m^3，为高产气层。

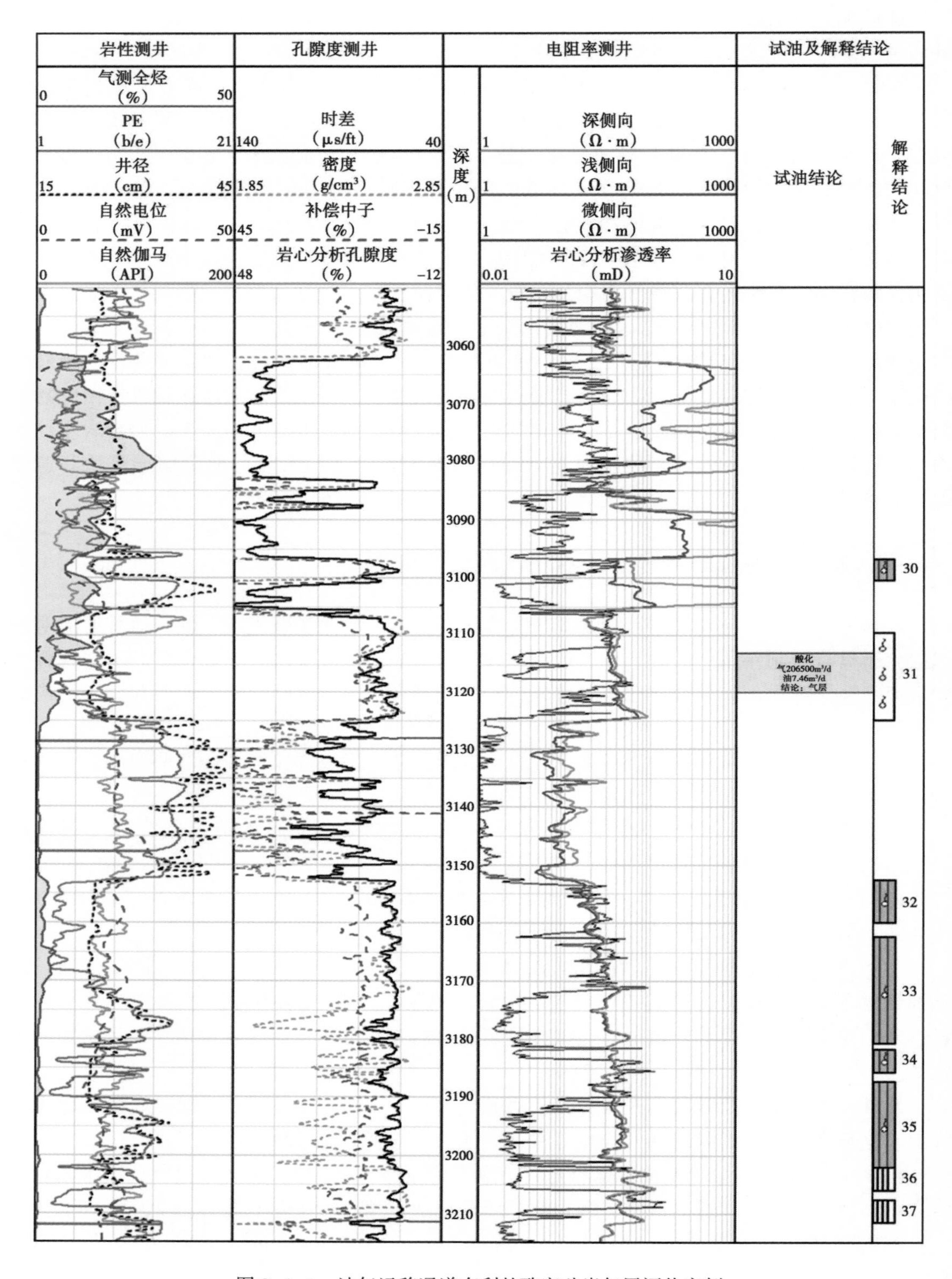

图 9-1-1 油气运移通道有利的致密砂岩气层评价实例

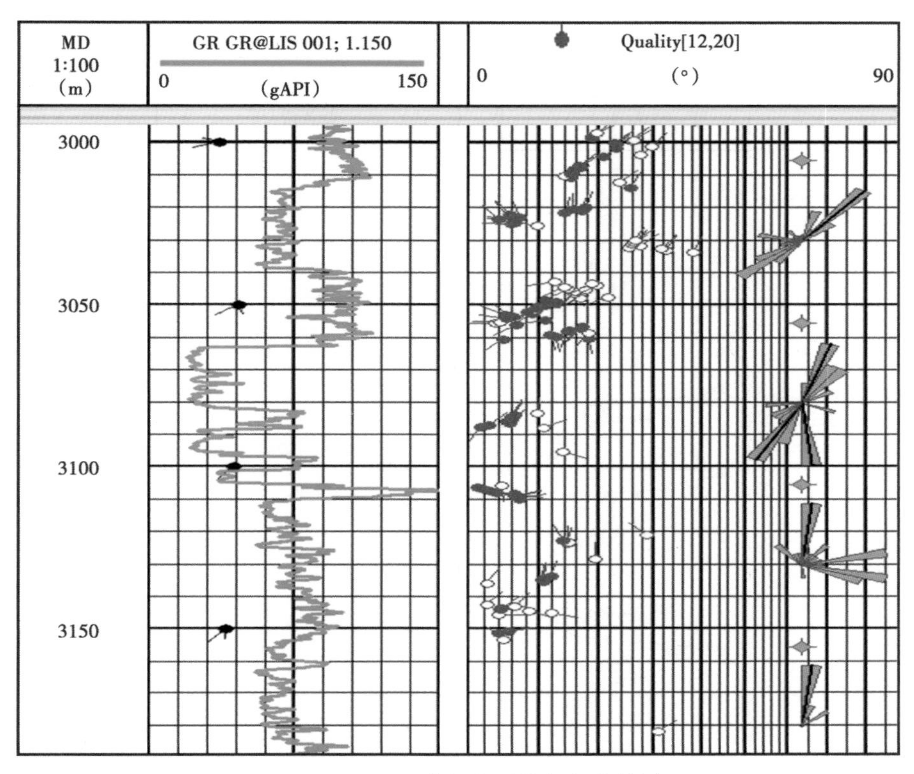

图 9-1-2　K24 井倾角测井解释成果图

表 9-1-1　K24 井倾角测井解释成果表

井段（m）	产状（倾向∠倾角）	备注
850～2710	180°∠20°	3113～3120m：酸化求产，折日产气 206500m³、油 7.46m³
2710～2780	杂乱（断层带）	
2780～3040	45°∠30°	
3040～3110	杂乱（煤层）	
3110～3300	0°∠10°～15°	
3300～3400	135°∠15°	
3400～3500	0°∠50°	

K21 井 32 号层为第二类油气运移通道较有利实例（图 9-1-3），目的层离煤层较远，但地层倾角测井解释该井有过井断层或断裂带，起到沟通作用，作为油气运移通道。倾角测井解释该层地层倾角小于 20°（表 9-1-2）。三孔隙度测井曲线指示该段物性较好，密度测井值为 2.54g/cm³，岩心分析孔隙度为 5.35%，渗透率为 1.05mD，为二类储层，双侧向—微球形聚焦测井指示该段裂缝发育。3602～3619m 试油，酸化求产，折日产气 23760m³，为工业气层。

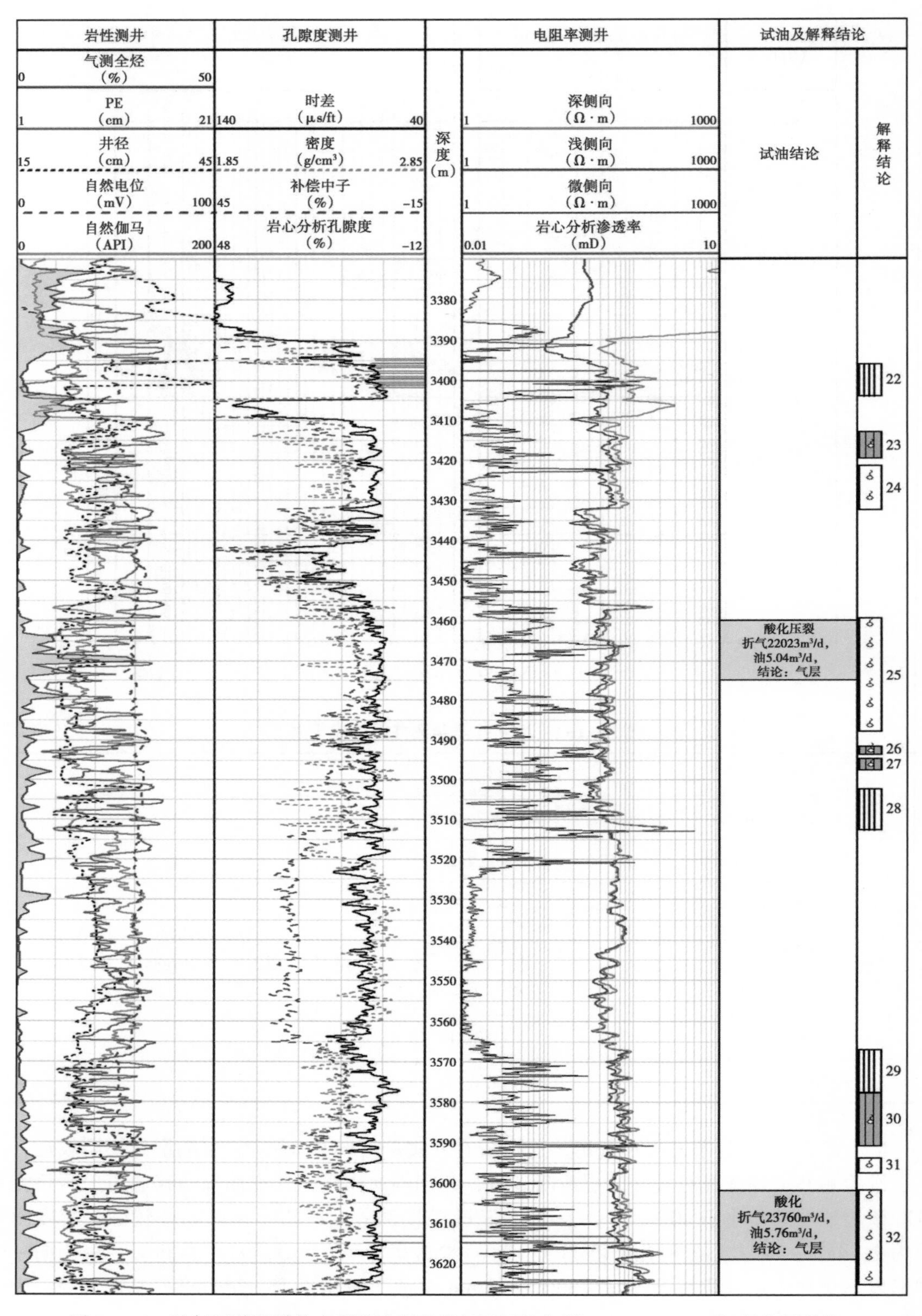

图 9-1-3　油气运移通道较有利的致密砂岩气层评价实例（3510~3560m 解释为断裂带）

表 9-1-2　K21 井倾角测井解释成果表

井段（m）	产状（倾向∠倾角）	备注
2500~3010	220°∠40°~60°	（1）3460~3475m：酸化求产，折日产气 22023m³。（2）3602~3619m：酸化求产，折日产气 23760m³
3010	断层	
3010~3350	30°∠25°~50°	
3350~3405	340°∠30°	
3405~3440	0°∠60°	
3440~3510	340°∠25°	
3510~3560	空白（断层带）	
3560~3710	340°∠20°~30°	

K28 井 20 号、22 号层为第三类油气运移通道不利实例（图 9-1-4），目的层与煤层之间有较厚的泥岩隔层且无大断层沟通，油气运移通道不利，充注程度低，含气性较差。倾角测井解释该层地层倾角小于 10°（表 9-1-3）。三孔隙度测井曲线指示该段物性较好，密度测井值为 2. 53g/cm³，岩心分析孔隙度为 5. 44%，渗透率为 0. 99mD，为二类储层，双侧向—微球形聚焦测井指示该段裂缝较发育。3664 ~ 3695m 试油，酸化压裂求产，折日产气 5000m³、油 2. 69m³，为低产气层。

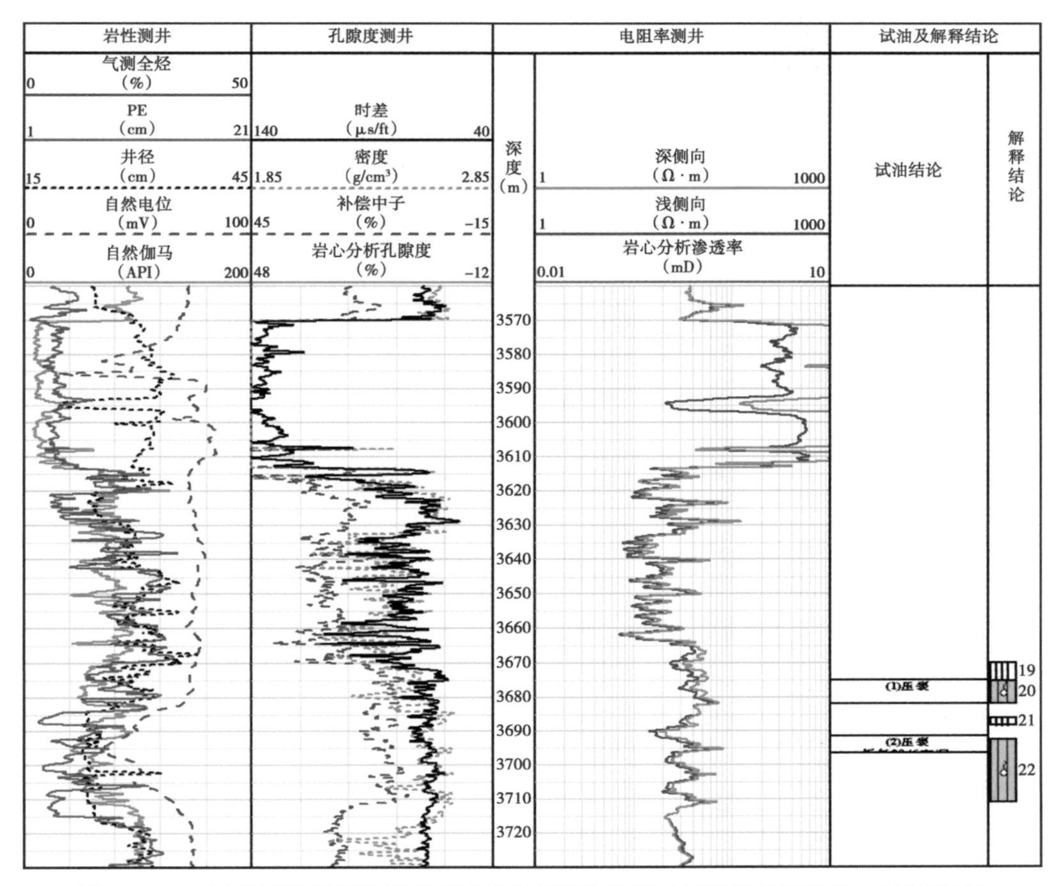

图 9-1-4　油气运移通道不利的致密砂岩气层评价实例（与烃源岩间有 50m 泥岩隔层）

表 9-1-3　K28 井倾角测井解释成果表

井段（m）	产状（倾向∠倾角）	备注
2425~3220	270°∠5°~15°	3664~3695m：酸化压裂求产，折日产气 5000m³、油 2.69m³
3220~3520	200°∠10°	
3520~3566	45°∠15°	
3566~3690	240°∠10°	
3690~3760	杂乱	
3760~3840	230°∠40°~20°	
3840~4020	乱∠5°	

根据测井对油气运移通道的综合评价结果，可将源储配置关系简化为三种类型，并对油气运移通道进行量化打分（图 9-1-5）。

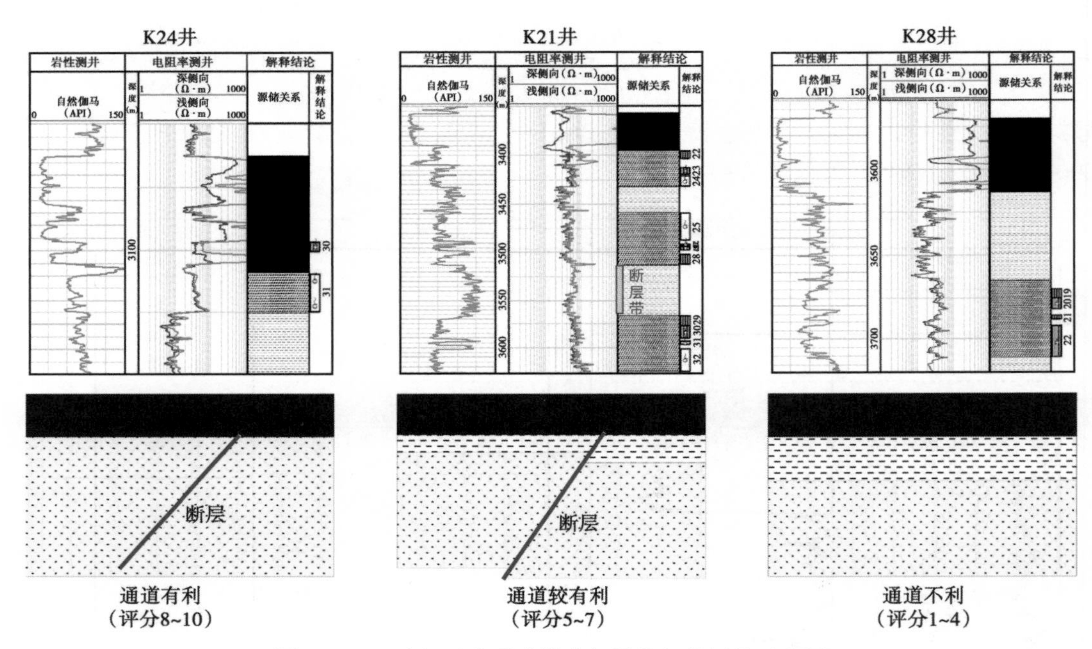

图 9-1-5　油气运移通道模式与量化打分评价示意图

根据测井对油气运移通道评价，结合储层物性特征，通过运移通道评价量化打分—孔隙度交会图版，可将该区试油层分为四个区域（图 9-1-6）：（1）工业气层和高产气层均分布在孔隙度大于 4.5%、油气运移通道评分大于 5（为通道有利和通道较有利）的区域，为工业产能区。（2）孔隙度大于 4.5%、油气运移通道评分小于 5 的区域试油未获得突破，均为低产气流，测井解释均为差气层，该区域油气运移通道不利，油气充注程度较低，但当储层物性较好，厚度较大时，针对含气层段采用大型压裂或水平井压裂试油，也可获得工业产能，如 K33 井测井评价位于该区（图 9-1-6），直井解释为差气层，通过针对该层水平井钻进，试油获得工业产能，因此，该区域为致密砂岩气的潜力区。（3）孔隙度为 3%~4.5%、油气运移通道评分大于 5 的区域试油效果较差，均未获得突破，为低产气流和无产出，测井解释均为差气层和干层。（4）孔隙度小于 4.5%、油气运移通道评分小于 5 或者孔隙度小于

3 的区域当前未见气流，为干层区。

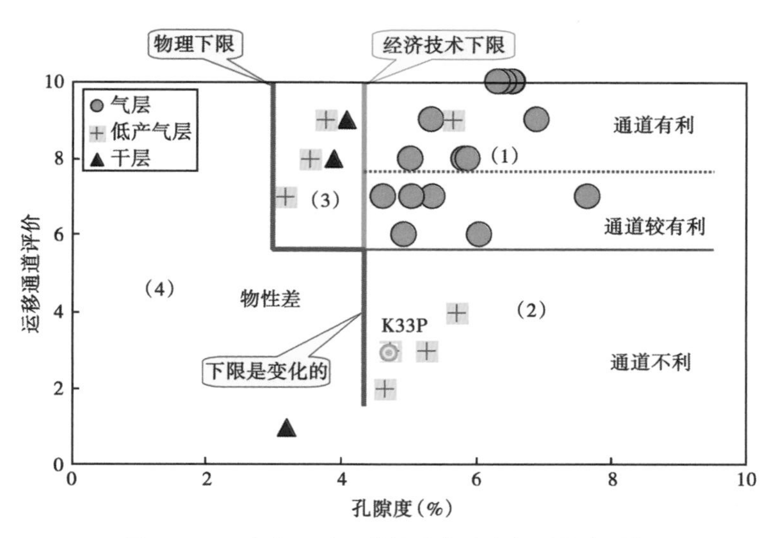

图 9-1-6　考虑运移通道的致密砂岩气层分类图版

根据图 9-1-6 可知，该区侏罗系致密砂岩气层分布（“甜点”分布）受运移通道、裂缝发育情况（构造应力）、储层物性与厚度（沉积微相）等因素控制。孔隙度 4.5%为该区气层的经济技术下限，孔隙度 3%为该区的含气物理下限，且含气物理下限与油气运移通道（充注程度）密切相关，不同充注程度，含气下限是变化的。因此，对于致密油气来说，由于充注压力差异，同一地区同一层位的含油气下限也是有差异的，有效厚度下限的划分标准需要结合充注程度综合确定。

在上述油气运移通道、储层品质（孔隙度、裂缝发育程度、厚度等）与气层分布关系研究基础上，将试油层测井解释情况与该区西山窑组顶部构造图结合，可进一步明确该区甜点的控制因素与分布规律。图 9-1-7 为西山窑组 J_2x^1 气藏的气层分布情况，柯柯亚背斜带

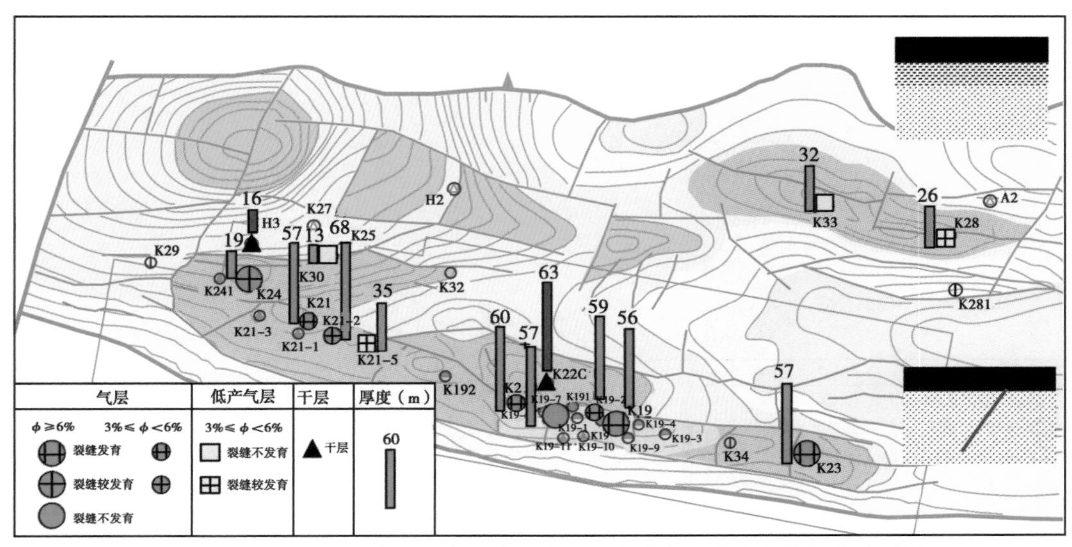

图 9-1-7　巴喀地区中侏罗统 J_2x^1 致密砂岩气藏气层分布规律评价成果图

均为砂体与煤系烃源岩直接接触，油气运移通道有利，K28 井区和 K33 井区砂体与煤系烃源岩之间有 40~50m 的泥岩隔层。由图可见，对于孔隙度大于 6%的一类气层（柯柯亚背斜带断层附近），无论裂缝是否发育，均获得工业产能；对于二类气层（孔隙度为 3%~6%），孔隙度、裂缝发育程度、厚度、运移通道等参数对气层产能有较大影响，裂缝发育或较发育、厚度大于 40m、运移通道有利的储层可获得工业产能。图 9-1-8 为三工河组砂体 J_1s 气藏的气层分布情况，与 J_2x^1 气藏的气层分布类似，但由于距离上部烃源岩较远，气层均分布在断层附近，且分布范围明显变小，含气井层减少。图 9-1-9 为三工河组第二套砂体 J_1s 气藏的气层分布情况，该套砂体距离烃源岩较远，整体上含气性很差，物性也较差，仅一层试油，为干层。

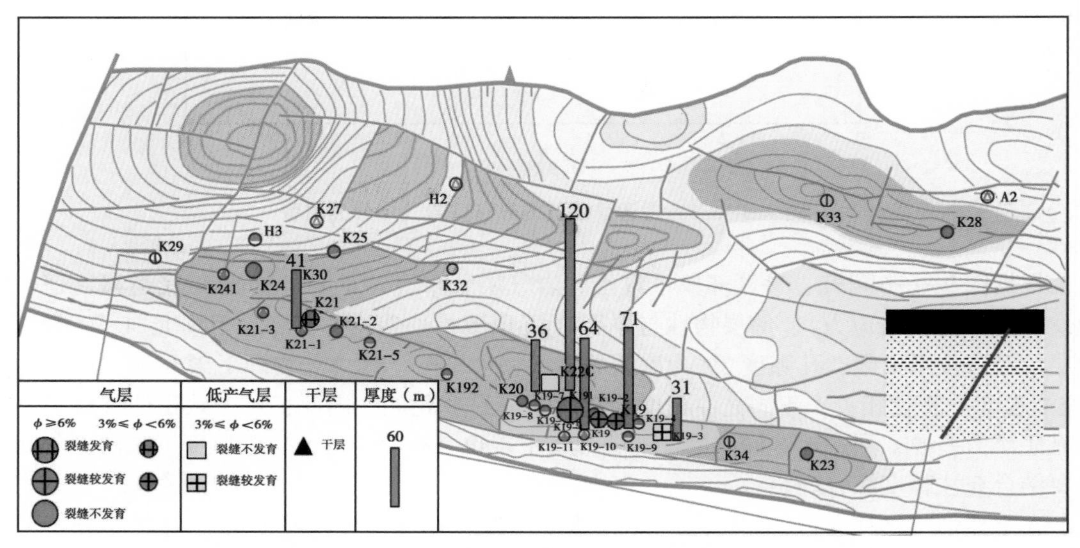

图 9-1-8　巴喀地区下侏罗统 J_1s 致密砂岩气藏气层分布规律评价成果图

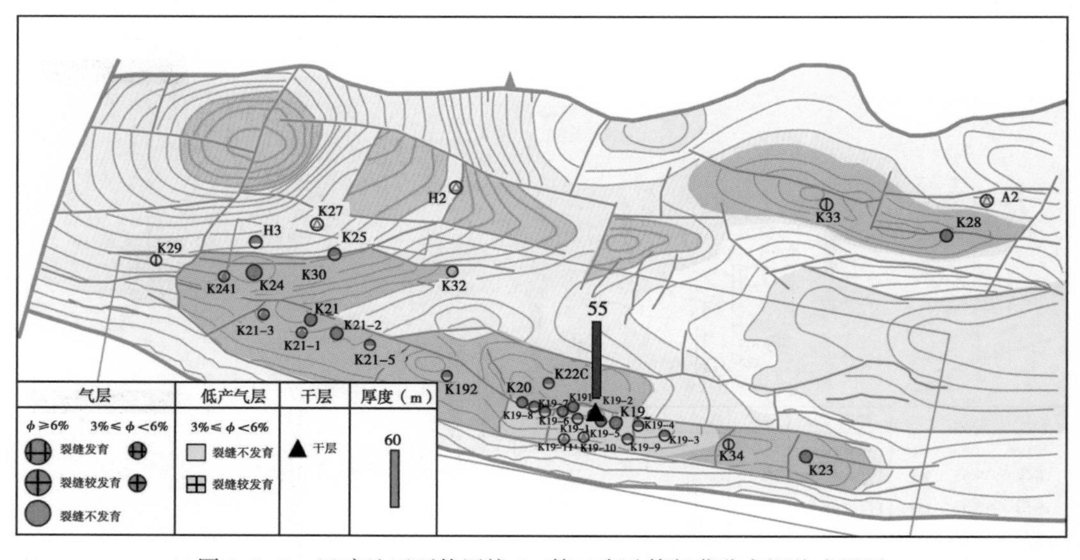

图 9-1-9　巴喀地区下侏罗统 J_1s 第二套砂体气藏分布评价成果图

三、异常地层压力与致密砂岩油气层分布关系

异常地层压力指偏离静水压力趋势线的现象。在一个具体的地质环境，目的层的压力超过该深度的静水压力时，称为超压；小于静水压力时，称为欠压。异常地层压力的产生机理、分布特征与油气在生成、运聚成藏等方面有着极为密切的相关性。异常地层压力在世界范围内是普遍存在的，高压异常与油气分布的关系密切。以吐哈盆地为例，柯柯亚地区在西山窑组底—三工河组顶发育一套60~120m的封隔层，岩性为深灰色泥岩段。该段泥岩控制了压力封闭范围，形成了上、下两套地层压力系统：其上部为正常压力系统，下部气层则具有异常高压。异常高压对天然气的充注和运移起一定的控制作用，主力砂层段多存在异常压力（图9-1-10），气层发育与异常压力有密切相关关系，高产气层一般具有异常高压。

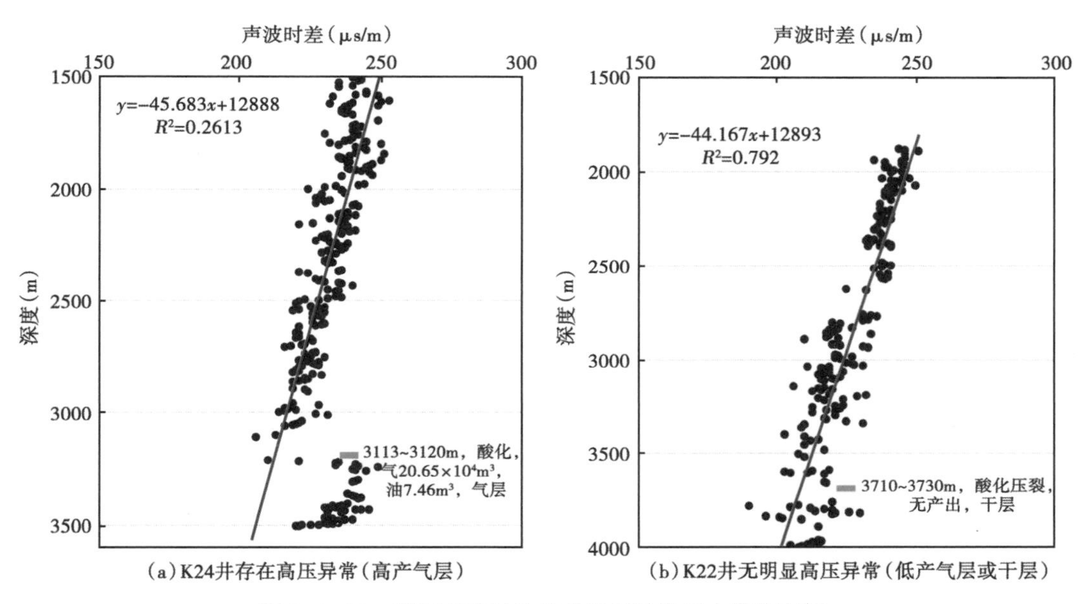

图9-1-10　利用声波时差曲线识别异常压力带的实例

为了快速识别异常地层压力带，通常参照声波时差曲线随埋深的变化规律。声波在地层中的传播速度与岩性、压实程度、孔隙度等密切相关，在岩性一定时，声波时差主要反映孔隙度大小。在正常压实情况下，泥岩孔隙度随深度的增加而减小，其声波时差也减小，减小程度与深度呈指数关系变化。依据此原理可以计算得出每口井的声波时差正常趋势线方程。当进入压力过渡带和异常高压带地层后，泥岩孔隙度变大，声波时差增大，就会偏离正常压力趋势线。因此可以利用这一点快速分析地层是否超压。

在建立正常压实趋势线时，泥岩层段声波的选取十分重要。经验证明泥岩声波时差的选取应遵循下面四条规则：（1）尽量选取较纯的泥岩段；（2）泥岩段应有一定的厚度，一般在2m以上；（3）井眼条件要好；（4）每一层段的声波时差读值时，应多读几个值，取其平均。

在此基础上，可以进一步利用等效深度法估算超压带的地层压力值。该方法假设在不同深度具有相同岩石物理性质（如孔隙度）的岩石骨架所受的有效应力相等。基于声波测井的等效深度法指在不考虑温度影响的情况下，如果正常趋势线上某一点的声波时差值与超压带上的某一点的声波时差值相同，则反映这两点孔隙结构和压实程度相同，两点地层骨架应

力具有等效性，与超压点测值相等的正常趋势线上某点的深度即为等效深度。

如图 9-1-11 所示，由于 $\Delta t_A=\Delta t_B$，则：

$$\phi_A=\phi_B,\ \delta_A=\delta_B$$

式中 Δt_A，Δt_B——分别为 A 点、B 点的声波时差，μs/m；

ϕ_A，ϕ_B——分别为 A 点、B 点的孔隙度，%；

δ_A，δ_B——分别为 A 点、B 点的骨架应力，MPa。

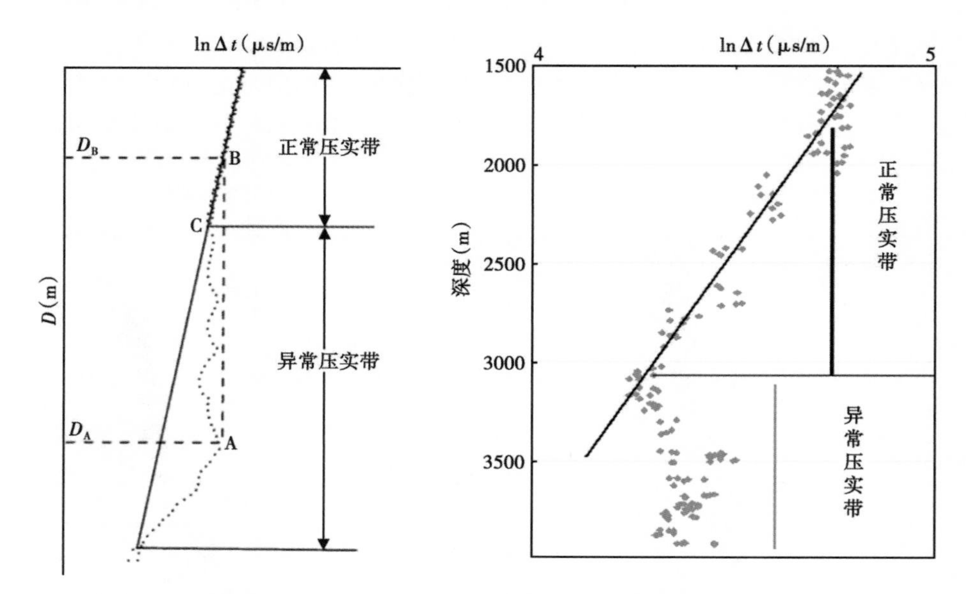

图 9-1-11 等效深度法求取地层压力的原理示意图

因为在 A 点：$\delta_A=p_{oA}-p_{fA}$（p_{oA}为 A 点上覆压力，p_{fA}是 A 点地层压力），在 B 点：$\delta_B=p_{oB}-p_{fB}$，则有：

$$p_{fA}=p_{oA}-\delta_A=p_{oA}-(p_{oB}-p_{fB}) \tag{9-1-1}$$

$$p_{fA}=p_{oA}-p_{oB}+p_{fB}=G_{0A}H_A-G_{0B}H_B+G_{fB}H_B \tag{9-1-2}$$

其中：

$$G_0=0.0098\int_0^H\rho_b\mathrm{d}H/H,\ G_f=0.0098\int_0^H\rho_f\mathrm{d}H/H \tag{9-1-3}$$

联立求解可得：

$$p_{fA}=\rho_b gH_A+\frac{g(\rho_b-\rho_f)}{C}\ln\frac{\Delta t}{\Delta t_0} \tag{9-1-4}$$

应用等效深度法算出了目的层的地层压力（p_{fA}）后进而可以算出压力异常值（Δp）和压力系数（K），公式为：

$$p_w=\rho_w gH \tag{9-1-5}$$

$$\Delta p=p-p_W;\ K=p/p_W\ (p_W\text{ 为静水压力})$$

巴喀地区西山窑组主力烃源岩段内存在异常高压，满足致密砂岩气层近源扩散、持续充注形成大面积气藏的条件，气层发育与异常压力密切相关。一般来说，地层异常压力越大，压力系数越高，产能越高（图 9-1-12），图 9-1-13 为该区异常压力与气层分布关系平面图。经研究，巴喀地区相同物性（孔隙度）条件下，地层压力异常差值大于 8MPa 的井均可获得工业气流，而压力异常值小于 5MPa 的井则多为低产层。

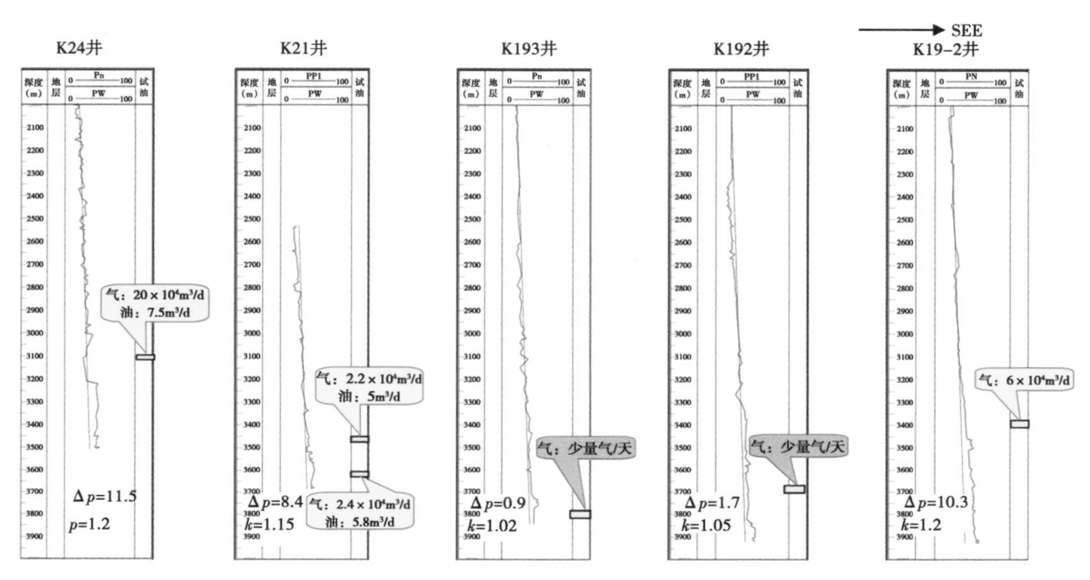

图 9-1-12　巴喀地区下侏罗统异常压力大小与气层产能关系分析

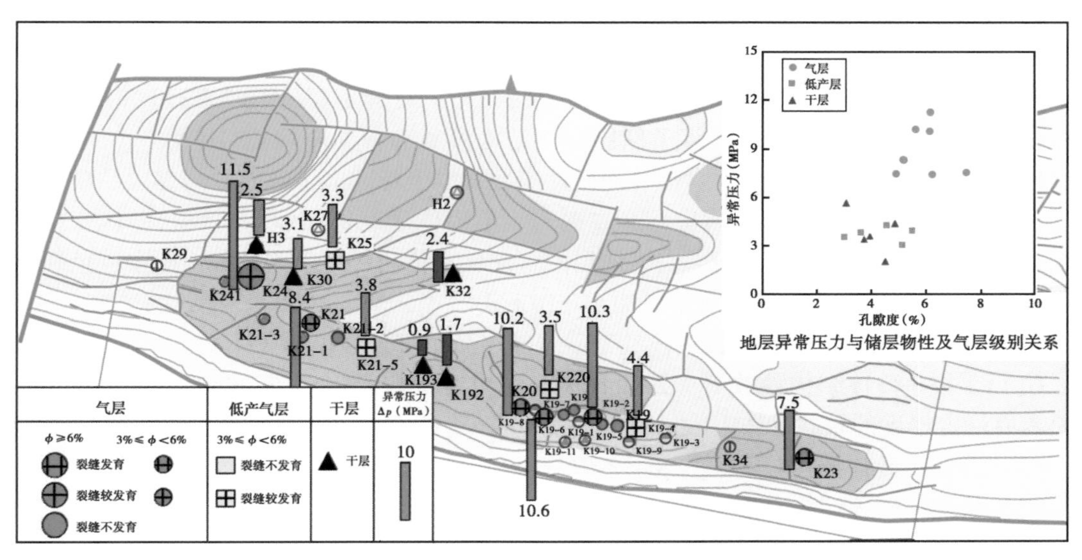

图 9-1-13　异常压力大小与气层平面分布关系

四、致密油气“甜点”测井评价思路

根据以上讨论，结合致密油气的地质内涵（图 9-1-14），致密油气分布的测井评价包括烃源岩丰度、储层储集品质以及运移通道评价等方面，此外还要考虑压裂改造的需要分析储层的完井品质（脆性指数），“甜点”分布主要受储层品质（物性、厚度和砂体结构等）、烃源岩品质（烃源岩有机碳含量）、完井品质（脆性指数）等因素的共同控制。因此，确定“甜点”测井评价的研究思路为：在岩石物理研究和致密油“三品质”测井评价思路指导下，分析该区致密油“甜点”的主控因素，构建“甜点”测井表征的关键参数（如烃源岩有机碳含量、储层砂体结构、储层含油非均质性、储层脆性指数、储隔层应力差等），并进行多井对比评价，分析各主要参数的横向分布规律，通过源储配置关系分析和综合评价，优选“甜点”分布区。

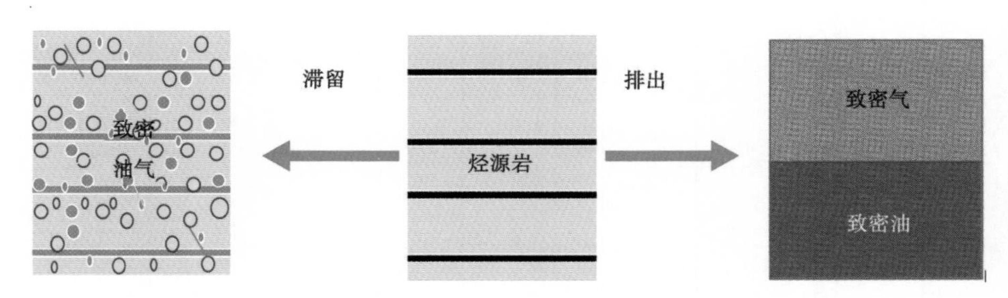

图 9-1-14　致密油气成藏过程与“甜点”评价方法示意图

第二节　致密砂岩油层“甜点”优选测井评价

本节主要通过实例分析，阐述致密砂岩油气“甜点”优选测井评价的基本流程，并通过实际井资料验证“甜点”的有效性。

一、致密砂岩油层产能分级评价

根据前述关于储层宏观非均质性的评价方法介绍，对鄂尔多斯盆地 Z230 井区和 W464 井区长 7 段进行了处理，分别计算了储层砂体结构参数和含油非均质性参数。结合试油资料，以砂体结构参数做横坐标、含油非均质性参数做纵坐标建立了致密砂岩储层品质分级图版，如图 9-2-1 所示。图版中横坐标从左向右表示砂体从互层状砂体向块状砂体变化，砂体结构逐渐变好；纵坐标由下向上表示储层的含油性及均质程度由差到好。图中红色圆点表示产油大于 10t/d，绿色三角点表示产油小于 10t/d。

根据图 9-2-1，Z230 井区长 7 段致密砂岩储层品质可分为 3 类：

（1）Ⅰ类—砂体结构参数 $P_{ss}<20$，含油非均质性参数 $P_{pa}\geqslant 4.5$，试油产能>10t/d，一般是具有一定厚度的块状砂体。

（2）Ⅱ类—砂体结构参数 $P_{ss}<20$，$3<P_{pa}<4.5$，试油产能 5~10t/d。

（3）Ⅲ类—砂体结构参数 $P_{ss}>4$，$P_{pa}\leqslant 3$，试油产能<5t/d，一般为薄互层砂体，个别属于块状砂体但物性极差。

利用这种方法，通过大量的单井资料处理，在平面上分别绘制不同参数的等值图，就可以明确区块上优质砂体的发育位置，再叠合烃源岩的测井评价结果，有利砂体+优质烃源岩重叠区就是致密油的“甜点”区。对所选区域内的重点井核磁共振测井资料进行处理解释评价，分析储层的微观品质指数 PTI，与宏观砂体结构特征相结合，可以更好地识别划分优质储层，提高测井评价精度。

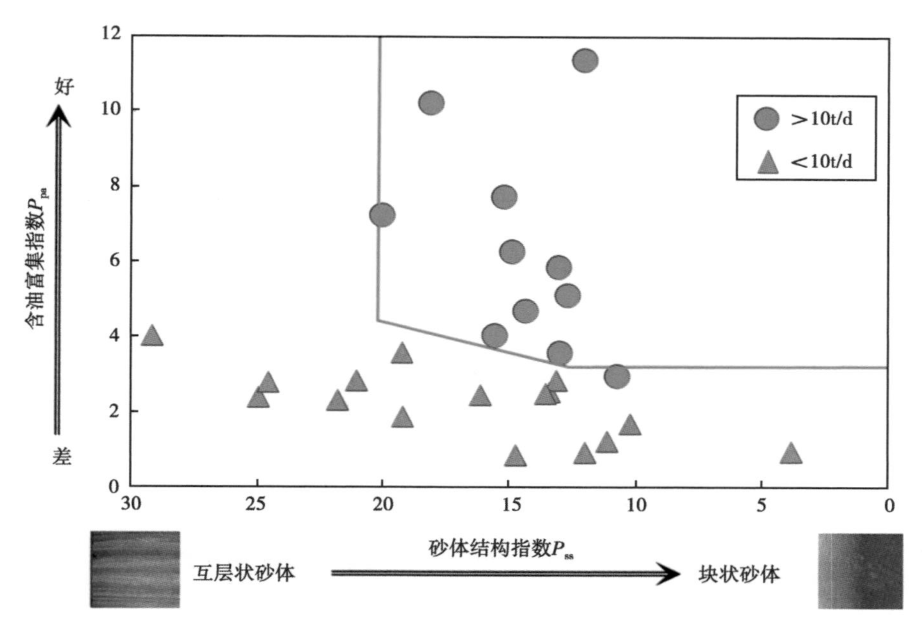

图 9-2-1　长 7 段致密砂岩油层分级图版

二、源储配置关系测井评价

在“甜点”测井表征的关键参数计算基础上，通过测井多井对比评价，分析各主要参数的横向分布规律，开展源储配置关系分析和综合评价。以 Z230 井区为例，对 27 口关键井进行了测井处理解释，并对比其纵向分布和平面分布特征。

长 7 段致密油为近源成藏，多井对比表明，烃源岩对致密油分布具有较好的控制作用（图 9-2-2），且烃源岩与储层配置关系对单井产能具有较好控制作用。烃源岩有机碳含量越高（图中用灰色充填部分的面积来表示），储层物性与含油饱和度越高，即储层含油富集程度越高，则单井产能就越高。反之，若烃源岩有机碳含量越低，储层物性越差，含油饱和度越低，则单井产能就越低。若烃源岩有机碳含量较高，但储层物性较差，或储层物性较好，但烃源岩有机碳含量较低，则单井产量介于之间。说明单井产能与烃源岩有机碳含量和储层含油饱和度关系密切。

三、致密油“甜点”优选测井评价

在关键参数计算和多井精细对比分析的基础上，制作烃源岩品质（TOC×H）、储层品质（砂体结构）和工程品质（脆性指数）的平面分布图，对这些图进行纵向叠合，圈定出油气富聚区域，优选“甜点”。图 9-2-3 至图 9-2-5 分别是三类烃源岩的 TOC×H 平面分布图。从图中可以看出，Z53—Z143—Z188—Z230 井区烃源岩品质较好，有机碳含量高。中心部位烃源岩生烃能力最强，Z156—Z202 井区 TOC×H 值较低，烃源岩品质变差。

图 9-2-6 为测井计算储层砂体结构平面分布图，根据测井计算结果，将储层砂体结构划分为四个等级，图中颜色越深表明储层砂体结构越好，块状砂岩发育，颜色越浅表明储层砂体结构越差，互层状砂体发育。从图中可以看出，Z38—Z143—Z21 井区块状砂体发育，

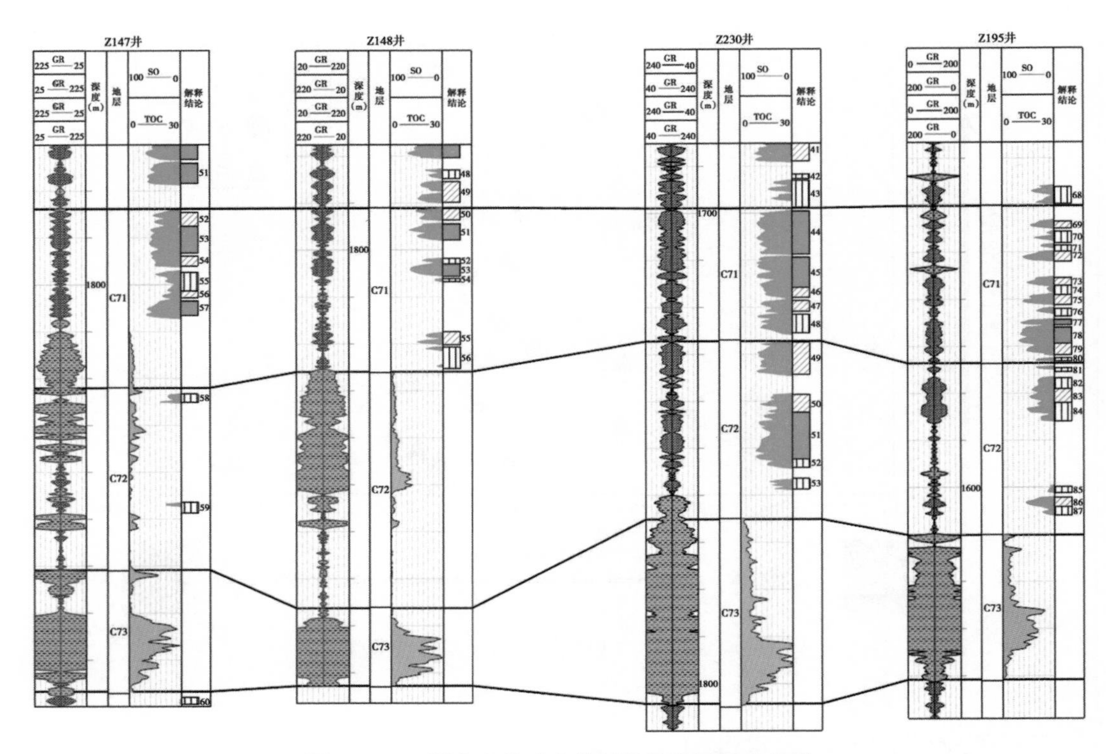

图 9-2-2　测井多井对比分析源储配置关系实例

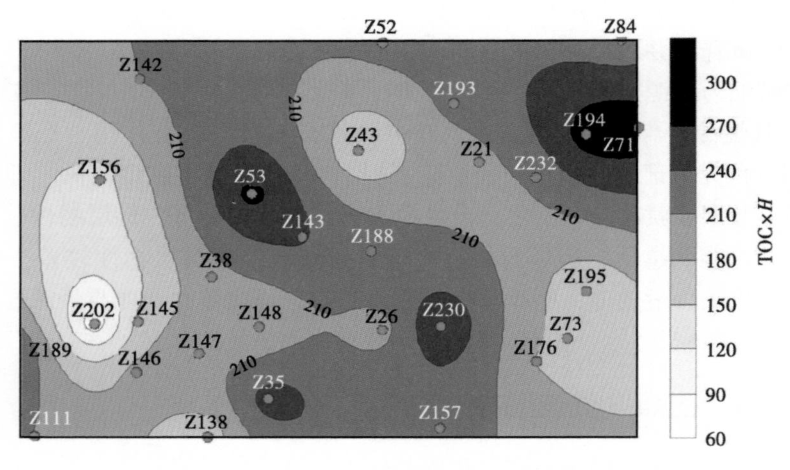

图 9-2-3　测井计算的Ⅰ类烃源岩 TOC×H 平面分布图

而 Z53、Z52、Z73、Z146 等井附近主要发育薄层或者互层状砂体。

图 9-2-7 为测井计算储层含油非均质性平面分布图，根据测井计算结果，将储层含油非均质性划分为四个等级，图中颜色越深表明储层含油越接近均质，厚度也相对较大，颜色越浅表明储层含油非均质性越强，厚度相对较小。从图中可以看出，Z230—Z188—Z143 井区油层均质，含油性好，厚度大，而 Z142、Z53、Z194、Z195 等井附近含油性较差，油层厚度相对较薄。

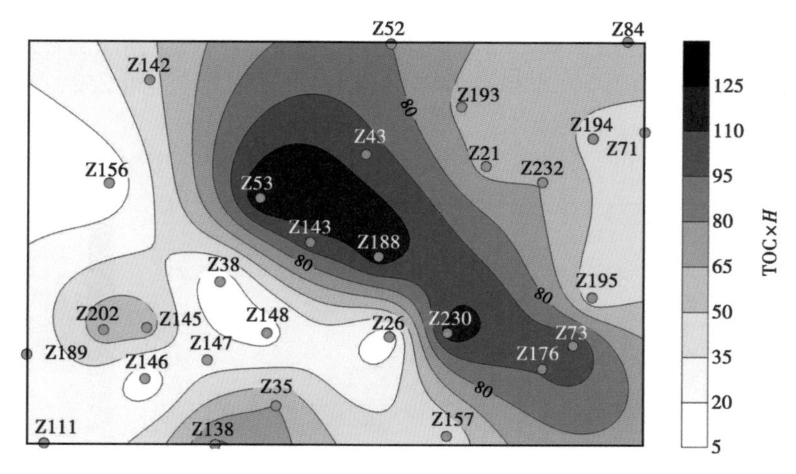

图 9-2-4　测井计算的Ⅱ类烃源岩 TOC×H 平面分布图

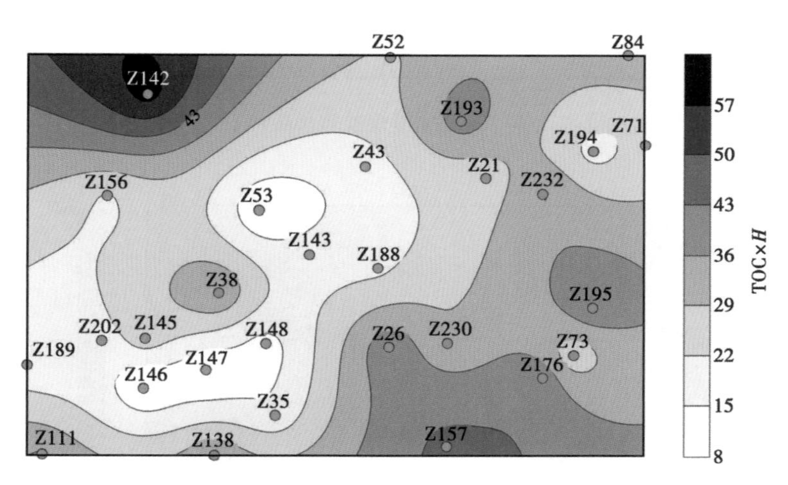

图 9-2-5　测井计算的Ⅲ类烃源岩 TOC×H 平面分布图

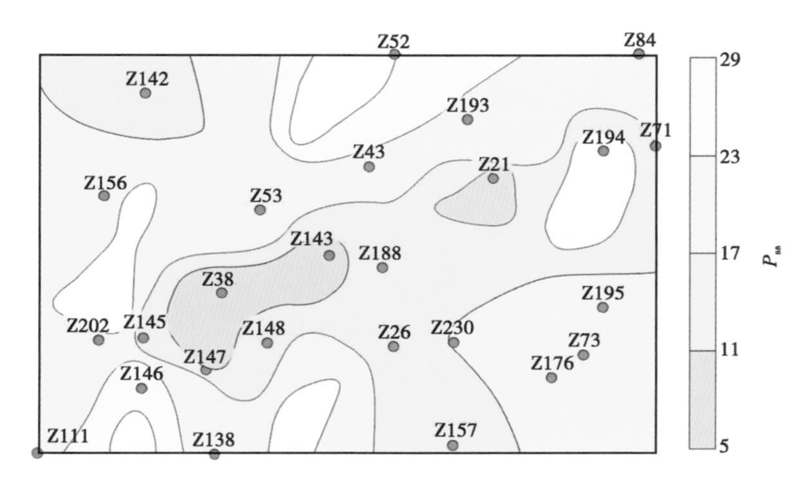

图 9-2-6　测井计算储层砂体结构平面分布图

图 9-2-8 为测井计算储层脆性指数平面分布图，根据测井计算结果，将储层脆性指数划分为四个等级，图中颜色越深表明储层脆性越好，颜色越浅表明储层脆性越差。从图中可以看出，Z21—Z176—Z230 井区、Z38—Z147 井区储层脆性较好，而 Z52、Z53、Z156、Z35 等井附近储层脆性较差。

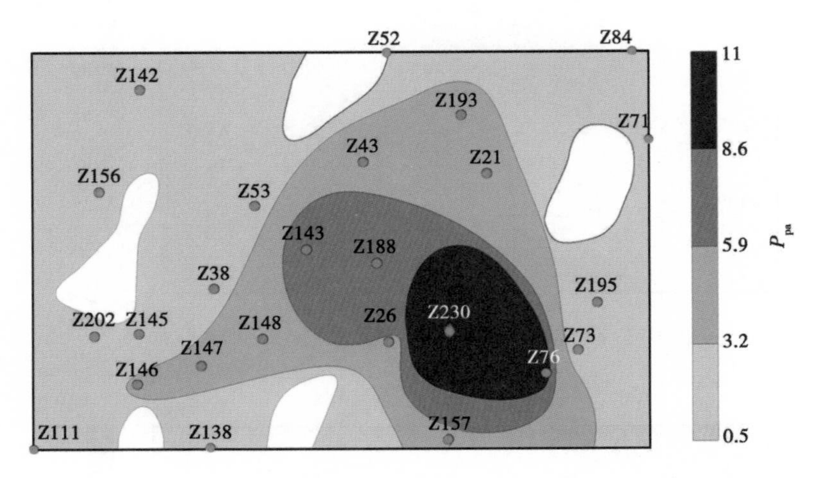

图 9-2-7 测井计算储层含油非均质性平面分布图

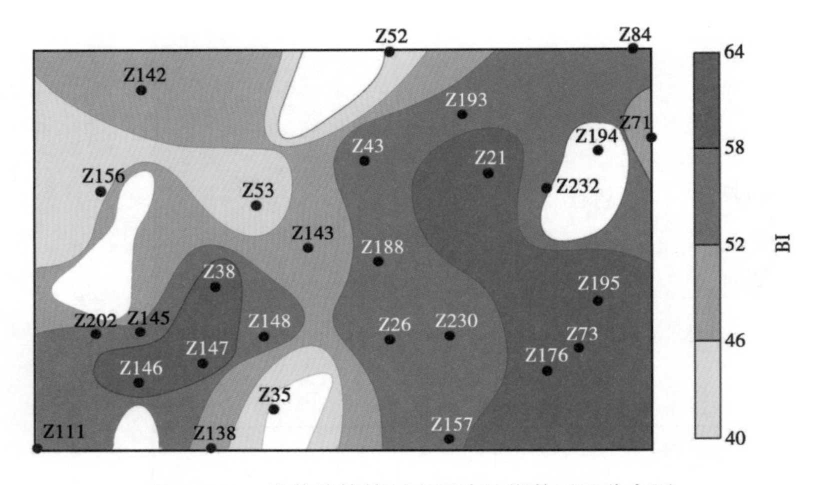

图 9-2-8 测井计算储层岩石脆性指数平面分布图

结合烃源岩有机碳含量、储层砂体结构、含油非均质性和脆性指数等关键参数平面分布情况，综合优选 Z230 井区的“甜点”分布情况，见图 9-2-9，位于“甜点”区内的探井和评价井试油均获得高产，在该区域内建立水平井开发试验区，经两年多的水平井试采证实，测井优选的致密油“甜点”区准确可靠，目前水平井日产油仍稳定在 8~10t，该技术为致密油开发建产提供重要参考和技术支持。

利用这一思路，对鄂尔多斯盆地 W464 井区开展了测井多井评价和“甜点”测井优选研究，并得到了试油井的验证。图 9-2-10、图 9-2-11 分别是 W464 井区根据 150 口井的处理结果绘制的烃源岩品质（TOC×H）、储层品质（砂体结构）等值图。该井区长 7 烃源岩品质相对较差，非均质较强，平面变化大，局部富集；砂体结构以互层状为主，块状砂体成条带

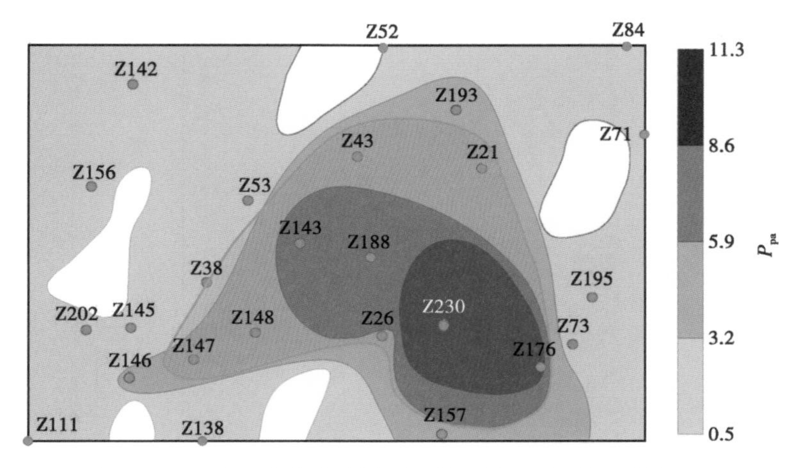

图 9-2-9　长 7 段致密油测井评价“甜点”区域（橙色）

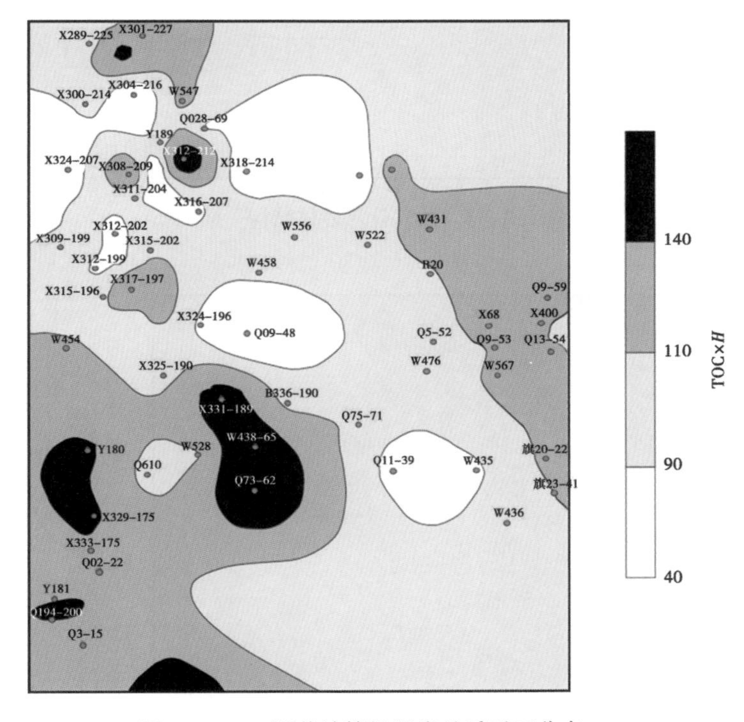

图 9-2-10　测井计算烃源岩品质平面分布

状分布。图 9-2-12 为储层含油非均质性平面分布图，整体上储层含油程度偏低，受烃源岩丰度和砂体结构双重控制，Ⅰ类高产层基本不发育。本着差中找好的原则，对烃源岩品质、砂体结构和含油非均质性平面分布图进行叠合，优选出三个“甜点”区（图 9-2-13 中阴影部分）。根据长庆油田在该井区部署的 21 口水平井试采结果来看，“甜点”区域内的 12 口水平井投产后日产油量均大于 5t，而“甜点”区域外的 9 口井中有 8 口井日产油量均低于 5t，仅 1 口井（“甜点”区边缘）产油量较高。测井多井评价和“甜点”优选工作为水平井优化部署、降低产能建设风险提供了重要参考。

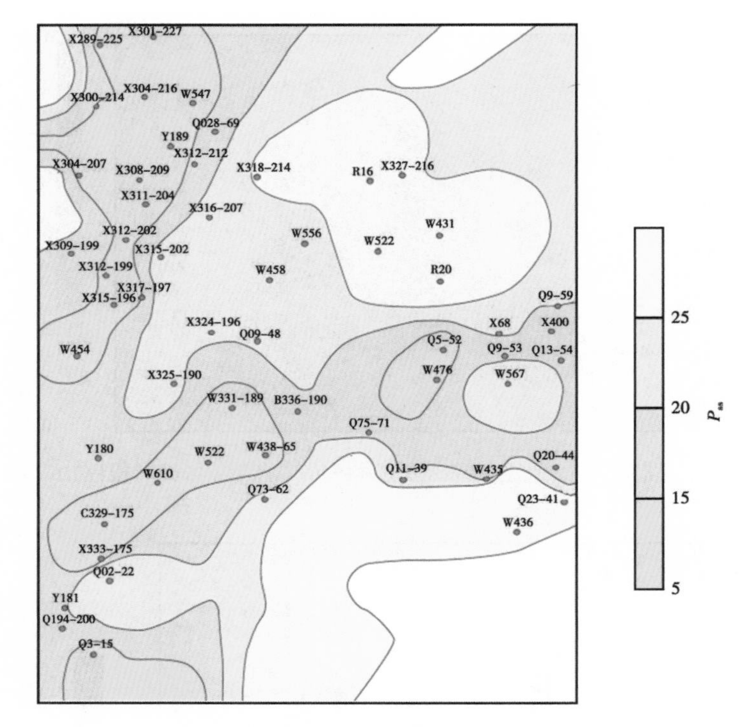

图 9-2-11　测井计算砂体结构平面分布

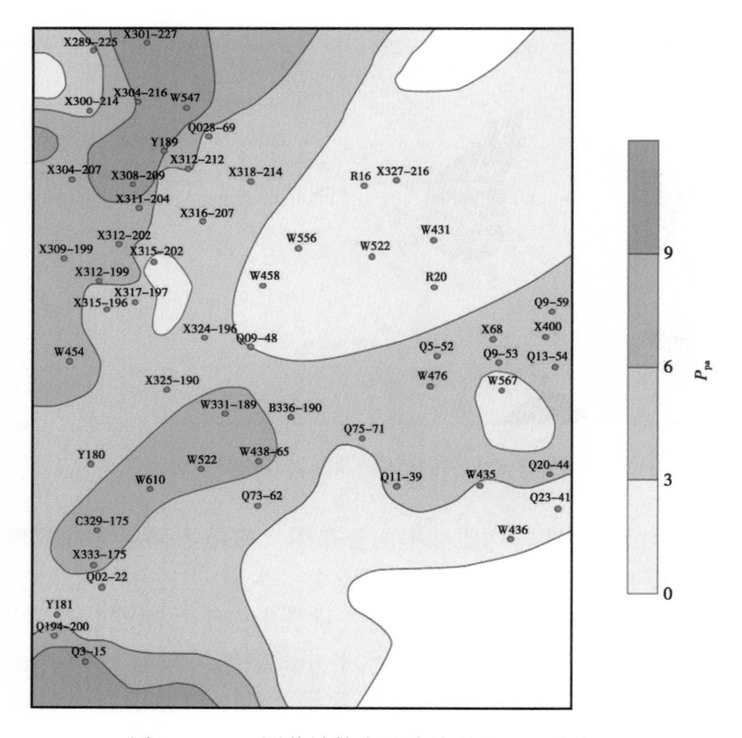

图 9-2-12　测井计算含油非均质性平面分布

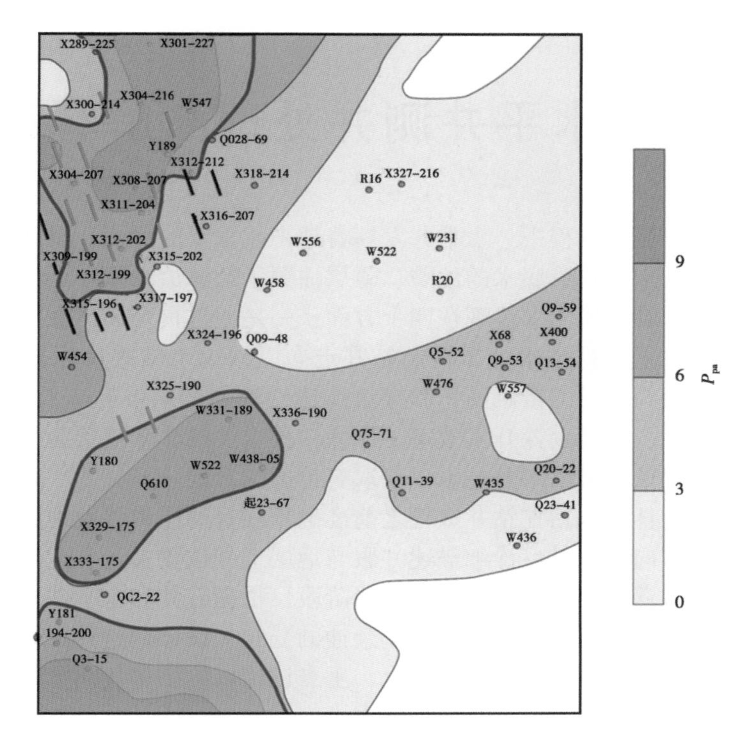

图 9-2-13　测井优选“甜点”区

第十章　水平井测井处理与解释评价

在非常规油气勘探开发过程中，水平井发挥着越来越重要的作用。早期，水平井主要用于碳酸盐岩裂缝油藏、带气顶或底水的油藏、薄层油藏、低渗透油藏、稠油油藏和高含水人工注水油藏等的开发。其应用需求体现在四个方面：一是通过贯穿天然裂缝带大幅度提高裂缝性地层油气产量；二是根据油水分布控制钻井走向以减少水锥进从而提高单井油气采收率；三是通过增加井眼与地层的接触面积和穿过渗透性较好的地带提高低渗透储层的产能；四是通过降低钻井密度、提高勘探开发效率。作为一种重要的非常规资源，致密砂岩油气的效益开采很大程度上也依赖于水平井技术以获取有价值的产能。

水平井测井评价的任务包括在钻井进靶之前准确预测目的层位置及地层走向指导钻井中靶、入靶后指导钻进方向、完钻后详细描述井眼与地层空间位置关系、优化完井方案进而评价水平井段有效储层钻遇率等。在多井综合解释阶段，根据直井和水平井单井解释结果和相互关系对油藏进行精细描述，为进一步研究剩余油的分布、设计调整井提供基础数据。本章在讨论随钻电磁波测井响应模拟方法的基础上，重点讨论以电阻率各向异性分析为核心的水平井油气层测井识别与评价理论与方法。

第一节　水平井与垂直井测井响应特征对比

在水平井中，测井仪器和地层的相对位置关系与所熟悉的垂直井截然不同，而且环境因素的影响规律也不一样，这使得水平井中的测井响应特征与垂直井有很大差异。了解这些差异的形成机理，对于正确分析水平井测井资料至关重要。

一、测井环境

水平井的井眼环境不同于垂直井，主要表现在空间位置、钻井液侵入、地层的非均质性以及各向异性等方面，如图 10-1-1 所示。垂直井和水平井测井环境上的差异可归结为三

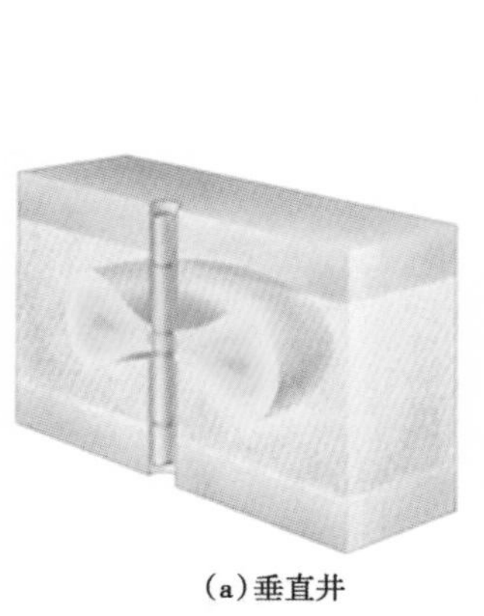

(a)垂直井　　　　(b)水平井

图 10-1-1　垂直井与水平井测井环境对比示意图

类：(1) 井眼环境，主要是钻井液分布状态的不同；(2) 地层环境，主要是钻井液侵入形状的差异以及地层的各向异性影响大小；(3) 仪器与井眼、地层相对位置关系。

1. 井眼环境

垂直井中，钻井液是环井轴均匀分布。而在水平井中，井眼下侧的滤饼比较容易与固相滞留岩屑混杂在一起，形成相对较厚的岩屑滤饼层，这种混合物对径向平均测井仪器影响不大；但对定向聚焦测井仪器（如补偿密度测井仪）的影响较大，使得该类仪器沿井眼下侧读数时，不能准确反映地层的真实物理性质。

图 10-1-2 (a) 显示的是垂直井眼与地层的平面俯视图，钻井液滤液进入有孔隙的近井眼区域并形成滤液圆环，通常假设在环井眼方向滤液分布以井眼为对称轴。

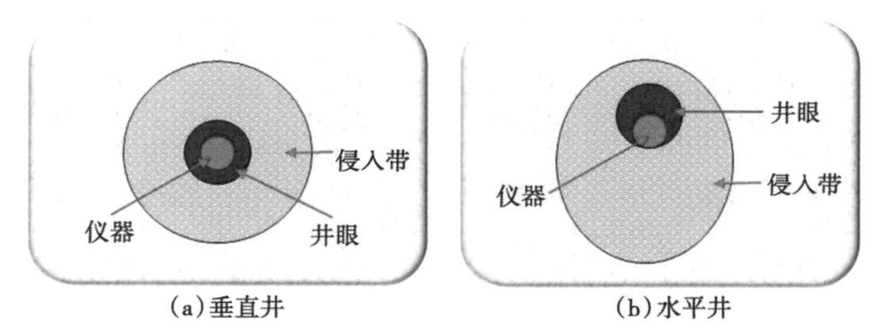

图 10-1-2　垂直井与水平井钻井液侵入对比示意图

水平井中的侵入过程在形态上很不一样，其侵入带的形成形状与井眼钻井液、储层流体的压差、钻井液滤液与地层流体的密度差、滤液类型和储层渗透率有关。当井眼钻井液与储层流体间的压力达到平衡时，由于重力影响，水平井中的侵入集中在井眼的低部位。与垂直井不同的是，侵入过程不是发生在绕井眼径向方向上或是居中对称性侵入。图 10-1-2 (b) 是水平井的侵入截面图。在这种情况下，测井仪器响应会因与井眼接触位置的不同而变化，这种侵入无论是对深探测仪器或浅探测仪器响应都有影响。

2. 地层环境

垂直井中，由于假定井眼轴与地层是正交关系，无论是直流电测井仪或交流电测井仪，其测井响应主要取决于地层水平方向的电阻率（或电导率），几乎不需要考虑垂直方向的电阻率的影响（阵列侧向类仪器除外）。但在水平井中，电阻率测井仪的测井响应是地层水平方向电阻率和垂直方向电阻率的综合贡献（图 10-1-1），当二者不相等时，即地层存在电各向异性时，必须考虑垂直方向电阻率的影响。

3. 仪器与井眼、地层相对位置关系

在垂直井中，测井仪器在井眼中一般是居中测量（少数仪器是贴井壁测量）。井眼与地层界面的几何关系为正交或近似正交，当目的层厚度大于测井仪器的纵向分辨率时，仪器响应一般不考虑邻层及界面的影响，只需考虑径向上如钻井液侵入的影响。

在水平井中，测井仪器是横躺在井眼底侧，处于偏心状态。而水平井眼与地层界面的相互关系则有以下几种可能。

(1) 井眼接近层界面：层界面离井眼较近并在仪器探测范围内，此时测量结果受界面或邻层影响严重；

(2) 层界面与井眼相交：层界面以不同角度与井眼相交，测井仪器响应是上下地层的综合贡献，此时很难根据测井资料判断地层与流体界面，测井曲线反映的地层界面也不再是一个点，而是延滞为一个“区间”，利用测井资料分层时应先找出这个“区间”再找出界面点分层；

（3）井眼远离层界面：当层界面远离仪器并且不在仪器探测范围之内时，测井仪器的响应不受邻层及层界面的影响。

二、测井响应差异

图10-1-3是一大斜度井随钻测井曲线和模型解释图，所测曲线有电磁波电阻率、自然伽马、中子和密度等。图（b）下半部分是根据测井曲线反演出的地层模型，蓝色部分为井眼。图（b）上半部分是实测曲线和由地层模型通过数值模拟计算出的测井曲线间的对比图。综合来看，除地层界面处电磁波电阻率曲线呈异常外，其他曲线与垂直井情况表现类似。

对比垂直井，在大斜度井和水平井这个较为特殊的环境里，除了空间位置的相对变化，测井响应主要考虑的是由于井眼、低角度围岩、地层的非均质性以及各向异性、由于重力分异作用而产生的混合流体或钻井液侵入分布变化等因素而引起的差异。明确这些因素对不同测井响应影响的特征及大小，对测井数据处理和综合解释尤为重要。

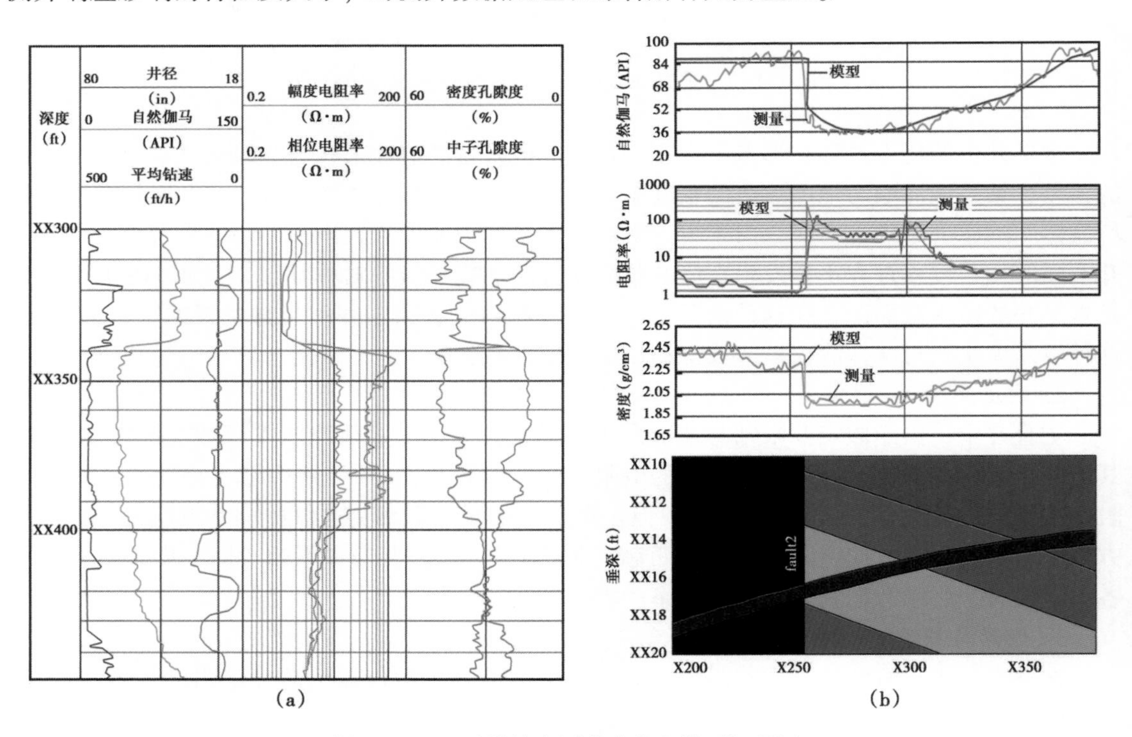

图10-1-3 随钻综合测井曲线和模型解释图

1. 电阻率测井

影响电阻率测井响应的环境因素主要有围岩、井眼、钻井液侵入状况、混合流体、井眼与地层间夹角、地层各向异性等，对中到高频的感应类测井还必须考虑趋肤效应的影响。

图10-1-4是用数值方法模拟阵列感应测井在不同倾角的各向异性地层中的响应。图（a）的地层倾角为0，阵列感应测量的是水平电阻率 R_h。图（b）的地层倾角为60°，阵列

感应测量响应是 R_h 和垂直电阻率 R_v 综合作用的结果。当倾角变大时，测井曲线视厚度也变大，同时在界面附近出现很明显的“羊角”现象。“羊角”的幅度随界面两侧的电阻率对比度增加而增加，也随地层倾角的增加而增加。这种“羊角”是由于层界面处的极化而产生的，可用于层界面识别。图中模型没有考虑井眼及仪器偏心影响。

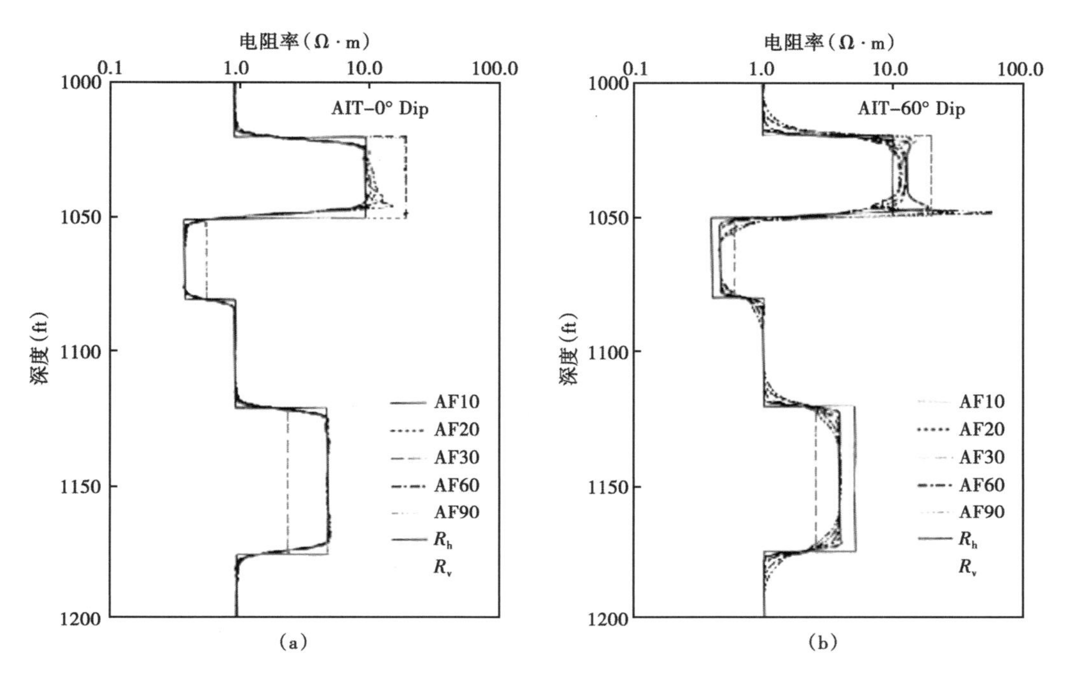

图 10-1-4　不同地层倾角各向异性地层中的阵列感应测井响应模拟结果

用数值模拟方法分析双侧向测井在各向异性地层中随倾角变化的测井响应，结果如图10-1-5 所示。与感应测井类似的是，在垂直井中（图中倾角为 0°的模拟曲线）侧向电阻率接近水平电阻率；在水平井中（图中倾角为 80°、85°的模拟曲线），侧向电阻率受垂直电阻率影响较大，模拟结果介于水平电阻率和垂直电阻率之间，说明在水平井中电各向异性也影响双侧向测井的响应。随着地层倾角的变大，侧向电阻率曲线视厚度也变大，只是在层界面没有出现“羊角”现象，说明双侧向电阻率测井对层界面不如感应测井敏感。

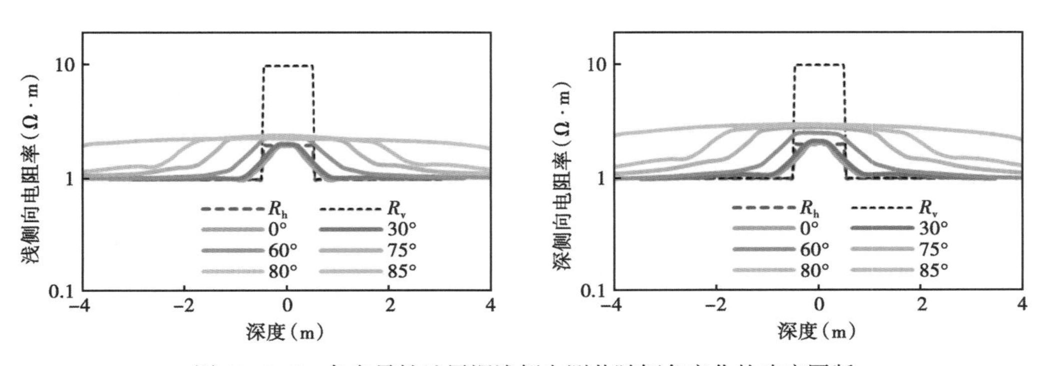

图 10-1-5　各向异性地层深浅侧向测井随倾角变化的响应图版

多分量感应测井主要用于测量各向异性地层，图 10-1-6 是不同倾角的各向异性地层中的多分量测井响应曲线。多分量感应测井的各分量对地层界面敏感程度不一，与仪器轴垂直的线圈对低倾角地层界面敏感，与仪器轴平行的线圈对高倾角地层界面敏感。对测量结果进行反演可得到地层的水平电阻率和垂直电阻率，从而能对砂泥岩薄互层做出准确的评价。

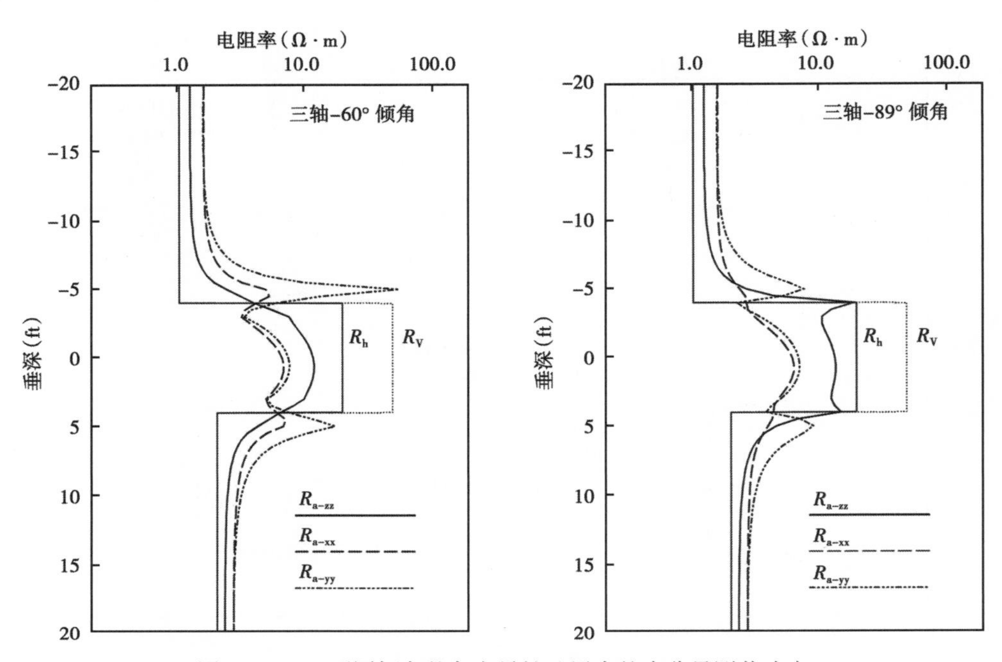

图 10-1-6　不同倾角的各向异性地层中的多分量测井响应

2. *声波测井*

声波测井对井眼附近的高速地层敏感，通常在遇到高速地层前几米和离开高速地层后几米都能记录到高速地层的时差，这使得声波孔隙度比中子—密度的孔隙度小。另外，钻井时由于应力作用在井壁产生的裂缝、井壁的钻井液侵入、仪器的偏心以及井底部沉积的滤饼岩屑均会使声波测井产生异常，在实际解释中必须考虑这些影响因素。

3. *放射性测井*

对伽马测井、中子测井来说，由于仪器是贴近井眼底部，故底部地层对测量值的贡献要大于上覆地层。密度测井同样受仪器测量位置的影响，井眼大小、井壁微裂缝、钻井液密度、泥质含量、岩性、孔隙流体、下部的滤饼岩屑以及侵入物均对测量值产生影响。另外，随钻密度测井通常同时采集上、下、左、右四个象限的密度值，有时候可以利用不同方位的密度曲线的响应差异判断井眼的走向。图 10-1-7 是利用随钻密度—中子曲线的响应变化判断含气砂岩中井眼与地层几何关系的实例，图中，$\rho_{顶部}$、$\rho_{底部}$、$\rho_{左侧}$、$\rho_{右侧}$分别代表随钻方位密度的上部、下部、左侧和右侧象限的密度曲线。可以看出，在 A 井段，井眼完全处于含气砂岩中，四条密度曲线与中子曲线均有挖掘效应，指示地层含气；在 B 井段的末端，井眼逐渐钻出含气砂岩，顶部象限的密度值与中子曲线的挖掘效应逐渐减弱；在 C 井段，井眼完全钻出目的层，四条密度曲线均不存在挖掘效应。因此，利用随钻方位放射性测井可以较好地描述井眼与地层的相互位置关系，实现准确的地质导向。

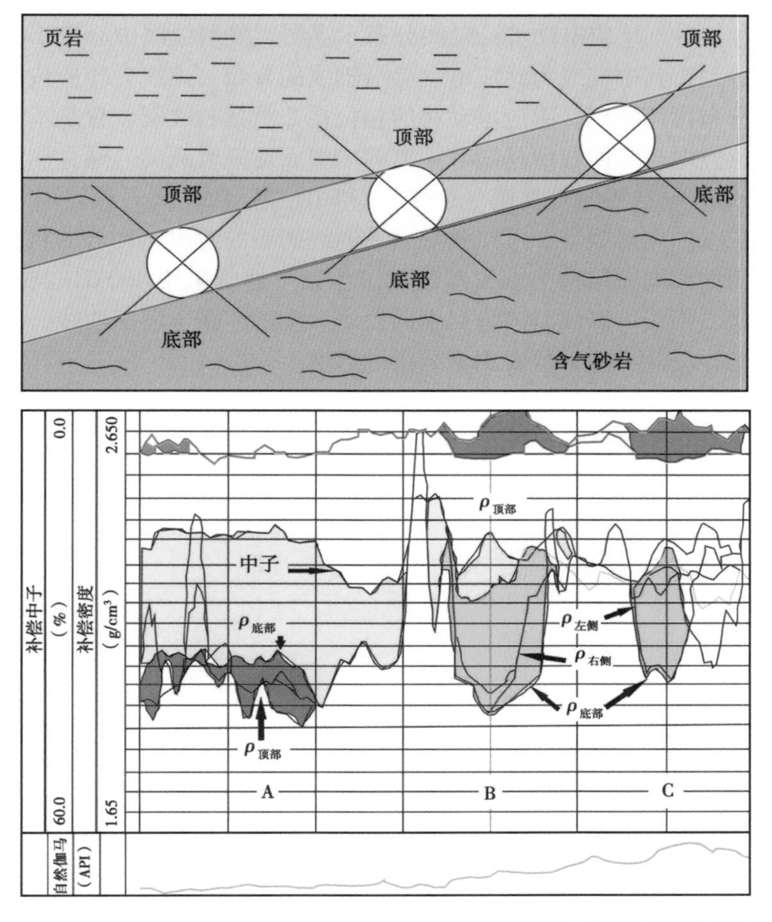

图 10-1-7　水平井方位密度—中子测井穿过含气砂岩测井实例（据斯伦贝谢公司）

第二节　随钻电磁波电阻率测井响应正演模拟

相对电缆电阻率测井来说，随钻电磁波测井电阻率是刚钻开地层时测得的，最接近地层的原始状态，几乎不受侵入影响，因此对地层的含油气评价更有优势。

一、随钻电磁波电阻率测井原理

如图 10-2-1 所示，随钻电磁波电阻率测井仪的基本结构是在绝缘棒上放置一个发射线圈 T 和两个接收线圈 R_1、R_2，构成单发双收的三线圈系基本单元。T 与 R_1、R_2 之间的距离分别为 L_1、L_2，$L_2>L_1$，两接收线圈间距 $\Delta L=L_2—L_1$。其工作原理是由发射线圈发射一定频率的交变电流，在地层中激发交变电磁场，并最终在接收线圈中形成感应涡流，仪器记录两个接收线圈中的感应电动势 V_{R1} 和 V_{R2}。由于电磁波传

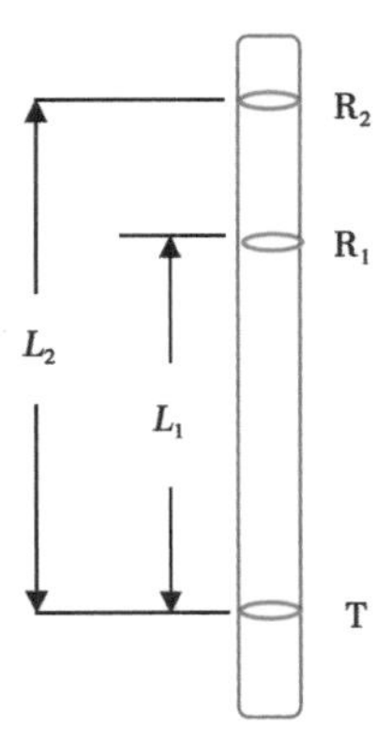

图 10-2-1　随钻电磁波电阻率测井仪基本结构示意图

播效应，发射线圈产生的电磁波在传播过程中会发生幅度衰减和相位变化。

图 10-2-2 为 t_0 时刻感应电动势沿轴线分布示意图，发射线圈中心位于坐标原点，线圈系沿横坐标方向排列，其中实线为感应电动势沿轴线的分布，虚线为相应位置感应电动势的幅值。从实线的分布可以看到，感应电动势的相位在 2 个接收线圈位置是不同的；从虚线的分布可以看到，感应电动势的幅值是随着距离的增加而逐渐衰减的。通过测量两个接收线圈 R_1、R_2 中产生的感应电动势的幅度比（EATT）和相位差（$\Delta\Phi$），可转换得到地层电阻率。同时通过改变电磁波的发射频率，可以测量到不同线圈距的感应电动势的相位差以及幅度衰减。目前，最常用的线圈系结构为双发双收，工作频率通常采用 400kHz 与 2MHz 的频率组合。这种组合方式，不仅可以同时测量到不同探测深度的四条电阻率曲线，而且该工作频率可以忽略井眼、围岩以及介电常数对测量结果的影响。

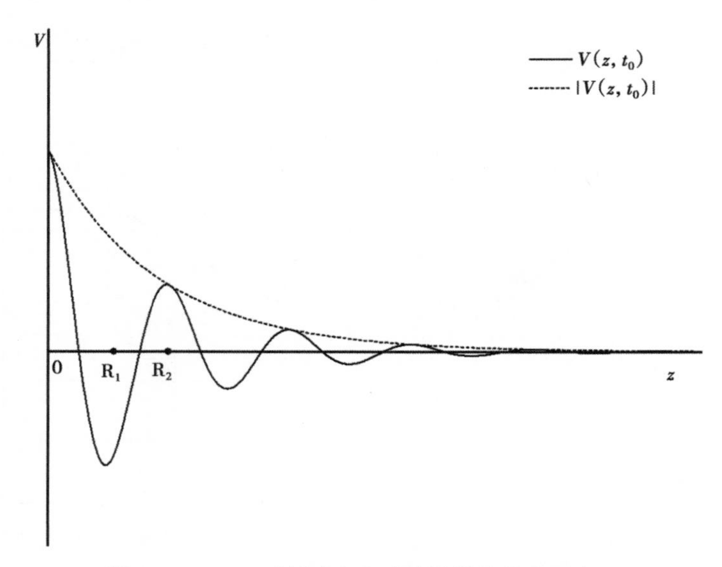

图 10-2-2 t_0 时刻感应电动势沿轴线分布示意图

仪器测得的 EATT 和 $\Delta\Phi$ 须经过转换，得到衰减比电阻率（R_{ad}）和相位差电阻率（R_{ps}）才能在实际中应用。由于实际地层的结构非常复杂，通常是假设在均匀介质条件下进行电阻率转换，因此涉及均匀介质下电磁波电阻率测井的幅度比和相位差的求解。在实际工程中，发射线圈产生的时变电磁场为时谐电磁场，时间因子可表示为 $e^{i\omega t}$，所以复数形式的 Maxwell 方程组为：

$$\nabla\times \boldsymbol{E} = -i\omega\mu\boldsymbol{H} \tag{10-2-1}$$

$$\nabla\times \boldsymbol{H} = \sigma\boldsymbol{E} + i\omega\varepsilon\boldsymbol{E} + \boldsymbol{J}_S \tag{10-2-2}$$

$$\nabla\cdot \boldsymbol{D} = \rho \tag{10-2-3}$$

$$\nabla\cdot \boldsymbol{B} = 0 \tag{10-2-4}$$

$$\nabla\cdot \boldsymbol{J}_S = -i\omega\rho \tag{10-2-5}$$

式中 $\boldsymbol{E}$——电场强度，V/m；

$\boldsymbol{H}$——磁场强度，A/m；

$\boldsymbol{D}$——电位移矢量，C/m^2；

$\boldsymbol{B}$——磁感应强度，T；

$\boldsymbol{J}_S$——发射电流密度，A/m^2；

ε——地层介电常数，F/m；

σ——地层电导率，S/m；

μ——地层磁导率，H/m；

ρ——电荷密度，C/m^3。

引入矢量磁位 $\boldsymbol{A}$，$\boldsymbol{B}=\nabla\times\boldsymbol{A}$，满足库伦规范 $\nabla\cdot\boldsymbol{A}=0$，由此可得到波动方程：

$$\nabla^2\boldsymbol{A}+k^2\boldsymbol{A}=-\mu\boldsymbol{J}_S \tag{10-2-6}$$

式中　k——传播常数，满足 $k^2=-\mathrm{i}\omega\mu\ (\sigma+\mathrm{i}\omega\varepsilon)$。

令：

$$k=\alpha-\mathrm{i}\beta \tag{10-2-7}$$

其中：

$$\alpha=\omega\sqrt{\frac{1}{2}\mu\left(\sqrt{\varepsilon^2+\frac{\sigma^2}{\omega^2}}+\varepsilon\right)},\ \beta=\omega\sqrt{\frac{1}{2}\mu\left(\sqrt{\varepsilon^2+\frac{\sigma^2}{\omega^2}}-\varepsilon\right)}$$

在均匀介质中求解波动方程（10-2-6），经推导可得到接收线圈中感应电动势为：

$$V_j=-\mathrm{i}C\frac{\mathrm{e}^{\mathrm{i}kL_j}}{L_j^3}(1+\mathrm{i}kL_j),\ j=1,\ 2 \tag{10-2-8}$$

其中：
$$C=\frac{\omega\mu S^2n_\mathrm{T}n_\mathrm{R}{}^I}{2\pi}$$

式中　L_j——第 j 个接收线圈到发射线圈的距离，m。

将式（10-2-7）代入式（10-2-8）可得：

$$V_j=C\frac{\mathrm{e}^{-\beta L_j-\mathrm{i}\alpha L_j}}{L_j^3}[\alpha L_j-\mathrm{i}(1+\beta L_j)],\ j=1,\ 2 \tag{10-2-9}$$

则幅度和相位值分别为：

$$|V_j|=\frac{C\mathrm{e}^{-\beta L_j}}{L_j^3}\sqrt{(\alpha L_j)^2+(1+\beta L_j)^2},\ j=1,\ 2 \tag{10-2-10}$$

$$\Phi_j=\alpha L_j+\arctan\frac{1+\beta L_j}{\alpha L_j},\ j=1,\ 2 \tag{10-2-11}$$

从而可得到两接收线圈中的感应电动势幅度比 EATT 和相位差 $\Delta\Phi$ 分别为：

$$\begin{aligned}\mathrm{EATT}&=20\lg\frac{|V_1|}{|V_2|}\\&=10\{\lg[(\alpha L_1)^2+(1+\beta L_1)^2]-\lg[(\alpha L_2)^2+(1+\beta L_2)^2]\}+\\&\quad 60(\lg L_2-\lg L_1)+8.686\beta(L_2-L_2)\end{aligned} \tag{10-2-12}$$

$$\Delta\Phi=\Phi_2-\Phi_1=\alpha(L_2-L_1)+\arctan\frac{1+\beta L_2}{\alpha L_2}-\arctan\frac{1+\beta L_1}{\alpha L_1} \tag{10-2-13}$$

通过式（10-2-12）和式（10-2-13）即可由 EATT 和 $\Delta\Phi$ 转换得到 R_{ad} 和 R_{ps}。

通过 EATT 和 $\Delta\Phi$ 的测量，可以降低井眼和线圈尺寸的影响，而无须消除线圈间的直耦信号，同时还可简化仪器结构，降低仪器设计的复杂程度。

二、数值模拟方法

对于水平层状地层，忽略井眼、侵入带的影响，将地层简化为图 10-2-3 所示模型，共有 N+1 层，各层界面位置为 d_n（n=1，2，…，N）。设发射线圈所在层为第 m 层，即有源层，位于界面 m 和 m-1 之间。发射线圈上方有 N 层，最上方的第 N+1 层为半无限厚介质；发射线圈下方有 N 层，最下方的第 1 层为半无限厚介质。α 为井斜角，在 0°到 90°范围内变化。地层法线方向为 z 轴方向，井轴的水平投影方向为 x 轴方向。假设所有层的磁导率都相等，且等于真空中的磁导率。

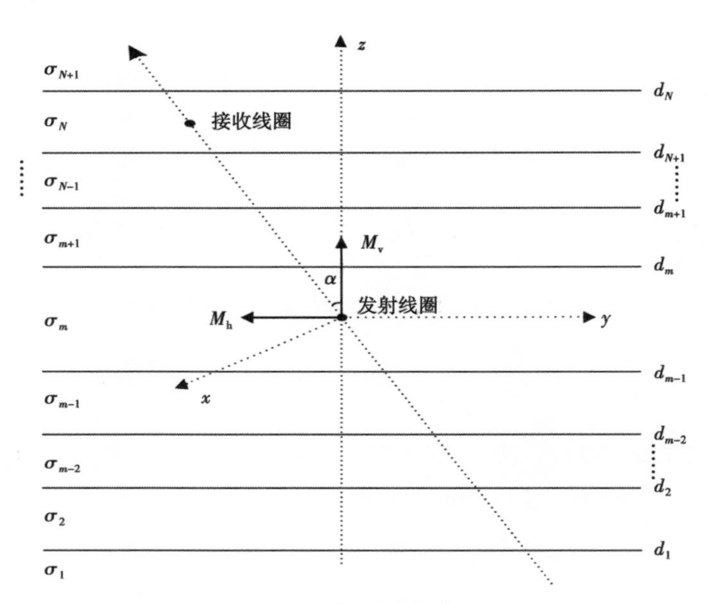

图 10-2-3　水平层状地层模型示意图

对于各种交流电测井仪，线圈尺寸远小于线圈距，这样可将发射线圈等效为磁偶极子。根据相关理论，任意方向的磁偶极子可以分解成水平磁偶极子（HMD）和垂直磁偶极子（VMD）的叠加。VMD 产生 TE 波，HMD 同时产生 TE 波和 TM 波，其中 TE 波和 TM 波分别是电场矢量和磁场矢量垂直于入射面的线形极化波，且彼此间相互独立互不耦合。通过研究 TE 波和 TM 波在各地层中的反射和透射规律，就能得到两个接收线圈上电磁波场各分量，最后对波数域的磁场分量进行积分就可得到空间域地层坐标系下的磁场分量。

1. TI 介质中电磁场 TE 波和 TM 波分解

均匀各向异性地层中，水平（横向）电导率 σ_h 和垂直（纵向）电导率 σ_v 不相等，可称为 TI（Transverse Isotropic）。在水平层状 TI 介质中加入时谐磁流源，其时谐电磁场的 Maxwell 方程可表达为：

$$\nabla\times \boldsymbol{E} = \mathrm{i}\omega \boldsymbol{B} \tag{10-2-14}$$

$$\nabla\times \boldsymbol{H}=\hat{\boldsymbol{\sigma}}\boldsymbol{E} \tag{10-2-15}$$

$$\boldsymbol{B}=\mu_0\boldsymbol{H}+\mu_0 M \tag{10-2-16}$$

式中　$\hat{\boldsymbol{\sigma}}$——电导率张量，$\hat{\boldsymbol{\sigma}}=\begin{pmatrix}\sigma_h & 0 & 0\\ 0 & \sigma_h & 0\\ 0 & 0 & \sigma_v\end{pmatrix}$；

σ_h——水平（横向）电导率；

σ_v——垂直（纵向）电导率，定义为 $\lambda=\sqrt{\sigma_h/\sigma_v}$ 为各向异性系数，反映地层各向异性的强烈程度；

μ_0——真空磁导率；

M——外磁偶极子源，$M_h=M\sin\alpha$，$M_v=M\cos\alpha$，分别为磁偶极子源的垂直分量（HMD）和水平分量（VMD）。

此时引入赫兹势 $\boldsymbol{\pi}$ 和标量势 $\boldsymbol{\Phi}$ 如下：

$$\hat{\boldsymbol{\sigma}}E=\mathrm{i}\omega\mu_0\sigma_h\nabla\times\pi \tag{10-2-17}$$

$$\boldsymbol{H}=\mathrm{i}\omega\mu_0\sigma_h\boldsymbol{\pi}+\nabla\boldsymbol{\Phi} \tag{10-2-18}$$

$$\nabla\cdot(\hat{\boldsymbol{\sigma}}\pi)=\sigma_v\boldsymbol{\Phi} \tag{10-2-19}$$

将式（10-2-17）至式（10-2-19）代入式（10-2-11）、式（10-2-15），可以得到 TI 介质中的赫兹势和标量势的解析表达式，经坐标系变换，在圆柱坐标系 $\rho\theta z$ 下，由 Sommerfeld 积分公式：

$$\frac{\mathrm{e}^{\mathrm{i}k_z}}{S}=\int_0^\infty J_0(k_\rho)\mathrm{e}^{-\beta,\ \lambda|z|}\frac{k_\rho}{\beta_v}\mathrm{d}k_\rho,\ \beta_v=\sqrt{k_\rho^2-k_v^2} \tag{10-2-20}$$

式中　S——小电流圆环面积；

k_ρ——径向波数；

k_z——纵向波数。

可得到 Sommerfeld 积分形式的电磁场垂直分量如下：

$$\begin{cases}E_z=-\dfrac{1}{4\pi}M_h\sin\theta\displaystyle\int_0^\infty \mathrm{i}\omega\mu\lambda k_\rho^2\frac{J_1(k_\rho\rho)}{k_{v,\ z}}\mathrm{e}^{i\lambda|z|k_{v,z}}\mathrm{d}k_\rho\\ H_z=\dfrac{1}{4\pi}M_h\cos\theta\displaystyle\int_0^\infty k_\rho^2\frac{\partial|z|}{\partial z}J_1(k_\rho\rho)\mathrm{e}^{\mathrm{i}|z|k_{h,z}}\mathrm{d}k_\rho+\frac{M_v}{4\pi}\int_0^\infty \mathrm{i}k_\rho^2\frac{J_0(k_\rho\rho)}{k_{h,\ z}}\mathrm{e}^{\mathrm{i}|z|k_{h,\ z}}\mathrm{d}k_\rho\end{cases} \tag{10-2-21}$$

式中　E_z，H_z——分别为电场强度和磁场强度；

J_v（·）——v 阶 Bessal 函数；

k_ρ——径向波数；

$k_{v,z}$，$k_{h,z}$——分别为垂直电导率和水平电导率的纵向波数，$k_{v,\ z}=\sqrt{\mathrm{i}\omega\mu\sigma_v-k_\rho^2}$，$k_{h,\ z}=\sqrt{\mathrm{i}\omega\mu\sigma_h-k_\rho^2}$。

在不含源区，柱坐标系中 Maxwell 方程的张量形式为：

$$\begin{bmatrix} 0 & -\frac{\partial}{\partial z} & \frac{1}{\rho}\frac{\partial}{\partial \theta} \\ \frac{\partial}{\partial z} & 0 & -\frac{\partial}{\partial p} \\ -\frac{1}{\rho}\frac{\partial}{\partial \theta} & \frac{1}{\rho}+\frac{\partial}{\partial p} & 0 \end{bmatrix}\begin{bmatrix} E_\rho \\ E_\theta \\ E_z \end{bmatrix} = \mathrm{i}\omega\mu\begin{bmatrix} H_\rho \\ H_\theta \\ H_z \end{bmatrix} \tag{10-2-22a}$$

$$\begin{bmatrix} 0 & -\frac{\partial}{\partial z} & \frac{1}{\rho}\frac{\partial}{\partial \theta} \\ \frac{\partial}{\partial z} & 0 & -\frac{\partial}{\partial \rho} \\ -\frac{1}{\rho}\frac{\partial}{\partial \theta} & \frac{1}{\rho}+\frac{\partial}{\partial p} & 0 \end{bmatrix}\begin{bmatrix} H_\rho \\ H_\theta \\ H_z \end{bmatrix} = \begin{bmatrix} \sigma_h & 0 & 0 \\ 0 & \sigma_h & 0 \\ 0 & 0 & \sigma_v \end{bmatrix}\begin{bmatrix} E_\rho \\ E_\theta \\ E_z \end{bmatrix} \tag{10-2-22b}$$

将式（10-2-21）代入式（10-2-22a）、式（10-2-22b）得：

$$\begin{bmatrix} 0 & -1 \\ 1 & 0 \end{bmatrix}\frac{\partial}{\partial z}\begin{bmatrix} E_\rho \\ E_\theta \end{bmatrix} + \begin{bmatrix} \frac{1}{\rho}\frac{\partial}{\partial \theta} \\ -\frac{\partial}{\partial \rho} \end{bmatrix} E_z = \mathrm{i}\omega\mu\begin{bmatrix} H_\rho \\ H_\theta \end{bmatrix} \tag{10-2-23a}$$

$$\begin{bmatrix} 0 & -1 \\ 1 & 0 \end{bmatrix}\frac{\partial}{\partial z}\begin{bmatrix} E_\rho \\ E_\theta \end{bmatrix} + \begin{bmatrix} \frac{1}{\rho}\frac{\partial}{\partial \theta} \\ -\frac{\partial}{\partial \rho} \end{bmatrix} E_z = \begin{bmatrix} \sigma_h & 0 \\ 0 & \sigma_h \end{bmatrix}\begin{bmatrix} E_\rho \\ E_\theta \end{bmatrix} \tag{10-2-23b}$$

对式（10-2-23a）和式（10-2-23b）两边分别作用微分算子$\begin{bmatrix} 0 & 1 \\ -1 & 0 \end{bmatrix}\frac{\partial}{\partial z}$，由于$E_z$的e指数因子只包含$\lambda k_{v,z}$项；$H_z$的e指数因子只包含$k_{v,z}$项，整理后得到电磁场的水平分量表达式如下：

$$\begin{bmatrix} E_\rho \\ E_\theta \end{bmatrix} = \frac{1}{\lambda^2 k_\rho^2}\begin{bmatrix} 0 & -1 \\ 1 & 0 \end{bmatrix}\begin{bmatrix} \frac{1}{\rho}\frac{\partial^2}{\partial z\partial \theta} \\ -\frac{\partial^2}{\partial z\partial \rho} \end{bmatrix} E_z + \frac{\mathrm{i}\omega\mu}{k_\rho^2}\begin{bmatrix} \frac{1}{\rho}\frac{\partial}{\partial \theta} \\ -\frac{\partial}{\partial \rho} \end{bmatrix} H_z \tag{10-2-24a}$$

$$\begin{bmatrix} H_\rho \\ H_\theta \end{bmatrix} = \frac{1}{k_\rho^2}\begin{bmatrix} 0 & -1 \\ 1 & 0 \end{bmatrix}\begin{bmatrix} \frac{1}{\rho}\frac{\partial^2}{\partial z\partial \theta} \\ -\frac{\partial^2}{\partial z\partial \rho} \end{bmatrix} H_z + \frac{\sigma_h}{\lambda^2 k_\rho^2}\begin{bmatrix} \frac{1}{\rho}\frac{\partial}{\partial \theta} \\ -\frac{\partial}{\partial \rho} \end{bmatrix} E_z \tag{10-2-24b}$$

通过TE波、TM波的分解，在正演模拟中只需要计算各层中的电磁场的垂直分量，再通过式（10-2-24a）、式（10-2-24b）得到电磁场水平分量，进而可实现整个波场的求解。

2. TI介质中任意层的波场递推求解

如图10-2-3所示地层模型，磁偶极子位于第m层中，设其纵坐标为z_0，由式（10-2-

21）可得第 n 层的电磁场垂直分量为：

$$\begin{cases} E_{n,\ z} = -\dfrac{\mathrm{i}\omega\mu\lambda_n M_{\mathrm{h}}}{4\pi}\sin\theta\displaystyle\int_0^{\infty}\dfrac{k_{\rho}^2}{k_{n,\ \mathrm{v},\ z}}J_1(k_{\rho}\rho)F^{\mathrm{TM},\ \mathrm{h}}n\mathrm{d}k_{\rho} \\ H_{n,\ z} = \dfrac{M_{\mathrm{h}}\cos\theta}{4\pi}\displaystyle\int_0^{\infty}k_{\rho}^2 J_1(k_{\rho}\rho)F_n^{\mathrm{TM},\ \mathrm{h}}\mathrm{d}k_{\rho} + \dfrac{M_{\mathrm{v}}}{4\pi}\displaystyle\int_0^{\infty}\dfrac{\mathrm{i}k_{\rho}^3}{k_{n,\ \mathrm{h},\ z}}J_0(k_{\rho}\rho)F_n^{\mathrm{TE},\ \mathrm{v}}\mathrm{d}k_{\rho} \end{cases} \tag{10-2-25}$$

其中：

$$F_n^{\mathrm{TE},\ \mathrm{h}} = \delta_{mn}\frac{|z-z_0|}{z-z_0}\mathrm{e}^{\mathrm{i}k_{n,\ \mathrm{h},\ z}|z-z_0|} + U_n^{\mathrm{TE},\ \mathrm{h}}\mathrm{e}^{\mathrm{i}k_{n,\ \mathrm{h},\ z}(z-d_n)} + D_n^{\mathrm{TE},\ \mathrm{h}}\mathrm{e}^{-\mathrm{i}k_{n,\ \mathrm{h},\ z}(z-d_{n-1})} \tag{10-2-26}$$

$$F_n^{\mathrm{TE},\ \mathrm{v}} = \delta_{mn}\mathrm{e}^{\mathrm{i}k_{n,\ \mathrm{h},\ z}|z-z_0|} + U_n^{\mathrm{TE},\ \mathrm{h}}\mathrm{e}^{\mathrm{i}k_{n,\ \mathrm{h},\ z}(z-d_n)} + D_n^{\mathrm{TE},\ \mathrm{h}}\mathrm{e}^{-\mathrm{i}k_{n,\ \mathrm{h},\ z}(z-d_{n-1})} \tag{10-2-27}$$

$$F_n^{\mathrm{TM},\ \mathrm{h}} = \delta_{mn}\mathrm{e}^{\mathrm{i}\lambda k_{n,\ \mathrm{v},\ z}|z-z_0|} + U_n^{\mathrm{TM},\ \mathrm{h}}\mathrm{e}^{\mathrm{i}\lambda k_{n,\ \mathrm{v},\ z}(z-d_n)} + D_n^{\mathrm{TM},\ \mathrm{h}}\mathrm{e}^{-\mathrm{i}\lambda k_{n,\ \mathrm{v},\ z}(z-d_{n-1})} \tag{10-2-28}$$

式中，F_n 为第 n 层的传播项，$\delta_{\mathrm{mm}} = \begin{cases}1,\ m=n \\ 0,\ m\neq n\end{cases}$；$U_n$，$D_n$ 分别是第 n 层的底界面处的上行波和下行波的波模；上标 TE 表示 TE 波的 z 分量，TM 表示 TM 波的 z 分量，v 表示垂直磁偶极子（VMD）分量，h 表示水平磁偶极子（HMD）分量，z 和 z_0 分别代表接收线圈和发射线圈位置的纵坐标，d_n 代表相应的界面位置，如图 10-2-3 所示。

由于电磁波穿过介质界面时电磁场的切向分量连续，由式（10-2-24a）、式（10-2-24b）可求出各波的递推公式以及电磁波的水平分量。所以，只要求得任意一层电磁波的 E_z、H_z，就可以解出所有层的电磁波场量。在实际计算中，首先求解含源地层的电磁波场量，通过该场量求取所有地层的电磁波场量。在含源地层上部的地层中，源产生的电磁波与源下部全部地层反射回的电磁波组成了上行波，而源上部全部地层反射回的电磁波组成了下行波；在含源地层下部的地层中，源下部所有地层反射的电磁波组成上行波，而源产生的电磁波和源上部全部地层反射回的电磁波组成下行波。

为了便于推导，引入振幅 A 和广义反射系数 R，将电磁场法向分量传播项式（10-2-26）至式（10-2-28），改写为由入射波和反射波叠加的形式。由于三种不同入射波在界面的反射系数和透射系数不同，相应的广义反射系数需要分别推导，但是振幅的递推关系是完全相同，以下推导以 $\mathrm{TE_v}$ 的递推系数 $F_n^{\mathrm{TE,v}}$ 为例。

3. 含源层中（$n=m$）波场的形式

由式（10-2-27），得 $U_n^{\mathrm{TE},\ \mathrm{v}}$、$D_n^{\mathrm{TE},\ \mathrm{v}}$ 在边界处满足如下方程：

上行波在界面 $z=d_{m-1}$ 处：

$$U_m^{\mathrm{TE},\ \mathrm{v}} = R_{m,\ m-1}^{\mathrm{TE},\ \mathrm{v}}\left[\mathrm{e}^{-\mathrm{i}k_{m,\ \mathrm{h},\ z}(d_{m-1}-z_0)} + D_m^{\mathrm{TE},\ \mathrm{v}}\mathrm{e}^{-\mathrm{i}k_{m,\ \mathrm{h},\ z}(d_{m-1}-d_m)}\right] \tag{10-2-29}$$

下行波在界面 $z=d_{m+1}$ 处：

$$D_m^{\mathrm{TE},\ \mathrm{v}} = R_{m,\ m+1}^{\mathrm{TE},\ \mathrm{v}}\left(\mathrm{e}^{\mathrm{i}km,\ \mathrm{h},\ z(d_m-z_0)}\right) + U_m^{\mathrm{TE},\ \mathrm{v}}\mathrm{e}^{\mathrm{i}k_{m,\ \mathrm{h},\ z}(d_m-d_{m+1})} \tag{10-2-30}$$

其中，$R_{m,m-1}^{\mathrm{TE,v}}$、$R_{m,m+1}^{\mathrm{TE,v}}$ 是相应层边界的广义反射系数，求解式（10-2-29）、式（10-2-

30)，可得：

$$D_m^{\mathrm{TE,\ v}} = X_m^{\mathrm{TE,\ v}} R_{m,\ m+1}^{\mathrm{TE,\ v}} \left[\mathrm{e}^{\mathrm{i}k_{m,\ \mathrm{h},\ \mathrm{z}}(d_m - z_0)} + R_{m,\ m-1}^{\mathrm{TE,\ v}} \mathrm{e}^{\mathrm{i}k_{m,\ \mathrm{h},\ \mathrm{z}}(d_m - 2d_{m-1} + z_0)} \right] \tag{10-2-31}$$

$$U_m^{\mathrm{TE,\ v}} = X_m^{\mathrm{TE,\ v}} R_{m,\ m-1}^{\mathrm{TE,\ v}} \left(\mathrm{e}^{-\mathrm{i}k_{m,\ \mathrm{h},\ \mathrm{z}}(d_{m-1} - z_0)} \right) + R_{m,\ m+1}^{\mathrm{TE,\ v}} \mathrm{e}^{\mathrm{i}k_{m,\ \mathrm{h},\ \mathrm{z}}(2d_m - d_{m-1} - z_0)} \tag{10-2-32}$$

$$X_m^{\mathrm{TE,\ v}} = \left[1 - R_{m,\ m+1}^{\mathrm{TE,\ v}} R_{m,\ m-1}^{\mathrm{TE,\ v}} \mathrm{e}^{2\mathrm{i}k_{m,\ \mathrm{h},\ \mathrm{z}}(d_m - d_{m-1})} \right]^{-1} \tag{10-2-33}$$

将式（10-2-31）、式（10-2-32）代入式（10-2-33），解得：

$$\begin{cases} F_m^{\mathrm{TE,\ v+}} = A_m^{\mathrm{TE,\ v+}} \left[\mathrm{e}^{\mathrm{i}k_{m,\ \mathrm{h},\ \mathrm{z}}(z - z_0)} + R_{m,\ m+1}^{\mathrm{TE,\ v}} \mathrm{e}^{\mathrm{i}k_{m,\ \mathrm{h},\ \mathrm{z}}(2d_m - z - z_0)} \right] \\ F_m^{\mathrm{TE,\ v-}} = A_m^{\mathrm{TE,\ v+}} \left[\mathrm{e}^{-\mathrm{i}k_{m,\ \mathrm{h},\ \mathrm{z}}(z - z_0)} + R_{m,\ m-1}^{\mathrm{TE,\ v}} \mathrm{e}^{\mathrm{i}k_{m,\ \mathrm{h},\ \mathrm{z}}(z - 2d_{m-1} + z_0)} \right] \end{cases} \tag{10-2-34}$$

其中：

$$\begin{cases} A_m^{\mathrm{TE,\ v+}} = \left(1 + R_{m,\ m-1}^{\mathrm{TE,\ v}} \mathrm{e}^{2\mathrm{i}k_{m,\ \mathrm{h},\ \mathrm{z}}(z_0 - d_{m-1})} \right) X_m^{\mathrm{TE,\ v}} \\ A_m^{\mathrm{TE,\ v-}} = \left(1 + R_{m,\ m-1}^{\mathrm{TE,\ v}} \mathrm{e}^{2\mathrm{i}k_{m,\ \mathrm{h},\ \mathrm{z}}(d_m - z_0)} \right) X_m^{\mathrm{TE,\ v}} \end{cases} \tag{10-2-35}$$

式中　上标“+”、“-”——分别代表上行波和下行波；

A_m——发射源所在层的波场振幅。

4. 含源层上方各地层中（$n>m$）波场递推求解

含源层上方各地层中（$n>m$），上行波传播项可写为：

$$F_m^{\mathrm{TE,\ v+}} = A_n^{\mathrm{TE,\ v+}} \left[E_{n,\ \mathrm{h},\ \mathrm{z}}^{\mathrm{i}k}(z - d_{n-1}) + R_{n,\ n+1}^{\mathrm{TE,\ v}} \mathrm{e}^{\mathrm{i}k_{n,\ \mathrm{h},\ \mathrm{z}}(2d_n - z - d_{n-1})} \right] \tag{10-2-36}$$

在边界 d_n 处有递推关系：

$$A_{n+1}^{\mathrm{TE,\ v+1}} = A_{n+1}^{\mathrm{TE,\ v+}} R_{n+1,\ n+1}^{\mathrm{TE,\ v}} e^{\mathrm{i}k_{n+1,\ \mathrm{h},\ \mathrm{z}}(2d_{n+1} - 2d_n)} R_{n+1,\ n}^{\mathrm{TE,\ v}} + A_n^{\mathrm{TE,\ v+}} \mathrm{e}^{\mathrm{i}k_{n,\ \mathrm{h},\ \mathrm{z}}(d_{n+1} - d_n)} T_{n,\ n+1} \tag{10-2-37}$$

可得：

$$A_{n+1}^{\mathrm{TE,\ v+}} = \frac{T_{n,\ n+1}^{\mathrm{TE,\ v}} \mathrm{e}^{\mathrm{i}k_{n,\ \mathrm{h},\ \mathrm{z}}(d_n - d_{n-1})}}{1 - R_{n+1,\ n+2}^{\mathrm{TE,\ v}} \mathrm{e}^{2\mathrm{i}k_{n+1,\ \mathrm{h},\ \mathrm{z}}(d_{n+1} - d_n)}} A_n^{\mathrm{TE,\ v+}} \tag{10-2-38}$$

式中　$T_{n,n+1}^{\mathrm{TE,v}}$——从 n 层到 $n+1$ 层的透射系数。

5. 含源层下方各地层中（$n<m$）波场递推求解

含源层下方各地层中（$n<m$），下行波传播项可写为：

$$F_n^{\mathrm{TE,\ v-}} = A_n^{\mathrm{TE,\ v-}} \left[\mathrm{e}^{\mathrm{i}k_{n,\ \mathrm{h},\ \mathrm{z}}(d_n - z)} + R_{n,\ n-1}^{\mathrm{TE,\ v}} \mathrm{e}^{\mathrm{i}k_{n,\ \mathrm{h},\ \mathrm{z}}(z - 2d_{n-1} + d_n)} \right] \tag{10-2-39}$$

在边界 d_{n-1} 处有递推关系：

$$A_{n-1}^{\mathrm{TE,\ v-}} = A_{n-1}^{\mathrm{TE,\ v-}} R_{n-1,\ n-2}^{\mathrm{TE,\ v}} \mathrm{e}^{\mathrm{i}k_{n-1,\ \mathrm{h},\ \mathrm{z}}(2d_{n-1} - 2d_{n-2})} R_{n-1,\ n}^{\mathrm{TE,\ v}} + A_n^{TE,\ v-} \mathrm{e}^{\mathrm{i}k_{n,\ \mathrm{h},\ \mathrm{z}}(d_{n-1} - d_{n-2})} T_{n,\ n-1} \tag{10-2-40}$$

经推导可得：

$$A_{n+1}^{\mathrm{TE,\ v-}} = \frac{T_{n,\ n-1}^{\mathrm{TE,\ v}} \mathrm{e}^{\mathrm{i}k_{n,\ \mathrm{h},\ \mathrm{z}}(d_n - d_{n-1})}}{1 - R_{n-1,\ n-2}^{\mathrm{TE,\ v}} \mathrm{e}^{2\mathrm{i}k_{n-1,\ \mathrm{h},\ \mathrm{z}}(d_{n+1} - d_{n-2})}} A_n^{\mathrm{TE,\ v-}} \tag{10-2-41}$$

式中　$T_{n,n-1}^{\mathrm{TE,v}}$——从 n 层到 n-1 层的透射系数。

做相应的符号替换 $R^{\mathrm{TE,\ v}} \to R^{\mathrm{TE,\ h}} T^{\mathrm{TE,\ v}} \to T^{\mathrm{TE,\ h}}$，$R^{\mathrm{TE,\ v}} \to R^{\mathrm{TM,\ h}} T^{\mathrm{TE,\ v}} \to T^{\mathrm{TM,\ h}}$，$k_{\mathrm{h,\ z}} \to \lambda k_{\mathrm{h,\ z}}$ 就可以得到对应于 $\mathrm{TE_h}$ 波和 $\mathrm{TM_h}$ 波的递推公式。

在上面波场的递推求解过程中，使用到了广义反射系数和狭义透射、反射系数。具体的推导可参考张庚骥先生的电测井算法一书。

6. 任意地层中的磁场分布

根据式（10-2-23a）、式（10-2-23b）及式（10-2-25）至式（10-2-41）的结果，得到地层坐标系下 TE 波和 TM 波在任意地层中的解，如下：

$$\begin{cases} H_{n,\ \mathrm{hh}} = \dfrac{M_{\mathrm{h}}}{4\pi}\displaystyle\int_0^{\infty} \dfrac{1}{\rho}\left[\dfrac{\partial F_n^{\mathrm{TE,\ h}}}{\partial z} + \dfrac{\mathrm{i}k_{n,\ \mathrm{h}}^2 F_n^{\mathrm{TM,\ h}}}{\lambda_n \mathrm{k}_{n,\ \mathrm{v,\ z}}}\right] J_1(k_\rho \rho)\,\mathrm{d}k_\rho + \displaystyle\int_0^{\infty} J_0(k_\rho \rho) k_\rho \dfrac{\partial F_{\mathrm{n}}^{\mathrm{TE,\ h}}}{\partial z}\mathrm{d}k_\rho \\ H_{n,\ \mathrm{hv}} = \dfrac{M_{\mathrm{h}}}{4\pi}\displaystyle\int_0^{\infty} J_1(k_\rho \rho) k_\rho^2 F_n^{\mathrm{TE,\ h}}\mathrm{d}k_\rho \\ H_{n,\ \mathrm{vh}} = -\dfrac{M_{\mathrm{v}}}{4\pi}\displaystyle\int_0^{\infty} J_1(k_\rho \rho)\dfrac{\mathrm{i}k_\rho^2}{k_{n,\ \mathrm{h,\ z}}}\dfrac{\partial F_n^{\mathrm{TE,\ v}}}{\partial z}\mathrm{d}k_\rho \\ H_{n,\ \mathrm{vv}} = \dfrac{M_{\mathrm{v}}}{4\pi}\displaystyle\int_0^{\infty} J_0(k_\rho \rho)\dfrac{\mathrm{i}k_\rho^3}{k_{n,\ \mathrm{h,\ z}}} F_n^{\mathrm{TE,\ v}}\mathrm{d}k_\rho \end{cases} \tag{10-2-42}$$

式中　$H_{n,\mathrm{hh}}$——HMD 在 TE 波和 TM 波产生的水平方向的磁场分量；

$H_{n,\mathrm{hv}}$——HMD 在 TE 波和 TM 波产生的垂直方向的磁场分量；

$H_{n,\mathrm{vh}}$——VMD 在 TE 波和 TM 波产生的水平方向的磁场分量；

$H_{n,\mathrm{vv}}$——VMD 在 TE 波和 TM 波产生的垂直方向的磁场分量。

由式（10-2-42）经过坐标转换，就可以得到井眼坐标系下的磁场张量

$$H_{n,\ z} = \sin^2\alpha H_{n,\ \mathrm{hh}} + \cos^2\alpha H_{n,\ \mathrm{vv}} + \cos\alpha\sin\alpha(H_{n,\ \mathrm{vh}} + H_{n,\ \mathrm{hv}}) \tag{10-2-43}$$

以上便完成了 TI 地层中电磁场的求解。

由上面得到的磁场分量表达式（10-2-43）中的积分为含有 Bessel 函数的 Sommerfeld 积分，可以统一表示成下面形式：

$$g(\rho) = \int_0^{\infty} k_\rho f(k_\rho) J_{\mathrm{v}}(k_\rho \rho)\,\mathrm{d}k_\rho \tag{10-2-44}$$

式中　J_{v}（·）——v 阶 Bessel 函数。

三、随钻电阻率测井响应特征分析

在水平层状地层中，通过数值模拟方法考察测井仪器工作频率、线圈距离、井斜、围岩、层厚、各向异性等对随钻电磁波测井响应的影响。

1. 不同频率条件下的响应特征

两接收线圈的源距分别为 25in 和 31in，线圈半径 3.25in，工作频率分别为 250kHz、400kHz、500kHz、1MHz、2MHz、4MHz。地层无限厚。图 10-2-4 为不同工作频率 f 情况下幅度比（EATT）、相位差（ΔΦ）随地层电阻率（R_{t}）变化的关系图。

幅度比和相位差均随着地层电阻率的增大而减小，表现出与地层电阻率呈单调递减的函

数关系。从图 10-2-4 中可以看出，幅度比与地层电阻率的关系只是在地层电阻率较低时才表现出近似线性关系，而相位差与地层电阻率整体上呈近似线性关系。同一频率下，随着电阻率增大，测量信号及其变化量均在变小，当地层电阻率增大到约 20Ω · m 时，幅度比对电阻率变化不敏感，信号检测的难度较大。相位差对地层电阻率的敏感程度明显优于幅度比，相位差响应适用的地层范围更大。随着频率增大，幅度比和相位差均增大，即测得信号幅度增大，但频率越高探测深度越小。所以 2MHz 为目前各随钻电磁波电阻率测井仪器的主要工作频率。

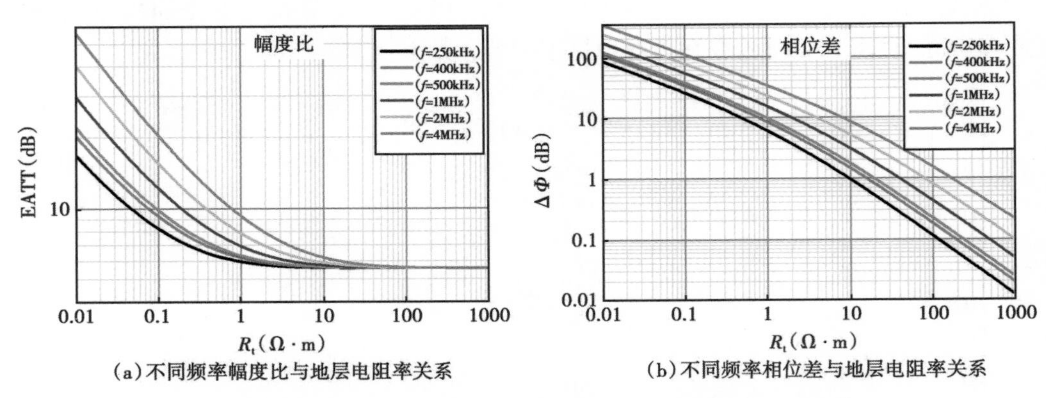

(a)不同频率幅度比与地层电阻率关系　　(b)不同频率相位差与地层电阻率关系

图 10-2-4　不同频率条件下幅度比和相位差与电阻率关系曲线

2. 不同井斜条件下的响应特征

模拟线圈系为单发双收三线圈系，频率为 2MHz，地层模型为三层介质，目的层厚度为 3.0m，井斜角（θ）分别为 0°、30°、45°、60°、75°、80°。

图 10-2-5 是该线圈系在目的层电阻率和围岩电阻率分别为 10.0Ω · m、1.0Ω · m 模型（低阻围岩）中，不同井斜角条件下衰减电阻率 R_{ad} 和相位差电阻率 R_{ps} 的模拟结果。分析表明：衰减电阻率和相位差电阻率响应曲线均受井斜影响，随着井斜角的增大，影响程度逐渐增加；相同井斜角时，相位差电阻率更接近模型真实值，相位差电阻率高于幅度衰减电阻率；当井斜角较大时（约大于 45°），在地层界面处，衰减电阻率和相位差电阻率均出现“羊角”，随着井斜角的逐渐增大，“羊角”的幅度逐渐增大。相位差电阻率“羊角”幅度受井斜的影响比幅度衰减要大。

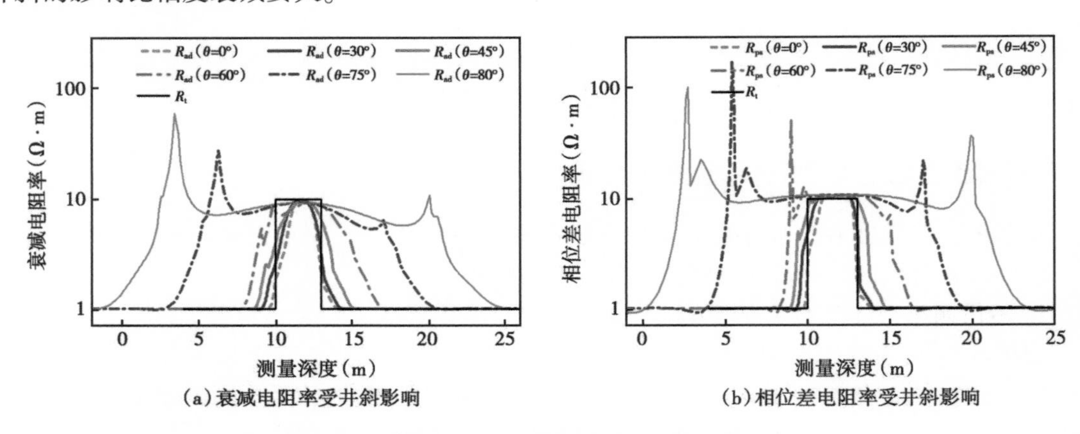

(a)衰减电阻率受井斜影响　　(b)相位差电阻率受井斜影响

图 10-2-5　随钻电阻率三线圈系模拟结果（高阻目的层）

图 10-2-6 是该线圈系在目的层电阻率和围岩电阻率分别为 1.0 Ω · m、10.0 Ω · m 模型（高阻围岩）中，不同井斜角条件下 R_{ad} 和 R_{ps} 的模拟结果，曲线特征与图 10-2-5 基本相同。

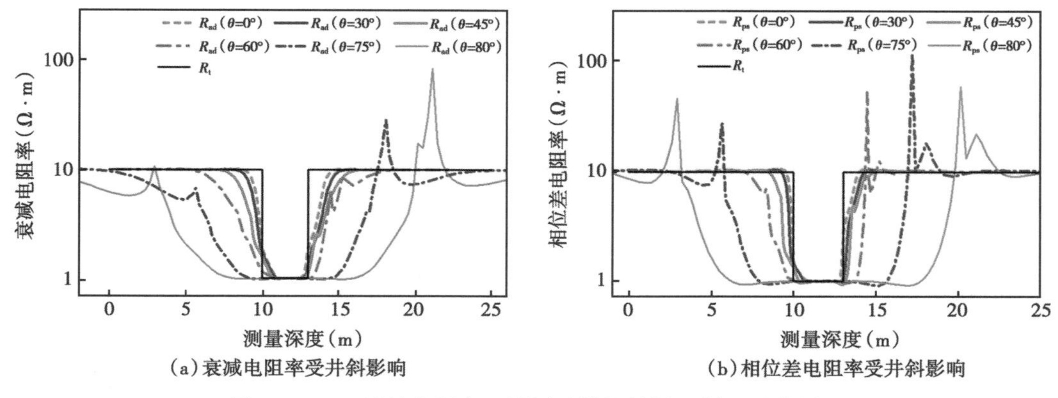

图 10-2-6　随钻电阻率三线圈系模拟结果（低阻目的层）

3. 不同层厚的响应特征

围岩对目的层电阻率测井值的影响同目的层的厚度、目的层电阻率与围岩电阻率反差有关。

如图 10-2-7 所示，设地层厚度为 1m、2m、4m 的三个高阻地层组成的七层地层模型，线圈结构与图 10-2-4 相同，工作频率为 2MHz。围岩电阻率与地层电阻率对比度 1:5（围岩电阻率 R_s=1.0 Ω · m，目的层电阻率 R_t=5.0 Ω · m）和 5:1（R_s=5.0 Ω · m，R_t=1.0 Ω · m）。

图 10-2-7 为低阻围岩和高阻围岩下衰减电阻率与相位差电阻率的模拟结果。可以看出：对于高阻围岩地层，围岩对测量响应影响较小；相同围岩条件下，测量相位差电阻率比衰减电阻率更接近地层真电阻率，即相位差电阻率受围岩层厚影响更小，分辨率更高；目的层段越厚，测量衰减电阻率、相位差电阻率越接近地层真电阻率，对于薄层，围岩的影响较大。

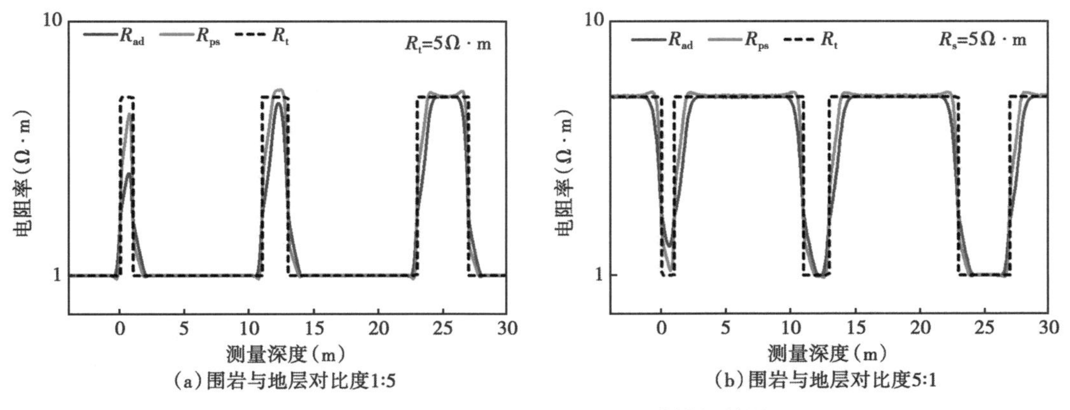

图 10-2-7　不同层厚的随钻电磁波模拟结果

4. 各向异性地层的响应特征

如前所述垂直井条件下，常规电缆测井测得的是主要地层水平电阻率 R_h 的贡献。斜井时，测量的电阻率往往是水平电阻率 R_h 和垂直电阻率 R_v 的综合贡献，从而使测井值偏离地层的水平电阻率。

假设地层为无限厚，井斜角从 0°变化至 90°，设 R_h 为 1 Ω · m，各向异性系数 λ（$\lambda=\sqrt{\frac{R_v}{R_h}}$）取 2 和 4，对应的 R_v 为 4 Ω · m 和 16 Ω · m。以斯伦贝谢公司的 MCR 仪器为例，图 10-2-8 为模拟响应图版。图中实线表示幅度衰减电阻率，虚线表示相位差电阻率，A 表示幅度衰减电阻率，P 表示相位差电阻率，H 表示高频（2MHz），L 表示低频（400kHz），字母后的数字表示源距，单位为 in，如 A33H 代表源距为 33in 的高频幅度衰减电阻率，以下的曲线代码中，未特别说明都采用这种表示方式。

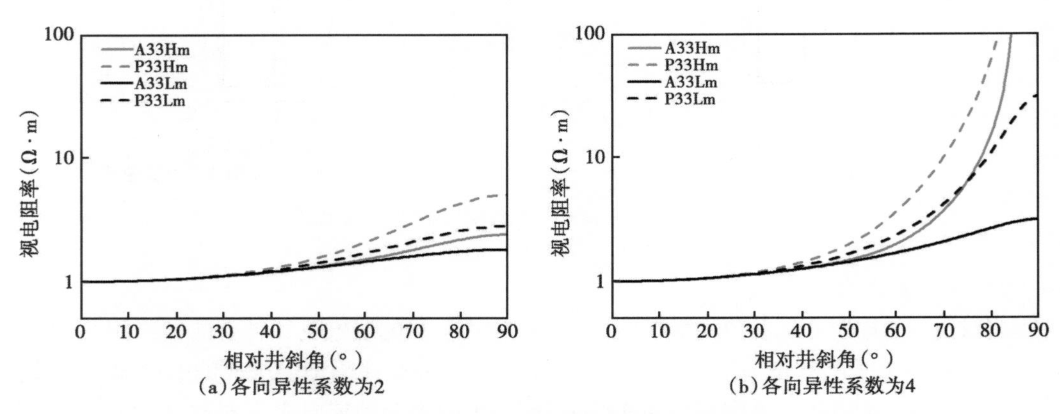

图 10-2-8　各向异性地层中 MCR 仪器视电阻率随相对井斜角变化的响应

由图 10-2-8 可以看出，测量视电阻率值随着井斜角的增大而增大；井斜角相同时，频率越高，相位（或幅度）电阻率受各向异性影响越大；工作频率相同，各向异性对相位电阻率的影响要大于幅度电阻率；井斜角小于 30°时，各种测量视电阻率值受地层各向异性影响很小。随着井斜角变大，各向异性的影响逐渐增强，不同源距曲线发生分离，且分离程度随着各向异性的增加而增加。据此特征可以判断地层中各向异性存在。即当地层存在各向异性时，高频相位受影响最大，值最高，低频幅度受影响小，值最小。这与围岩影响刚好相反。

图 10-2-9 为通过数值模拟得到的不同井斜角下 MCR 仪器测量电阻率与地层电阻率的绝对误差结果。井斜角小于 30°时，模拟得到的电阻率与模型电阻率绝对误差均小于 0.2 Ω · m；井斜角大于 70°时，各向异性影响程度急剧增大，如井斜角为 80°，各向异性系数为

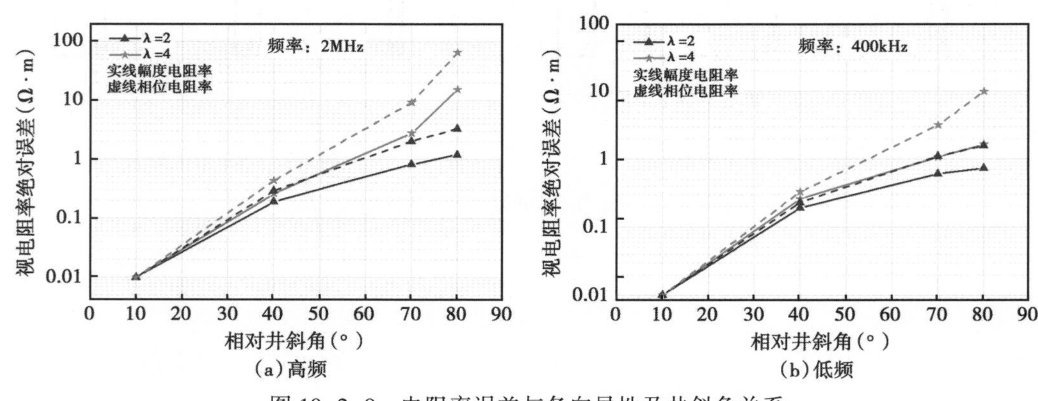

图 10-2-9　电阻率误差与各向异性及井斜角关系

4 时，2MHz 幅度电阻率误差为 15. 2Ω · m，2MHz 相位电阻率误差高达 65. 1Ω · m。因此，在实际解释时，必须要考虑各向异性对随钻电阻率测量结果的影响。

5. 地层界面附近的响应特征

图 10-2-10（a）为地层模型，设上部砂岩电阻率为 20Ω · m，下部泥岩电阻率为 2Ω · m，井斜角为 90°（即仪器与地层界面平行）。为考察地层界面附近的测井响应情况，采用图 10-2-10（b）所示的模型，模拟 MCR 仪器由上往下平行穿过层界面的测井响应变化。模拟结果表明：距离层界面越近，附近围岩对测量结果影响越大，在层界面处，产生极化角现象；频率越高极化现象越明显，相位差的极化要大于幅度衰减。从这里可以看出，并不是越靠近层界面，电阻率值越低，相反，在逐渐接近层界面时，电阻率是先降低，后急剧升高，穿过界面后，才开始逐渐降低。因此，在实际资料解释时一定要注意区分电阻率高值是由界面极化引起还是由储层流体性质的变化引起。砂岩中，距离界面距离大于 4m 时，MCR 所有探测深度的曲线均不受围岩影响；而在泥岩中，距离层界面大于 2m 时，MCR 所有测量曲线受围岩的影响都可以忽略。

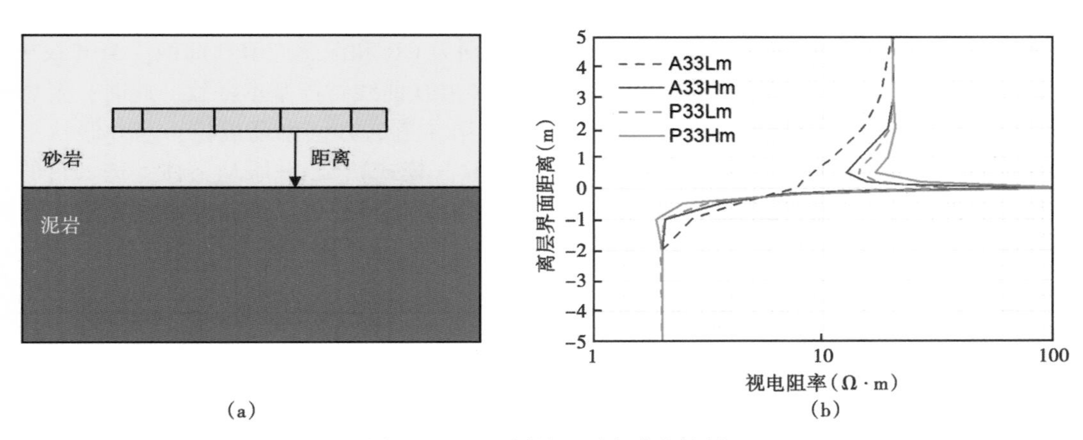

图 10-2-10　层界面距离响应特征

6. 不同线圈距的测井响应特征

为了考察源距和间距的变化对幅度比和相位差的影响，设计 4 组线圈系（表 10-2-1）进行数值模拟，结果如图 10-2-11 所示。

表 10-2-1　模拟不同线圈系结构参数

线圈系序号	线圈系结构参数（in）	发射频率（MHz）
1	R 6 R 12 T	2
2	R 6 R 24 T	2
3	R 12 R 12 T	2
4	R 12 R 24 T	2

从结果可以看出：间距相同时，增大源距，幅度比 EATT 减小，但曲线斜率即幅度比变化量增大；相位差 $\Delta\Phi$ 增大，曲线斜率基本不变。所以增大源距可以增大仪器的动态电阻率测量范围，但仪器长度也相应地增加，且幅度比信号减弱，不利于信号检测识别。

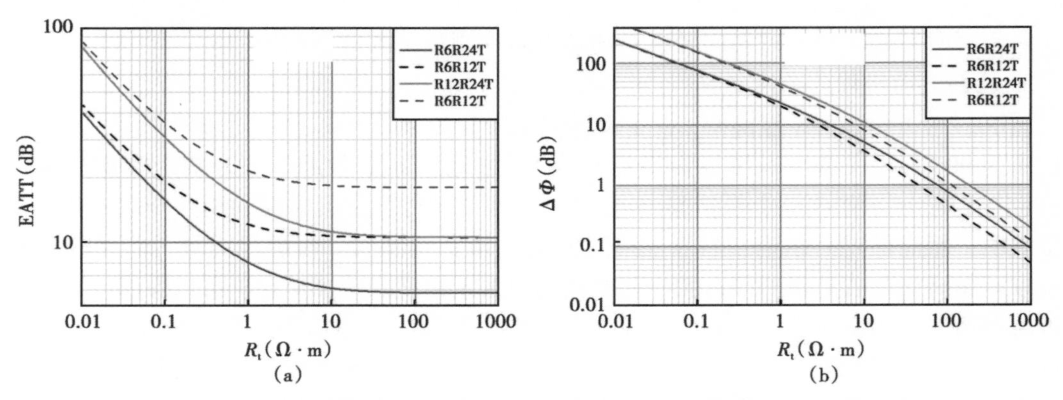

图 10-2-11　不同线圈距幅度比（a）、相位差（b）与地层电阻率的关系曲线

7. 随钻方位成像

当需要确定井眼轨迹是进入目的层还是出目的层，单纯依靠常规测井曲线是难以实现的。如图 10-2-12 所示，第 1 道黑色和红色曲线分别为 GR 和深感应 ILD 曲线。当井眼从 A 段出目的层和进入 B 段目的层时，在界面附近 GR 和 ILD 曲线特征基本一致。此时，要想确定出入地层位置，必须借助方位成像。图 10-2-12 第 3 道为方位伽马成像，当井眼从上往下出目的层时，伽马成像表现为左凸右凹状（“哭脸”模式），当井眼从下往上进入目的层时，伽马成像表现为左凹右凸状（“笑脸”模式），根据此特征可以判断井眼是钻进还是钻出地层。

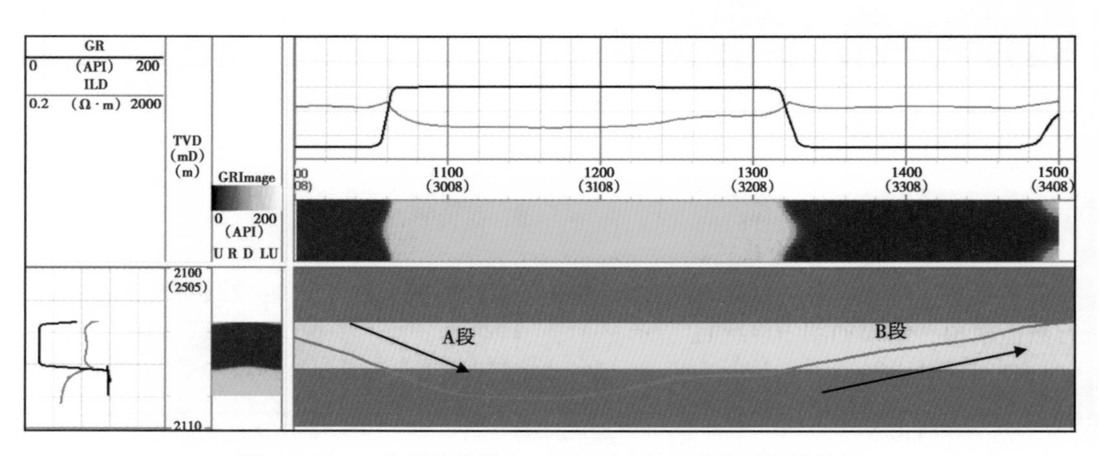

图 10-2-12　水平井井眼出入地层对应的方位伽马图像特征

第三节　水平井随钻测井和电缆测井交互式地层建模

水平井解释和直井解释最大的区别在于，水平井首先要确定井眼轨迹与地层的几何关系，即必须清楚井眼位于地层哪个部位、距离上下层界面有多远。描述井眼轨迹与地层间的关系一般采用反演方法来进行，传统的反演方法得到的仅是数学意义上的理想化模型，而人工交互式地质建模综合各种约束条件大大提高反演精度。

一、交互式反演的基本思路

在水平井中，要确定轨迹和目的层之间的精细关系，需要求解的未知数很多。如图 10-3-1 所示，对于一个上下三层介质模型，目的层电阻率为 R_t，上下围岩电阻率分别为 R_1 和 R_2，在建立轨迹与地层关系时（不考虑井眼大小和钻井液侵入），首先要确定进出地层的关键点，轨迹是从上进入地层还是从下进入地层，当前点 P 距离上层界面距离 D_1 和下地层界面距离 D_2，以及与地层相对倾角 α，同时还需要确定上围岩电阻率、下围岩电阻率以及地层真实电阻率。

由于实际采集的资料有限，需要确定的参数较多，用有限的资料反演大量未知参数得到的解并不唯一，采用纯数学的误差极小来约束反演结果，其最终成果并不一定符合地质及油藏背景。此时，交互式反演的优势就体现出来了。

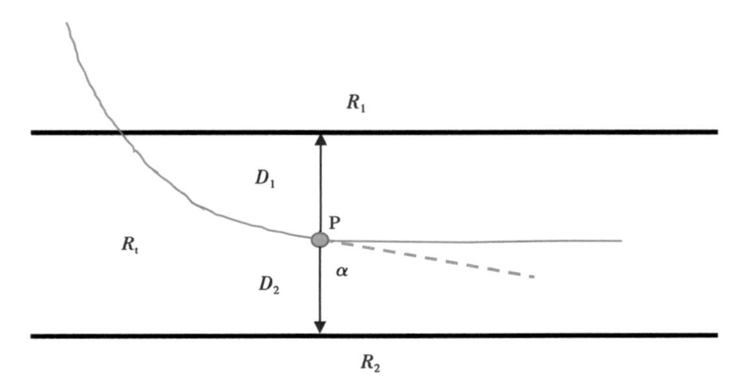

图 10-3-1　确定井眼轨迹与地层空间关系示意图

这里指的交互式并不是单纯的人机软件界面交互，更重要的是发挥解释工程师对区域油藏特征的经验认识，将更多的测井资料、解释经验，以及地区的地质认识和区域油藏背景等充分融入解释处理过程。

交互式反演方法主要强调两点：

（1）精细分层干预，这是交互式反演中比较关键的一步，需要充分考虑到井况、岩性以及薄夹层等因素以弥补计算机单条曲线自动分层的不足。在分层过程中，需要将井眼垮塌、有复杂岩性成分以及薄夹层等层段单独分开来以利于下一步的反演处理。

（2）约束条件干预，这是交互式反演中最为关键的一步。传统的反演方法之所以效果不佳，其原因在于他们都是纯数学方法，只要满足模拟曲线与实测曲线误差小于给定值 ε 即可，而不考虑岩石物理、地质环境及工程条件等方面是否合理。交互式反演的约束条件干预就是要充分考虑地质背景、油藏条件、工程环境等因素，主动修改地层模型，以模拟曲线与实测曲线是否吻合来约束，从而使得反演结果更为合理。而实际上，这样的约束条件也更加充分。

二、交互式建模的实现

根据上面讨论确定交互式反演的流程，先在自动分层的基础上充分考虑井况、岩性以及薄夹层等因素再进行人工修改和细分，然后使用邻井或者导眼井的测井曲线作为反演的初值进行反演得到初始地层模型。再考虑地质背景、油藏条件、工程环境等因素基础上主动修改地层模型，再进行正演计算，比较模拟出的测井响应与实测的测井响应是否吻合。如果不吻合，根据它们间的差异大小，考虑到邻层的情况继续修改地层模型使得模拟出的测井响应与实测响应逐渐吻合，这样使得反演结果更趋合理。

1. 建立初始地层模型

地层模型的建立主要是根据导眼井或相邻直井测井资料进行地层对比，对目标井进行地层划分并确定各地层的电阻率、自然伽马等初始值。

1）地层对比

目的是根据特征层确定所钻的目的层位，以了解本区域目的层位的电性、物性、围岩情况以及油气水性质等，为后续地层划分及地层评价做好准备。

2）地层划分

地层划分是利用导眼井或邻井直井测井资料根据所选择的测井曲线（如 GR 和电阻率曲线），依据特征变化趋势确定层界面。

3）模型初始值设定

可根据前述划分好的地层以及测井曲线得到模型水平电阻率初始值。

2. 精细确定井眼与地层的几何关系

准确描述井眼轨迹与地层的空间关系是水平井测井评价的前提，这里的主要难点是计算井眼轨迹上任一点距上下界面的距离。

1）确定进出地层关键点

根据前面的分析，随钻电磁波电阻率曲线在进地层和出地层附近往往会产生对称尖峰（与井斜角和上下地层电阻率反差有关）。可根据此特征确定轨迹进地层和出地层的关键点。

如图 10-3-2 所示，在 1640m 处，GR 读值由 105API 降低到 50API，4 条电阻率曲线读值逐渐增加，判断井眼开始入靶进入目的层；在 1786.13m、1875.9m 及 2056.73m、2127.93m 处（图中红色虚线框所示），电阻率曲线表现为对称尖峰，据此可以判断在这两个位置井眼轨迹钻出目的层后又返回到目的层。

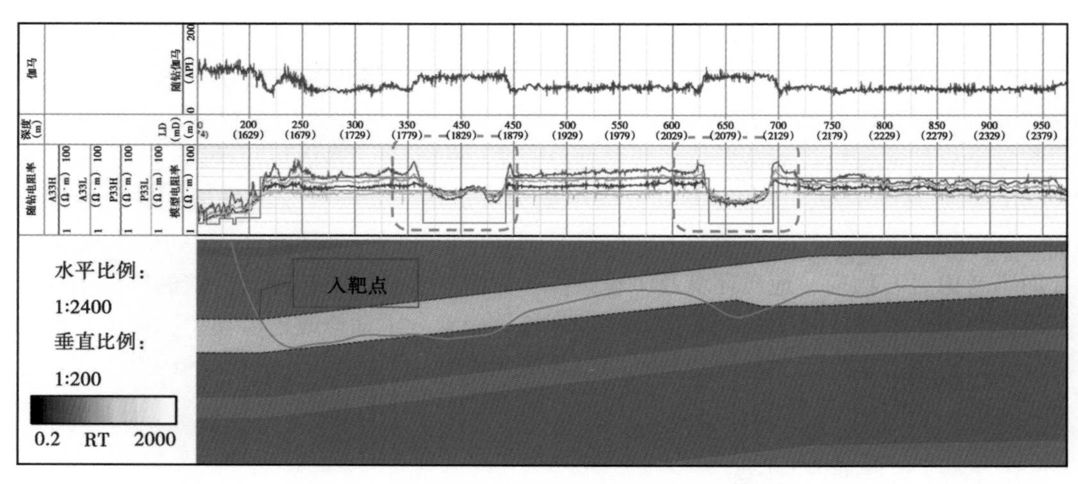

图 10-3-2　H49 井交互式反演初步地层模型

2）精细分析井眼与地层几何关系

通过不断调整地层界面与轨迹的距离、计算模拟曲线，再与实际测量曲线对比，当误差足够小时，可认为井眼轨迹与地层关系接近合理；否则继续调整、循环上述过程，这就是交互式正反演。图 10-3-3 为最终输出的地层模型。图中从上到下第 4 至第 7 道分别为 MCR 实测曲线与模拟结果对比，其中实线为实际测量曲线，虚线为模拟曲线。可以看到，模拟曲线与实际测量曲线基本吻合，因此可以认为该轨迹与地层模型是合理的（但并不一定是真实情况）。

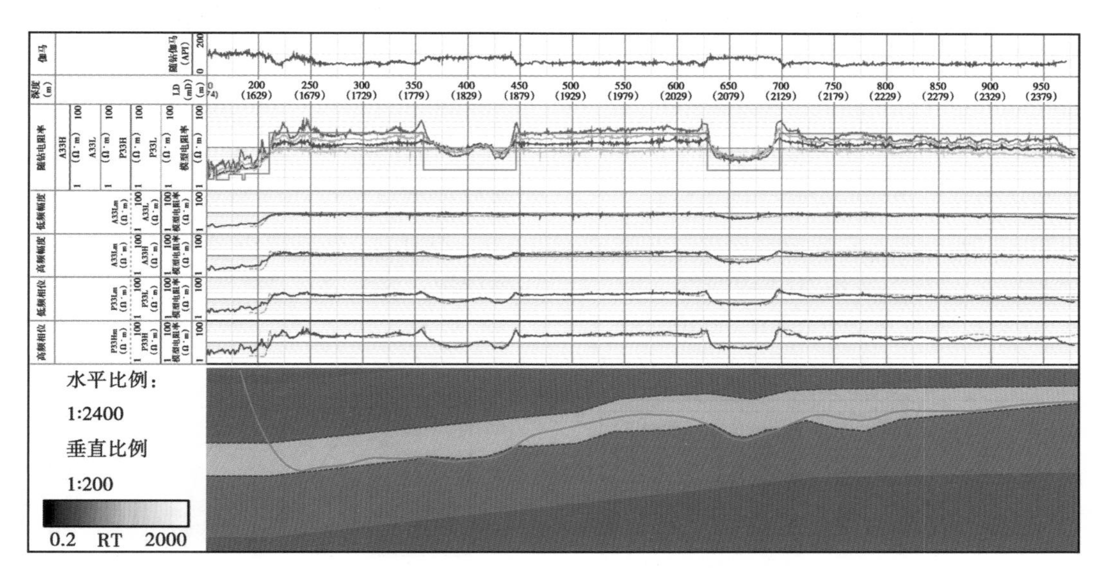

图 10-3-3　H49 井交互式反演确定的最终地层模型

第四节　水平井油气层测井解释方法与应用

实际生产数据表明，很多水平井产能并不高，有些井出水过早。这说明，水平井并不是入靶就行，还需要进行水平井段的精细评价以寻找含油气有利段。对于水平井段，不仅需要知道哪些井段在目的层中，还需要知道位于目的层水平井段含油气饱和度的分布规律。只有这样才能在射孔试油或投产时优化射孔方案，避开可能高含水的井段，最大程度延长水平井的寿命。因此，进行水平井段油层分级评价，一方面尽可能提高水平井产能，另一方面还可以优选压裂射孔段而降低成本。进行水平井段油层分级评价的核心是准确确定砂岩电阻率。

一、砂岩电阻率提取

1. 各向异性理论

垂直井中可以直接利用测量电阻率曲线（钻井液侵入校正后）进行含油饱和度评价，这里测量电阻率实际是地层水平电阻率。而在水平井中，如果地层存在电各向异性，电阻率曲线反映的是地层水平电阻率和垂直电阻率的综合贡献，是不能直接用来计算含油饱和度。

1）各向异性模型

一般认为地层沉积时是水平成层的，水平电阻率指在平行于沉积平面即水平面上测得的电阻率［图 10-4-1（a）］；垂直电阻率指在垂直于沉积平面即垂直面上测得的电阻率［图 10-4-1（b）］。

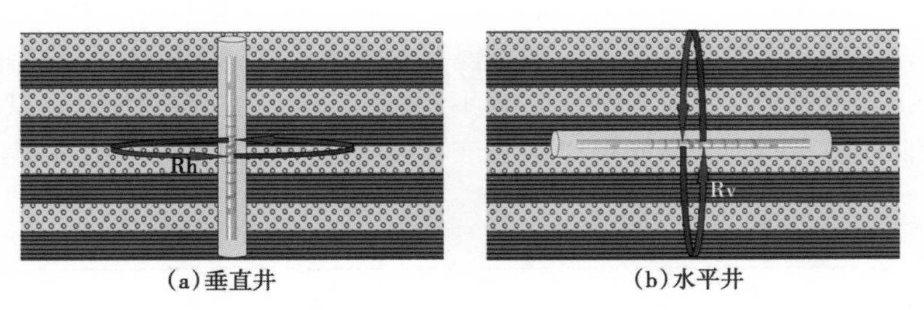

图 10-4-1　测量水平电阻率和垂直电阻率示意图

对于砂泥岩薄互层，采用如图 10-4-2 所示的模型。如果薄层的厚度小于仪器分辨率范围，则认为在宏观各向异性。图 10-4-2（a）为地层模型，在仪器分辨率范围内有 3 个砂岩层和 3 个泥岩层，砂层所占厚度分别设为 H_{sd1}、H_{sd2} 和 H_{sd3}，泥层所占厚度分别设为 H_{sh1}、H_{sh2} 和 H_{sh3}。将模型简化为图 10-4-2（b）中的两层模型，便有砂岩总厚度为 $H_{sd}=H_{sd1}+H_{sd2}+H_{sd3}$，泥岩总厚度 $H_{sh}=H_{sh1}+H_{sh2}+H_{sh3}$。

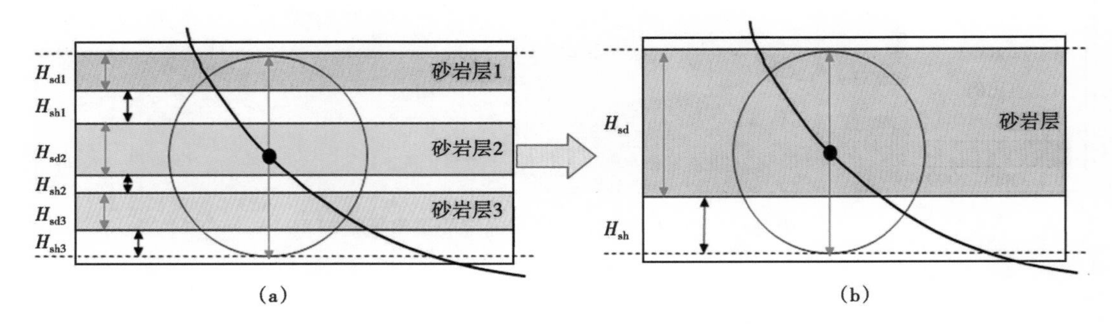

图 10-4-2　砂泥岩薄互层模型示意图

（1）泥岩各向同性（斯伦贝谢模型）。

假定地层是水平的，在砂泥岩薄互的地层模型中，设砂岩电阻率为 R_{sd}，泥岩电阻率为 R_{sh}，砂岩累积厚度为 H_{sd}，泥岩累积厚度为 H_{sh}。由于仪器分辨能力有限，当其不能区分单一的砂岩和泥岩时，视电阻率的测量结果是地层水平电阻率和垂直电阻率的综合效应。则 R_h、R_v 可以表示为：

$$R_h=\left[\frac{H_{sd}}{R_{sd}(H_{sd}+H_{sh})}+\frac{H_{sh}}{R_{sh}(H_{sd}+H_{sd})}\right]^{-1} \tag{10-4-1}$$

$$R_v=\frac{H_{sd}}{H_{sd}+H_{sh}}R_{sd}+\frac{H_{sh}}{H_{sd}+H_{sh}}R_{sh} \tag{10-4-2}$$

由式（10-4-1）、式（10-4-2）知：在砂泥岩薄互层中其水平视电阻率主要受低值的泥岩电阻率影响，从而表现为泥岩特性，而其垂直电阻率则相对较高，表现为砂岩特性。由此根据式（10-4-1）、式（10-4-2）可得到砂岩电阻率计算公式：

$$R_{sd} = R_h \frac{R_v - R_{sh}}{R_h - R_{sh}} \tag{10-4-3}$$

可以采用式（10-4-3）计算砂岩电阻率，但前提是必须已知水平电阻率、垂直电阻率以及泥岩电阻率。也可用图版法计算砂岩电阻率。如图 10-4-3 所示，其中 V_{sh} 为泥岩体积含量。一般在应用中可通过确定地层界面后知道井眼轨迹与地层的关系（井眼轨迹到地层距离 ΔH），结合仪器纵向分辨率，可以计算探测范围内泥岩厚度 H_{sh} 和砂岩厚度 H_{sd}，得到 $V_{sh}=H_{sh}/(H_{sh}+H_{sd})$。已知 R_h、R_v 及 V_{sh} 即可得到砂岩电阻率 R_{sd}。

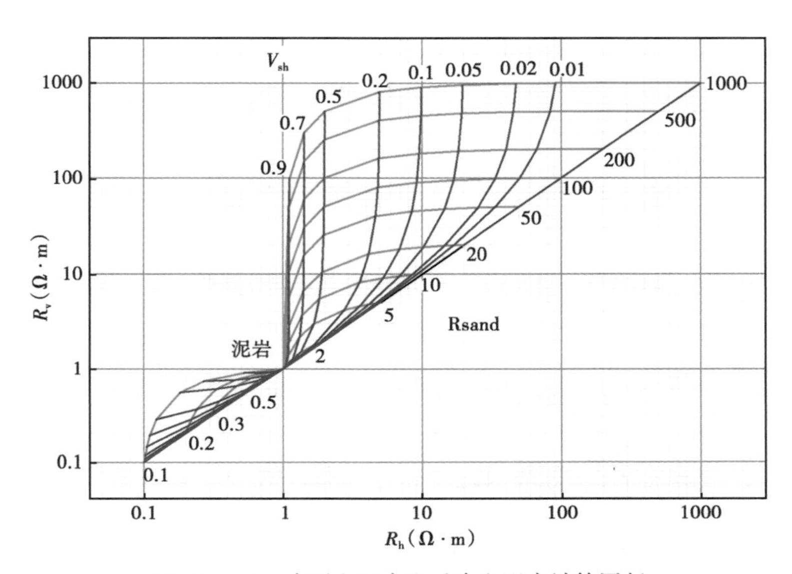

图 10-4-3　水平电阻率和垂直电阻率计算图版

（2）泥岩各向异性。

当泥岩存在各向异性时，即泥岩水平电阻率 R_{sh-h} 与泥岩垂直电阻率 R_{sh-v} 不相等，则有：

$$R_h = \left(\frac{V_{sd}}{R_{sd}} + \frac{V_{sh}}{R_{sh-h}}\right)^{-1} \tag{10-4-4}$$

$$R_v = R_{sd}V_{sd} + R_{sh-v}V_{sh} \tag{10-4-5}$$

根据式（10-4-4）和式（10-4-5），解出薄互层中砂岩电阻率值 R_{sd} 为：

$$R_{sd} = R_{sd}^0\left\{1 + \frac{1}{2}\left[\frac{R_{sd}^0}{R_{sh-h}} - 1 - \sqrt{\left(\frac{R_{sd}^0}{R_{sh-h}} - 1\right)^2 \frac{4R_{sd}^0}{R_{sh-h}}\left(\frac{R_{sh-h}}{R_{sh-v}} - 1\right)}\right]\right\}^{-1} \tag{10-4-6}$$

$$R_{sd}^0 = R_h \frac{R_v - R_{sh-v}}{R_h - R_{sh-h}} \tag{10-4-7}$$

薄互层中砂岩体积含量由下式给出：

$$V_{sd} = \frac{R_v - R_{sh-v}}{R_{sd} - R_{sh-v}} \tag{10-4-8}$$

根据式（10-4-4）和式（10-4-5）可以得到确定砂岩电阻率的图版如图 10-4-4 所示。

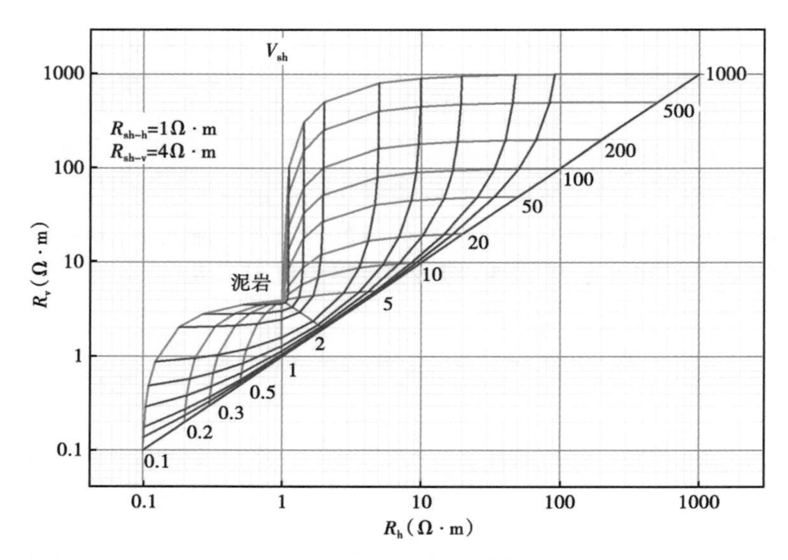

图 10-4-4　泥岩各向异性时水平电阻率和垂直电阻率解释图版（据 Hagiwara）

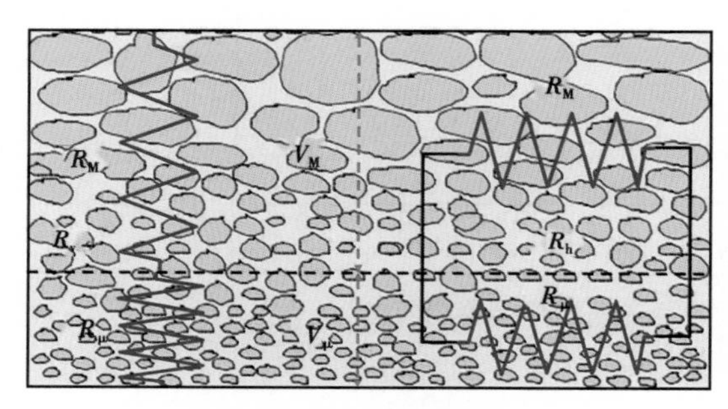

图 10-4-5　大孔隙和微孔隙互层各向异性模型（据 Klein）

（3）Klein 饱和度各向异性模型。

1995 年 Klein 等提出了一种简单的各向异性模型，描述了电各向异性对流体饱和度的影响，其必要条件是毛管压力的垂向变化比水平变化要大。该地层模型由大孔隙、微孔隙分别占主导的平行交互岩层构成。如图 10-4-5 所示，假设地层为二元序列，上部为大孔隙层段，下部为微孔隙层段，且该模型并不仅仅只限于砂泥岩地层。

根据电阻率的串联、并联模型可以得到垂直电阻率和水平电阻率的表达式如下：

$$R_{v}=V_{M}R_{M}+V_{\mu}R_{\mu} \tag{10-4-9}$$

$$R_{h}=\left(\frac{V_{M}}{R_{M}}+\frac{V_{\mu}}{R_{\mu}}\right)^{-1} \tag{10-4-10}$$

式中　R_M——大孔隙岩层电阻率；

R_μ——小孔隙岩层电阻率；

V_M——大孔隙岩层（如砂岩层）体积含量；

V_μ——微孔隙岩层（如泥岩层）体积含量，且 $V_M+V_\mu=1$。

假设各层的流体饱和度均可用阿尔奇公式描述。那么式（10-4-9）和式（10-4-10）用含水饱和度来表达水平电阻率和垂直电阻率如下：

$$R_{v}=V_{M}\left(\frac{aR_{w}}{\phi^{m}S_{w}^{n}}\right)_{M}+V_{\mu}\left(\frac{aR_{w}}{\phi^{m}S_{w}^{n}}\right)_{\mu} \tag{10-4-11}$$

$$R_h = \left[\frac{V_M}{\left(\frac{aR_w}{\phi^m S_w^n}\right)_M} + \frac{V_\mu}{\left(\frac{aR_w}{\phi^m S_w^n}\right)_\mu}\right]^{-1} \quad (10\text{-}4\text{-}12)$$

式中 a——系数；

m——孔隙度指数；

n——饱和度指数；

R_w——地层水电阻率；

ϕ——孔隙度；

S_w——含水饱和度；

角标 M 和 μ——分别为大孔隙和微孔隙类型。

为分析地层总饱和度对地层各向异性的影响，假设大孔隙和微孔隙地层中使用相同的系数 $a=1$，$m=2$，$n=2$，$R_w=0.1\Omega\cdot m$，$\phi_M=0.275$，$\phi_\mu=0.169$，则各向异性指数与总饱和度的关系如图 10-4-6 所示。总体上，高含水饱和度的地层中，各向异性系数较低，这归因于两种地层类型之间的孔隙度有差异。当 $V_M=0.5$ 时，即薄互层砂泥岩各占一半体积，当总含水饱和度 S_{wT}减少时，与微孔隙地层相比，大孔隙地层的饱和度首先减少，结果是大孔隙含水饱和度 S_{wM}比微孔隙含水饱和度 $S_{w\mu}$小得多，大孔隙地层从而成为高阻层，各向异性系数随 S_{wT}的减少而增大，在 $S_{wT}=0.3$ 时达到最大值，此时大孔隙地层含水饱和度接近束缚水饱和度。当 S_{wT}进一步减小时，S_{wM}和 $S_{w\mu}$都开始收敛。当 S_{wT}小于 0.3 时，各向异性系数随着 S_{wT}降低而减小。

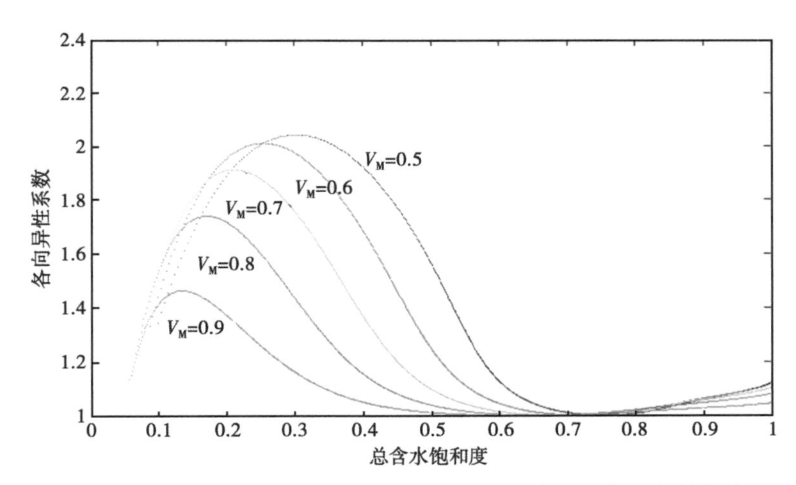

图 10-4-6　电阻率各向异性、总含水饱和度及大孔隙层段体积含量的关系图版

根据以上电阻率分析可知，要得到地层砂岩电阻率，前提是需要获得地层水平电阻率和垂直电阻率。

2）水平电阻率和垂直电阻率的计算

（1）普通电阻率测井各向异性响应。

普通电阻率测井仪用 $R=KV/I$ 导出电测井电阻率，式中，I 为从电极 A 向地层发射的电流，V 为在电压电极 M 处测得的电压，电极 M 距离电极 A 的距离为 L，K 为仪器常数。在各向异性地层中，V 满足下式：

$$\left(\partial_z^2 + \frac{1}{\lambda^2}(\partial_x^2 + \partial_y^2)\right)V(z, r) = -\frac{1}{4\pi\sigma_H}\delta(z)\delta(x)\delta(y) \tag{10-4-13}$$

利用新的径向坐标，$r' = ar$，式（10-4-13）简化可得到解为：

$$V(z, r') = \frac{IR_h}{4\pi\sqrt{z^2 + r'^2}} \tag{10-4-14}$$

若径向尺寸 r' 远小于 AM 间距，即（$r' \ll L$），则电极 M 处的 V 仅由水平电阻率 R_h 确定。如果忽略井眼影响，则普通电阻率测井主要对水平电阻率响应。因此式（10-4-14）表明，地层各向异性作用仅由径向测量范围 $r' = ar$ 确定。

在大斜度井和水平井中，V 为电极 M 处的电压（$z = L\cos\theta$，$r = L\sin\theta$），L 为电极 A 和 M 之间的极距，θ 为井斜角。则斜井中的电压等于垂直井眼中的电压与因子 $1/\sqrt{\cos^2\theta + \sin^2\theta/\lambda^2}$ 的乘积。因此普通电阻率测井读取的视电阻率为：

$$R_{\log} = \frac{R_h}{\sqrt{\cos^2\theta + \frac{1}{\lambda^2}\sin^2\theta}} \tag{10-4-15}$$

根据式（10-4-15）当井斜角为 0°时，得到的视电阻率为水平电阻率，即：

$$R_{\log} = R_h \tag{10-4-16}$$

当井斜角为 90°时，即：

$$R_{\log} = \lambda R_h \tag{10-4-17}$$

联合式（10-4-15）至式（10-4-17）式便可得到水平电阻率和垂直电阻率。因此，可以根据不同井斜角度来确定水平和垂直电阻率。

（2）常规侧向测井和感应测井各向异性的响应。

感应测井仪是测量水平（径向）电导率，常规感应测井仪器一般采用 20kHz 的频率，测量环形线圈中的感应电压：

$$V = 2\pi\alpha E_\theta \tag{10-4-18}$$

式中 E_θ——方位方向上的电场强度；

α——线圈半径。

E_θ 与向量 A 的关系为 $E_\theta = i\omega A_\theta$，在各向异地层中，满足下式：

$$\widetilde{\nabla}^2 A_0 + i\omega\mu\sigma_\theta A_\theta = -\frac{I}{2\pi\alpha}\delta(z)\delta(r - \alpha) \tag{10-4-19}$$

显然，A_θ 只随水平电导率变化，特别是在方位方向上。同时可以看到，在有限的径向空间内，各向异性的影响（或垂直电导率的影响）在方程中完全消失。这是感应测井与普通电阻率测井的区别。利用波长近似法，可以得到常规电缆感应测井的视电导率：

$$\sigma_{\log} = \sigma_H\sqrt{\cos^2\theta + \sin^2\theta/\lambda^2} \tag{10-4-20}$$

与式（10-4-15）类似，侧向测井的视电阻率可近似表达为：

$$R_{\log} = -\frac{R_h}{\sqrt{\cos^2\theta + \frac{1}{\lambda^2}\sin^2\theta}} \tag{10-4-21}$$

根据式（10-4-20）、式（10-4-21），可以根据不同井斜角确定水平电阻率或者垂直电阻率，或者根据同一口井的不同电阻率系列（感应电阻率或者侧向电阻率）来确定水平和垂直电阻率。

（3）高频电磁波测井仪器各向异性响应。

感应类测井仪器的响应由下式给出：

$$V \propto \frac{\mathrm{i}}{L^3}\left[-2\mathrm{e}^{\mathrm{i}kL}(1-\mathrm{i}kL)+\mathrm{i}kL(\mathrm{e}^{\mathrm{i}kl\beta}-\mathrm{e}^{\mathrm{i}kL})\right] \tag{10-4-22}$$

$$k=\sqrt{\mathrm{i}\omega\mu(\sigma_{\mathrm{H}}-\mathrm{i}\omega\varepsilon_{\mathrm{H}})} \tag{10-4-23}$$

$$\beta=\sqrt{\cos^2\theta+\sin^2\theta/\lambda^2} \tag{10-4-24}$$

式中 V——接收线圈处的电动势；

L——发射线圈和接收线圈的距离；

β——各向异性响应因子，是电阻率各向异性系数和相对倾角 θ 的函数；

k——水平方向的复合波数，该参数取决于地层的水平电导率 σ_{H}、水平介电常数 ε_{H}、地层的磁导率 μ 和发射电磁波角频率 ω，在 2MHz 频率时 ε_{H} 的影响可以忽略不计。

根据式（10-4-22），当 L 已知，对于任意两种感应类的响应值，即可确定 k 和 β，这样 σ_{H} 就可根据（10-4-23）得到，若 θ 已知，便可根据式（10-4-24）得到垂直电导率。

在各向异性均质地层中，低频感应测井对地层电阻率的响应为：

$$R_{\mathrm{R}}=\frac{R_{\mathrm{H}}}{\sqrt{\cos^2\theta+\sin^2\theta/\lambda^2}}=\frac{R_{\mathrm{H}}}{\beta} \tag{10-4-25}$$

$$R_{\mathrm{X}}=\frac{R_{\mathrm{H}}}{\left(\dfrac{1+3\beta^2}{4}\right)^{2/3}} \tag{10-4-26}$$

式中 R_{R}——R 接收线圈电阻率（地层信号）；

R_{X}——X 信号电阻率（发射线圈直接耦合产生的信号）。

在获取 2 个信号端的电阻率值后，可以很容易解出水平电阻率 R_{H} 和 β，且由式（10-4-20），若已知井斜角，可解出 R_{v}。

而对于高频电磁波测井，其测量结果为不同频率、不同源距的相位电阻率 R_{p} 和幅度差电阻率 R_{a}，图 10-4-7 至图 10-4-9 分别给出了源距、频率、相位和幅度电阻率与水平电阻率、各向异性系数的关系图版。

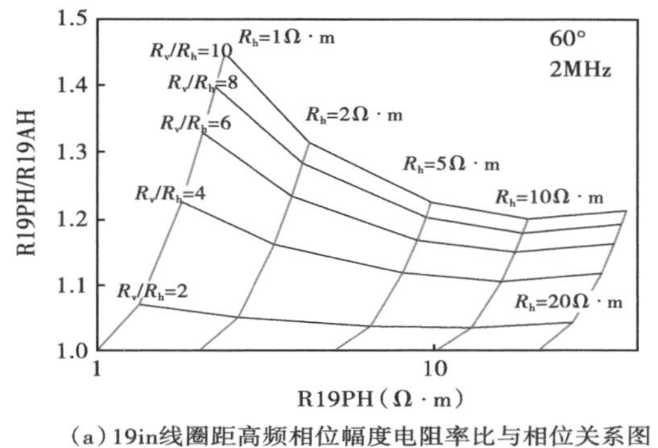

（a）19in线圈距高频相位幅度电阻率比与相位关系图

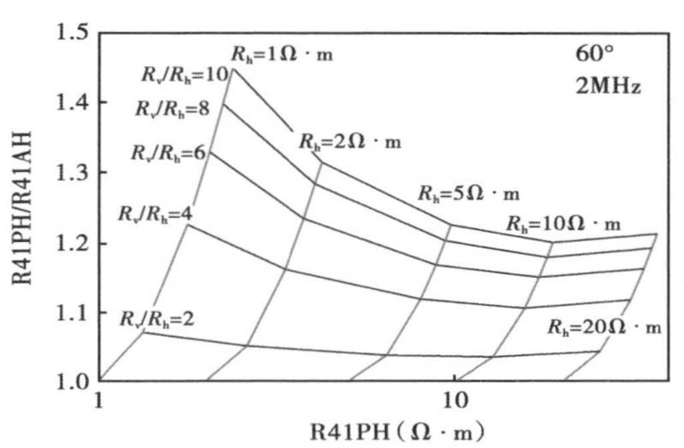

（b）41in线圈距高频相位幅度电阻率比与相位关系图

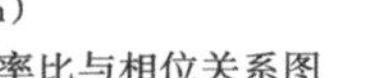

图 10-4-7　相同源距相同频率相位和幅度电阻率确定水平电阻率和各向异性图版

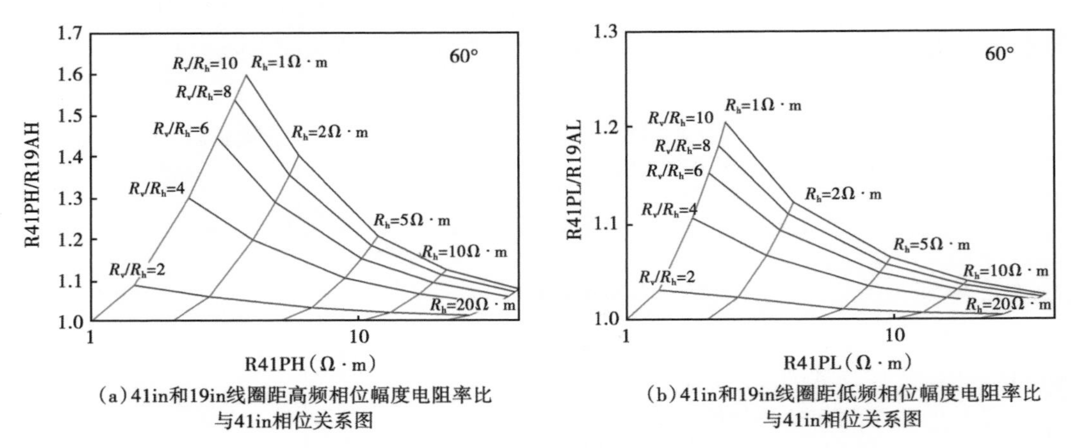

(a) 41in和19in线圈距高频相位幅度电阻率比与41in相位关系图

(b) 41in和19in线圈距低频相位幅度电阻率比与41in相位关系图

图 10-4-8　同一频率不同源距的相位或幅度电阻率确定水平电阻率和各向异性图版

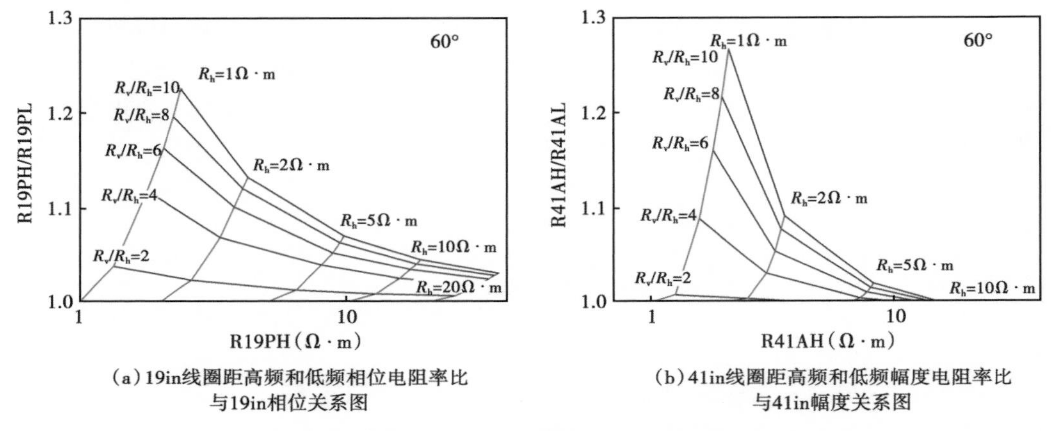

(a) 19in线圈距高频和低频相位电阻率比与19in相位关系图

(b) 41in线圈距高频和低频幅度电阻率比与41in幅度关系图

图 10-4-9　不同频率相同源距的相位或幅度电阻率确定水平电阻率和各向异性图版

据此，可根据式（10-4-22）来求解不同频率、不同源距的相位电阻率或者幅度电阻率来确定地层的水平和垂直电阻率，进而，根据前面的各向异性地层模型求得地层砂岩电阻率。

图 10-4-10 为砂岩电阻率计算成果实例。第 5 道为密度和中子孔隙度，第 4 道为根据式（10-4-23），利用相同频率相同源距的相位和幅度电阻率计算的水平电阻率（R_h，蓝色）和垂直电阻率（R_v，红色）及根据式（10-4-1）和式（10-4-2）计算的砂岩电阻率（R_{sd}，黑色），第 3 道为阵列侧向，第 2 道为随钻电阻率。

综上所述，利用各向异性理论计算地层砂岩电阻率的方法可归纳如下：

对于随钻系列，利用式（10-4-22），采用任意两种随钻测量方式（相同频率相同源距的相位或者幅度；不同频率相同源距的相位；不同频率相同源距的幅度；相同频率不同源距的相位；相同频率不同源距的幅度）来获得水平和垂直电阻率，然后利用式（10-4-1）和式（10-4-2），或者式（10-4-4）和式（10-4-5）得到砂岩电阻率；

而对于低频感应类（双感应）和直流类测井（电极或者侧向），可根据式（10-4-15）和式（10-4-20）获得，或者采用如下的迭代法得到。

①计算地层泥质含量 V_{sh}；

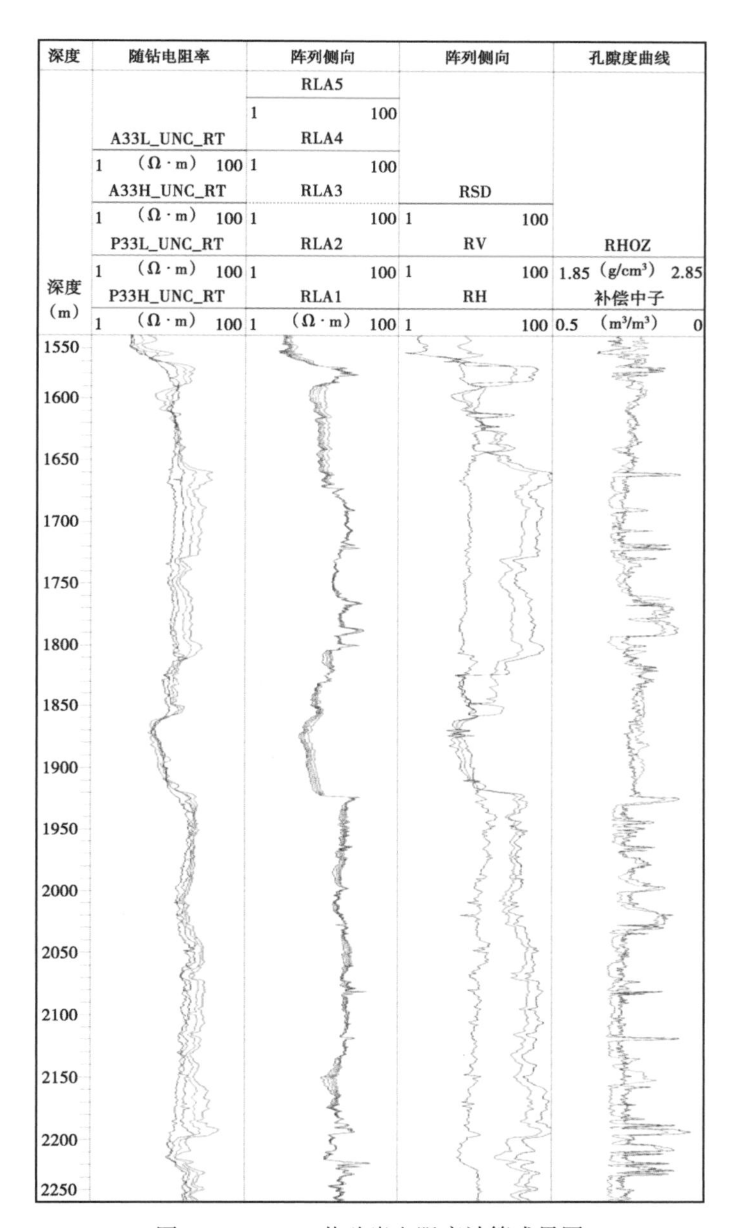

图 10-4-10　X 井砂岩电阻率计算成果图

②计算复合地层中的总各向异性系数；给定初始砂岩电阻率 R_{sd} 以及泥岩地层水平电阻率 R_{sh-h}；

$$\lambda = \sqrt{\frac{R_v}{R_h}} \tag{10-4-27}$$

代入式（10-4-4）和式（10-4-5）得到：

$$\lambda = \sqrt{[(1 - V_{sh})R_{sd} + V_{sh}R_{sh-h}(\frac{1 - V_{sh}}{R_{sd}} + \frac{V_{sh}}{R_{sh-h}})]} \tag{10-4-28}$$

③将视电阻率校正到水平电阻率：

$$R_{\mathrm{H}} = R_{\log}\sqrt{1 + (1 - \lambda^2)\sin^2\theta/\lambda^2} \tag{10-4-29}$$

④重新计算 $R_{\text{sh-h}}$：

$$R_{\text{sh-h}}{}' = \frac{V_{\mathrm{sh}}}{\dfrac{1}{R_{\mathrm{h}}} - \dfrac{1 - V_{\mathrm{sh}}}{R_{\mathrm{sd}}}} \tag{10-4-30}$$

当 $|R_{\text{sh-h}}{}' - R_{\text{sh-h}}| < \varepsilon$（足够小），则迭代结束，否则 $R_{\text{sh-h}} = R_{\text{sh-h}}{}'$，然后重新迭代计算。

2. 交互式正反演确定砂岩电阻率

交互式正反演技术路线图如图 10-4-11 所示。

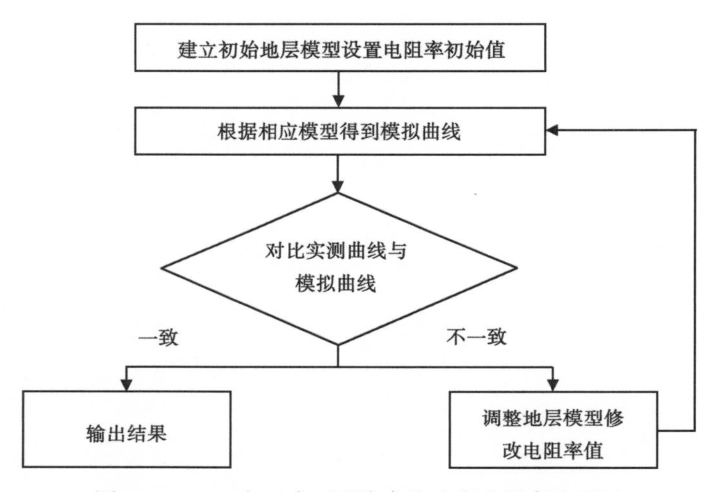

图 10-4-11　交互式正反演求取砂岩电阻率流程图

采用交互式建模获得的地层真电阻率，前提是认为各段地层电阻率在横向上是不变的，因此得到的地层真电阻率是方波状的。但实际地层横向上电阻率可能会发生变化，故在实际资料处理时，应根据地区地质情况和实际资料情况综合上述两类方法。

二、油气层分级评价方法

油气层分级评价的目的是针对含油饱和度不同的水平段进行射孔层段优选以提高油气采收率。

1. 蝴蝶图分级评价

根据式（10-4-4）至式（10-4-6）可以得到各向异性地层水平电阻率和垂直电阻率解释图版，如图 10-4-3 和图 10-4-4 所示。该图在形状上类似蝴蝶，因此称为蝴蝶图。图中 V_{sh} 为薄互层中泥岩的体积含量，泥岩体积含量从 0.01、0.02 依次增大到 0.9，泥岩点位置的泥质含量为 100%；图中 45°线上，$R_{\mathrm{h}} = R_{\mathrm{v}}$，$V_{\mathrm{sh}} = 0\%$；蓝绿色点为水点，随着泥质含量的增加，水点沿着红色轨迹向上移动到泥岩点，构成了水线（蓝绿色）；图中红色细线为砂岩线，它起始于泥岩点，交于 45°线，为双曲线状；泥岩点与纯砂岩点（$R_{\mathrm{h}} = R_{\mathrm{v}} = \sqrt{R_{\text{sh-v}}R_{\text{sh-h}}}$）构成了储层线，数据一般落在水线、100%泥岩线、45°线以及最大砂岩线所构成的区域中（图 10-4-12），当数据在储层线上方时，即 $R_{\mathrm{sd}} > \sqrt{R_{\text{sh-v}}R_{\text{sh-h}}}$，储层各向异性较强，含油饱和度较高；当数据在储层线下方时，即 $R_{sd}<\sqrt{R_{sh-v}R_{sh-h}}$，储层各向异性较弱，含水饱和度较高。

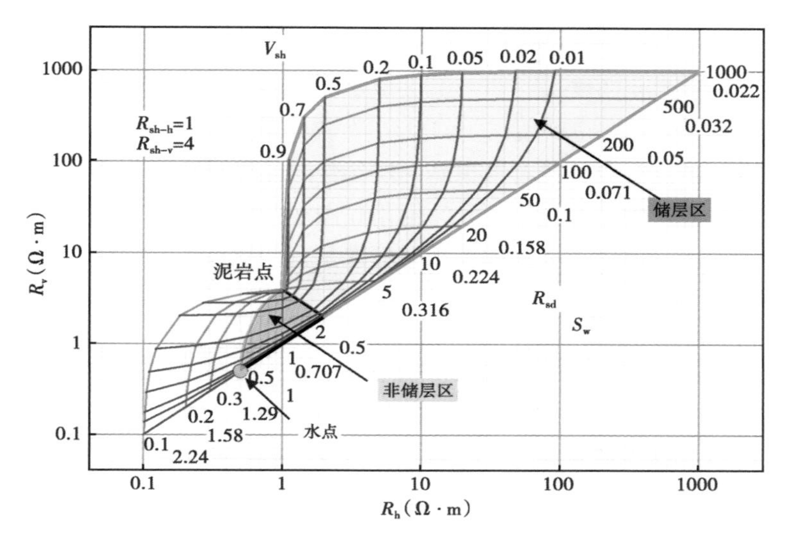

图 10-4-12　水平井油层分级解释图版

考虑不同的泥岩电阻率各向异性，当 R_{sh-v}/R_{sh-h} 由 1 逐渐变大到 1000，蝴蝶图中的泥岩点依次往各向同性泥岩点（图 10-4-13 中的 $R_{sh-v}/R_{sh-h}=1$ 点）的正北方向分布，且图中的泥岩各向异性增大线的刻度 $R_{sh-v}/R_{sh-h}=1$、2、5、10、20、50、100、500 和 1000 分别平行对应图版上纵坐标 R_v 的刻度。在分析区域泥岩各向异性特征时，首先选择泥岩点，然后作纵轴 R_v 以及横轴 R_h 的垂线，交点即为 R_{sh-v}/R_{sh-h}。

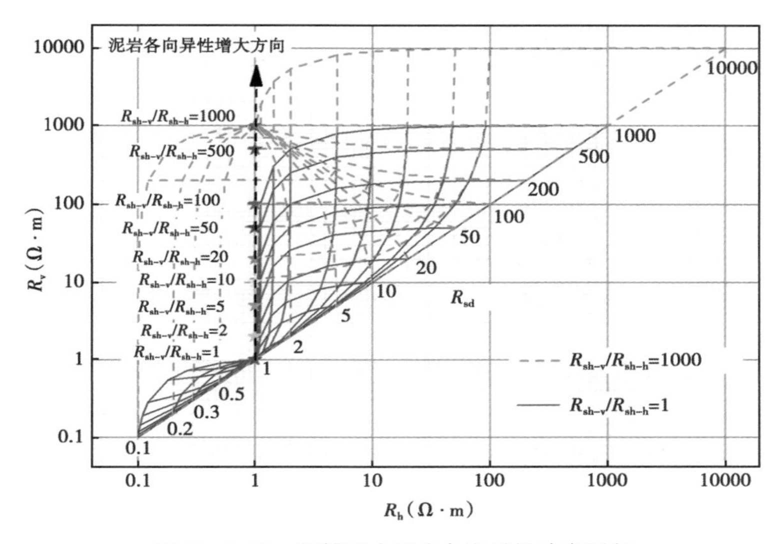

图 10-4-13　蝴蝶图中泥岩各向异性确定图版

利用蝴蝶图进行油层分级评价步骤如下：

（1）计算储层水平电阻率和垂直电阻率，并将数据绘制在图 10-4-12 中；

(2) 根据数据分布，按照图 10-4-13 的原理确定泥岩点，进而确定泥岩各向异性；根据泥岩点，重新绘制蝴蝶图；

(3) 在 45°线上，找到水点（一般为电阻率最小点）电阻率值，根据 $S_w = \sqrt{R_o / R_{sd}}$，将 45 度线上的砂岩点数据用水饱和度代替（图 10-4-12 中砂岩电阻率下方的数据即为水饱和度，根据水点为 0.5 Ω·m 计算）；

(4) 根据数据点的分布，即可确定水平井段分级级别。

利用蝴蝶图进行油层分级，没有考虑到储层物性对油层级别的影响，仅仅将含油性归结于电阻率的变化。尽管图中含有泥质部分，但是在图中并没有反映储层物性变化的影响，如孔隙度、渗透率的大小。因此，应用蝴蝶图的前提是目的层段的储层物性变化不大。

2. 交会图分级评价

交会图是研究区域参数和评价油气水的重要工具，利用交会图可以将测井资料转换为地质参数。在垂直井评价中开展岩心分析、流体识别、储层分类、解释参数选取等工作时，交会图常常发挥着至关重要的作用。常用的与流体识别和分类相关的交会图有孔隙度—电阻率图版、电阻率—声波（密度或中子）Pickeet 图、深浅电阻率差值—电阻率交会图等。对于水平井，需要考虑的应该是轨迹所穿过的目的层含油饱和度的变化。因此，可以借鉴直井流体识别和分类的方法，在水平井段进行油层分级评价。

这种方法首先利用试油资料建立区块油水层识别图版，然后利用水平井校正电阻率判断油水层，继而建立水平井油层分级解释图版，最后给出水平井不同井段含油级别的精细解释结论。

以吉林油田某井区为例。根据该地区的生产资料分析，AA 井区产油与产水很大程度上与储层物性有关，因此建立水平井测井油层分级解释图版首先从储层分级开始。通过对该区块多口水平井测井数据建立了交会图版。图 10-4-14、图 10-4-15 分别是 AA 区块和 BB 区块水平井测井油层分级解释图版。图 10-4-16 是利用水平井测井油层分级解释图版对 BB 区块 B-2 井处理解释的结果。图中解释的油水同层对应的砂岩电阻率在 10Ω·m 以下，计算的含油饱和度不高，属于三类储层。

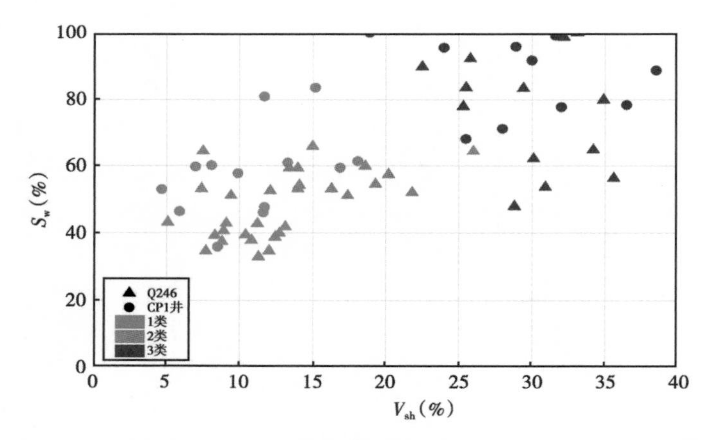

图 10-4-14　AA 区块水平井测井分级解释图版（泥质含量与含水饱和度交会）

三、分级评价流程

由于水平井的井条件特殊性使其在曲线显示、数据处理及解释等方面表现出与直井不一样的特性。在进行资料处理解释时，需要仔细考虑各种环境因素影响，如仪器在井中的位

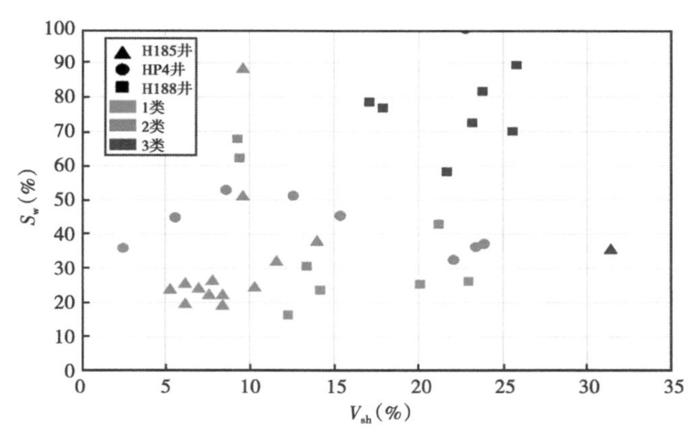

图 10-4-15　BB 区块水平井测井分级解释图版（泥质含量与含水饱和度交会）

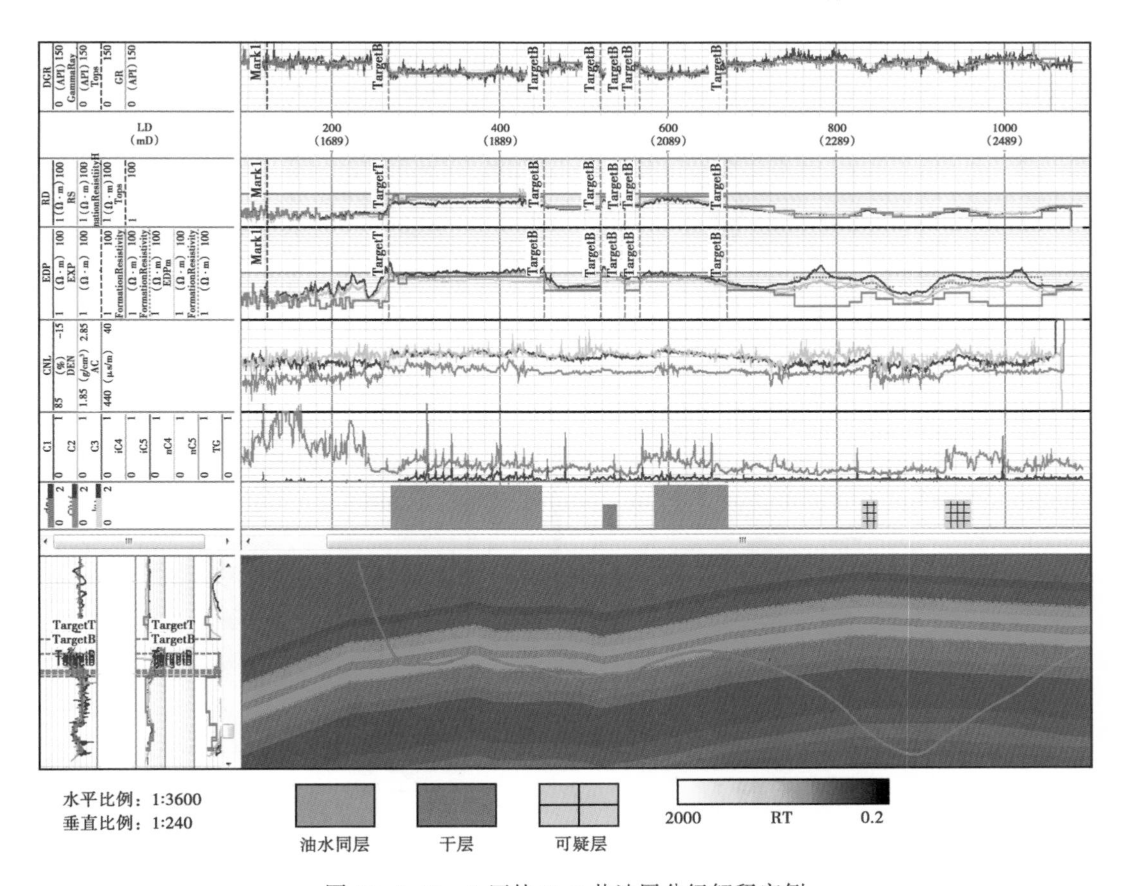

图 10-4-16　B 区块 B-2 井油层分级解释实例

置、井眼状况、侵入带、储层各向异性、地层非均质性等。

进行水平井测井评价需要综合利用各种资料如区域地质概况、邻井测井资料、录井取心资料、测试结果以及岩石物理实验结果等信息。虽然水平井测井资料的环境校正方法与垂直井截然不同，但经过环境校正后的测井资料进行后续的解释评价是与直井类似的。因此直井评价中建立的孔隙度、饱和度和渗透率的计算公式均可应用到水平井分析评价中。水平井分级评价流程如图 10-4-17 所示。

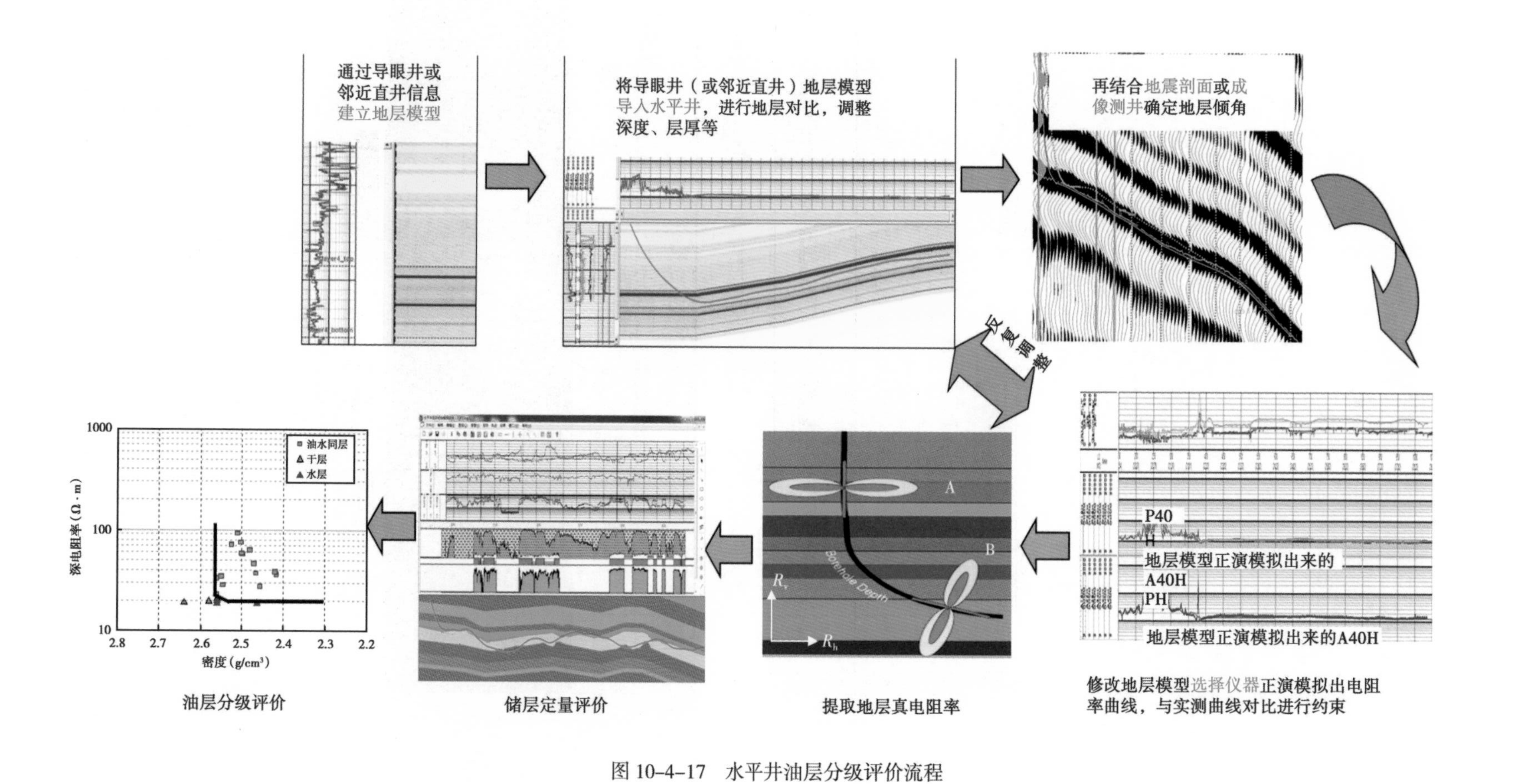

图 10-4-17　水平井油层分级评价流程

四、致密砂岩储层水平井测井处理与应用

1. 吉林油田水平井测井解释评价

以吉林油田水平井示范区的黑帝庙薄油层和扶余致密油层为例分析上述技术的应用。

1）黑帝庙薄层水平井评价

HXX1 井目的层为嫩四段Ⅵ砂组，岩性以粉砂岩或细砂岩为主。图 10-4-18 为 HXX1 井邻近直井 HX1 一段测井曲线，油层在 1496.6～1501.8m，电阻率为 15 Ω·m 左右，上下围岩（泥岩）电阻率为 2 Ω·m 左右，目的层内夹薄泥岩层。根据此特征建立初始地质模型。地质模型从 1490m 到 1520m，模型颜色深浅代表自然伽马的高低。颜色越深，表示伽马值越高，含泥量越高；颜色越浅，伽马值越低，含泥量越少。第 6 道折线为模型初始值，红色为电阻率，蓝色为自然伽马。

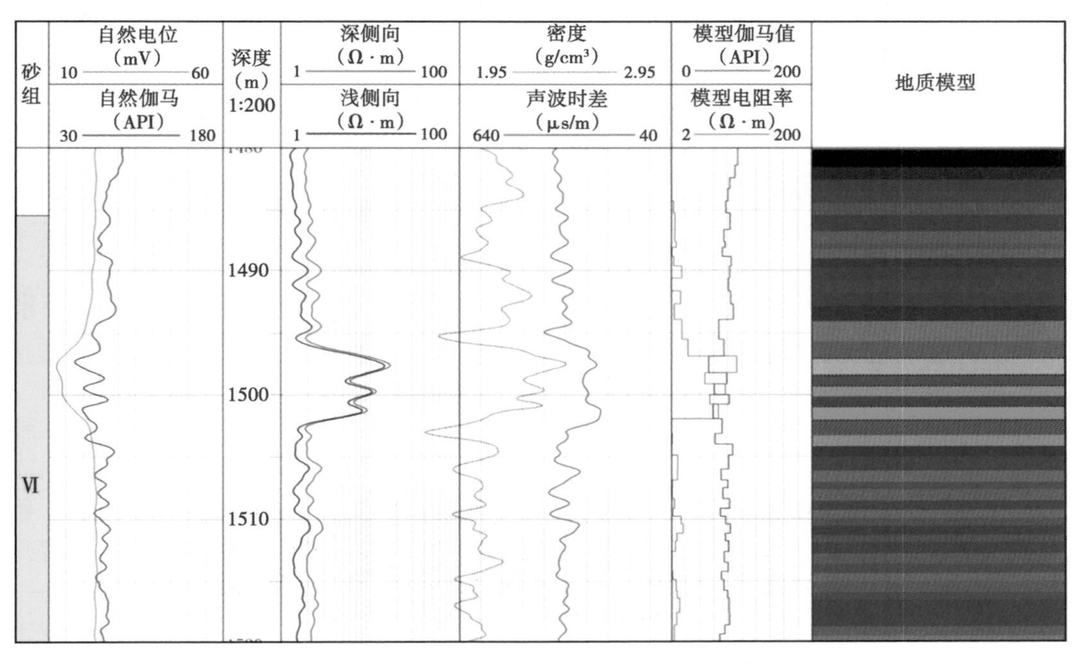

图 10-4-18　HX1 井测井曲线与初始地质模型

将该地质模型应用到 HXX1 井建模，图 10-4-19 为 HXX1 井解释成果图。图中横向比例为 1:2400，纵向比例为 1:200，因此显得地层起伏较大，该井利用斯伦贝谢公司 MCR 仪器进行随钻测量，第 8 道蓝色曲线为随钻自然伽马；第 7 道为 MCR 仪器测量得到的相位电阻率（P33H，P33L）以及模拟得到的相位电阻率（P33Hm，P33Lm）；第 6 道为深度道，括号中的深度为测量深度；第 5 道为 MCR 仪器测量得到的幅度电阻率（A33H，A33L）以及模拟得到的幅度电阻率（A33Hm，A33Lm），从 1570m 开始随钻伽马曲线值开始从 110API 逐渐降低，而随钻电阻率从 3Ω·m 左右逐渐增大到 20Ω·m 左右，因此可以判断井从 1570m 开始逐渐进入目的层，即 1570m 为入靶点。进入目的层后，直到 1823m（图 10-4-19 中 C 点），电阻率曲线变化不大，伽马值在局部有起伏变化，从 1823m 开始自然伽马值逐渐增加，电阻率逐渐降低，到 1926m（图 10-4-19 中 D 点）附近，伽马值回落到 51API 左右，

电阻率重新增加到 20Ω·m 左右。在没有其他资料的情况下，很难判断该处井眼是否钻遇泥岩，若井眼距离界面非常近时，仪器无论是在砂岩中还是在泥岩中，曲线所表现出来的结果基本一致，因而，在水平井测井评价过程中，如果没有准确确定井眼轨迹在该处的变化，就有可能多解释储层或者漏掉储层，不论哪种结果都会影响后期的开发部署。结合该井段的 T_2 曲线（图 10-4-20）可以判断 CD 段出层进入泥岩。

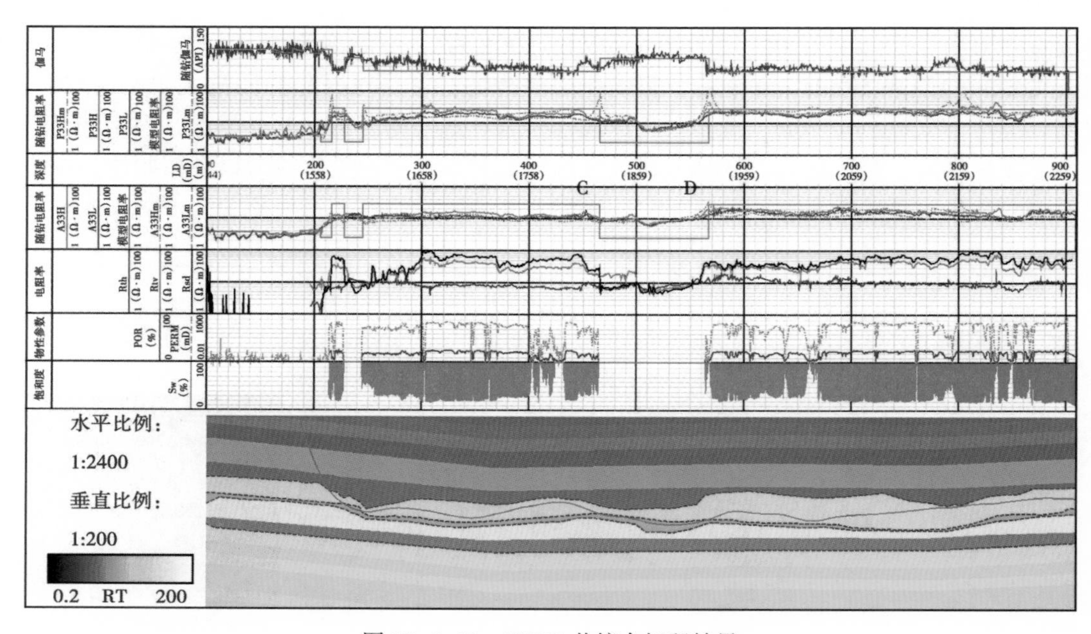

图 10-4-19 HXX1 井综合解释结果

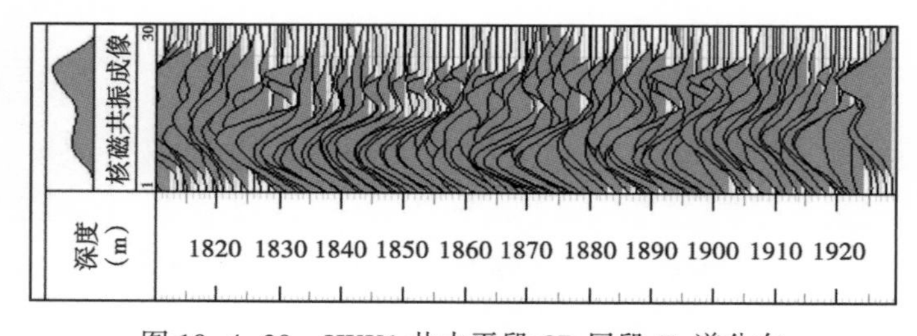

图 10-4-20 HXX1 井水平段 CD 层段 T_2 谱分布

井眼轨迹与地层关系确定后，利用随钻高频相位和高频幅度计算水平电阻率和垂直电阻率，进而得到砂岩电阻率值如图 10-4-19 第 4 道所示；根据交互式所确定的模型，井眼所经过的地层厚度在 0.6~2.5m，因此整体上计算砂岩电阻率比实际测量的随钻电阻率要高。孔隙度、饱和度计算结果显示在图 10-4-19 第 3、第 2 道。

通过分析，HXX1 井储层钻遇率很高，校正后的砂岩电阻率达到 80Ω·m 左右，该井全井段压裂，放喷初期日产油 86.5m^3，为纯油层。

选取该区其他几口试油井按照同样的处理方式，得到井眼与地层几何关系，并对电阻率进行环境校正。

由于该区水平井都是整段压裂，没办法确认产量究竟来自水平井段的哪一部分，不利于水平井段好坏检验。现将水平井段在储层内部的砂岩电阻率值按照下式进行加权处理，得到水平井段的平均砂岩电阻率 R_{sdP}，孔隙度按照同样的办法处理：

$$R_{sdp} = \frac{\sum_{j=1}^{n}\left(\sum_{i=1}^{m} R_{sdi}\right)_j}{\sum_{j=1}^{n} m_j} \tag{10-4-31}$$

式中 m_j——j 层内的采样点数；

n——层数；

R_{sdp}——砂岩电阻率平均值；

R_{sdi}——第 i 个采样点的砂岩电阻率值。

最后根据处理后的水平井段砂岩平均电阻率与平均孔隙度制作交会图，如图 10-4-21 所示。从图上可以看到，电阻率越高孔隙度越大，其产量也越大，这与直井的规律一致。选取图中四口井在目的层内的不同井段（目的层内）相应特征值，将其绘制在图 10-4-22 中，每口井不同井段在图版上分布不同，但同一口井的多数点都集中在某一区域。据此，可以将黑帝庙水平井段油层分为三个级别，第一级别：孔隙度>14%，R_{sd}>35 Ω·m；第二级别：孔隙度>10%，R_{sd}>20 Ω·m；第三级别：孔隙度>5%，R_{sd}>5 Ω·m，其中最好的为第一级别，最差的为第三级别。同样可以根据水平电阻率和垂直电阻率制作蝴蝶图版来分级，图 10-4-23 为黑帝庙组蝴蝶图分级图版。据此图版，结合试油产量，将黑帝庙油层分为三个级别。第一级：R_v>20Ω·m，V_{sh}<20%；第二级别：10Ω·m <R_v<20Ω·m，10Ω·m <R_h<20Ω·m，V_{sh}>20%；第三级别：5Ω·m <R_v<10Ω·m，5Ω·m <R_h<10Ω·m，V_{sh}>40%。其中最好的为第一级别。

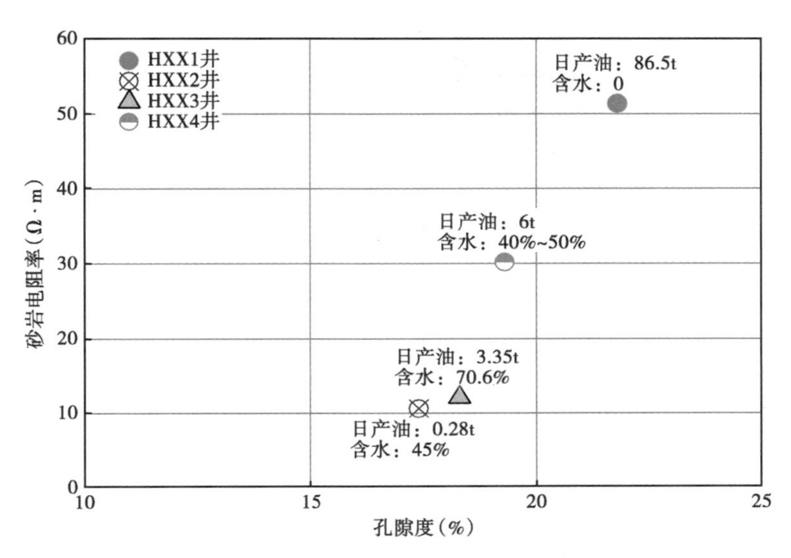

图 10-4-21　黑帝庙油层孔隙度与电阻率交会图

2）扶余致密砂岩油层水平井评价

扶余油层砂体单层厚度一般在 5.0~8.0m，多层叠加砂体厚度达 30~60m。该区泉四段储层孔隙度一般为 4%~8%，渗透率一般为 0.01~0.5mD，为致密砂岩储层。与黑帝庙油层

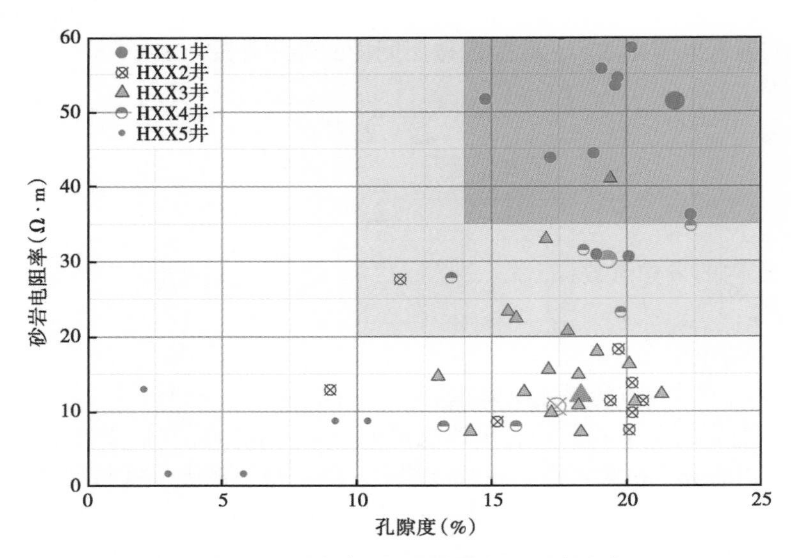

图 10-4-22　黑帝庙油层孔隙度与电阻率交会图

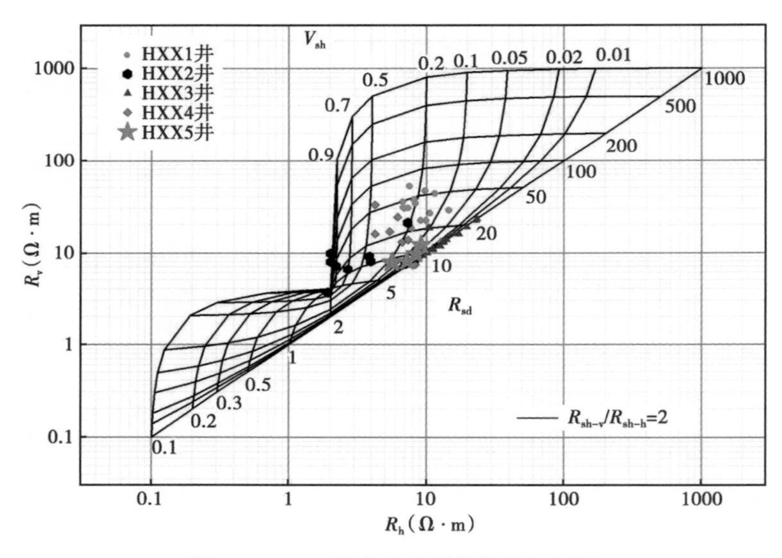

图 10-4-23　黑帝庙油层蝴蝶分级图版

主要为单一砂体不同，扶余油层纵向上有多套砂体叠置，且砂泥岩交互，储层物性横向上变化较快。

R2 井目的层位为泉四段扶余油层。按照前面所述方法，将该区四口水平井电阻率校正后得到的电阻率 R_{tc} 与声波时差进行交会如图 10-4-24 所示。

R1 等井试油数据见表 10-4-1，四口井产量最高的为 R1 井，日产油 80.8t，结合图 10-4-24 可以看到 R1 井大部分数据点（图中红色圆点）落在 AC>211.5μs/ft，R_t>40Ω·m 区域，产量最低的 R2 井，日产油 15t，其数据点（灰色方点）大部分落在 AC<211.5μs/ft，R_t<40Ω·m 区域，而产量相当的 R3 井和 R4 井的数据点分别落在 AC<211.5μs/ft，R_t>40Ω·m

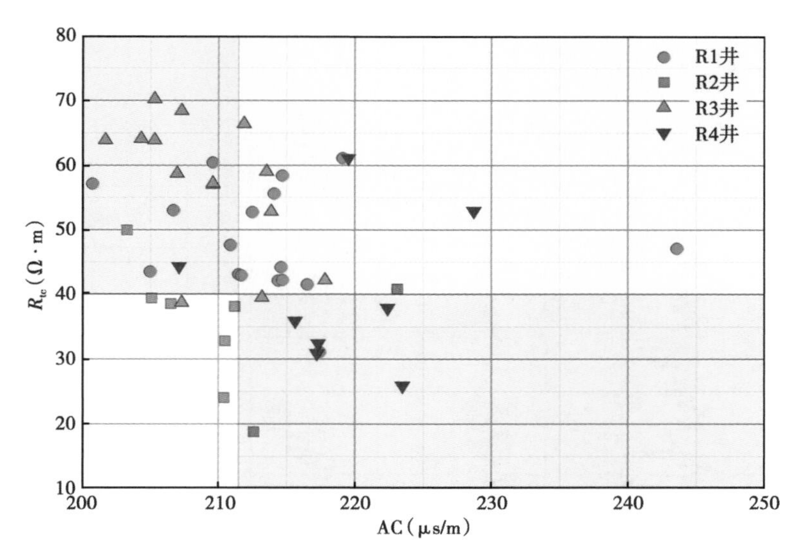

图 10-4-24　扶余油层交会图分级图版

区域和 AC>211.5μs/ft，R_t<40Ω·m 区域。由此可将油层性质分为 3 个级别，第一级别：AC>211.5μs/ft，R_t>40Ω·m；第二级别：AC<211.5μs/ft，R_t>40Ω·m 或 AC>211.5μs/ft，R_t<40Ω·m；第三级别：AC<211.5μs/ft，R_t<40Ω·m。其中最好的为第一级别。

表 10-4-1　扶余油层水平井试油成果简表

井号	水平段长度（m）	储层钻遇率（%）	油层钻遇率（%）	油层厚度（m）	完井方式	压裂情况	日产油（t）	日产水（t）	射开厚度（m）
R1	1052	64	57.3	603	裸眼	18 段	80.8	32.5	18
R3	635	80.3	56.6	359.4	套管	11 段 30 簇	32.5	43.4	33
R2	670	82.5	56	375.4	套管	8 段 11 簇	15	20	31
R4	920	61.3	50.4	463.8	套管	12 段	10~30		30

图 10-4-25 为 R2 井与邻近直井目的层测井曲线对比，图 10-4-26 为 R2 井解释成果图。本井采用 GE 随钻测井仪器，设计钻探目的层为泉四段 III 砂组 10 号小层，但通过对比，实际上钻遇的是泉四段 11 号小层。从井眼轨迹与地层几何关系上可以看到，从 2161m 开始伽马值由 160API 左右降低到 100API，电阻率由 5.8Ω·m 增加到 60Ω·m 左右，轨迹进入 10 号层，此时井斜角为 68°左右，轨迹继续向下钻，在 2247.3m 遇到 10 号层与 11 号层之间的泥岩夹层，从 2357m 进入 11 号层，此后轨迹一直在 11 号穿行，电阻率在 31.8Ω·m 左右，伽马值为 90API 左右。图中第 11 道为随钻伽马（浅蓝色）与电缆伽马（浅粉色），第 10 道为深度道，第 9 道为随钻电阻率，第 8 道为密度和声波曲线，第 7 道为计算的水平电阻率 R_{th}、垂直电阻率 R_{tv} 和砂岩电阻率 R_{sd}，第 6 道为实测的一条随钻电阻率曲线（浅粉色）与对应的模拟曲线（浅蓝色）的一个对比。由于轨迹基本上在 11 号层内穿行，且该层厚度较大，因此校正后的电阻率与原始测量电阻率值基本相当，只是在 2659m 开始，储层物性变差，泥质加重，砂泥薄互发育，仪器分辨率较低，使得测量值偏大，在此井段计算的砂岩电阻率值比实际测量值低；第 5 道为计算的孔隙度（POR）和含水饱和度 S_w。根据以

上认识，认为原先设计的射孔井段（第 2 道）存在问题，有些是在泥岩段布孔。第 4 道为最终射孔层段。

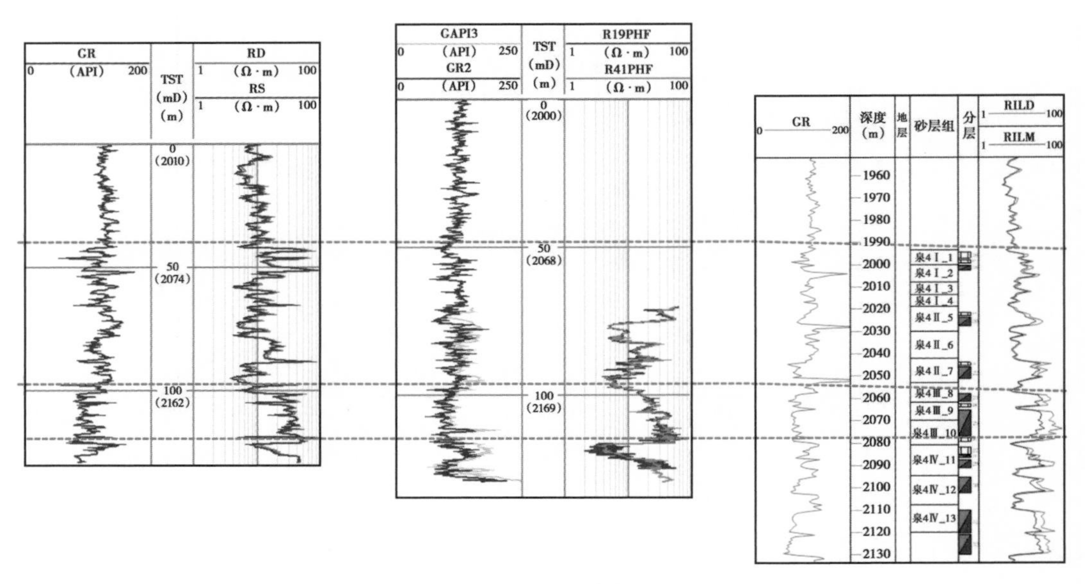

图 10-4-25　R2 井与邻井地层对比图

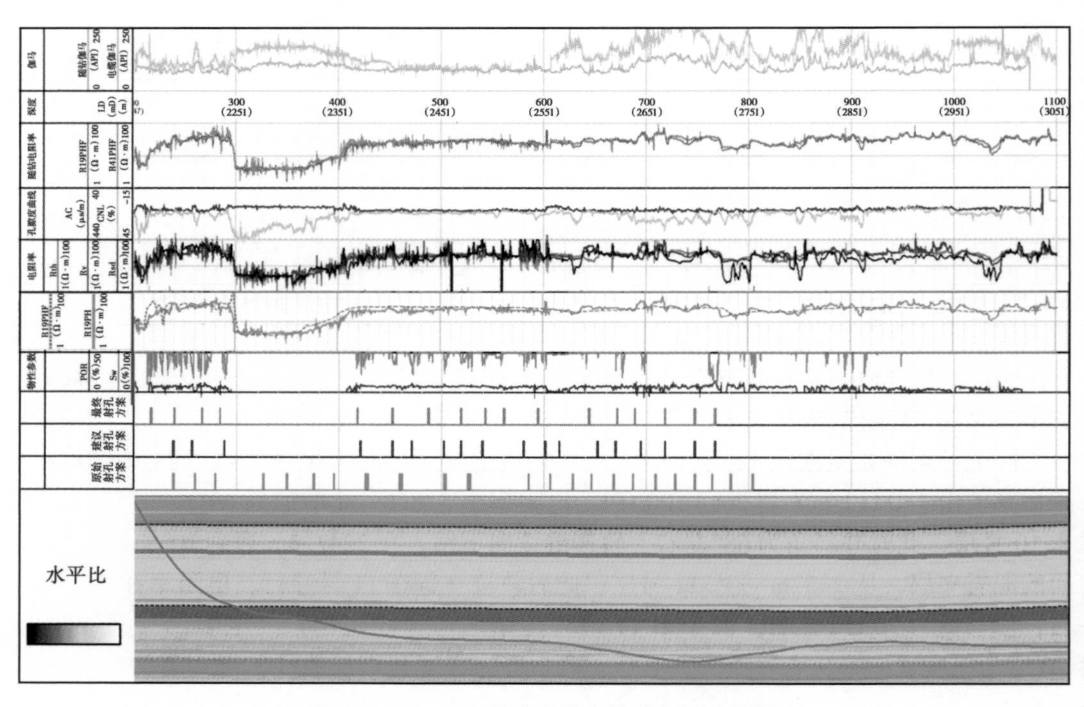

图 10-4-26　R2 井水平井段综合解释成果图

根据校正后的砂岩电阻率，结合图 10-4-22，将储层分为三个大的层段，2166.7～2248.4m 为第一级别，该井段校正后的砂岩电阻率平均为 42.1Ω·m，2369.3～2551.3m 为第二级别，该井段校正后的砂岩电阻率平均为 33.6Ω·m，2589.6～2720.2m 为第三级别，该井段校正后的砂岩电阻率平均为 28.5Ω · m。数据表见表 10-4-2。

表 10-4-2 储层分级成果表

开始深度 (m)	结束深度 (m)	AC (μs/m)	GR (API)	CNL (%)	R19PHF (Ω · m)	R41PHF (Ω · m)	R_{sd} (Ω · m)	R_{th} (Ω · m)	R_{tv} (Ω · m)	级别
2166.7	2248.4	205.3	86.5	15.6	30.9	34.4	42.1	32.6	35.6	1
2369.3	2551.3	211.7	88.6	13.6	25.9	27.5	33.6	26.4	27.8	2
2589.6	2720.2	212.6	111.3	18.8	33.5	35.5	28.5	33.6	37.9	3

R2 井分段压裂，分段注入指示剂，在每一段压裂过程中，在压裂液中加入不同种类的指示剂，在放喷过程中和后期的试采过程中，分析井口流体中不同指示剂的含量，确定每一段产液贡献比例（图 10-4-27），初步检测结果表明：放喷初期第 3、6、4 段贡献大，井底堵塞后产液以第 7、第 8 段为主，扫塞后以第 3、第 4、第 6、第 7、第 8 段为主，第 1、2、5 段暂时贡献较少；R2 井扫塞结果证实：水力泵求产的 15 方油主要来自第 7、第 8 段，第 1 至 6 段没有贡献。将各压裂段的特征值点在图版 10-4-23 中，如图 10-4-30 所示，第 7 和第 8 段数据分布在第一级别中，第 4 至第 6 段分布在第三级别中，第 1 至第 3 段分布在第四级别中，这与水平段产液剖面结果一致。

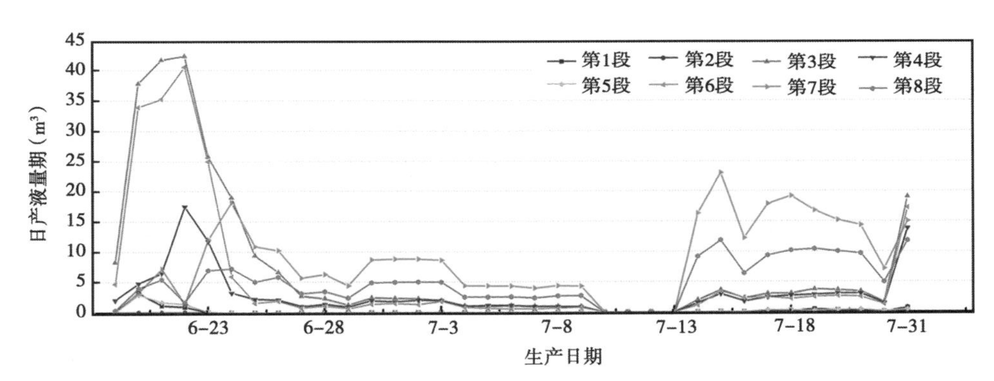

图 10-4-27 R2 井压裂后各层段产液量曲线

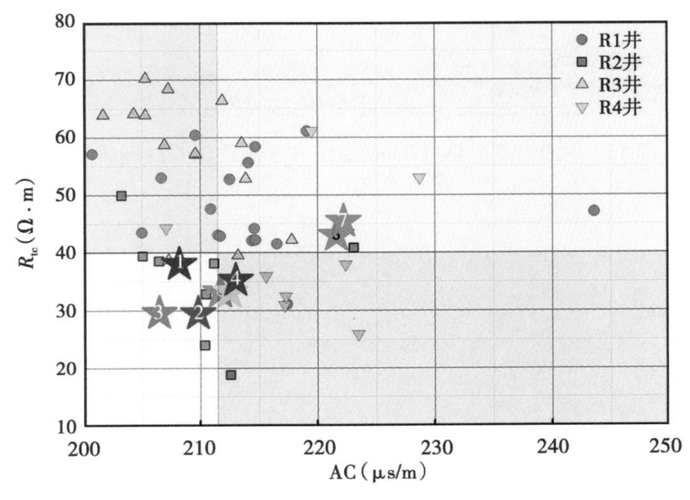

图 10-4-28 R2 井压裂井段分级图版

2. 长庆油田致密砂岩气水平井测井解释评价

长庆油田苏里格气田盒 8 段砂岩储层孔隙度一般在 5.0%~14.0%，平均为 8.5%；渗透率一般在 0.1~5.0mD，平均为 0.997mD。盒 8 段致密气水平井测井解释难点在于：盒 8 段砂体主要为三角洲平原分流河道沉积，横向变化较快，给测井建模带来更大的不确定性；水平井测井系列简单，测井资料反演约束信息较少；水平井测井资料受围岩、各向异性、泥浆侵入等复杂环境影响；一些水平井气水同出，但盒 8 段气藏整体未见边水、底水，水平段整体压裂增加找水难度。

图 10-4-29 是 SXXH1 井的处理成果图。第 7 道黄色曲线为电缆自然伽马，红色方波线为模型自然伽马；第 6 道为深度道；第 5 道深蓝色和红色曲线分别为实测的浅侧向和深侧向电阻率曲线，绿色方波线为反演后模型电阻率；第 4 道粉红和红色曲线分别为模拟的深侧向和实测的深侧向电阻率，两者一致性好；第 3 道为计算的孔隙度曲线；第 2 道为计算的含水饱和度曲线。整体看，该井砂层孔渗品质中等，储层段校正后的电阻率平均为 85.0Ω · m，综合评价为二类储层，部分水平段穿过含泥质较重的地层，泥质束缚水含量高。水平段压裂后试气井口产量为日产气 $5.265\times10^4m^3$，含水 39.1%，为工业气流井。分析产水原因是储层物性相对较差，气充注程度不高，且部分层段泥质较重，致水平段整体压裂后含水率相对较高。

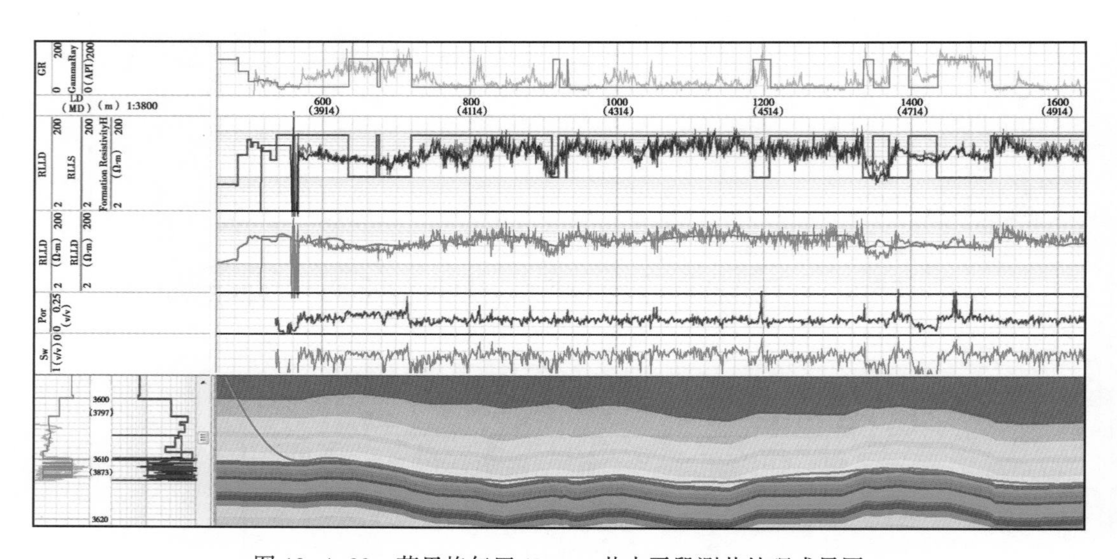

图 10-4-29　苏里格气田 SXXH1 井水平段测井处理成果图

参 考 文 献

[1] 杜金虎，等. 中国陆相致密油. 北京：石油工业出版社，2016.

[2] 杜金虎，何海清，杨涛，等. 中国致密油勘探进展及面临的挑战 . 中国石油勘探，2014，19 (1)：1-9.

[3] 贾承造，邹才能，李建忠，等. 中国致密油评价标准、主要类型、基本特征及资源前景 . 石油学报，2012，33 (3)：343-350.

[4] 贾承造，郑民，张永峰 . 中国非常规油气资源与勘探开发前景 . 石油勘探与开发，2012，39 (2)：129-136.

[5] 邹才能，等. 非常规石油地质学. 北京：地质出版社，2014.

[6] 赵政璋，杜金虎，等. 致密油气. 北京：石油工业出版社，2012.

[7] 邹才能，朱如凯，白斌，等. 致密油与页岩油内涵、特征、潜力及挑战 . 矿物岩石地球化学通报，2015，34 (1)：3-17.

[8] 邹才能，杨智，陶士振，等. 纳米油气与源储共生型油气聚集 . 石油勘探与开发，2012，39 (1)：13-26.

[9] 邹才能，张国生，杨智，等. 非常规油气概念、特征、潜力及技术 . 石油勘探与开发，2013，40 (4)：385-399.

[10] 邹才能，赵政璋，杨华，等. 陆相湖盆深水砂质碎屑流成因机制与分布特征 . 沉积学报，2009，27 (6)：1065-1075.

[11] 戴金星，倪云燕，吴小奇 . 中国致密砂岩气及在勘探开发上的重要意义 . 石油勘探与开发，2012，39 (3)：257-264.

[12] 郭彦如，刘俊榜，杨华，等. 鄂尔多斯盆地延长组低渗透致密岩性油藏成藏机理 . 石油勘探与开发，2012，39 (4)：417-425.

[13] 黄薇，梁江平，赵波，等. 松辽盆地北部白垩系泉头组扶余油层致密油成藏主控因素 . 古地理学报，2013，15 (5)：635-644.

[14] 赵杏媛，张有瑜 . 粘土矿物与粘土矿物分析. 北京：海洋出版社，1990.

[15] 何更生 . 油层物理. 北京：石油工业出版社，1994.

[16] 吉昂，陶光仪，卓尚军，等 . X 射线荧光光谱分析. 北京：科学出版社，2003.

[17] 林西生 . X 射线衍射分析技术及其地质应用. 北京：石油工业出版社，1999.

[18]《岩石矿物分析》组 . 岩石矿物分析 (第二分册). 北京：地质出版社，1991.

[19] Total organic carbon content determined from well logs using ΔLogR and Neuro Fuzzy techniques . Journal of Petroleum Science and Engineering 45，2004：141-148.

[20] Rickman R，Mullen M，Peter E，et al. A Practical Use of Shale Petrophysics for Stimulation Design Optimization：All Shale Plays Are Not Clones of the Barnett Shale. SPE 115258，2008.

[21] Loren J D，Robinson J D. Relations between pore size fluid and matrix properties，and NML measurements. Old SPE Journal，1970，10 (3)：268-278.

[22] Lowden B，Porter M，Powrie L. T2 Relaxation time versus Mercury Injection Capillary Pressure：Implications for NMR Logging and Reservoir Characterisation//European Petroleum Conference. 1998.

[23] Altunbay M，Martain R，Robinson M. Capillary pressure data from NMR logs and its implications on field economics//SPE Annual Technical Conference and Exhibition，2001.

[24] Kenyon W E，Howard J J，Sezginer A，et al. Pore-size distribution and NMR in microporous cherty sandstones. 1989.

[25] Volokitin Y，Looyestijn W J，Slijkerman W F J，et al. A practical approach to obtain 1st drainage capillary pressure curves from NMR core and log data. SCA-9924，1999.